国家级一流本科专

普通高等教育新工科人才培养系列教材

建筑陶瓷工艺学

李月明 主编　　王少华 董伟霞 副主编

Architectural Ceramic Technology

化学工业出版社

·北京·

内容简介

《建筑陶瓷工艺学》是根据“新工科”普通高等学校无机非金属材料工程专业人才培养方案，结合工程教育专业认证标准而编写的教材。全书共分11章，以建筑陶瓷生产工艺过程、应用及质量标准为主线，结合最新建筑陶瓷生产技术，阐述了建筑陶瓷的概念、发展历史，建筑陶瓷的坯、釉原料及坯、釉料制备工艺，建筑陶瓷的成型技术、装饰材料及装饰技术，建筑陶瓷的干燥及烧成、后期加工技术以及在装饰中的应用和建筑陶瓷的性能要求等，具有时代性和实用性。

本书是高等本科无机非金属材料工程专业和高职高专建筑材料相关专业的教材，也可供建筑陶瓷生产工程技术人员、科研人员参考。

图书在版编目（CIP）数据

建筑陶瓷工艺学／李月明主编；王少华，董伟霞副主编. -- 北京：化学工业出版社，2024.7

ISBN 978-7-122-45653-3

Ⅰ.①建… Ⅱ.①李… ②王… ③董… Ⅲ.①建筑陶瓷-工艺学-高等学校-教材 Ⅳ.①TQ174.76

中国国家版本馆CIP数据核字（2024）第095745号

责任编辑：陶艳玲　　文字编辑：王丽娜
责任校对：田睿涵　　装帧设计：史利平

出版发行：化学工业出版社
（北京市东城区青年湖南街13号　邮政编码100011）
印　　刷：三河市航远印刷有限公司
装　　订：三河市宇新装订厂
787mm×1092mm　1/16　印张22　字数544千字
2024年9月北京第1版第1次印刷

购书咨询：010-64518888　　售后服务：010-64518899
网　　址：http://www.cip.com.cn
凡购买本书，如有缺损质量问题，本社销售中心负责调换。

定　　价：79.00元

前言

本书是根据“新工科”普通高等学校无机非金属材料工程专业人才培养方案，结合工程教育专业认证标准而编写的教材。

景德镇陶瓷大学无机非金属材料工程专业为国家级一流专业，本教材为一流专业建设成果之一。“建筑陶瓷工艺学”是无机非金属材料工程专业的一门重要的专业课程，课程的任务是系统阐述建筑陶瓷的组成、结构、性能，建筑陶瓷生产的基本工艺原理以及各种生产工艺因素之间的内在关系，介绍建筑陶瓷领域的最新科研成果和技术进展、质量标准及应用。教学目标是让学生掌握建筑陶瓷生产的共性原理，理解工艺因素对建筑陶瓷产品结构与性能的影响，能够从技术的角度分析建筑陶瓷生产中的问题，并具备研发和设计新材料的能力。通过对本课程的学习，学生能够从事建筑陶瓷的科研、生产、管理以及产品应用等工作，具备解决建筑陶瓷制造领域复杂工程问题的能力。

近年来，我国建筑陶瓷产业高速发展，生产技术处于国际先进水平，产量多年居世界第一。为适应新形势下无机非金属材料工程专业的教学要求，培养高质量工程技术专业人才，满足建筑陶瓷行业快速发展的需求，结合工程教育专业认证标准，按照成果导向教育（otcomes-based education，OBE）人才培养理念，依据科学性、先进性和系统性的原则，在充分吸收作者原先出版的《建筑陶瓷工艺学》和《建筑陶瓷生产技术》两本教材以及相关著作、最新研究成果和技术进展基础上，组织景德镇陶瓷大学多位教授、广东新锦成陶瓷集团有限公司专家编写了此教材。

本书共分 11 章，以建筑陶瓷生产工艺过程、应用及质量标准为主线，结合最新建筑陶瓷生产技术，分别介绍了建筑陶瓷的概念、发展历史，建筑陶瓷的坯、釉用原料及坯、釉料制备工艺，建筑陶瓷的成型技术、装饰材料及装饰技术，建筑陶瓷的干燥及烧成、后期加工技术以及在装饰中的应用和建筑陶瓷的性能要求，具有时代性和实用性。

本书由景德镇陶瓷大学李月明教授担任主编，景德镇陶瓷大学王少华、董伟霞担任副主编。具体编写分工如下：第 1、3、6、7、8、9 章由李月明编写；第 4、10 章由王少华编写；第 2、5

章由董伟霞编写；绪论由李月明和广东新锦成陶瓷集团有限公司母军高工共同编写；景德镇陶瓷大学陈虎教授参加了第 6、10 章部分内容的编写。

由于编者水平有限，书中疏漏之处在所难免，恳请读者斧正。

编者

2024 年 3 月

目 录

第2章 建筑陶瓷坯料及坯体

第3章 建筑陶瓷成型工艺

第4章 建筑陶瓷装饰技术

第6章　建筑陶瓷釉料

第7章 建筑陶瓷的干燥与烧成

第8章 建筑陶瓷的后期加工

0 绪论

本章导读

本章主要介绍建筑陶瓷的定义及分类，简要介绍国内外建筑陶瓷的发展历史，着重介绍我国建筑陶瓷工艺技术、装备等技术进步和发展成就以及未来发展趋势。

学习目标

掌握建筑陶瓷的定义、种类及其特征，了解建筑陶瓷的发展历史、技术进步及发展趋势。

0.1 建筑陶瓷的定义及分类

陶是人类制造的第一种材料，后来由陶发展到瓷，陶瓷伴随着人类生产和生活已有数千年的历史。现已发展成为一个体系庞大的家族，按制品的用途可分为传统陶瓷和特种陶瓷。凡是采用天然硅酸盐类矿物为主要原料，通过陶瓷生产工艺生产的，产品主要用来满足人们日常生活应用需求，其生产、研究历史均较早的陶瓷，统称为传统陶瓷。

建筑陶瓷（building ceramic，architectural ceramic）属于传统陶瓷，其分支目前国际上还没有公认的划分方法，种类繁多。我国国家标准《建筑卫生陶瓷术语和分类》（GB/T 9195—2023）将建筑陶瓷定义为：用于建筑物、构筑物，具有装饰、构建与保护等功能的陶瓷制品。建筑陶瓷按照产品可以分为四大类：陶瓷砖、饰面瓦、建筑琉璃制品和陶瓷管等，见表 0-1。

表 0-1 建筑陶瓷产品的分类

产品	描述
陶瓷砖	由黏土、长石和石英为主要原料制造的用于覆盖墙面或地面的板状或块状的建筑陶瓷制品。陶瓷砖是在室温下通过挤压、干压或其它方法成型，干燥后，在满足性能要求的温度下烧制而成。适合于建筑物内外墙面、地面的装饰。 按材质分为陶质砖、炻质砖和瓷质砖；按成型方法分为干压砖和挤压砖；按是否施釉分为有釉砖和无釉砖；按用途分为内墙砖、外墙砖、地砖、广场砖；按名称分为釉面砖、彩釉砖、通体砖、抛光砖、玻化砖、马赛克、渗花砖、岩板、泡沫砖等
饰面瓦	又称西式瓦，是指以黏土为主要原料，经混炼、成型、烧成而制得的陶瓷瓦。用来装饰建筑物的屋面，或作为建筑物的构件
建筑琉璃制品	用于建筑物构件及艺术装饰的具有强光泽色釉的陶瓷，包括琉璃砖、琉璃瓦、琉璃屋脊、琉璃装饰花窗、其它建筑用琉璃制品

续表

产品	描述
陶瓷管	指用来排输污水、废水、雨水、灌溉或用来排输酸性、碱性废水及其它腐蚀性介质所用的承插式陶瓷管及配件。有排水陶瓷管、化工陶瓷管、井用陶瓷管及陶瓷管道配件等

其中陶瓷砖（ceramic tile）是建筑陶瓷的主导产品，国家标准 GB/T 4100—2015 陶瓷砖，根据吸水率和成型方法对陶瓷砖进行分类，见表 0-2。

表 0-2 陶瓷砖的分类及代号

<table>
<tr><td colspan="2" rowspan="2">按吸水率（E）分类</td><td colspan="4">低吸水率（Ⅰ类）</td><td colspan="4">中吸水率（Ⅱ类）</td><td colspan="2">高吸水率（Ⅲ类）</td></tr>
<tr><td colspan="2">$E\leqslant0.5\%$（瓷质砖）</td><td colspan="2">$0.5\%<E\leqslant3\%$（炻质砖）</td><td colspan="2">$3\%<E\leqslant6\%$（细炻砖）</td><td colspan="2">$6\%<E\leqslant10\%$（炻质砖）</td><td colspan="2">$E>10\%$（陶质砖）</td></tr>
<tr><td rowspan="3">按成型方法分类</td><td rowspan="2">挤压砖（A）</td><td colspan="2">AⅠa类</td><td colspan="2">AⅠb类</td><td colspan="2">AⅡa类</td><td colspan="2">AⅡb类</td><td colspan="2">AⅢ类</td></tr>
<tr><td>精细</td><td>普通</td><td>精细</td><td>普通</td><td>精细</td><td>普通</td><td>精细</td><td>普通</td><td>精细</td><td>普通</td></tr>
<tr><td>干压砖（B）</td><td colspan="2">BⅠa类</td><td colspan="2">BⅠb类</td><td colspan="2">BⅡa类</td><td colspan="2">BⅡb类</td><td colspan="2">BⅢ类</td></tr>
</table>

注：BⅢ类仅包括有釉砖。

0.2 国外建筑陶瓷发展简史

据考古学家考证，人类历史上第一次把用火煅烧过的制品用作建筑材料的时间几乎和人类第一次制出陶器一样早。约在公元前 5000 年，人们就已经制作出我们今天仍在使用的砖块（即 brick，是承重用的结构材料，而不是起装饰作用的 tile，装饰面砖）。

目前，世界上已知的最古老的砖（brick）是在巴勒斯坦耶利哥古城的城墙上发现的，估计为公元前 8000 多年，但是这样的砖仅仅是原始意义的，它是用留有稻根茬的黏土做成砖块，以阳光晒干而成。

公元前 5000 年出现了经过焙烧的砖，其工艺与今天基本相似，把黏土制成砖坯，然后在接近 1000℃的温度下焙烧。公元前 3500 年，古埃及人开始使用与我们今天使用的墙地砖类似的装饰面砖（tile）。从公元前 2000 年开始，美索不达米亚人大量生产黏土砖作为建筑材料，因为在美索不达米亚区域（为西南亚的底格里斯河和幼发拉底河流域，即今天的伊拉克、叙利亚、土耳其等国）缺乏优质的天然建筑原料。历史发展到公元前 6～9 世纪，考古学家从遗留下来的废墟上发现那时已有装饰面砖、浮雕面砖及锡釉面砖。公元 6 世纪在中东伊斯兰教地区，人们把明亮鲜艳的彩色釉面砖和马赛克（mosaic）用于耶路撒冷（Jerusalem）和其它地区的伊斯兰教的清真寺（mosque）等建筑的装饰上。在这个时期，阿拉伯国家发展了陶瓷色料，同时也发展了生产技术，并传输到西班牙。公元 10～15 世纪，釉面砖广泛用于墙壁、楼梯、地板及天花板。公元 14～16 世纪，地中海的马略卡（Majorca）岛上的商人把制作 tile 的技术，从西班牙传输到意大利。该时期正处于意大利的文艺复兴时代（the age of the Renaissance），这个时期涌现出了众多的杰出天才，如但丁（Dante）、波提切利（Botlicelli）、达芬奇（da-Vinci）和米开朗其罗（Michelangelo）等。同时在这个时期建筑陶瓷艺术也达到高峰。尤其突出的是意大利的白釉彩陶（majolica，今天

majolica 是锡釉陶器和白釉彩陶的代名词)，意大利人用锡（Sn）作为乳浊剂，生产出具有高遮盖能力的乳浊釉，把 tile 的制作技术推向新的高峰，不久意大利便成为世界上 tile 的生产中心。截止到 2022 年，欧洲主要建筑陶瓷生产国是意大利和西班牙，两国总产量达到 12 亿 m^2，产值 110 亿欧元。

0.3 我国建筑陶瓷发展简史

由于历史和传统习惯，远东地区很少把经火烧炼过的制品（砖、瓦除外）用作墙、壁体装饰材料，而是把精力用在发展日用陶瓷生产技术上。因此，远东地区和欧洲的陶瓷发展是两条路线：一是发展日用瓷（远东地区）；二是发展墙地砖（西亚和欧洲）。

远在商代（公元前 17 世纪），我国劳动人民就开始用陶管作建筑物的地下排水道，西周初期（公元前 1100～公元前 200 年）已能烧制板瓦、筒瓦。战国初期，开始制作精美的铺地砖、栏杆砖和凹槽砖，还出现了陶井圈。秦代大量营造宫殿，使建筑用砖的生产技术进一步向前发展，无论是制品的品种、质量以及烧制技术都比战国时期前进了一大步。汉代的画像砖题材广泛，装饰独特，我们今天仍在使用的“秦砖汉瓦”一词就是源于那个时候。用于建筑、装饰的琉璃瓦始于北魏，盛于明清，到了今天，建筑琉璃仍然是一种令人喜爱的高级建筑装饰材料。

用于墙面、地面装饰的墙地砖的生产技术在我国起步较晚。1921 年我国第一批赴美学习硅酸盐工艺的技术人员回国后，创办了全国第一家生产外墙砖的工厂——浙江嘉善地区的泰山砖瓦股份有限公司，两年后在上海建立了二分厂，1926 年二分厂试制成功泰山牌毛面砖（无釉外墙砖）。全国第一家生产釉面砖的工厂是温州西山窑业厂（即今日的温州西山面砖厂），1939 年由民族资本家吴百亨创办。随着西山窑业、泰山砖瓦、德胜窑业等企业的建立，中国开始了真正意义上的现代建筑陶瓷制品（陶瓷墙地砖）的制造。发展至 1949 年，全国陶瓷墙地砖年产量为 2310m^2，发展速度十分缓慢。

新中国成立后到 20 世纪 80 年代末的 40 年时间里，建筑陶瓷进入了持续发展的阶段。温州西山面砖厂、景德镇陶瓷厂、沈阳陶瓷厂等大企业纷纷成立。在 50 年代的 10 年里，建筑陶瓷砖产量迅速增加，生产工艺技术取得了长足的进步，发展至 1960 年，全国陶瓷墙地砖年产量达到了 211 万 m^2。1961～1978 年是我国建筑陶瓷工业曲折前进的 18 年，1978 年，全国建筑陶瓷企业只有 38 家。

进入 20 世纪 80 年代，改革开放的春风吹遍全国，建筑陶瓷工业得到迅猛发展。首先是新企业大量涌现。广东、福建、山东、河北、浙江等省出现了一大批中小型企业。江西景德镇、广东石湾镇、江苏丁蜀镇、湖南铜官镇等地打破了只生产日用陶瓷的局面，转产或部分转产建筑卫生陶瓷。1980 年全国陶瓷墙地砖年产量达到了 1261 万 m^2。1983 年，佛山耐酸陶瓷厂从意大利引进中国第一条全自动陶瓷墙地砖生产线，从此，中国建筑陶瓷业开始迈出健康发展的步伐。

自 20 世纪 80 年代开始，我国建筑陶瓷工业经历了以下几个阶段。

① 彩釉砖时代。20 世纪 80 年代末至 20 世纪 90 年代初，300mm×300mm 规格彩釉砖是国内市场的主导产品，其产品质量比小规格釉面砖显著提高。

② 耐磨砖时代。1989 年，耐磨砖在彩釉砖的基础之上研发问世。耐磨砖为之后的抛光

砖问世奠定了基础。规格包括 100mm×100mm、152mm×152mm、200mm×300mm、220mm×300mm、50mm×50mm 等。

③ 抛光砖时代。1990～2003 年，佛山石湾工业陶瓷厂（广东佛陶集团股份有限公司）引进当时全国最大的抛光砖生产线，中国陶瓷开始进入“抛光砖时代”。产品规格为 300mm×300mm、400mm×400mm、500mm×500mm。2003 年 9 月，广东科达机电股份有限公司在上海证券交易所上市，并成功推出 KD7800 型压机，成为当时全球最大吨位的压砖机，1200mm×1800mm、1200mm×1200mm 规格抛光砖由此诞生。2003 年，广东东鹏陶瓷股份有限公司推出 1200mm×1600mm 大规格抛光砖，自称“中国砖王”；2004 年 9 月，广东新中源陶瓷有限公司推出 1200mm×1200mm×20mm 超大规格抛光砖——“新世纪砖王”。此后，广东新明珠集团股份有限公司、广东能强陶瓷有限公司、佛山市金舵陶瓷有限公司等也先后推出 1200mm×1800mm 大规格抛光砖，并冠以“世界砖王”等称谓。

④ 瓷片大规格化时代。2003～2013 年，全国掀起了大上瓷片生产线的热潮，一批大型瓷片生产厂家相继面世，内墙砖（瓷片）的规格已有小步增长，市场开始以 250mm×250mm、150mm×150mm 为主流。2005 年，滚筒印花机开始普遍应用于瓷片生产，瓷片表面的纹理和花色图案更趋细腻、多变，花色、规格以及腰线、花片搭配应用开始呈多元化的流行趋势，内墙砖从 300mm×900mm、330mm×900mm 到 333mm×1000mm。直到 2007 年，内墙砖（瓷片）市场的主流规格还是 250mm×330mm，而 300mm×450mm 的规格也崭露头角。随后几年间，300mm×450mm 和 300mm×600mm 规格快速铺开。2012 年开始，随着喷墨印刷技术基本取代滚筒印花技术，内墙砖（瓷片）规格继续扩大，300mm×450mm 淡出，400mm×800mm、600mm×900mm、450mm×900mm 等大规格产品成为新宠。从 2013 年开始，300mm×600mm、600mm×900mm 等规格的内墙砖（瓷片）成为市场的主流。

⑤ 瓷砖“小”时代。2007～2014 年，小规格产品采用组合铺贴，同色调产品的组合或是色彩跳跃的组合广受欢迎。2015～2017 年，随着现代风的孕育与兴起，小规格热开始降温。小规格仿古砖产品规格从 150mm×150mm 开始，150mm×300mm、250mm×360mm、300mm×300mm，一直到 500mm×500mm、600mm×600mm 等都是小规格的范围。

⑥ 中板时代。中板出现在 2016～2017 年前后。中板是针对传统内墙砖（瓷片）和“地爬墙”的缺陷而研发生产的。中板，也叫中板瓷砖，通常是指产品厚度在 7～8mm，介于薄板与常规产品之间，规格为 300mm×600mm 或 400mm×800mm（常规正方形产品的一半），吸水率介于低吸抛光砖和高吸瓷片之间的瓷砖。

⑦ 陶瓷大板时代。2016 年 2 月 28 日，蒙娜丽莎集团股份有限公司引进亚洲首台万吨级恒力泰 YP10000 型压砖机投产，压制生产 1200mm×2400mm×5.5mm 超大规格干压陶瓷薄板。2017 年 3 月 2 日，蒙娜丽莎集团上线投产，成功压制生产 1300mm×2700mm、1200mm×2400mm 等超大规格陶瓷板。2017 年 3 月 28 日，可压制 900mm×1800mm、1300mm×2700mm、1500mm×3000mm、2000mm×2000mm 等多种规格 3～30mm 厚的陶瓷砖（板）。2018 年可生产压制最大规格为 1800mm×4800mm 的超级大板。随着现代仿古砖、现代砖的崛起，900mm×900mm、600mm×1200mm、750mm×1500mm、900mm×1800mm 等大规格瓷砖开始成为众多企业的标配。一些国外品牌，或受国外设计影响较深的国内品牌，1000mm×1000mm、1100mm×1100mm、1200mm×1200mm 的规格也开始作为主要规格。

⑧ 岩板时代。岩板，英文是 sintered stone，意思是“烧结的石头”。2009 年西班牙一家专注于新型板材的公司“The Size Surfaces”（德赛斯）成立了，其生产的“大板”产品被命名为“岩板”。2012 年德赛斯进入中国，总部设在深圳。2016 年蒙娜丽莎集团已经生产出陶瓷大板，并提出岩板的大方向。2019 年，随着广东金牌陶瓷有限公司、杭州诺贝尔集团有限公司、广东新明珠集团股份有限公司引进 3 条意大利西斯特姆公司的生产线，标志着我国开始正式引进意大利生产设备实现岩板投产。2020 年我国陶瓷行业进入了岩板生产线的井喷状态。至 2020 年末，国内岩板生产线达到 108 条。岩板是由长石类、石英、高岭土（泥类）等天然原材料经特殊工艺，借助 16800t 以上压机压制，经过 1200℃以上高温烧制而成，其硬度超过花岗岩等火山岩，是能够经得起钻孔、打磨、切割等各种高强度加工的超大规格新型陶瓷板材。产品规格有 1000mm×3000mm、1200mm×2700mm、900mm×1800mm、1200mm×2400mm、800mm×2600mm、900mm×2700mm、760mm×2550mm、1600mm×2700mm、1600mm×3200mm、1600mm×3600mm 等，厚度有 3mm、6mm、9mm、11mm、12mm、15mm、20mm 等。可广泛应用建筑、家居、家具和家电等领域。

0.4 我国建筑陶瓷产业及技术发展

0.4.1 我国建筑陶瓷产量及区域分布

据统计，1991～2003 年的 10 多年时间里，中国的建筑陶瓷产量从 2.72 亿 m^2 猛增至 32.5 亿 m^2，平均年增长率为 22.9%。2003 年，广东的新中源陶瓷有限公司、新明珠集团股份有限公司、东鹏陶瓷股份有限公司、蒙娜丽莎集团股份有限公司、唯美陶瓷有限公司，及上海的斯米克建筑陶瓷股份有限公司、信益陶瓷有限公司、亚细亚陶瓷有限公司，浙江的温州市现代建筑材料有限公司等 60 家知名品牌企业的产量合计占中国陶瓷墙地砖总产量的 30%，并且形成了具有自己特色的品牌。

2003～2010 年，中国建筑陶瓷是大迁移、大发展时代，中国成了世界性的建筑陶瓷大国。2007 年中国建筑陶瓷年产量突破 50 亿 m^2，主要产区广东陶瓷砖产量增长 30%，福建、四川、山东增长超过 15%，辽宁、江西、湖南等新兴建产区增长超过 40%。至 2010 年，已经形成了泛珠三角 [包括粤、湘、赣（南部）、桂、滇]、福建（闽清、漳州、泉州）、华东（包括浙江、江苏、安徽和江西北部）、西南（包括四川夹江、江津）、西北（陕西、甘肃、新疆、西藏）、山东（淄博和临沂）、中原（包括河南、湖北和山西南部）、华北（阳泉、大同、高邑、沙河、邯郸、保定、鄂尔多斯）、东北（法库和建平）等九大产区。其中泛珠三角产区仍是建筑陶瓷的主要产区。2010 年，建筑陶瓷企业达 3000 多家，当年产量达 79 亿 m^2，占全球总产量的 64%。2010 年以后，中国建筑陶瓷开始步入产业提升、由大变强时期。建筑陶瓷开始走向“资源化、低碳化、功能化、智能化”的新时代。

2011 年 4 月，佛山市宣布建筑陶瓷产业转移已经完成，通过清洁生产、能源审核和技术创新使佛山陶瓷步入产业提升阶段。2011—2014 年进入个位数缓速增长阶段，2014 年建筑陶瓷产量达到 102.3 亿 m^2，其中出口 11.3 亿 m^2。2015～2017 年，全国建筑陶瓷产量稳定在 101 亿～102 亿 m^2，但出口开始出现下滑。2017 年底全国共有建筑陶瓷企业 1366 家，生产线 3264 条，产能 136.27 亿 m^2，实际产量为 101.5 亿 m^2，出口量 9.1 亿 m^2。2018 年后受国内房地产市场等因素影响，建筑陶瓷砖需求快速下降，导致全国建筑陶瓷产量同比下降。至2021年中国陶瓷砖产量为88.63亿m^2，占全世界产量的48.3%。其中国内消费量82.62亿m^2，出口量仅6.01亿m^2。2021年全国规模以上建筑陶瓷企业数量降为1048家。

自1993年起，我国建筑陶瓷产量就位居世界第一位，随后是西班牙、意大利。在我国建筑陶瓷发展的40年间，原来唐山、佛山、博山所形成的建筑陶瓷业“三山鼎立”的格局逐渐被打破，在国内形成“三山一海夹两江”的产业布局结构。“三山”指广东佛山、山东博山、河北唐山；“一海”指上海，包括江浙地区；“两江”一指四川夹江，包括川渝地区，二指福建晋江，泛指福建省。近年来，随着佛山陶瓷的产业转移以及各地加大建筑陶瓷产业建设，建筑陶瓷产区遍布全国。据统计，目前全国大小产区有60多个，实力比较强的产区有十个：佛山、晋江、淄博、临沂、法库、夹江、内黄、泛高安、岳阳、藤县等。

0.4.2 我国建筑陶瓷产品结构总体状况

随着建筑陶瓷科技进步，特别是数字技术的发展，我国建筑陶瓷产品质量有了质的飞跃。各企业积极开发新产品，已拥有并能够生产不同品种、不同规格、不同功能、不同装饰效果的建筑陶瓷产品。

0.4.2.1 建筑陶瓷的分类

（1）按产品分类

① 瓷砖、磁砖、地砖、墙砖、地板砖；
② 釉面砖、通体砖、玻化砖；
③ 仿石砖、仿木砖、仿玉砖、仿布砖、仿金属砖；
④ 抛晶砖、抛金砖、K金砖、金箔砖、微晶砖；
⑤ 全抛釉砖、超平釉砖；
⑥ 抛光砖、瓷抛砖；
⑦ 木纹砖、数码砖；
⑧ 大理石瓷砖、仿古砖、花砖、纯色砖；
⑨ 瓷片：地面瓷片、墙面瓷片、带花瓷片、花片；
⑩ 大板砖、岩板；
⑪ 马赛克（锦砖）；
⑫ 泡沫砖。

（2）按空间分类

厨房瓷砖、客厅瓷砖、餐厅瓷砖、阳台瓷砖、卫生间瓷砖、书房瓷砖、卧室瓷砖、背景墙瓷砖、楼梯间瓷砖。

（3）按功能分类

防滑砖、耐磨砖、负离子瓷砖、防污砖、透水砖、广场砖、高强度砖、易清洁砖、防水砖、耐油污砖、易保养瓷砖、防刮花瓷砖、抗冻瓷砖、不褪色瓷砖。

0.4.2.2 建筑陶瓷产品的特点

目前，市场上的建筑陶瓷产品琳琅满目，丰富多彩，呈现出前所未有的多样性和复杂性，很难对当前产品结构作准确的定性分析。但总体来看，建筑陶瓷产品呈现如下特点。

① 内墙高档化。现代家居观念改变了过去“重厅轻厨”意识，把厨房和卫生间作为家庭装饰、装修的重点和构思设计最精彩的地方，各种瓷片成为厨卫家装的精美衣裳。高光、亚光、无光釉面砖及腰线和花片的整体搭配，使内墙装饰日趋高档。内墙高档化体现在以下几方面：一是瓷片内、外在质量的提高；二是装饰风格和装饰效果得到提升；三是科技含量大为提高，新材料、新科技在内墙瓷片上的运用日趋广泛。

② 外墙瓷质化。外墙装饰砖经历了由陶质到炻质再到瓷质的过程，长条砖和小方砖日趋没落，瓷化程度高的外墙砖将受欢迎，并逐步取代陶质和炻质砖。

③ 地砖石材化。毫不夸张地讲，整个建筑陶瓷行业都在“做石头文章”，把天然石材（主要集中在花岗岩和大理石两类题材上）作为开发的蓝本，把瓷砖石头化的开发理念推向高潮。特别是岩板的出现，更是将建筑陶瓷行业向更深的石材化推进，其应用领域扩大至家装、家电和家居等。

0.4.2.3 常用陶瓷砖的特点

几种常用陶瓷砖的特点如下。

（1）釉面砖

砖的表面经过烧釉处理。它基于原材料的区别，可分为陶质和瓷质两种。陶质釉面砖，即由陶土烧制而成，吸水率较高，强度相对较低。按当地土质区分，有红土也有白（黄）土，又称磁砖。瓷质釉面砖，即由瓷土烧制而成，吸水率较低，强度相对较高，其主要特征是背面颜色是灰白色，所以习惯称为瓷砖。根据光泽的不同，还可以分为下面两种：亮光釉面砖和哑光釉面砖。

优点：釉面砖表面可以做各种图案和花纹，比抛光砖色彩和图案丰富，因为表面是釉料，所以耐磨性不如抛光砖。缺点：热胀冷缩容易产生龟裂，坯体密度过于疏松时，水泥的污水会渗透到表面。

（2）通体砖

通体砖是表面不上釉的瓷质砖，而且它的正面和截面的材质和色泽一致，因此得名。通体砖有很好的防滑性和耐磨性，被广泛使用于厅堂、过道和室外走道等地面，一般较少使用于墙面。多数防滑砖都属于通体砖。

优点：样式古朴，而且价格实惠，其坚硬、耐磨、防滑的特性尤其适合阳台、露台等区域铺设；表面抛光后坚硬度可与石材相比，吸水率低。缺点：通体砖是一种耐磨砖，虽然现在还有渗花通体砖等品种，但相对来说，其花色比不上釉面砖。

（3）抛光砖

通体砖坯体的表面经过打磨而成的一种光亮的砖种。抛光砖属于通体砖的一种衍生产品，相较于通体砖平面粗糙，抛光砖表面光洁，性质坚硬耐磨，适合在除洗手间、厨房和室内环境以外的多数室内空间中使用。在运用渗花技术的基础上，抛光砖可以做出各种仿石、仿木效果。

优点：经过抛光工艺处理，原本的石材被打磨得光亮洁净，更加通透，有如镜面，使用抛光砖能够让整个空间看起来更加明亮。缺点：不防滑，抛光不佳的砖易脏。

(4) 玻化砖

一种强化的抛光砖，要求压机更好，能够压制更高的密度，同时烧制的温度更高，能够做到全瓷化。优点：质地比抛光砖更硬、更耐磨，光泽度更好，能够一定程度解决抛光砖容易脏的问题。

(5) 仿古砖

仿古砖是从国外引进的，实质上是上釉的瓷质砖。仿古砖属于普通瓷砖，与瓷片基本是相同的。所谓仿古，指的是砖的效果，应该叫仿古效果的瓷砖。

优点：仿古砖并不难清洁。数千吨液压机压制后，再经千度高温烧结，使其强度高，具有极强的耐磨性，经过精心研制的仿古砖兼具了防水、防滑、耐腐蚀的特性。仿古砖仿造以往的样式做旧，用带着古典的独特韵味吸引着人们的目光，为体现岁月的沧桑、历史的厚重，仿古砖通过样式、颜色、图案，营造出怀旧的氛围。缺点：防污能力较抛光砖稍差。

(6) 马赛克

一种特殊的砖，它一般由数十块小块的砖组成一个相对的大砖。分为陶瓷马赛克、大理石马赛克、玻璃马赛克。它因小巧玲珑、色彩斑斓等特点被广泛使用于室内小面积地、墙面和室外。

(7) 瓷砖、大板、岩板

瓷砖是难熔金属氧化物和半金属氧化物，多为黏土、石英砂等无机非金属材料，通过研磨、混合、压制、施釉、烧结等工艺制成的耐酸碱瓷或炻器。大板又称陶瓷板，本质上还是瓷砖。一般地，陶瓷板材成型烧结后面积不小于 $1.62m^2$ 的称为大板，大板的尺寸至少大于 900mm×1800mm。岩板（sintered stone）主要由石英石、长石、高岭土等经高温烧制而成。其工艺原理与瓷砖、陶瓷大板相同，吸水率也在瓷砖的范围内，但不能完全概括为瓷砖，也不能简单地套用瓷砖的标准。最明显的特点是岩板应能适应各类深加工，可任意切割、钻孔、磨边等而不开裂。按规格分为大石板和小石板，按规格用途分为家具台面板、厨卫岩板、护墙板、背景墙板、衣橱饰面板、地面岩板等，具有陶瓷装饰材料和应用材料的双重性能。

(8) 大理石瓷砖

大理石瓷砖是继瓷片、抛光砖、仿古砖、微晶石之后的又一革新成果，在纹理、色彩、质感、手感以及视觉效果等方面完全达到天然大理石的逼真效果，不仅具有天然大理石逼真的装饰效果和瓷砖的优越性能，还避免了天然大理石存在的色差、瑕疵、放射性、不耐酸碱腐蚀、强度低等问题，成为瓷砖领域的主流产品之一。

(9) 喷墨渗透瓷质砖

喷墨渗透瓷质砖是一种以传统通体瓷质砖的全玻化坯体为产品底坯，在产品纹理的成型上采用 3D 喷墨渗透工艺生产的新型通体瓷质砖，又称“瓷抛砖”。瓷抛砖的表面瓷质层采用比普通粉料更精细的精制粉料，其关键生产技术包括“一次通体布料”“瓷质面层涂布”“数码喷墨渗花”“超低磨削量抛光”等，集合了当今陶瓷墙地砖的科技成果和装饰技术，在国内外开创了一种瓷质砖生产新工艺。与传统通体瓷质砖相比，喷墨通体瓷质砖继承了传统通体瓷砖耐磨的物理性能，产品的质感更加温润，纹理更加自然而逼真，适合各类建筑物的内外墙地装饰。

（10）发泡陶瓷

发泡陶瓷是以煤矸石、粉煤灰、陶瓷抛光泥、赤泥、陶土尾矿、江河湖淤泥、页岩等各类工业固体废弃物为主要原料，采用先进的生产工艺和发泡技术经高温焙烧而成的高气孔率的闭孔陶瓷材料。其气孔率高达50%以上，因此，发泡陶瓷也被称为多孔陶瓷。它具有轻质、保温、隔音的特点，不仅突破了铺地和铺墙的限制，还可以直接作为建筑主体材料做墙体，大大提高了施工效率。发泡陶瓷是一种综合性强的新型环保材料，不仅能够消耗大量工业固体废料及尾矿，有利于环境保护，而且对于陶瓷行业产品差异化与新产品的开发有着启示意义。

0.4.3 我国建筑陶瓷技术发展

自20世纪80年代我国建筑陶瓷工业引进国外生产技术开始，到逐渐消化吸收，最终形成国内特有技术，特别是广东科达制造股份有限公司的成立到崛起，陶瓷机械产品不断升级，成功实现了陶瓷机械产品由跟跑到领跑的转变。陶瓷机械装备的发展，为建筑陶瓷的技术进步提供了重要的动力，中国建筑陶瓷技术进入了世界的前列。回顾我国建筑陶瓷技术的发展，原料加工从普通吨位球磨机发展到大吨位球磨机，从间歇式球磨到连续式球磨，从湿法制粉到干法制粉；瓷砖压机由摩擦压砖机发展到大吨位液压压砖机，再发展到带式压砖机和对辊式压砖机；干燥由烘房干燥到连续式立式干燥，再到多层辊道卧式干燥；装饰由丝网印刷、滚筒印刷到数码喷墨打印；窑炉从推板窑到隧道窑再到辊道窑，辊道窑窑体宽度从1.2m发展到3.5m，长度从80m左右发展到400～500m，窑炉的产量从不到1000m^2/天到1.5万m^2/天甚至4万～5万m^2/天；企业生产从传统工人操作到智能化数字工厂，大幅提升了建筑陶瓷企业的生产效率。

随着我国建筑陶瓷产量快速增加，对自然资源的原料、燃料消耗巨大，加大了资源、环境的负荷。1989年5月，联合国环境规划署提出清洁生产理念，以节约资源和能源、减轻消耗和污染为目标，通过筛选工艺并实施防治污染措施等技术和管理手段，达到防治工业污染、提高经济效益双重目的。自此，建筑陶瓷行业开始引入清洁生产的技术。

中国建筑卫生陶瓷协会“十二五”期间提出了要大力发展先进、节能、环保的陶瓷生产工艺，大力开发新技术、新工艺，推广先进、节能、清洁的生产工艺及装备，发展科技含量高、经济效益好、能源消耗低、环境污染小的新产品，增强企业自主创新能力。从技术层面分析，推行陶瓷砖干法制粉与挤出成型；大力开发和推广节能减排新技术、新装备，降低能耗和排放，使用清洁能源；利用低质原料、城市污泥和工业废料废渣等制作“绿色”建筑陶瓷产品，研发较高技术含量的自洁、抗菌、蓄光、导电、过滤、减噪、保健、隔热等功能化的新产品；大力推广应用低温快烧技术、连续磨生产技术、清洁能源制备技术以及自动加工机械手；大力推进陶瓷砖薄型化产品等。

“十三五”期间，提出进一步加大设计研发创新力度，着力开发时尚化、创意化、个性化、特色化类建筑陶瓷新品种，开发薄型陶瓷砖、陶瓷薄板、文化艺术砖、仿天然材质砖，开发防静电、耐磨、耐污、防滑、保温、太阳能、抗菌等功能型建筑陶瓷产品以及隔热、保温、隔音等多孔陶瓷板等产品。在技术方面，重点研发新型原料制备、新型节能窑炉、陶瓷砖短流程生产工艺、环保及循环利用新技术；着力加强标准体系建设；推动现代制造与现代信息技术在陶瓷业中的深度融合和应用与推广；促进工业机器人、互联网、云计算、大数据等在企业研发设计、生产制造、经营管理、销售服务等全流程和全产业链的综合集成应用，建设智能工厂、数字化车间，推进陶瓷生产智能制造。技术研发与技术改造重点工作有：研发薄型建筑陶瓷砖（板）生产及应用配套技术，轻量化、工业废弃物综合利用生产技术；研发低品位原料（如红坯土、页岩等）应用技术，功能喷墨墨水、抗菌新型坯釉材料等制造技术；研发宽体节能窑炉、节能高效多层辊道式干燥器、万吨级压砖机、大型高效薄板生产线；研发智能化生产技术、机器人应用技术、自动储存转运生产线、智能化立体仓储等自动化及智能化技术；重点研发与推广节能减排技术；完善和推广建筑陶瓷干法制粉工艺技术、连续球磨工艺技术，扶持建立集中制粉商品化应用示范中心的原料生产与供应基地；集中清洁煤制气技术与装备、新型高效清洁煤气化（自）净化技术装备；加快窑炉新型燃烧技术、窑炉和喷雾干燥塔能源高效循环利用技术研发；研发超大规格陶瓷薄板生产工艺技术、陶瓷砖减薄工艺技术、低温快烧工艺、低粉尘作业工艺技术；研发球磨机、风机等装备节能改造技术，高效收尘、脱硫、脱硝技术与装备，多种污染物协同治理技术与装备等节能减排技术。实施绿色建筑陶瓷低碳排放示范工程，建立完善建筑陶瓷行业碳排放核算体系，以标准化的碳交易体系提升行业低碳制造水平。制定绿色发展战略、绿色标准，建立绿色生产评价体系。

“十四五”期间，继续加大研发创新力度，开发时尚化、创意化、功能化、装配部品化等新品种，重点发展岩板和发泡陶瓷两类产品，坚持“双碳”政策，推动研发健康低碳新产品。重点发展厚度在3mm及以下的超薄陶瓷板材、陶瓷大板、陶瓷岩板，户外陶瓷厚砖、薄型陶瓷砖、陶瓷薄板、文化艺术砖、仿天然材质砖、光伏陶瓷瓦，改善健康环境的陶瓷砖、防滑地砖等功能性陶瓷砖，发泡陶瓷隔墙板、陶瓷墙面一体化发泡板材、高强度烧结透水砖等新型建筑陶瓷产品，以及增材3D打印等新材料技术产品。在技术和工艺方面：大力推广干法制粉技术、连续球磨技术以及瓷砂石的破碎预处理技术，从而降低原料球磨电耗，研发矿山尾矿、工业固体废渣、低品位原料（如红坯土、页岩等）应用技术，锆英砂替代技术，功能渗透墨水、新型装饰材料等制造技术，扶持建立集中制粉商品化应用示范中心；研发超大规格陶瓷板材生产工艺技术、低温快烧工艺、发泡陶瓷高耐火极限控制工艺；发展大型窑炉电烧工艺，研发窑炉新型燃烧技术、窑炉和喷雾干燥塔能源高效循环利用技术、电力烧成或气电混烧技术及装备；研发煤基低碳燃料技术、氢氨等新能源技术；开发智能识别检测设备、智能化生产技术、机器人应用技术、自动抛磨技术、自动储存转运生产线、智能化立体仓储技术、智能化应用系统。

因此，我国建筑陶瓷今后发展主要方向：资源高效利用、产品功能化、表面处理技术以及智能化、自动化生产。

① 资源高效利用　包括陶瓷砖薄型化技术、短流程生产技术、免烧施釉技术、原料均化技术等4个子方向。其中陶瓷砖薄型化主要有：陶瓷薄板、超薄外墙砖、地砖和墙砖减薄。短流程生产技术的核心主要是使用大型干法造粒机和流化床来代替建筑陶瓷的主要耗电工序即球磨工序和喷雾干燥工序。免烧施釉技术是指通过高压静电喷涂方式将无机粉料喷涂于素坯之上的工艺过程，可以减少有釉陶瓷砖的釉烧工序。原料均化技术主要是根据料性的不同和产地不同，建立具有不同工艺过程的大型标准化原料加工基地，确保建立在矿山的原料加工厂直接供应标准化原料，大大提高原料的使用效率，保证后续工序的稳定，提高行业

的自动化水平。

② 产品功能化　赋予建筑陶瓷除了装饰效果以外更多的功能，包括基于陶瓷材料的内外墙保温系统研究、噪声吸收功能研究、防静电功能研究、太阳能与光伏技术结合陶瓷砖的研究、环境调节功能陶瓷砖的研究等。

③ 表面处理技术　主要指耐污染性、耐磨性等陶瓷表面处理技术。表面装饰效果主要有仿石、仿皮、仿布、仿金属光泽、仿贝壳光泽、仿古效果等，这些装饰效果的实现均依赖于色釉料配方技术、抛光技术、布料技术、印花技术、喷墨打印技术等。

④ 智能化、自动化生产　随着国家对工业 4.0 及智能化制造的重视，建筑陶瓷行业也大力推进信息化、智能化制造水平，以绿色、信息化、智能化、现代化融合为目标，制定建筑陶瓷的现代制造加工系统，从基础理论研究到制造加工全方位贯穿与融合信息、智能、绿色制造加工的创新理念，从设计到生产制造加工，从生产过程控制运行到管理数据及评价，到实现新型的制造模式和现代化、数字化、智能化的管理控制，推动行业整体迈向中高端。

0.4.4 我国建筑陶瓷配套技术机械装备发展

改革开放 40 多年来，中国的陶瓷工业由小变大，由弱变强，生产工艺、技术、装备水平都得到了快速发展，取得了令世人瞩目的成绩，已成为世界陶瓷生产和装备制造的超级大国。陶瓷工业的大力发展和不断推陈出新，需要大量先进的、创新的陶瓷机械装备；同时陶瓷机械装备设计制造技术的进步，也为陶瓷工业提供了一大批价廉质优的先进装备，造就、支持、促进了中国陶瓷工业的迅猛发展和现代化水平的提高。

陶瓷行业的快速发展，以及世界陶瓷制造中心地位形成，有力地推动了我国陶瓷机械装备的创新发展。从原材料制备→成型→烧成→后期冷加工→装饰→分拣包装等机械设备，无论是从产品的种类、数量、质量，抑或是技术含量来看，中国陶瓷机械装备都进入了世界先进水平。从单机设计制造到整线工程的设计整合，中国陶瓷机械无疑是世界陶瓷技术装备的一支重要力量。中国陶瓷机械装备在占领了国内绝对陶瓷机械市场份额之后，近年来频频出击国际市场，并以卓越的性价比赢得了国际市场占有率。尤其是在亚洲新兴陶瓷产区，中国陶瓷机械装备更是凭借地缘政治、经济、文化等优势迅速占亚洲市场的桥头堡。

中国陶瓷机械装备行业的快速发展，打破了意大利一国独强、绝对垄断优势的格局。目前，中国陶瓷机械装备的整体技术水平已经接近或达到国际先进水平，部分具有自主知识产权的技术处于世界领先水平。

随着现代信息技术与制造技术融合创新的快速发展，陶瓷机械装备将朝着集成化、智能化、柔性化方向发展，实现研发、设计、生产与经营管理的集成创新，创新研发生产制造和产业组织方式，实现陶瓷机械装备生产制造和供应链的柔性化、敏捷化、数字化、网络化、协同化，才能适应新形势的需求。

(1) 发展历程

我国陶瓷机械装备行业从 20 世纪 90 年代初到现在，已全面实现了国产化。在中国广东佛山聚集了大约 200 余家建筑卫生陶瓷机械装备企业。历经几十年的快速发展，中国建筑陶瓷机械装备行业已充分市场化，全部都是民营企业。中国建筑陶瓷机械装备企业目前已完全掌握了建筑陶瓷机械装备的核心技术，国产建筑陶瓷机械装备技术不断走向成熟，并以其性价比的优势逐渐成了国内市场的主流。而进口装备正逐年减少，从最初国内市场上清一色的进口装备到目前进口装备的市场份额不到10%。

中国的建筑陶瓷机械装备发展历程可归纳为以下两个阶段。

① 1980～2000年之间的20年间，中国的陶瓷行业飞速发展，从国外引进新工艺技术与新装备，国内同步消化吸收、国产化进入全盛时期。意大利、日本、德国、英国等工业发达国家的装备都被引进到了中国，与此同时，中国国内也开展了消化、吸收和国产化的工作。这一时期的工作成果奠定了中国现代陶瓷机械装备生产和其产业形成的基础，大大推动了中国陶瓷机械装备制造产业的主流产品生产由传统转变为现代化工业的进程。陶瓷工业用的主要关键装备，如大型间歇式或连续式球磨机，高压、大流量陶瓷（刚玉质）柱塞泥浆输送泵，大型喷雾干燥塔，大吨位、大尺寸砖的全自动压砖机，全自动滚压成型生产线、研磨、抛光机组等都已研制成功，并投入批量生产，其质量达到同类产品国际先进水平，不仅可以完全满足国内陶瓷工业的需求，而且已经出口到许多国家（包括一些发达国家）和地区。

② 进入21世纪以来，中国陶瓷机械装备制造产业进入了一个全新的时期。引进装备实现了国产化，陶瓷机械装备基本由模仿型创新转为自主型创新，并且由国内竞争转而参与国际竞争的时期。现在，已经基本建立中国陶瓷机械装备制造产业的完整体系，包括生产基地、研发工程中心、销售网络、供应体系、产业服务体系、物流体系、行业专业学术组织等。目前我国陶瓷机械装备随着陶瓷企业的技术改造在不断发展和完善，已形成一个各有分工的比较完整的陶瓷机械生产体系。

（2）陶瓷原料加工设备

改革开放后，我国陶瓷行业跨入了持续高速发展的时期，技术进步的步伐加快。20世纪70年代末至80年代初，我国自行开发了8t、14t、15t大型球磨机，1000～3200型压力式喷雾干燥器和Φ85～140mm型液压陶瓷柱塞泥浆泵的系列产品，大大改善了陶瓷厂原料车间制浆、制粉的工艺装备。在随后的陶瓷砖生产装备大引进中，原料车间基本上全采用国产设备，节约了大量的外汇。

进入2000年以后，随着建筑卫生陶瓷企业规模的迅速扩大，国产的25t、30t、40t、60t以至100t间歇式球磨机均成功投入生产。近年来，国产的连续式球磨机或多单元连续式球磨机已通过鉴定，并在国内建筑陶瓷企业得到了推广应用。国内制造的6000型、10000型、18000型喷雾干燥塔均已投产使用，Φ200mm、Φ250mm、Φ300mm、Φ500mm型陶瓷柱塞式泥浆泵已大量在陶瓷厂应用，湿法制粉工艺得到了很大的完善。

20世纪90年代我国就进行了陶瓷砖干法制粉工艺设备的研究开发，制造出多种型号的造粒机，为了改善颗粒性能，也开发出了“过湿造粒”带流化床干燥的全套工艺设备，但没有真正地在行业推广应用。2013年后，陶瓷墙地砖干法制粉工艺再次在行业内得到重视，多家企业和科研单位参与研发制造，目前已成功上线，开始了推广应用。干法制粉工艺经过近二十年的研发，山东义科节能科技股份有限公司、佛山市溶州建筑陶瓷二厂有限公司、广东博晖机电有限公司建造的干法制粉生产线已投产应用，这对降低成本、节能减排以及粉料集中制备专业化生产都具有重要意义。

陶瓷粉料和泥浆、釉浆的除铁设备，近十多年来有了长足的进步，多数采用强磁棒的永久磁铁形成磁场，并提高自动化程度。如：强力永磁滚筒、全自动永磁高梯度强磁粉料除铁机、高梯度釉浆连续除铁机等都已被开发出来，并用于陶瓷工业。

(3) 成型设备

我国在组织联合引进、消化吸收，同时研发自动压砖机、辊道干燥器、施釉线、装卸载机、辊道窑等彩釉墙地砖生产线的关键设备，并致力于国产化示范线的建设。国内消化吸收或自主开发的建筑陶瓷技术装备已推广应用在建筑陶瓷行业中。1989 年 8 月，YP600 型液压自动压砖机通过了国家建筑材料工业局组织的科技成果鉴定，并经不断改进。此后，随着墙地砖规格的加大，压机吨位不断加大，如今已形成了从 600～10000t，几十个规格品种的压砖机大家族。

由佛山市恒力泰机械有限公司自主研发的、备受业界关注的亚洲首台恒力泰“万吨级”压砖机 YP10000 于 2015 年 12 月 2 日正式投放市场，YP10000 型压砖机不仅是中国陶瓷成型装备领域备受瞩目并寄予厚望的里程碑之作，更是承载了恒力泰人的跨时代梦想，它的面世标志着中国陶瓷成型装备由此进入万吨级时代。恒力泰通过技术创新将传统压砖机升级为既可压厚砖又可压薄砖的压砖机，推出万吨压砖机可压 2400mm×1200mm×5.5mm 的薄板（砖）。2017 年 3 月，恒力泰 YP16800 压砖机正式上线投产，成功压制出 1220mm×2440mm 超级陶瓷大板，同时，恒力泰 YP20000 压砖机也开始上线，助力企业迈进“大”时代。

中国的压砖机等陶瓷机械已从 20 世纪 80 年代的大量进口变为现在的源源不断地出口，在印度、越南、伊朗、孟加拉国等发展中国家得到使用。

(4) 智能化自由布料系统

近年来，随着陶瓷墙地砖生产的个性化、时装化、多样化发展，二次布料、多管布料设备系统也随之应运而生。目前，这种集计算机控制技术、光感技术、自由布料工艺技术、机械制造技术及图形处理技术等于一体的高科技、创新性产品，正创造着国内建筑陶瓷新的市场需求。

(5) 干燥设备

随着瓷砖规格的加大，立式干燥器逐渐退出市场。为了缩短卧式干燥器的长度，近十多年来出现了三层、五层甚至六层的快速干燥器，不仅大大节省了占地面积，还提高了干燥的热利用率。近两三年出现了可用于建筑陶瓷的微波干燥器，可大大缩短干燥周期，节省能耗，扩大使用面并实现产业化后，又将我国干燥技术提高了一大步。

(6) 施釉设备

陶瓷砖施釉线上的设备已系列化，各种规格的钟罩式浇釉机、盘式甩釉机等可满足使用。近年来仿古砖产品兴起，施釉线上专用的水刀式喷釉机、云彩式喷釉机、多色喷釉机、打点机、擦砖机、磨釉机、干法挂砂机、干粉印花机等干湿法施釉设备均已国产制造并成功使用。

(7) 装饰技术及设备

在装饰设备方面，国内在 20 世纪末引进了意大利 System 等公司生产的丝网印花机、辊筒印花机等装饰机械，用于釉面墙地砖的装饰。之后国内的佛山市希望陶瓷机械设备有限公司、佛山市美嘉陶瓷设备有限公司等企业开始生产供应这类机械。国产装饰设备有各种规格的皮带式、升降式丝网印花机和辊筒印花机。

2008 年 5 月佛山市希望陶瓷机械设备有限公司研发出中国第一台陶瓷砖装饰的喷墨印刷机。2009 年，西班牙 KERAjet S. A. 公司制造的陶瓷砖喷墨印花机首次进入中国。杭州诺贝尔陶瓷有限公司是国内第一家引入瓷砖喷墨印花技术的企业，从那以后，陶瓷喷墨装饰技术在国内建筑陶瓷生产企业中迅速推广和普及，同时掀起了研发陶瓷喷墨印刷机、喷墨打印墨水的热潮。

2010 年后，全球陶瓷砖应用喷墨机械设备的数量不断增长。据统计，到 2015 年 4 月为止中国在线的喷墨印刷机已有 3000 台左右。世界陶瓷砖生产已进入喷墨打印时代，而作为全球陶瓷砖生产第一大国，中国成为该技术运用最大的市场。近年来，建筑陶瓷行业沿用陶瓷喷墨打印的技术原理，不断提升喷墨打印机技术，突破了传统喷墨装饰单一的功能，推出了喷功能釉、喷干粉技术，使喷墨打印发展到一个全新的高度。喷釉、喷干粉技术赋予了瓷砖无限的生命力，立体感强、纹理逼真、色彩鲜艳。

(8) 烧成设备

窑炉是陶瓷工业的心脏，在陶瓷工业的发展中起着举足轻重的作用。我国从 20 世纪 80 年代初全线引进国外窑炉生产瓷砖，通过消化吸收，国内首条由链条传动的辊道窑很快在广东诞生，拉开了辊道窑国产化的序幕。到了 1989 年，由齿轮传动的辊道窑也生产出来。到了 90 年代，窑炉国产化已初具规模。国内开发的陶瓷辊道窑，从早期的煤电混烧隔焰式、重油隔焰式向煤气、轻柴油、天然气明焰式发展，温度控制由比例-微分-积分（PID）数字调节单回路控制向微机控制发展。随着与窑炉配套的高速调温烧嘴的国产化，高温燃气喷射速度达 100m/s 以上，沿火焰方向 5m 范围内温差小于±5℃，火焰长度 0.2～5m，这为辊道窑向长、向宽的方向发展提供了保证。2012 年，广西桂平市建成了长为 500m 的辊道窑，刷新了世界上最长的辊道窑记录。2013 年，湛江科达节能科技有限公司在山东临沂盛世建材有限公司承建的日产 3 万 m^2 的内墙砖宽体辊道窑投产，实测能耗为 2.88kg 煤/m^2，每天可为企业节近 10t 煤。近 10 年来，建筑陶瓷窑炉趋于智能化、绿色化发展，产量也越来越大，广东摩德娜科技股份有限公司在河北某建筑陶瓷企业承建的窑炉日产量达到 7.5 万 m^2。

(9) 冷加工设备

陶瓷产品的冷加工可以提高产品的尺寸精度和光泽度。釉面砖的磨边加工可以实现其无缝拼贴。瓷质抛光砖是中国陶瓷砖的主打产品之一，抛光生产线机组不仅可以完全满足国内需求，还可以出口国外。为了提高抛光砖的抗污染性，国内开发了具有原创技术的纳米抗污涂料和专用的“超洁亮”抛光线，并广泛推广使用。它与具有原创技术的干法磨边机和新型节能型刮平粗抛机一起显示了我国建筑陶瓷机械由“抄”到“超”的历史性变化，也显示了我国抛光砖生产技术的国际领先地位。

2015 年广州陶瓷工业展上广东一鼎科技有限公司发布了新型反置式抛光机。在此之前的抛光机基本结构都是瓷砖以正面向上的状态运行，磨头、抛光头在其上方进行磨削、抛光加工。一鼎科技独家发明的反置式抛光机一举颠覆了人们想当然的惯性思维，大胆将瓷砖与加工机械的相互位置进行反置：即瓷砖以正面向下的状态运行，而磨头、抛光头则在其下方进行磨削、抛光加工。与以往传统的抛光机相比，最突出的特点是节水环保，后者的耗水量仅为前者的 30%左右，故又被称为“微水型抛光机”。

岩板的出现又催生了水刀切割机、连续切砖机、磨弧开槽机等机械设备。这种能将成品抛光砖和破损抛光砖切割成高附加值拼花系列产品及提高废品利用率的设备，市场发展空间巨大。

（10）检选、包装设备

集计算机控制技术、光感技术、计算机数控（CNC）技术及图形处理技术等于一体的高科技、创新性产品，正创造着国内建筑陶瓷新的市场需求。随着国内陶瓷生产企业自动化程度的逐步提升，对此类设备的需求已经成为必然趋势，一批自动化新产品，如自动堆垛机、自动上砖机、自动包装线等先后推广应用。

目前我国已经成为世界上陶瓷生产和装备制造大国，但是从整体上来看，我国陶瓷生产自动化水平还有很大的提升空间，在当前的发展阶段下，我国正在大力推进产业升级调整，陶瓷机械行业需要不断提升自动化水平以及智能化水平，才能促进产业附加值的不断提升，保证产业的健康发展。

0.4.5 建筑陶瓷的应用现状

建筑陶瓷应用主要分为住宅装修装饰和公共建筑装修装饰。近年来，建筑陶瓷的市场增长点可以分为如下几个方面。

① 建筑陶瓷产品在民用住宅中主要用于内外墙面、厨卫、阳台、地面等的装饰，随着国内城镇化及全面建设小康社会的推进，建筑陶瓷产品刚需在未来一段时间内将处于较高水平。

② 近年来，随着国内高层建筑、超高层建筑越来越普遍，国内建筑幕墙用陶瓷砖产业取得了高速发展，在2016年完成了3500亿元的工程总产值，国内领先的施工公司已在海外积极扩张业务。2012年，陶瓷薄板应用于幕墙干挂的内容添加到了修订后的《建筑陶瓷薄板应用技术规程》（JGJ/T 172—2012）并发布实施，为陶瓷薄板在幕墙使用上铺平了道路，陶瓷薄板在幕墙工程上拥有较好的市场前景。

③ 城市轨道交通建设中的装饰工程需求是国内建筑陶瓷行业的重要市场。随着我国大力推进城市轨道交通建设，近年来国内地铁、轻轨运营线路不断增加，对建筑陶瓷的需求不断增长。

④ 民用机场建设也是建筑陶瓷产业的内需增长点。近年来，随着我国经济转型升级不断深入，民航业在经济社会发展中起到的战略作用更加显现，得到了较大发展。

第 1 章

建筑陶瓷用原料

本章导读

本章主要介绍建筑陶瓷的原料种类，各类原料在坯、釉中的作用，建筑陶瓷原料的特殊要求。重点介绍了建筑陶瓷工业常用原料黏土类、熔剂类、石英类、工业废料类以及辅助原料的特性及其作用。

学习目标

掌握各类陶瓷原料的性质及其在建筑陶瓷生产中的作用，了解建筑陶瓷生产用原料的特点，学会正确选用建筑陶瓷原料。

1.1 建筑陶瓷用原料的分类

根据原料的作用，建筑陶瓷用原料分类如下。

① 可塑性原料　包括软质黏土（如木节土、漳州土、苏州土、界牌土等）、硬质黏土（如叶蜡石、紫砂土、红页岩等）。

② 瘠性原料　包括石英、熟料、废砖粉、长石、硅灰石、透辉石等。

③ 熔剂性原料　包括长石、硅灰石、透辉石、石灰石、滑石、霞石、珍珠岩、花岗伟晶岩、霞石正长岩等。包括两类：

a. 熔剂　能在较低温度下自身转变成液相，去熔解其它物质的原料。

b. 助熔剂　能在较低温度下与其它物料形成低共熔物，使坯料出现液相的温度降低。

④ 辅助原料　包括各种添加剂、乳浊剂、色料及水等。

1.2 各类原料在坯、釉中的作用

1.2.1 可塑性原料

以黏土为代表，其主要作用如下。

① 赋予陶瓷坯体成型时必需的可塑性，对瘠性原料产生结合力；使坯体保持形状，保证坯体的干燥强度，改变其用量或种类可对陶瓷成型产生较大的影响。

② 是陶瓷坯体烧结的主体，其 Al_2O_3 含量的多少可调节烧成温度。

③ 加热脱水后形成脱水高岭石，当温度≥1000℃时，分解生成一定数量的莫来石晶体，赋予坯体较高的机械强度、热稳定性和化学稳定性。

④ 赋予釉浆及注浆料使用时的悬浮性和稳定性。

⑤ 某些黏土可单独制成建筑陶瓷制品。

1.2.2 瘠性原料

以石英为代表，其主要作用如下。

① 调节（减弱）泥料的可塑性，降低坯体的干燥收缩，减少坯体的变形，缩短坯体的干燥时间。

② 烧成过程中，石英因加热产生晶型转变伴随着体积膨胀，可部分抵消黏土的收缩，减弱烧成收缩过大而造成的应力，改善坯体性能。

③ 高温下部分熔解于玻璃相中，提高玻璃相的黏度；残余的颗粒构成坯体的骨架，增强高温下坯体抵抗变形的能力，并提高制品的机械强度。

④ 在釉中是形成玻璃的主要成分，它的含量及粒度的变化会影响釉的性能，可以调节釉的热膨胀系数，赋予釉面高的机械强度、硬度、耐磨性与抗化学侵蚀性能。

1.2.3 熔剂性原料

以长石为代表，其主要作用如下。

① 降低可塑性，缩短坯体的干燥时间，减少坯体干燥收缩和变形。

② 降低烧成温度，是坯体中碱金属氧化物的主要来源。

③ 高温下形成长石熔体，促进石英和高岭石的熔解和互相渗透，促进莫来石晶体的形成和长大。

④ 高温下形成的长石熔体填充于坯体颗粒间的空隙，黏结坯体颗粒，增加密度，改善坯体的机械性能。

⑤ 长石玻璃熔体冷却后，形成玻璃态物质，增加坯体的透明度，提高光泽度。

⑥ 是形成釉面的主要成分，调节其用量可以调节釉面的质量和坯釉结合性能。

1.2.4 辅助原料

主要有以下类型。

① 乳浊剂　赋予釉面乳浊效果，掩盖坯体的色调，提高制品的外观质量和使用功能。

② 增强剂　用于坯料中，作用是提高粉料的团聚性，提高成型后坯体的生坯强度。

③ 固定剂　应用于丝网印刷，使印刷的浆料牢固附着在坯体表面或釉面，避免在多次印刷时或搬运时造成堵网或剥落。

④ 促渗剂　应用于渗透釉，促进彩料向坯体内部渗透。

⑤ 电解质　降低泥料的含水量，提高球磨效率，赋予泥浆较好的工作性能。

⑥ 色料　使坯体或釉面呈现出人们所期望的各种色面，提高制品的外观质量。

⑦ 水　使湿法制备粉料成为可能，赋予釉浆、泥浆流动性，保证施釉质量。

1.3 建筑陶瓷生产用原料的特殊性

1.3.1 建筑陶瓷生产对原料的特殊要求

建筑陶瓷生产对原料的一些特殊要求，主要有以下几个方面。

① 要有尽可能小的干燥收缩和烧成收缩，以便保证产品尺寸准确、平整和不变形。因为使用收缩小的原料则坯体的烧成收缩小，对于不存在收缩中心的建筑陶瓷产品，不会因收缩大而产生变形，同时可以保证制品尺寸的准确性，以满足铺贴的要求。

② 加热过程中热变化要小，即差热曲线要尽量平缓。因为热变化小的原料，在烧成过程中不会产生巨大的应力，不易导致开裂。

③ 烧成前和烧成后的热膨胀系数要小，最好与温度的关系是直线关系，以利于快速升温和冷却。由于其热膨胀系数小，意味着整个烧成过程中，体积变化量小，不致引起开裂。热膨胀系数(α) 与温度(T) 呈直线关系，表明在烧成过程中不会在某个温度点出现突然性的体积变化。见图 1-1。

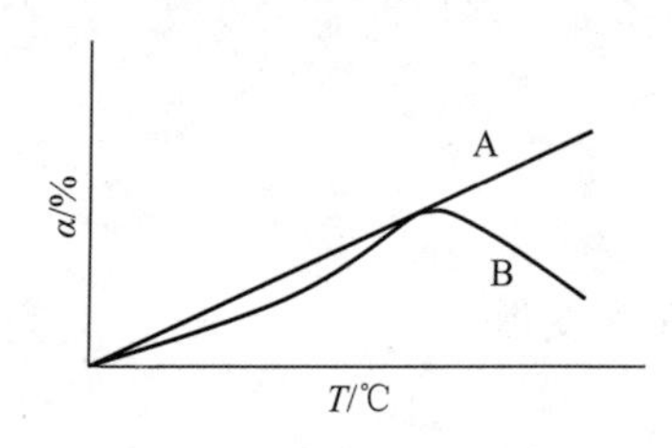

图 1-1 热膨胀系数与温度的关系

图 1-1 中 A 线表示坯体的膨胀系数与温度呈线性关系，B 线表示坯体的膨胀系数与温度呈非线性关系。在低温区，B 优于 A；在高温区，A 优于 B。

④ 烧失量尽可能得小。烧失量小，表明原料所含的结构水少，有机物少，或者是易分解的盐类物质少，烧成过程中氧化分解反应不剧烈，可以快烧。

⑤ 导热性要好，烧成时物理化学反应能迅速进行。导热性好可以使坯体迅速被加热，内外温差小，加热均匀性好。物化反应快，反应小，尤其是体积变化小，则可以保证由此原料制成的坯体在烧成时能快速升温或降温。

⑥ 烧成后获得的液相要尽可能是吸湿膨胀小的玻璃相。因为吸湿膨胀大的液相存在于坯体中会导致制品后期龟裂。一般钾、钠玻璃相吸湿膨胀大，钙、镁玻璃相吸湿膨胀小。

⑦ 只要不影响其它功能，原料中的钛、铁含量可高于日用陶瓷。因为建筑陶瓷表面常施乳浊釉进行遮盖，故而对坯体的白度一般不作要求。

⑧ 可以利用结晶程度差及风化不完全的原料，以便降低烧成温度。因为这类原料缺陷较多，晶格不完整，在烧成过程中，实现相变所需要的能量较小，可以在较低温度下进行。

1.3.2 建筑陶瓷生产用原料的广泛性

建筑陶瓷生产用原料的广泛性主要体现在以下几个方面。

① 建筑陶瓷制品有陶质、炻质与瓷质，对坯体没有透明度的要求。

② 建筑陶瓷制品多数为扁平状、片状器型，主要采用半干压法成型，成型的动力来自压力，因而对坯料可塑性要求不高。

③ 建筑陶瓷制品的厚度较日用陶瓷大，单件制品消耗的原料多。同时由于是群体出现，使用的原料多，因此为了节约成本必须要考虑使用廉价原料。

④ 建筑陶瓷注重外观质量和内在性能，对是否有悦耳动听的声音、是否有一定的透明度（微晶陶瓷砖除外）、坯体是否很白等无严格要求。

⑤ 建筑陶瓷的表面通常用具有强烈遮盖能力的乳浊釉进行装饰。

综上所述，建筑陶瓷可以使用日用陶瓷通常不用的陶瓷原料，因而具有广泛的原料适用性。

1.4 建筑陶瓷工业常用原料

1.4.1 黏土类原料

黏土类原料是指一类疏松的或呈胶状的紧密含水铝硅酸盐矿物。组成黏土的主要矿物有：蜡石类、高岭石类、蒙脱石类、水云母（伊利石）类和水铝英石等。其中除水铝英石是非晶质外，其余都是结晶质的。颗粒一般在 1～2μm，表现出可塑性。还含有非黏土类矿物，如石英、长石、方解石、云母、褐铁矿等，大小在 2μm 以上。还含有不同量的有机质等。

黏土是由富含长石等硅酸盐矿物的岩石经过漫长的地质年代的风化作用和热液蚀变作用而形成的。风化作用有机械的（物理的）、化学的和生物的等类型。机械风化作用是指由于温度变化、冰冻、水力和风力的破坏而岩石崩裂和移动，坚硬的岩石粉碎成细块或颗粒，为化学风化作用创造了大面积侵蚀的条件。大气中的二氧化碳、日光、雨水，有时还有矿泉水、火山气体、地下水等的共同侵蚀作用，使长石类矿物质发生系列水化和去硅作用，改变了岩石的矿物质组成，最后形成黏土，这就是化学风化作用。化学风化与生物风化作用共同出现，原始生物的残骸吸收空气中的碳素和氮素，逐渐变成腐殖土，使植物在岩石的裂缝中滋长，对岩石进行侵蚀。同时树根对岩石产生机械风化作用。可见，三种风化类型是交错重叠进行的。

按成因黏土可分为原生黏土和次生黏土。长石岩原地风化而成的黏土称原生黏土或一次黏土。风化黏土被雨水、风力等搬迁到另一处沉积下来形成的黏土称二次黏土、沉积黏土或次生黏土。因而次生黏土一般较原生黏土含较多有机质或其它杂质、白度低、颗粒细、可塑性好。

按黏土的软硬可分为硬质黏土和软质黏土。组织疏松、易粉碎、质点分散度大、可塑性好的黏土称软质黏土、肥黏土或富黏土，如"木节土""矸子土""树皮黏土""紫木节""球状黏土"等。硬质黏土也称贫黏土，指质地致密、硬度大、难粉碎、质点分散度小、可塑性差的一类黏土，如"干土""碱石""焦宝石""瓷石""蜡石"等。除上述分类方法外，还有依据可塑性、铝含量等进行分类的方法。

广东省的黑黏土资源得天独厚、白度高、结合强度高，对佛山地区建筑陶瓷的生产有着重要的影响。以它为主要原料生产的瓷质砖、抛光砖白度优于其它地区的产品，其它地区如辽宁法库县、江西高安市等地为了生产高档产品，都需要使用广东黑泥。目前，广东黑泥由于过度开采，质量已比早期的黑泥差很多。不少厂家已开始使用混合泥、灰泥、咖啡泥等黏土，但它们的白度和黏结性能不如从前的黑泥。广东黑泥的化学组成（及烧失量）见表 1-1。

表 1-1　广东黑泥的化学组成　　单位：%[1]

黑泥类型	成分							烧失量
	SiO_2	Al_2O_3	Fe_2O_3	CaO	MgO	K_2O	Na_2O	
台山黑泥	45.36	34.69	1.31	0.27	0.26	1.09	1.03	14.19
狮岭黑泥	52.71	27.69	1.81	0.46	0.91	1.99	1.60	12.59
番禺黑泥	55.15	27.62	2.30	0.58	0.14	0.92	0.87	11.62
中山黑泥	53.03	29.06	1.86	0.80	0.35	0.84	1.01	13.00
混合泥	49.96	33.27	0.52	1.05	0.42	5.48	0.51	9.06

1.4.1.1　主要黏土矿物

(1) 高岭石类

高岭石的化学通式为 $Al_2O_3 \cdot 2SiO_2 \cdot 2H_2O$，其质量分数为 Al_2O_3 39.53%，SiO_2 46.51%，H_2O 13.96%，晶体构造式为 $Al_4(Si_4O_{10})(OH)_8$。高岭石族矿物包括高岭石、地开石、珍珠陶土、多水高岭石等。它们的晶体结构基本相同，只是结构单元层的排列稍有不同，导致系列性质不同。

多水高岭石是一种结晶程度稍低的高岭石，在结构单元层间含有一定量的层间水，理想的化学式是 $Al_2O_3 \cdot 2SiO_2 \cdot 4H_2O$。其主要性质与高岭石相似，只是含水率较高。

由高岭石组成的较纯净的黏土称高岭土，是一般黏土中最常见的黏土矿物，最先在景德镇的高岭村发现。高岭土的主要成分是高岭石和多水高岭石。一般情况下，高岭土的化学成分越接近高岭石的理论组成，即杂质越少，耐火度越高，烧后白度也越高，烧成时形成的莫来石晶体也越多，从而制品的机械强度、热稳定性、化学稳定性越好。但其分散度较小、可塑性一般。反之，杂质多，耐火度低、白度低、制品的力学性能稍次。但一般其分散性好、可塑性优。

(2) 蒙脱石类（又名微晶高岭、胶岭石）

蒙脱石的化学通式为 $Al_2O_3 \cdot 4SiO_2 \cdot H_2O \cdot nH_2O$，结构单元层内电荷不平衡，吸附一定量阳离子，导致成分复杂。但 Al∶Si 的比例在 1∶1～1∶3 之间。蒙脱石族矿物包括蒙脱石、贝得石、囊脱石、皂石等。其中蒙脱石分布最广，应用最多。

蒙脱石类矿物是膨润土、漂白土等有用黏土原料的主要组成物，是陶瓷工业重要的塑化剂。其颗粒极细，黏结力特别强，水分子通过层间侵入，体积可胀大到 15 倍（膨润性），并呈凝胶状态，坯中引入 2%～5%可减少其它黏土用量。其软化温度较低，为 1200～1400℃。

(3) 伊利石类

伊利石类又称水云母类，是白云母（$K_2O \cdot 3R_2O_3 \cdot 6SiO_2 \cdot 2H_2O$）经强烈的化学风化作用，转变成蒙脱石和高岭石的中间产物。当白云母晶体结构中的碱（K^+）由于水化作用被部分过滤掉，由（H_3O^+）取代，即得到水云母矿物。这个取代过程是逐步过渡的，有的水化不强烈，保有白云母特色；有的水化强烈，在组成、物性以及形态方面变化较大，一

[1] 本书百分含量除注明外，均为质量分数。

般均归为伊利石类。其晶体结构式可写成 $K_2(Al,Fe,Mg)_4(Si,Al)_3O_{20}(OH)_4 \cdot nH_2O$。我国南方制瓷的主要原料瓷石，其主要组成就是石英和水云母类矿物，因产地不同，还含有部分碳酸盐、长石或高岭石。

伊利石类黏土属单斜晶系，纯者洁白，含杂质时染为黄、绿、褐色等，硬度1～2，密度2.6～2.9g/cm³。伊利石类矿物的基本结构与蒙脱石相仿，但结构层间缺乏水，因而没有膨润性。且结晶较粗，因而可塑性较差、干燥收缩小。

(4) 水铝英石

水铝英石是一种非晶质的含水硅酸铝，化学式为 $Al_2O_3 \cdot SiO_2 \cdot 5H_2O$。与其它黏土矿物的区别在于它能在盐酸中溶解，而其它结晶质的黏土矿物不溶于盐酸，但溶于硫酸。它的组成变化较大，$SiO_2 : Al_2O_3$ 在0.4～0.8之间。自然界中不常见，往往少量地包含在其它黏土中；在水中能形成胶凝层，包括在其它颗粒上，从而提高黏土的可塑性。同时，铝含量比其它矿物都要高，所以水铝英石是一种很好的陶瓷原料。

1.4.1.2 代表性黏土原料

(1) 瓷土

瓷土是瓷石风化后的产物，是一种适合于制造瓷器的伊利石质或绢云母质黏土。它与高岭土的区别是富含云母类矿物，石英、长石等碎屑矿物的含量也较高。在化学成分上，往往 SiO_2 含量偏高，一般大于70%；Al_2O_3 含量较低，为16%～24%；K_2O 和 Na_2O 含量较高，为2%～8%。瓷石和瓷土在地质产状上常密切共生，即表部为瓷土，往深部随着风化程度的降低就过渡为瓷石。表1-2为部分产地瓷土的化学成分。

表1-2 部分产地瓷土的化学成分 单位：%

瓷土产地名称	成分							烧失量
	SiO_2	Al_2O_3	Fe_2O_3	CaO	MgO	K_2O	Na_2O	
上饶瓷土	67.61	20.39	0.51	0.33	0.23	4.90	1.35	5.12
奉新瓷土2#试样	68.92	19.66	0.20	0.39	1.41	3.25	0.35	5.63
婺源金竹山瓷土2#试样	61.06	26.81	0.68	0.21	0.40	3.00	0.73	7.42
铅山瓷土	72.61	17.98	0.47	0.34	0.29	3.85	0.17	4.77
永丰下坊（下层）瓷土	68.21	22.07	0.93	0.20	0.37	2.80	0.09	5.99
浙江江山瓷土	70.18	19.34	1.58	0.20	0.40	3.58	0.10	5.07
海南屯昌南坤浆料	64.82	23.68	0.75	0.22	0.81	2.47	1.08	6.61
宜春瓷土3#试样	70.77	17.23	0.24	0.34	1.63	3.45	3.23	2.65

(2) 叶蜡石

叶蜡石又名图章石、寿山石、青田石、鸡血石、黄田石、冻石等，是一种生产瓷质抛光砖的优质原料。它的特点是白度高、产品烧成收缩率小。块状叶蜡石无可塑性，经粉碎成细粉后，表现出弱可塑性，可塑性指数为2～3，一般称为低可塑性黏土，或弱可塑性黏土。

叶蜡石的化学通式为 $Al_2O_3 \cdot 4SiO_2 \cdot H_2O$，结构式为 $Al_2[Si_4O_{10}](OH)_2$，理论化学

组成为 Al_2O_3 28.3%、SiO_2 66.7%、H_2O 5%。生产瓷质砖用的叶蜡石都不是纯叶蜡石，而是由几种矿物组成的结合体。叶蜡石矿物一般可分为4类：高岭石-叶蜡石、水铝石-叶蜡石、石英-叶蜡石、叶蜡石质蜡石。也有把蜡石分为铝质蜡石、叶蜡石质蜡石和硅质蜡石。铝质蜡石中又把氧化铝含量高的称为高铝叶蜡石；硅质蜡石中又把氧化硅含量高的称为高硅叶蜡石。表1-3为各种叶蜡石的性能。

表 1-3　各种叶蜡石的性能

性能		叶蜡石质蜡石	高岭石-叶蜡石	水铝石-叶蜡石	石英-叶蜡石
化学成分/%	SiO_2	65.82	50.95	48.02	72.29
	Al_2O_3	28.19	36.75	42.16	22.62
	Fe_2O_3	—	0.47	—	0.19
	TiO_2	—	0.15	0.27	0.19
	CaO	0.18	0.26	0.13	0.13
	K_2O	—	1.04	—	—
	烧失量	5.32	9.35	9.80	4.30
物理性能	相对密度	2.79	2.75	2.95	2.77
	耐火度/℃	1710	1710～1730	1750～1770	1680

叶蜡石用于建筑陶瓷生产具有以下工艺特性：①加热过程中，不发生剧烈收缩。②在500～800℃之间脱水缓慢，收缩小。③在1050～1150℃之间不但不收缩，反而稍有膨胀，这是铝氧-硅氧层分离形成莫来石和方石英所致。这个特性可以用来抵消其它原料造成的收缩，解决产品规格不一致的问题。④叶蜡石的烧失量较一般黏土小，因此在烧成过程中，变形与开裂趋势小，适合于快速烧成。⑤叶蜡石的热膨胀系数较小，用它生产出的制品热稳定性好。⑥叶蜡石所含的 K^+、Na^+ 少，因而生产出的制品吸湿膨胀小，不易产生后期龟裂。⑦叶蜡石耐化学腐蚀，只有在高温下才能被硫酸所分解。

(3) 焦宝石

山东地区丰富的焦宝石资源，是一种较好的生产瓷质砖的原料。用于瓷质砖生产的焦宝石必须经过精选，铁质含量要少，并且要经水洗涤，有的厂家直接使用熟焦。焦宝石的主要作用是调节坯体中的 Al_2O_3 含量。这一原料是广东地区所缺少的。各个产地焦宝石的化学组成见表1-4。

表 1-4　各产地焦宝石的化学组成　　单位：%

产地	成分							灼失量
	SiO_2	Al_2O_3	Fe_2O_3	TiO_2	CaO	MgO	K_2O+Na_2O	
淄博	44.53	38.23	0.66	—	0.29	0.29	0.29	13.82
徐州	54.56	31.84	0.41	—	0.90	0.65	—	7.78
费县柴埠庄	43.64	37.98	0.14	0.14	0.89	0.74	—	14.35

我国其它地区有丰富的类似焦宝石的原料，有的是硬质黏土，有的是矾土类原料，它们都可以用于瓷质砖生产中，调节坯体的 Al_2O_3 含量。

（4）红黏土

1）红黏土种类

红黏土属含铁质的半酸性黏土，有一定可塑性。红壤分布在我国南方，是亚热带湿润地区分布的地带性土壤，属中度脱硅富铝化的铁铝土。红壤有机质少、酸性强、土质黏重。与之相对应，我国北方以黑土为主，是温带森林草原和草原区的地带性土壤，包括灰黑土（灰色森林土）、黑土、白浆土和黑钙土。黑土呈中性偏酸、有机质及氮磷钾含量丰富、土壤肥沃、保水性强。红壤组成复杂，种类繁多，其发生分类目前尚不完善，缺乏一个公认的分类体系，不同国家间难以交流和统一。

我国热带、亚热带地区的土壤分类见表1-5。

表1-5　我国热带、亚热带地区的土壤分类

土类	亚类	土类	亚类	土类	亚类
1砖红壤	砖红壤	4黄壤	黄壤	12石灰（岩）土	红色石灰土
	红色砖红壤		表潜黄壤		棕色石灰土
	黄色砖红壤		黄壤性土		黄色石灰土
	砖红壤性土		黄泥土		黑色石灰土
	赤土	5燥红土			耕种石灰土
2赤红壤	赤红壤	6黄棕壤	黄棕壤	13火山灰土	
	黄色赤红壤		黄棕壤性土	14磷质石灰土	
	赤红壤性土	7棕壤		15滨海砂土	
	赤红土	8暗棕壤		16滨海盐土	
3红壤	红壤	9漂灰土		17潮土	石灰性潮土
	黄红壤	10山地草甸土			潮泥土
	褐红壤	11紫色土	紫色土	18水稻土	
	红壤性土		紫泥土		
	红泥土				

2）红黏土的成因

红壤、黄壤、砖红壤可统称为铁铝性土壤（以下简称为铁铝土），燥红土在我国土壤分类中属半淋溶土壤。它们广泛分布于我国的亚热带与热带，北起长江，南至南海诸岛，东起东南沿海和台湾诸岛，西到横断山脉南缘，包括粤、桂、闽、赣、湘、鄂、皖、苏、浙、川、黔、滇、台湾、海南及西藏的东南部，总面积113.3万km^2，占全国总面积的13.39%，是我国热带与亚热带的稻、棉、水果等的重要产区。由于土壤的特殊气候条件，这些铁铝土具有共同的形成特点与土壤特征。

a.铁铝土的形成特点：由于其生物气候的特殊性，即高温与高湿的气候条件，母岩进行彻底的地球化学风化，在土壤形成中即进行脱硅富铝化过程。一般首先是原生矿物的强烈水解，形成一些简单的化合物。

b.由于水解风化过程中形成较大量的碱金属与碱土金属，风化溶液呈中性至微碱性，因而形成碱性的所谓硅酸淋溶。

c. 由于风化盐基的进一步淋溶，土体上部酸化，因而铁、铝胶体开始活动。在干湿交替的气候条件下，一方面是铁的氧化物胶体蒙覆于黏粒表面，在土壤干旱期变为针铁矿与赤铁矿，使土壤颗粒变红，即所谓红化过程；另一方面是黏土矿物进一步破坏，形成高岭石，以至三水铝石，这就是富铝化过程的最后阶段。

3）红黏土的组成及应用

华北与西北地区的红黏土大多属于伊利石矿物，通式为 $0.2R_2O(Al, Fe)_2O_3 \cdot 3SiO_2 \cdot 2H_2O \cdot nH_2O$。南方地区的红黏土则以含铁质的高岭石矿物为主，铁取代了部分铝，通式为 $(Al, Fe)_2O_3 \cdot 2SiO_2 \cdot 2H_2O \cdot nH_2O$。红黏土的组成十分复杂，组成中的主要氧化物大致含量如表 1-6 所示。

表 1-6　黏土中氧化硅、氧化铝及氧化铁的组成　　单位：%

黏土颜色	化学成分		
	SiO_2	Al_2O_3	Fe_2O_3
白色	47.1	50.4	1.87
红色	44.8	44.3	10.9

红黏土因富含铁质，在日用陶瓷中几乎没有应用，但在建筑陶瓷生产中，特别是陶质坯体中得到较好的应用，如釉面砖或琉璃瓦坯体均大量使用红黏土。红黏土在玻化砖中应用是重要的发展方向。

1.4.2 熔剂类原料

建筑陶瓷用熔剂类原料有长石、硅灰石、透辉石、透闪石、珍珠岩、霞石、霞石正长岩、绢英岩、辉绿岩、页岩、玄武岩、锂辉石、含锂矿物、滑石、萤石、石灰石、白云石、方解石、瓷砂等。

1.4.2.1 钾长石和钠长石

钾长石和钠长石是两种最常用的熔剂，在瓷质砖生产中被广泛使用。两者既可单独使用，也可混合使用。一般来说，钾长石的初始熔融温度比钠长石略高，但由于钾长石在熔融时有白榴石和硅氧熔体生成，故熔体黏度大，在瓷质砖生产中有利于烧成控制和防止变形。钠长石的初始熔融温度比钾长石低，熔化时没有新的晶相产生，形成的液相黏度较低，故其熔融温度范围较窄，且黏度随温度变化较快。所以以钠长石为原料的瓷质砖烧成时易变形，但加入钠长石可以提高瓷质砖的瓷化程度，降低吸水率。单独以钠长石为原料时要控制好烧成温度。

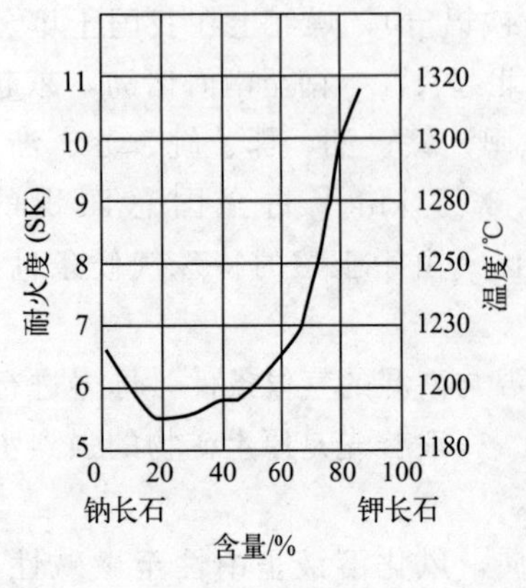

图 1-2　钾长石-钠长石系耐火度

在瓷质砖生产中最好利用钾长石和钠长石的优点，实现优势互补，即采用复合熔剂。钠长石熔体的黏度低，能促进石英、高岭石分解产物及其它组分的熔解，有利于莫来石晶体的形成。同时，加入适当比例的钾长石来调整熔体的黏度和形成速度，克服瓷质砖的变形问题。钾长石与钠长石的比例以 2∶1 为宜。采用复合熔剂还可以降低坯料的烧成温度。钾长石-钠长石系的耐火度如图 1-2 所示。

1.4.2.2 硅灰石、透辉石及透闪石

(1) 硅灰石

硅灰石是新开发的工业矿物，应用历史较短，最早开始开发与应用硅灰石的是美国。1933年，美国加利福尼亚州马恩县的柯德赛丁（Gode Siding）硅灰石矿开始开采硅灰石，用于制造白色的矿物纤维。从20世纪60年代开始，它作为快速烧成的理想材料，在釉面砖（内墙面砖）生产上获得广泛的应用。硅灰石是一种含钙的偏硅酸盐矿物，是接触交代变质而形成的，以英国矿物学家W. H. Wollaston的姓氏命名。硅灰石属单链硅酸盐矿物，为三斜晶系，有两个系列。

① 高温相：α-硅灰石（又称假硅灰石），呈假斜方晶系或假六方晶系，实质上是三斜晶系，自然界极少见，多为人工合成。

② 低温相：分为两种。β-硅灰石，三斜晶系，自然界产出最多；副硅灰石，单斜晶系，自然界产出最少。

陶瓷工业中应用的硅灰石是β-硅灰石。硅灰石的化学通式为$CaO \cdot SiO_2$，结构式为$Ca_3[Si_3O_9]$，属于三节链结构，每一硅氧四面体均以两个顶角与相邻四面体相连。

硅灰石的化学组成为CaO 48.25%，SiO_2 51.75%。天然产出的硅灰石，其结构中的Ca^{2+}可被少量的Fe^{2+}、Mg^{2+}、Mn^{2+}、Ti^{4+}、Sr^{2+}所置换，并混有少量的Al和少量的K、Na。

硅灰石的物理性质如下。

① 产状：呈放射状、纤维状、针状、羽毛状或块状，以纤维状、放射状、针状最常见。纤维的长宽比一般达（7～8）∶1，最大可达20∶1，我国出产的可达20∶1。

② 颜色：白色、乳白色、灰白色、浅灰色、黄白色，有杂质时可变成褐色。

③ 伴生矿物：透辉石、石榴石、绿廉石、方解石及石英等。

④ 物理指标：相对密度的理论值为2.92，一般为2.87～3.09；硬度为4.5～5；熔点为1540℃；性脆易于粉碎成细颗粒。

⑤ 光学性质：在{100}、{001}方向有解理，解理角为85°左右；用波长为360.5nm的短波紫外光照射时，湖北大冶的硅灰石发橘黄色萤光，吉林梨树县大顶山和河北迁西县高家店的硅灰石发紫红色萤光。

硅灰石在加热温度为268～821℃时，还具有热发光性质，不同产地的硅灰石加热发光温度不同。

硅灰石的工艺特性：①干燥和烧成收缩小，平均收缩可在0.5%以下，可以大大提高制品的尺寸精度。②热膨胀系数相对较小，且与温度呈线性关系。β-硅灰石的热膨胀系数$\alpha_{20\sim800℃}$为$6.5\times10^{-6}℃^{-1}$，有利于快速烧成；α-硅灰石的热膨胀系数$\alpha_{20\sim800℃}$为$11.8\times10^{-6}℃^{-1}$，不利于陶瓷生产。硅灰石有助熔作用，可以显著降低烧成温度。③吸湿膨胀小。④取代石灰石和石英可以部分解决釉面的釉泡和针孔等缺陷。⑤β-硅灰石在1200℃下加热40h转变为α-硅灰石，这时会引起一些性质的变化，如链状结构转变为环状结构，原先固熔的Fe、Mn等离子熔出，形成着色氧化物，硅灰石由纯白色转变为奶油色或黄色；热膨胀系数从$6.5\times10^{-6}℃^{-1}$增加到$11.8\times10^{-6}℃^{-1}$。

根据β-硅灰石和α-硅灰石的摩尔体积计算，相变时发生体积膨胀0.4%，易产生应力。

(2) 透辉石

透辉石也是一种新开发的用于建筑陶瓷工业的非金属矿物。透辉石也是链状结构的硅酸盐矿物，为单斜晶系，化学通式为 $CaO \cdot MgO \cdot 2SiO_2$，结构式为 $CaMg[Si_2O_6]$，即二节链结构。透辉石的化学组成为 CaO 25.9%、MgO 18.5%、SiO_2 55.6%，所含杂质为 Fe、Al、Cr、Mn、V 等。透辉石的产状为短柱状、针状、粒状、放射状等，颜色为灰色、淡绿色、浅灰色、浅黄色、灰白色等，外观具有玻璃光泽。透辉石伴生矿物有硅灰石、石榴石、符山石、方解石、透闪石等。透辉石的产地主要有湖北宜昌、河北唐山、山东福山、四川乐山等地。

透辉石的相对密度为 3.27～3.38（理论值为 3.30），硬度为 5.5～6，加热变形温度为 1170℃（收缩温度），软化温度为 1280℃，熔融温度为 1290℃，纯的熔融温度为 1391℃。

透辉石的工艺特性：①热反应小，收缩小，平均收缩在 0.5%以下。②热膨胀系数小，且与温度呈线性关系，$\alpha_{20\sim800℃}$ 为 $6.5\times10^{-6}℃^{-1}$，有利于快速烧成。③能与其它原料组成四元配方（$CaO-MgO-Al_2O_3-SiO_2$），降低烧成温度。热稳定性好。④吸湿膨胀小。

(3) 透闪石

透闪石是继硅灰石、透辉石之后被人们开发出的新型陶瓷原料。透闪石也是链状结构，与硅灰石不同的是其为双链结构，属单斜晶系，亦是典型的接触变质硅酸盐矿物。透闪石的化学通式为 $2CaO \cdot 5MgO \cdot 8SiO_2 \cdot H_2O$，结构通式为 $Ca_2Mg_5[Si_4O_{11}]_2(OH)_2$，理论化学组成为 CaO 13.8%、MgO 24.8%、SiO_2 59.2%、H_2O 2.2%。

透闪石的产状为放射状或纤维状集合体，外观色泽为青灰色、灰白色等，相对密度为 3.02，硬度为 5～6。透闪石的差热曲线平缓，仅在 1150℃有一个小的吸热谷，这是脱去结晶水所致。透闪石的产地主要有湖北、吉林、陕西、江西等省。

工艺特性：①热膨胀系数较小，且与温度呈线性关系，使烧成稳定性变好。②烧成收缩小，体积变化小。③吸湿膨胀小。

1.4.2.3 珍珠岩

珍珠岩是一种酸性火山岩浆喷出冷凝的玻璃质熔岩，其中含有数量不等的透长石、石英的斑晶和各种形态的雏晶，以及隐晶质矿物，如角闪石、刚玉、叶蜡石、黑云母等。表 1-7 为珍珠岩的化学组成。

表 1-7 珍珠岩的化学组成

化学成分	SiO_2	Al_2O_3	Fe_2O_3	TiO_2	CaO	MgO	K_2O	Na_2O	H_2O
含量/%	68～75	9～14	0.5～4	0.13～0.2	1～2	0.4～1	1.5～4.5	2.5～5	3～6

珍珠岩的收缩温度 1025℃，软化温度 1175℃，熔融温度＞1500℃。珍珠岩具有烧成温度低、烧成范围宽的特点，可替代长石作熔剂使用。

1.4.2.4 霞石、霞石正长岩

(1) 霞石

霞石的分子式是 $(Na, K)[AlSiO_4]$，化学组成为 Al_2O_3 约 23%、SiO_2 40%～72%、

KNaO 14%～20%（大于长石类），其余为 Fe_2O_3、CaO、P_2O_5、TiO_2、MgO、MnO_2 等。

霞石属六方晶系，晶体少见，呈小柱或厚板状，通常呈柱状或致密块状。呈无色、灰白色或灰色，微带浅黄、浅褐、浅红等色。晶面呈玻璃光泽，断口呈油脂光泽。硬度 5～6，相对密度 2.6，1060℃开始烧结，在 1150～1200℃熔融。

四川南江地区出产霞石，其化学组成为：SiO_2 40.02%、Al_2O_3 29.72%、Fe_2O_3 0.25%、CaO 4.08%、MgO 0.62%、K_2O 5.14%、Na_2O 14.72%、I.L 3.72%。烧成收缩 9.5%～10%，为低温快烧原料。

霞石的化学性质与钾、钠长石相似，因其 K_2O、Na_2O 含量>19%，CaO、MgO 含量大于 5%（一份霞石所含的助熔剂相当于 1.2 份钾长石，1.7 份钠长石），故能显著降低烧成温度，缩短烧成周期。同时，霞石中不含游离石英，且高温下能熔解石英，使熔体黏度上升，产品不变形，热稳定性能好。又因其中所含 Al_2O_3 量高于正长石，故成瓷机械强度有所提高。

霞石的主要作用为：作为助熔剂原料，长石的代用品。常用于制作玻化砖，烧成温度约 1180℃。

（2）霞石正长岩

霞石正长岩属贫硅富钾钠的碱性结晶质岩石，由霞石、微斜长石、钠长石组成，含数量不一的 Mg、Fe 质和伴生矿物。它以 SiO_2 不饱和、Al_2O_3 和碱质（K、Na）含量高、矿物组成中出现类长石质矿物为特征，而与花岗岩、正长岩相区别。云南个旧、河南安阳、湖北随州、吉林永胜等地区有产出。典型的霞石正长岩矿物组成为：霞石 22%，钠长石 54%，微斜长石 20%，Mg、Fe 质矿物（黑云母、磁铁矿等）4%。平均矿物：正长岩 65%～70%，霞石 20%，有色矿物 10%～25%。霞石正长岩相对密度 2.61，硬度 5～6，pH 值 9.6，熔点 1250～1270℃。一般为浅灰红色，受风化影响呈浅黄、黄褐、灰褐等色。

霞石正长岩的作用：①代替坯料中部分或全部长石，起熔剂作用，显著降低烧成温度，扩大烧结范围，降低烧成收缩，适于快烧，缩短烧成时间。②釉中引入霞石正长岩，在高温下形成的熔体比长石形成的熔体的热膨胀系数低，可以降低釉熔体的热膨胀系数，提高坯釉的适应性。③用量范围较宽，在釉中可引入 10%～15%。

霞石正长岩的化学组成见表 1-8。

表 1-8　霞石正长岩的化学组成

化学成分	SiO_2	Al_2O_3	Fe_2O_3	FeO	TiO_2	CaO	MgO	K_2O	Na_2O
含量/%	56.0	10.2	2.8	1.6	0.6	2.0	0.6	2.3	8.5

1.4.2.5　绢英岩、辉绿岩、页岩、玄武岩

（1）绢英岩

绢英岩是一种新型的陶瓷原料，具开采价值的矿藏有吉林哈福、陕西洛南。它属于典型的花岗岩变斑岩型，按其化学成分和矿物组成，属于高硅富钾的钙性碱岩石系列，近矿围岩为花岗岩，主要围岩蚀变有钠长石化、绢云母化、绿泥石化、绿帘石化、硅化等。绢英岩以层状或似层状为主，化学成分稳定，有害杂质含量低，烧结范围宽，烧后白度高。

绢英岩矿物组成：石英50%～70%，绢云母（包括水化后产物）20%～40%，其它矿物（叶蜡石、高岭石、绿泥石、硅线石、长石等）＜10%，杂质矿物（金红石、黄铁矿等）＜1%。其化学组成见表1-9。

表1-9 绢英岩化学组成 单位：%

产地	化学成分								
	SiO_2	Al_2O_3	Fe_2O_3	TiO_2	CaO	MgO	K_2O	Na_2O	烧失量
陕西洛南	71～81	12～15	<0.3	<0.3	<0.5	<0.3	<4.5	<0.5	<2
吉林哈福	74～80	11～13	0.08	0.08	0.44	<0.22	3.09	0.31	2.63

洛南绢英岩的工艺性能如下。

可塑性指标1.03，耐火度1630℃，相对密度2.75，干燥强度0.39MPa，烧结温度范围100～120℃，干燥收缩率7.4%，烧成收缩率15.7%，抗折强度37.1MPa，烧后白度88，泥浆厚化度1.75（触变性较大）。

电解质采用Na_2CO_3、Na_2SiO_3、腐植酸钠或复合使用。

绢英岩可露天开采，因它具有层理构造，颗粒间结合力不大，可省去破碎、淘洗等工序，开采成本较低，节能。

绢英岩在坯料中用量小于60%，在釉料中可取代部分石英。因为其可塑性及Al_2O_3含量偏低，坯料中需要加入高可塑性黏土，并要适当提高烧成温度，延长高火保温时间，使坯体完全烧结。

（2）辉绿岩

辉绿岩为基性岩，主要由基性长石和辉石组成，次要矿物有橄榄石、角闪石、黑云母、少量石英。常见结构为辉绿石结构和斑状结构，以块状结构为主，呈暗色，一般为黑、绿、灰绿、暗紫色，在我国分布普遍。表1-10为辉绿岩的化学组成。

表1-10 辉绿岩化学组成 单位：%

产地	化学成分								
	SiO_2	Al_2O_3	Fe_2O_3	FeO	CaO	MgO	K_2O	Na_2O	烧失量
北京西山	51.05	18.14	4.04	6.21	8.05	6.97	0.93	2.45	1.56
浙江富阳	45.65	16.73	3.51	7.25	7.44	7.48	0.68	3.70	—

（3）页岩

1）几种典型页岩简介

页岩常用于生产彩釉砖，制品吸水率<4%。因产地不同，组成有变化。石家庄平山紫页岩为紫褐色，质地硬、易风化，粉碎后具有一定的可塑性，其主要矿物为石英、长石、高岭石、云母。石家庄井陉紫页岩为深褐色块状页岩，质地较硬，有闪光的小云母点，风化后为小块状，可塑性差，比平山紫页岩褐色浓，其主要矿物为石英、长石、高岭石、云母。石家庄元氏绿页岩为青色，层状结构，质地较松软，易风化，有可塑性，制成的泥浆悬浮性较好，不易沉淀，其主要矿物为石英、长石、伊利石。表1-11为石家庄页岩的化学组成。

表 1-11　石家庄页岩化学组成　　单位：%

产地	化学成分									
	SiO_2	Al_2O_3	Fe_2O_3	TiO_2	CaO	MgO	K_2O	Na_2O	烧失量	合计
平山	59.54	17.01	9.70	0.55	0.72	2.47	5.00	0.75	4.08	99.82
井陉	54.68	19.29	10.31	0.71	2.02	0.66	5.76	1.19	5.41	100.03
元氏	59.40	20.56	1.82	0.60	0.45	4.00	8.97	1.12	3.45	100.37

粤西某地矿山废弃红页岩多用于制作玻化砖红棕色斑点料（代替商品红棕色料），有红褐色、块状红页岩 A 和棕褐色、块状半硬质红页岩 B，均是以伊利石为主要矿物的高铁含量（尤其是 B）的黏土，K_2O 含量高，其烧结温度与玻化砖接近。其化学组成见表 1-12。

表 1-12　粤西某地矿山废弃红页岩化学组成　　单位：%

类型	化学成分								
	SiO_2	Al_2O_3	Fe_2O_3	TiO_2	CaO	MgO	K_2O	Na_2O	烧失量
A	64.6	17.77	5.05	0.29	0.46	0.266	4.15	0.04	4.87
B	52.66	24.61	9.78	0.052	0.56	0.46	4.21	0.03	7.22

山东页岩产于费县探沂镇英家庄，含铁量高，可塑性好。20 世纪 60～70 年代该页岩用于普通缸盆器皿和瓦的色釉料中，80 年代开发出日用紫砂茶具、酒具，1996 年开发出深底白面及彩面的内、外墙砖。该页岩呈褐色，块状结构，质地细腻，硬度较小，浸润后塑性较高，长时间存放易风化。1130～1150℃便可以烧结，烧后呈红棕色，随烧成温度升高，棕褐色加深。

湖北谷城页岩外观为棕红色，半硬质石状结构，可塑性差，含 Fe_2O_3 4%～5%、Al_2O_3 12%～13%，内部含有未风化的石英小颗粒。常用于生产釉面砖，烧成温度为 1000～1040℃。其化学组成见表 1-13。

表 1-13　湖北谷城页岩化学组成

化学成分	SiO_2	Al_2O_3	Fe_2O_3	CaO	MgO	K_2O	Na_2O	烧失量
含量/%	70.73	12.07	4.98	1.66	2.38	1.5	1.8	2.6

2）页岩在坯料配方中的应用

页岩面砖具有烧成温度低、适宜快烧的特点。与传统陶土质配方相比，可降低烧成温度 50～100℃，缩短烧成时间 15min，降低能耗 30%左右。几种典型配方如下。

① 1# 坯体配方：平山紫页岩 10%～25%，井陉紫页岩 15%～25%，元氏绿页岩 15%～25%，4 号紫页岩 18%～28%，5 号紫页岩 5%～10%，废砖 1%～3%。

坯料总收缩率 5.5%，烧成温度 1110℃，烧成周期 37～41min。

② 2# 坯体配方：山东页岩 60%～75%，白矸土 15%～25%，红石碴 20%～30%。坯体素烧温度 1000℃±10℃，烧成时间 50min。釉烧温度为 1080～1100℃，烧成时间 80min。

③ 3# 坯体配方：湖北谷城页岩 62%～71%，黏土 8%～15%，白云石 15%～20%，铝矾土 10%～15%，废砖坯粉 0%～8%。坯体先在 1050～1080℃素烧，收缩率 0.2%～0.3%，吸水率 18%～19%，变为灰白色；再施底釉、面釉，釉烧温度为 1040℃，烧成周期

为 40min。

单一页岩加工后可生产棕红色陶瓷马赛克，烧成温度为 1240～1250℃。如果以单独一种页岩作坯，效果不好，有的收缩大，有的烧成温度偏高。除直接用于坯料之外，页岩多用于制作玻化砖红棕色斑点料（代替商品红棕色料），有红褐色块状红页岩和棕褐色块状半硬质红页岩，均是以伊利石为主要矿物的高铁含量的黏土，K_2O 含量高，烧结温度与玻化砖接近。

（4）玄武岩

玄武岩是一种火山喷出岩，由火山岩浆在高温、高压下从地幔、地壳喷出、溢流、凝固而成，广泛分布于世界各地。主要化学成分为 SiO_2、Al_2O_3，还含有部分 K、Na、Ca、Mg、Fe 等元素。矿物组成主要是含铁铝硅酸盐（如橄榄石、长石、辉石类）以及部分玻璃相。目前国内外主要用作建筑石材及铸石的主要原料。其化学成分与釉料相近。据国外报道，1969 年利用玄武岩（63%～77%）添加部分黏土、碎玻璃制备成釉料；1971 年采用 72%～92%玄武岩制成瓷器釉料；1975 年用玄武岩 40%～50%制备成一种仿木质结构的不光滑釉涂层，用 80%～90%玄武岩制得一种暗黑色的釉涂层；1986 年用玄武岩制备了低温无铅有色釉料；1991 年较系统地研究了玄武岩的性能及其制备釉料的组成、烧成温度等。

玄武岩主要矿物组成为长石，次要矿物为普通辉石、钙长石，磁铁矿含量较高，Fe_2O_3 含量达到 9.36%。其圆角温度（始熔点）为 1230℃，半球温度（熔融点）为 1380℃。利用玄武岩可配制卫生瓷生料釉，其配方为：玄武岩 70%、紫木节 9%、滑石 9%、硼砂 3%、长石 9%。制品烧成温度为 1230～1250℃，保温 2h。

1.4.2.6 锂辉石和其它含锂矿物

陶瓷行业中常用的含锂矿物主要有锂辉石、锂云母和透锂长石。其中锂辉石是最重要的含锂矿物。

① 锂辉石化学式为 $Li_2O \cdot Al_2O_3 \cdot 4SiO_2$，其中 SiO_2 含量为 64.5%，Al_2O_3 含量为 27.4 %，Li_2O 含量为 8.1%（Li_2O 含量常在 8%左右波动），熔点为 1423℃。锂辉石产于伟晶花岗岩中，常与石榴石、电气石、石英、长石等共生，常因变质作用而成为钠长石、云母和石英等。

② 透锂长石（叶长石）化学式为 $Li_2O \cdot Al_2O_3 \cdot 8SiO_2$，其中 SiO_2 含量为 78.4%，Al_2O_3 含量为 16.7%，Li_2O 含量为 4.9%。透锂长石常与鳞云母（锂云母）、电气石、锂辉石、石英等伴生，熔点为 1356℃。

③ 锂云母也称鳞云母，主要成分为 $(LiK)_2(FOH)_2Al_2(SiO_3)_3$，$Li_2O$ 理论含量为 6.69%，但由于蚀变，部分锂被钠取代，实际 Li_2O 含量为 2%～6%。它产于花岗岩、片麻岩中，以在伟晶花岗岩中最为显著，常与含锂石榴石伴生，也与鳞铝石、黝辉石、锡石等共生。

锂辉石是一种性能超群的熔剂，它熔解石英的能力比含钾钠矿物强得多，还可以抑制石英的晶型转变；它有助于在更低的温度下生成莫来石，从而提高坯体强度。用锂辉石与钾长石（或钠长石）混合制成的坯料比只用长石制成的坯料吸水率低，烧成温度降低而强度提高。

据研究，在坯料中加入 2%～8%的锂辉石可降低烧成温度 30～40℃或者缩短高温保温时间，并且加入锂辉石后，瓷质砖的热膨胀系数降低，提高了瓷质砖的热稳定性。但由于锂辉石价格贵、储量少，在瓷质砖中的应用受到限制。

1.4.2.7 滑石

滑石在瓷质砖生产中也是一种很好的熔剂，或者说是性能优良的矿化剂。在瓷质砖坯料中加入少量滑石，可降低烧成温度，在较低的温度下形成液相，加速莫来石晶体的形成，同时扩大烧成温度范围，提高瓷质砖的白度、机械强度和热稳定性。在生产中最好使用预烧过的滑石，因为滑石是片状结构，在成型时极易定向排列，造成坯体因收缩不一致而开裂。预烧温度依滑石产地不同在1200～1350℃间选择。

华东地区和广东省有不少厂家使用江西广丰出产的黑滑石泥，该原料白度高、可塑性好，又含有一定量的滑石，是一种理想的瓷质砖原料。

与滑石相似的镁质黏土——海泡石也是一种很好的熔剂原料，既可起到矿化剂的作用，又可起到黏土结合的作用。

1.4.2.8 萤石

萤石的主要成分为氟化钙(CaF_2)，常呈绿、紫、蓝、黄色等，具有玻璃光泽，性脆，硬度为4，相对密度为3.18。釉料中使用少量的萤石作为熔剂，可以降低熔融温度，增加釉的流动性，提高釉面白度和光泽度。萤石还具有较好的悬浮性，使釉浆不易沉淀，但用量不当时易出现釉面针孔。

1.4.2.9 碳酸盐矿物（方解石、石灰石和白云石）

方解石、石灰石和白云石属于碱土金属碳酸盐，可用作熔剂原料。

① 方解石的主要成分为$CaCO_3$，混有Mg、Fe、Mn（8%以下）等的碳酸盐，呈粒状或板状。一般为乳白色或无色，玻璃光泽，性脆，硬度为3，相对密度为2.6，分解温度在900℃以上。

② 石灰石为方解石微晶或隐晶聚集块体，无解理，化学组成同方解石。石灰石一般多呈灰白色、黄白色等，质坚硬，作用与方解石相同，而纯度较方解石差。

③ 白云石的主要化学成分为$CaMg(CO_3)_2$，常含Fe、Mn等杂质。一般呈淡灰白色，玻璃光泽，硬度为3.5～4.0，性脆，相对密度为2.8～2.9，分解温度为730～830℃。

1.4.2.10 瓷砂

瓷砂实际上是风化了的瓷石、长石或伟晶岩。其性能与上述各种原料相同，但经风化后更易球磨。山东的淄博地区大量使用瓷砂，其产地和化学组成见表1-14。广东的佛山等地区广泛使用低温砂作为瓷质砖的主要原料，其化学组成见表1-15。广东的低温砂与山东的瓷砂相比，最突出的优点是含铁量低、白度好。不少山东地区的瓷砂，从化学组成看很好，但是高温烧出来的产品白度却不理想。

表1-14 山东瓷砂的化学组成 单位：%

类型	化学成分								
	SiO_2	Al_2O_3	Fe_2O_3	TiO_2	CaO	MgO	K_2O	Na_2O	烧失量
莱芜瓷砂	69.57	15.40	0.65	0.78	2.82	0.86	3.78	3.65	2.50
烟台瓷砂	74.08	16.07	0.35	0.12	0.74	0.09	0.24	7.66	0.32

表 1-15 广东佛山地区使用的低温砂化学组成 单位：%

名称	化学成分								
	SiO_2	Al_2O_3	Fe_2O_3	TiO_2	CaO	MgO	K_2O	Na_2O	烧失量
低温砂 1#	68.95	19.63	0.32	—	0.42	0.10	0.84	6.44	3.40
低温砂 2#	73.34	15.54	0.13	—	0.64	0.16	0.76	7.24	1.60
低温石米 1#	74.01	15.41	0.21	0.06	0.75	0.19	0.92	7.34	1.11
低温石米 2#	71.55	16.72	0.18	0.17	0.27	0.15	0.35	9.84	0.77

1.4.3 石英类原料

石英是陶瓷生产中一种基本原料，化学式为 SiO_2。在工业上往往将石英砂岩、石英岩、脉石英等一些可加工成石英砂的岩石称为硅质原料。其实，一些黏土质石英砂岩、长石砂岩、酸性岩浆岩、伟晶岩、霞石正长岩等，都可作为石英原料的替代品。

因此，在自然界中石英类岩石分布广泛，种类也很多。与酸性岩浆活动有关的内生石英矿床分布与伟晶岩型长石矿脉分布情况基本相似，亦即石英和长石往往共生一起。与沉积岩有关的石英岩外生矿床是我国前震旦纪、震旦纪和部分泥盆纪地层广泛分布的石英岩。

我国硅质原料资源丰富，分布几乎遍及各省区。第三纪尤其第四纪的石英砂、含长石石英砂、含长石黏土石英砂，广泛分布于东南沿海及内陆地区，是我国硅质原料的重要资源。

石英是自然界构成地壳的主要成分。一部分以独立单矿物状态存在，另一部分以硅酸盐化合物的状态存在，构成各种矿物岩石。

石英的化学成分为 SiO_2，常含有少量的杂质成分。常见有脉石英、石英岩（硅石）、蛋白石等。此外，由硅藻的遗骸沉积所形成的硅藻土（含 SiO_2）和质量较好的燧石，也可作陶瓷原料使用。一般脉石英和石英岩含 SiO_2 较高，为 97%～99 %；砂岩含 SiO_2 量为 90%～95 %；硅藻土含 SiO_2 量则较低。

石英的外观因种类而异，常呈白色、乳白色、灰白半透明状态，莫氏硬度为 7，断面具玻璃光泽或脂肪光泽，相对密度因晶型而异，变动于 2.22～2.65。它有许多的结晶形态和一个玻璃态，最常见的晶态是：α-石英、β-石英、α-鳞石英、β-鳞石英、γ-鳞石英、α-方英石和 β-方石英。

石英在加热过程中的晶型转化对陶瓷坯釉有直接影响。一般说来，石英在温度升高时，相对密度减小，结构松散，体积膨胀；冷却时，则相对密度增大，体积收缩。石英加热的晶型转化势必会引起一系列的物理化学变化，如体积、相对密度、强度等的变化。对于陶瓷生产来说，体积的变化影响甚大。石英晶型转化中伴随的体积变化值列于表 1-16 中。

表 1-16 石英晶型转化的体积变化值

晶型转化	温度/℃	体积膨胀/%
β-石英 $\rightleftharpoons$ α-石英	573	0.82
α-石英 $\rightleftharpoons$ α-鳞石英	870	16.0
α-鳞石英 $\rightleftharpoons$ α-方石英	1470	4.7
α-方石英 $\rightleftharpoons$ 熔融态石英	1713	0.1

续表

晶型转化	温度/℃	体积膨胀/%
α-鳞石英 ⇌ β-鳞石英	163	0.2
β-鳞石英 ⇌ γ-鳞石英	117	0.2
α-方石英 ⇌ β-方石英	180～270	2.8

从表中可以看出，属迟缓转化的体积膨胀大，属迅速转化的体积膨胀小。但是，由于迟缓转化的速度慢，加上液相的缓冲作用，因而体积膨胀进行也缓慢，对陶瓷生产的危害作用并不大。而迅速转化的体积膨胀虽然小，但由于迅速，因而破坏性强，危害反而大。实际转化还要更复杂，掌握这种情况，才能在生产中采取相应措施，使石英原料得以更好应用。

在陶瓷生产中，一般要求 SiO_2 的量应大于97 %，Fe_2O_3、TiO_2 总量应小于0.5%。对石英砂来说 SiO_2 含量应不小于 97 %，Fe、Ti 氧化物含量在 1%以下，高岭土与 CaO 含量应小于 2%。

1.4.4 工业废料类原料

工业废料中有相当一部分可以成为建筑陶瓷生产用原料。目前得到较多研究与推广应用的有煤矸石、粉煤灰、硫磺废渣、铜矿尾砂、高炉矿渣等。

1.4.4.1 煤矸石

煤矸石是夹在煤层间的脉石，是含碳岩石（碳质页岩、碳质灰岩等和少量煤块）和其它岩石（页岩、砂岩等）的混杂物，成分较复杂，波动较大。一般以高岭石、伊利石和石英为主要矿物，含少量的黄铁矿、云母，细粉碎后具有一定的可塑性。配方中用量在 60%～80%或更多。煤矸石的主要化学成分是 SiO_2、Al_2O_3，占 60%～80%，还含有 Fe、Ti、K、Na、Ca、Mg 等氧化物以及 SO_3 等。煤矸石占全国工业固体废物总量的 40%。

煤矸石的工艺性能如下。

① 可塑性：粉碎至 250 目筛，筛余＞2%，可塑性指标为 2.8～3，相应含水率为 23%～25%；进一步粉碎至 300 目筛，筛余＜2%，可塑性提高。

② 黏度：随颗粒比表面积增大，基本上可以采用可塑法成型。泥浆黏度在 1.1 左右，可用于注浆成型。

③ 真相对密度及硬度：煤矸石相对密度为 2.6 左右。含页岩多的硬度为 2～3，含砂岩多的硬度为 4～5。自然休止角为 40°～50°。

④ 收缩性：收缩较小，一般线收缩率 2.5%～3%，烧结后线收缩率 2.2%～2.4%，相应吸水率 17%～19%。

⑤ 烧结范围：烧结温度约 1050℃，900℃左右一次膨胀，1120～1160℃收缩至最小，1160℃后出现二次膨胀，由固相到固液相或完全熔融。

⑥ 脱碳温度：在 1000℃上下，低于最佳烧结温度。脱碳时间为 200～250min，在整个脱碳过程中，应保持氧化气氛。

⑦ 耐火度：1300～1350℃，与其具体化学组成相关。

1.4.4.2 粉煤灰

我国为世界燃煤发电第一大国，排出粉煤灰量为世界第一，21 世纪初总排放量达到 1.9

亿 t。目前粉煤灰主要用于筑基与回填，建筑行业主要用于制作免烧砖。粉煤灰可用于生产墙体、砖体材料，已有一些企业用以生产合格的墙地砖制品。有人利用粉煤灰制备黑陶泥浆，用碳酸钠和多聚磷酸钠为混合解胶剂（5∶6），加入总量0.55%，稀释效果好。

武汉青山热电厂粉煤灰密度639kg/m^3，矿物组成：玻璃相70%～80%，石英与莫来石少量。化学成分（见表1-17）中 SiO_2 与 Al_2O_3 总量>79%，Fe_2O_3 含量高。在砖坯中加入量为40%～50%。

表1-17　青山热电厂粉煤灰化学组成

化学成分	SiO_2	Al_2O_3	Fe_2O_3	TiO_2	CaO	MgO	K_2O	Na_2O	烧失量
含量/%	53.9	25.42	4.5	0.96	3.0	1.16	0.91	0.31	7.19

1.4.4.3　各种尾矿及矿渣

(1) 磷尾矿与磷矿渣

磷尾矿为开采磷矿的副产物，主要成分是白云石，含大量Ca、Mg及少量P。坯体中引入后，烧成温度>900℃时，白云石分解，CaO、MgO与坯体中的 SiO_2 生成透辉石，可以显著降低砖的吸湿膨胀。

磷矿渣是制磷的副产物，其主要化学成分类似于硅灰石，含 SiO_2 41%～44%、CaO 43%～47%。工业制磷的原理如下：

$$2Ca_3(PO_4)_2+6SiO_2+10C \longrightarrow 6CaSiO_3+10CO+4P$$

生产1t黄磷，副生产出7.5t磷矿渣。磷矿渣可用于釉面砖生产，作为熔剂使用。

(2) 高炉矿渣

高炉矿渣是炼铁的副产物，经水淬形成废渣。主要成分是玻璃相，还含有部分钙铝黄长石、硅灰石、钙长石等，化学组成类似于硅灰石。其种类有粒状矿渣、粉碎矿渣、膨胀矿渣、棉矿渣等，釉面砖坯料以粒状与粉碎矿渣为主。利用高炉矿渣，上海、鞍山等地生产出优质釉面砖和抛光砖。日本用炼钢粉尘开发出黑色、褐色釉料，有多项专利。表1-18是高炉矿渣的化学组成。

表1-18　高炉矿渣化学组成

化学成分	SiO_2	Al_2O_3	Fe_2O_3	CaO	MgO	R_2O
含量/%	34.5～39	13～14.5	<0.5	39～41	0.5～8	0.5～0.75

(3) 萤石矿渣

萤石矿渣是开采加工萤石后形成的矿渣，主要成分为硅酸钙，可代替硅灰石，作瓷砖坯料，或作其釉料的助熔剂。典型的萤石矿渣化学组成如表1-19所示。

表1-19　典型的萤石矿渣化学组成

化学成分	SiO_2	Al_2O_3	Fe_2O_3	TiO_2	CaO	MgO	KNaO	P_2O_5	F	SO_3	烧失量
含量/%	42.5～43	6～7.47	1	0.1	38.5～39	2.7～2.9	1.4～1.7	1.5～1.8	2	0.1～0.2	1.3～1.4

（4）高岭土和瓷石尾砂

高岭土尾砂是高岭土矿山在开采高岭土过程中排放的尾砂，有的矿可达80%。如江西抚州高岭土尾砂，主要矿物组成为白云母、石英、长石、高岭石等，外观呈浅黄色，颗粒较粗，肉眼可见石英、长石、白云母等矿物，并夹杂着一定量的高岭土。

瓷石尾砂是瓷石矿山在生产精矿后排放的尾砂，可达原矿的30%。如江西贵溪上祝瓷石尾砂，主要矿物组成为石英，其次是绢云母及长石，还含有微量的高岭土、褐（赤）铁矿、黄铁矿等。高岭土和瓷石尾砂的化学组成见表1-20。

表1-20　高岭土和瓷石尾砂的化学组成　　　单位：%

类型	化学成分								
	SiO_2	Al_2O_3	Fe_2O_3	CaO	MgO	K_2O	Na_2O	TiO_2	烧失量
抚州高岭土尾砂	81.12	10.45	0.84	0.10	1.20	3.57	1.20	—	2.08
上祝瓷石尾砂	79.66	11.49	0.47	0.42	0.35	3.62	1.46	0.10	2.43

（5）硼泥

硼泥为生产硼砂排出的废渣，主要矿物为蛇纹石、菱镁矿、硼镁铁矿、石英等，具有中等可塑性。硼泥的化学组成见表1-21。

表1-21　硼泥化学组成

化学成分	SiO_2	Al_2O_3	Fe_2O_3	CaO	MgO	KNaO	烧失量
含量/%	23.43	1.77	9.92	1.48	43	2.5	17.92

（6）铜矿尾渣

铜矿尾渣为浮选铜精矿废弃的一次尾砂，无可塑性，无收缩，可部分取代石英、长石。铜矿尾渣的化学组成见表1-22。

表1-22　铜矿尾渣化学组成

化学成分	SiO_2	Al_2O_3	Fe_2O_3	CaO+MgO	KNaO	烧失量
含量/%	72～74	11～14	2.5～35	3～4.5	4～5	3～5

（7）钒矿尾渣

我国是生产金属钒的大国，炼钒的钒矿尾渣数量巨大，可用于制造黑胎瓷砖产品，黑胎瓷砖可与天然花岗岩相媲美。采用压制、挤制法成型均可。

（8）金矿尾渣

山东招远耿家金矿日产尾砂3000t，尾砂含水率9%～17%不等，主要矿物组成为石英、钠长石、钾长石、高岭石，可用于生产陶瓷釉面墙地砖。其化学组成见表1-23。

表1-23　金矿尾渣化学组成

化学成分	SiO_2	Al_2O_3	Fe_2O_3	TiO_2	CaO	MgO	K_2O	Na_2O	烧失量
含量/%	72.76	15.97	0.75	0.08	1.90	0.64	0.60	0.42	6.89

(9) 铁矿尾渣

铁矿尾渣为细粒状，略有烧结性，呈浅棕黄色，烧后为深棕色。铁矿石属于变质岩系，主要含赤铁矿和磁铁矿及花岗岩、正长岩等。铁矿尾渣可以用于制作内墙面砖和卫生洁具。其化学组成见表 1-24。

表 1-24　铁矿尾渣化学组成

化学成分	SiO_2	Al_2O_3	Fe_2O_3	CaO	MgO	烧失量
含量/%	72.65	9.05	8.48	7.50	0.17	0.63

(10) 铬盐废渣

长沙铬盐厂排放的铬盐废渣主要矿物组成为 $Mg(OH)_2$ 和 $CaCO_3$，pH 值为 12.7。可用于制作陶瓷坯用色料。其化学组成见表 1-25。

表 1-25　铬盐废渣化学组成

化学成分	SiO_2	Al_2O_3	Fe_2O_3	CaO	MgO	$Na_2Cr_2O_7$	Cr_2O_3	H_2O
含量/%	7～8	13～14	12	27～28	27～28	2.25	5～6	11.96

(11) 其它废渣

钼尾矿，炼锑、炼铝、合成化肥、炼硫磺等形成的废渣，河流和湖泊污泥等都可以制作建陶、陶粒等。城镇垃圾可以通过多功能焚化炉处理，用作建筑陶瓷的生产，是一种环保型原材料。

1.4.5　辅助原料

建筑陶瓷生产尚需用到一些辅助原材料，有的是为了改善坯釉的工艺性能，有的则为制品成型需要。下面介绍几种常见的辅助性原材料。

1.4.5.1　纤维素

(1) 羧甲基纤维素钠

1) 羧甲基纤维素钠的性质

羧甲基纤维素钠，分子式为 $[C_6H_7O_2(OH)_2CH_2COONa]_n$，(简称 Na-CMC，陶瓷行业习惯简称为 CMC)，灰白色纤维状粉末，在水中溶胀成半透明黏性胶体溶液。CMC 水溶液的黏度随浓度增大而迅速增大，如图 1-3 所示，并且溶液具有假塑性流动特征。取代度较低类型（取代度 DS=0.4～0.7）的溶液常有触变性，对溶液施加或除去剪切作用，表观黏度将发生变化。但是，低浓度或低黏度溶液，在低剪切速率时非常接近牛顿体流动。

CMC 水溶液的黏度随温度升高而降低，当温度不超过 50℃时，这种效应是可逆的。长时间在较高温度下，CMC 会发生降解。在印细线条图案渗花釉时，渗花釉容易发白变质的原因就在此。釉用的 CMC 要选择高取代度的产品，尤其是渗花釉。

① pH 值对 CMC 的影响　CMC 水溶液的黏度在较广的 pH 值范围内保持正常，在 pH

值为 7～9 之间最稳定。随 pH 值降低，CMC 由盐型转变为酸型，不溶于水而析出。当 pH 值小于 4 时，大部分盐型转变为酸型产生沉淀。当 pH 值在 3 以下时，取代度小于 0.5，可由盐型完全转变为酸型。高取代度（0.9 以上）CMC 发生完全转变的 pH 值在 1 以下。所以，渗花釉尽量选用高取代度的 CMC。

② CMC 与金属离子关系　一价金属离子能与 CMC 生成水溶性盐，不影响水溶液的黏度、透明度和其它性质，但 Ag^{+} 是例外，它会使溶液产生沉淀。二价金属离子，如 Ba^{2+}、Fe^{2+}、Pb^{2+}、Sn^{2+} 等使溶液产生沉淀，Ca^{2+}、Mg^{2+}、Mn^{2+} 等对溶液无影响。三价金属离子与 CMC 形成不溶性盐，或沉淀或凝胶化，所以，三氯化铁不能用 CMC 增稠。

③ CMC 的容盐效应有不确定性　a. 与金属盐的类型、溶液的 pH 值和 CMC 的取代度有关；b. 与 CMC 和盐的混合顺序和方式有关。

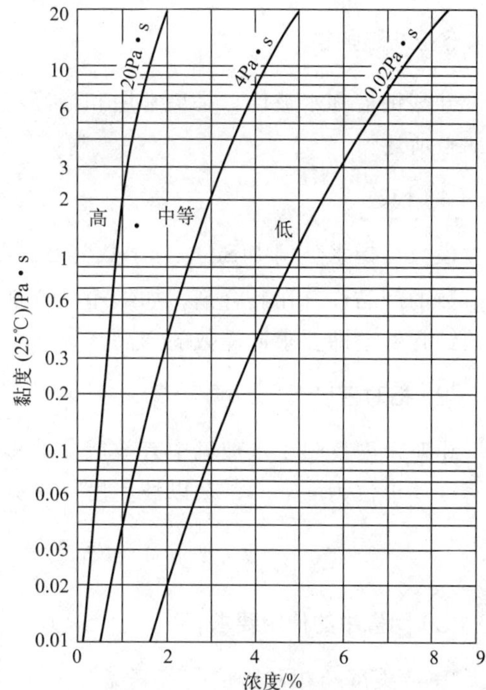

图 1-3　CMC 水溶液黏度-浓度关系曲线
（曲线上的数值为 2%CMC 水溶液 25℃时的黏度）

取代度高的 CMC 与盐类的相容性较好，将盐加入 CMC 溶液中的效果比在盐水中溶解 CMC 好。所以，制备渗花釉时，一般先把 CMC 在水中溶解好，再加入渗花盐溶液。

2）陶瓷行业选用 CMC 的标准

① 黏度的稳定性　a. 黏度不随时间变化发生显著变化；b. 黏度不随温度变化发生明显变化。

② 触变性要小　釉面砖生产中，釉浆不能有触变性，否则会影响釉面质量，因此最好选用食品级 CMC。有的厂家为降低成本，用工业级 CMC，釉面质量易受影响。

③ 注意黏度测试方法　a. CMC 浓度与黏度呈指数关系，要注意称量的准确性；b. 注意 CMC 溶液的均匀性，严格的测试方法是溶液先搅拌 2h，再测量其黏度；c. 温度对黏度的影响很大，因此要注意测试时的环境温度；d. 注意 CMC 溶液的保存，防止其变质。

（2）甲基纤维素

甲基纤维素为白色或类白色纤维状或颗粒状粉末，密度约 $1.3g/cm^3$，在 80～90℃的热水中迅速分散、溶胀，降温后迅速溶解。其水溶液在常温下相当稳定，高温时能形成凝胶，并且此凝胶能随温度的高低与溶液互相转变。它具有优良的润湿性、分散性、黏结性、增稠性、乳化性、保水性和成膜性，以及对油脂的不透性，可作为硬化剂使用。

（3）其它类型纤维素

羧甲基纤维素钠是离子型纤维素，还有非离子型纤维素，如甲基纤维素、羟丙基纤维素、羟丙基甲基纤维素（HPMC）、羟乙基甲基纤维素（HEMC）、糊精、淀粉等。对于酸性很强的液体就要用羟丙基纤维素；不能用羧甲基纤维素钠的地方，可以考虑用羟丙基纤维素，如特殊渗花釉可以考虑用羟丙基纤维素。

1.4.5.2 硅酸钠

硅酸钠俗称水玻璃，是最常用和最经济的减水剂。水玻璃的常用参数和陶瓷中的使用要求如下所述。

(1) 模数

模数是指水玻璃中 SiO_2 分子数与 Na_2O 分子数的比例，模数越高，Na_2O 的含量越低。高模数的产品适合作黏合剂，如纸箱黏合剂、耐火材料黏合剂。陶瓷行业中的减水剂，要求高的钠含量，即要求低模数的产品。

(2) 相对密度

相对密度反映了水玻璃中有效成分的多少。有两种表示方法：①以每毫升多少克表示，即密度，单位为 g/cm^3；②以波美度（°Be）表示。二者的换算关系为：

$$密度=\frac{144.3}{144.3-波美度} \tag{1-1}$$

(3) 陶瓷中的使用要求

① 波美度与相对密度同步考虑。一些企业只要求供应商保证波美度，其实模数也要一起考虑。不同模数对减水效果的影响如图 1-4 所示。其中模数为 2 的水玻璃减水效果最好。

② 进行减水效果试验。减水效果试验非常重要，可以直接与上一批料对比减水效果。

③ 与纯碱搭配使用。水玻璃与纯碱配合使用，可以提高减水和分散效果。要注意的是，使用纯碱时，用剩的纯碱一定要密封好，否则纯碱会吸潮变成碳酸氢钠（小苏打），失去减水效果，而且会使泥浆变稠。

④ 与腐植酸钠搭配使用。水玻璃与腐植酸钠搭配使用可以提高减水效果。

⑤ 与三聚磷酸钠搭配使用。水玻璃与三聚磷酸钠配合使用，是最经济实用的，这种方法在广东地区应用很普遍。

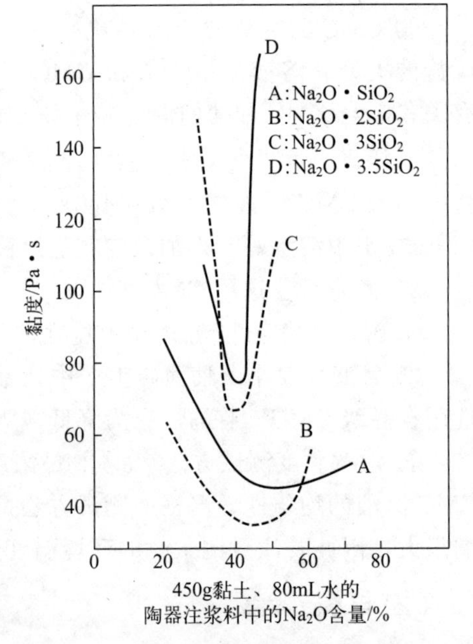

图 1-4 不同模数水玻璃的减水效果

1.4.5.3 三聚磷酸钠

三聚磷酸钠又名三磷酸五钠或多聚磷酸钠，简称 STPP，白色粉末，分子式 $Na_5P_3O_{10}$，分子量 367.86，易溶于水，熔点 622℃，呈弱碱性，无腐蚀性。应注意它与以下几种磷酸盐的区别：磷酸三钠（Na_3PO_4）、三偏磷酸钠（$Na_3P_3O_9$）、焦磷酸钠（$Na_4P_2O_7$）。其中焦磷酸钠分子式 $Na_4P_2O_7$，分子量 265.90，白色结晶粉末，密度 $2.534g/cm^3$，熔点 880℃，易溶于水，水溶液呈碱性，不溶于醇。减水效果以三聚磷酸钠最好。

1.4.5.4 腐植酸钠

腐植酸是一种呈黑色或棕色的无定形高分子胶体，它主要由C、H、O、N等元素所组成的微米球形胶粒子聚积而成，是一种多孔的表面活性物质。

腐植酸溶于水，具有胶体性质，有很大的内表面和很强的吸附、交换、絮凝、络合或螯合能力。腐植酸钠作为减水剂，与偏硅酸钠配合使用效果显著。偏硅酸根在腐植酸存在的条件下缩聚为多硅酸根，使其具有与黏土颗粒相似的外形结构，容易被吸附，从而有效地增加了胶体的稳定性，降低了泥浆的黏度。颗粒充分分散，黏土颗粒外围吸附水化膜增厚，多余的自由水被释放出来，故可减少研磨时的加水量。

腐植酸钠对北方地区的坯料作用不大，因为北方地区的坯料中已经含有大量的有机质，处于饱和状态，再加入腐植酸钠，效果不明显。由于南方地区的坯料中有机质含量低，故其对南方地区的坯料的使用效果较好。

1.4.5.5 聚丙烯酸钠（PAAS）

聚丙烯酸钠，缩写为PAAS或简称PAA-Na，分子式为$(C_3H_3O_2Na)_n$，是一种水溶性高分子化合物。商品形态的聚丙烯酸钠，分子量小到几百，大到几千万，外观为无色或淡黄色液体、黏稠液体、凝胶、树脂或固体粉末，易溶于水，遇水膨胀。因中和程度不同，其水溶液的pH值一般在6～9，是陶瓷泥浆的高效减水剂。

1.4.5.6 乙二醇

乙二醇的结构式为$HO—CH_2—CH_2—OH$，熔点为－12.6℃，沸点为197.2℃，闪点为111.11℃，自燃点为400℃，能与空气形成爆炸性混合物，爆炸下限浓度为3.2%。乙二醇在陶瓷行业中主要有以下两个作用：①作为保水剂；②快速溶解甲基。

1.4.5.7 甘油

甘油的分子式为$C_3H_5(OH)_3$，是无色、无臭而有甜味的黏稠液体，其相对密度为1.2613(20℃)，沸点为290℃（分解），吸湿性强，无毒。

甘油在陶瓷行业中的使用范围与乙二醇相似。甘油的黏度大，一般用于增黏。例如，当印花釉偏稀时，常通过添加甘油补救。

1.4.5.8 坯体增强剂

坯体增强剂的产品范围很广，广义地讲，凡是能提高坯体强度的产品都可以称为坯体增强剂。常见的坯体增强剂有纤维素系列、木质素、其它各种水溶性聚合物以及膨润土。

（1）木质素

木质素是造纸厂生产纸浆的副产品，从制浆过程的废液中提取。木质素依原料不同可以分为针叶材木质素、阔叶材木质素和草本木质素；根据纸浆生产方法不同可以分为碱木质素和木质素磺酸盐。

① 碱木质素　碱木质素简称碱木素，源于碱法制浆。碱木素的制备方法为：将木材与NaOH（或$NaOH+Na_2S$）溶液加热蒸煮，木材中的木质素形成碱木质素和硫木质素，溶

解于碱液中，纸浆经洗涤并分离出纤维素后，木质素进入废液中，因其颜色发黑，故又称为黑液。碱木质素与硫木质素再经化学方法沉淀分离后回收。

碱木质素可以用于陶瓷行业，但是它的增强效果差一些，不如木质素磺酸盐，但它的价格低廉。碱木质素不适合用于耐火材料方面。

② 木质素磺酸盐　木质素磺酸盐的制备源于酸法制浆，用含有亚硫酸钙、亚硫酸镁、亚硫酸钠或亚硫酸铵的酸性亚硫酸盐与木材加热蒸煮，木质素被磺化，形成水溶性的木质素磺酸盐。因废液呈红色，故称为红液。分离后分别形成：木质素磺酸钠，简称木钠；木质素磺酸钙，简称木钙；木质素磺酸镁，简称木镁。

上面 3 种物质各有其特点。对于陶瓷行业而言，木质素磺酸钙的增强效果最好。木质素磺酸镁是草本类，增强效果比木质素磺酸钙差一些。从理论上讲，木质素磺酸钠既有增强效果，又因含有钠离子而有减水效果。纯正的木质素磺酸钠有较好的减水效果，但其价格也高。

(2) 膨润土

膨润土有很好的结合性能，适量加入可以提高坯体的强度。市面上的无机坯体增强剂一般指的就是膨润土。膨润土有很多种，如钠基膨润土、钙基膨润土等。用作坯体增强剂的一般是钠基膨润土，并且要求其铁含量低，即高白钠基膨润土。膨润土的加入量不能过多，否则坯体在干燥时会开裂。

(3) 水溶性聚合物

常见的水溶性聚合物有聚丙烯酸钠、聚乙烯醇、聚丙烯酸酯、淀粉、橡椀栲胶、阿拉伯树胶等。液体增强剂一般是预先溶解好的聚合物。有的高分子物质不能球磨，否则分子链会断裂，失去增强效果。

1.4.5.9 絮凝剂

絮凝剂与减水剂的使用效果正好相反，它能促进泥浆胶体系统的脱稳和聚集。常用絮凝剂分为无机絮凝剂、无机高分子絮凝剂、高分子絮凝剂以及复合型絮凝剂。

(1) 无机絮凝剂

常用的无机絮凝剂有以下几种：酸性环境下使用的有硫酸铝、三氯化铁、硫酸镁、硫酸铝铵；碱性环境下使用的有硫酸亚铁。

在陶瓷行业常用的是铝盐絮凝剂，主要有以下几种：硫酸铝 $Al_2(SO_4)_3 \cdot 18H_2O$、明矾 $Al_2(SO_4)_3 \cdot K_2SO_4 \cdot 24H_2O$、铝酸钠 $Na_2Al_2O_4$、铝铵矾 $Al_2(SO_4)_3 \cdot (NH_4)_2SO_4 \cdot 24H_2O$、碱式氯化铝 $Al_2(OH)_3Cl_3$。这些物质中，硫酸铝价格最便宜，使用方便，但效果一般。

(2) 无机高分子絮凝剂

无机高分子絮凝剂主要有聚铝类无机高分子絮凝剂和聚铁类无机高分子絮凝剂。

① 聚铝类无机高分子絮凝剂　主要有聚合氯化铝、聚合硫酸铝、聚合磷酸铝等。其中聚合氯化铝最为常用，其分子式为 $[Al_2(OH)_nCl_{6-n} \cdot xH_2O]_m$ ($m \leqslant 10, n=3 \sim 5$)，常简称聚铝，缩写 PAC。

② 聚铁类无机高分子絮凝剂　主要是聚合硫酸铁、聚合氯化铁、聚合硫酸氯化铁。其缺点是污泥有色，在陶瓷行业中使用较少，在钢铁行业中使用较多。

(3) 高分子絮凝剂

最常用的高分子絮凝剂是聚丙烯酰胺，它有3种形式：阳离子型、阴离子型和非离子型。在陶瓷行业中使用的是阳离子型聚丙烯酰胺，一般选择高分子量和超高分子量的产品。

(4) 复合型絮凝剂

无机高分子絮凝剂和有机高分子絮凝剂各有优缺点，二者复合起来使用能达到最佳效果。如聚氯化铝与阳离子型聚丙烯酰胺一起添加，效果很好。

1.4.5.10　其它添加剂

(1) 防腐剂

因印花釉中含有大量的羧甲基纤维素钠，在夏天高温下会腐败变质，导致不能印花，因此要在釉料中添加防腐剂。最常用的防腐剂是苯甲酸钠和甲醛。防腐剂的用量为万分之一左右。

(2) 固定剂

很多时候，在釉面丝网印花之前，要在釉面上先施一层固定剂，以免损坏釉面。因为花网会黏釉面，特别是生料釉釉面干得更慢，导致堵塞网眼。常用的固定剂为聚乙烯醇水溶液，其浓度一般在2%左右，喷淋量按各厂要求而定。

第 2 章

建筑陶瓷坯料及坯体

本章导读

本章主要介绍了建筑陶瓷坯料组成的常用表示方法，重点介绍了瓷质、炻质以及陶质坯体的组成特点及其配方，对可塑成型坯料、干压成型坯料的性能及其影响因素，干压成型用粉料的特性及制备方法也作了详细的介绍。

学习目标

了解各种建筑陶瓷坯体的特性及其制备方法，掌握建筑陶瓷干压成型的粉料制备技术及粉料的性能要求。

建筑陶瓷坯料通常是指陶瓷原料经过配料加工后，形成具有成型性能、符合质量要求的供成型用的多组分混合物。根据建筑陶瓷的品种与成型工艺，建筑陶瓷坯料可分为三种：塑性坯料、半干压粉料和干压粉料。坯料烧成后即为坯体，按性能可分为：瓷质坯体、炻质坯体、陶质坯体。

2.1 坯料组成的表示方法

（1）化学实验式表示法

陶瓷坯料一般为混合物，可以用化学验式来表示，即以各种氧化物的摩尔数的比例来表示。这种表示方法叫作化学实验式表示法，简称实验式。

陶瓷工业常用的氧化物并不是很多，从性质上可分为三类：碱性、中性、酸性，见表 2-1。

表 2-1　陶瓷工业常用氧化物分类

碱性		中性	酸性
K_2O	ZnO	Al_2O_3	SiO_2
Na_2O	FeO	Fe_2O_3	TiO_2
Li_2O	MnO	Sb_2O_3	ZrO_2
CaO	PbO	Cr_2O_3	MnO_2
MgO	CdO		P_2O_5
BaO	BeO		B_2O_3
SrO			

从表 2-1 可看出，每类氧化物分子式中氧原子与其它原子的比值有一定的规律。若以“R”代表某一元素，则碱性氧化物包括 R_2O 和 RO 两种，中性氧化物为 R_2O_3，酸性氧化物为 RO_2。通常把 B_2O_3 和 P_2O_5 列入 RO_2 中。

实验式中各氧化物的排列顺序如下：

$$\left.\begin{matrix} aR_2O \\ bRO \end{matrix}\right\} \cdot cR_2O_3 \cdot dRO_2$$

习惯上，对于坯料的实验式，往往取中性氧化物的摩尔数总和为 1；对于釉料的实验式，取碱性氧化物的摩尔数总和为 1。

实验式书写一般将碱性氧化物写在前，其次为中性氧化物，最后是酸性氧化物。式中的 a、b、c、d 分别为各氧化物的摩尔数，用来表示各氧化物之间的相互比例。

化学实验式表示法反映了各氧化物之间的相互关系，使各氧化物之间的组成一目了然，便于识别。除了能估计出有害杂质与降低熔融温度的成分对坯体的影响外，还能表明其高温化学性能。

（2）化学组成表示法

化学组成表示法是以坯料中各氧化物之间的组成的质量分数来表示配方组成的方法，又称为氧化物质量分数法。它列出化学成分中对坯体性能起主导作用的 SiO_2 和 Al_2O_3 的含量，有害杂质 Fe_2O_3、TiO_2 的含量，能降低烧成温度的熔剂如 K_2O、Na_2O、CaO、MgO 的含量以及烧失量的含量。这种表示方法的优点是能较准确地表示出坯料的化学组成，同时能根据其含量多少估计出这个配方的烧成温度的高低、收缩大小、产品的色泽以及其它性能的大致情况。例如，坯料中的 Al_2O_3 和 SiO_2 含量多，说明坯体的烧成温度较高，坯体难以烧结和玻化；若坯料中 K_2O 和 Na_2O 的含量多，则坯体易烧结，烧成温度较低；若坯料中 Fe_2O_3 和 TiO_2 多，则表示其着色氧化物成分多，产品的白度必然下降。再如，坯料的烧失量大，说明坯料内含有机物和其它挥发物较多，因而该坯料收缩较大或高温分解时容易产生气泡等。

（3）配料量表示法

在建筑陶瓷配方中，这是最常见的方法，即列出每种原料的质量分数。这种方法具体反映原料的名称和数量，便于直接进行生产或试验。但因为各地区、各工厂所产原料的成分和性质不相同，因此无法互相对照比较或直接引用。即使是同种原料，若成分变化，则配料比例也必须作相应的变更。

2.2 坯料的性能与影响因素

2.2.1 建筑陶瓷坯料的质量要求

用于陶瓷成型的坯料质量有一定的要求。具体要求是：

① 配方准确（对含水的原料要进行折算，将干基换算为湿基）；

② 各组分要混合均匀（不仅宏观上均匀，要争取做到微观上均匀）；

③ 坯料的粒度要符合要求；

④ 所含的空气量要尽可能少；

⑤ 坯料的稳定性要好；

⑥ 坯料的各项工艺参数尽可能与预定目标相同。

2.2.2 可塑成型坯料性能及其影响因素

2.2.2.1 可塑成型坯料的性能要求

建筑陶瓷可塑性成型方法主要为挤压成型，因此，对挤压成型坯料的性能要求如下。

① 保证有足够的可塑性。可塑性是塑性坯料的主要工艺性能，是成型的基础。为了保证泥料在各种成型操作条件下能够顺利延展成为要求的形状，要求泥料具有好的可塑性。通常南方地区可塑指标＞3，北方地区可塑指标＞5。

② 在具有可塑性的条件下，坯料含水率应尽可能低。坯料含水率的高低应与坯料的可塑性要求相适应，只有这样才能制备出良好的塑性坯料。

③ 要有良好的成型稳定性，既不粘模，也不开裂。这就希望坯料尽可能有各向同性的均匀结构、颗粒定向排列不严重，以免因收缩不均而引起坯体变形和开裂。

④ 干燥后的坯体要具有足够的强度，以保证后道工序进行。坯体的干坯强度越高，坯件破损程度就越小，半成品率就越高。一般情况下，坯体中引入结合性能良好的黏土并对坯料进行细粉碎就能获得较高的干坯强度，有利于半成品的质量稳定和提高。通常，干坯强度应高于 1MPa。

⑤ 坯料应具有高的屈服强度。

2.2.2.2 可塑成型坯料的工艺性能

可塑性是可塑成型最重要的工艺性能之一，它是原料能够制成各种陶瓷制品的成型基础。坯料的可塑性是指黏土与适量的水经混练后形成的泥团，在一定的外力作用下产生形变但不开裂，当外力去除后仍能保持形状不变的特性。

塑性坯料是供可塑法成型的坯料。塑性坯料呈泥质塑性状态，它是基于黏土的结合性与可塑性，在黏土的基础上，加入其它组分与水构成的，可以认为是被石英、长石等所瘠化了的黏土泥料。因此，它的一系列性质与黏土的性质分不开。塑性坯料是由固体颗粒、可塑水分及残留空气构成的多相系统。

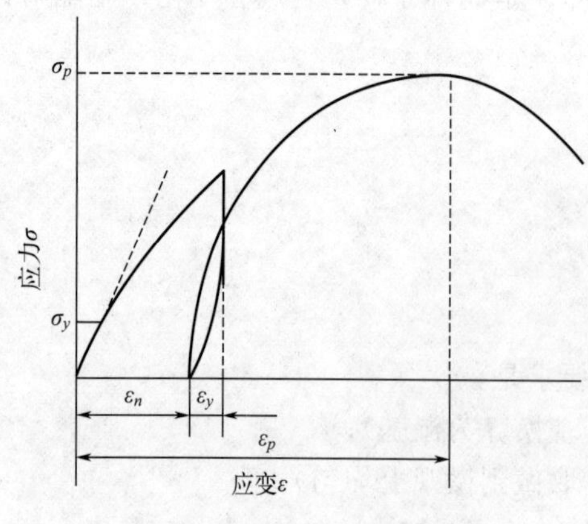

图 2-1 黏土泥团的应力-应变曲线

当塑性坯料受到外力作用，产生应力变形时，既不同于悬浮液的黏滞流动，也不同于固体的弹性变形，而是同时含有“弹性-塑性”的流动变形过程。即当它受到应力作用而发生变形时，既有弹性性质，又出现假塑性变形阶段。如图 2-1 所示。

泥料的这种变形过程是“弹性-塑性”体所特有的力学性质，称为流变性。这种性质的表现特点就是当含水量一定的泥团受到应力作用时，泥团先是表现为弹性变形，在应力很小时，应力-应变之间表现为直线关系（泥团的弹性模量不变），而且是可逆的。即力作用在很短时间去掉后，泥料可恢复到原来状态。泥料的弹性变形是由泥团中含有少量空气和有机增塑剂以及黏土颗粒表面形成水化膜所致。

随着应力的加大，超过弹性的极限值 σ_y 以后，则出现不可逆的假塑性变形。由弹性变形过渡到假塑性变形的极限应力 σ_y 称为流动极限（或称流限、屈服值），此值随泥团中水分的增加而降低。达到流限后，应力增大会引起更大的变形速度，这时弹性模量减小。若除去泥团受到的应力，变形会部分恢复原来的状态（用 ε_y 表示），剩下不可逆变形部分 ε_n 叫作假塑性变形，这是由泥团中的矿物颗粒产生相对位移所致。

随着应力的继续增大，塑性变形也增加，塑性变形是黏土本身的可塑性所赋予的。若应力超过泥团的强度极限 ε_y，则泥料开始出现裂纹或断裂。破坏时的变形值 ε_p 和应力 σ_y 的大小取决于所加应力的速度和扩散的速度。在快速加压及应力容易消除的情况下，则 ε_p 和 σ_y 值会降低。

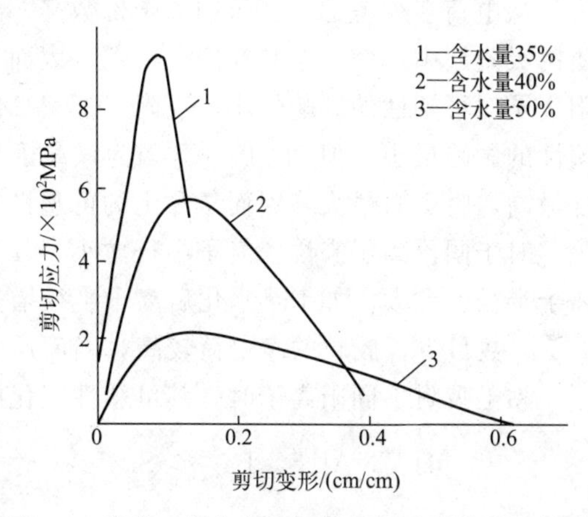

图 2-2　某黏土的含水量与其应力-应变曲线的关系

在塑性坯料的流变性质中，有两个参数对成型过程有实际的意义。一个是泥团开始出现假塑性变形时须加的应力，即屈服值；另一个是出现裂纹前的最大变形量。一般认为成型性能好的泥团，应该有一个足够高的屈服值，以防偶然的变形；而且应有一个足够大的允许变形量，以便成型时变形虽大但不发生破裂。这两个参数并不是孤立的，它们的关系如图 2-2 所示。

增加含水量则屈服值降低，允许变形量增加；而降低含水量则屈服值提高，而允许变形量减少。因此，一般用屈服值和允许变形量的乘积来表示泥团的成型能力或成型性能。对于一定的泥团来说，在合适的水分下，这个乘积达到最大值时具有最好的成型性能。

2.2.2.3 影响可塑成型坯料性能的因素

对可塑成型坯料性能有影响的因素很多，主要影响因素如下。

（1）黏土原料的用量

坯料的可塑性正比于黏土原料的用量。黏土有水化膜，用量多则增加坯料的含水量，但会导致干燥时脱水反应大，增加收缩，进而造成坯体开裂或变形。

（2）黏土原料的种类

坯料可塑性与使用的黏土原料种类有关，不同矿物结构黏土可塑性相差很大。可塑性良好的黏土原料一般具备下列条件：颗粒较细；矿物解理明显或解理完全，尤其是呈片状结构的矿物；颗粒表面水膜较厚。蒙脱石具备上述三个条件，可塑性最强。多水高岭石呈管状，地开石粒子较粗，叶蜡石和滑石颗粒虽呈片状，但水膜较薄，所以上述四种原料可塑性不高。石英无论破碎到多细，均不会呈片状，而且吸附的水膜又薄，因此可塑性最低。马歇尔（Marshall，1955）测得黏土中所含矿物的可塑性按下列顺序依次增大：地开石＜燧石＜伊利石＜绿脱石＜锂蒙脱石＜高岭石＜蒙脱石。根据黏土的成因可以知道，二次黏土的坯料可塑性大于使用原生黏土坯料的可塑性。

（3）黏土吸附的阳离子种类

黏土胶团间的吸引力明显地影响着泥团的可塑性，而吸引力的大小取决于阳离子交换的能力及交换阳离子的大小与电荷。阳离子交换能力强的原料可使粒子表面带有水膜，同时由于粒子表面带有电荷，不致聚集。除此之外，比表面增加会使原料的阳离子交换能力增强，这也是细粒原料可塑性强的原因之一。

从电荷多少考虑，三价阳离子价数高，它和带负电荷的胶粒吸引力很大，大部分进入胶团的吸附层中，使整个胶粒净电荷低，因而斥力减小，引力增大，提高黏土的可塑性。二价阳离子对可塑性的影响较小，吸附 Ca^{2+}、Mg^{2+} 的体系可塑性会有所增大。一价阳离子对可塑性的影响最小。但 H^{+} 例外，因为该离子只有一个原子核，外面没有电子层，所以电荷密度最高，吸引力最大，因而氢黏土的可塑性很强。

对于同价离子来说，离子半径愈小，其表面上电荷密度愈大，水化能力愈强，水化后的离子半径也愈大。如 Li^{+} 水化后离子半径增大，与带负电荷的胶粒吸引力减弱，进入吸附层的 Li^{+} 数目少，胶粒的净电荷较高，因而斥力大而吸引力小，所以 Li^{+} 黏土的可塑性低。

黏土吸附不同阳离子时，其可塑性变化的顺序和阳离子交换顺序是相同的。

$$H^{+}>Al^{3+}>Ba^{2+}>Sr^{2+}>Ca^{2+}>Mg^{2+}>NH_4^{+}>K^{+}>Na^{+}>Li^{+}$$

$$大\xrightarrow{\text{屈服值}}小$$

$$大\xrightarrow{\text{可塑性}}小$$

可见，吸附位于序列左边离子的可塑性料，屈服值都较吸附位于序列右边离子的可塑性料要大。

（4）黏土颗粒的大小和形状

一般来说，泥团中黏土颗粒愈粗，呈现最大塑性时所需的水分愈少，其最大可塑性愈低；而颗粒愈细小则比表面愈大，每个颗粒表面形成水膜所需的水分愈多，并且颗粒愈细，颗粒间的毛细管半径愈小，毛细管力增加，颗粒之间发生位移的阻力增加也使可塑性增加。

不同形状颗粒的比表面是不同的，因而对可塑性的影响也有差异。板状和短柱状颗粒的比表面积＞球状和立方体颗粒的比表面积。前两种颗粒容易形成面与面的接触，构成的毛细管半径小，并且它们的对称性低，使移动阻力和毛细管力增加，从而促使泥团可塑性增加。因此为了保证可塑性，不希望颗粒为球状，而是希望为板状或短柱状。

（5）液相的性质和数量

对于可塑坯料必须要有一定量的水，才能使其表现出可塑性。因而在一定程度范围内调整坯料的含水量可以调整坯料的可塑性，尤其是可以调节可塑坯料的屈服值。泥团中水分适当时才能呈现最大的可塑性。从图 2-3 可知：泥团的屈服值随含水量的增加而减小，而泥团的最大变形量却随含水量的增加而增大。若用屈服值与最大变形量两者的乘积表示可塑性，则对应于某一含水量泥团的可塑性可达到最大值。实际上可塑成型时的最佳水分应该是可塑性最大时的含水量（又称可塑水量）。

液相介质的黏度、表面张力对泥团的可塑性有显著的影响。泥团的屈服值受存在于颗粒之间的液相的表面张力所支配，液相的表面张力大必定会增大泥团的可塑性。如果加入表面张力比水小的乙醇，则泥团的可塑性比加入水时要低。此外高黏度的液体介质（如羧甲基纤维素、聚乙烯醇和淀粉的水溶液、桐油等有机增塑剂）也会提高泥团的可塑性。这是由于有机物负载在泥团颗粒表面，形成黏性薄膜，相互间的作用力增大；再加上高分子化合物为长链状，阻碍颗粒相对移动。因此，对于少数坯料，在天然原料无法保证其可塑性时，可考虑适当添加增塑剂（塑化剂）。

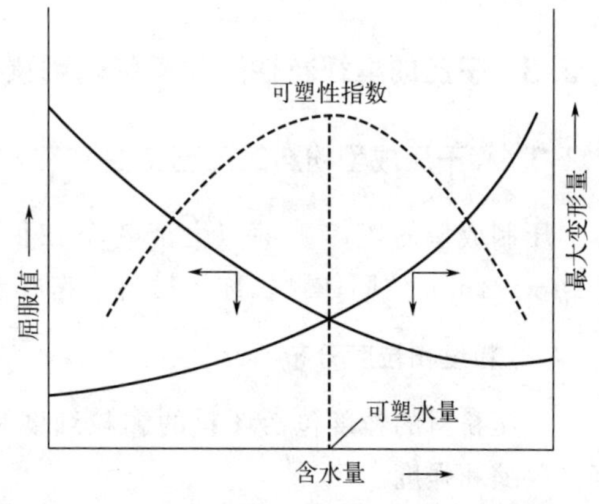

图 2-3　可塑泥团含水量与可塑性的关系

（6）陈腐与练泥

1）陈腐

可塑泥料陈放一段时间以后可使水分均匀，提高性能，工艺上称为陈腐。陈腐的作用主要体现在以下几个方面。

① 在毛细管力作用下，坯料的水分变得更加均匀，性能稳定。

② 在水和电解质的作用下，黏土颗粒充分水化和进行离子交换，使非可塑性的硅酸盐矿物（如白云母、绿泥石、长石等）长期与水接触发生水解变为黏土物质，从而使坯料可塑性提高。

③ 在高温低湿环境下，坯料中产生大量繁殖厌氧细菌，同时又有部分细菌死亡，变成腐植酸，使坯料可塑性提高。

④ 陈腐过程中会发生一些氧化还原反应，如 FeS_2 分解为 H_2S，$CaSO_4$ 还原为 CaS，并与 H_2O 及 CO_2 作用生成 $CaCO_3$ 和 H_2S，产生的气体扩散、流动，使泥料松散、均匀。

陈腐一般在封闭的仓或池中进行，要求保持一定的温度和湿度。陈腐的效果取决于陈腐的条件和时间。在一定的温度和湿度下，陈腐时间越长，效果越好，但陈腐一段时间后继续延长时间效果并不明显。因此，一般黏土质泥料陈腐 3～4 天即可。

2）练泥

练泥的作用是使泥料各处的性能稳定一致。通过真空练泥可以排出泥料中的空气，也可以进一步降低可塑泥料的含水量。

通过对泥团可塑性影响因素的分析，可以得出几点实际生产中提高可塑性的措施。

① 根据要求适当调节所用黏土矿物，因为泥团的可塑性主要取决于黏土的可塑性。

② 通过淘洗除去夹杂的非可塑性物质，或进行长期风化。

③ 将泥料进行真空处理并多次练泥。

④ 泥料陈腐。面砖坯粉通常陈腐 2 天左右，采用高效压机时，陈腐时间可再长一些；锦砖坯粉陈腐 3 天以上。

⑤ 掺用少量的强可塑性黏土。

⑥ 必要时加入适当的胶体物质，如糊精、胶体 SiO_2 和 $Al(OH)_3$、羧甲基纤维素等。

2.2.3 干压成型坯料性能及其影响因素

2.2.3.1 干压成型粉料的工艺特性

压制成型的坯体质量与生产效率在很大程度上取决于粉料的性质。通常可把粒度在0.1μm～1mm的固体颗粒称为粉料，它属于粗分散体系，有一些特有的物理性能。

(1) 粒度和粒度分布

干压粉料的粒度包括坯料的颗粒细度和粉料的团粒大小，它们都直接影响坯体的致密度、收缩和强度。

粒度是指粉料的颗粒大小，通常以颗粒半径或直径表示。实际上并非所有的粉料颗粒都是球状，非球状颗粒的大小可用等效半径来表示，也就是把不规则的颗粒换算成和它同体积的球体，以相当的球体半径作为其粒度的量度。例如棒状粒子的长度为 l，宽度为 b，高度为 h。该颗粒体积为：

$$V=lbh=4\pi r^3/3 \tag{2-1}$$

该颗粒等效半径为：

$$r=\sqrt[3]{\frac{3V}{4\pi}} \tag{2-2}$$

粉料团粒是由许多坯料颗粒、水和空气所组成的集合体，其大小与坯体的尺寸有关，一般团粒大小在0.25～2mm，最大的团粒不可超过坯体厚度的1/7。

粉料的粒度级配以达到最紧密堆积为最好，这时气孔率最低，有助于坯体致密度的提高。当粒度级别多而级配又合理时，气孔率最低，这可由粉料的堆积性质来说明。用太粗或太细的粉料都不能得到致密度高的坯体。这是由于细粉加压成型时，颗粒间分布着的大量空气会沿着与加压方向垂直的平面逸出，容易产生层裂；而粗颗粒过多时，在粉料混合搅拌的过程中易被破碎成小颗粒或微粉，小颗粒或微粉的外形不规则，使粉料的流动性降低，且分布不均匀。

(2) 粉料的堆积特性

粉料的堆积特性主要表现在粉料的孔隙率和流动性上。对于陶瓷粉料的压制成型，当然希望粉料的孔隙率小和流动性好。

由于粉料的形状不规则，表面粗糙，堆积起来的粉料颗粒间存在大量空隙。粉料颗粒的堆积密度与堆积形式有关，如以等径球状粉料为例，其堆积形式和孔隙率的关系列于表2-2中。

表2-2 等径球体堆积形式及孔隙率

堆积形式	图像	配位数	孔隙率/%
立方		6（上面一个、下面一个）（同一平面四个）	47.64
单斜		8（上面一个、下面一个）（同一平面六个）	39.55

续表

堆积形式	图像	配位数	孔隙率/%
双斜		10（上面二个、下面二个）（同一平面六个）	30.20
棱锥		12（上面四个、下面四个）（同一平面四个）	25.95
四面		12（上面三个、下面四个）（同一平面六个）	25.95

立方体的边长为 2 个球直径之和，即 $2d$。所以立方体的体积为 $V_{立}=(2d)^3$，立方体中含有 8 个球，每个球的体积为$\frac{1}{6}\pi d^3$，故立方体中球的总体积为：

$$V_{球}=8\times\frac{1}{6}\pi d^3 \tag{2-3}$$

$$相对密度=\frac{V_{球}}{V_{立}}=\frac{\frac{8}{6}\pi d^3}{8d^3}=\frac{\pi}{6}=0.5236 \tag{2-4}$$

$$孔隙率=1-相对密度=0.4764 \tag{2-5}$$

若采用不同大小的球体堆积，则可能小球填塞在等径球体的空隙中，因此采用一定粒度分布的粉料可减少其孔隙，提高自由堆积的密度。例如，只有一种粒度的粉料堆积时孔隙率为 40%，若采用两种粒度（平均粒度比为 2∶1～10∶1）配合则其堆积密度增大。图 2-4 中 AB 线表示粗细颗粒混合物的真实体积，CD 线表示粗细颗粒未混合前的外观体积（真实体积与气孔体积之和）。单一颗粒（即纯粗颗粒或细颗粒）的总体积为 1.4，即孔隙率约 40%。若将粗细颗粒混合，则其外观按照 COD 线变化，即粗颗粒约占 70%、细颗粒约占 30% 的混合粉料的总体积约为 1.25，孔隙率最低约 25%。若采用三级颗粒配合，则可得到更大的堆积密度。如图 2-5 所示，当粗颗粒为 50%、中颗粒为 10%、细颗粒为 40%时，粉料的孔隙率仅为 23%。

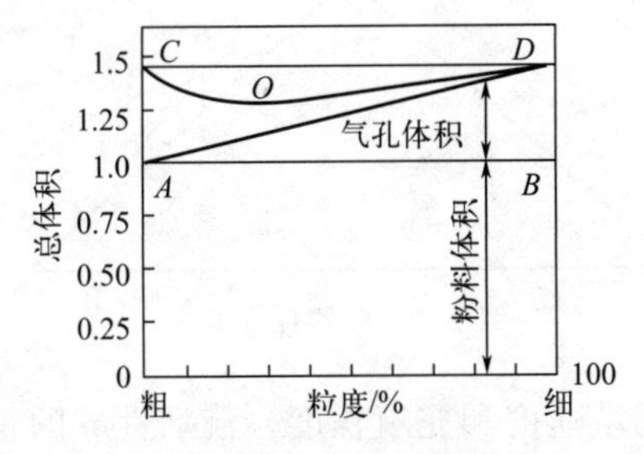

图 2-4　二级颗粒粉料堆积后的体积变化

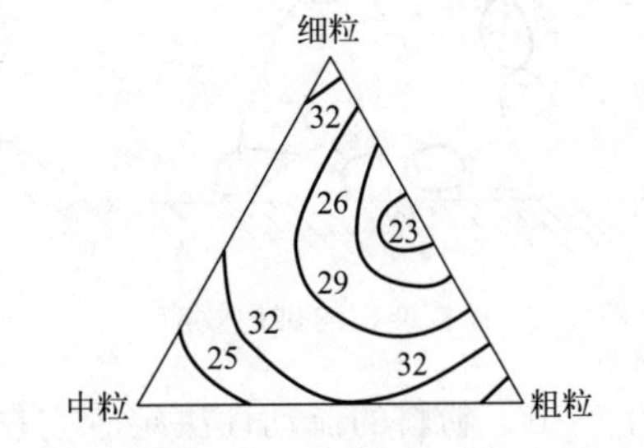

图 2-5　三级颗粒粉料堆积后的孔隙率曲线

应该说明的是，压制粉料的粒度是由许多小颗粒组成的团粒，比真实的固体颗粒大得多。如半干压法生产泥浆细度用万孔筛余 1%～2%，即固体颗粒大部分小于 60μm。而实际压砖时粉料假颗粒粒度为通过 1.6～2.4mm 筛网。因而要先经过“造粒”。

(3) 粉料的拱桥效应（或称桥接效应）

粉料自由堆积的孔隙率往往比理论计算大得多。这是因为实际粉料不是球形，加上表面粗糙，结果颗粒互相交错咬合，形成拱桥形空间，增大孔隙率。这种现象称为拱桥效应（见图 2-6）。

当粉料颗粒 B 落在 A 上时，粉料 B 的自重为 G，则在接触处产生反作用力，其合力为 P，大小与 G 相等，但方向相反。若颗粒间附着力较小，则 P 不足以维持 B 的重量 G，便不会形成拱桥，颗粒 B 落入空隙中。所以粗大而光滑的颗粒堆积在一起时，孔隙率不会很大。细颗粒的重量小，比表面积大，颗粒间的附着力大，容易形成拱桥。如气流粉碎的 Al_2O_3 粉料，颗粒多为不规则的棱角形，自由堆积时的孔隙比球磨后的 Al_2O_3 颗粒要大些。

(4) 粉料的流动性

粉料虽然由固体小颗粒所组成，但由于其分散度较高，故具有一定的流动性。当堆积到一定高度后，粉料会向四周流动，始终保持为圆锥体，其自然休止角（偏角）α 保持不变。当粉料堆的斜度超过其固有的 α 角时，粉料向四周流泻，直到倾斜角至 α 角为止，因此可用 α 角反映粉料的流动性。一般粉料的自然休止角 α 为 20°～40°，如粉料呈球形，表面光滑，易于向四周流动，α 角值就小。

粉料的流动性决定于它的内摩擦力。设某点的颗粒本身重为 G（图 2-7）。它可以分解为沿自然斜坡正压力：

$$F=G/\sin\alpha,\ F=\frac{N}{\sin\alpha}\cos\alpha=N\tan\alpha \tag{2-6}$$

当粉料维持自然休止角 α 时，方向相反的摩擦力 P 与 F 相等时才能维持平衡。$P=\mu N$，μ 为粉料的内摩擦力系数。由此可见：$\mu=\tan\alpha$，即粉料休止角的余切值等于其内摩擦系数。实际上粉料的流动性与其粒度分布和颗粒的形状、大小、表面状态等因素有关。

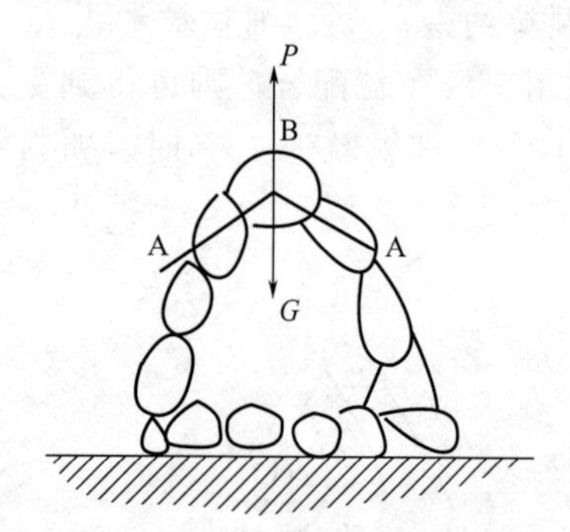

图 2-6　颗粒堆积的拱桥效应

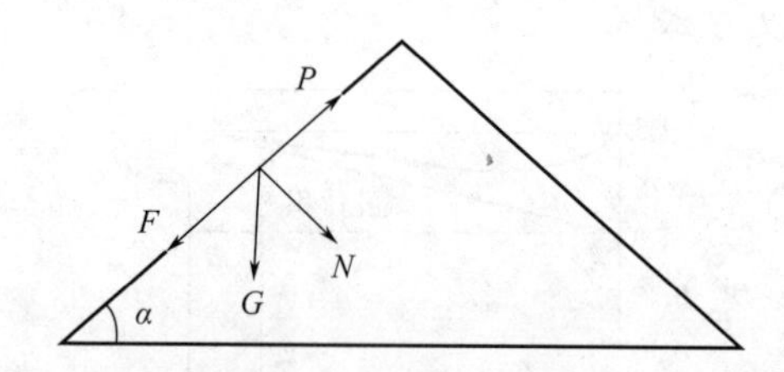

图 2-7　自然休止角

在生产中，粉料的流动性决定着它在模具中的充填速度和充填程度。流动性差的粉料难以在短时间内填满模具，影响压砖机的产量和坯体质量，所以往往向粉料中加入润滑剂以提高其流动性。

2.2.3.2　干压成型粉料的性能要求

通常情况下，压制成型粉料应满足以下几点要求。

① 坯料含水率适当且水分分布均匀。压制粉料分为干压和半干压两种，干压粉料含水

率 3%～6%，半干压粉料含水率 7%～14%。粉料水分要求分布均匀，应陈腐 1～3 天再用，否则局部过干或过湿都会导致成型困难，甚至引起制品开裂。

② 适当的粒度和粒度分布以满足坯料加工过程和烧结过程的要求。精陶类的坯料细度可控制在 6400 孔/cm^2 筛筛余 0.5%～1%，团粒大小要适合坯体的大小，最大团粒不可超过坯件厚度的七分之一并以球状为好。压制 5mm 厚釉面砖用粉料团粒最大尺寸要求在 0.5～1mm，但也有例外，生产釉面砖用喷雾干燥粉料可以细一些。

③ 良好的流动性、高的堆积密度、良好的排气功能，以满足压制成型的需要。为使粉料在模具中填充致密、均匀，要求粉料具有良好的流动性，最好把粉料制成一定大小的球状团粒。

2.2.3.3 影响半干压粉料质量的因素

(1) 含水率

在相同的成型压力下（即 F 为常量），当粉料的含水率处于某一适宜的值时，颗粒表面的水化膜可以确保颗粒移动而不出现多余，使坯体被压实。如图 2-8 所示，如果粉料的含水率低于 W_c 时，则会因水膜厚度过薄，颗粒之间相互移动时摩擦阻力增大，有效压力下降，坯体不易被压实。

如果粉料的含水率高于 W_c 时，则颗粒表面的水膜过厚，会连成一片，多余的水占据了空间，且颗粒变软、易碎，使空气排不出，粉料也不易压实。

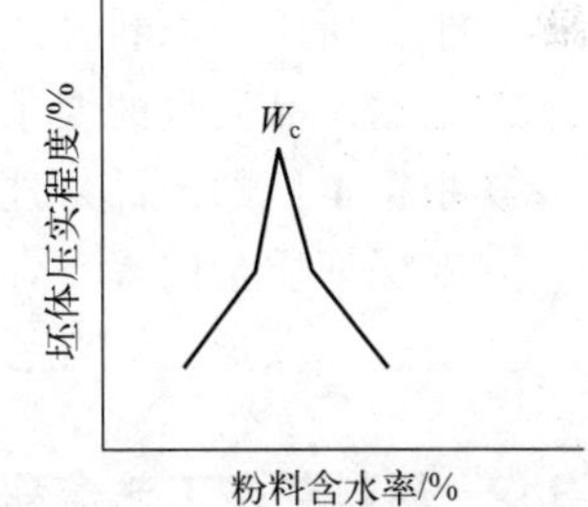

图 2-8 粉料含水率与坯体压实程度的关系

(2) 水分均匀分布程度

粉料的含水是否均匀，对产品质量有很大的影响。水分是否均匀分布，对于传统的造粒方法显得尤为重要，这是由于传统造粒方法是先将滤饼干燥后再破碎筛分得到所需的颗粒，因而泥饼的干湿不同会造成粉料的水分不均匀。如果水分不均匀，压制后坯体各部位的干湿程度不同，在干燥过程中，会因收缩不同而造成局部热应力，导致变形，严重时出现开裂。

(3) 真颗粒（一次颗粒）粒度

真颗粒必须有一定的细度，才能保证烧结过程顺利进行，同时保证坯体具有一定的可塑性和结合性，防止在干燥时因坯体强度不够，排水时汽化张力使坯体开裂。一般情况下：泥浆必须过两次筛（或双层筛），筛目为 80 目、100 目，或 100 目、120 目，细度控制为万孔筛余 0.1%～1%。

(4) 假颗粒（二次颗粒、粉料）粒度

半干压成型不能直接用真颗粒来压制成型，必须通过一定的手段、方法，将真颗粒制成具备一定性能的假颗粒，以保证成型。如果假颗粒过细或是还保留许多真颗粒，则在成型过程中排气困难，易造成夹层缺陷；如果假颗粒过粗，则坯体表面不平整，颗粒之间的空隙不能填满，同样会影响产品质量。

一般压制成型用的粉料颗粒最大尺寸 d_{max} 满足式(2-7)：

$$d_{max}=\left(\frac{1}{5}\sim\frac{1}{10}\right)T_{min} \tag{2-7}$$

式中，T_{min} 为制品的最小厚度。

压制成型用粉料最常见粒度分布如表 2-3 所示。

表 2-3　压制成型用的粉料粒度分布

筛目	40	60	80	100	120	140	160	180	200	<200
分布量/%	0.9～5.0	22～60	1.0～24	16～24	1.0～12	2.0～5.0	0.5～2.0	0.3～1.5	3.0～7.0	5.0～10.0

2.3 粉料制备工艺

2.3.1 确定制备工艺流程的原则

① 必须保证制备好的粉料满足成型的要求；

② 根据所用的原料性质来制定工艺流程；

③ 根据产品质量的要求来选择工艺流程；

④ 根据本厂的条件来选择工艺流程；

⑤ 在保证质量前提下，尽可能地使用工序短、经济的工艺流程；

⑥ 要选择保护工人合法权益的流程。

2.3.2 粉料制备工艺流程

根据工艺条件不同，可以分为干法制备和湿法制备。

2.3.2.1 干法制备的流程

(1) 工艺流程

（螺旋输送）
加水搅拌 → 闷料 → 造粒 → 过筛 → 闷料

配料→粗碎→细碎
（颚破）（雷蒙）

造粒 → 筛分 → 闷料
（造粒机）

轮碾造粒在我国许多中小型工厂普遍使用，但粉料质量不太好。干粉造粒机造粒是国内外近年来发展的一种新的造粒方法。其造粒原理是：在中心轴叶片的机械作用下，干粉粉料处于悬浮或湍流状态，这样，粉料就能和喷入的水雾充分接触混合；当粉料不断的湿化达到成粒临界点时，众多的粉粒就以某一较大的粉粒为核心，渐渐地聚集成较大的颗粒，这与晶体的结晶过程一样。

(2) 优点

流程简单，设备投资费用低，约为湿法的 60%；不需要或极少蒸发水分，能耗大大降低，约为湿法的 2/3，甚至 1/3；粉料颗粒含空气少，这是由于造得的颗粒是实心的，不是空心的；操作人员少，节约劳动力，可实现全自动化生产；维修费用低。

（3）缺点

粉尘污染问题严重，解决困难；对原料要求高，适用于配方简单、相对密度相近的原料进行加工；要求所用的原料干燥且含水率稳定；干法除铁效率低；粉料的流动性稍差。

2.3.2.2 湿法制备的流程

（1）工艺流程

配料→水碾→球磨→过筛→除铁→喷雾干燥→陈腐→半干压粉料。

（2）全湿法流程的特点

① 全湿法加工没有粉尘污染，工作环境较好；
② 粉体输送为液体输送，降低了劳动强度；
③ 喷雾干燥制得的粉料流动性好，有利于压制成型；
④ 粉料水分均匀、稳定；
⑤ 能耗大，是干法的3倍以上；
⑥ 一次性投资大，维修费用高；
⑦ 轮碾法造粒，获得的粉料成型性能稍差。

每一个流程都不是完美无缺的，即每一个流程都有值得改进的地方，事实上，不同地区、不同工厂都有自己的工艺流程，并不雷同。对于一个具体的地区、具体的工厂，要确定用何种流程，必须根据制备工艺流程的原则来定夺。

2.3.2.3 挤压成型坯料要求

挤压成型（extrusion forming）用的坯料属于半硬塑性料，因此希望在含水率在17%～19%的情况下，具有良好的可塑性，在一定的外力作用下不致开裂。此外，坯料各种原料与水分均应混合均匀，同时空气含量尽可能的低。

2.4 造粒

造粒又称制粉或打粉，是指将真颗粒通过一定的手段、方法制备成具有一定粒度和流动性的团聚颗粒（假颗粒），造粒的好坏直接影响到成型质量。

2.4.1 喷雾干燥造粒

将加工好的泥浆在高压力作用下通入有热空气的干燥塔内雾化成细滴，使雾滴与热空气进行换热传质，瞬时完成干燥而成颗粒状粉料的技术，称为喷雾干燥造粒。

喷雾干燥技术最早出现于美国，1865年美国的Lamant申请了专利，早期主要应用在医药、食品、化工、染料等领域。20世纪50年代初开始在陶瓷工业中应用。我国在60年代初才开始研究应用，70年代初我国一些单位如咸阳陶瓷研究设计院、中国建筑西北设计研究院有限公司、沈阳陶瓷厂等先后研制投产了一批喷雾干燥器。80年代初，咸阳陶瓷研究设计院、华南理工大学等单位联合设计了一个系列化产品，由唐山轻工业机械厂负责制造，1985年获得鉴定。我国目前不但具备生产气流、机械及机电一体的离心雾化器的能力，而且处理量可以达到每小时处理45t水，在杭州、西宁、无锡、靖江等地有专业的雾化器制造厂。目前离心式喷雾干燥器从处理量每小时几千克到几十吨已经形成了系列化机型，生产制造技术基本成熟。

(1)喷雾干燥设备组成系统

喷雾干燥设备通常由五个部分构成，见图2-9和图2-10。

① 泥浆输送、供给、雾化系统——有筛网、柱塞泵、管道、喷嘴等。

② 热风发生、输送系统——热风炉、配风机、管道、分风器等。

③ 干燥系统——干燥塔。

④ 粉料收集系统——干粉收集装置、筛分装置、提升装置等。

⑤ 尾气净化系统——旋风除尘器、袋式除尘器等。

(a) 离心造粒机

(b) 平流式雾化器

(c) 压力式雾化设备

(d) 离心式雾化设备

图2-9 喷雾干燥设备

(2)喷雾干燥设备分类

1) 气流式喷雾干燥器

其气流式雾化器的动力（压缩空气）消耗比压力式和旋转式大，故一般用于干燥小批量

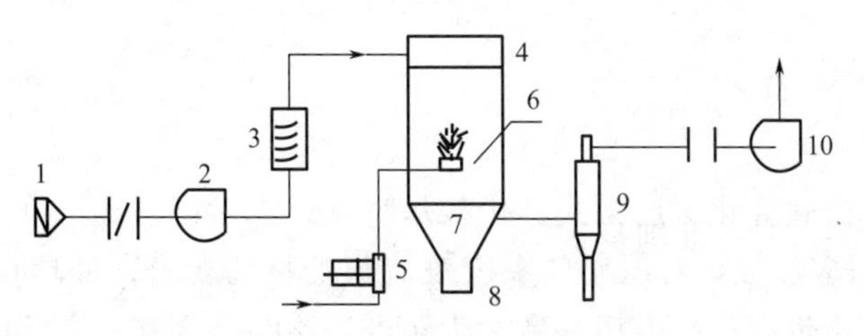

图 2-10　压力雾化干燥器结构

1—过滤器；2—送风机；3—加热器；4—热风分配器；5—注射泵；
6—压力雾化机；7—干燥塔；8—收料袋口；9—旋风分离器；10—引风机

的产品。气流式喷嘴能很方便地产生极细的或较大的雾滴，雾化器用压力为 0.2～0.5MPa 的压缩空气或过热蒸汽，通过喷嘴将料液喷成雾滴，是实验室或中间工厂的一种较为理想的干燥设备。对非牛顿型料液的雾化，气流式优于其它类型。气流式雾化器用于雾化高黏度的糊状物或滤饼等也非常有效。我国的喷雾干燥始于气流式，对于气流式喷嘴的设计、制造和操作积累了较丰富的经验。

2）压力式喷雾干燥器

随着人们对颗粒状产品如速溶奶粉、空心颗粒染料、球状催化剂、白炭黑、颗粒状铁氧体等需求量日益增多，压力式喷雾干燥装置也随之发展。我国已设计、制造出多台各种规格的压力式喷雾干燥器，现已掌握了此种类型的设计、制造和操作技术。压力式雾化是用高压泵将料液加压到 2～20MPa，送入雾化器将料液喷成雾状。小时喷雾量可达几吨至十几吨，能够满足各行业的需求。在工业生产上，一个塔内可装入几个乃至十几个喷嘴，可保持与实验条件完全相符，基本上不存在放大问题。

3）离心式喷雾干燥器

离心式喷雾干燥器是依靠雾化盘的高速旋转产生的离心力将料液水平甩出而雾化的，离心式雾化器的回转速度一般为 4000～20000r/min，最高可达 50000r/min。此种雾化器的喷雾干燥器外形短而粗（$L/D=1.5\sim2$，L 为塔高，D 为塔径）。旋转盘的圆周速度是决定雾化好坏的主要参数，设计的圆周速度为 90～160m/s。雾化盘除了直接加工成圆形孔和矩形通道外，为了抗磨损，通常将通道衬上耐磨材料，如陶瓷、硬质合金等。对大喷雾量（每小时几吨至百吨）的工业喷雾干燥，如火力发电厂的烟道气脱硫等，可采用旋转雾化器，通常只需要一个雾化器便可完成。

（3）造粒工艺流程

喷雾干燥的基本流程是：料液通过雾化器，喷成雾滴分散在热气流中；空气经鼓风机送入空气加热器加热，然后进入喷雾干燥器，与雾滴接触干燥；产品部分落入塔底，部分由一级引风机吸入一级旋风分离器，经分离后将尾气放空；塔底的产品和旋风分离器收集的产品，由二级抽风机抽出，经二级旋风分离器分离后包装。

喷雾干燥的产品为细粒子，为了适应环境保护的要求，喷雾干燥系统只用旋风分离器分离产品、净化尾气是不够的，一般还要用袋式除尘器净化，使尾气中的含尘量低于 50mg/m^3 气体。或用湿式洗涤器，可将尾气含尘量降到 15～35mg/m^3 气体。造粒工艺流程如下：

贮浆池→泥浆泵→管道→喷嘴
热风炉→热风→热风管→干燥塔 } 雾化→ ┬→换热传质 → 干燥 → 沉降 → 筛分 → 入料仓 → 陈腐
　　　　　　　　　　　　　　　　　　└→废气 → 尾气管 → 旋风除尘器 → 湿式除尘器 → 排风机 → 排空

（4）喷雾干燥关键工序

1）雾化方式的选择

离心式雾化、气流式雾化、压力式雾化各具特点。

① 离心式雾化适应性强，对泥浆的黏度没有很严格的要求；处理量允许无级变化；制作离心机的要求高，造价高，易损坏（高速旋转可达4000～20000r/min）；离心雾化造得的粉料粒度分布很狭窄、细小，流动性差。

② 气流式雾化易于雾化，不需高压（0.2～0.7MPa即可）；动力消耗大；颗粒细小；干燥过程中需消耗额外的热能去加热吹进塔内的冷空气。

③ 压力式雾化对泥浆机械加压，易于获得高压（大于2MPa）；雾滴的大小可以通过调整压力、喷孔大小等加以控制；粉料的流动性好；动力消耗小。

建筑陶瓷用料以压力式雾化方式为主。

2）热流与物流的运动方式

一般有三种运动方式，即顺流式、逆流式、混流式。a.顺流式：热流与物流的方向一致，均是由上向下。b.逆流式：热流与物流的方向相反，一般是热流自上而下，而物流自下而上。c.混流式：热流与物流既有逆流也有顺流，一般是先逆后顺。

三种运动方式各有特点。

① 顺流式运动：物流一进入干燥塔就处于最高温度区内，物料瞬时进行干燥。如果颗粒较大，则会出现外面成硬壳，里面是软泥的情况，只适宜于干燥雾化颗粒极小的物料。

② 逆流式运动：干燥物料的收集在塔顶，热风的送进也在塔顶，导致结构复杂；同时若是物料的动能不足，则物料不可能被分离出塔。

③ 混流式运动：将上述两种运动进行综合，即先逆流后顺流，既避免了物料表面结硬壳，又降低了塔身高度，充分利用塔高，使物料成功地进行了二次干燥。

比较后可以清楚地看到，运动方式以混流式为最好。

3）热风的分配

热风的分配是否合适，直接影响到粉料的质量和产量。为了使热风在塔的横截面上均衡分布，并且与泥浆的雾化方式配合得当，以保证雾滴在飞扬到塔壁之前已经干燥好，不形成粘壁的缺陷，在塔顶的进风口处设有分风器。

分风器的作用是使进入塔内的热风从塔中轴线沿径向逐渐减小。具体措施是：将风分成几股旋转进入塔内；将风分成若干小股平行向下运动。

4）换热和传质

① 换热：热风携带的热能以对流传热方式加热雾滴，热风降温，相对密度增大，向下沉。

② 传质：雾滴被加热后，内部的水分汽化，当雾滴表面的水蒸气分压大于周围介质中的水蒸气分压时，在分压差的推动下，水分不断地由表面蒸发进入介质中去。为了使这个过程能充分进行，就要求塔内的热空气分布状态与雾滴的分布状态一致，即越是靠近塔中心，热流越强，雾滴越多。

（5）提高喷雾干燥造粒效率的途径

喷雾干燥是陶瓷工厂能耗大的原因之一，其燃料消耗约占陶瓷产品燃料消耗的20%，占粉料制品成本的30%左右。因而，提高效率，节约能耗显得很重要。主要方法有以下几种。

1）提高泥浆浓度

对于一定大小的干燥塔，在一定的干燥条件下操作，其蒸发水分的能力也就基本不变。因此，要提高造粒的生产效率，就必须从提高泥浆的浓度着手。很显然，泥浆浓度越高，在同样蒸发水量能力下，得到的干燥粉料就越多，同时能耗就会下降。

然而在陶瓷生产中，泥浆浓度的提高意味着黏度增加，流动性降低，雾化效果变差。为此需选择合适的减水剂，保证既可提高泥浆浓度，又具有良好的流动性能。

① 目前常用的泥浆减水剂有：水玻璃（$Na_2O \cdot nSiO_2$）、纯碱（Na_2CO_3）、腐植酸钠、AST 减水剂（橡胶单定酸和木质磺酸盐混合物）、SN-Ⅱ型水泥减水剂［β-萘磺酸钠甲醛缩合物（阳离子表面活性剂）］、802 水泥减水剂（多环芳烃钠盐）、聚丙烯酸钠（羧酸类聚合物）、六偏磷酸钠［$(NaPO_3)_6$］、焦磷酸钠（$Na_4P_2O_7$）、水杨酸碱（水杨酸钠）。

② 提高泥浆浓度的效果：浓度提高 10%，产量增加 60%～80%；或反过来，浓度提高 10%，蒸发水量下降 50%～60%；浓度提高 10%，能耗下降 30%～40%。浓度提高后：干粉密度提高，压缩比下降（因为空心粉料减少）；粉料大颗粒含量增加，排气性能提高（因为雾滴收缩小）；粉料流动性得到改善，休止角可以小于 16°（因为球形程度高）。

2）提高泥浆温度

① 提高泥浆温度的途径

利用喷雾塔排出的尾气或窑炉的余热与泥浆进行换热，使泥浆温度升高。这时需要注意：换热的热空气排气温度不能低于露点，否则冷凝水会回到泥浆中，降低泥浆浓度。

② 提高泥浆温度的效果

降低泥浆中气体的含量。泥浆是溶解了气体的悬浊液，随着泥浆温度的提高，水中溶解的气体含量呈明显降低。水温与每升水中溶解空气量的关系如表 2-4 所示。

表 2-4 不同温度下 1L 水中可溶解的空气量

水温/℃	0	10	15	20	25	30
空气量/mL	29.18	22.84	20.55	18.68	17.08	15.64

降低泥浆中气体的含量可以降低泥浆的黏度，提高泥浆的流动性。随着泥浆温度升高，泥浆中溶解的气体含量下降，也即泥浆的黏度降低（图 2-11），流动性增加，雾化动力消耗下降。随着温度升高，泥浆的表面张力也随之减小，在 10～50℃范围内，水温每升高 10℃其表面张力约下降 $0.158N/m^2$，由此使得浆液容易撕裂成雾滴。

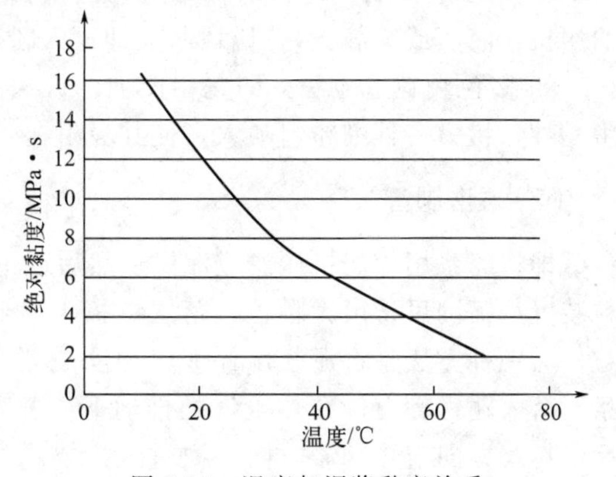

图 2-11 温度与泥浆黏度关系

3）增加塔顶辅助喷嘴

压力式喷雾干燥器是热风从上进入塔内，物料从下面往上喷，导致塔顶上部有 1.5～2m 高的热空间没有雾滴进入，因此，可在塔顶上部增设辅助喷嘴。

这时需要注意塔顶辅助喷嘴的张角要大，喷射高度要低；此外，塔顶只适宜喷细颗粒，避免产生外干内软的有问题粉料。

4）改进塔的分风机构，提高塔的蒸发强度

蒸发强度是指塔的单位容积内每小时蒸发水分的能力。在热风温度、热风流量、泥浆浓度、供浆压力不变的条件下，蒸发强度越大，就意味着塔的产量越大。目前，我国虽然采用了两种类型的分风机构，但是热风分布仍不太理想，并没有真正做到从塔的中轴线沿径向从内到外逐渐减少，有必要进一步改善，力求使蒸发强度接近世界先进水平，达到7.9～8.2kg 水/(m^3·h)。

5）控制进风温度与排风温度

① 进风温度　在其它工艺条件不变的情况下（如浓度、流量、压力等），提高进风温度，则粉料含水率下降，也即增大进料量可以保证粉料含水率恒定。但是，提高进风温度对粉料流动性无明显影响，但粉料密度稍有下降。其主要原因是：雾滴与高温热气流接触，表面迅速形成一层硬壳，而里面仍是潮湿的，硬壳阻碍雾滴收缩，内部水分蒸发后留下的空隙无法减少或在表面留下凹坑。一般情况下，进风温度控制在450～500℃。

② 排风温度：当压力不变，喷嘴组合量不变，泥浆相对密度不变的情况下，排风温度愈高干粉含水率就愈小。只需控制排风温度，就可以控制含水率。

6）喷雾压力及喷嘴孔径

喷雾压力加大，喷雾高度增加，雾滴变小；喷雾压力下降，喷雾高度下降，雾滴变大。喷嘴孔径缩小，颗粒变小；喷嘴孔径增大，颗粒变大。

2.4.2　大颗粒造粒

目前建筑陶瓷生产日新月异，新的生产方法层出不穷，为了使建筑陶瓷制品更接近天然石材，大颗粒仿花岗岩砖应运而生，为此，首先必须制备出大颗粒粉料。

(1) 干法制备

① 分步造粒法　即首先利用压机（可以是液压压砖机，也可以是老式的摩擦压砖机）将需要加工的粉料压制成块，然后利用旋转式粉碎机（或辊式粉碎机）将料块破碎成大颗粒，过筛，粗颗粒返回重新破碎，过细的颗粒则返回重新压块。

② 连续造粒法　即将压块与造粒连接在一起，由输送装置将粉料输送到设在料仓顶部的压机（液压或等静压），压块后立即进入粉碎机，造粒后，落入料仓。

③ 多色颗粒造粒法　即先用前面的方法造粒，然后在颗粒表面喷上少许水分，使其产生黏性，将另一种细粉料喷入，使其吸附在颗粒表面，从而形成多色的颗粒。

(2) 湿法制备

即将泥浆用榨泥机压滤成泥饼，然后通过如图2-12的挤制成粒装置从筛网里挤出大颗粒，落入链板干燥器进行干燥得到大颗粒。另一种方法是将泥浆用榨泥机压滤成泥饼，经练泥机练成泥条，落入输送管道，在热空气的推动下，进入旋转粉碎机，粉碎后沿切线方向与热气流方向一致进入干燥塔内，干燥后由塔顶收集后送料仓。

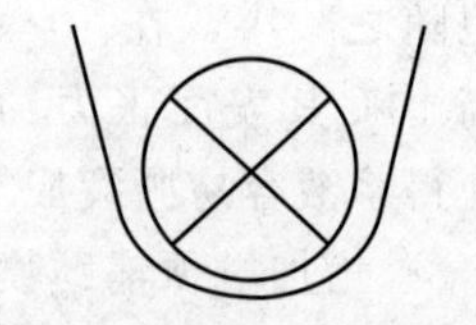

图2-12　挤制成粒装置

2.4.3　干法制粉工艺

目前国外逐渐采用干法制粉工艺，即先干法细碎再适当加水造粒的方法，避免了坯料制备过程中水的循环，降低了能量消耗。

在干法制粉工艺中，采用的造粒设备是连续式造粒机。细碎后的粉料在混料筒内进行湿混造粒。混料筒里装置带有销钉和叶片的旋转轴，同时装有喷水用的喷雾喷嘴。造粒时，粉料可以连续不断地送入混料筒里，在轴的高速旋转下，粉料与水和黏结剂充分地混合，润湿聚集成球。粉料在混料筒里停留时间约为30s，然后被送往流化干燥床，使其进一步干燥，直至符合成型要求。这种造粒机制备的粉料体积密度大、形状规则、成型性能好。其特点是：①粉料密度高，堆积密度大，成型压缩比小；②能量消耗小，为喷雾干燥的37%左右；③自动化程度高，占地面积小，不需高大的厂房。

2.5 瓷质坯体的组成和配方

瓷质坯体如锦砖、铺地砖，产品是充分烧结的，烧成收缩率大，烧成过程中易变形，较难生产大规格产品，制品可施釉或无釉。

(1) 瓷质坯体的特点

① 瓷质坯体的制品通常是玻化砖、锦砖和部分地砖，吸水率一般小于1%。

② 瓷质坯体的烧成收缩较大，烧成过程控制要求高、难度大。

③ 瓷质坯体的表面可以施釉装饰，亦可以无釉装饰或自释釉装饰，同时也可以进行印花装饰。

④ 瓷质坯体的制品强度高、耐磨蚀能力强、抗冻性好。

⑤ 瓷质坯体的制品因吸水率低，铺贴较为困难。

(2) 瓷质坯体的组成

一般地讲，建筑陶瓷中的瓷质坯体与日用瓷中的软质瓷相类似，即在坯体组成中熔剂的成分较高。其示性坯式为：

$$(0.4\sim0.5)\left.\begin{matrix}R_2O\\RO\end{matrix}\right\}\cdot Al_2O_3\cdot(5.5\sim8.3)SiO_2$$

这样选择是基于下列几点考虑：

① 降低制品的烧成温度，从而降低制品的生产成本。

② 为了使不施釉制品表面具有玻璃光泽。

③ 制品厚度一般较大，若是采用硬质瓷配方，则不易烧结。

④ 墙地砖制品的强度既可以由瓷质来保证，又可以通过制品的适当厚度来保证。

通常瓷质坯体配方的组成在表2-5范围内波动。

表2-5 瓷质坯体配方的组成范围

组成	SiO_2	Al_2O_3	Fe_2O_3	CaO+MgO	KNaO	烧失量
含量/%	64～74	16～24	0.5～1.5	0.5～3	4～8	2.5～7

(3) 瓷质坯体的原料配方

一般情况下，瓷质坯体的原料组成为：可塑性黏土10%～30%，硬质黏土10%～40%，瘠性原料 0～30%，矿化剂 0～30%，熔剂 15%～50%。

瓷质坯体所用的原料一般为两大类型。南方地区，采用含大量未风化的长石、石英的黏土原料，加上少量结合黏土和强助熔剂，如含 Na_2O 较高的瓷砂，或者是用结合黏土加瓷石及少量熔剂。北方地区，采用经典配方，黏土、长石、石英，使用滑石作为矿化剂，但一般不用 CaO，这是因为 CaO 通常是由 $CaCO_3$ 引入，这对要求充分烧结的瓷化坯体是不利的。

无论是南方或北方均需要一定数量的强可塑性黏土，以确保生坯强度。同时要求所用的原料均具有较小的烧失量。

为了获得有色坯体，可以直接使用含着色氧化物较高的黏土类原料，也可以在白色坯料中加入少量着色剂。通常着色剂的使用有两类：即着色氧化物和合成色料。

着色氧化物可用的有：Fe_2O_3（呈棕、黄、红色等，与少量 CoO 混用时可获得紫红色)、Cr_2O_3（呈深浅不同的绿色)、CaO（呈天蓝、蓝、绿色等)。上述着色氧化物具有加入量少、呈色能力强的特点，但是易与坯体中的其它组分起反应，导致呈色不稳定。为了获得稳定色调的坯体和釉面，可以添加人工合成的色料，常用的有锆英石型、尖晶石型、萤石型、辉石型等合成色料。

建筑陶瓷瓷质坯体配方形式多样，表 2-6 所列是其典型配方。

表 2-6　瓷质坯体的典型配方　　单位：%

序号	配方组成	坯体类型
1	石英 25、长石 35、紫木节 10、大同砂石 10、章村土 10	白色、传统型
2	石英 35、长石 24、叶蜡石 18、桃红土 2、混合黏土 21	白色、叶蜡石改良型
3	石英 15、长石 5、仓后土 32、红岗泥 33、青草岭 15	红色、地方黏土型
4	石英 15、长石 15、高岭土 30、红泥 40	棕色、地方黏土型
5	白砂石 40、长石 25、紫木节 10、大同砂石 5、章村土 20	白色、原料代用型
6	石英 24、长石 13、叶蜡石 16、绢英岩 30、紫木节 7、黏土 10	玻化砖、地方原料

2.6 炻质坯体的组成和配方

炻质坯体有各种红地砖、彩釉砖和各色外墙砖，坯体烧结程度次于瓷质坯体，收缩率较小，因此可制得各种规格制品。除部分无釉制品外，大部分炻质坯体的制品表面施一层可盖住底色的颜色釉，使砖面呈各种色彩的花纹。

(1) 炻质坯体的特点

① 炻质坯体的制品通常是彩釉砖、外墙砖和部分地砖。

② 烧成收缩不大，尺寸公差易于保证，吸水率为 3%～8%（国标规定<10%)。

③ 烧成后的制品具有较高的机械强度（国标规定≥24.5MPa)，较好的热稳定性。

④ 成型既可以是半干压成型，也可以是挤压成型。

⑤ 制品规格多。

⑥ 大部分制品采用施釉装饰和图案装饰。

⑦ 铺贴性能优于瓷质坯体。

（2）炻质坯体的组成

炻质坯体一般具有较低的硅含量，熔剂成分也较瓷质坯体含量少。其示性坯式为：

$$(0.25\sim0.5)\left.\begin{matrix}R_2O\\RO\end{matrix}\right\}\cdot Al_2O_3\cdot(1.8\sim4.5)SiO_2$$

通常炻质坯体配方的组成在表 2-7 范围内波动。值得注意的是：有些坯体中的 Fe_2O_3 含量最高可达 10%，有些坯体中的 TiO_2 含量最高可达 5%，部分坯体中的 CaO 与 MgO 的总量最高可大于 10%。

表 2-7 炻质坯体配方的组成范围

组成	SiO_2	Al_2O_3	Fe_2O_3	TiO_2	CaO	MgO	KNaO	烧失量
含量/%	53～69	15～26	1～8.5	0.6～1.7	0.1～2	0.1～2.8	1.5～5	2～6

由此可见，炻质坯体中起熔剂作用的主要是 Fe_2O_3、TiO_2 和 CaO 与 MgO，而 K_2O、Na_2O 的熔剂作用降为次级，保证了炻质制品的强度。这是因为 CaO 与 MgO 在 900～1000℃与其它物料反应，生成硅灰石 $CaO\cdot SiO_2$、透辉石 $CaO\cdot MgO\cdot 2SiO_2$、钙长石 $CaO\cdot Al_2O_3\cdot 2SiO_2$、堇青石 $2MgO\cdot 2Al_2O_3\cdot 5SiO_2$。

（3）炻质坯体的原料配方

通常炻质坯体的原料组成为：可塑性黏土 50%～65%，熔剂原料 10%～15%，瘠性原料 15%～20%，着色剂等 3%～8%。

主要使用当地的劣质原料，比如红黏土、红页岩、紫页岩、煤矸石、粉煤灰等。

① 红黏土 是一种含铁质的半酸性黏土，具有一定的可塑性。华北与西北地区的红黏土大多属于伊利石矿物，通式为 $0.2R_2O(Al、Fe)_2O_3\cdot 3SiO_2\cdot 2H_2O\cdot nH_2O$。可见，部分铁取代了铝。南方地区的红黏土则以含铁质的高岭石矿物为主，通式为 $(Al, Fe)_2O_3\cdot 2SiO_2\cdot 2H_2O\cdot nH_2O$ ($n\leqslant 2$)。可见，也是部分铁取代了铝。

② 红页岩 俗称干子土，又称石谷子，是含有较高硅、铝，较低钙、镁的硬质黏土，含铁量在 5%以上，矿物成分以黏土矿物为主。

③ 煤矸石 是采煤后的尾矿，化学组成与矿物组成由于煤矿的成因和地质条件不同而有很大差异。一般以高岭石、伊利石和石英为主要矿物，另含少量的黄铁矿、云母，细粉碎后有一定的可塑性。我国目前积存煤矸石约 13 亿吨，每年还要再增加 1 亿吨。

除此之外，还有粉煤灰、磷矿渣等。

典型炻质坯体的配方如表 2-8 所示。

表 2-8 炻质坯体的典型配方 单位：%

序号	配方组成	应用地区
1	红页岩 50、紫砂土 40、磷矿渣 10	浙江地区
2	白花土 55、宫湖土 25、黄土 20	广东地区
3	页岩 30、紫砂土 50、地砖废料 20	湖北地区
4	红泥 60、黑泥 5、页岩 18、黄砂 17	山东地区
5	页岩 50、熟料 30、粉煤灰 20	安徽地区
6	紫砂 55、熟料 35、硫酸渣 10	山西地区

2.7 陶质坯体的组成和配方

陶质坯体如釉面砖，是多孔坯体，烧成收缩极小，易保证制品尺寸精确，砖面平整。产品有一定的吸水率，有利于施工时采用水泥砂浆铺贴，产品规格繁多，一般比较薄。多于用内墙装饰，表面施一层低温陶釉，以保证坯体达到表面不吸水和易清洁等要求。

2.7.1 陶质坯体的特点

陶质坯体的特点如下：

① 主要制品是釉面砖（内墙砖）；

② 烧结程度差，是多孔质坯体，有较高的吸水率（国标规定≤22%）；

③ 烧成收缩小，不易变形，尺寸公差小；

④ 制品厚度小，多为二次烧成（目前正要发展一次烧成）；

⑤ 表面施低温釉，常用图案进行装饰；

⑥ 铺贴方便，使用一般的水泥砂浆即可贴牢。

2.7.2 陶质坯体主要种类、组成和配方

陶质坯体的组成比瓷质、炻质坯体的组成要复杂得多。陶质坯体是多孔质坯体，不要求充分烧结，坯体中液相量少，不容易变形，因而可以使用多种类的原料，从而形成多种系列的陶质坯体。

2.7.2.1 黏土型精陶坯体

(1) 分类

这类坯体一般包括四种主要类型，即

纯黏土型	经典配方
黏土＋长石型	改良配方
黏土＋石灰石型	改良配方
黏土＋混合熔剂型	优化配方

(2) 组成

① 长石精陶：$1(R_2O+RO)\cdot(5.5\sim8)Al_2O_3\cdot(26\sim35)SiO_2$。

② 石灰质精陶：$1(R_2O+RO)\cdot(1\sim2.5)Al_2O_3\cdot(3.5\sim10)SiO_2$。

(3) 不同类型坯体的特点

1）纯黏土型坯体

配方简单，属于经典配方。但是由于是全黏土，因而收缩大，易于变形、开裂，已趋于淘汰。

2）黏土加长石型坯体

该配方在纯黏土的基础上配以长石，使烧成温度下降，同时使烧成范围变宽。但是由于长石产生的玻璃相具有较强的吸湿膨胀性，因而易导致后期龟裂。目前，此种类型的坯体也

很少使用。

3）黏土加石灰型坯体

该配方采用的熔剂不是长石，而是石灰石。该配方的助熔作用不同于长石，在烧成过程中，这种坯体发生下列化学反应：

$$CaCO_3 \xrightarrow{700\sim1000℃} CaO + CO_2 \tag{2-8}$$

$$CaO + SiO_2 \xrightarrow{>900℃} CaSiO_3 \tag{2-9}$$

$$CaO + Al_2O_3 \cdot 2SiO_2 \xrightarrow{>900℃} CaO \cdot Al_2O_3 \cdot 2SiO_2 \tag{2-10}$$

反应(2-8）和（2-9）都是在较低的温度下进行的，可以促进烧结。在形成钙长石时由于晶型转变会产生体积膨胀，部分抵消黏土在烧成过程中的收缩。分解出的 CaO 起着矿化剂的作用，促进石英转化成方石英，提高精陶坯体的热膨胀，改良坯釉结合。

归纳起来，在精陶质坯体中加入石灰石，可以有下列作用。

a. 提高坯体的热膨胀系数，从而改善坯釉适应性。主要原因是：$CaCO_3$ 在高温下分解出的 CaO 具有很大的反应活性，是良好的矿化剂，促使一部分石英转化成 α-方石英。在石英家族中，方石英具有最大的热膨胀率，从而提高了坯体的热膨胀系数，改善了坯釉结合，提高了坯釉适应性。

b. 无论在何种情况下，均能促进坯釉中间层发育。主要原因是：中间层就是成分介于坯釉之间的反应层，也就是说坯釉之间的反应层发育得好不好，关系到中间层的生成。坯体高温时分解出的 CaO 与釉中的 SiO_2 生成 $CaSiO_3$；坯体高温时分解出的 CaO 与釉中的 SiO_2 和 Al_2O_3，或釉中分解出的 CaO 与坯体中的 $Al_2O_3 \cdot 2SiO_2$ 反应生成 $CaO \cdot Al_2O_3 \cdot 2SiO_2$。这两种晶体易于生长，通常是由坯中向釉层中生长，呈放射状，使得坯釉结合牢固。

c. 减少坯体的吸湿膨胀。主要原因是：高温下形成的碱土金属玻璃相的吸湿膨胀小。

d. 促进烧结，降低烧成温度并使坯体的烧成收缩减小。主要原因是：该配方的主要烧成反应均在 900℃以上就能迅速进行，从而降低了烧成温度。生成钙长石时产生的体积膨胀抵消了部分收缩。

e. 可以提高坯体的白度。主要原因是：高温下分解得到的 CaO 与黏土及黏土中的铁化合物形成白色或乳白色的复硅酸盐（如铁钙长石 $CaO \cdot Fe_2O_3 \cdot 2SiO_2$）。

CaO 与铁化合物形成铁酸盐，如 CaO 与 Fe_2O_3 形成钙铁矿 $CaO \cdot Fe_2O_3$，它是黑色针状晶体，在反射光下呈黄褐色。

4）黏土加混合熔剂型坯体

该类坯体最显著的特点是起熔剂作用的不是某一种组分，而是数种组分共同作用，目的在于发挥各类熔剂的优势，抑制劣势，提高产品质量。熔剂主要类型有：

长石熔剂：烧成范围宽，但因 KNaO 含量高，制品的吸湿膨胀大。

石灰石熔剂：烧成温度低，吸湿膨胀小，但烧成范围窄。

滑石熔剂：形成的物相热膨胀小，制品热稳定性好，但不易粉碎，且给成型带来困难。

可见把它们混合起来使用，既可以降低烧成温度，又有较宽的烧成范围，同时制品具有良好的热稳定性。归纳起来，使用混合熔剂具有下列优势。

a. 充分降低烧成温度。熔剂种类增多，则坯料的组分增多，组分增多易形成低共熔物，从而降低烧成温度。

b. 调节高温黏度。不同种类的硅酸盐矿物形成的高温液相其黏度不相同，多种共同作用，可以通过控制不同熔剂的量，来达到调节高温黏度的作用，以此保证坯体不易变形。

c. 降低吸湿膨胀。引入二价的熔剂化合物后，高温下形成的玻璃相不易产生吸湿膨胀，同时因减少了碱金属氧化物，整个坯体的吸湿膨胀小，制品后期龟裂的缺陷减少。

d. 调节制品的理化性能。通过多种熔剂的作用，不仅能产生液相，而且能促进晶体生长、发育，改善机械性能，如强度等。同时亦可以改善制品的热性能和耐化学腐蚀性。

e. 保持坯体的稳定性。由于原料种类增多，各种原料的使用量下降，从而可以弥补因配方简单，一种原料稍有变化就会影响全局的不足之处，使生产稳定。

（3）典型配方

黏土型精陶坯体的典型配方如表 2-9 所示。

表 2-9　黏土型精陶坯体典型配方　　单位：%

序号	配方	类型
1	上饶矿 48、星子高岭土 6、界牌土 21、萍乡黑泥 8、长石 4、石灰石 3、素坯粉 10	混合型
2	红彬土 26.5、惠州土 19.7、云屑土 17.1、中山白泥 10.3、黑泥 8.6、石英 3.4、石灰石 7.7、长石 2.6、素坯粉 4.3	地方黏土混合型
3	生大同土 20、烧大同土 20、紫木节 15、石英 30、长石 5、滑石 5、石灰石 10	传统改良型

2.7.2.2 叶蜡石型精陶坯体

叶蜡石是所有含水铝硅酸盐里含结构水最少的，不到高岭石的一半，化学分析中含水量也比较稳定。叶蜡石在未烧结以前，在 1050～1150℃温度区间内会产生线膨胀，这种线膨胀是由叶蜡石在脱水过程后氧化铝、氧化硅分离所产生的晶格膨胀导致的。这种热膨胀性能可以抵消在烧成过程中由其它物料（如黏土、熔剂）所造成的收缩，扩大烧成范围，保证产品规格一致。而且叶蜡石具有较低的膨胀系数，热稳定性良好，湿膨胀也小，所以是制造釉面砖的良好原料。

叶蜡石型精陶坯体是黏土型精陶坯体的改良型，是在黏土型坯体基础上，将一部分黏土用叶蜡石取代。其最主要的作用是减少黏土型坯体的干燥与烧成收缩，这是由叶蜡石的工艺特性所决定的。其一，叶蜡石只含一个结构水，因此脱水收缩小；其二，叶蜡石在 1050～1150℃范围内因原有结构解体而膨胀，抵消了黏土烧成的收缩。

叶蜡石型精陶坯体中的熔剂与黏土型相似，因此也是以采用混合型熔剂配方为好。

叶蜡石型精陶坯体的强度较黏土型好，这是因为：叶蜡石属于鳞片变晶或变余晶屑，石灰石属于粒状，长石为架状，故而成型后的生坯具有相互交错、贯穿网络、质点填充黏附的结构，使得生坯有较大的机械强度。烧成后，坯体内的物相为莫来石、钙长石、α-方石英、少量残余的石英及少量的玻璃相和大量的气孔。前三种晶体互相穿插在一起，构成坯体的骨架，制品性能因此得到改善。典型配方如表 2-10 所示。

表 2-10　叶蜡石型精陶坯体典型配方　　单位：%

序号	配方
1	青田叶蜡石 30、上虞叶蜡石 20、大同砂石 10、漂泥 16、黑泥 2、滑石 2、素坯粉 6、釉坯 2

续表

序号	配方
2	叶蜡石 46、石灰石 12、瓷土 25、黏土 12、素坯 5
3	叶蜡石 30、大同砂石 15、紫木节 16、石英 20、滑石 8、长石 4、石灰石 1、废素坯 6

2.7.2.3 硅灰石型、透辉石型精陶坯体

这两种类型的坯体具有相似的特性，因此可以放在一起讨论。这两种坯体使用的熔剂都不属于传统原料，而是新开发的，它们具有许多优良的特性，为生产高品质的釉面砖提供了保证。

（1）硅灰石型、透辉石型坯体的高温化学反应

$$Al_2O_3 \cdot 2SiO_2 \cdot 2H_2O + CaSiO_3 \xrightarrow{900\sim1000^\circ C} CaO \cdot Al_2O_3 \cdot 2SiO_2 + SiO_2 + 2H_2O \quad (2\text{-}11)$$

$$Al_2O_3 \cdot 4SiO_2 \cdot H_2O + CaSiO_3 \xrightarrow{900\sim1000^\circ C} CaO \cdot Al_2O_3 \cdot 2SiO_2 + 3SiO_2 + H_2O \quad (2\text{-}12)$$

$$4(Al_2O_3 \cdot 2SiO_2 \cdot 2H_2O) + 2(CaO \cdot MgO \cdot 2SiO_2) \xrightarrow{900\sim1000^\circ C} 2Mg \cdot 2Al_2O_3 \cdot 5SiO_2 + 2(CaO \cdot Al_2O_3 \cdot 2SiO_2) + 3SiO_2 + 8H_2O \quad (2\text{-}13)$$

反应(2-11）和（2-12）的实际过程是高岭石、叶蜡石在低温下先脱去结晶水，然后再与硅灰石在 900～1000℃迅速反应，生成钙长石和方石英（或无定形石英）。反应(2-13）根据热力学计算可知，当烧成温度＞300℃时，就可以自发进行，生成堇青石、钙长石、方石英（或无定形石英）。

（2）硅灰石、透辉石在釉面砖坯体中的作用

1）降低烧成温度

通常黏土型、叶蜡石型坯体素烧温度高于 1100℃，生成莫来石的反应温度高于 1000℃；硅灰石型坯体生成钙长石、石英的反应温度低于 1000℃；透辉石型坯体生成钙长石、堇青石、石英的反应温度也低于 1000℃。

实际生产中，硅灰石型、透辉石型坯体的烧成温度为 1050～1100℃。从 $CaO\text{-}Al_2O_3\text{-}SiO_2$ 相图（图 2-13）和 $MgO\text{-}Al_2O_3\text{-}SiO_2$ 相图（图 2-14）以及 $CaO\text{-}MgO\text{-}Al_2O_3\text{-}SiO_2$ 相图（图 2-15）亦可以证明硅灰石型、透辉石型坯体可以降低烧成温度。

在 $CaO\text{-}Al_2O_3\text{-}SiO_2$ 相图上，硅灰石型坯体的组成点靠近低共熔点（平衡温度 1170℃）组成点所在的液相等温线，一般为 1300～1400℃。在 $MgO\text{-}Al_2O_3\text{-}SiO_2$ 相图上，透辉石型坯体的组成点靠近双升点（平衡温度 1440℃）。在 $CaO\text{-}MgO\text{-}Al_2O_3\text{-}SiO_2$ 四元相图上，透辉石型坯体所处的液相等温线一般为 1320～1360℃。

根据 G·塔曼近似规则计算：硅灰石型坯体的烧成温度为 1040～1120℃；透辉石型坯体的烧成温度为 1050～1090℃。

2）缩短烧成周期

所谓的缩短烧成周期，实际上就是说烧成过程中的三个阶段，预热、烧成和冷却都能快速进行。

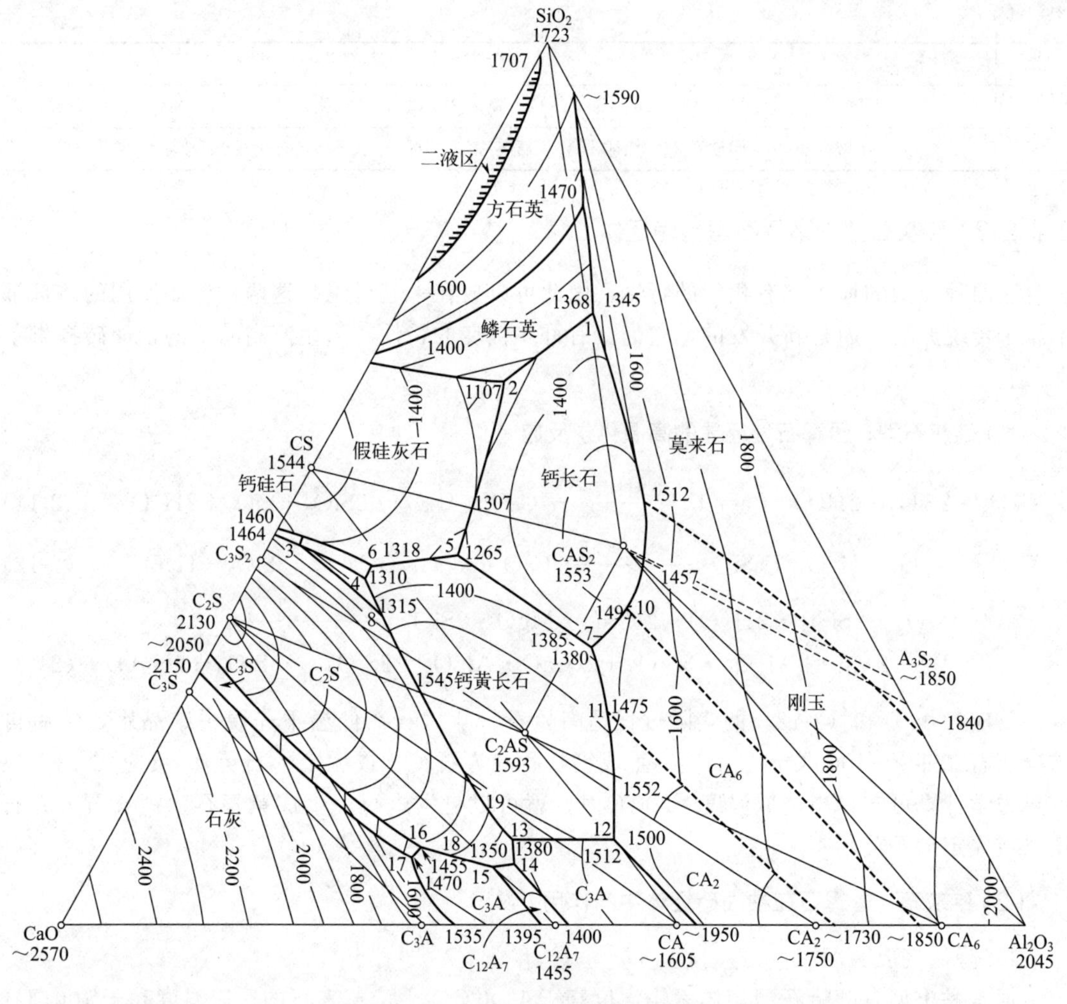

图 2-13　$CaO-Al_2O_3-SiO_2$ 相图

① 预热阶段

a. $CaO \cdot SiO_2$ 和 $CaO \cdot MgO \cdot 2SiO_2$ 都不含吸附水、结构水，很少含有机物，加热过程中不发生收缩，不产生气体。

b. 从室温至 1200℃，硅灰石和透辉石无明显吸热和放热反应，不出现快速相变。

c. 两者的热膨胀系数均小，硅灰石的 $\alpha_{室温\sim800℃}$ 为 $6.5\times10^{-6}℃^{-1}$，透辉石的 $\alpha_{室温\sim800℃}$ 为 $7.5\times10^{-6}℃^{-1}$，而且均与温度呈线性关系。

d. 两者的针状晶体成型后，互相交错排列，为坯体内水分的排出提供了通道，有利于排水和排气。

综上所述的特点，很显然，由硅灰石和透辉石制成的坯体，在预热阶段可以快速升温，一般不会产生破坏性热应力，可以快速通过预热阶段。

② 烧成阶段

a. 硅灰石型和透辉石型坯体，在高温下进行物相反应的速度快，比较它们的化学反应平衡常数 K 就可知。当 $T=1000℃$时：

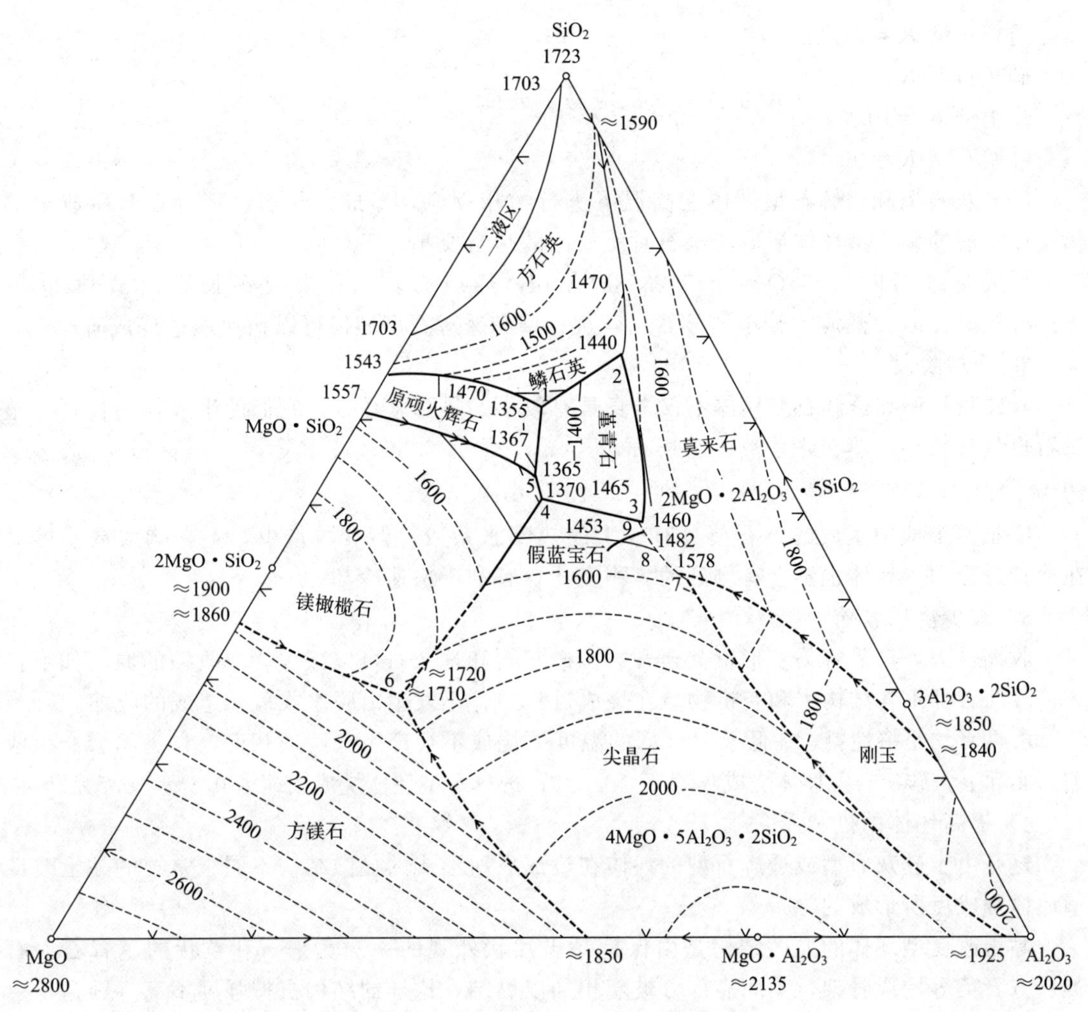

图 2-14　$MgO-Al_2O_3-SiO_2$ 相图

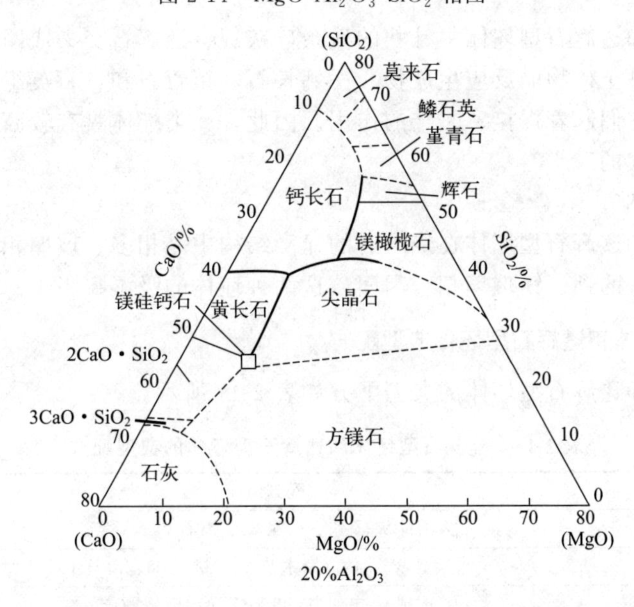

图 2-15　20% Al_2O_3 含量时 $CaO-MgO-Al_2O_3-SiO_2$ 相图截面

透辉石型 $K=21.22$
硅灰石型 $K=12.19$
黏土型 $K=10.73$
叶蜡石型 $K=6.44$
} K 值大者，反应易于进行。

b. 硅灰石型和透辉石型坯体在高温下进行物相反应，形成钙长石、堇青石时所放出的热量比一般的黏土型坯体形成莫来石时所放出的热量要小。

形成莫来石时放热 $Q=-547.58\text{kJ/mol}$，热应力较大；形成钙长石时放热 $Q=-158.84\text{kJ/mol}$，热应力较小。显然，硅灰石型和透辉石型坯体可以快速通过烧成阶段。

③ 冷却阶段

a. 硅灰石型和透辉石型坯体不仅本身具有较小的热膨胀系数，它们的生成物钙长石、堇青石也具有较小的热膨胀系数。钙长石 $\alpha_{室温\sim800℃}$ 约为 $6.36\times10^{-6}℃^{-1}$；堇青石 $\alpha_{室温\sim800℃}$ 约为 $1.4\times10^{-6}℃^{-1}$。

b. 虽然烧成中生成的方石英具有较大的热膨胀系数，但其数量少，不影响大局。可见在冷却过程中，坯体也不会有剧烈的体积变化，有利于快速冷却。

3）减少烧成收缩

收缩过大，产品容易变形，甚至开裂。硅灰石和透灰石可以减少烧成收缩的原因如下：

a. 两者都不含结构水和有机物，在烧成过程中，不发生由脱水或氧化造成的收缩。

b. 两者均是瘠性料，在低于1200℃的温度下烧成不会产生分解或相变，自身不会产生收缩。实际上，硅灰石型坯体烧成收缩率<0.5%；透辉石型坯体烧成收缩为0.3%～0.5%。

4）提高坯体的机械强度

这是由于硅灰石型或透辉石型的坯体在烧成后所形成的显微结构不同于常规的黏土改良型坯体烧成后所形成的。

黏土改良型坯体的显微结构是由保持黏土片状外观的一次莫来石和粒状的堇青石、石英、方石英等构成骨架，其间靠部分玻璃相加以黏结，这样的结构机械强度不高（因为是由玻璃相黏结而成的）。

硅灰石型坯体和透辉石型坯体中针状的残余硅灰石、透辉石交叉成网状，硅灰石、透辉石的四周是它们与黏土矿物的反应生成物——钙长石、堇青石和方石英组成的反应边，另外还有部分玻璃相，它们起着焊接、黏结的作用。因此，此类坯体具有较高的机械强度（因为是由晶体相黏结而成的）。

5）降低吸湿膨胀

因为硅灰石型和透辉石型坯体在烧结后的显微结构中晶相多、玻璃相少，而且玻璃是属于不易被水浸析膨胀的钙、镁玻璃相。因而，这两种坯体的吸湿膨胀小。

（3）硅灰石型坯体和透辉石型坯体典型配方

硅灰石型坯体和透辉石型坯体的典型配方如表2-11所示。

表2-11　硅灰石型坯体和透辉石型坯体的典型配方　　单位：%

序号	配方组成
1	大冶硅灰石45、白泥25、滑石25、石英5
2	大冶硅灰石40、紫木节25、蜡石25、滑石10
3	透辉石40、黏土40、石英15、长石5

2.7.2.4 以工业副产品、工业废料为主要原料的精陶坯体

工业副产品、工业废料可作为精陶原料，如磷矿渣、高炉矿渣、煤矸石、粉煤灰、磷尾矿、硼泥、废匣钵、铜矿尾砂、萤石矿渣、炼钒废渣、炼锑炉渣、炼硫酸的废渣等均可用作生产釉面砖的原料。典型配方如表 2-12 所示。

表 2-12 以工业副产品、工业废料为主要原料的精陶坯体典型配方 单位：%

序号	配方组成
1	煅烧磷矿渣 30、蜡石 35、青草岭 25、石英 10、一次烧成，950℃，108min
2	粉煤灰 60～75、强可塑性土 10～25、长石 10～20
3	铜矿尾砂 62～65、黄土 20～25、长石 2～5、石灰石 4～6、广丰滑石 4～6
4	水淬磷矿渣 30～40、黏土 40～50、石英砂 10～2、粉煤灰 10～20，980～1020℃，175min
5	粉煤灰 40～50、长石 20～25、黑泥 8～10、碱石 20～25、滑石 1～3

2.7.2.5 以新型工业矿物为主要原料的精陶坯体

透闪石、霞石正长岩、珍珠岩都是新型精陶坯体用原料，典型配方如表 2-13 所示。

表 2-13 以新型工业矿物为主要原料的精陶坯体典型配方 单位：%

序号	配方组成
1	长丰透闪石 34、萍乡黑泥 22、萍乡红土 16、石英 6.5、长石 1.5
2	珍珠岩粉 30、黏土 55、石灰石 15
3	辉绿岩 15、石灰石 12、红泥 20、大同砂石 43、黑泥 10

第 3 章

建筑陶瓷成型工艺

本章导读

本章主要介绍了建筑陶瓷的成型和成型方法，压制成型、挤压成型的工艺原理，压制成型的布料技术以及成型模具。重点介绍了压制成型的成型工艺、陶瓷大板成型技术、相关设备及工作原理，分析了压制成型的常见缺陷及其解决办法以及挤制成型的影响因素，叙述了提高塑性泥料成型性能的措施。

学习目标

掌握压制成型的工艺技术原理，学会分析建筑陶瓷压制成型和挤压成型过程中产生的各类技术问题，并提出解决办法。在掌握成型设备和布料设备的基本原理基础上，学会应用这些原理创新建筑陶瓷成型技术与方法，开发新产品。

3.1 成型和成型方法

将精制好的泥料，采用某种方法加工成具有预定形状、尺寸和一定性能的坯体，这一过程称为建筑陶瓷制品的成型。建筑陶瓷的成型方法主要有：粉料压制成型法（压制成型法），即将含水率 4%～12%的粉料在较高压力下压制成型；塑性泥料成型法（可塑成型法），即将含水率 16%～25%的塑性泥料通过各种成型机械挤压、辊压成型。

(1) 压制成型法

将含水率在 4%～6%的粉状泥料（干法）或含水率在 7%～12%的粉状泥料（半干法），在较高压力下于模具内压制成型的方法。具体方式有：等静压成型、干压成型、辊压成型。根据加压方式，分为单面加压、双面加压（双面同时加压、双面先后加压）等。

(2) 可塑成型法

① 挤压成型。也称挤出成型或挤制成型。塑性泥料在挤压机的螺旋式活塞形成的向前挤压力作用下，经过机嘴孔口挤出成为所需制品的形状，如琉璃瓦、角砖、劈离砖等产品。坯体的外形由挤压机机嘴的内部形状所决定，坯体的长度依据需要进行切割。

② 湿压成型。将约含 20%水分的塑性泥料放在模具内，用金属磨头加压成型。仿古的手工砖采用该法成型，成型后脱模常采用在金属磨头表面涂润滑油或加热金属上模即利用真空脱模使坯体离开模型，防止粘模。

由于不同的成型方法对坯料的工艺性能要求不同，成型应满足烧成所要求的生坯干燥强度、坯体致密度、生坯入窑水分、器型规整等性能。因此，成型工序应满足下列要求：a. 成型坯体应符合产品图纸或产品样品所要求的生坯形状和尺寸，考虑到坯体的收缩应放大尺寸；b. 坯体应具有一定的干坯强度，以便坯体在后续的储运、施釉等工序的操作；c. 坯体应结构均匀，具有一定的致密度；d. 坯体内不能蕴藏有内应力，防止因内应力的释放，导致坯体的开裂或变形。

3.2 成型方法的选择依据

成型方法是进行陶瓷工厂设计，新产品开发，满足客户的订货要求，确定生产工艺路线的关键一步。选择陶瓷成型方法时，最基本的依据是：产品的器型、产量和品质要求、坯料的性能以及经济效益。通常要求考虑以下几个方面。

① 产品的形状、大小和厚薄等。

② 坯料的工艺性能。

③ 产品产量和品质要求。

④ 成型设备容易操作，操作强度小，操作条件好，并便于与前后工序联动或自动化。

⑤ 技术指标高，经济效益好，劳动强度低。

总之，在选择成型方法时，应该在保证产品品质的前提下，选用设备先进、生产周期短、成本最低的一种成型方法。

目前在建筑陶瓷工业中，应用得最广泛的成型方法是干压成型，其次是挤压成型和辊压成型等。

3.3 压制成型

3.3.1 压制成型类型及其特点

将含有一定水分的颗粒状粉料装填在模具内，通过施加一定的压力而形成坯体的工艺操作称为压制成型。

由于在压制成型中所采用的模具不同，施加压力的方式不一样，目前有等静压成型、干压成型、辊压成型等成型方法。

（1）等静压成型

等静压成型是将含有一定水分的颗粒状粉料装填在弹性模具中，通过流体介质（一般为液体）施加一定的压力，该压力将均匀地作用在弹性模具上，从而使模内的粉体被压制成坯体。粉料的含水量一般为1%～3%，液体压力约为32MPa。

（2）干压成型

建筑陶瓷墙地砖由于器型简单、规整，故一般采用干压成型。干压成型是将含有一定水分的颗粒状粉料装填在钢质模具中，用较高的压力压制成坯体。根据粉体的含水率又分为全干压成型（含水率 4%～6%）和半干压成型（含水率 7%～12%），压力为 20～60MPa，粉体的压缩率为 50%～60%。

干压成型所要完成的工序动作通常可分解为喂料（将颗粒状粉料均匀地加入模具内）→压制成型→顶出（将成型坯体从模具内顶出）→推坯（将坯体推出模框的同时完成喂料）→清洁模具。这些动作全部由机械完成的压砖机，称为自动压砖机。干压成型过程如图 3-1 所示。

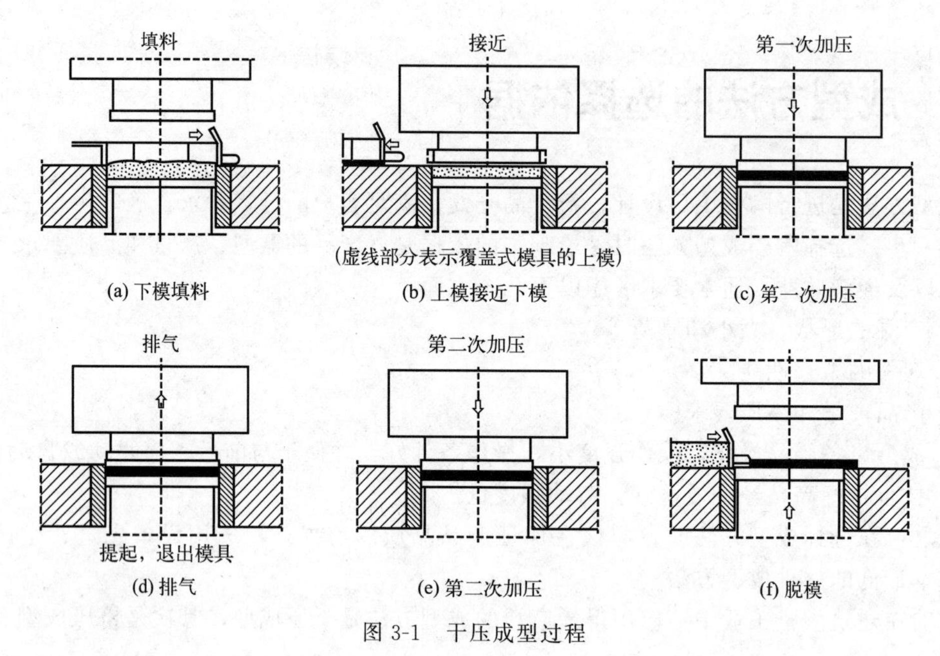

图 3-1 干压成型过程

由于粉料干压成型工艺不用石膏模具，而使用可达几十万次的金属钢模具，坯体水分低，可节省干燥时间，降低能耗和变形，能连续自动地生产规格齐全、尺寸精度高的产品，因而在建筑陶瓷行业得到了广泛的应用。

干压成型具有以下一些特点。

① 采用刚性模具压制。干压成型是将粉料密实均匀地填满模腔，在压力作用下，模腔的容积由大变小，粉料被压制成具有一定形状和尺寸的坯体。坯体的形状、尺寸由封闭的模腔空间决定，并且该封闭模腔的容积大小是可变的。

干压成型采用刚性模具压制，所以又称刚性模具压制法。刚性模具压制必不可少的条件如下所述。

a. 粉料必须均匀地填满封闭的但没有气密性的模腔。不封闭，压力不能形成；有气密性，粉料中的气体排放不出去，坯体出现严重夹层。

b. 粉料所处的模腔容积是可变的。容积不变，粉料就无法压实。

② 应有足够大的成型压力。成型压力主要用于克服粉料颗粒间相互靠拢移动（压实）的阻力，粉料与模腔壁面的摩擦力和颗粒的变形力使粉料中的气体排出，气孔率减少，坯体密实。但这里要强调的一点是，并不是成型压力愈大愈好，而应根据各种不同坯料的物性、水分等的不同，确定其成型压力。成型压力过大，会使坯体产生裂纹等缺陷。

③ 成型压力在坯体内的传递呈递减方式。坯体内各层的压力随坯体与上模的距离增加而递减。因为施加在粉料上的压力是通过上模具面向填充在模腔中疏松的粉料施加的，粉料

中压力的传递与几乎不可压缩的液体不同，它不是等强度传递。

④ 升压速度和保压时间直接影响坯体质量。

（3）辊压成型

辊压成型类似于精细陶瓷中的轧膜成型，是一种既先进又经济的成型手段，它能满足多种形状结构的成型要求，并根据某些特定的具体情况进行相应的调整。该成型方法具有以下特点：可根据物料颗料级配、细度生产0.5～10mm厚的陶瓷板或陶瓷膜片；能够连续生产作业，操作简便易行，适应性强；能够成型多种形状和结构的陶瓷制品，如槽形或中空结构、多层（叠层）材料等；能够通过选择配料和辊压参数来调整材料的性能；细粉物料成型水分小于10%，粗粉物料成型水分小于5%；与其它成型方法相比更为经济。

3.3.2 压制成型的工艺原理

3.3.2.1 干压成型的原理

干压成型是基于较大的压力，将粉状坯料在模具中压制而成。成型时，随着压力增加，松散的粉料迅速形成坯体。加压开始颗粒滑移重新排列，将空气排出，坯体的密度急剧增加；压力继续增加时，颗粒接触点发生局部变形和断裂，坯体密度比前一阶段增加缓慢；当压力超过某一数值（粉料的极限变形应力）后，再次引起颗粒滑移和重排，坯体密度又迅速增大。压制塑性粉料时，上述过程难以明显区分，脆性材料都有密度缓慢增加的阶段。

若粉料在模具中单方面受到均匀压力 P，粉料加入模具中时的孔隙率为 V_0，受极限变形应力后的孔隙率为 V_T（即理论上能达到的孔隙率），粉料颗粒之间的内摩擦力（黏度）为 μ，则在 t 时间内，坯体的孔隙率 V 可用式(3-1) 表示：

$$V-V_T=(V_0-V_T)e^{-kPt}\mu \tag{3-1}$$

式中，k 为与模具形状、粉料性质有关的比例系数；指数项中的“－”号表示孔隙率降低。

由上式可见坯体孔隙率与其它参数的关系如下。

① 粉料装模时自由堆积的孔隙率 V_0 越小，则坯体成型后的孔隙率 V 也越小。因此，应控制粉料的粒度和级配，或采用振动装料以减小 V_0，从而可以得到较致密的坯体。

② 增加压力 P 可使坯体孔隙率 V 减小，而且它们呈指数关系。实际生产中受到设备结构的限制，以及坯体质量的要求，P 值不能过大。

③ 延长加压时间 t 也可降低坯体孔隙率，但会降低生产率。

④ 减少颗粒间内摩擦力 μ 也可使坯体孔隙率降低。实际上粉料经过造粒（可通过喷雾干燥）得到球形颗粒，加入成型润滑剂，或采取一面加压一面升温（热压）等方法均可达到这种效果。

⑤ 坯体形状、尺寸及粉料性质都会影响坯体的密度大小和均匀性。压制过程中，粉料与模壁产生摩擦作用，导致压力损失。坯体的高度 H 与直径 D 比（H/D）愈大，压力损失也愈大，坯体密度更加不均匀。模具不够光滑、材料硬度不够都会增加压力损失。模具结构不合理（出现锐角，尺寸急剧变化），某些部位粉料不易填满，会降低坯体密度和导致坯体密度分布不均匀。

粉料在模具中受压逐渐变成具有一定致密度的坯体，这种坯体具有一定的强度。坯体强

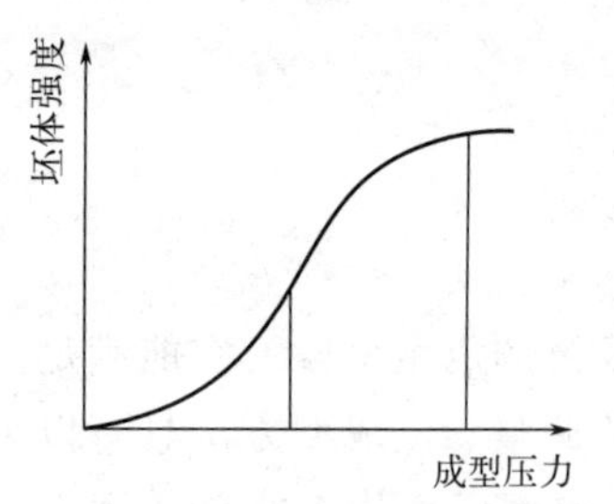

图 3-2 坯体强度随成型压力的变化规律

度与成型压力的关系大致分为如下三个阶段，参见图 3-2。第一阶段，成型压力较低时，由于粉料颗粒位移，填充孔隙，坯体孔隙减小，坯体强度主要来自颗粒之间的机械咬合作用，此时颗粒之间的接触面积还小，所以坯体强度并不大。第二阶段，成型压力增加，不仅颗粒位移和填充孔隙继续进行，而且颗粒发生变形和破裂，颗粒间接触面积大大增加，出现分子间的相互作用，因而坯体强度呈直线上升。第三个阶段，成型压力继续增大，坯体孔隙和密度变化不明显，坯体强度变化也较平坦。在墙地砖生产中应严格保证砖坯的强度，这对于提高产品质量、减少成品损失有重要意义。

加压时，压力是通过坯料颗粒的接触来传递的。当压力由一个方向往下加压时，由于颗粒在传递压力的过程中一部分能量要消耗在克服颗粒间的摩擦力和颗粒与模壁之间的摩擦力上，压力在往下传递时逐渐减小。因此粉料中各点的压力分布是不均匀的，造成了压实后坯体的密度分布也不均匀，这是采用干法压制成型的固有缺点。在垂直方向一般是上层较致密，越往下致密度越差；在水平方向是靠近模壁四周（尤其是模角）的密度不如中心密实。

3.3.2.2 干压成型的工艺控制及其影响因素

干压成型时，影响干压成型坯体质量的因素很多，一般控制下列几个工艺参数。

（1）填料方式与填料操作

进行压制成型的第一步，就是将粉料填入模具中。如果快速而均匀地将粉料装入模具中，将有利于生产效率以及成型坯体质量的提高。若填入的粉料不均匀，会使成型的坯体结构不匀，而压制好的坯体具有某种难以觉察的缺陷，这些缺陷会在随后的干燥和烧成过程中暴露出来，比较典型的缺陷是变形、硬裂和口裂。因此，除了要求粉料具有良好的流动性外，还要求有一个正确的填料方式。

墙地砖压制成型时，粉料通常都是从一面送入模具的。一般的填料操作过程是：加料器在推出砖坯的同时，模套升起（或下模下降），粉料填满模具，加料器再从模具上拉回来即完成填料操作。这种操作方法，在一般情况下先填入粉料的半个模具坯粉密度大，而后填入粉料的半个模具坯粉密度小。由于坯粉密度不同，就造成压制出的砖坯一边松一边紧或一边厚一边薄。错误的填料方式和操作可使 5mm 厚的釉面砖不同的边厚薄相差 0.5mm 之多。在锦砖生产中，错误的填料操作会使制品一边大一边小，即通常所说的大小头缺陷。大方锦砖大小头尺寸相差能达到 1～1.5mm，这就使铺贴以后的成品线路不直，而降低成品质量。为了解决加料均匀性问题，可采用下述三种方法加以改善：a. 加料完成后，下模迅速振动一次，或加料器带振动装置；b. 模套在加料完成后，作一次振动；c. 人工加料时，加料器向前推速度快，往回拉速度慢；d. 改直线往复式加料为旋转式加料。工人师傅们在实践中总结出的填料操作："长推、稳推、慢拉、推拉、层次分明，节奏清楚"，"紧推、慢拉、中间哆嗦"以及每压一次坯往加料器中添加粉料一次，以保证加料器每次填入模具中的粉料均匀一致。

（2）成型压力

压制陶瓷制品坯体究竟采用多大的压力，应视制品尺寸和技术要求、坯体特性和设备能力进行考虑并通过试验来确定。

1）成型压力对坯体烧成收缩和吸水率的影响

随着成型压力的提高，制品的烧成收缩变小、吸水率变小。因为成型压力提高，坯体的致密度提高，孔隙率下降。图 3-3 展示出了成型压力对坯体烧成收缩率和吸水率的影响。

2）成型压力与坯料含水率对坯体抗弯强度的影响

图 3-4 展示出了不同成型压力下坯料含水率与干燥时坯体的抗弯强度的关系。从图中可以看出：成型压力提高，坯体的抗弯强度增大；在一定的成型压力下，具有适宜含水率的粉料压制成的坯体具有最高的抗弯强度；在保证坯体相同抗弯强度的前提下，提高成型压力，则可以使用低含水率的粉料。

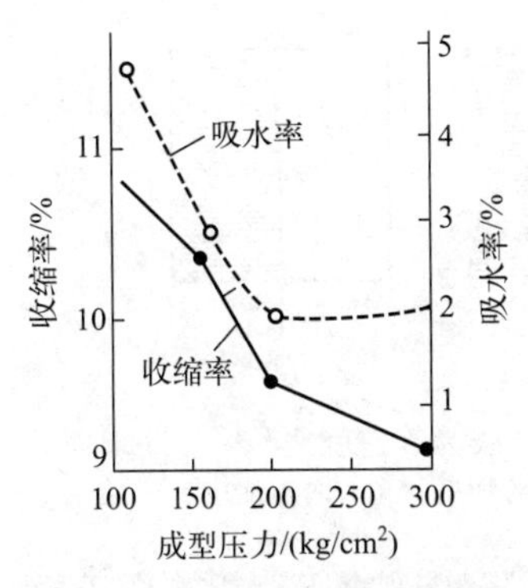

图 3-3　成型压力与坯体烧成收缩率和吸水率的关系

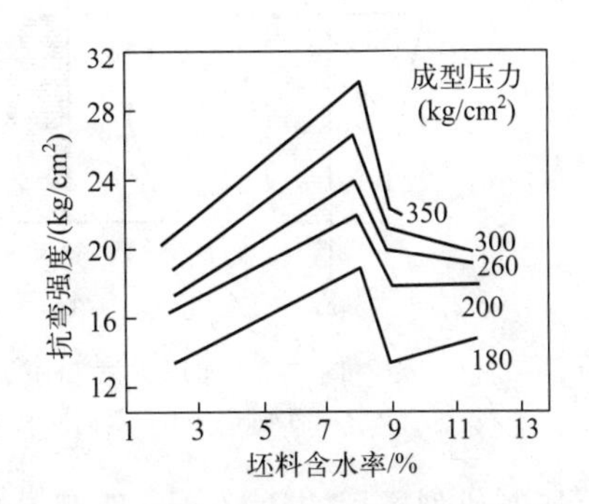

图 3-4　不同成型压力下坯料含水率与干燥时坯体抗弯强度的关系

3）成型压力与坯体烧成温度的关系

提高成型压力，可以降低烧成温度。这是因为提高成型压力，坯体的体积密度提高，孔隙率下降，颗粒间的接触面增加，从烧结原理可以知道，这种结构有利于烧结。因此，在实际生产中，在保证坯体质量高、生产效率高的同时，尽量采用高的成型压力，以获得高强度的生坯，以有利于后面各工序的进行。但需要注意的是压力不要过高，因为压力过高不仅无益于坯体强度和密度的提高，反而会引起无谓的能量消耗，并使得制品中残留过多的压缩空气，在压力取消后膨胀而引起过压层裂。

从上述成型压力对坯体质量的影响可知，确定合理的成型压力非常重要。一般地，可以根据生产企业的实际情况，对吸水率与压力进行相关分析，（在固定其它条件的前提下）求出吸水率与成型压力之间的回归方程。

吸水率(y) 与成型压力(x) 的关系符合直线方程：

$$y=A+Bx \tag{3-2}$$

式中，A、B 可用下面的方法求出：

$$B=\frac{n\sum xy-\sum x\sum y}{n\sum x^2-(\sum x)^2} \tag{3-3}$$

$$A=\frac{\sum y-B\sum x}{n} \tag{3-4}$$

比如某厂求出的关系式为：

$$W_a=0.2767-0.0016P \tag{3-5}$$

式中，W_a 为吸水率；P 为成型压力，MPa。得到上式后可以根据吸水率的要求，反求出成型压力。

(3) 加压方式和加压操作

单面加压时，坯体中压力的分布是不均匀的［图 3-5(a)］，不但有低压区，还有死角。为了使坯体的致密度均匀一致，宜采用双面加压，可消除底部低压区的死角，但坯体中部密度较低［图 3-5(b)］。若两面先后加压，两次加压之间有间歇，有利于空气排出，使整个坯体压力与致密度都较均匀［图 3-5(c)］。如果在粉料四周都施加压力（也就是等静压成型），则坯体密度最均匀［图 3-5(d)］。

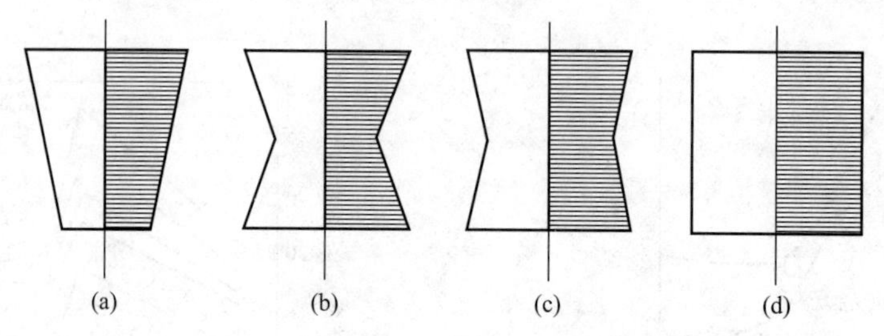

图 3-5　加压方式和压力分布关系（横条线为等密度线）
(a) 单面加压；(b) 双面同时加压；(c) 双面先后加压；(d) 四面加压

实际压制成型所用的压机，一般都是依靠上冲模下降实现冲压过程，由于模具结构不同，压力施加到坯体上的方式也有所不同。图 3-6 展示出了三种不同模具结构的加压方式。其中图 3-6(a) 为气动模套，上冲模压在模套上，模套因压力的作用而降落，这时坯体从下面受到压力，首先靠近下模的坯粉被压紧，进而将压力逐渐传递到上层。这种加压方式导致下部料层致密，上部料层疏松。图 3-6(b) 模套是固定在机座上的，上冲模直接塞进模套进行压制，压力从上部施加于坯体，砖坯的致密度情况正好与图 3-6(a) 相反，靠近上冲模料层致密，下层疏松。由此看出，采用单面加压进行压制，难以获得结构与致密度均匀的坯体。图 3-6(c) 所示是一种双面先后加压的模型，开始上冲模塞进模套进行压制，压力从上部施加于坯体，待到一定程度后，两道冲模就加压于模套上，在压力作用下，模套下降，压力又从下面施加于坯体之上，这种双面先后加压的方式能获得结构与致密度较为均匀的砖坯。

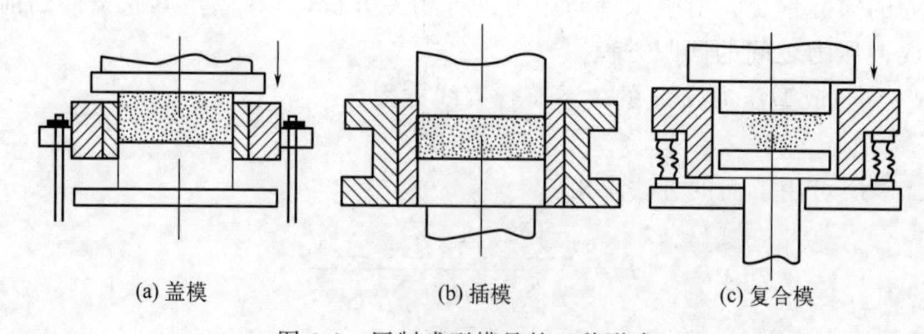

图 3-6　压制成型模具的三种形式

图 3-7 是加压方式对坯体相对密度的影响示意图。可见，双面先后加压更有利于坯体相对密度的提高与均匀。

通常粉料颗粒间充满着占其体积 40%的空气，因而无论以什么方式压制砖坯，首先是粉料中空气的减少。在压制过程中必须保证空气的顺利排出，否则当压力撤除后，残留于坯体中的气体膨胀，砖坯即发生层裂，这就是通常所说的夹层。

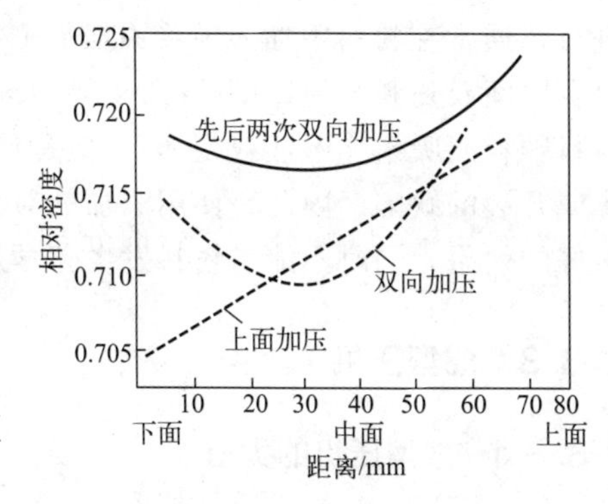

图 3-7 加压方式对坯体相对密度的影响

坯粉中空气能否顺利排出与压制方法有直接的关系。在开始加压时，压力应小些，以利于空气排出，然后短时间释放压力，使受压空气逸出。初压时坯体疏松，空气容易排出，可以稍快加压。当用高压使颗粒紧密靠拢后，必须减慢加压速度，延长持压时间，以免残余空气无法排出，而造成砖坯缺陷。

砖坯出现层裂除与压制方法有关外，还与粉料的物理性质有关。粉料含水量过多、过少都容易出现层裂。水分过多时，在较小的压力下坯体表面就被压实，水分封闭了气体通路，较多气体不易排出，并且在压力撤去后膨胀，造成坯体层裂。通常这种层裂很容易看出，严重时会将坯体表面层鼓起或边部有明显的平行于大面的裂缝。水分过少时，在同样压力下难以得到足够强度的坯体，坯体强度不足以克服残留在颗粒间少量气体膨胀的斥力，而生成微小的裂纹，造成坯体层裂。这种裂纹通常都较细小，难以发现。此外，当粉料中含有大量的细粉时，在压制过程中阻碍了空气的排出，而导致发生层裂。不正确的脱模操作也会带来类似的层裂。

（4）加压速度

压制成型的过程实际上就是将松散的粉料排出气体并致密化，成为具有一定强度和密度坯体的过程。在压制过程中，一定要保证空气能顺利地排出。在预压阶段，粉料疏松，比较容易排气，加压的速度可以快一些，但是压力不能太大，否则坯体表面过于致密，既不利于气体的排出也不利于压力的传递。预压后，上冲模快速抬起进行排气，然后是终压阶段，加压至设定的最高压力，使得颗粒紧密靠拢，加压速度不宜太快，同时进行保压，使得坯体压实，减少反膨胀。总之，加压速度先快后慢，压力先小后大，达到最大压力时进行保压。在低压区加压速度稍快使空气消除，在高压区应缓慢加压以免残余气体无法排出，达到最大压力进行保压。

为了提高压力的均匀性，通常采用多次加压。如摩擦压砖机压制墙地砖时，通常加压3～4次，开始稍加压力，然后压力加大，这样不至于封闭空气排出的通路。最后一次提起上模时要轻缓些，防止残留的空气急速膨胀产生裂纹。这就是“一轻、二重、慢提起”的操作方法。对于液压压砖机这个原则也同样适用。当坯体密度要求非常严格时，可在某一固定压力下多次加压，或多次换向加压。加压时同时振动粉料（振动成型）效果会更好。

（5）脱模操作

脱模操作是压制成型最后一个阶段。其过程是上冲模慢慢抬起，下冲模上升或模套下降，将坯体脱出，然后由加料器将其推出，完成整个成型过程进入下一个循环。脱模时，若上冲模减压太快，容易造成层裂；反之若模套下降太快，容易造成膨胀裂。因此，脱模操作要慢，以保证成型后的坯体质量。

（6）添加剂

在压制成型过程中，为了降低粉料的孔隙率，提高坯体的强度和密度，使成型过程顺利进行，通常在粉料中加入一些添加剂来提高坯体质量。根据其作用不同分为润滑剂（减少粉料颗粒间及粉料与模壁的摩擦）、黏结剂（增加粉料颗粒间的黏结作用）、表面活性剂（促进粉料颗粒间吸附、湿润或变形）。但是使用不当反而会影响坯体的质量，在烧成后会出现变形或开裂的缺陷。因此，使用添加剂时需要注意的是，添加剂的分散性要好，少量就能起到很好的效果，同时不能与粉料发生化学反应，最好是在烧成中挥发掉，不会影响砖的性能。

3.3.3 成型压机

3.3.3.1 成型压机的类型

建筑陶瓷最主要的成型设备是压砖机，经历了摩擦压砖机、液压压砖机到全自动液压压砖机的发展过程。由于全自动液压压砖机具有压制成型力大，模具刚度大，压制制度（压制力、压制速度、压制时间）灵活可调，各种参数数字显示，压制过程可监控，故障跟踪显示，程序存储方便，自动化程度高，性能可靠等优点，可以满足不同建筑陶瓷砖压制成型的工艺要求，在建筑陶瓷墙地砖生产中得到了广泛的应用。目前陶瓷墙地砖压制成型几乎全部选用全自动液压压砖机。

全自动液压压砖机按活动横梁的驱动方式可区分为油缸活塞驱动活动横梁式压砖机（通常公称压力≤20000kN）和油缸缸体驱动活动横梁式压砖机（通常公称压力＞20000kN）两种。

压砖机按主机框架的结构形式又可区分为梁柱式压砖机、框板式压砖机、整体框架式压砖机和预应力钢丝缠绕式压砖机。

① 梁柱式压砖机通常又可细分为三梁（即上、下固定横梁和能沿立柱上下滑动的活动横梁）两柱（立柱）式压砖机（通常公称压力＜10000kN）和三梁四柱式压砖机（通常公称压力为10000～45000kN）。梁柱式压砖机具有结构简单、设计制造方便和生产成本低廉等优点，因此，生产中广泛应用的中、小型压砖机几乎都是梁柱式压砖机。

② 框板式压砖机的框架通常由前后两块厚钢板以及上下托板等构件组成，并通过螺栓、碟形弹簧和螺母等将两厚钢板连接成一整体框架。显然框板式压砖机的框架设计制造更为简单，加工余量极小。但因采用大规格尺寸的厚钢板精确切割后再通过螺栓、碟形弹簧和螺母等连接成一整体框架，所以框板式压砖机框架的抗弯刚度好，但抗倾斜刚度较差。若陶瓷粉料在填充模腔时不均匀，将会造成压砖机正常工作时其顶部略有倾斜。此外还需设置单独活动横梁导向杆等，所以框板式压砖机对陶瓷粉料填充模腔的均匀性要求特别高，通常仅适用于小规格尺寸墙地砖的生产，难以压制成型高质量大规格尺寸的墙地砖产品。

③ 整体框架式压砖机可分为整体焊接框架压砖机或整体铸造框架压砖机两种。整体框架式压砖机工作时，其框架刚性好，变形小，坯体质量高，但整体框架的生产制造困难，机械切削加工工作量大，还需借助大型或超大型加工设备才能完成压砖机框架的加工等。因此实践生产中，整体框架通常仅适用于小吨位压砖机采用。

④ 预应力钢丝缠绕式压砖机的机架通常由上、下半圆梁和左、右立柱等组成，上、下半圆梁和左、右立柱通过预应力钢丝缠绕后形成一刚性较大的整体框架，且上、下半圆梁和左、右立柱及预应力钢丝等重要承载零部件通常需通过有限元分析和结构最优化设计，并采取计算机数字模拟机架缠绕的全过程控制等措施，确保压砖机载荷的均匀分布和最大限度地降低机架的应力集中等现象，达到最大限度地减轻压砖机机架的重量和变形以及最大限度地

提高压砖机机架的抗疲劳能力等，从而延长压砖机的使用寿命。由此可见，预应力钢丝缠绕式机架是大吨位和超大吨位压砖机（通常公称压力≥45000kN）的最佳选择。

3.3.3.2 液压压砖机的结构

国内外不同公司生产的全自动液压压砖机在结构上有所区别，各不相同，但其组成部分基本相同，下面以佛山市恒力泰机械有限公司的 YP1800 全自动液压压砖机（如图 3-8、图 3-9）为例进行介绍。YP1800 全自动液压压砖机可分解为机械、液压、气动、电气四大部分。

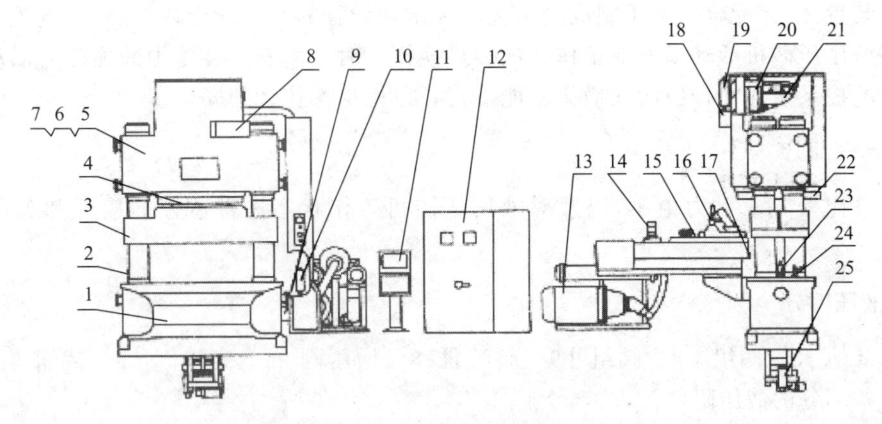

图 3-8　YP1800 全自动液压压砖机结构

1—底座；2—立柱；3—活动横梁；4—主活塞；5—横梁；6—油缸；7—上法兰；8—阀组Ⅰ；9—阀组Ⅱ；10—蓄能器；11—自控柜；12—动力柜；13—泵站；14—油马达；15—布料架；16—喂料斗；17—布料小车；18—阀组Ⅲ；19—蓄能器；20—增压阀；21—充液阀；22—下法兰；23—排气装置；24—安全装置；25—顶模装置

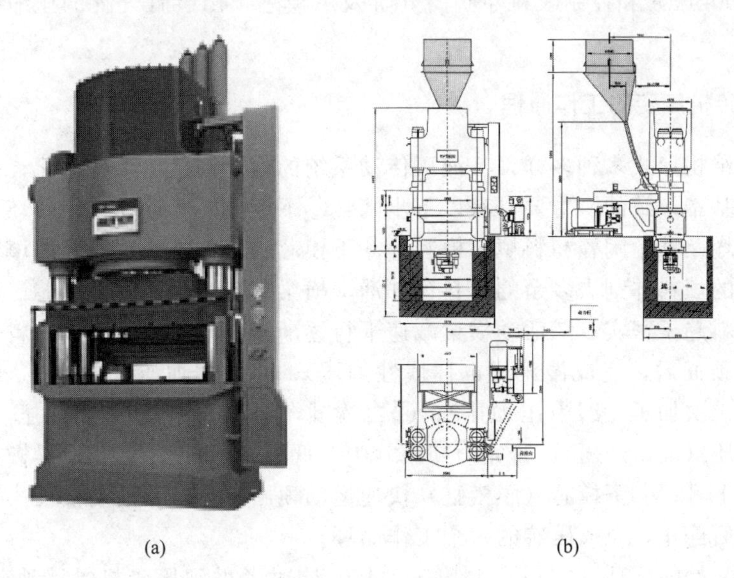

图 3-9　YP1800 全自动液压压砖机的外观（a）及其布局（b）

（1）机械部分

由液压压砖机主体、布料装置、顶模装置、排气装置和安全装置组成。

液压压砖机主体包括底座1、立柱2、活动横梁3、主活塞4、横梁5、油缸6、上法兰7、下法兰22等零部件。在液压能的驱动下，主活塞带动活动横梁做上、下往复运动；上模板及上模芯固定在活动横梁的下表面，模框及下模芯安装在底座上，下模芯和顶模装置相连，上模芯随活动横梁下行时，由立柱导向，完成坯体的压制成型。

布料装置包括布料架15、喂料斗16和布料小车17三个部分。喂料斗16由电动机通过链轮链条机构实现左右往复运动，完成供料任务；布料小车17的运动由油马达14驱动，油马达14的旋转速度由电液比例阀控制，目的是使模具型腔中的粉料布得更加均匀。

顶模装置25由油缸内的液压能驱动做上下运动，完成装料、墩料和顶砖动作。

排气装置23是配合砖坯压制成型工艺的要求而设置的。而安全装置24的设置则是操作者需要在液压压砖机活动横梁下工作（如擦摸换模）时，用安全装置中的顶杆将活动横梁顶住，并与电控系统连锁，使活动横梁不能下行，以确保操作者的安全。

(2) 电气部分

包括自控柜11、动力柜12以及对液压压砖机工作状态进行监控的接近开关和安全开关等。

(3) 液压部分

包括泵站13、阀组Ⅰ8、阀组Ⅱ9、阀组Ⅲ18、增压阀20、充液阀21、蓄能器10和19以及连接各部分的液压附件。

(4) 气动部分

包括气动三大件、气动阀及气缸等。该部分的作用是给充液油箱加一定的压力（1.5～2bar，150～200kPa）和控制喂料斗阀门气缸及下模芯顶出装置气缸的压缩空气（2～3bar，200～300kPa）。

3.3.3.3 压砖机压砖的工作原理

压砖机的结构形式多种多样，其液压传动系统的设计制造也千变万化，但压砖机压砖的工作原理却是基本一致的。主要具有以下步骤：①下模芯向上运动顶出砖坯；②粉料车向前运动，推出砖坯及推送陶瓷粉料填充模腔；③下模芯一次下落实现模腔的填料；④粉料车返回，完成模腔的填料并刮去多余的粉料；⑤活动横梁快速下行；⑥下模芯二次下落，迫使模腔内的陶瓷粉料趋于密实；⑦活动横梁减速下行逐渐接近模腔内的陶瓷粉料；⑧接近模腔内陶瓷粉料的最顶面后，完成慢压（也称惯性加压）；⑨一次加压（即低压加压）；⑩一次排气；⑪冲压，二次加压（即中压加压）；⑫二次排气；⑬冲压与三次加压（即高压加压）；⑭保压；⑮卸压（高压卸压）；⑯完全卸压（中、低压卸压）；⑰活动横梁慢速上升，砖坯脱模后立即快速上升；⑱下模芯（脱模缸）快速运动顶出砖坯；⑲活动横梁快速上升然后减速上升至上限位后停止，完成压砖的一个工作循环。

如此周而复始的循环，实现多次压砖动作。同时考虑到压砖机是墙地砖生产的关键设备，其工作环境恶劣，粉尘飞扬，空气浑浊等，此外，压砖机日夜连续不断地往复运动，而且其压砖频率通常每分钟达10多次，有时甚至高达20多次，如此频繁的工作势必会增加压砖机液压传动系统的故障发生率。显然及时判断和排除压砖机液压传动系统的故障，能最大限度地减少压砖机的停机时间，有利于提高压砖机的生产能力。

3.3.4 陶瓷大板的成型工艺

陶瓷大板薄型化可以降低陶瓷砖生产的资源消耗，具有能源消耗低、资源利用率高等特点，符合保护自然资源、节能环保的要求，是一种效果显著的节能降耗手段，已成为未来建筑陶瓷砖的重要发展方向之一。

3.3.4.1 主要成型方式

目前陶瓷大板成型主要有三种成型方式：干压式传统成型、无模具皮带成型、辊压成型。

（1）干压式传统成型

科达 KD16008 陶瓷压机和恒力泰 YP16800 陶瓷压机采用干压式传统成型方式。压机采用可拆分式预应力钢丝缠绕结构机架，活塞动式主缸结构，板式复合顶出器。在传统预应力钢丝缠绕压机的基础上，将预应力钢丝缠绕机架进行拆分，由整体式结构改进为板框式结构，板框采用预应力钢丝缠绕，再通过横向的细长拉杆连接组成压机机架。生产砖坯时，主油缸带动动梁上下运动，组装在动梁上的上模头对粉料施以压力，压制成型的砖坯由顶出装置顶出模腔，然后布料装置将砖坯推出。

KD16008 陶瓷压机主机高 10.5m，重达 520t，动梁行程 250mm，柱间距 3300mm，其最大可压制瓷砖规格为 1200mm × 2600mm。YP16800 陶瓷压机也可压制 1220mm × 2440mm 超级陶瓷大板。

（2）无模具皮带成型

意大利西斯特姆 LAMGEA 压机采用无模具皮带成型方式。LAMGEA 取消了模框，突破了传统刚性模具的成型方法，采用皮带成型：压机上下各有一条循环皮带，下皮带上布设陶瓷粉料，皮带运送粉料到达压制区域，在两条皮带间加压成型。LAMGEA 无模具压机采用专门设计的液压线路，最大压力可达 50000t，可生产最大 1600mm×4800mm、厚度 3～30mm 的陶瓷大板，大板表面平整度≤0.2mm。其特点是操作维护简单，砖坯厚度自由切换。

（3）辊压成型

意大利萨克米 Continua+系列压机则采用了全新的瓷砖成型方式——辊压成型：布料系统在牵引钢带上布设陶瓷粉料，钢带转动将厚度一致的陶瓷粉料送入上下对置的一对压制辊之间辊压成型。其可生产砖坯宽度 1600mm，长度不受限。辊压成型具有低功耗、低噪声、低污染、高效率和高度的柔性化生产等特点，并且在制造、运输、安装等方面都较传统压机具有无可比拟的优势。

3.3.4.2 Extenller1600 大板辊压成型

辊压成型方式是对压制成型工艺的革命性创新，科达制造股份有限公司自 2015 年开始对辊压技术进行试验和研究，并于 2018 年开发出 Extenller1600 大板辊压成型系统，是国内首款采用辊压成型的陶瓷压机。

（1）Extenller1600主要技术参数

Extenller1600 的主要技术参数有：a. 最大压制力 2800kN；b. 最大线压力 14000N/cm；c. 钢带宽度 2150mm；d. 最大砖坯宽度 1600mm；e. 砖坯厚度 5～20mm；f. 传送带最大速度 6m/min；g. 总装机功率 60kW；h. 主机重量 32t。

（2）Extenller1600主机结构

Extenller1600 主机结构如图 3-10 所示，包括传送机构、压制机构、保压释放机构等。传送机构采用双钢带传送系统，由驱动辊、钢带、从动辊及张紧油缸等组成。钢带分上下两条，由合金钢薄板经氩弧焊接成无端环形，套在辊压机的驱动辊和从动辊上；张紧油缸、张紧钢带形成双钢带成型系统。钢带是大板辊压机的关键零件，在压机运行过程中承担输送和传递压力的任务，钢带的机械性能、表面质量及其运行过程中的平稳性直接关系到砖坯的成型质量。压制机构包括机架、加压油缸和压制辊等。压制辊安装在机架内，机架是压制时的承力部件，分左机架和右机架，左右机架对称布置，包括上梁、下梁和上顶框，各零件由高强度结构钢焊接而成，再通过高强度预紧螺栓自上而下连接形成机架。上下压制辊安装在机架内框中，辊两端连接轴承座，轴承座固定在下梁中部。钢带带着粉料向前穿过上下压制辊，加压油缸产生的压制力直接作用在上加压辊上，并通过钢带传递到陶瓷粉料上。保压释放机构设置在压制机构后方，由上下对置的加压板和支撑板组成，加压板位于上钢带内，由油缸驱动加压板升降，实现保压和逐渐释放压力的功能。压制成型的砖坯经过保压释放机构保压一段时间，有利于砖坯成型。保压释放机构的另一个作用是防止砖坯因压力突然释放，膨胀过快导致砖坯开裂。

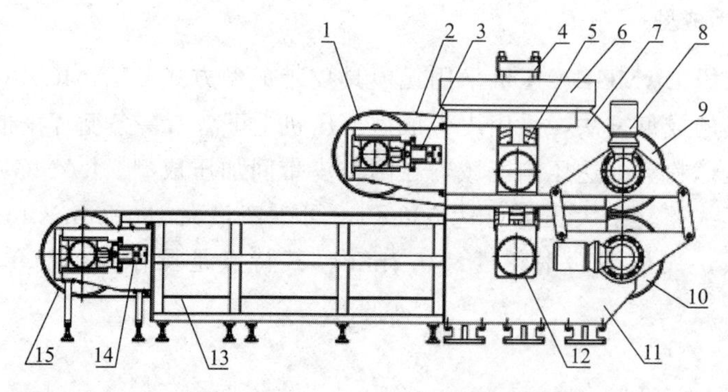

图 3-10　Extenller1600 主机结构

1—上从动辊；2—上钢带；3—上张紧油缸；4—加压油缸；5—上压制辊；6—上顶框；7—上梁；8—电机；9—上驱动辊；10—下驱动辊；11—下梁；12—下压制辊；13—下钢带；14—下张紧油缸；15—下从动辊

（3）Extenller1600工作原理

Extenller1600 按功能分成四个区域：布料区、预压排气区、压制区以及保压释放区。工作原理如图 3-11 所示：料斗将陶瓷粉料布设在下钢带上，经过钢带输送至进料口，粉料被逐渐压缩并排出粉料里的大量气体，然后再进入压制辊受压成型；压制成型的砖坯通过保压释放区，保证砖坯的成型质量，避免砖坯开裂；最后，压制成型的砖坯脱离钢带，送入砖坯输送线，进入下一工序。在布料区，陶瓷粉料通过布料装置均匀布设在下钢带上，电机驱动下辊转动，带动钢带向前输送粉料，粉料随着钢带前进依次通过预压排气区、压制区以及保压释放区。根据不同的布料装置可以有不同的瓷砖表面装饰方法，假如采用单色布料，后续可以通过印花、喷墨等先进技术丰富色彩图案；也可以采用数字装饰布料系统，将彩色粉料布置在基料表面上，通过数字控制系统使色料形成一层装饰图案。布设平整的陶瓷粉料随钢带前进，进入预压排气区。因为疏松的陶瓷粉料内含有大量气体，如果在预压的过程中不能顺利排出，将会导致压制出的砖坯分层，甚至开裂。在预压排气区既要完成砖坯的快速压缩又要保证气体排出充分，排气效果是决定砖坯成型质量的重要因素。Extenller1600 采用双钢带连续成型系统，下钢带水平布置，在粉料入口处上钢带与下钢带形成 3°～15°的入口角度 α，压制的砖坯厚度不同，需要的入口角度也不相同，角度 α 的大小直接关系到加压速度和排气速度。因此入口角度需要柔性可调，以保证排出粉料内部气体。

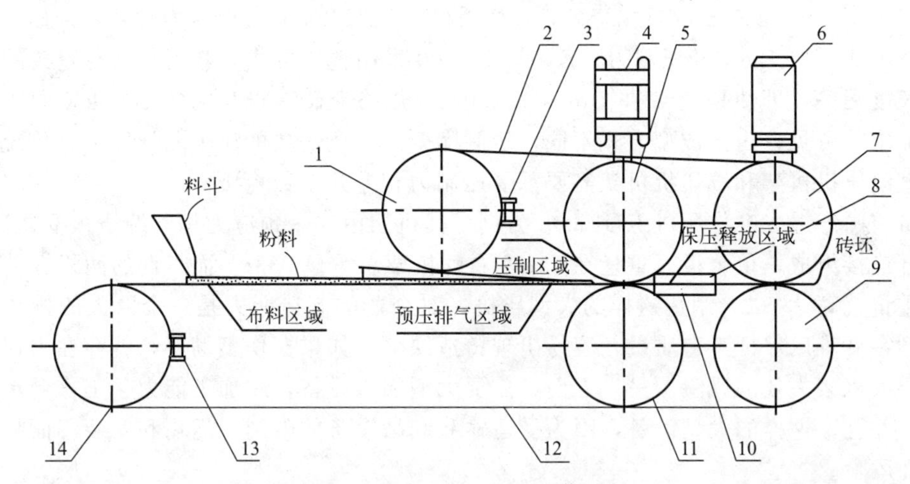

图 3-11　Extenller1600 工作原理

1—上张紧辊；2—上钢带；3—上张紧油缸；4—主油缸；5—上压制辊；6—电机；7—上驱动辊；8—释放板；9—下驱动辊；10—支撑板；11—下压制辊；12—下钢带；13—下张紧油缸；14—下张紧辊

压制区域是砖坯压制成型的关键区域，根据不同类型的砖坯所需要的成型压力大小不同，主油缸施加不同的压力。砖坯的致密度、破坏强度和断裂模数均与所施加的压力直接相关。压制成型的砖坯厚度由粉料的厚度和上下压制辊之间的距离控制，经过预压的粉料随着钢带一起进入压制区域压制成型。

(4) Extenller1600 的优点

① 采用双钢带连续成型系统

西斯特姆 LAMGEA 无模具皮带成型系统对压机进行了重大创新，但其压制成型方式仍为平板压，在压制过程中，传送带在压制区域内承受压力超过 40MPa；双钢带系统并不适用于这样的工况，钢带会在压制区域的边界处产生屈服变形而变得不可再用。与平板压制不同，Extenller1600 采用辊压成型，在压制过程中钢带受到的力主要是在两压制辊之间承受到的线压力和张紧钢带产生的张紧力，这样的成型方式不会造成钢带因屈服而变形。相较于皮带，钢带具有高硬度、抗拉强度、屈服强度及低伸长率等特点。Extenller1600 所使用的钢带硬度 500HV，抗拉强度 1500MPa，屈服强度 1460MPa，其优良的机械性能可确保在整个成型区工段保持均衡的压力。钢带与砖坯表面直接接触，其工作面的表面状况将直接影响到成品板材的表面质量。钢带在机械性能、表面平整度等方面均明显优于皮带，优良的平面度可保证辊压机的可靠运行，压制出的产品厚薄一致。经过测量，砖坯平面度误差≤0.1mm。

② 机架结构简单，加工制造容易，安装运输方便

机架是一台压机的主要承力部件，设计时需要重点考虑强度和刚度的要求，足够的强度是压机安全性和可靠性的保证，机架的刚度则会直接影响成型砖坯的几何精度。合理的机架设计在满足机架机械性能的同时，还应充分考虑加工制造工艺性及安装运输便利性。目前，国产压机以预应力钢丝缠绕结构为主，钢丝缠绕结构是目前陶瓷压机的主流结构，但是在大板压机制造上，其结构缺点却越发明显。一方面，陶瓷压机工作环境恶劣，通常是满负荷高频率运行，压机机架承受非对称循环变应力，高周疲劳是主要的失效形式，要求机架具备超强的疲劳抗力。另一方面，机架重量太重，零件尺寸太大，加工、安装、运输都面临很大的困难。

生产 1600mm×2600mm 规格瓷砖，按瓷质砖 40.21MPa 的成型压力计算，采用 KD16008 平板压制方式需要 128MN 压制力。Extenller1600 采用辊压方式，其压制力与瓷砖的宽度相关而与长度无关，即使是生产 1600mm×3200mm 规格瓷砖，也只需要 2800kN 的压制力就可满足需求。可见，由于成型方式不同，压制陶瓷砖时所需要的压力差异巨大，传统的预应力钢丝缠绕压机机架和辊压机机架需要承受压制力相差几个数量级。

以目前国产最大吨位压机 KD16008 为例，其机架由 4 个预应力钢丝缠绕板框通过 35 根细长拉杆连接组成，单个板框重量在 80t 左右，机架总重量 335t。而早期的两板框结构则单个零件重量就高达 70t。制造这样的大型压机，对企业的制造能力是一个巨大的挑战。一方面，大型零件难以保证铸造质量，容易出现铸造缺陷，如果探伤不彻底，就存在出现疲劳裂纹进而导致机架失效的风险。另一方面，需要大型加工设备，对加工能力、工作台承载能力要求高。并且，这样的大型设备，因为受运输和起吊设备的限制，运输和安装都面临着巨大的困难和风险。

Extenller1600 机架克服了上述预应力钢丝缠绕机架的缺点，机架由上梁、下梁和上顶框组成，各零件主体为高强度结构钢，机架总重 7.5t 左右，单件重量不超过 1.5t。其上下梁为板状结构，结构简单，重量小，可采用轧制或锻压钢板，避免了应用大型铸造零件的潜在风险。

钢丝缠绕机架的钢丝层采用变张力缠绕，需要专用的缠绕设备和控制系统，缠绕工艺复杂，缠绕工时长。例如，KD16008 机架缠绕需要两班倒，每班 2 个缠绕工人工作 10 天左右。Extenller1600 机架通过高强度预紧螺栓锁紧而成，螺栓预紧只需要液力扳手就可以精确控制预紧力，工艺简单，拧紧过程方便快捷，2 个装配工人在 2 个小时内就能完成。预紧螺栓采用 35CrMoA 材料，螺纹滚压成型，螺栓制作工艺成熟，抗拉强度高，承载能力强，具有足够的强度储备。与 KD16008 承受非对称循环变应力不同，Extenller1600 承受载荷为静应力。所以辊压机机架具有结构简单，加工制造方便，使用寿命长的特点。

③ 砖坯生产过程稳定可靠。

陶瓷砖坯制备主要包括布料、压制、转移三大步骤。相较于传统的平板压制成型的生产方式，Extenller1600 有明显的优势。传统的干压式陶瓷压机采用料车与顶出配合完成布料推砖，模具闭合压制粉料，依靠增压器对主油缸增压完成加压保压过程。这种方式在生产大规格薄板时面临如下问题：a. 顶出缸活塞杆上升下降要求同步，否则布料厚度不一致，引起砖坯致密度差异。b. 多个顶出缸共同作用顶出砖坯，要求顶出缸同步精度高，顶出平稳顺畅。否则，砖坯容易因顶出缸不同步而被顶裂。c. 布料器前行推出砖坯。砖坯规格越大，与压机的接触面就越大，摩擦阻力也越大。在大的摩擦阻力作用下，砖坯容易被推裂。d. 主

缸压力、活动横梁运动、脱模与填料等3大控制系统中全部应用伺服闭环液压控制技术，控制系统成本高昂。

Extenller1600采用辊压成型工艺，有效地克服了上述传统干压式陶瓷压机的缺点。主机结构、布料方式、压制方式都与传统陶瓷压机完全不同，省去了成型模具和顶出装置等部件，稳定性和可靠性均有大幅提升。主缸施压压力控制要求相对较低，且不需要对主缸行程进行闭环控制，控制系统大大简化，降低了系统成本。

④ 节能降耗、减少污染、柔性高效。

陶瓷砖在生产时一般需要经历低压加压、排气、最终压制、保压几个阶段，根据粉料和对砖坯品质要求不同，可能需要几次低压加压和排气过程。在这个过程中，压制动梁需要空程升降几次。动梁每一次升降都需要大量的液压油，所以能量消耗较大。大功率的液压泵站噪声大，压制过程中粉料往外喷射，对环境造成污染，工人工作环境恶劣。Extenller1600调节好压制辊高度后，主油缸只需要向下施加足够的压力，没有空程损耗，泵站也不用频繁启停，节约能源。与KD16008装机功率440kW相比，Extenller1600仅为60kW，具有低功耗、低噪声、低污染等特点。

在砖坯规格上，Extenller1600不用切换模具，可以轻松通过调节挡边带的距离来改变压制砖坯的宽度，还可以通过后续的砖坯切割，将大砖切割为小砖，例如将1600mm宽砖坯切割为两片800mm宽砖坯。而通过调节压制辊高度，则可以在5～20mm范围内方便地调节砖坯厚度，具有很高的灵活性。还具有高度的柔性化生产特点。

3.3.5 压制成型坯体常见缺陷及其解决办法

压制成型过程中，常因操作不当，以及粉料、模具、压砖机等因素的影响而使坯体产生各种各样的缺陷，有的缺陷直至烧成后才表现出来。这里就压制成型过程中易产生的一些坯体缺陷进行分析，探讨各种缺陷形成原因及其解决方法，最大限度地降低成品缺陷，提高产品合格率。

3.3.5.1 夹层

它是指压制出的坯体内部有分层现象，其产生原因分析如下所述。

(1) 粉料含水率的影响

在压力不变的情况下，粉料含水率低，加压成型时颗粒间摩擦力大，要使坯体达到很密实不太容易；同时粉料空心颗粒的比例增加，造成颗粒中空气量的增加，空心颗粒排出气体需冲破外壳，这样又增加了气体排出的阻力，在这种情况下，排气不良容易造成坯体夹层。当含水率逐渐增大时，由于水的润滑作用，压制成型时坯体容易密实。但当含水率超过一定值时，坯体密度反而降低，并出现大量夹层。这是因为压砖机第一次压制时，粉料间隙大大减小，透气性降低，此时坯体内存有大量残余气体；当进行第二次压制时，坯体内气体被挤压至某一部位，即产生夹层。因此在采用较高压力压制坯体时，可稍微降低粉料含水率，以保证在取得一定坯体强度的同时，又能避免出现夹层。

粉料含水率的确定可参考坯体压制能力指数。所谓压制能力指数，是指干坯破坏应力与湿坯破坏应力的比值。可用式(3-6)计算：

$$p_s = \frac{S}{N} \tag{3-6}$$

式中　p_s——压制能力指数；

S——干坯破坏应力；

N——湿坯破坏应力。

当压制能力指数为 2～4 时，坯体不易发生夹层；当压制能力指数低于 1.5 时，很难压制或根本无法压制。

(2) 粉料水分不均

当粉料陈腐时间不够，出现局部过干或过湿，会造成压制成型困难，坯体出现夹层。解决的办法是延长粉料的陈腐时间。

(3) 粉料中微细粉的比例过大

粉料中微细或超微细粉的比例愈大，愈容易发生夹层。这是由于小颗粒偏多，粉料透气性差，在压制成型过程中因排气困难而阻碍了气体的逸出，使颗粒间气体不易排净，从而造成坯体夹层。

压制成型的粉料大多采用喷雾干燥造粒，其粒度范围在 40～600μm 之间，且 60%～70%的粒度集中在 200～400μm 之间。在陶瓷墙地砖生产中，其压制成型粉料粒度最佳组成范围如表 3-1 所示。

表 3-1　压制成型粉料粒度最佳组成范围

粒度/μm	>600 (30 目)	>250 (60 目)	>180 (80 目)	>125 (125 目)	>75 (200 目)	<75
墙砖/%	1.4～1.5	50	35	15	3.5	微量
地砖/%	2～3	55	25	10	5	微量

(4) 各模腔粉料装填量不均

多个下模芯不在同一水平面上，或布料器布料不均，从而导致加压不均，坯体排气状况差异大，造成坯体分层。

(5) 上 (下) 模芯与模具内衬板的间隙不合理

坯体中多余气体要求有足够的时间和通道逃逸。若上（下）模芯与模具内衬板的间隙过小，气体逃逸困难而滞留在坯体中，造成坯体分层。一般其间隙控制在 0.01～0.05mm 之间。

(6) 上模芯不在同一水平面上

上模芯的高度不同，导致各坯体间的加压不均匀，坯体排气状况不同，造成个别坯体夹层。

(7) 操作不当

上模芯下降速度过快，导致第一次加压过快，压力过大，使气体无法从模腔内的粉料中排出，极易造成坯体分层。实际操作中采取“先轻后重”的压制方法即可克服。

此外，上模芯提升不到位或提升速度太快，使第一次与第二次冲压的时间间隔缩短，模腔内粉料中的气体未完全逸出，也易造成坯体夹层。采取的办法是适当增加排气时间及排气行程，降低第一次加压的压力。

3.3.5.2 坯体厚度偏差

坯体厚度偏差是指坯体各部位厚度偏差超出标准要求，一般应控制在坯体厚度的4%以内。其产生的原因如下所述。

① 模具上（下）模芯不平（图3-12）。

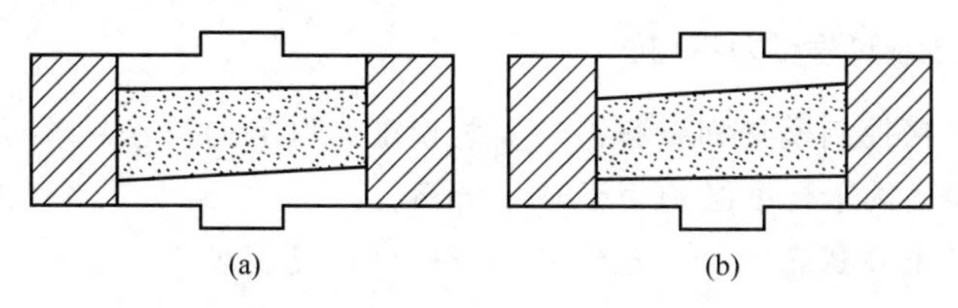

图3-12 模具上（下）模芯不平

② 模具下模芯表面结皮过厚（图3-13）。

③ 布料器的行程不够或过大（图3-14）。

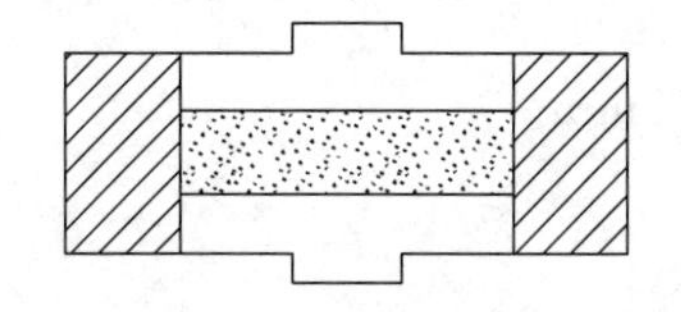

图3-13 模具下模芯表面结皮过厚

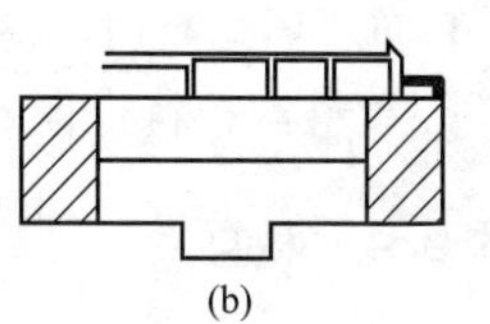

图3-14 布料器的行程不够（a）或过大（b）

④ 布料速度调整不当或布料前进与下模芯下落不能同步。当布料器前进速度较慢，或下模芯的第一次下落先于布料的行程时，则在模腔后部造成较多的粉料堆积，成为坯体的厚端（图3-15）；当布料速度较快或下模芯的第一次下降滞后于布料器的行程时，则在模腔的前部造成较多的粉料堆积，模腔后部粉料较少，从而形成坯体的薄端。

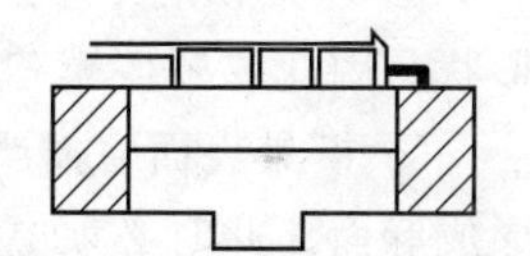

图3-15 布料不当引起的坯体厚度不均

⑤ 布料器刮料板不平或粘有粉料，使布出的粉料面一端厚一端薄，或凹凸不平。解决的办法是调整模具和料车的运动参数。

3.3.5.3 大小头

所谓大小头，即出窑砖坯尺寸偏差值超过标准要求。一般说来，偏差值应控制在规格尺寸的0.4%以内。

大小头缺陷在玻化砖生产中是最容易出现但又难解决的一个问题。其形成的主要原因是粉料压制后坯体致密度分布不均，在烧成后收缩不一致。一般情况下，大小头总是和厚度偏差密切联系的，而且形成的原因在许多方面是共同的。导致坯体致密度分布不均有以下几种因素。

（1）布料不均匀

造成布料不均匀有以下原因：

a. 布料器布料运动参数设置不合理。

b. 布料器的运动与模框面没有保持平行，布料过程中模腔部分区域布料过多。

c. 下模芯或磁吸座变形，模腔内填料量不一致。

d. 布料器行程不合理，以至模腔前缘布料量偏多或偏少。

e. 压砖机顶模装置的顶杆前后高度不一致，模芯第一次下降时模芯面倾斜。

f. 布料器布料格栅设计不合理。

(2) 模腔中粉料压制过程受力不均

解决的办法是严格控制模具和布料器的安装精度。以下的技术要求可供参考。

a. 模框与底座表面的平行度必须小于 0.10mm。

b. 在第一次模芯下降状态下，各腔模芯相对模框高度应小于 0.15mm，同一模腔内模芯高度差应小于 0.10mm。

c. 在第二次模芯下降状态下，各腔模芯相对模框高度差小于 0.05mm。

d. 上模芯所在平面与下模芯所在平面应平行，平行度误差不可大于 0.10mm。

e. 布料器与压砖机立柱垂直，即与模框面平行。

f. 布料器运行时，应保证比模框高 0.3～0.5mm，平行运行。

g. 布料器布料行程要求第一级格栅超出模腔前缘 10～15mm。

3.3.5.4 麻面

麻面是指压制出的坯体表面粗糙不平，有凹陷小坑，产生的原因有以下几方面。

① 模具模芯不净及擦模不及时，造成坯体的麻面。严重时，坯体表面可透出背纹凹凸形状，因此要勤擦模芯。

② 模具表面磨损严重时，则潮湿的粉料容易黏附在模具表面，从而造成坯体表面粗糙，形成麻面。此时必须更换模具。

③ 粉料含水率过高，容易粘模，导致麻面。通常可接受的含水率最高为 9%。

④ 粉料粒度的影响。从粘模角度讲，大颗粒粉料较易粘模，这是由于喷雾干燥制粉过程中，泥浆里的可溶性盐类随水分的蒸发而停留在颗粒表面，形成盐膜。压制成型时，这种膜与模具表面接触发生粘连。颗粒愈粗，其表面积愈小，这层膜也愈厚，相应也就愈易粘模。反之，粉料愈细，愈不易粘模，极细的粉料（70～75μm）已证明可防止粘模情况的发生。粉料粒度的大小要适当，若过分追求细粉，会导致其它缺陷如层裂、强度低、开裂的发生。

⑤ 模具加热温度过低，也易造成粘模现象发生，使坯体形成麻面。

由上述分析可知，造成坯体麻面的主要因素是粘模，因此尽可能避免粘模是解决坯体麻面的关键。目前模芯上均衬有一层橡塑材料，目的就是减少粘模。

3.3.5.5 裂纹

坯体产生裂纹的种类较多，一般可分为以下三类。

(1) 崩裂

坯体的侧面产生极细小的不规则裂纹。其产生的原因是模具内衬板出模斜度不合适，使坯体在脱模时侧面受力。解决的办法是调整内衬板出模斜度。

（2）纵裂

坯体背面中间位置产生纵向裂纹。产生原因是模具下模芯推坯速度太快，坯体难以承受来自下模芯强大的冲击力，作用于坯体上的反弹力集中在坯体中间部位扩张，引起纵向裂纹。此外，下模芯调整不平，坯体在脱模时受力不均，也易造成此种缺陷。解决的办法是调整顶模动作，使其动作平稳。

（3）边缘破裂

坯体边缘部位产生的破碎性裂纹。其产生的原因是模具上、下模芯与内衬侧板磨损严重，造成其间隙附近的物料损失，坯体边缘部位物料堆积稀疏，强度不够，坯体内应力不均匀，制品在烧成过程中受热应力影响，导致内应力在坯体边缘部位分布不均，产品边缘部位产生破碎性裂纹。严重时边缘部位可发生破碎，破碎深度达 1～2mm。解决办法是更换模具。

3.4 挤压成型

挤压成型是指把精制好的满足一定工艺性能指标的可塑性泥料，从具有一定横截面尺寸和形状的模具中挤出而成型为所需坯体的过程。挤压成型主要用于生产劈离砖、陶板、陶管等。

3.4.1 挤压成型生产常用的原料

挤压成型生产常用的原料一般由黏土、页岩、耐火土、熟料（废砖和劈离砖的筋条）等组成。由于劈离砖的厚度较一般的墙地砖厚，消耗的原料较多，故以使用劣质原料为主。一般的原料配比为：生料∶熟料＝11∶3（按质量计）。其中生料部分：黏土∶页岩∶耐火土＝4∶3∶3。

挤压成型的坯体化学组成如表 3-2 所示。

表 3-2 挤压成型的坯体化学组成

氧化物	SiO_2	Al_2O_3	Fe_2O_3	TiO_2	CaO	K_2O	Na_2O	烧失量
含量/%	65～70	22～27	＜1	0.5～1.5	＜3	1～3	＜2	6～9

应该注意的是，配方组成中游离态的石英含量应低于混合料中 SiO_2 含量的 30%；CaO、MgO 含量在 5%以下，目的是防止坯体吸水率过大；如果生产红色坯体，则 Fe_2O_3 含量可为 3%～6%。

3.4.2 挤压成型工艺流程

熟料→粉碎→皮带秤
生料→粉碎→皮带秤 } 配料→混合→加水湿化→混练→陈腐→精练→脱气→挤出→切割→整形→干燥

挤压成型的配料方法主要有两种：即传统的质量配料和定体积配料；或既可以湿法配料，也可以干法配料。

原料颗粒级配（软质料）见表 3-3。

表 3-3　挤压成型原料颗粒级配（软质料）

粒度/μm	>65	65～23	23～6.5	6.5～2.2	<2.2
含量/%	1～15	3～10	8～12	8～11	50～78

对成型设备也有很高的要求：一般地要求料筒长度>600mm，真空度应达到－9.6kPa，挤压力>2.5MPa，成型水分应控制在16.5%～17%，最高不超过19%。

3.4.3　挤压成型工艺原理

将可塑性泥料放入专用挤压成型设备，施加一定压力，使用活塞或螺杆通过开放式的压模嘴挤出成型坯体，挤出后的坯体可保持原有形状。陶瓷泥料经料筒及成型模具挤出成为坯体，是由于料筒入口处的压力大于成型模具出口处的压力。因陶瓷泥料与料筒及成型模具内壁产生较大的摩擦阻力，以及陶瓷泥料各组分颗粒间因互相移近靠拢产生的内摩擦阻力等，所以欲使陶瓷泥料挤出成型为坯体，就必须克服这些摩擦阻力，并表现为挤压机的活塞对陶瓷泥料产生适宜的挤出成型压力，这就是挤压成型压力的形成过程。

挤压模内物料的受力情况如图 3-16 所示。在物料的上部，模内的物料受力情况与压制成型时模具内物料的受力情况基本相同，物料受到阳模传递的正压力 P 时，不可避免地向侧面膨胀和变形，因此在挤压过程中，泥料会对模壁产生一个侧压力，模具基本上不会变形，$P_{侧}$ 就是模壁对物料的反作用力。当物料发生运动时，由于有侧压力的存在，物料和模壁就会产生摩擦力。摩擦力可用式(3-7) 表征：

$$F = fP_{侧} S_{侧} \tag{3-7}$$

式中　f ——物料与模壁间的摩擦系数；

$P_{侧}$——物料在挤出过程中产生的侧压力，MPa；

$S_{侧}$——摩擦面积，等于模具内壁侧面积，cm^2。

在物料的下部，由于挤出嘴（又称型嘴）的出口无外界压力，因此，在此区域内的物料，当内外压力差超过其屈服极限时，立即会从出口挤出。此内外压差实际上就是物料传递到底面的挤出压力 $P_{下}$（要考虑模壁的摩擦损失及泥料内摩擦损失）。在挤出嘴的斜面上，如图 3-17 所示，可将挤出力 P 分解成垂直于斜面的法向力 T 和沿斜面向下的力 N，以及斜面对物料的阻力 N'，包括物料与斜面间的摩擦力。但是由于物料与斜面间的摩擦系数很小，故实际摩擦力远比 N 小得多，因此在斜面上任何一点处所受的各项力在 x 轴上投影之和不为零。上述差值即为泥料向挤出嘴中心流动的侧向应力。此外，物料一旦产生了侧向流动，则斜面又会对流动的物料起到阻碍作用。当挤出模具的型嘴是圆柱形的时候，由于模壁摩擦力的影响，物料沿挤出料筒的直径方向上受力不等，越靠近模壁则摩擦阻力越大，越接近中心则摩擦阻力越小。所以挤出成型时中心部位的泥料要比边缘处的泥料合料流动速度快，这种现象称为超前现象。当混合料进入挤出型嘴的定型段时，运动速度提高，挤出嘴内壁摩擦作用更为严重，超前现象也更为严重。由于中心部的挤出速度快，边缘部分的挤出速度慢，因此，在挤出的物料的横截面上存在剪切应力，这种剪切应力会造成制品的横向裂纹。

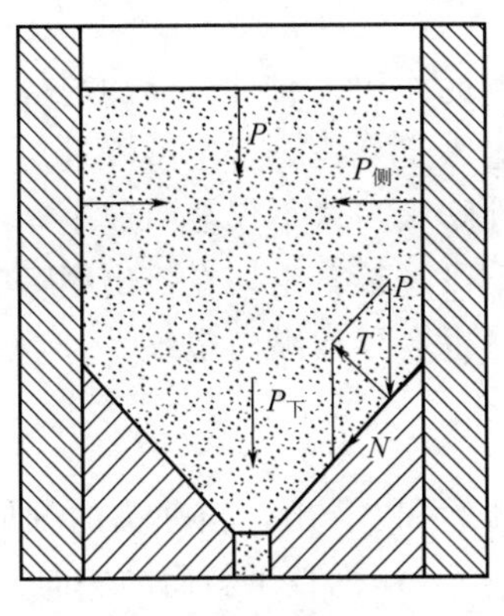

图 3-16 挤压模内物料受力情况

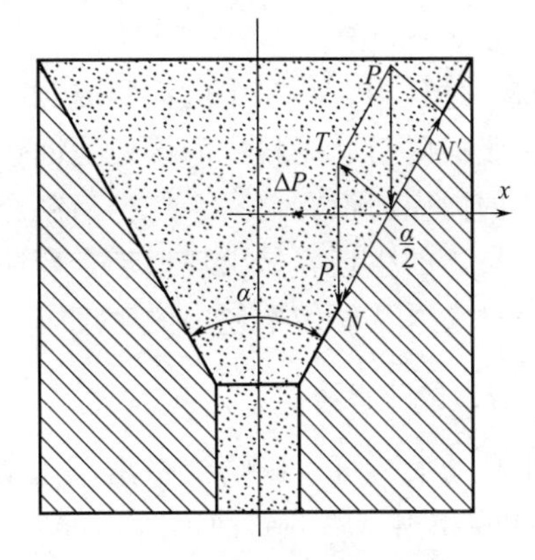

图 3-17 挤出嘴斜面上物料受力情况

3.4.4 影响挤压成型的因素

（1）泥料的影响

① 泥料混合均匀程度和泥料的可塑性。挤压成型的泥料必须具有足够的可塑性，以确保在挤压过程中泥料不容易开裂；为了保证产品在干燥和烧成过程中不变形，泥料需要足够地混合均匀。

② 泥料本身能否适应挤压成型。有些泥料由于其可塑性太高或太低，或者触变性能不够理想，在挤压成型过程中容易出现开裂或变形的现象。

（2）挤压成型设备的影响

挤压成型机的搅刀角度和长度、出口的退拔度、真空度以及模具结构等对挤压成型均有影响，合理的挤压成型设备是确保挤压成型的重要保障。

① 型嘴参数——压缩比的影响

挤压成型的压缩比可以用下式来表示：

$$K=\frac{F-F_0}{F} \tag{3-8}$$

式中，K 为压缩比；F 为挤出料筒横截面积，cm^2；F_0 为挤出型嘴定型段截面积，cm^2。

若挤压模具为圆形时，则有：

$$K=\frac{D^2-d^2}{D^2}=1-\frac{d^2}{D^2} \tag{3-9}$$

式中，D 为挤出模料筒内径，cm；d 为挤出型嘴定型段孔径，cm。

若模具型嘴的压缩比 K 增大，当挤出型嘴的定型段孔径 d 不变，则挤出模具的料筒内径 D 增加，料筒的内壁面积增加，由式(3-7) 可知，影响挤出压力的内壁摩擦力要增加。而且由于料筒内径增大，泥料的用量增加。泥料中的摩擦力也将要增加。为了克服所增加的内外摩擦力，则挤出所需要的动力也要增加。

② 定型段长度的影响

定型段的长度 l 一般是根据挤出型嘴定型段孔径 d 的大小而定，孔径越大，则定型段越长，一般 $l/d=3\sim5$。在挤出成型直径不大的管材或棒材时，挤出型嘴的定型段长度应比出口直径大 1.5～3 倍。

在挤出过程中，料筒中的泥料受到挤出力和料筒筒壁的作用，有被压缩的趋势。当超过泥料的屈服极限后，泥料中的颗粒之间产生滑移，泥料进入定型段。若定型段过短，泥料所受挤出力的内应力没有消失，挤出后就会发生急剧的弹性膨胀。这不仅会引起生坯的横向裂纹，而且挤出的生坯容易出现摆动、弯曲现象。但是定型段过长，生坯在挤出型嘴中与内壁的摩擦力过大，从而使生坯中的密度差和剪切应力过大，也会导致纵向裂纹。

（3）挤出角的影响

挤出角的大小可以影响到挤出压力的大小，由图 3-17 可以看出，当冲头的轴向挤出应力 P 作用在挤出型嘴的斜面上时，可将 P 分解成两个应力，即垂直于斜面的法向力 T 和沿斜面向下的力 N。应力 T 在 y 轴上的投影分力是力图阻止粉料进入挤出孔的阻力。力 N 是用来克服物料与斜面的摩擦力以及物料的内摩擦力而将物料不断从周围推入定型段的力。显然有：

$$T=P\sin\frac{\alpha}{2} \tag{3-10}$$

由式可知，当 P 一定时，随着 α 减小，T 减小，但 N 增大，物料愈易流入定型段，但坯料中心密度相应减小。反之，当 α 角增大时，则 T 增大，N 减小。由于 T 增大，在斜面上的物料受到较大的压缩作用，从而使挤出料筒内的物料始终能处在较高的密度下（内应力下）进行挤出。

3.4.5 提高挤压泥料成型性能的措施

（1）提高泥料的屈服值

① 屈服值的物理意义

陶瓷工业中使用的可塑性泥料是由固相、液相、气相等组成的弹性-塑性系统。当它受到应力作用而发生变形时，既有弹性性质，又有塑性性质。如图 3-18 所示，当应力 σ 很小时，含水量一定的泥料受到应力 σ 而产生应变 ε，二者呈直线关系，而且是可逆的。这种弹性变形主要由泥料中含有少量空气和有机增塑剂所致，同时也是由黏土颗粒表面形成水化膜所致。

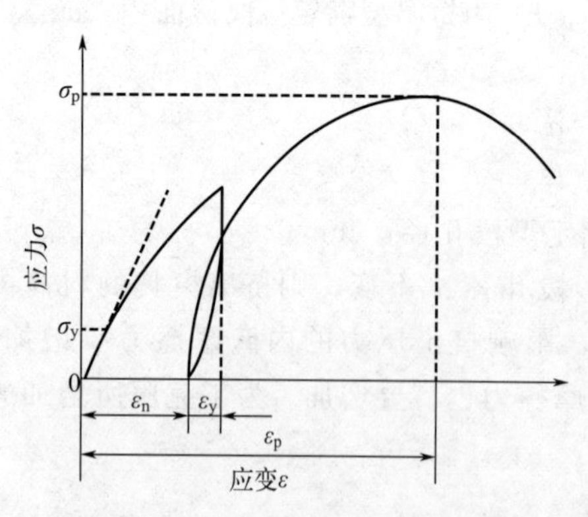

图 3-18 泥料的应力-应变曲线

图 3-18 中：σ_y 是由弹性变形过渡到假塑性变形的极限应力，称为屈服值；σ_p 是由塑性变形过渡到开裂的极限应力，称破坏应力。

当应力超过弹性的极限应力值 σ_y，出现不可逆的假塑性变形。在这种情况下，应力撤去后，泥料只能部分复原，即图上的 ε_y 部分，剩下的为不可逆变形，ε_n 是因泥料中矿物颗粒产生相对位移所致。在这种情况下，同时存在弹性变形和塑性变形，因而称为假塑性变形。

由此可见：屈服值实际上表征着塑性泥料成型后坯体抵御外力作用而不变形的能力。σ_y 高，则塑性坯体不易变形，弹性好。反之，σ_y 低，则塑性坯体弹性小，易于变形，若是低到一定程度，坯体太软，其自身所受的重力都会引起坯体变形。因此，在挤压成型工艺中，希望泥料的屈服值大一些，以保证坯体的稳定性。

② 提高可塑泥料屈服值的途径

提高可塑泥料屈服值的途径主要有：首先在保证泥料具有合适的可塑性的前提下，适当降低泥料的含水率，一般泥料的含水率不超过 19%；其次在配方中适当增加一些熟料，以此提高泥料的弹性；再次可以采用多次练泥的方法，提高泥料组织结构的均匀性，既提高屈服值，又提高塑性。

(2) 破坏片状原料的片状结构

当泥料从型嘴中挤出时会受到缩小的喇叭嘴形成的阻力的作用，愈是靠近模壁的泥料阻力愈大，中间泥料流速快，边缘流速小；而且黏土又是片状的，易出现滑动，片状颗粒沿着模具的表面平行定向排列，导致干燥收缩不一致，引起变形或开裂。

为了解决上述问题，可以将滑石类的片状原料进行煅烧，以破坏片状结构。也可以将片状原料进行细磨，减小它们的 D/H 比值。此外，可以把挤出机的出口设计宽一点，切割时只取中间部分，将两边的舍去不要。

(3) 确定一个较好的颗粒级配

合理的颗粒级配是提高泥料成型性能的重要因素。原料中过于粗大的颗粒，容易造成坯体边棱开裂，或表面不光滑；但过于细小的颗粒，则会降低泥料的屈服值。因此，一般使用的颗粒粒度范围为 28～250 目的多种粒度的级配，且瘠性料含量不小于 30%。

(4) 强化练泥

真空练泥不仅可以提高泥料的均匀性，而且可以提高泥料的可塑性和屈服值。因此，真空练泥的次数至少应达到 2 次，而且要保证练泥时的真空度不低于 0.09MPa。练泥后的泥料还需要陈腐一段时间，进一步提高泥料的成型性能。

(5) 降低模壁对泥料的阻力

通过调配泥料或改进挤压成型设备，降低模壁对泥料的阻力，也可以很好地提高泥料的成型性能。如将泥料中的尖颗粒通过球磨变为圆颗粒；在泥料中添加一定量的有机物如润滑剂，提高泥料颗粒之间的流动性；将模壁磨光滑，减少泥料挤出过程中的阻力，采用不锈钢来制作练泥机的主要工作部件等。

3.5 压制成型的布料技术

3.5.1 概述

建筑陶瓷墙地砖布料技术历经三十多年的发展，其布料设备从最初作为压机附属装置，到后来演变为独立的布料系统，再到后面发展为抛光砖生产线上专门的核心设备，它的发展历程与创新过程在短短几十年内历经几代的更新，曾经抛光砖在市场上占最大份额与布料设备的创新发展密不可分。

随着陶瓷数码喷墨印花技术的发展，抛光砖的市场份额逐渐下降，对应的市场终端产品格局也逐渐变为：抛釉砖的销售与抛光砖相当或稍高。在此过程中，喷墨设备不断地改进发展，大大提升了抛釉砖、釉面砖花色纹理的逼真度，并简化了生产工艺，促进了有釉砖的繁荣，而抛光砖和抛光砖布料设备走向衰落，抛釉砖也趁此机会迅速蚕食抛光砖市场，传统布料设备与抛光砖一度步入艰难的境地。

2013 年始，随着坯用色料干混技术的通体抛釉砖、喷墨渗花抛光砖类型的仿大理石新产品及其新工艺的兴起，再度将建筑陶瓷布料设备推上一个新的发展高度。其后，随着通体抛釉砖、喷墨渗花抛光砖以及通体陶瓷大板、岩板的市场份额不断加大，坯体布料设备与表面数码喷墨之间的相容相生关系越来越紧密。建筑陶瓷墙地砖布料技术的发展，通过改善布料设备，促进布料技术的升级换代，通体产品由早期的底面有相似纹理、颜色，到现在的上下纹理、色彩一一对应效果，尤其是通体坯体数码布料装饰技术，推进陶瓷墙地砖行业的健康发展。

布料设备是压砖机重要的辅助设备，它的功能是输送陶瓷粉料到压砖机模具的模腔，同时推出压砖机压制好的砖坯到输送线，对压砖机模具模腔进行布料。早期意大利萨克米（SACMI）公司、西蒂（SITI）公司和 IB 公司推出的多管布料技术和微粉布料为瓷质砖生产带来革命性影响。国内的一些厂家也在进口设备的基础上研制出类似的布料设备，并且更适合国内厂家追求产量的要求，压机的布料速度比进口设备高。下面对布料技术进行介绍。

3.5.2 一次布料

坯体只使用一种粉料配方，整体颜色一致，工艺简单，而且是一次完成通体布料。这种产品一般有纯色通体砖、大小颗粒斑点砖、渗花砖（如金花米黄，需丝网印刷和助渗辅助）等，其花纹比较简单，甚至砖体表面没有任何装饰图案。

采用普通的布料机，即可完成一次布料。以萨克米公司的产品为例简单介绍普通压机配备的布料设备。图 3-19 是生产瓷质砖的传统布料设备。图 3-20 是佛山市恒力泰机械有限公司的曲柄一次布料车。

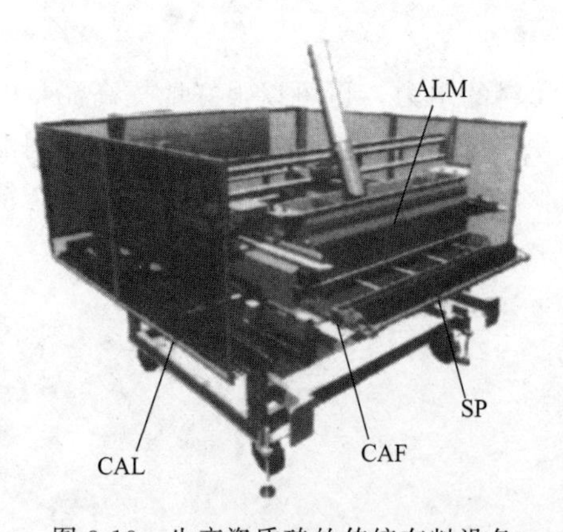

图 3-19　生产瓷质砖的传统布料设备

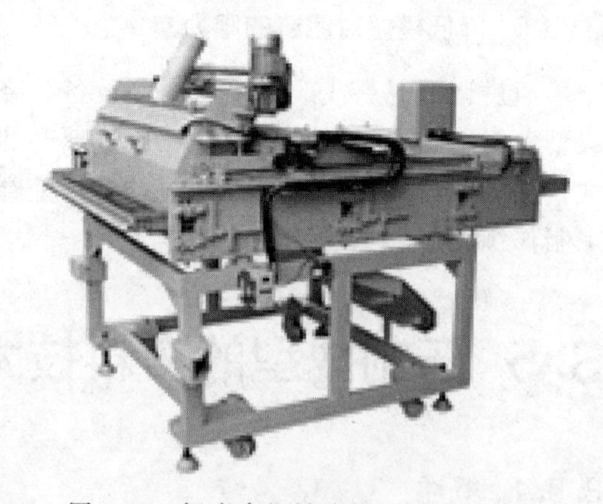
图 3-20　恒力泰机械公司的一次布料车

图 3-19 是萨克米公司的线性布料机的组成，图中的各个部件作用如下。

CAL——线性喂料机，所有功能由可编程控制器（PLC）控制，确保高速布料和高定位精度；

CAF——带浮动格栅的移动喂料部件；

ALM——通用移动喂料车；

SP——清洗上下冲头的辊刷。

一次布料过程中粉料的运行路线：面料粉料→套管→ALM→CAF→CAL→模腔→压制

一次布料车与压机配套使用，主要实现向压机进行一次布料，其结构紧凑，运行稳定，生产效率高。

3.5.3 二次布料

二次布料技术是瓷质玻化砖领域较为流行的一种生产工艺，主要适于微粉二次布料，也有为降低生产成本，砖面与砖底不同坯料分开布料而不影响外观效果的粉料布料。一般以砖面为微粉，砖底为不经破碎的喷雾干燥粉料相结合压制而成的产品统称为二次布料产品。可分为抛光、哑抛、免抛三种产品，顺应了人们追求自然，产品内涵丰富多变，贴近石材的审美需求。二次布料是通过压机布料设备将预先经过打磨设备加工的微粉经布料格栅送入压机模框，下模下沉，格栅回车，再将底料经格栅送入压机模框补料并经过压制的一系列动作而成型。

一般地，建筑陶瓷砖的压制成型过程中有正打和反打之分。所谓正打是指坯的正面朝上，反打则是指坯的正面朝下。从布料过程来看，正打、反打工艺流程分别如下。

① 正打：布底料→布面料→压制→出模。

② 反打：(用格栅) 布面料→补充底料→压制→出模

正打与反打相比，反打产品的艺术装饰图案丰富，因为它可以通过格栅来改变花纹；而正打产品在布料过程中，改变装饰花纹的灵活程度较差，显得图案单调。

二次布料系统粉料布料按以下顺序运行。

面料{
→粉料 A→喂料车→下料（称量）→皮带输送
→粉料 B→喂料车→下料（称量）→皮带输送
→粉料 C→喂料车→下料（称量）→皮带输送
→粉料 D→喂料车→下料（称量）→皮带输送
}→移动喂料车→线性移动喂料车→带浮动格栅的线性移动喂料车→底料→喂料车→下料→补满料→模型→压制

利用二次布料设备，可以布施下列粉料：①着色的喷雾料；②磨细的喷雾料（即微粉料）；③粒状干釉；④大颗粒和片状颗粒。微粉布料产品外观如图 3-21 所示。

(a) (b)

图 3-21 微粉布料产品外观

（1）格栅的结构及作用

格栅是聚晶微粉布料板，它是由一组或多组相平等的金属栅条与框架组成，其高度为30～50mm，栅条之间的间距为50～70mm，形状随地砖花面的纹理而变，主要作用是帮助布料，使地砖表面的纹样更加逼真、自然。图3-22是三种格栅纹样。

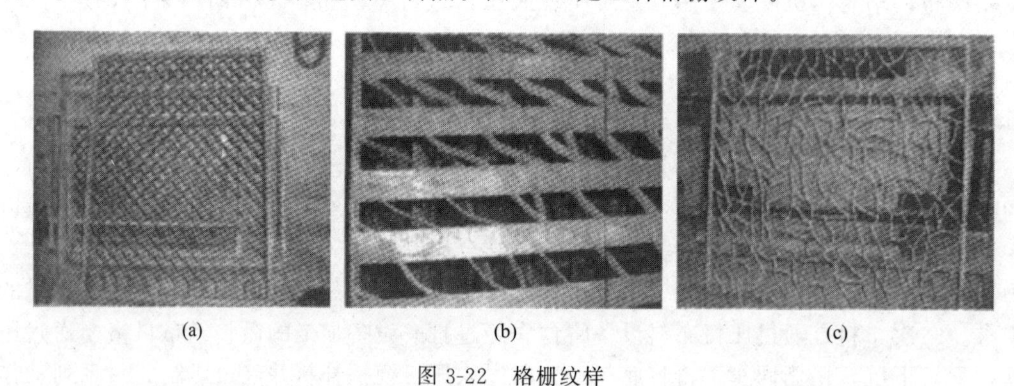

图3-22 格栅纹样

（2）微粉破碎机

现在所有微粉砖的面料原料都必须经过破碎机的破碎才能进行布料生产，微粉破碎机在微粉砖的生产环节起了重要的作用。微粉破碎机的结构如图3-23所示。粉料从进料口进入微粉破碎机，螺旋送料电机带动螺旋送料轴，螺旋送料轴把粉料挤压送入破碎模腔，通过旋转转子与固定转子的旋转打击作用，把粉料破碎成120目以上的细度。制备微粉的原料要求：a.水分要求为5.3%～5.8%；b.颗粒要求为15%～18%筛余（80目筛）。

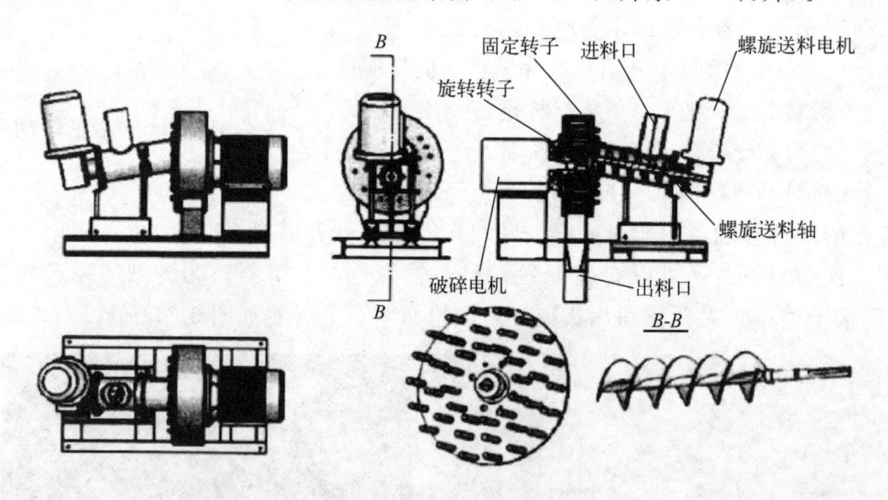

图3-23 微粉破碎机结构

二次布料产品因色彩丰富、自然而大受消费者青睐。所以对颜色的开发至关重要，在色料制备方面也一改传统的色料配制方法。一般色料配制方法有两种：一是直接将色料加入球磨与基料一起球磨配色，该方法易造成污染，球磨清洗不方便，浪费大，目前很少有人使用；二是将色料直接加入装有基料浆的浆池进行搅拌均匀再喷粉，目前大多数生产企业采用该方法。这要求色料粒度一定要细（一般325目筛余<0.3%），而且易于分散，在浆池搅拌

3～4h 即可对色喷粉。产品一般有 3～4 种色粉，经不同落料管送入压机料车，经格栅布料成型。故对原料车间的要求较高，主要是杂色的防护和清洁。包括浆池、喷雾塔、输送系统、粉箱的防护管理工作。

二次布料包括多管布料和微粉布料。

3.5.3.1 多管布料

从生产传统的单色产品转换成多管布料产品，只需更换格栅，在线性喂料机的基本供料装置上增加旋转阀式混料器（MDR）设备，调节 ALM 和 CAL 即可。多管布料设备如图 3-24 所示。图 3-25 是佛山市宝德陶瓷设备有限公司多功能布料系统。

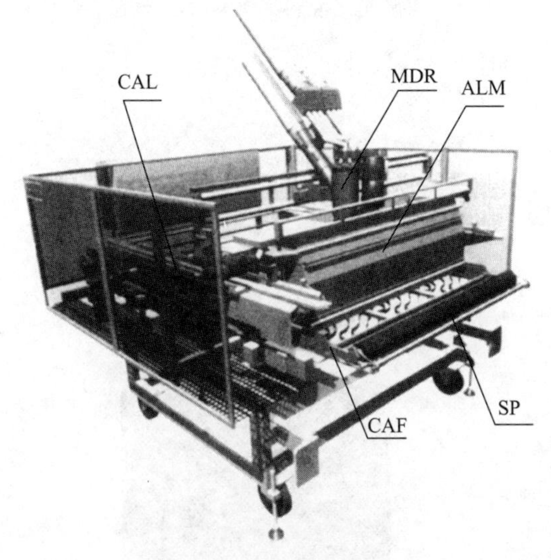

图 3-24 多管布料设备

图 3-25 宝德陶瓷设备公司多功能布料系统

多管布料设备是由许多管道组成（这也是多管布料产品名称的由来）的，坯体粉料和色料由管道流入压机工作台上的进料漏斗，同时也流入旋转阀式混料器进行混合，再将夹杂着各种色料色点的坯料（或主色料）喂入 ALM 系统。在向模具填料时，ALM 的喂料动作和浮动格栅完成整个装饰效果。

在多管布料设备中，MDR 是核心设备。它的细节图和剖面图如图 3-26 和图 3-27 所示。MDR 通过下列方式实现不同的装饰效果。

① 垂直管道里的颜色次序；

② 阀门开启速度（由变频器控制）；

③ 阀门形状。

MDR 由于结构简单，因而使用简便。其美学效果可以重复获得，占地很小。标准机型可以处理两种色料＋基料（可以为混合色），如果需要还可以处理多达六种颜色：（普通喷雾料、大颗粒料、片状大颗粒料……）＋基料。

多管布料工艺如下：

面料 { 粉料 A→套管 1
粉料 B→套管 2 } →MDR（螺旋阀式混料器）→ALM（移动喂料车）→CAL（线性喂料车）→CAF（带浮动格栅的移动喂料车）→模腔（模具）→压制

图 3-26　螺旋阀式混料器（MDR）的细节

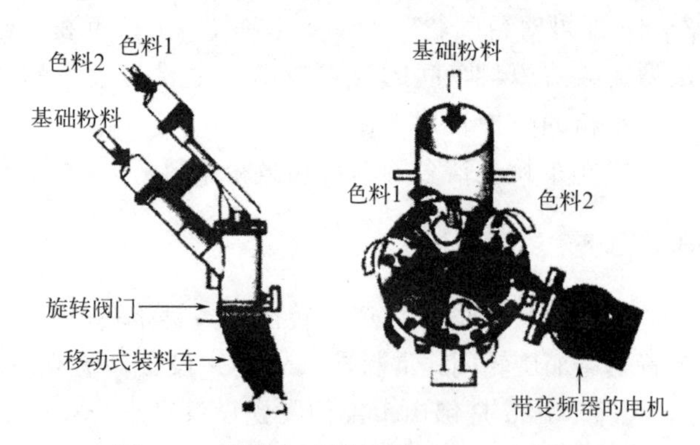

图 3-27　螺旋阀式混料器（MDR）剖面

一般多管布料可以产生以下装饰效果。

① 带统一大小颗粒的纹理或阴阳效果；

② 带大颗粒（干式或湿式）的纹理或阴阳效果；

③ 带渗花釉应用的纹理或阴阳效果；

④ 带大颗粒和渗花釉的纹理或阴阳效果；

⑤ 带半抛光斑点的纹理或阴阳结构。

多管布料生产的产品如图 3-28 和图 3-29 所示。

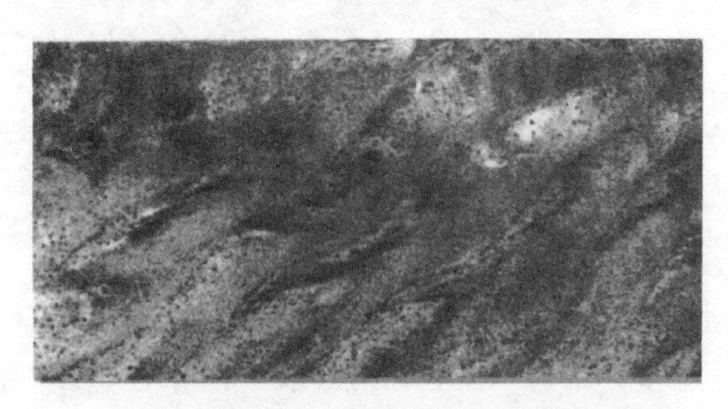

图 3-28　表面抛光带大颗粒纹理效果砖

图 3-29　表面抛光带阴阳效果砖

由于 MDR 的特点，通常压机的压制速度不慢，基本上不会影响生产线的生产能力。

3.5.3.2　微粉布料

微粉布料产品其实是二次布料产品的一种，它的第二次料粉是经过再磨细的各色喷雾料粉，其仿石效果更加逼真。

萨克米公司的二次布料设备如图 3-30 所示。该设备上的各主要部件如下。

CAL——线性喂料机（全电子控制）；

CAF——带浮动格栅的移动喂料部件；

SP——清洗上下冲头的辊刷；

ALM——通用移动给料车；

MDR——旋转阀式混料器；

ACD——二次布料装置，一般与通用料斗（基料）相连，用带移动式键盘的 PLC 独立控制。

ACD 装置是二次布料的一个重要设备，它与其它设备相配套作用，如图 3-31 所示。组成如下：

① 用于第二层的布料喂料嘴；

② 用于第二层的色料固定料斗；

③ 用于第二层的布料可移动料斗；

④ 二次布料定量格栅；

⑤ 通用喂料车基料料斗。

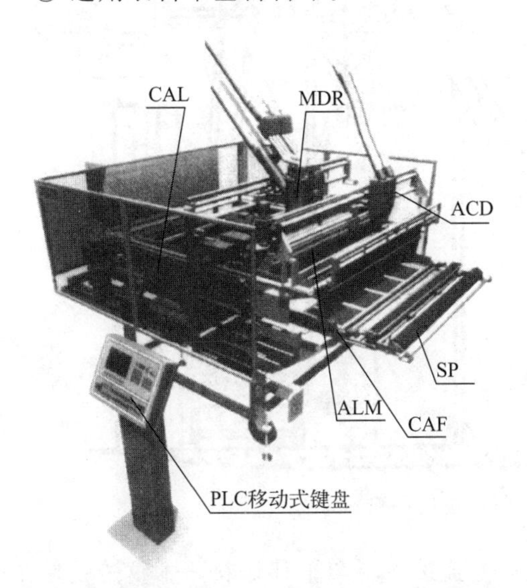

图 3-30 萨克米公司二次布料设备

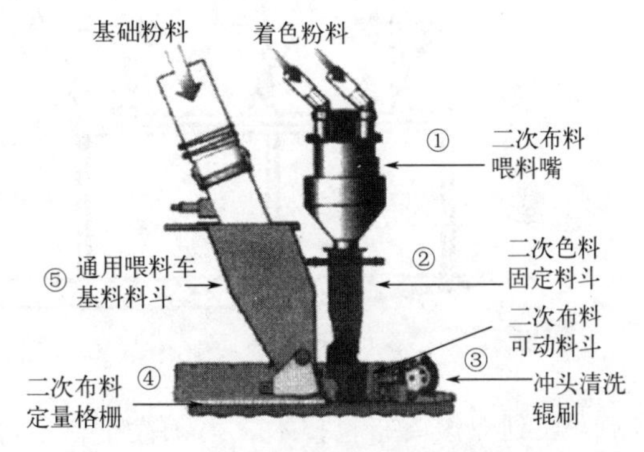

图 3-31 二次布料 ACD 设备装配

利用二次布料设备，可以布施下列粉料。

① 着色的喷雾料；

② 磨细的喷雾料（即微粉布料）；

③ 粒状干釉；

④ 大颗粒和片状粒料。

使用磨细的喷雾料时，装饰效果好像直接由粉料“拉伸”而产生的“刮状”色纹，也就是通常所说的微粉布料砖。图 3-32 是该种产品的照片。

生产微粉布料产品时还要配套微粉加工设备，把加工好的喷雾料进行磨细处理，一般配置三套磨粉设备即可。同时对压机后的平台进行重新布置。目前国内的大多数陶瓷厂家都是在原来生产普通抛光砖的基础上改产微粉布料产品，对压机后的配套设备改造是不可避免的。因生产品种不同，二次布料系统也各不相同，难以统一。图 3-33 所示是佛山某公司微粉布料系统的设备配置布局。

图 3-32 微粉布料产品

随着工业技术的发展，微粉布料技术先后经历了 3 次大的变革。第一代布料平台——混料器下料与正打斗送料，已淘汰。第二代布料平台——滚筒下料与幻彩格栅送料，其生产的品种很多，如普拉提、纳福娜等（普拉提、纳福娜都是瓷质抛光砖产品的商品名称），还有普通的微粉砖。为了提高生产能力，从单滚筒布

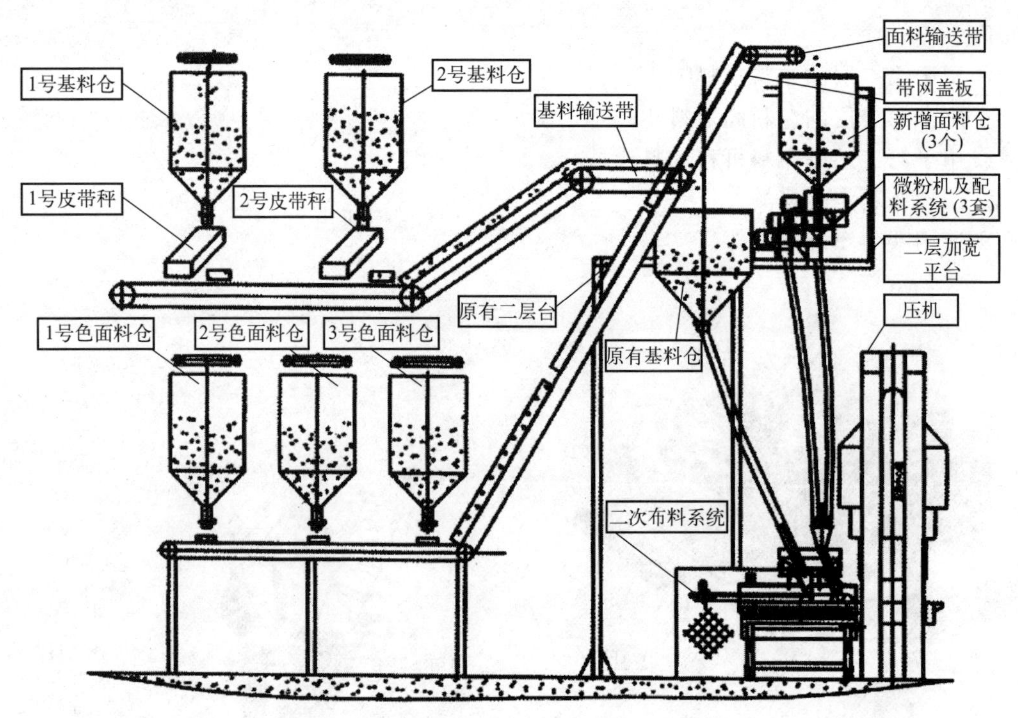

图 3-33　佛山某公司微粉布料系统设备配制布局

料技术发展到双滚筒布料技术。第三代布料平台——连续下料与平移送料，木纹砖就是在第三代布料平台上开发的产品。

图 3-34 是佛山市某陶瓷机械设备有限公司生产的微粉布料车示意图。不同的布料车设备布局基本相同，只是布料模块不同而已。

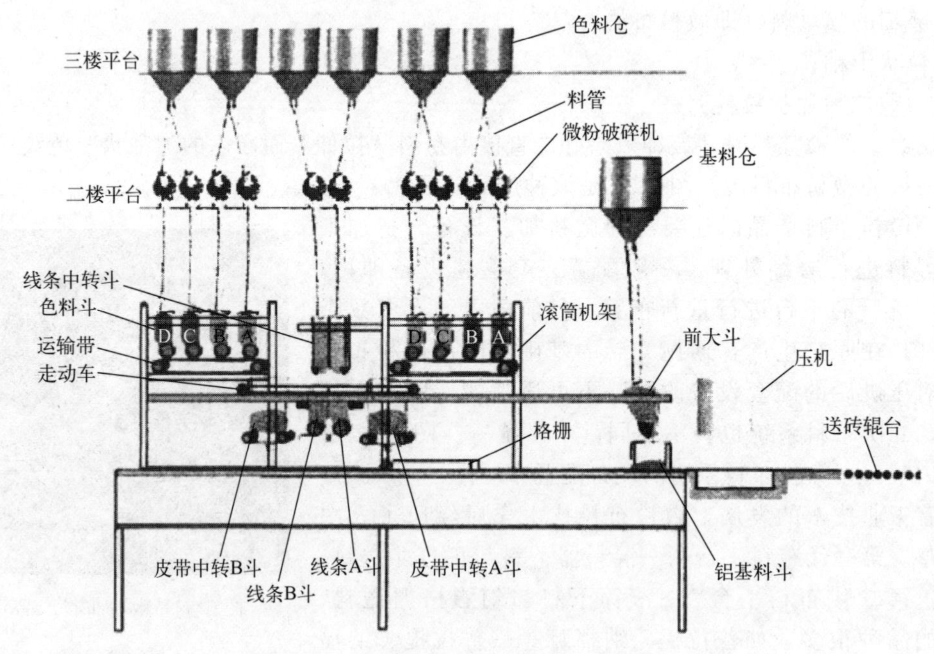

图 3-34　佛山某公司生产的微粉布料车

(1) 普拉提布料车

普拉提是以色彩艳丽的微粉团块为基础版面，融合具有天然石材特性的透明线条纹理或有色线条纹理，创造出的具有天然石材质感和无方向性的高级瓷质砖。其版面层次分明、色彩柔和、立体感强，自然清晰的线条纹理与不同颜色的色块相互融合，每片产品不尽相同。

普拉提产品的布料模块如图 3-35 所示。普拉提布料模块由皮带中转 A、B 斗，线条 A、B 斗组成。其中皮带中转 A 斗下成型料，线条 A、B 斗下不同颜色的线条料，皮带中转 B 斗进行补料。普拉提格栅与其它格栅有点不同，前面有补料区，这是因为普拉提格栅比较薄。普拉提设备有两种，分别是单滚筒组普拉提布料设备和双滚筒组普拉提布料设备。因单滚筒组布料速度比双滚筒组慢很多，现在市场上已很少使用了。双滚筒组普拉提设备的平面布局如图 3-34 所示，布料车的结构如图 3-36 所示。色料从色料仓通过料管下来，进入微粉破碎机；微粉破碎机把料打成微粉，再进入色料斗和线条中转斗。前滚筒上的色料斗下的料进入皮带中转 A 斗，线条中转斗下的料进入线条 A、B 斗，后滚筒的色料斗下的料进入皮带中转 B 斗。走动车上的皮带中转 A、B 斗和线条 A、B 斗如发出缺料信号，相对应的料斗就会下料，填满缺料的斗。基料通过料管进入前大斗，前大斗的料下到铝基料斗中。

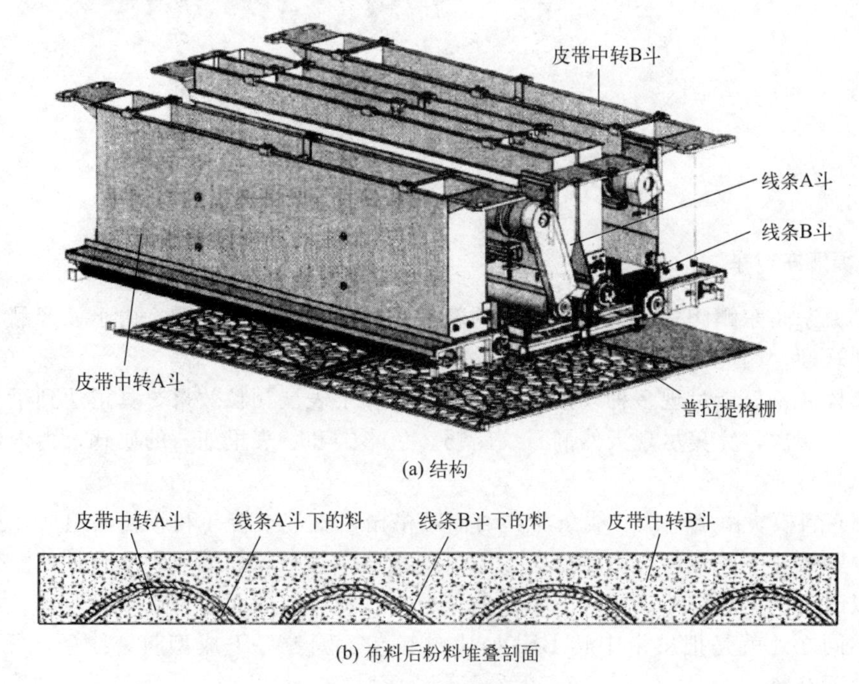

图 3-35 普拉提产品的布料模块

布料过程：各斗接满料后，前大斗向铝基料斗下料；走动车带动皮带中转斗和线条斗向前移动，当各斗下料位到达格栅时，开始下料，下料顺序依次为皮带中转 A 斗、线条 A 斗、线条 B 斗、皮带中转 B 斗。当下料位离开格栅时，各斗依次停止下料。皮带中转 A、B 斗各有一个升降刮粉板，往前布料时，皮带中转 B 斗的升降刮粉板降下，把格栅里的料刮平整。各斗下料完毕后，走动车带动各斗往后对位补料，同时皮带中转 A 斗的升降刮粉板降下（此时，皮带中转 B 斗的升降刮粉板升起，停止刮料），把皮带中转 B 斗刮粉板刮起的余料刮到后面去。铝基料斗和格栅装好料，等压机发出送料信号后，一起往前移动，格栅的后边位对准压机模腔，压机模腔一次下降，格栅的料进入压机模腔，格栅后移回位。格栅离开后，模腔二次下降，铝基料斗后移回位，铝基料斗的料进入压机模腔。格栅回位后，走动车又带动皮带中转斗和线条斗往前下料；铝基料斗回位后，前大斗开闸往铝基料斗下料，为下一次布料做准备。

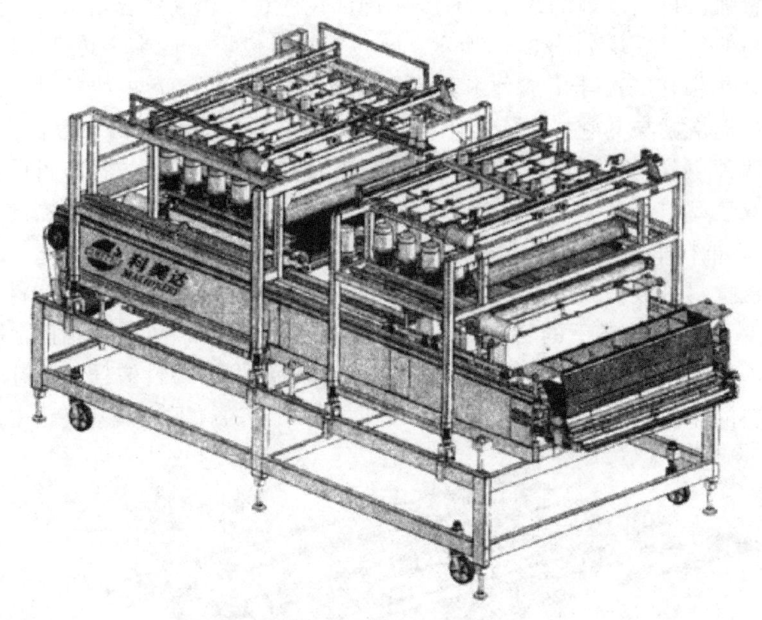

图 3-36 双滚筒组普拉提布料车

（2）纳福娜布料车

纳福娜原来是东鹏陶瓷公司给该公司的新产品洞石取的商品名称，由于该产品在整个陶瓷行业受到欢迎，因此纳福娜成为了洞石的代名词。

纳福娜瓷砖不仅能呈现多种线条效果，而且增加了表层颗粒效果，真正达到了天然石材的表面效果与层次，完美尽现天然洞石纹路畅、色彩柔和、表里如一的质感，由内到外焕发着极致的尊贵气质。

纳福娜布料模块由雕刻滚、线条斗、纳福娜格栅、皮带中转斗和颗粒斗组成，如图 3-37 所示。其中颗粒斗下颗粒料，由雕刻滚上的雕刻图案带动下料，形成局部有颗粒的效果。颗粒斗也可以改为两个颗粒斗，同时下不同的颗粒料，使砖的版面效果更丰富多彩。与普拉提布料模块不同之处就是把皮带中转 B 斗换成颗粒斗。颗粒斗下成型料，线条斗下线条料，皮带中转斗下补料。

纳福娜布料设备的平面布局如图 3-38 所示。其工作流程如下：色料从色料仓通过料管下来，进入微粉破碎机；微粉破碎机把料打成微粉，再进入色料斗和线条中转斗。纳福娜瓷砖需要有颗粒效果，所以有 3 个破碎机的微粉进入造粒机中进行造粒。前滚筒上的色料斗下的料进入皮带中转斗，线条中转斗下的料对应进入线条 A、B 斗，造粒机造的颗粒料进入颗粒斗。走动车上的皮带中转斗、颗粒斗及线条 A、B 斗如发出缺料信号，相对应的斗就会下料，填满缺料的斗。基料通过料管进入前大斗，前大斗的料下到铝基料斗。

布料过程：各斗接满料后，前大斗向铝基料斗下料；走动车带动皮带中转斗和线条斗向前移动，当颗粒斗下料位到达格栅时，开始下料，同时走动车带动各斗向后移动，这就是向

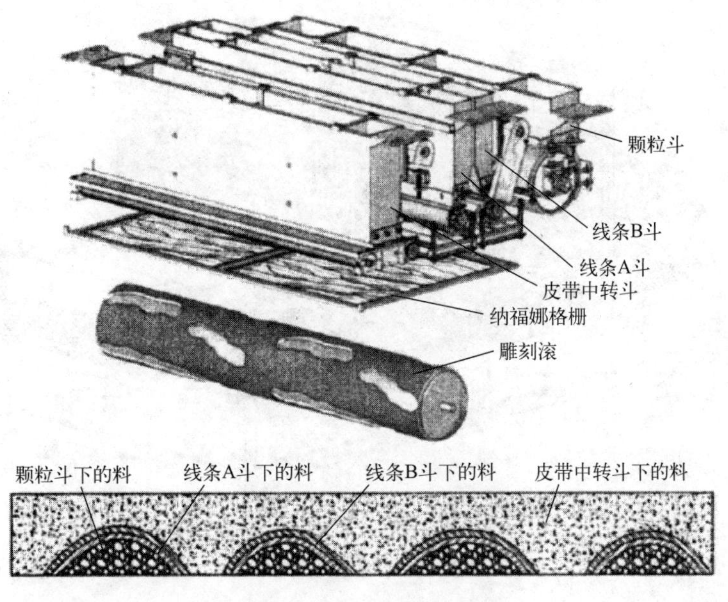

图 3-37　纳福娜布料模块

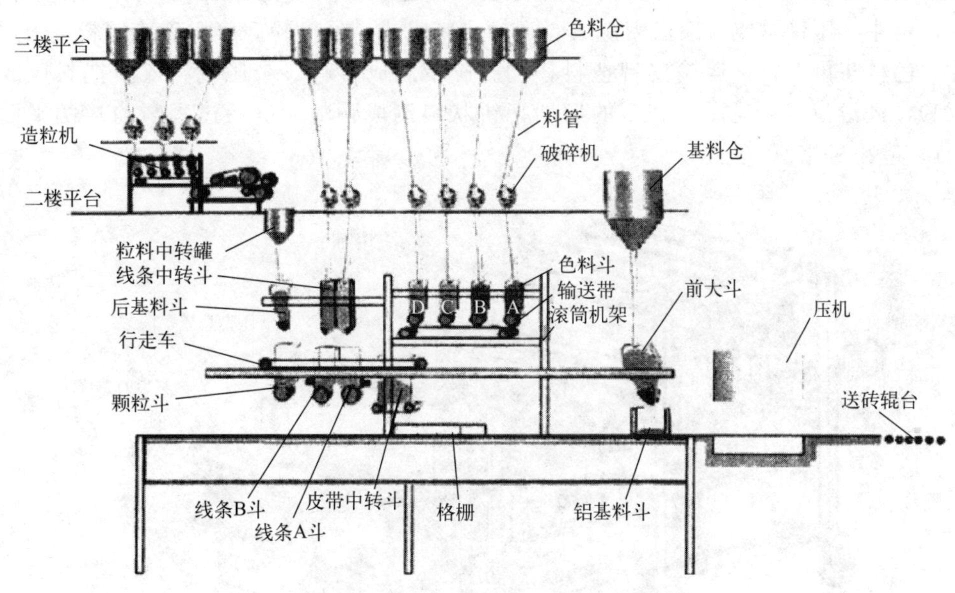

图 3-38　纳福娜布料设备平面布局

后布料方式。其下料依次顺序为颗粒斗、线条 B 斗、线条 A 斗、皮带中转斗。当下料位离开格栅时，各斗依次停止下料。皮带中转斗有一个升降刮粉板，往后布料时，皮带中转斗的升降刮粉板降下，把格栅里的料刮平整。各斗下料完毕后，走动车带动各斗继续往后对位补料，此时，皮带中转斗的升降刮粉板升起。铝基料斗和格栅装好料，等压机发出送料信号后，一起往前移动，格栅的后边位对准压机模腔，压机模腔一次下降，格栅的料进入压机模腔，格栅后移回位。格栅离开后，模腔二次下降，铝基料斗后移回位，铝基料斗的料进入压机模腔。格栅回位后，走动车又带动皮带中转斗和线条斗往前下料；铝基料斗回位后，前大斗开闸往铝基料斗下料，为下一次布料做准备。

纳福娜布料车的结构如图 3-39 所示。

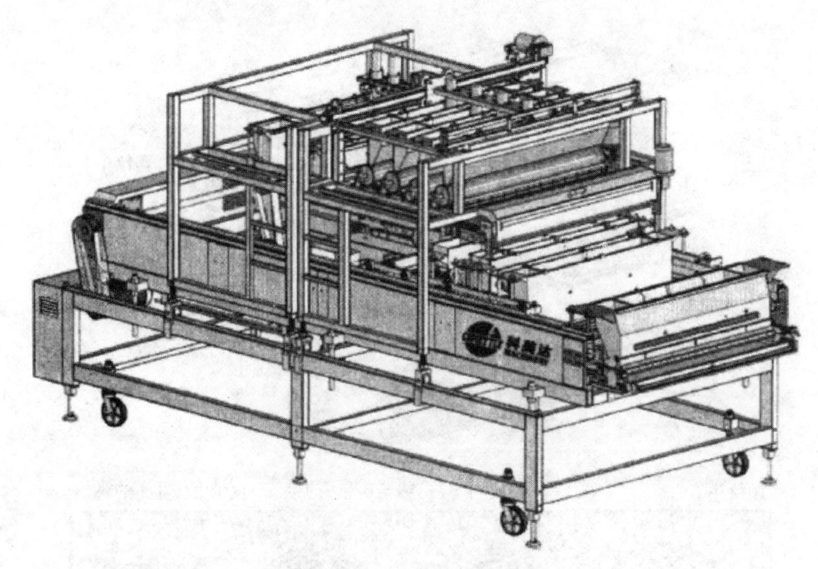

图 3-39　纳福娜布料车

生产纳福娜洞石，必须对部分粉料进行造粒。造粒机的结构如图 3-40 所示。造粒机由滚筒、色料斗、压带总成、滚齿刀总成、运输皮带组成。经微粉破碎机破碎的料进入造粒机色料斗，色料斗再下料，运输皮带把料移动。压带总成含有 3 个压辊，依次把料压成饼状（图 3-41），经滚齿刀（见图 3-42）的切削把饼状料制成颗粒，这一过程与前述的平面层状（雨花石）造粒机相似。

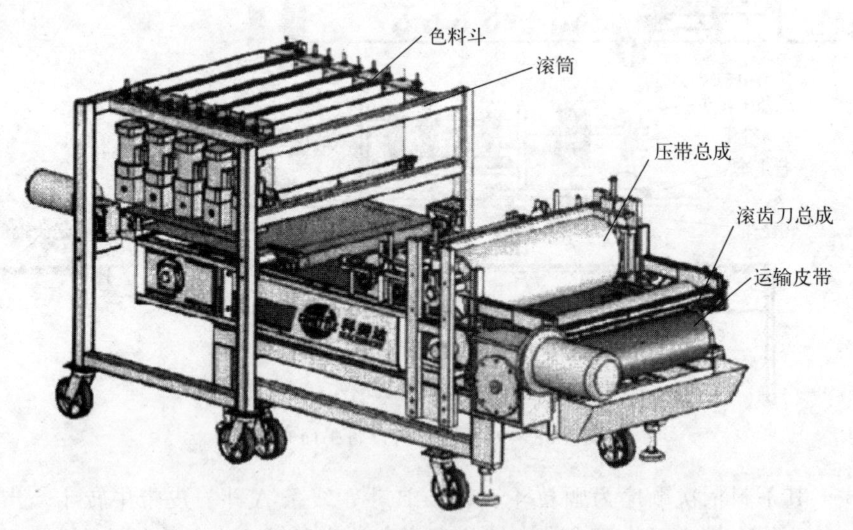

图 3-40　纳福娜洞石造粒机

（3）木纹砖布料车

木纹砖的照片如图 3-43 所示。木纹砖的工艺原理为：色料斗把料下到齿滚的凹槽上，通过齿滚滚动把料下到皮带上，通过平移布料方式，把料在不破坏版面的情况下移送到压机模腔。因为齿滚每个凹槽下料量不多，送往压机模腔中保持料不走位，便形成了一条条直的纹路，加上每个凹槽的色料颜色不同，便会形成像木头纹路一样的木纹效果。齿滚布料如图 3-44 所示。

图 3-41　压辊把色料压成饼状

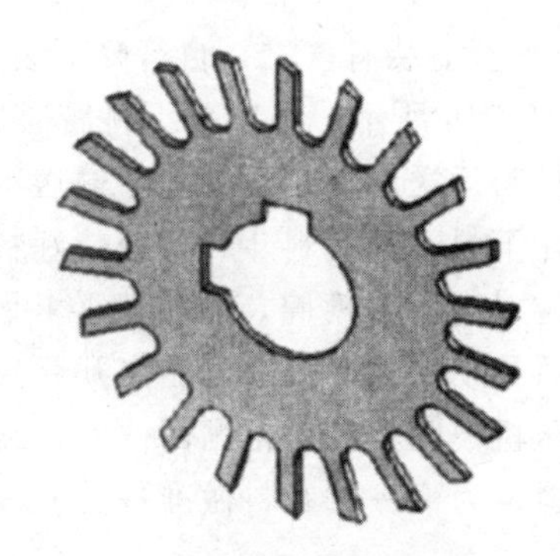

图 3-42　滚齿刀

平移布料方式有很多种，其目的都是使齿滚下的料保真送到压机模腔中，形成木纹效果。料盒平移送料是最常用的一种平移布料方式，下面作简单介绍。

图 3-43　木纹砖照片

由很多横竖条把格栅分成很多小格子，这样色料在一个小格子的空间里不会有很大的走动，送料保真度很好，像一个盒子一样把料平稳地送入压机模腔，所以叫料盒。有一种料盒其底部有像针一样的竖条，称为针形格栅，如图 3-45 所示。

用料盒装料有两种方式：一种是料盒上装有气缸，自行降下装料；另一种是料盒不动，利用玻璃载料再上升装料。

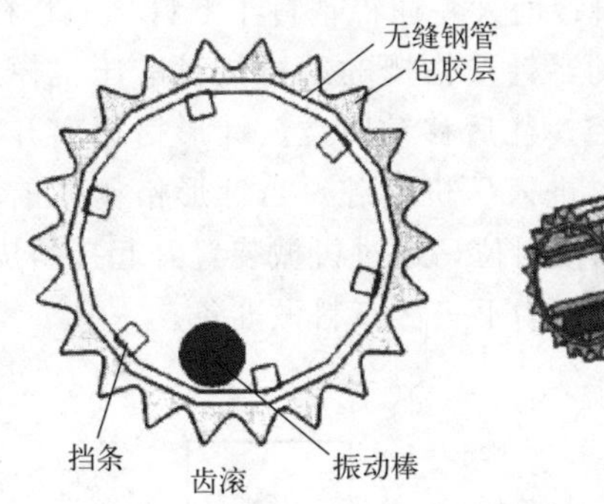

图 3-44　齿滚布料

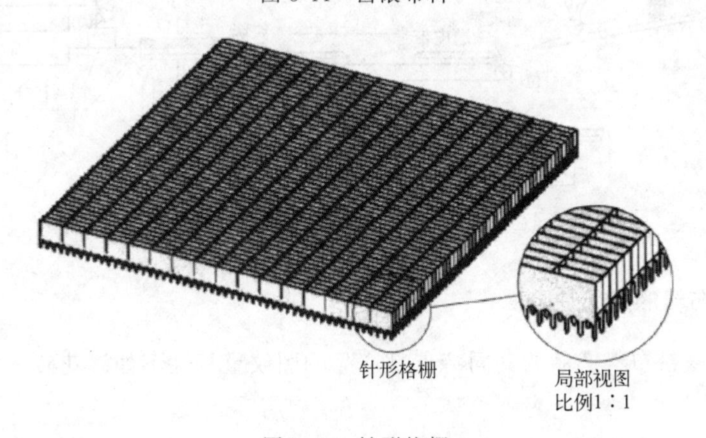

图 3-45　针形格栅

1）料盒上装有气缸，自行降下装料

如图 3-46 所示。色料斗下料后通过导粉板送入齿滚的凹槽中，齿滚滚动下料至斜皮带，斜皮带把料运送到输送皮带上，输送皮带再把料送入料盒下面，料盒下降，装料；前大斗往铝基料斗下料。铝基料斗和格栅装好料，待压机发出送料信号后，一起往前移动，针形格栅的后边位对准压机模腔，压机模腔一次下降，针形格栅的粉料就进入了压机模腔，料盒升起，往后移动回位。针形格栅离开后，压机模腔二次下降，铝基料斗后移回位，铝基料斗的料进入压机模腔。针形格栅回位后，又继续下降，装料；铝基料斗回位后前大斗开闸往铝基料斗下料，为下一次布料做准备。

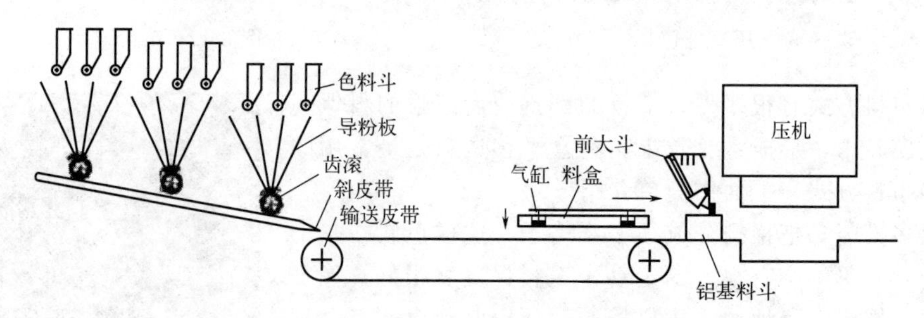

图 3-46　料盒上装有气缸，自行降下装料

2）料盒不动，利用玻璃载料再上升装料

如图 3-47 所示。色料斗下料后通过导粉板送入齿滚的凹槽中，齿滚滚动下料至斜皮带，斜皮带把料运送到玻璃上，玻璃载料进入输送皮带；输送皮带把玻璃送入料盒下面的送料位，通过机械装置把玻璃升起，与针形格栅接触，装料；前大斗往铝基料斗下料。铝基料斗和格栅装好料，待压机发出送料信号后，一起往前移动，针形格栅的后边位对准压机模腔，压机模腔一次下降，针形格栅的粉料就进入了压机模腔，往后移动回位。针形格栅离开后，压机模腔二次下降，铝基料斗后移回位，铝基料斗的料进入压机模腔。当针形格栅往前移，离开玻璃后，玻璃下降，进入下层的输送皮带，后移到接料位，通过机械装置升起接斜皮带下的料；铝基料斗回位后，前大斗开闸往铝基料斗下料，为下一次布料做准备。

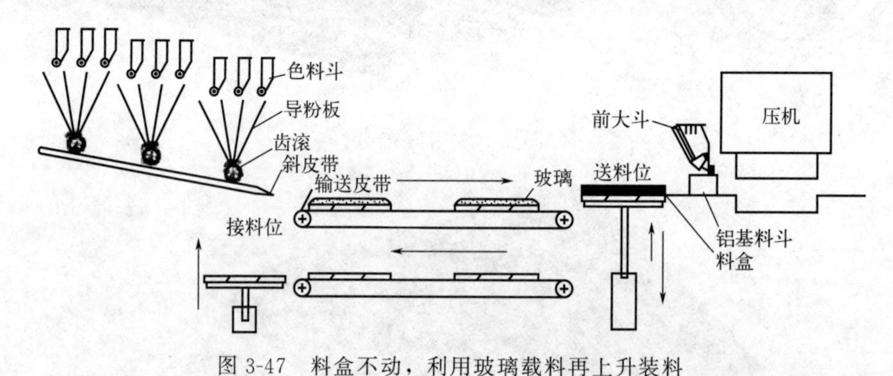

图 3-47　料盒不动，利用玻璃载料再上升装料

3.5.3.3　二次布料的产品缺陷

多管布料和微粉布料产品的共同特点是产品的图纹重复性不如渗花砖，每块砖的纹理都有所不同。

多管布料产品生产过程控制与普通瓷质砖相似，其各种缺陷也可参考“普通瓷质砖的生产”。微粉布料产品的生产过程中，除了在普通瓷质砖生产中会出现问题外，还主要有以下几种缺陷。

（1）底料冒面问题

这一缺陷的产生主要由设备问题所致。不同厂家制造的布料设备性能各不相同，其生产效率也各不相同。生产厂家为了提高产量，总是把压机的冲压速度调得尽可能高，当超过极限速度时，就会产生底料冒面现象。因此，布料设备生产厂家常提到压机的压制次数（目前国产布料机可以达到 4 次/min），这是一个很重要的参数，超过该极限速度，就可能出现底料冒面问题。

（2）心裂问题

由于砖表面布的是一层经过磨细加工的微粉，不利于坯体水分的排出，干燥器和预热带的参数设置不合适就会出现该心裂缺陷。

（3）坯体的变形问题

由于坯体表面布的是一层富含色料的粉料，而坯体底部基料组成则不同，二者之间的膨胀系数不同，导致坯体烧成过程中出现变形现象，甚至产品抛光后还产生后期变形。

3.6 成型模具

成型模具是一种用于装填粉料并在其封闭的空间内完成坯体成型的装置。其封闭的空间称为模腔，它决定着产品的形状；它的体积必须是可变的，且其内的气体能够排出。

3.6.1 压制成型模具在使用中的特点

① 同一模具重复使用，故模具必须具有良好的品质。

② 成型的频率高，故要求模具的使用寿命较长。一般成型频率为 8～22 次/min，常用为 12～16 次/min，模具使用寿命必须在 10 万次以上。

③ 要反复承受较大压制力，一般在 250～600MPa。

④ 压制力的施加和卸载必须严格遵循粉料成型工艺的要求。因为粉料的压缩比较大（1.8～2.5），且粉料中的气体在压制过程中经历：压缩→膨胀→排放，所以陶瓷制品的压制成型不可能一次完成，而是二次、三次甚至更多次。陶瓷制品压制成型必须遵循一条适宜的压制成型制度来进行，这是它与一般金属冲压成型的不同之处。

3.6.2 压制成型模具的类型

压制成型模具的类型取决于分类的方法。如按模具在成型过程中体积变化，可分为硬模（即金属加工的上模、下模和模框）和软模（即橡胶或树脂加工的背纹）；按模具一个工作周期内成坯数，可分为单孔模、双联模；按模具在压机上的固定方式，可分为机械连接模和磁力连接模；按模具成型时排气方式，可分为盖模和插模两种基本形式，以及它们组合的复合模，如图 3-48 所示。

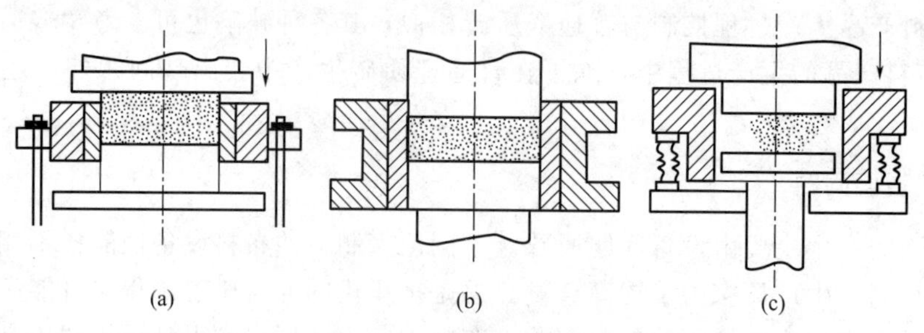

图 3-48　压制成型模具的三种形式

(a) 盖模；(b) 插模；(c) 复合模

(1) 盖模的主要特点

① 上模与模腔之间摩擦小，使用寿命长；

② 容易调整坯体厚度，可成型异形产品；

③ 排气困难，易出现分层，适宜压制较薄制品；

④ 压力损失大。

(2) 插模的特点

① 上模与模腔之间摩擦大，易出现相碰（俗称"啃模"）；

② 不便调整坯体厚度，适宜大批量生产；

③ 排气效果好；

④ 压力损失小。

表 3-4 是盖模和插模的性能比较。

表 3-4　盖模和插模的性能比较分析

比较内容	盖模	插模	备注
对压砖机的精度要求	低	高	精度低了插模易损
压砖机的压力损失	有	无	
压砖机结构	有的压砖机比较复杂	有的压砖机两套都有	
对模具的精度要求	低	高	
模具的安装调整	容易	难	
模具的使用寿命	高	低	盖模寿命高 2 倍
侧板与模框的连接	一般应该用健	可以不用健	
砖坯质量	低	高	插模排气好，盖模排气差
砖坯形状适合性	窄	宽	
填料深度调节	有的压砖机比较容易	有的压砖机较难，有的压砖机两套都有	

从表 3-4 可以看出，插模压出的砖坯质量高，同时对压砖机、模具的质量也要求高，且模具的寿命不如盖模长。从国内外压砖机模具的发展趋势来看，大规格砖的市场看好，插模得到了广泛的应用，盖模有被淘汰的趋势。

复合模正是在结合二者的优点上发展的，目前广泛地被用于生产中。

3.6.3 压制成型模具的结构要求

压制成型模具的轮廓尺寸必须与压机相匹配，主要应注意三个指标。

① 压机立柱的净距离，这是模具的最大横向安装尺寸；

② 压机活动横梁的最大升程，这是模具安装的可用高度；

③ 压机下横梁工作台的尺寸，这是模具的最大宽度尺寸。

在进行模具结构设计时，首先应考虑模腔的孔位数，可按式(3-11) 计算：

$$Z \leqslant \frac{10^6 K P_{max}}{ab P_{min}} \tag{3-11}$$

式中 Z——模腔的孔位数，取整数（1，2，…，n）；

K——压力利用系数，取 0.85～0.95；

P_{max}——压机的最大工作压力；

P_{min}——成型坯体所需最小压力，一般取 250～320MPa；

a，b——所成型坯体的长度和宽度，mm。

模孔的尺寸即是坯体的尺寸，应根据坯料的收缩率来计算。

为减少模壁与成型面之间的摩擦阻力和黏滞阻力，保证坯体品质，模具应带有发热装置，使模具工作面有适当温度。通常，贴有橡胶或树脂的工作面，温度不宜高于 40℃，金属工作面温度控制在 60～80℃。发热装置一般装在上模与下模内，对于规格或厚度大的坯体，模腔中也应布置。

上模芯的工作面是成型坯体的背纹面，必须保证背纹深度不小于 4mm。

此外，还应根据有关机械设计与模具设计知识，确定模具各构件的其它尺寸和它们之间的公差配合。这些都对模具使用寿命有着重要的影响，不能忽略。

3.6.4 挤压成型模具

挤压成型模具都是固定在挤坯机的机嘴出口处，虽说挤坯机可用真空练泥机、螺旋或活塞式挤坯机，但其模具主要由机头喇叭口和定型框所组成，定型框由金属材料构成；对于空心制品（如劈离砖、套管）模具，则还有模芯，模芯可用金属材料制作，也可用坚硬的木料（如楠木）制作。

机头与定型框之间的锥角 α 是模具设计中的关键问题，它直接影响着挤出力的大小（见图 3-49）。如果锥角 α 过小，挤出力小，则挤出泥段或坯体不致密、强度低。若锥角 α 过大，则阻力加大，要克服阻力使泥料前进需要更大推力，设备的负荷加重。锥角 α 大小的确定，应考虑挤坯机的机筒直径 D、机嘴出口直径 d、坯料的塑性等因素。另外，还应给定型框留有一定长度的定型带 L，以防止刚挤出的泥段会产生弹性膨胀，而导致出现横向开裂；反之，过长的定型带又容易引起纵向开裂。通常锥角 $\alpha=16°\sim30°$，$d:D=1:(1.6\sim2.0)$，$L=$

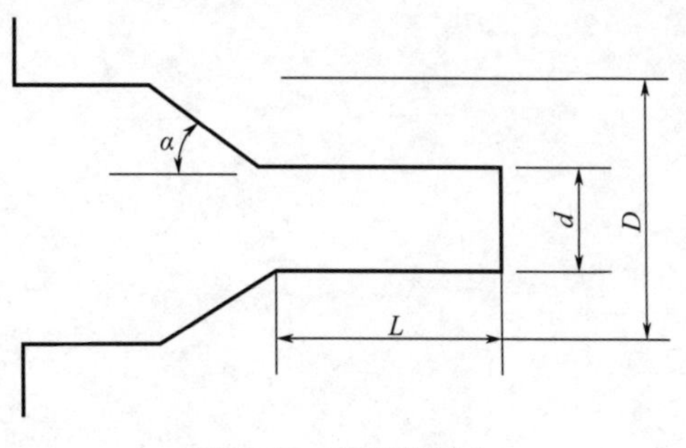

图 3-49 挤坯机机头

(2.0～2.5)d。劈离砖成型模具的定型框与模芯的组合见图 3-50。其定型框也应有一定的锥角。

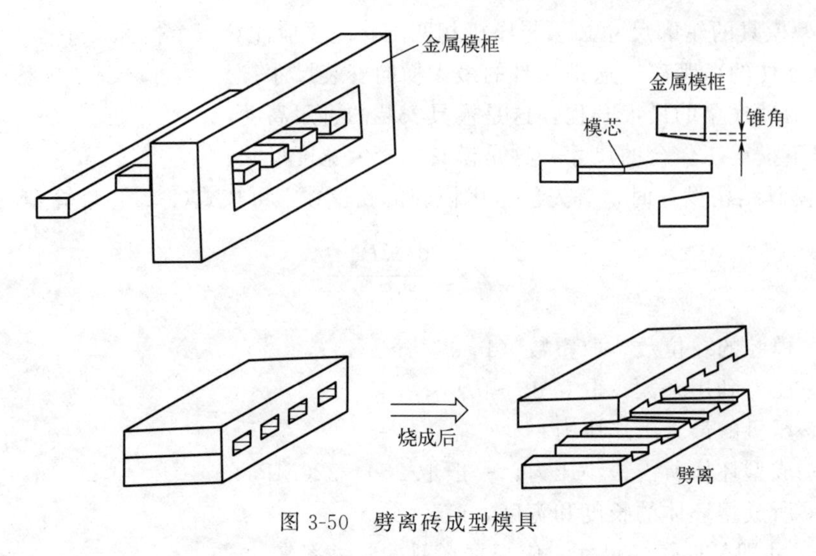

图 3-50　劈离砖成型模具

第4章

建筑陶瓷装饰技术

本章导读

本章主要介绍了建筑陶瓷的釉上装饰、釉中装饰、釉层装饰、坯体装饰、综合装饰等常规装饰方法及其特点，重点介绍了丝网印刷、胶辊印刷、喷墨印刷、化妆土、色粒坯以及浮雕图案装饰等装饰技术的原料、工艺过程及装饰效果特点等。

学习目标

系统掌握建筑陶瓷各类装饰方法及工艺技术、特点，学会各类装饰方法的原材料配制及其调制方法，能够分析和解决装饰过程中可能出现的技术问题。

4.1 建筑陶瓷装饰方法

4.1.1 装饰方法概述

建筑陶瓷产品的装饰方法很多，各具工艺特点和艺术风格。按制品装饰部位来分，有釉上装饰、釉中装饰、釉层装饰、坯体装饰和综合装饰等五大类。其中釉中装饰、釉层装饰、坯体装饰和综合装饰是在建筑卫生陶瓷中发展最快、应用最广的方法。其装饰方法及适用产品列于表4-1。

表4-1 建筑卫生陶瓷常用装饰方法

类别	序号	装饰方法	适用的产品						
			釉面内墙砖	彩釉墙地砖	瓷质砖	有釉、无釉锦砖	劈离砖	装饰瓦、琉璃瓦	卫生洁具
釉上装饰	1	手工彩绘	√						√
	2	贴花	√						√
	3	喷花							√
	4	印花	√						
	5	热喷涂	√	√		√			
	6	彩色镀膜	√			√			

续表

类别	序号	装饰方法	适用的产品						
			釉面内墙砖	彩釉墙地砖	瓷质砖	有釉、无釉锦砖	劈离砖	装饰瓦、琉璃瓦	卫生洁具
釉中装饰	7	丝网印花	√	√					
	8	喷彩	√	√					√
	9	贴花							√
釉层装饰	10	颜色釉	√	√		√		√	√
	11	艺术釉	√	√		√			√
	12	干式釉	√	√					
坯体装饰	13	色坯			√	√	√	√	√
	14	色粒坯			√	√			
	15	色纹坯					√		
	16	渗花			√				
	17	压花（辊花）			√		√		
	18	浮雕						√	√
	19	拼花			√	√			
	20	化妆土					√		
	21	气氛变色					√		
	22	镶填花			√				
	23	磨光			√				

4.1.2 釉上装饰

指在烧成后的制品釉面上进行彩饰加工的方法。通过彩绘、贴花等方法加彩后，进行低温彩烧，获得丰富多彩的效果。

（1）手工彩绘

使用釉上彩料，在成瓷釉面上绘画、描金、堆花等以达到彩饰效果的一种方法。其装饰风格华丽、典雅。

（2）贴花

将陶瓷色料调成印刷油墨，印制成贴花纸后，贴在成瓷釉面上彩烧而达到装饰效果。一般应用在釉面砖的三次烧制品和卫生洁具上。

（3）喷花

釉上喷花应用在卫生洁具彩饰上，具有生动活泼、浓淡多变的特色。首先制作模板，在镀锌板上通过凿刻、焊接形成与陶瓷器型相吻合的花模板，将其靠在器型面上，用喷枪或喷笔进行喷色，干燥后即可进行彩烧。

所用的喷花彩料是将釉上彩料加入一定量的调料剂，球磨后过筛而成。由于喷花过程彩料雾粒飞扬，因此需设有收尘设备。

(4) 印花

通过丝网印或胶印方法，在成瓷釉面上印上图案纹样。其工艺过程和应用极广的釉中丝网印花方法相仿。

(5) 热喷涂

把烧成后的制品，再送入小型辊道窑中，在 600～800℃温度区间内将喷涂彩料通过伸入窑顶内的喷枪，以每分钟 10～20 次的往复频率，喷洒在砖面上。喷涂彩料热分解成金属氧化物，在釉面上形成一层具有金、银等金属光泽的彩色薄膜。利用这一方法获得的金属光泽涂层较为均匀，其附着力、光泽也比较高。

喷涂温度以釉面始熔温度点附近为宜。温度太低，釉料活性低，附着不牢固；温度太高，釉料已经熔融，易产生皱纹。

喷涂彩料通常是金属卤化物溶液或有机盐溶液。一般使用 Fe、Co、Cr、Ni、Ti、V 等元素的有机盐，如乙酰丙酮盐，使用卤化有机物作为溶剂，使有机金属盐充分溶解。

热喷涂方法也有在烧成窑中进行的。生坯在辊道窑中烧成进入冷却带时，选择适合的温度区间喷入彩料。

(6) 彩色镀膜

彩色镀膜是利用镀膜技术将金属或金属碳化物、金属氮化物的离子或粒子附着在陶瓷釉面上，获得各种彩色的金属光泽，达到装饰的效果。陶瓷彩色镀膜常用的是溅射镀膜和离子镀膜。

溅射镀膜是在真空条件下利用离子轰击材料靶表面，使材料被击出的离子或粒子沉积在陶瓷表面上。离子镀膜是在真空条件下，利用气体放电将蒸发源物质蒸发离子化后附着在陶瓷表面上。上述两种离子镀膜是通过镀膜机进行的。

用作靶和蒸发源的材料及镀膜颜色见表 4-2。

表 4-2　靶和蒸发源材料及镀膜颜色

碳化物	镀膜颜色	氮化物	镀膜颜色
Be_3C_2	红色	Be_3N_2	灰色
YC_2	黄色	LaN	黑色
UC	灰色	ZrN	黄色
ZrC	灰色	TaN	浅灰色
TaC	金褐色	CrN	银白色
WC	灰色	MnN	黑色
LaC_2	黄色	Mg_3N_2	黄褐色
CeC_2	橙色	TiN	金黄色
TiC	灰色	H_4N^+	黄褐色
NbC	褐色	Cr_2N	暗灰色
		WN	褐色

陶瓷制品在镀膜前必须进行清洗干燥。釉面平整无缺陷的产品，镀膜后表面平整如镜，

光泽极高，膜层牢固、耐磨，且耐酸、耐碱。

4.1.3 釉中装饰

指在釉坯或烧成制品釉面上加彩后，高温一次烧成的方法。包括在加彩后再施一层透明釉和不再施釉而直接一次烧成。此方法具有适合高温快烧工艺，适用彩饰的色料广，生产效率高等特点。

(1) 丝网印花

丝网印花是用印花彩料通过丝网将图案纹样印在砖坯釉面上的一种方法。目前，印花彩料的开发、丝网的网版制备技术、印花机械的性能，以及连接生产作业线的配套设施都日趋完善。

(2) 喷彩

釉中喷彩工艺和釉上喷花工艺相仿。对墙地砖的喷彩，是通过釉喷枪的结构变化实现时通时闭的间歇喷射，或通过摆动改变喷射角度，直接将颜色釉或彩料喷至砖坯面上，形成云状、色斑状和阴阳色调等。对卫生洁具的喷彩工艺，除采用墙地砖喷彩方法以外，也可以将颜色釉或彩料通过模板喷在生坯釉面上。

(3) 贴花

采用高温花纸贴在釉面上一次高温烧成的方法。

4.1.4 釉层装饰

指通过改变整个釉层的色泽、结构形式、物理性能而达到彩饰效果的一种方法。

(1) 颜色釉

将色料和基础釉配成各种颜色釉料，采用喷、甩、淋等施釉方法将釉覆盖在坯体表面上的一种装饰方法。

(2) 艺术釉

艺术釉是一种通过调整釉层的理化性能和内部结构，烧成后具有独特艺术效果的釉种。从原料配方到加工工艺都有特殊要求。一般应用的艺术釉有结晶釉、金星釉、金属光泽釉、珠光釉、偏光釉、变色釉、夜光釉以及一些有地方传统特色的釉种。

(3) 干式釉

干式釉是将釉熔块或干釉块采用坯表层撒布，釉、坯一次压制成型，静电植被等形式，在坯表层上形成釉层的一种方法。具有立体感强，仿天然石材等效果，也能增加制品的其它使用功能。

4.1.5 坯体装饰

将色料以不同方式加入坯料中，使坯体全部、局部或按一定图案纹样着色，以达到装饰效果的方法。还包括采用立体浮雕、几何图形等艺术手法进行装饰。

（1）色坯和色粒坯

将成型用坯料全部着色，或将部分坯料制成一定粒度的色粒，排布到粉料中一起成型烧成，便获得色坯和色粒坯的装饰效果。

（2）色纹坯

将两种不同颜色的色泥按一定规律渗合在坯体上形成色纹坯。通常在挤出成型的劈离砖等制品上使用这一装饰方法，其外观可形成绞纹、木纹等纹样。最大特点是色纹贯穿整个坯体，面和底的纹样能保持相同的形状。

色纹的产生是在挤出机加料时，把色纹泥料和基础泥料按一定比例和方式均匀连续地加入，利用挤出机螺叶的旋转作用形成。也有采用辅助挤出机将色泥挤入主机中以达到色纹效果。

（3）压花、辊花

通过模压、辊压在坯体表层形成立体浮雕状的一种装饰方法，是墙地砖仿花岗岩天然石材的手法之一。

压花多用于半干压法成型的制品，辊花多用于挤出成型的制品。

（4）浮雕

这是建筑琉璃陶瓷、卫生陶瓷等使用较多的装饰方法，在卫生洁具造型基础上增加浮雕，具有富丽堂皇、高贵典雅的风格。

（5）拼花

将墙地砖设计成各种几何图形，然后拼接使用。锦砖、广场砖、仿石砖和地砖等产品，多采用这种方法。

（6）镶填花

利用压制成型模芯，按装饰图案纹样加工成凸状，坯体成型干燥后，在坯面凹坑镶填彩料，烧成后磨光。装饰风格类似纺织物的蜡染。

（7）渗花

用液体渗花彩料通过丝网印花的方法直接在生坯表面上印花的装饰方法。在液体表面张力及坯体表面的毛细管吸附作用下，液体渗花彩料由表面慢慢地渗入坯体内部，然后经过1200℃左右的高温烧成，瓷砖坯冷却后经表面抛光处理，瓷砖表面光亮如镜，彩饰纹样清晰可见，故又被称为渗花釉。这种装饰方法受着色剂种类的局限，开发出的颜色还不够丰富多彩，但在瓷质砖生产中应用很广。

（8）化妆土

为改变无釉制品坯体表面颜色和提高抗风化能力，或为了掩盖坯体的原色，提高釉面的白度和色釉的呈色效果，以及防止釉层产生针眼气泡，通常在施釉前在坯正面施一层含玻璃相较少的浆料，称为化妆土，或称为底釉。

（9）气氛变色

在烧成高温区，以一定规律交变的氧化还原气氛，使坯体中氧化铁等着色氧化物产生不同的颜色，烧成后制品表面呈现色调阴阳渐变、色泽深浅不同、古朴典雅的效果。此方法一般应用在隧道窑烧成的劈离砖等无釉制品生产中。

(10) 磨光

对陶瓷墙地砖表面进行精磨加工，会获得光滑平整、明亮如镜、典雅高贵的效果。对瓷质渗花砖，如果烧成后不磨光，其图案纹样模糊不清，色泽也不鲜艳，所以一般都经精磨。磨光也可说是渗花装饰的最后一道工序。

磨光方法大多数应用在无釉墙地砖的坯体磨光上，也有应用于釉面的磨光上，这时要求釉层较厚（2mm 以上），釉层内不允许有气孔或气孔极其细小。磨光后的釉面非常细腻。

4.1.6 综合装饰及“三次烧”装饰

(1) 综合装饰

一般应用 2～3 种装饰方法，令装饰效果更加丰富。如彩釉墙地砖采用颜色釉、丝网印花和干式熔块釉；瓷质砖采用色坯、色粒坯和渗花等。采用综合装饰要注意安排好各种装饰方法的使用次序，各种方法使用的色料、釉料应与坯料及烧成相匹配，不能互相干扰，使用的设备应能满足作业线连续生产要求。

(2)“三次烧”装饰

近几年国内外流行的釉面内墙砖“三次烧”技术，更是综合装饰的典型。“三次烧”装饰工艺如下。

① 工艺流程

釉面内墙砖“三次烧”通常是在釉烧后的釉面上进行，以达到立体感强、色彩丰富、艳丽夺目、高贵典雅的艺术效果。目前较为流行的产品种类及其加工工艺流程如表 4-3 所示。

表 4-3 釉面内墙砖“三次烧”产品种类及工艺流程

序号	种类	工艺流程	
1	釉上彩三次烧釉面砖	面砖→清洁	印花→中温彩烧
2	描金三次烧釉面砖		印花→中温彩烧→描金、印金→贴花→低温彩烧
3	凸釉堆花描金三次烧釉面砖		印花→堆花→中温彩烧→描金→贴花→低温彩烧
4	水晶雕花三次烧釉面砖		印花→干法施釉→中温彩烧
5	水晶雕花描金三次烧釉面砖		印花→干法施釉→中温彩烧→描金→贴花→低温彩烧

根据装饰工艺需要，可彩饰后一次彩烧，也可多次彩饰，多次彩烧，灵活运用。

② 常用彩料

a. 釉中丝网印花彩料，基本上与釉上丝网印花彩料相同。彩烧温度为 1050～1100℃。

b. 描金和印金用的金水和金膏，可选用含金量 8%～12%的金水和金膏，用手工描金或丝网印金。其彩烧温度为 750～850℃。

c. 堆花彩料或凸花彩料，通常是采用高温黏度大、表面张力大的熔块釉或直接使用熔块微粒，熔块粒 0.07～2mm，大小不等，有透明和不透明的，也有各种颜色的。用手工堆画、干法施釉等形式彩饰。其彩烧温度为 1050～1100℃。

d.水晶釉雕花彩料，采用高温流动性好、透明度高的熔块微粒。这种熔块主要由熔剂组成，可采用均匀撒布或通过低线数丝网［如16根/cm(40目)］干印进行彩饰。其彩烧温度为1050～1100℃。

e.花纸，可用市售产品，也可用花纸胶膜自制。彩烧温度为750～850℃。

（3）设备要求

图样的设计除了应用传统工具以外，包括花纸制作、网版制作过程均已引入电脑辅助设计。

彩饰加工过程，基本上以丝网印花流水线为主，借助各种工具手工操作配合而成。一条30m长的作业线上，配有喂砖机、扫尘机、吹尘机各一台，1～3台丝网印花机，1～3套干燥器，干法施釉柜和喷釉柜各1个，还有多个人工彩饰加工台，日生产能力达到500m^2以上。但目前国内仍以独立彩饰加工台的作业形式为主。

为适应低温彩烧（750～850℃）和中温彩烧（1050～1100℃）两种工艺，以及多次彩烧过程，彩烧设备一般采用间歇式电炉和小型辊道窑两种。间歇式电炉用手工操作，间歇生产，量小但安排灵活，适应低温彩烧工艺。小型辊道窑连续生产，量大且可进行低温和中温彩烧，适合专业生产厂和大型企业配套。小型辊道窑长度一般不大于50m，宽度一般不大于1.5m，彩烧周期为30～60min。

4.2 丝网印刷

4.2.1 丝网印刷概述

通过有图案的丝网印刷方法，将色料印刷在坯体和釉的表面，经烧成或烤花以达到在制品表面装饰效果。这种装饰方法效率高，是建筑陶瓷墙地砖生产中应用最广的彩饰技术之一。如“三次烧”的釉中印花、墙地砖的釉中印花、瓷质砖的渗花、干法施釉的印干釉（或印胶水），均使用丝网印刷技术。本节只介绍釉中丝网。

4.2.2 丝网印刷常用彩料

丝网印刷彩料与釉上彩料组成相似，有色基、熔剂、调节剂三部分。低温釉上丝网印刷彩料与釉上彩料成分基本一样，釉下丝网印彩料、釉中丝网印刷彩料使用的色基与釉下彩、釉中彩基本相同，只是熔剂、调节剂要根据呈色使用要求进行调节。

（1）对彩料的要求

① 呈色稳定、不溶解于釉中，不和釉起反应。
② 所有的助熔剂必须与色料一起牢固黏在釉面上。
③ 膨胀系数与釉及坯相适应。
④ 粒度分布合理，细度稳定，平均粒度一般小于10μm。
⑤ 适应不同使用要求的彩烧温度。
⑥ 烧成后耐磨抗化学腐蚀。

（2）常用彩料配方

丝网印刷彩料常使用的色基、熔剂配方如表4-4和表4-5所示。

表 4-4　丝网印刷彩料中常用的色基配方及煅烧温度

颜色	配方组成/%	煅烧温度/℃
铬铝红	氧化铝 50、氧化锌 30、氧化铬 11、硼酸 9	1280
铬锡红	氧化锡 50、石灰石 25、石英 18、重铬酸钾 3、硼砂 4	1280
钒锆蓝	氧化锆 62、石英 30、五氧化二钒 5、氟化钠 3	1000～1100
钒锡黄	五氧化二钒 9、二氧化锡 91	1280
锑钛黄	钛白粉 88.5、氧化锑 8.9、重铬酸钾 2.6	1280
灰 色	氧化锡 95、氧化锑 5	1280
海 蓝	氧化钴 36、氧化铝 46、氧化铬 3、硼酸 3、氧化锌 12	1300

表 4-5　丝网印刷彩料中常用的熔剂配方及熔制温度

编号	配方组成/%	熔制温度/℃
1	铅丹 67.57、石英 5.4、硼酸 27.03	900～1000℃适用釉上彩
2	铅丹 22.57、碳酸镁 0.72、石英 38.68、硼砂 24.63、氧化锌 1.56、硝酸钾 2.17、氧化铝 6.58、碳酸钾 1.29、氧化钛 1.8	1150℃适用釉上彩
3	硼砂 25、铅丹 18.5、长石 20、苏州土 3.5、石英 21、石灰石 12	1250～1300℃适用釉下彩

4.2.3　丝网印刷常用调料剂

（1）对调料剂的要求

调料剂是一种液体，用以悬浮色料粉体并固定在承印砖坯上，它的质量好坏对印刷效果起决定性作用。必须符合以下要求：①具有一定的黏性、流动性；②对彩料固体粒子有良好的悬浮力；③与釉面有好的结合力；④与水能互溶；⑤氧化挥发温度低于 450℃。

（2）彩料常用调料剂

印花彩料一般用甘油、乙二醇、羧甲基纤维素、糖浆、三聚磷酸钠、聚乙二醇等作调料剂。在实际生产中，甘油、乙二醇用的较多。目前许多厂家已生产出一些合成聚合物的溶液作为调料剂，一般以氧化乙烯、氯乙烯为主要成分，制成液体状态或粉末状态。液体状态的调料剂在使用时一般为 25%～35%，其余 75%为印花彩料，一般不再加入水；而粉料状态的调料剂就应先用水溶解后使用。

（3）调料剂使用实例

① 基础彩料 60%，甘油 23%，糖浆（干基）8%，水 8%，三聚磷酸钠 0.2%（外加），色料 1%～10%（外加）。

② 基础彩料 90%～99%，色料 1%～10%，乙二醇 30%（外加），水 20%（外加），CMC 0.01%～0.1%（外加）。

③ 基础彩料 90%～99%，色料 1%～10%，聚乙二醇 30%（外加），水 30%（外加）。

④ 基础干彩料 100 份，甘油 20 份，乙二醇 35 份。

⑤ 基础干彩料 100 份，乙二醇 35 份，水 20 份。

4.2.4 丝网印刷彩料的制备

（1）彩料的种类

釉中丝网印彩料，是在烧成制品釉面上和在生坯或素烧坯釉面上丝网印的彩料。所使用色料熔融温度较高，熔剂比例较少，彩料基本上调制成水性。

釉中丝网印彩料按其特性分为三种。

① 平面丝网印彩料。是在坯体釉面上印花后一次烧成的彩料，以及在坯体釉面上印花后，再施一层透明釉然后烧成的彩料。烧成后花纹基本上是平整的。

② 蚀刻丝网印彩料。采用多量低熔点熔剂（其特性是高温黏度小、流动性大），添加蚀刻剂（如偏钒酸铵，V_2O_5）等组成。烧成后花纹在釉面上产生蚀刻效果。

③ 浮雕丝网印彩料。采用高温颜料和中度熔融温度的透明或乳白熔块调配。其性能是高温黏度大、流动性小，并采用低线数丝网版施以一定厚度的彩料。烧成后花纹在釉面上产生浮雕效果。

（2）彩料的制备方法

① 彩料的制备方法及工艺流程。彩料分别由色料、熔剂、釉用原料及调料剂组成。其制备方法有以下两种。

a. 直接球磨法：是将各种原料直接进入球磨加工制成彩料的方法。其工艺流程：

原料→配料→球磨→除铁过筛→彩料。

b. 干粉搅拌法：是将基础印花料预先加工成干粉，使用时加入调料剂搅拌均匀而制成彩料的方法。其工艺流程：

原料→配料→球磨→除铁过筛→烘干→粉碎→干彩料→包装储存

干彩料→配料→搅拌→过筛→印花彩料。

调料剂↗（加入配料）

干粉搅拌法比较标准化。只要预先调制好多种基础干彩料，而调制中间色调时，可选用适当的干彩料调配，简单快捷，适应颜色变化快的需求，适用于现代化大生产。

② 工艺参数

a. 球磨时间：30～70h（根据原料性质及入磨细度而定）；

b. 搅拌时间：0.5～1h；

c. 细度：0.041mm 筛（325 目）筛余小于 0.5%；

d. 密度：$(1.84\pm0.5)g/cm^3$；

e. 流动性：100mL 流量杯，15～180s（根据图案精细程度及丝网根数而定）。

③ 使用注意事项

a. 彩料过稠，彩料水分过低时，印刷中经常性地出现粘网、堵网等现象。

b. 彩料太稀，彩料水分过高时，易发生沉淀，印刷时砖边角位的彩料易化水，或整个花面化水。

c. 黏性太强，网面上的花料不易刮下，印出的图案被丝网粘去。

d. 印花前坯釉面上可以喷釉面固定剂，固定剂可用聚乙醇水溶液。

在实际生产中，彩料的黏度要综合图案特点、丝网根数、砖坯性质等多因素考虑。如大面积花，丝网在 100～120 目时，彩料就可以稀一点；如云状等过渡性色调图案，丝网用 130～150 目时，彩料就相应要偏稠。

4.3 胶辊印刷

4.3.1 胶辊印刷概述

胶辊印刷是将预先设计好的图案用激光打孔的方式雕刻在圆形胶辊上（图 4-1），这些小孔用于储存印花釉（或称为油墨），在印花过程中通过胶辊的转动，将印花釉转移到砖坯的表面并形成图案。与平面丝网印刷相比，胶辊印刷图案细腻、富于变幻，提高了陶瓷砖的整体装饰效果。另外，印花胶辊与砖坯以相同的线速度运动，有效地避免了印花过程的半成品破损及印花缺陷。胶辊花机一般配有四个印花胶辊，由一名工人操作，劳动强度大大降低。

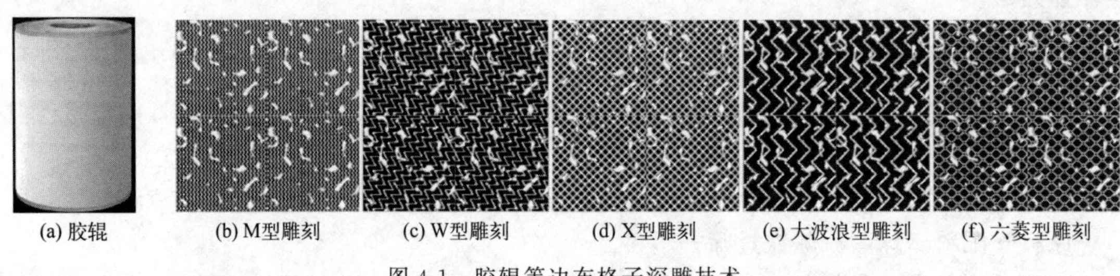

(a) 胶辊　(b) M型雕刻　(c) W型雕刻　(d) X型雕刻　(e) 大波浪型雕刻　(f) 六菱型雕刻

图 4-1　胶辊等边布格子深雕技术

4.3.2 胶辊的雕刻

（1）雕刻方法

胶辊的雕刻方法有很多种，在得到一定的雕刻花纹范围的基础上，可以调整激光束的强度，使生成的小孔大小不同，从而得到各种明暗度级（灰度）。目前，新的雕刻方法不断出现，如高清晰雕刻、凸釉雕刻、实釉雕刻等。

（2）雕刻参数

不同的雕刻角度、雕刻分辨率、雕刻方法、雕刻孔径等参数，最终都会影响到雕刻胶辊的使用效果。通过不断的实验与摸索，得到雕刻参数与印花图案效果的关系，见表 4-6。

表 4-6　雕刻工艺与印刷图案效果

雕刻参数		印刷效果
雕刻角度	90°垂直	布釉困难、花釉容易流出、图案不清晰
	45°斜雕	布釉正常、转印方便、图案清晰
雕刻分辨率	33 像素	图案较精细、层次感较强、不易堵塞胶辊
	78 像素	图案精细、层次感强、易堵塞胶辊
	160 像素	图案精细、无层次感

续表

雕刻参数		印刷效果
雕刻方法	普通 03/45	灰度梯级较好、层次感强、釉层适中
	特殊 MASK	无灰度梯级、精度较差、釉层厚
	特殊 GS	无灰度梯级、精度高、釉层适中
雕刻孔径	高精度 HD	图案细腻、灰度梯级好、对坯体平整度要求较高
	0.2mm	图案细腻、灰度梯级较好、对坯体平整度有要求
	0.3mm	图案较细腻、灰度梯级较好、可在稍差坯体上印
	0.45mm	图案层次稍差、对坯体适应较好

从表 4-6 可知：

① 45°雕刻角度排列的孔能提供大量的色调和较佳的覆盖范围。

② 高雕刻分辨率的图案清晰，但雕刻机识别图案较为困难；低雕刻分辨率的图案模糊，雕刻后效果不佳。所以要选择适中的分辨率进行雕刻。

③ 不同雕刻方法其印花效果不同，追求图案的层次感较强时，应用 03/45 雕刻方法；若不考虑层次，但需要较厚的釉层，应该用 MASK 等特殊雕刻；若精度要求高，可采用 GS 等特殊雕刻方法。

④ 0.2mm 雕刻孔径适合比较细腻的图案，但是由于孔较小，容易造成孔堵塞，导致图案的缺失，造成生产不稳定，同时对砖坯釉面要求较高，只适用于瓷片淋釉工艺生产；孔径越大，越适宜平整度稍差的砖坯，如喷釉、甩釉工艺的产品。

（3）胶辊的材质和分类

工业胶辊根据外层胶的材质不同通常会做以下分类。

① 硅橡胶胶辊：利用其具有耐高温、耐高压、耐臭氧、化学惰性及对塑料的不黏附性，用于加工热黏产品，如用于聚乙烯压延、压纹、印染，薄膜和织物的涂覆胶黏剂，塑料复合，电晕处理等机械，也有用作食糖生产和包装机上的释料辊等。硅橡胶是目前建筑陶瓷工业中使用最为广泛的胶辊材质。

② 丁腈胶胶辊：具有优良的耐磨、耐油性、耐老化、耐热性能，印刷辊、印染辊、造纸辊较常见。常用于印刷、印染、造纸、包装、化纤、塑料加工等设备及其它接触油及脂肪烃类溶剂的场合。

③ 丁基胶胶辊：具有高的耐化学溶剂性，较好的耐热性（170℃），优良的耐酸碱性，适用于彩色印刷机械、制革机械、涂布设备等。可用作制革辊、印刷辊、涂布辊等。

④ 氯丁胶胶辊：该类胶辊具有优良的抗磨性，较高的耐火、耐油、耐老化性，较好的耐热性及耐酸碱性。用氯丁胶可制造成印刷胶辊、印铁辊、制革辊、涂布辊等。该胶辊适用于印制板腐蚀机和合成塑料、制革、印刷、食品印铁、普通涂布等机械设备。

⑤ 乙丙胶胶辊：具有优异的耐臭氧老化、耐气候性，能在－65～140℃使用环境温度下长期工作，绝缘性能优良。该胶辊可以用于塑料印刷机械、制革机械等通用领域。制革辊、印刷胶辊较常用。

⑥ 天然胶胶辊：此类胶辊具有优异的弹性和机械强度，较好的耐碱性，常用于造纸、皮革、纺织、包装等设备中压紧型胶辊，及冶金、矿山等行业牵引型胶辊。

⑦ 氟橡胶胶辊：具有特高的耐热、耐油、耐酸碱等性能，耐气透性、电绝缘性、耐老化、耐焰、耐磨等性能也很好，用于专用涂布设备。

⑧ 聚氨酯胶辊：硬度 30°～100°，具特高的机械强度和耐磨性、耐腐蚀性、耐老化性和耐油性，常用于冶金工业、造纸纸张上光、化纤、木材加工、塑料加工、印铁上光等机械。高级印刷胶辊、印铁辊、冶金辊常用。

⑨ 碳纤维胶辊：该类胶辊通常质量轻、强度高、耐高温，广泛应用于宽幅薄膜等特殊行业。

⑩ 乙烯丙烯橡胶胶辊：具有耐热性、耐老化性、安定性，良好抗候性、抗臭氧性以及极佳的抗水性及抗化学物，可用于印染、造纸等。

4.3.3 胶辊印刷工艺流程

胶辊印刷是将印花釉填入胶辊表面的网孔，胶辊不停地转动并与刮刀产生相对运动，在压力作用下，印花釉填入网孔内后与砖面接触，图案就转印到了釉坯的表面，见图 4-2。由于每次砖在胶辊下面通过时的位置略有不同，因此印出来的产品图案有少许不同，这样生产出来的产品更具天然效果。在生产过程中，需要严格控制印花釉的黏度，雕刻孔的形状、间距、大小，滚筒的转速，确保印花釉在与砖坯接触前仍能填充雕刻孔中而不被甩出。

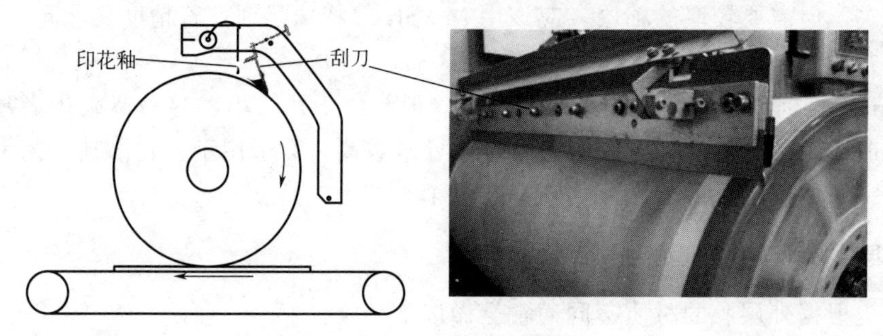

图 4-2　胶辊印刷

胶辊印刷对各方面的要求都非常高，生产中往往容易出现各种问题影响产品质量，因此需要严格控制工艺参数，保证产品质量。

（1）印花釉颗粒大小

在使用前，印花釉必须经过过筛处理。经过过筛处理后能够将印花釉中的粗颗粒和杂质去除，防止粗颗粒割破胶辊，导致印花缺陷。

通常，胶辊是用特殊硅胶制成的空心柱状体，利用先进的激光雕刻技术，在其表面雕刻出 325 目的小孔。这些小孔的分布和疏密决定了花纹的形状和印花深浅。如果印花釉中有大于 325 目的粗颗粒，它就无法填入网孔，而是在胶辊和刮刀之间运动，从而磨损硅胶表面、破坏胶辊，还容易堵塞胶辊的网孔。

（2）印花釉流速

胶辊是用激光雕刻的，一般常见有 0.2 和 0.3 两种雕刻方法。其中，0.2 刻法的网孔孔径小、精度高，它对印花釉性能的要求更高，特别是分散性、流动性、稳定性必须符合要求。一般 0.2 刻法的胶辊要求釉浆流速要快。陈迪晴等认为 0.2 刻法的胶辊花釉流速应控制在 18～22s；0.3 刻法的胶辊花釉流速应控制在 22～25s。

(3) 胶辊高度

按经验，胶辊的高度一般是釉坯的厚度减去 1.5mm。当胶辊高度过低时，会产生“重影”缺陷；而胶辊高度过高时，则会导致印花图案过浅，装饰效果不足。

(4) 刮刀刻度

刮刀刻度一般不确定，主要看刮刀夹紧时的弯曲程度，一般刮刀压力适中即可。每次生产时的刮刀刻度应作记录，作为下次生产的参考。生产中，刮刀和胶辊是处于不断磨损的状态，因此，生产同一产品第二次装刮刀时应当比第一次装刮刀要紧一点。

4.4 喷墨打印

4.4.1 喷墨打印概述

喷墨打印是将墨水通过喷头打印到介质上，实现文字和图像的印刷。喷墨打印技术很早就广泛地应用于纸张、纺织品、塑胶制品、皮革皮具、木板等打印介质上，而将其应用到陶瓷装饰领域则始于 2000 年美国 FERRO 公司开发出世界上第一台陶瓷喷墨打印机。

陶瓷喷墨打印技术被称为是继丝网印刷、胶辊印刷后陶瓷印刷技术的第三次革命。相比传统的丝网印刷和胶辊印刷，陶瓷喷墨打印结合了计算机，能实现随时设计，即时打印的功能，适合当今陶瓷装饰个性化、小批量的发展趋势。喷墨打印还具有的另一个优势是能打印凹凸不平的平面，比如可用于近年来流行的仿原木、仿天然石材等表面粗糙的釉面砖。

近年来，全球陶瓷喷墨打印技术发展迅速，国内越来越多的陶瓷企业开始引进喷墨打印设备和陶瓷墨水，并随后推出了喷墨打印陶瓷产品。

4.4.2 喷墨打印的原理

喷墨打印根据系统的打印方式可分为连续喷墨打印和按需喷墨打印，如图 4-3 所示。

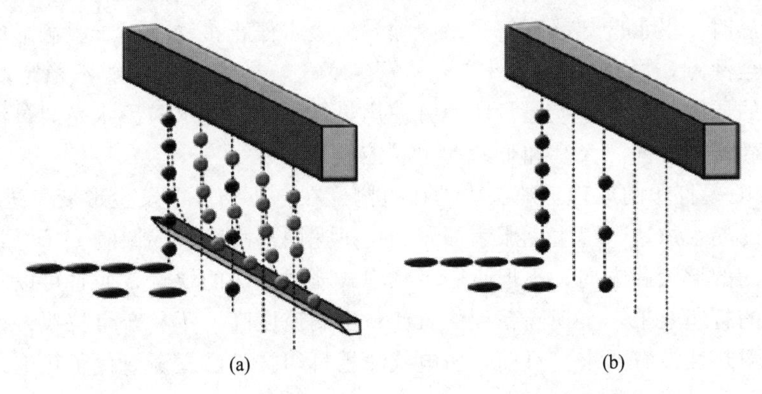

图 4-3 (a) 连续喷墨打印和 (b) 按需喷墨打印

(1) 连续喷墨打印

连续喷墨打印主要以电荷调制型为代表，其原理是：在振荡器连续工作下（频率范围一般为 50～175kHz)，喷头中墨水被压电驱动装置加以固定压力，墨滴连续喷出。该过程不仅可精确控制墨滴大小，还可控制墨滴间距。连续稳定的墨滴流会依次经过两个电场：第一个为调制电场，根据打印信息使墨滴选择性的带电；随后带电墨滴进入第二个电场偏转电场，受偏转电场的控制，带电墨滴被喷射至指定的承印物上，形成文字或图像信息。不带电的墨滴则由装置中的接收器回收，并加以重复利用。连续喷墨打印的优点是：①墨滴速度快，适用于高速喷墨打印领域；②喷嘴堵塞的可能性小。其缺点是：①图文清晰度不够高，常被用于粗糙、分辨率不高的介质表面；②墨滴的回收容易污染墨水系统，且易发生漏墨现象；③结构比较复杂，可控性较差。

(2) 按需喷墨打印

按需喷墨打印是一种使墨滴从喷嘴中喷出并立即附着在指定介质表面的打印方法。这种打印方式可分为：热泡式喷墨打印、压电式喷墨打印和静电式喷墨打印。实际应用中，热泡式和压电式是最常用的两种。图 4-4 为热泡式和压电式喷墨打印喷头。这两种技术无论是在办公室和家用的喷墨打印机还是专业的高级打印设备中均有广泛的应用。目前，惠普、佳能和利盟公司采用的是热泡式喷墨打印技术，而爱普生、赛尔等采用的是压电式喷墨打印技术。

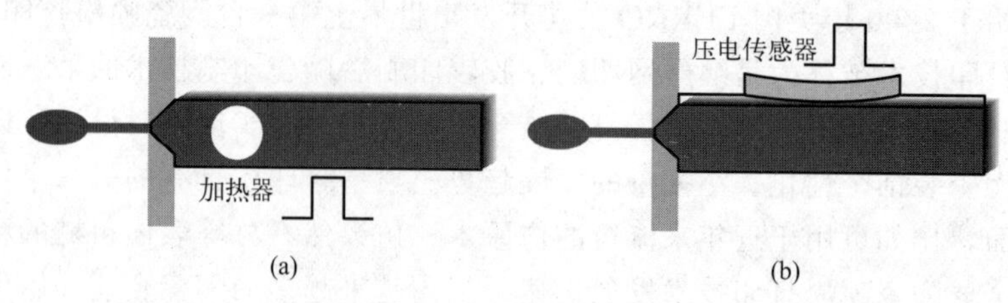

图 4-4 (a) 热泡式喷墨打印和 (b) 压电式喷墨打印喷头

① 热泡式喷墨打印的原理：微小的毛细管中的墨水被一个微型的加热器迅速加热到沸点，墨水瞬间被汽化，形成微小的蒸气泡。当墨水腔被蒸气泡充满时，由于热膨胀形成的较大压力将墨滴驱使至毛细管尖端，随后墨滴由喷孔喷出，被喷出的墨滴发生气泡破裂。当加热系统停止加热时，墨水冷却，蒸气凝结收缩导致墨水停止移动。由于墨滴形成过程中，墨水需要被加热至沸点，墨水的组成和结构易发生变化，导致墨水性能不稳定，打印效果不佳；由于加热的原因，热泡式喷墨打印不宜使用热敏感型的墨水；墨水是通过汽化后喷射出去的，高温下墨滴的方向、大小和形状均不易控制。

② 压电式喷墨打印的原理：喷头中的压电陶瓷在电压条件下发生形变，进而产生振动，振动使喷嘴中的墨水加速，墨水克服表面张力，迅速脱离喷嘴形成墨滴。压电式喷墨打印可以精确控制墨滴的形状和方向，不但克服了热泡式喷墨打印的缺点，而且可以获得较高的打印精度和较好的打印效果，实现高精度的打印；墨滴速度高，不易产生拉线；整个过程不需加热，对墨水耐热性没有要求。目前，压电式喷墨打印技术已逐渐取代了热泡式喷墨打印技术，成为喷墨打印最主流的发展方向。

4.4.3 喷墨打印过程

喷墨打印是采用高性能的喷墨打印机，将彩色液体油墨经喷嘴变成细小微粒直接喷印在釉坯体表面，转印电脑预设的图案。喷墨技术由于是凌空喷印，因此，其花纹图案可以是立体凹凸的，让瓷砖的触感真实，图案栩栩如生。喷墨打印呈色机理是利用色料的三原色混色原理，加上黑色油墨，共计四种颜色混合叠加（CMYK），形成所谓“全彩印刷”。图 4-5 是陶瓷喷墨打印机外观实物图，图 4-6 是陶瓷喷墨打印示意图。

图 4-5 陶瓷喷墨打印机实物

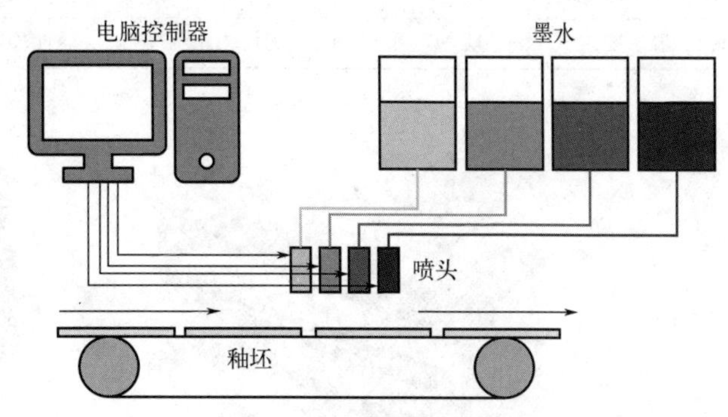

图 4-6 陶瓷喷墨打印

4.4.4 影响喷墨打印的关键因素

喷墨打印是将微小的墨滴喷到所需的介质上成像，墨滴的位置依靠喷头和介质的移动来准确地控制。喷头和墨水是实现良好装饰效果的关键。

（1）喷头

众所周知，喷头是陶瓷喷墨打印机的核心，其成本占喷墨打印机成本的 70%以上。目前，我国陶瓷行业应用最多的喷头是日本精工、英国赛尔、美国 Spectra 和日本 Konica Minolta（柯尼卡美能达，简称 KM）等喷头。日本精工喷头早期在喷绘机市场独占鳌头，但后来出现英国赛尔和美国北极星，其市场占有率有所降低。精工 SPT510、SPT508GS 喷头使用的陶瓷墨水需要精工认证。英国赛尔 XAAR1001/GS12 喷头是专为陶瓷喷墨打印而推出的，要求必须使用赛尔公司认证的陶瓷墨水，价格比较昂贵；喷头材料为特氟龙，因此不耐磨，随着打印时间的增加，喷孔易变形，打印质量明显下降。美国北极星喷头采用不锈钢制成，不易被墨水腐蚀，且陶瓷墨水不需要喷头厂家认证。另外，日本 KM512 喷头和 256 喷头在金恒丰、泰威等机型上应用，且该公司为陶瓷喷墨打印特推出 KM1024 喷头。具体情况如表 4-7 所示。图 4-7 为 XAAR1001 喷头和美国北极星喷头 PQ-512/35AAA 实物图。

表 4-7 常见喷头性能对比

性能参数	日本精工 SPT510	日本精工 SPT508GS	英国赛尔 XAAR1001/GS12	美国 北极星 PQ-512/35AAA	日本 KM1024
墨滴尺寸/pL	35～60	12/24/36	12～84	15～150	14
循环	内循环	内循环	外循环	外循环	外循环
喷孔数量	510	508	1000	512	1024
打印宽度/mm	75	71.5	70.5	64.77～64.9	72
喷嘴密度/dpi	180	180	360	200	1440
墨滴速度/(m/s)	不详	不详	6	8	不详

续表

性能参数	日本精工 SPT510	日本精工 SPT508GS	英国赛尔 XAAR1001/GS12	美国 北极星 PQ-512/35AAA	日本 KM1024
点火频率/kHz	4	14	6～12	20	35
灰度级别	无	3	8	无	8
墨水要求	无机墨水	无机墨水	油性墨水	广泛	广泛

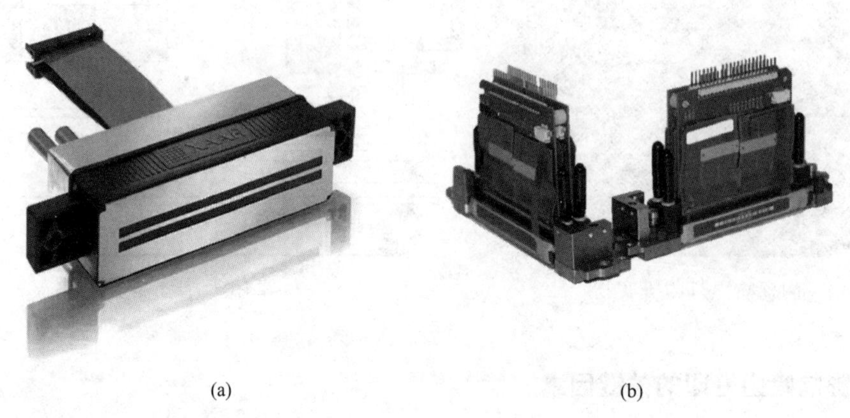

(a) (b)

图 4-7 XAAR1001 喷头（a）和北极星 PQ-512/315AAA 喷头（b）

（2）陶瓷墨水

陶瓷墨水是陶瓷喷墨打印的另一个关键因素。陶瓷墨水是指由陶瓷色料、有机溶剂、添加剂材料组成，经陶瓷喷墨打印工艺施加于陶瓷制品表面，在 600℃以上温度烧成后形成装饰效果的液态物质。

1）陶瓷色料

陶瓷色料（亦称陶瓷着色剂）是由着色离子或质子团与其它氧化物形成的具有一定结构的稳定晶体或固熔于稳定晶格结构的固熔体。陶瓷色料是陶瓷墨水的核心，直接影响陶瓷墨水的发色。为防止颗粒阻塞喷墨机喷嘴，陶瓷墨水中所用色料粉体的粒度有严格要求：平均粒度 D_{50} 需介于 200～500nm，最大粒度 D_{100} 不宜超过 1μm。近年来随着大孔度喷头的发展，陶瓷色料颗粒粒度最大可提高到 5μm。

2）溶剂

溶剂是将陶瓷色料输送至打印机的载体，溶剂分为水溶性溶剂和油溶性溶剂。美国专利采用水溶性陶瓷墨水时发现对建筑釉面砖存在不利因素，水溶性陶瓷墨水在中心的干燥速度小于边缘，导致中心处的墨水将向边缘流动，干燥后边缘的厚度要比中心的厚，影响分辨率及呈色的均匀性。因此，研发陶瓷釉面砖需将重点集中在油溶性陶瓷墨水方面。陶瓷墨水一般选用醇、多元醇或烃类等有机溶剂，也可以是某些酯类、多糖类或醚类等水溶性溶剂。选择陶瓷墨水溶剂时需要筛查其表面张力、黏度等性能，尽可能符合相应喷墨打印机的要求。此外，为保证打印出的图案或文字快速干燥，防止打印时不同颜色墨水间的互溶，陶瓷墨水的溶剂还需具有较好的挥发性。

3）分散剂

分散剂具有调节陶瓷墨水的分散性及稳定性功能，使陶瓷色料在溶剂中均匀分散，并保证在打印前不团聚。分散剂可分为传统分散剂和超分散剂。传统分散剂在水介质中可表现出良好的分散效果，但在非水介质中对颗粒的分散效果不佳。超分散剂是国外于 20 世纪 70 年代开发的非水体系用高分子质量分散剂，平均分子量 1000～10000，因其独特的分散效果，又被称为超分散剂。从其结构上看，超分散剂分子含有性质不同的两部分：其一为锚固基团，通过离子键、共价键和范德华力等作用，以单点或多点形式结合于颗粒表面；其二为具有一定浓度的聚合物链，在极性匹配的分散介质中能与分散介质很好地相溶。当颗粒吸附有超分散剂而相互靠近时，就会由于溶剂化链空间障碍相互弹开，从而确保了微粒在介质中的稳定分散。

4）表面活性剂

陶瓷墨水中的表面活性剂主要作用是对陶瓷墨水的表面张力进行调整，以使其能够满足相应喷墨打印机的性能要求。由于少量的表面活性剂对陶瓷墨水表面张力的影响便很大，因而通常限制其用量低于陶瓷墨水总质量的 3%。

5）其它辅料

除上述助剂外，根据不同需求，陶瓷墨水中可以添加催干剂、pH 调节剂、防腐剂等辅料，以保障墨水的各项理化性能符合标准，并能保持稳定。

4.4.5 陶瓷墨水的性能要求

陶瓷墨水的性能与喷墨打印机的工作原理及用途有着密切联系。

（1）粒度

陶瓷墨水的粒度及粒度分布是值得重视的一个性能要求，它关系到陶瓷墨水在打印机中的表现。要求粒度较小以避免堵塞喷头，而粒度分布小可避免因陶瓷墨水粒度过小而引起的显色减弱。相反，粒度及粒度分布过大也会使陶瓷墨水的稳定性及分散性变差。目前国外陶瓷墨水的颗粒粒度均小于 850nm，平均粒度在 200～350nm 范围内。

（2）黏度

陶瓷墨水的黏度受分散剂种类及含量影响较大，且随温度的升高而减小。连续喷墨打印机要求黏度为 1～10mPa·s，而按需喷墨打印机要求黏度为 1～30mPa·s。

（3）表面张力

表面张力直接影响墨滴的大小、形状和墨水的流动性能。高表面张力的墨水容易形成球形墨滴，但是墨水的润湿性差，因此墨水的表面张力需要控制在一个合适的范围。通常连续喷墨打印机要求陶瓷墨水的表面张力为 25～70mN/m，按需喷墨打印机要求陶瓷墨水的表面张力为 35～60mN/m。

（4）电导率

电导率数值可用来反映溶液中可溶性盐含量的高低。当墨水中的盐含量超过 0.5%，长期使用的过程中，盐容易在喷嘴处形成结晶，导致喷嘴堵塞。同时，墨水中的盐也是损害墨盒甚至使墨盒失效的重要原因之一。因此，对于高质量墨水而言，应尽可能地降低电导率的数值（主要针对连连续喷墨打印而言，按需喷墨打印对导电率基本没有要求）。

（5）pH 值

pH 值过低的墨水极易腐蚀墨盒和喷头等部件，而碱性高的墨水由于会产生额外的盐从而降低墨盒等部件的使用寿命，且电导率会受到较大的影响。按需喷墨打印机要求陶瓷墨水的 pH 值范围为 7～12，而连续喷墨打印机对此没有要求。

（6）稳定性

稳定性是衡量陶瓷墨水优劣的一个极其重要的指标，是指陶瓷色料在溶剂中能保持良好的化学和物理稳定性，经长时间存放，不会发生化学反应和颗粒团聚沉淀。

4.4.6 喷墨打印的特点

与传统丝网印刷和滚筒印刷技术相比，喷墨打印技术具有显著的优势，主要体现在以下几个方面。

① 印花清晰度高，可达 360dpi；非接触式悬空打印，可在凹凸模具上印刷。

② 印刷的文件尺寸可长达数米（5 米、几十米长的文件都有）。

③ 颜色丰富，最高 16 通道。

然而，相比传统的装饰方法，喷墨打印也存在着一些不足。

① 成本高。进口喷墨打印机 500 万～600 万元/台，墨水 20 万～50 万元/吨；

② 对生产环境要求高，温度、湿度、粉尘、腐蚀性气体均有一定要求。

③ 陶瓷喷墨墨水颜色不够丰富，限制了一些设计应用。

④ 墨水以有机溶剂为主，深色产品存在“避釉”缺陷。

4.5 化妆土及表面装饰涂层

4.5.1 化妆土概述

化妆土是一种天然黏土，或是由一种黏土熔剂和非可塑性物料混合制成的泥浆，将它薄薄地施于陶瓷坯体上用来掩盖坯体表面的颜色、缺陷，或粗糙及外露的有害矿物，起到化妆的作用。化妆土和釉的主要区别是，釉中有较多的玻璃相。化妆土一般均为白色，也有特意添加着色剂或利用带色黏土制成彩色化妆土装饰坯体表面。

化妆土一般分为两种。一种是在坯体上施好化妆土后再施釉，通常将此种化妆土称为釉底料或底釉。用于掩盖坯体中铁化合物的颜色，以提高釉面白度或颜色釉的呈色效果。通常选用烧后呈白色的黏土。另一种化妆土用于改变坯体的表面颜色和抗风化能力。在制品的表面施此种化妆土后，使制品形成类似某种天然矿物的表面。也有一种类似釉的化妆土，其中熔剂成分较多，它不吸水，不挂脏，称为玻化化妆土。

化妆土的用途很广，从日用陶瓷器皿到建筑卫生陶瓷在国内外都有使用化妆土。对建筑墙地砖卫生陶瓷，为使表面完好并得到理想的颜色釉，常施一层底釉，再上面釉。而在劈离砖和饰面瓦上常施化妆土而不施釉。玻化化妆土可以大量取代釉料，降低产品成本。

4.5.2 化妆土的基本要求

化妆土常作为底釉，这时它是釉与坯的中间层，其本身性能直接影响到坯体和釉层的结合和性能。对化妆土要求如下。

① 必须是均匀的，具有细腻的结构。

② 应控制粒度，要求化妆土的细度小于坯体而大于釉料。

③ 化妆土的干燥收缩和烧成收缩应适中，要略大于坯体的干燥收缩和烧成收缩。

④ 化妆土的热膨胀系数要求介于坯体和釉料的热膨胀系数之间。

⑤ 化妆土泥浆的悬浮性要好，并且烧前、烧后要能很好地黏附在坯体上。

4.5.3 化妆土用原料

单一的天然黏土很少能适于调制化妆土，绝大多数化妆土是由各种原料配制而成的。制作化妆土的原料包括以下六种。

(1) 黏土类

化妆土用的黏土分为软质黏土和硬质黏土。黏土的调配视下列要求而定。

① 所要求的白度。

② 具有良好的掩盖能力，以掩盖坯体的缺陷。

③ 具有适宜的干燥收缩和烧成收缩。

④ 泥浆具有适宜的稠度和悬浮性。

⑤ 具有良好的黏着性，使化妆土泥浆牢固地附着在坯体上。

(2) 熔剂类

主要有长石、石灰石、白云石，也有加入玻璃和熔块的。根据烧成温度、化妆土的瓷化程度来调配其熔剂的种类和加入量，有时还加入氧化铅作熔剂。

(3) 填充剂

用石英作为填充剂以调配化妆土的收缩及热膨胀系数，并给予化妆土所要求的硬度。

(4) 硬化剂

为使化妆土干燥后更好地黏附在坯体上，加入一些硼砂或碳酸钠，二者均为可溶性的。当施于坯体表面的化妆土干后，它们移析到表面，形成较硬的薄膜以减少搬运损伤。也可以使用有机物黏结剂如甲基纤维素、树胶之类。

(5) 失透剂

为提高化妆土的白度和掩盖能力，一般加入锆英砂作为失透剂，也有加入氧化锡的。

(6) 着色剂

化妆土可以采用任何用于釉料中的着色氧化物，不过要想使色彩和釉接近，着色氧化物的含量要比加到釉中的高些。同时，也可将氧化物配合使用以得到多种颜色。也可采用加入坯泥中的色剂加入化妆土中进行着色。

4.5.4 化妆土配方实例

应根据坯体及釉料的烧成温度、收缩以及热膨胀系数等性能合理地配制化妆土。对化妆土的要求是要它牢牢地黏附在坯体表面上，烧时不会开裂、剥落或边缘裂掉，不要溶解于釉中，不要从器皿表面松开或与釉不匹配。一些代表性化妆土的配方见表 4-8。

表 4-8　化妆土配方实例　　单位：%

温度范围	08～1 号锥 (940～1100℃)			1～6 号锥 (1100～1200℃)			6～11 号锥 (1200～1320℃)		
坯体情况	湿	干	素烧	湿	干	素烧	湿	干	素烧
高岭土	25	15	5	25	15	5	25	15	5
球状黏土	25	15	15	25	15	15	25	15	15
煅烧高岭土		20	20		20	20		20	20
无铅熔块	15	15	15			2			5
霞石正长岩				15	15	20			5
长石							20	20	20
滑石	5	5	15	5	5	5			
石英	20	20	20	20	20	20	20	20	20
锆英石	5	5	5	5	5	5	5	5	5
硼砂	5	5	5	5	5	5	5	5	5

化妆土的制备工艺基本上与釉浆的相同，其流程为：配料→球磨→除铁→过筛。

4.5.5　化妆土的施挂方法

挂化妆土前与施釉一样，应将坯体表面清扫干净，有时要用砂纸磨平。通常是用刷子刷，用海绵擦，用压缩空气吹或用真空吸气机等将坯体的表面尘土除净。其中选用哪种方法为佳要看是素烧坯是半干坯还是干坯而定。

（1）浸挂法

人工浸挂，耗费人力、时间，并浪费泥浆，厚度仅靠人的感觉来掌握。用机械浸挂法则不存在这个问题，该法已成为小型制品施釉的一般方法。

（2）涂布法

指用刷子刷的方法。过去用于装饰品，现在用于澡盆等大型产品。方法是用稀泥浆反复刷。用直径 2.5～5cm 刷油漆用的短毛圆刷子，在粗糙的坯体上先涂布两次泥浆，操作与油漆法相同。应注意勿使出现棕眼及气泡。涂完第一次后，在室温下晾干几小时至一天后，用同一刷子按同样方法涂布第二次。然后换用黑色长毛刷，再涂刷五次以上，刷完最后一次后，趁着仍湿润的情况下，用叠平的鹿皮或羚羊皮将泥浆面赶平，等化妆土已不发黏的时候再擦平。为使表层牢固以便于整修，也有在泥浆中加明胶或骨胶的，在充分干燥后，再用砂纸打磨，磨后保持厚度为 0.20～0.25cm。

（3）喷雾法

喷雾法两种：一种是用生料所制的泥浆，相对密度为 1.35 左右；另一种用熟料如煅烧黏土、烧 ZnO 等制备泥浆。

用生料制成的化妆土泥浆，泥浆中含有足够的水分，能使用喷雾法，喷成平滑的一层覆盖层，并能牢固地黏附在坯体表面。

用煅烧黏土和烧 ZnO 等熟料和解胶剂等调制浓度较大的泥浆，水分较少但有同样的流动性，需用黄茗胶、糊精或明胶等黏着剂，若不用黏着剂则喷上的原料会成为粉状堆积层，并到处飞扬，不能使用。用干式法喷上的化妆土层，干燥快，收缩小并且小角度部位也能喷上。

4.6 色粒坯

4.6.1 坯用色料

(1) 对色料的要求

① 高温呈色稳定性好，不受坯体成分影响。如受某种原料影响呈色时，应调整原料种类或色料种类。不受烧成气氛影响。

② 发色力强，有足够细度，平均粒度小于 30μm。

③ 不受浆料解胶剂影响。如对某解胶剂不适应时，应作调整。

(2) 常用色料

① 常用坯用色料（表 4-9）

表 4-9　常用坯用色料

色料名称	成分	显色	最高烧成温度/℃
锰红	Mn-Al	粉红	1300
棕红	Fe-Si	红棕	1200
铬绿	Cr-Al	绿	1280
橘黄	Ti-Sb-Cr	橘黄	1250
普黑	Fe-Cr	灰黑	1280
艳黑	Fe-Cr-Co	灰黑	1300
钴蓝	Co-Al-Zn	蓝	1300
孔雀蓝	Co-Cr-Al	孔雀蓝	1300
孔雀绿	Co-Cr-Al	孔雀绿	1300
锆钒蓝	Zr-V-Si	青蓝	1300

② 常用色坯料配方及适用温度（表 4-10）

表 4-10　常用色坯料配方及适用温度

色坯料显色	配方组成/%	适用温度/℃
桃红色	基础白料 100，锰红外加 2～5	1200～1250
红棕色	基础白料 100，棕红外加 2～4	1180～1200
绿色	基础白料 100，氧化铬外加 1～2	1200～1230

续表

色坯料显色	配方组成/%	适用温度/℃
绿色	基础白料 100，草绿外加 1～2	1200～1250
蓝色	基础白料 100，钴蓝外加 1～2	1200～1250
黄色	基础白料 100，橘黄外加 1～4	1200～1250
灰色	基础白料 100，艳黑外加 0.5～1	1200～1250
黑色	基础白料 100，普黑外加 2～4	1200～1250

4.6.2 色粒坯料制备

色坯的制备方法，因不同产品、不同装饰方法而异。单色坯瓷质砖、无釉半瓷质砖（如红地砖、仿古青灰砖）的粉料可用直接喷雾干燥法制备；劈离砖的色坯基本上利用原矿物原料的色泽自然发色，很少或不用色料着色；色粒坯瓷质砖粉料则可用混喷法（塔内混合）或粉料混合法（塔外混合）制备。

（1）喷雾塔混喷法

其工艺流程如下：

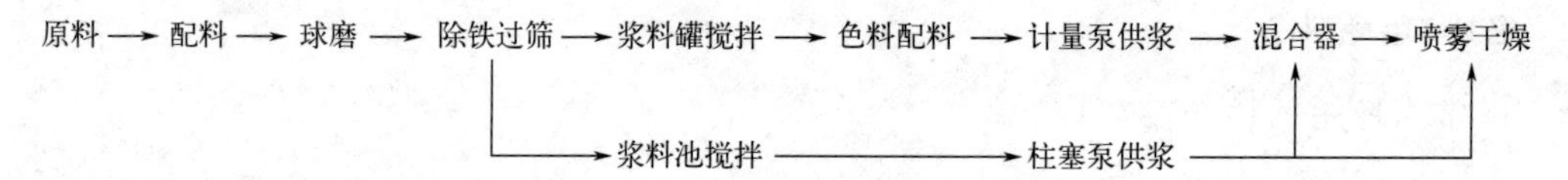

通过喷雾塔内色料喷枪配置的多少和调节色浆计量泵，可达到粉料按设定比例配色，可以单色，也可以多色。但由于混喷生产时，色浆污染了白色基础浆料，而细小的色粒也均布于白粉粒之中，使粉料中的色料不清晰，现很少采用此法。

（2）粉料混合法

① 工艺流程

由于基础白粉料和色粉料分别喷雾干燥制成，色粉料中细小的色粉可以预先除去回浆，使色粒清晰分布在基础坯料中，效果较好。工艺流程如下：

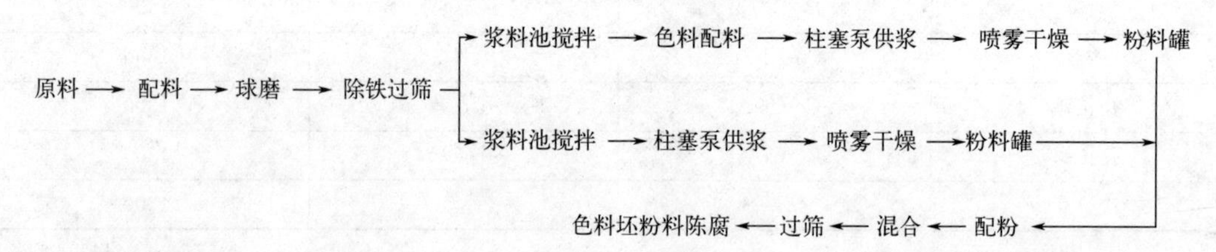

② 工艺参数

a. 球磨的料：球：水＝1：1.5～1.8：0.4～0.5。

b. 球石大小配比：大球（60～80mm）20%～30%；

中球（50～60mm）40%～50%；

小球（30～50mm）20%～30%。

c. 浆料的细度：孔径 0.061mm 筛（250 目）筛余量 1%～1.6%。

d. 水分：32%～35%。

e. 密度：1.7～1.8g/cm^3。

f. 浆料过筛：孔径 0.25～0.18mm 筛（60～80 目）。

g. 喷雾干燥的供浆压力：1.2～1.6MPa。

h. 粉料过筛：孔径 2.3～1.7mm 筛（8～10 目）。

i. 粉料水分：6%～8%。

j. 粉料颗粒级配：孔径 0.56mm 筛上料<15%；

孔径 0.28mm 筛上料 60%～80%；

孔径 0.154mm 筛下料<8%。

基础白粉料和色粉料的水分、颗粒级配要相适应。两者掺合比例视装饰效果需要而定，一般为 10%～50%。也有用两种或三种色粒调配的，三种以上较为少用。

③ 操作要点

a. 色料加入基础浆料搅拌，而不是与基础原料进入球磨共同粉碎，色料的细度应全部通过孔径 0.048mm 筛（325 目）。

b. 色料加入基础浆料前，应将色料加水搅成色浆。或加入适量基础浆料搅成色浆，再放入基础浆料池中搅拌不小于 2h。

c. 如加入两种以上色料时，相对密度小的色料应先加，搅拌适当时间后再加入相对密度大的色料，使浆料上下均匀，减少色差。

d. 色粒粉料中的细粉应尽量少，过细粉末应回浆料池，以减小砖面的色痕缺陷。

（3）大颗粒粉料制备

大颗粒粉料是指 3～10mm 大小的颗粒粉料。颗粒颜色结构形式除了单一颜色外，还可以由多种不同颜色的小色粒结成，或多种颜色层层包裹结成。粒子外形有各种形状。大颗粒粉料可通过以下 3 种方法制备。

① 流化床法：将喷雾干燥的基础白粉料送入振动流化床，在不断向前移动中，由喷淋嘴将色浆喷入处于“沸腾”状态的粉料中，黏结成大小不等的颗粒，经干燥，过筛，获取大小适合的大颗粒。整个过程连续进行，生产率高。但只能生产单色粒子，已很少使用。

② 辊压制粒法：把喷雾干燥基础白粉料，与一种或多种色粉料按一定比例混合均匀，然后进入对辊成球机中，压制成 30～50mm 大小的腰形粉球，经打碎，过筛，获得大小适合的大颗粒。此工艺把混合、辊压成球、打碎、过筛连成作业线，每小时产量可达 2～8t。

③ 搅拌成球法：把基础白粉料和 1～3 种不同色的色粉料按比例放入圆盘中，通过多种形式的搅拌机构进行搅拌，边搅拌边喷洒少量的水，出料过筛获得大颗粒。另一方法是将基础白粉料放入圆盘搅拌过程中，喷洒色浆搅拌成球后，再加入白粉料，搅拌成球，多次反复后达到层层包裹的效果。

上述三种工艺已有成套专用设备。对大颗粒粉料要求：有一定的强度，不会在输送和混料时被破坏；致密能太高，否则与基础白粉料的收缩不一致；水分也要和基础白粉料相适应。

大颗粒色粉料一般加入 30%～50%，再与基础色粒粉料混合后，配成成型用的大颗粒粉料。

由于混合料中颗粒大小差异很大，在坯料转移过程中很容易出现偏析，造成色差。因此，充分混合后应尽降低卸料落差。混合料输送一般采用平皮带，同时取消压型前的中间储料仓。

（4）麻石砖颗粒粉料制备

麻石砖、花岗岩砖、广场砖等一类制品，除表面仿凿刻石纹外，坯料是由白色或各种颜色的粉料，加入仿云母、仿石英、仿铁矿等效果的矿物粒料，通过混合、过筛制成成型用粉料，以达到仿天然石材的装饰效果。其组成及配比见表 4-11。

表 4-11　麻石砖颗粒粉料组成及配比

原料	粒度/mm	配比 1/%	配比 2/%
钾长石原矿粒	12～80	10～20	20～40
花岗岩石粒	12～80	10～20	20～40
辉绿岩或玄武岩或黑云母粒	16～40	0.5～2	0～2
白色或颜色喷雾干燥粉料	同喷雾干燥粉料	65～80	60～80

4.6.3　色粒坯料的成型布料工艺

色粒坯料在半干压法成型过程中的布料方法有三种。

① 均布法　将色粒坯料通过推料架均匀填充模框。

② 二次布料法　将白色基础粉料先填充模框，然后再次推料，将色粒坯料均匀填充模框。冲压成型是正打，即砖面向上。此方法可减少色粒坯料用量，但成型效率一般降低 50%以上。

③ 电脑布料法　在模框内布完基础白粉料后，由电脑按预先设定程序（布料图案纹样），将一至多种色粒粉料同时一次排布在模框内，形成云状、大理石纹和各种花岗岩石纹样，效果极为逼真。

大颗粒坯成型时，在布料过程中，由于大颗粒粉料在转移及刮料时往上表面移动，细颗粒料下沉。因此，砖坯正面应朝上。

4.7　浮雕图案装饰

4.7.1　浮雕图案装饰方式

浮雕图案装饰基本上分釉上浮雕和釉下浮雕。

（1）釉上浮雕

此种装饰是使用粗网眼（10～18 丝）及一般加厚的丝网，利用黏度大、流动性小的丝网印刷色釉将图案印在釉面上，经过高温烧成后花纹不扩散、不流失，从而获得浮雕状的图案。

（2）釉下浮雕

利用泥浆或底釉采用粗网眼普通加厚的丝网印刷版将图案转印在坯体上，然后再施一层透明釉。也可采用模压工艺，在坯体成型后即会有凸起的花纹，然后再施一层透明釉。

（3）釉下印花浅浮雕图案装饰

此种装饰是利用不同化学组成的釉料在高温下黏度、流动性不同的原理，使用黏度小、流动性大的印花色釉先施于坯体上，然后覆盖黏度大、流动性小的面釉，在烧成温度下，因印花色釉和面釉熔融体的流动和膨胀情况不同而产生凹凸，形成浅浮雕的效果。此种装饰工艺简单，成本低，花色丰富，别具一格。

4.7.2 印花色釉

必须先研制出高温下黏度较低的基础釉，然后再在基础釉上研制出各种颜色的印花色釉。

① 印花釉用熔块配方实验式

$$\left.\begin{matrix}0.2037Na_2O\\0.7963PbO\end{matrix}\right\}\cdot 0.0003Fe_2O_3\cdot\left\{\begin{matrix}0.5275SiO_2\\0.4079B_2O_3\end{matrix}\right.$$

② 印花色釉基础釉实验式

$$\left.\begin{matrix}0.163K_2O\\0.161Na_2O\\0.019CaO\\0.009MgO\\0.038ZnO\\0.610PbO\end{matrix}\right\}\left.\begin{matrix}0.251Al_2O_3\\0.003Fe_2O_3\end{matrix}\right\}\begin{matrix}1.428SiO_2\\0.239B_2O_3\end{matrix}$$

4.7.3 浮雕装饰面釉

面釉覆盖在印花釉上，与印花釉相比，面釉必需高温黏度大、膨胀小、表面张力大，通常采用硼锆熔块乳浊釉。

氧化锆增加高温黏度，在一定用量情况下由于硼反常，也能提高黏度。在面釉配方中，适当增加 SiO_2 和 Al_2O_3，目的在于提高它的高温黏度、减小流动性，使其具有足够大的表面张力而不至于造成流釉。这样既能保证花纹清晰，又使面釉光洁，从而达到浅浮雕的效果。

① 面釉用熔块实验式

$$\left.\begin{matrix}0.115K_2O\\0.206Na_2O\\0.337CaO\\0.003MgO\\0.339ZnO\end{matrix}\right\}\left.\begin{matrix}0.172Al_2O_3\\0.001Fe_2O_3\end{matrix}\right\}\begin{matrix}2.078SiO_2\\0.324B_2O_3\end{matrix}$$

② 面釉基础釉实验式

$$\left.\begin{matrix}0.106K_2O\\0.189Na_2O\\0.313CaO\\0.006MgO\end{matrix}\right\}\begin{matrix}0.229Al_2O_3\\0.002Fe_2O_3\end{matrix}\left\{\begin{matrix}2.637SiO_2\\0.190ZrO_2\\0.300B_2O_3\end{matrix}\right.$$

4.7.4 印花、施釉与烧成

① 印花　用调制好的印花釉，采用丝网印工艺，将设计好的图案转印在素坯上。要保证花纹清晰一致，印好花的素坯码放整齐以备施釉。

② 施釉　采用浇釉的方法效果较好，能做到釉面平正牢固，釉层均匀。主要浇釉工艺参数如下。

a. 釉浆相对密度：1.42～1.48。

b. 浇釉量：10～12g/片（152mm×152mm 湿重）。

③ 烧成　此类产品可在多孔窑烧成。推车速度每 30min 推一车，最高烧成温度 1130～1150℃。

第 5 章

建筑陶瓷用色料

本章导读

本章主要介绍了建筑陶瓷用色料的分类、用途、呈色机理及制备工艺，重点介绍了建筑陶瓷坯、釉用色料及其与坯体、釉料的相互作用，分析了色料使用过程中应注意的问题，介绍了色料发展的新趋势。

学习目标

系统掌握陶瓷色料的基础知识（如呈色机理、分类等）、制造工艺技术、适用范围、使用中应注意的问题，并能够运用到陶瓷实际生产。

建筑陶瓷常用装饰材料是陶瓷色釉料。它是由釉料、釉用色料、陶瓷墨水等形成的材料，不仅能够改善坯体性能，增加陶瓷产品的美感，还能增强其装饰功能，主要用于建筑瓷砖生产，提升产品的附加价值。

陶瓷色釉料对陶瓷产品的外观性能均有着至关重要的影响，可按照实际用途分为坯用色料、喷墨色料、釉用色料、手绘色料、釉上色料、釉下色料。

5.1 陶瓷色料概述

色料是“着色材料”的通称，陶瓷色料是在陶瓷制品上所使用的着色材料的通称。它包括釉上、釉中、釉下着色材料以及使釉料、化妆土和坯体着色的材料。

陶瓷色料是引入所有陶瓷着色材料中最基本的发色物质。通常是各种人工着色无机化合物，少数情况下是天然着色矿物或金属氧化物。

彩料是指能在陶瓷坯体或釉面上直接进行彩饰所用的着色颜料。如釉上彩料、丝印彩料、渗花彩料等。给物体上色的物质通称为色剂或着色剂，能使陶瓷色料、颜料或彩料呈现颜色的物质称为陶瓷色剂或陶瓷着色剂。

颜料、色料与彩料，包括色剂或着色剂这五大术语，在陶瓷工业实际使用时并没有一个严格的区分，经常根据习惯使用。

5.1.1 陶瓷色料的命名

陶瓷色料最普遍的命名法是以其呈色来命名，如红棕、粟茶色、黑色、海碧、银灰、橘黄、绀青、桃红、玛瑙红等。还可以在所呈颜色前冠以着色元素来命名，如锰红、铬红、锑黄、钒蓝、铬绿等。铬红不止一种，根据载体不同，有铬锡红和铬铝红之分。为了进一步说明色料的特征，常在颜色前冠以呈色元素和主要载体元素来表示，如钒锡黄、钒锆黄等。

为了进一步表明色料的矿物结构，可冠以矿物结构名称来命名，如钢玉型铬铝红、锡石型钒锆黄、斜锆石型锆钒黄、锆英石型锆钒蓝、锆英石型锆镨黄、锆英石型锆铁红，维多利亚绿又可以称为石榴石型绿或钙铬榴石绿或绿榴石。陶瓷色料的命名方法大致有上述四种。

5.1.2 陶瓷色料的分类

陶瓷色料品种繁多，用途及使用条件也不尽相同，色料自身的结构又不完全一样，所以要按某一定义明确分类比较困难，也不能科学地反映其特点。可依据其组成、构成色料的矿物晶体结构、色料的呈色、用途进行分类。一般按陶瓷色料用途和晶体结构两大类来分类。

5.1.2.1 按陶瓷色料的用途分类

陶瓷色料按用途可分为装饰用色料（釉上色料、釉中色料、釉下色料）、釉用色料、喷墨色料、坯用色料和其它色料。装饰用色料一般由色剂与适当熔点的熔剂组成，根据使用温度分为高温色料与低温色料。

（1）低温（釉上）陶瓷色料

低温色料主要用于釉上色料，其主要由色剂与玻璃熔剂组成，对耐温性要求不严。色料种类多，色彩比较丰富。熔剂又称开光剂、媒熔剂，是釉上色料的主体部分，占80%左右。熔剂是色料与釉面的媒介剂，在熔剂中，着色剂呈熔融状态或呈悬浮状态，外观明亮、无光。釉上色料的熔剂必须耐化学侵蚀，热膨胀系数与基体相适应。

低温色料使用温度低于900℃，一般在700～850℃，主要用于贴花纸、内墙面砖、腰线砖。

（2）高温陶瓷色料

高温色料一般指使用温度在1000～1300℃时不产生挥发或脱色而能呈现出与色料自身色度相近色调的色料。高温色料的最大特点是色料经高温煅烧后成为一种或同种晶混合型的晶体，该晶体结构的色料加到基础釉中，在高温釉烧过程中，色料的晶粒不会分解，呈色稳定，达到设计的颜色。

一些高温色料配以适当量的熔剂，如硅酸铅、硼砂等，也可以在700～800℃使用，呈色效果较好，用以替补低温色料。而低温色料却不能在高温下使用。

高温色料主要用于卫生陶瓷、彩釉砖（色坯、化妆土、色釉）等。

5.1.2.2 按构成陶瓷色料的矿物晶体结构分类

陶瓷色料按构成色料的主要矿物晶体结构大致可分成13类，如表5-1所示。

表5-1 陶瓷色料按主要矿物晶体结构分类

矿物晶体结构	典型陶瓷色料类型分类	用途
刚玉型（赤铁矿型）	1. 锰红（含锰和磷酸的刚玉结构）	釉下彩、色坯
	2. 铬铝红（固熔有少量铬的刚玉）	
	3. 铬绿（氧化铝和氧化铬固熔体）	色坯

续表

矿物晶体结构	典型陶瓷色料类型分类	用途
刚玉型（赤铁矿型）	4. 铁红（氧化铁 Fe_2O_3）	釉上彩
	5. 釉上红（固熔了 Fe_2O_3 的刚玉）	高温釉上彩
	6. 铬绿（氧化铬 Cr_2O_3）	釉下彩
金红石型	1. 铬钛黄（固熔有锑和铬的金红石）	色坯
	2. 铬锡紫（含有氧化铬的氧化锡）	釉下彩、色坯、色釉
	3. 钒锡黄（含有氧化钒的氧化锡）	釉下彩、色坯、色釉
	4. 锑锡灰（含有氧化锑的氧化锡）	釉下彩、色坯、色釉
	5. 锡乳浊剂（氧化锡）	乳浊釉
萤石型	1. 锆钒黄（含有钒的斜锆石）	釉下彩、色坯
	2. 铈乳浊剂（氧化铈）	乳浊釉
	3. 锆乳浊剂（氧化锆）	乳浊釉
尖晶石型	1. 钴蓝、海碧（$Co \cdot Al_2O_3$）	釉下彩、色坯、釉上彩
	2. 孔雀蓝、蓝绿［$(Co, Zn)O \cdot (Cr, Al)_2O_3$］	釉下彩、色釉、釉上彩
	3. 红棕、粟棕［$ZnO\ (Fe, Cr, Al)_2O_3$］	釉下彩、色釉、釉上彩
	4. 黑［$(Fe, Co)O \cdot (Fe, Cr, Al)_2O_3$］	釉下彩、色釉、釉上彩
	5. 铬铝红［$ZnO \cdot (Al, Cr)_2O_3$］	色釉
烧绿石型	锑黄、拿浦尔黄（以氧化铅、氧化锑为主要成分的含有氧化锡、氧化铝、氧化铁等的固熔体）	釉下彩、色釉、釉上彩
石榴石型	维多利亚绿（$3CaO \cdot Cr_2O_3 \cdot 3SiO_2$）	釉下彩、色釉、釉上彩
榍石型	1. 铬锡红（含有少量铬的锡榍石，$CaO \cdot SnO_2 \cdot SiO_2$）	釉下彩、色釉、釉上彩
	2. 铬钛棕（含有少量铬的榍石，$CaO \cdot SnO_2 \cdot SiO_2$）	
氧化锆型（斜锆石型）	Zr-V-O，Zr-Ti-V-O，Zr-Y-V-O	
锆英石型	1. 锆钒蓝（含钒的锆英石，$ZrO_2 \cdot SiO_2$）	釉下彩、色釉、色坯
	2. 铬绿（含铬的锆英石）	色釉
	3. 锆谱黄（含镨的锆英石）	釉下彩、色釉
	4. 锆铁红	釉下彩、色釉
	5. 锆英石乳浊剂（锆英石）	乳浊釉
方镁石型	Co-Ni-O	
橄榄石型	Co-Si-O	
硅铍石型	Co-Zn-Si-O	
红柱石型	Ni-Ba-Ti-O	

5.1.3 陶瓷色料基本属性

（1）着色力

指色料呈色能力，是指某色料与其它白色物料相混合所起的影响。它取决于色料本身的色饱和度与色料的分散程度，分散度越大呈色力越强，粗粒易形成点状。

（2）遮盖力

是指色料遮盖底色的能力。它取决于熔剂的折射率和色料的折射率，若两者相同或相近，其遮盖力差；若两者不同，遮盖力强。混合色料的遮盖力强于单一色料。

（3）分散度

是指色料的颗粒尺寸，主要包括颗粒的大小和级配。希望颗粒细，分散度大，着色力强。但分散度有极限，不能小于着色晶体的尺寸。

（4）稳定性

分化学稳定性、高温稳定性和耐光性。

① 化学稳定性。看烧成时色料会不会与坯、釉发生反应，如发生反应，着色力下降。色料装饰的制品应该耐酸、耐碱。

② 高温稳定性。是指陶瓷色料在应用过程中能否抵抗住高温对它的影响，取决于载色母体的类型。一些属于低温应用的色料，如辉石型、萤石型，在高温下结构会改变。

③ 耐光性。是指在光的照射下能否长期保持原来颜色的能力。在紫外线照射下，某些色料结构会慢慢改变。

5.2 陶瓷色料的呈色

5.2.1 呈色机理

陶瓷色料的颜色主要取决于着色离子的存在状态，即色料自身的原子或分子结构，其次取决于制备工艺和使用条件。

物质着色主要是由电子在不同能级间跃迁及离子对光的吸收和散射所引起的。当外层电子是惰性气体型或铜型时，自身较稳定，需要较高的能量才能把电子激发到上一层轨道，因此需吸收波长较短的光量子（通常是紫外线）来激发外层电子，因而造成在紫外线区的选择性吸收，对可见光无作用，因此是无色的。

对于过渡金属和稀有金属氧化物，具有 $4s^{1\sim2}3d^{x}$ 型电子结构，它们最外层的 s 层、次外层的 d 层，甚至倒数第三层的 f 层上均未充满电子，这些未成对电子不稳定，容易在次亚层轨道间发生跃迁。由于电子自身能量较高，因此只需较少能量就可以激发，此时跃迁所需能量刚好是可见光区域内光子所具有的能量，方能选择吸收可见光而着色。

对于不同的元素，各次亚层能量差不相等，因而吸收不同能量的可见光光子，从而具有丰富多彩的颜色。

通常化合物的颜色取决于着色离子，同一种离子，因价态不同而颜色不同。如 Co^{2+} 为紫色，Co^{3+} 为绿色。除此以外，离子间的相互极化也会因轨道变形而使电子易激发，从而使无色离子组合成有色的复合离子或使有色离子颜色发生变化，如 CrO_4^{2+}、VO_3^- 为黄色，MnO_4^- 呈紫色。

离子配位数不同，其颜色也有差异。如过渡金属元素阳离子与氧离子形成八面体时，吸收短波长光，显示长波长光的颜色。若阳离子与氧离子呈四配位时，则吸收长波长光，显示短波长光的颜色。

5.2.2 色料中的着色元素

物体显色是由它对可见光的选择性吸收和选择性反射所致。因此，凡经高温烧后具有选择性吸收的物质，都可以制成色料，这种物质有两类。

① 能形成分子着色和晶体着色的过渡金属和稀土金属的化合物。常参与发色的金属元素包括：V、Cr、Mn、Fe、Ni、Co、Pr 等。碱金属、碱土金属和 B、Al、Si 是不发色元素。作为重要的发色元素大都汇集在元素周期表中从原子序数 23 V 起到原子序数 29 Cu 为止。

② 能形成胶体微粒着色的少数过渡金属和贵金属。如：Cu、Ag、Au 元素和 Ge、V、Ir、Pt 元素。

5.3 陶瓷色料的制备

陶瓷色料的制备多采用传统的固相反应法，也有近些年来发展起来的液相合成法和微波烧成工艺。这里仅介绍一种通用的制备方法。制备方法中又有湿法和干法之分。

5.3.1 陶瓷色料制备工艺流程

（1）一般湿法制备工艺流程

原料→配料→湿法粉碎→干燥→装钵→烧成→出钵→破碎→湿法粉碎→酸洗、漂洗→干燥→混合→配色→计量包装→色料成品。

（2）一般干法制备工艺流程

原料→粉碎→配料→混合→装钵→烧成→出钵→破碎→干法粉碎→混合→配色→计量包装→色料成品。

5.3.2 陶瓷色料制备的主要工艺参数及要求

（1）原料的加工处理

制造色料所采用的原料通常为工业纯或化学纯的化工原料，要严格控制它们的化学组成、矿物组成和颗粒组成。制造色料用原料按其作用可分为着色剂、载色母体和矿化剂三大类。着色剂是指色料中的着色原料，常用的是各种着色氧化物或相应的氢氧化物、碳酸盐、硝酸盐、氯化物、磷酸盐、铬酸盐、重铬酸盐等。

要求着色原料有一定的细度和颗粒组成，细颗粒能使固相反应进行完全，色调均匀。根据不同品种，生产工艺不同，其细度的要求也不同，通常在 200～400 目范围之内。

载色母体通常用无色氧化物、盐类、较纯的天然矿物或固熔体等。

矿化剂通常用碱性氧化物、碱盐、硼酸、氟化物、钼酸铵、钼酸钠和熔块等，根据色料种类与制备方法的不同，选择相应的矿化剂。载色母体和矿化剂所用原料的细度要与着色原料一致，通常在200～400目范围内。

（2）配合料的制备

色料的最终色调和品位，受加入色料中各种成分的影响，为使每一批色料显色相同，必须严格按配方称量，并充分混合、研磨均匀制成配合料。

混合方法有湿法和干法两大类。湿法是将各种原料称量配合后，装入湿式磨机（如球磨机、搅拌磨、振动磨等）中细磨并混合，然后干燥过筛。湿法混合有继续磨细的作用，对原料的细度要求不高，但要求混合均匀，混合后要干燥、过筛，工序较为烦琐。

干法混合是将各种已加工好的原料准确配合后，放入干式混合机（如悬臂双螺旋锥形混合机等）中混合。这种方法适合原料中有可溶性物质的混合，由于它只有混合而无磨细作用，故对原料的细度要求较高（最好99%的过400目筛）。目前国内所引进主要设备和软件的大型色料厂家多采用干混工艺，除某些品种如宝蓝、金棕等采用湿混工艺。干法混合所用的混合设备为不锈钢材质，混合机类型有V型混合机、双锥型混合机、犁刀型混合机等。

（3）烧成（固相反应）

将混合均匀并干燥好的配合料，按不同类色料的要求，分别采用敞装、盖装、封装及松散、压实等方式装入耐火匣钵或坩埚中煅烧，煅烧的目的是合成稳定的着色矿物。煅烧温度、烧成时间、烧成气氛由色料的种类和配方决定，它们对色料的品位影响很大。

煅烧温度通常分为高温和低温两种。低温煅烧温度在700～1100℃，如镉硒红、铬绿、锆英石系色料的合成。高温煅烧温度在1200～1300℃，如玛瑙红色料、尖晶石系色料等。大部分色料的煅烧温度则在1000～1300℃。烧成时间通常在10～16h，烧成周期平均为30h。最先进的色料烧成工艺为微波烧成，烧成周期不超过8h。

除某些色料需采用还原气氛烧成外，大多色料都采用氧化气氛烧成。通常采用一次烧成，个别特殊的品种也有采用两次甚至三次烧成的。

煅烧用窑炉多使用间歇式的梭式窑，也可采用推板窑等热工设备。应配备气氛自动控制和检测系统。

色料制备除要配方合理、配料准确之外，在整个工艺流程中，最关键的工艺是烧成，即色料的合成。色料的合成过程是一个高温固相反应过程，因此影响色料固相反应的因素与其它高温固相反应过程类似，主要有以下几个方面。

① 反应物的活性对固相反应的速率有很大的影响，当反应物有多晶转变时，在转变点温度附近，晶格常发生变化，此时反应物应增加，固相反应的速率也加快。

② 温度的影响和通常化学反应一样，升高温度能提高固相反应速率。

③ 物料的细度越细，色料合成速率常数越大，在相同的时间内合成的色料越多，反应进行得越完全。

④ 矿化剂能加快固相反应的原因在于矿化剂在某些情况下，可以促使反应物熔化成液相，有助于扩散作用，使反应速率加快；也可以使液相黏度降低，加快扩散速率，从而使反应速率加快。

煅烧中如原料分解不完全，用到产品上将会因气体的排出而产生气泡、破裂，在彩绘部位留下白色斑点，而该颜色移到无色部位上去。如固相反应不完全，烧结不充分，会在釉中分离为多个溶液，使装饰品上出现混色。

（4）烧成物的处理（粉碎、洗涤、包装）

煅烧后的色料要进行粉碎，每种色料都有它最佳的呈色颗粒细度和颗粒分布曲线。通常色料颗粒的平均粒度在 3～10μm，颗粒太粗则呈色不均匀，随着一定范围内细度的增加，呈色能力也增强，但如超过极限，由于色料在釉中的溶解，呈色能力反而下降，所以色料的粉碎工艺十分重要。

粉碎又可分为干法和湿法两种。干法粉碎适用于煅烧完全、硬度小和不含有可溶性物质的色料，其特点是工艺简单、效率高、能耗低。粉碎设备一般采用锤式粉碎机，其细度要求是全部过 250 目筛（最好是 400 目筛）。也有的工厂是采用特殊内衬的干式球磨机进行研磨，合格的粉料用真空吸走以保证细度。湿法粉碎是用湿式球磨机进行研磨，也可以使用搅拌磨等，其细度同样要求全部过 250 目筛（最好是 400 目筛）。

湿法粉碎后的色料，根据色料的要求，无可溶性物质的即可以进行干燥，有可溶性物质的则应根据可溶性物质的溶解性能，分别采用冷水、热水或者是稀盐酸等反复洗涤，直到水变得清亮为止，随后将色浆料放入搪瓷盘或不锈钢盘中，抽去料上的清水，后送入干燥室内干燥，一般干燥周期为 24h，然后打粉过筛，最后经配色、包装得到成品。

5.4 建筑陶瓷坯用色料

陶瓷坯用色料通常是指用在陶瓷坯体（包括陶质、炻质、瓷质）和化妆土（底釉与色化妆土）中用来着色、装饰的无机材料，包括各种乳浊剂。相对釉用色料而言，坯用色料的品种比较单调，使用也比较简单。但近几年在墙地砖生产领域，随着抛光砖二次布料、多管布料装饰技术及仿古砖干法布料技术的推广应用和发展，对干混色料、坯用干粒料等装饰材料的需求直线上升，相应地对陶瓷坯用色料的性能、品种提出了越来越高的要求。

5.4.1 建筑陶瓷常用坯用色料及基本要求

在建筑陶瓷生产中常用的坯用色料，按年用量排序见表 5-2。

表 5-2 建筑陶瓷常用的坯用色料

年用量排名	颜色	晶体结构类型	分子通式	备注
1	黑色	刚玉、赤铁矿型	$(Fe, Cr)_2O_3$	无钴黑
2	桃红	刚玉、赤铁矿型	$(Mn, Al)_2O_3$	锰红
3	棕色	尖晶石型	$(Zn^{2+}, Fe^{2+})(Fe^{3+}, Cr^{3+}, Al^{3+})O_4$	红棕、黄棕、金棕
4	橘色	金红石型	$(Ti, Cr, Sb)O_2$	橘红、橘黄
5	蓝色	尖晶石型	$CoAl_2O_4$	钴蓝
6	黄色	锆英石型	$(Zn, Pr)SiO_4$	锆镨黄
7	绿色	刚玉、赤铁矿型	$(Cr, Al)_2O_3$	铬绿
8	粉红	锆英石型	$(Zr, Fe)SiO_4$	锆铁红
9	蓝绿	锆英石型	$(Zr, V)SiO_4$	锆钒蓝

坯用色料应用时，在高温下的物理、化学环境取决于基础坯料的组成、烧成温度、烧成气氛等工艺条件。这些有的和釉用时相同，有的则不同。因此，有的同一种色料既可以作为坯用，经少许改变后也可以作为釉用，如锆系色料，但更多的色料则不行。因为坯用和釉用所处的化学、物理环境不同，在高温下会发生一系列的物理、化学变化，导致色料的结构发生变化，严重的将导致晶体结构的解体，并形成新的物质，使颜色发生变化，甚至变得无色。

对坯用色料的化学性质的要求如下所述。

① 坯用色料不应含有以硼酸盐、磷酸盐、铅酸盐、锑酸盐为主要成分的化学组分。因为这些组分在高温下起到强熔剂或助熔剂的作用，它们与坯体相互作用会导致色料的组成和结构发生变化而影响发色，造成变色、褪色，甚至于变得无色。而在一些釉用色料中，常用到硼酸盐、磷酸盐、铅酸盐、锑酸盐等作为主要化学成分。

② 坯体中的钙对于以锌、铁、铬为基础的色料（如红棕）有负面影响，而对于钴蓝系列色料则起到助熔作用，对镁、锌、钡系色料也有负面影响。

③ 坯体中的钙、镁对铁系红色色料有明显的负面影响。

④ 坯用色料必须在坯体烧成过程中（烧成温度1000～1200℃）稳定，并能经受住坯体中熔融组分的腐蚀。

⑤ 颗粒大小和分布。颗粒大小和分布是粉体最重要的测量参数，这两个参数影响着陶瓷色料的一系列特性，影响最大的是颜色、颜色强度、遮盖能力以及流变性能。

对于大多数陶瓷色料而言，其平均粒度（D_{50}）应在1～10μm之间，其中釉用色料偏上限，坯用色料可以小一些，即偏下限。就是同为坯用色料，不同颜色、不同品种对颗粒组成的要求也不同，同种色料因用途不同其平均粒度也不相同。如作为干混色料，不要求平均粒度小些，而要求对色料颗粒的表面进行改性，以提高流动性。

5.4.2 色料中着色物质与坯料间的相互影响

坯体着色可以用合成晶体色料，也可直接使用固体或液体着色化合物。但生产经验表明：使用后者着色的坯体不如使用前者着色的坯体呈色稳定且鲜艳饱和；使用结晶结构稳定的色料的坯体比使用晶体结构不稳定的色料的坯体呈色更为稳定且鲜艳饱和。

例如，玻化砖坯体中分别加入Co_3O_4、钴蓝（$CoO \cdot Al_2O_3$）、橄榄石型结构的$2CoO \cdot SiO_2$三种着色剂，在加入量相同的情况下，加入钴蓝的坯体蓝色最深，明度最高，而相对引入坯体中的钴离子量却是最少的。主要原因是钴蓝中的Co^{2+}处于四面体配位结构中，整个尖晶石型结构稳定性高，故其呈色稳定。

类似钴蓝在坯体中比较稳定的还有：锰红、锆钒蓝、赤铁矿型的铁-铬黑等。

坯体中加入少量着色材料，一般观察不到新的晶相出现。但当加入较多量着色氧化物或不稳定晶体色料时，都能较明显地使坯料的反应活性增加。在相同烧成条件下，烧结程度提高，收缩率增大。

同上例，随着钴蓝加入量的增加，坯体烧结程度略为提高，收缩率稍有增大。而当橄榄石型结构的$2CoO \cdot SiO_2$加入量在1.5%以上时，坯体发生膨胀。单独加入Co_3O_4的坯体，$Co_3O_4>1\%$时，坯体会发生严重过烧膨胀。

因此，对于坯体来说，也应当慎重地选择呈色材料的类型和加入量。

同上例，Co_3O_4的加入量应$<0.5\%$，$2CoO \cdot SiO_2<1\%$，$CoO \cdot Al_2O_3$呈色效果最

好，加入 2%比较合适。

在坯体中增加玻璃相含量，在相同条件下可以使着色剂呈色加深，色调趋于鲜明。如在玻化砖坯体中加入 ZnO 0.4%～2%，坯体的烧结程度会逐渐提高，坯体的呈色效果也相应得到改善。加入 ZnO 0.4%的玻化砖，吸水率也会有所降低。

5.4.3 天然坯用色料

(1) 塞维尔红 (510 B)

天然坯用色料在墙地砖生产中用得最多，应用历史较长的有巴黎红，又称塞维尔红或 510 B。近代测试分析表明，它是一种包裹型的硅铁红。这是产于法国南部的一种天然矿物，再经过精选调制而成。其主要化学组成是二氧化硅和氧化铁，对应的主要矿物组成为低温相的 β-石英和针铁矿（α-FeOOH），3 价铁离子的配位数是 6。

510 B 源自石灰岩经风化和水的溶蚀后其裂缝中共生的针铁矿，通过水的冲积搬运至富集有大量石英的低处沉积下来，再经长期地质年代的热液作用，最后形成了这种天然色料。其外观呈黄棕色，源自透明的 β-石英（低温相）所包裹的针铁矿的颜色。

这种天然色料用于墙地砖坯体中，在烧成过程中针铁矿受热分解，脱水分解生成 α-Fe_2O_3（铁红），使坯体呈现红棕色。其高温稳定性依赖于 β-石英包裹层的热稳定性，它起到阻隔作用，防止 α-Fe_2O_3 的高温分解，从而防止了红色的消褪和变黑。

510 B 用于墙地砖坯体中，在烧成时，往往会在烧成制度不合理、氧化气氛不足、坯体较厚、透气性差的情况下，发生黑心缺陷，生产中要采取相应的措施，防止此类现象的发生，但往往很难杜绝。在玻化砖坯体中的加入量为 4%～9%，氧化气氛烧成。

(2) 铬铁矿

天然的铬铁矿中通常含有：Cr_2O_3 45%左右，Fe_2O_3 25%左右，Al_2O_3 15%左右，MgO 10%左右。需要精选处理，将 Al_2O_3 含量降到 5%以下，MgO 含量降到 3%以下，才能合成优质的无钴黑色坯用色料。

铬铁矿在建筑陶瓷工业中更多的场合下是直接使用，用在低档的坯体着色上。在玻化砖坯体中加入 2%～10%，或加入 0.5%～1%合成铬铁矿，能使坯体呈灰黑到黑色。如将铬铁矿 95%和锰铁矿 5%混合使用，坯体呈灰黑色。

5.4.4 人工合成坯用色料

(1) 无钴黑

这是一种铁铬尖晶石，其化学通式为 $Fe^{2+}(Fe^{3+},Cr^{3+})_2O_4$。若将它用在釉中会变成棕色，这是铁和铬在釉中溶解和侵蚀的结果。而釉用的黑色色料通常是更为复杂的尖晶石，其中含有 Co、Ni、Mn、Cr 等多种成分，起到物理化学平衡作用，以确保黑色色相的稳定性，其中 Co 更是不可缺少的。

(2) 红色色料

① 锰铝红、铬铝红、铁铝红

它们同属于刚玉-赤铁矿型结构，基体是 α-Al_2O_3（刚玉），Mn^{3+}、Cr^{3+}、Fe^{3+} 置换了

部分 Al^{3+} 形成置换型、间隙型固熔体。从离子半径、配位数的角度来看，较容易生成固熔体的是锰铝红，其次是铬铝红，最难的是开发历史最晚的铁铝红。

② 铬锡红（玛瑙红）

最常见的红色坯用色料是具有榍石型结构的铬锡红。榍石的化学通式为 $SnO_2 \cdot CaO \cdot SiO_2$。$Cr^{4+}$ 取代了部分 Sn^{4+} 的位置，形成置换型固熔体。

③ 锆铁红

锆铁红属于锆英石型结构，是锆系三原色之一，其呈色机理属于包裹-固熔复合型。它既可以作为坯用色料又可作为釉用色料，但两者在组成和制备工艺上有不同之处。

④ 硅铁红

硅铁红结构属于包裹型，包裹相为 SiO_2，被包裹相为 α-Fe_2O_3（铁红）。包裹相应具备三个基本条件，即热稳定性（耐高温）和化学稳定性好、透明、热膨胀系数小。二氧化硅恰恰具备了这三个条件。人工合成硅铁红的开发是受到天然硅铁红的启发，现有液相合成法和固相合成法两种，在工艺上已趋于成熟，且各有优势，均已进入产业化、商品化。

⑤ 钇铝红

钇铝红的晶体结构属于钇铝榴石（$Y_2O_3 \cdot Al_2O_3$）型，呈色机理源自少量 Cr^{3+} 取代了部分 Y^{3+} 形成置换型固熔体。由于 Y_2O_3 的价格昂贵，该色料应用受到制约。

（3）钴蓝

钴蓝为一种钴铝尖晶石，化学通式为 $CoAl_2O_4$。还有一种钴锌尖晶石，其化学通式为（Co，Zn）Al_2O_4，它具有轻微绿调，且光泽度更好。

（4）锆钒蓝

锆钒蓝具有锆英石型结构，化学通式为（Zr，V）SiO_4，高温稳定性好，受坯体成分的影响较小（除富集钛的坯体）。锆钒蓝也可以釉用，只是釉用锆钒蓝与坯用锆钒蓝的制备工艺有些不同，工艺控制更严格一些。坯用锆钒蓝呈蓝绿色，明亮而不强烈。

（5）锆镨黄和锆钒黄

锆镨黄属锆英石（又称锆石）型结构，锆钒黄属斜锆石型结构，两者的色相也不相同，锆镨黄呈色鲜艳些，锆钒黄色调深沉。锆镨黄属于锆系三原色，使用同为锆英石型结构的色料进行调配复合色，其包容性更好。锆镨黄适应氧化气氛下使用，锆钒黄既适应氧化气氛，也适应还原气氛使用。

（6）由钛、铬、锑、钨复合组成的黄色、橘色、橘红色色料

该类色料一种为具有金红石型结构的（Ti，Cr，Sb）O_2 橘红色料，另一种为具有金红石型结构的（Ti，Cr，W）O_2 橘黄色色料。

（7）钛、铬、钨系棕色色料与铁、铬系棕色色料以及铁、铬、锰、锌系棕色色料

铁、铬、钨系棕色色料属金红石型结构，铁、铬系棕色色料属尖晶石型结构，铁、铬、锰、锌系棕色色料属复合尖晶石型结构。

尖晶石型棕色色料通常作为釉用色料，在坯用时呈色不稳定，在含有 K、Na 和富含 Ca、Mg、Ti 的坯体中会变色。

（8）铬、铝系绿色色料

铬、铝系绿色坯用色料比单一铬绿色料要稳定，它是一种介于 Cr_2O_3 和 Al_2O_3 之间的固熔体，常用于瓷质砖坯体中。

具有尖晶石型结构的 Co-Ti 系和 Co-Cr 系及具有赤铁矿型结构的 Cr-Fe 系绿色色料，通常不作为坯用色料，因为它们只有在含 K、Na 及富含 Ca、Mg、Ti 的坯体中才稳定。

5.4.5 铁红用于坯体着色

纯氧化铁红主晶相为 α-Fe_2O_3，室温呈鲜棕色，800℃呈略暗棕红色，900℃呈暗棕红色，1000℃呈棕红偏黑色，1100℃呈棕黑色，1200℃呈黑色。氧化铁红用于坯体着色时，呈色受坯体组成及烧成温度影响，最高烧成温度一般不高于 1200℃。

在陶瓷坯体中，铁红的呈色主要受四个因素影响。

① 温度。高温（1200℃）下，铁红本身不稳定，容易失氧而呈黑色，因此对呈色不利。

② 坯体中某些活泼成分（如 CaO 等）。高温下这些活泼成分容易与铁红反应，生成其它颜色的物质，因此对呈色不利。

③ 坯体中另一些活泼成分（如 MgO 等）。高温下这些成分也容易与铁红反应，但生成物较稳定且接近红色，因此对呈色影响不大。

④ 坯体中相对惰性成分（如 SiO_2 等）。在通常的烧成温度（1200℃）下，这些成分不与铁红反应，反而对铁红起到物理包裹作用，因此对呈色有利。

这四个因素的交叉影响使得产品呈色既与温度有关又与坯体组成有关。

5.5 几种常用建筑陶瓷釉用色料

陶瓷色料与釉料一样，是装饰建筑卫生陶瓷产品的外衣。它与陶瓷产品的胎体及釉料紧密结合一体，发挥着装饰美化建筑卫生陶瓷产品的作用，从而使产品形成一个五彩缤纷的陶瓷世界。现在陶瓷业的发展已经进入一个新颖的颜色釉时代，建筑卫生陶瓷产品的装饰越来越多地倾向于直接采用各种颜色釉，以构筑琳琅满目的新产品系列，满足国内外市场的不同需求。因此，熟练掌握好陶瓷釉中色料的使用技术，对于提高产品的品质，丰富企业的产品品种与种类具有非常重要的意义。色料使用技术包括了色料应用于陶瓷釉产品的所有的工艺方面，其中主要有色料使用工艺性条件问题、色料色调问题、色料粒度选择问题、色料的相容与排斥问题等几项技术特点与技术要求。

目前建筑陶瓷工业常用的釉用色料，按行业使用量排序情况见表 5-3。

表 5-3 建筑陶瓷常用的釉用色料

排名	颜色	晶体结构类型	分子通式	备注
1	棕色	尖晶石型	(Zn, Fe) (Fe, Cr, Al)$_2$O$_4$	红棕、黄棕、金棕
2	橘色	金红石型	(Ti, Sb, Cr, Ni, Nb, W, Mn) O$_2$	橘红、橘黄
3	黑色	尖晶石型	(Co, Fe, Ni) (Mn, Cr)$_2$O$_4$	有钴、无钴系列

续表

排名	颜色	晶体结构类型	分子通式	备注
4	灰色	锡石型	(Sn，Sb) O_2	锡锑灰（银灰、蓝灰）
5	蓝绿色	锆英石型	(Zr，V) SiO_4	锆钒蓝
6	鲜黄色	锆英石型	(Zr，Pr) SiO_4	锆镨黄
7	粉红色	锆英石型	(Zr，Fe) SiO_4	锆铁红
8	蓝色	尖晶石型	(Co，Zn) Al_2O_4	钴蓝
9	大红色、橙黄色	锆英石包裹型	Cd (Se_xS_{1-x}) /$ZrSiO_4$	包裹红、包裹黄

陶瓷色料在使用时，应根据色料的种类配用相适应的基础釉，通过改变基础釉的成分来调出不同的色料，同时还应掌握色料的复合应用技术。

(1) 红棕色料

红棕色调为目前流行色之一，红棕色料在卫生陶瓷及外墙砖上用量较大。其矿物晶体结构为同晶混合型尖晶石型，主要由 Fe_2O_3、Cr_2O_3、ZnO 三种氧化物组成。

为确保使用时尖晶石不溶解在釉中，使釉呈现红棕色调，一般不应用在镁釉或含 SiO_2 较高的釉中，这样可以避免出现红棕色泛黄绿或泛深暗棕的色调。

红棕色料最好用在含 ZnO 较高的釉中，使釉面棕里泛红，呈色漂亮。如果将其用在 SiO_2-KNaO-BaO 系釉中，则会出现咖啡棕色，色泽浑厚，具有特色。

红棕色料要求用在透明基础釉中，对透明熔块釉而言，一般外加量为 3%～4%。对生料釉而言，则稍多于熔块釉中的用量即可，适于氧化气氛。

由于红棕色料自身的颜色较深，遮盖力强，故在外墙砖等产品中使用时，在保证坯釉性能良好的情况下，不需要施底釉，而直接用在坯体上即可。

(2) 镨黄、锆钒黄

镨黄为锆英石型，锆钒黄为斜锆石型，二者晶体结构不同，呈色色调有异，但对使用时的条件要求相差不大。

这两种色料普遍使用在卫生陶瓷、内外墙砖、日用陶瓷、艺术陶瓷上，其共同点是对色料加工不宜过细，否则会破坏色料的晶体结构，减弱呈色能力。

这两种色料对基础釉适用范围广，在建筑卫生陶瓷釉、日用陶瓷釉中均呈较好的黄色，对基础釉无特殊要求。镨黄色料若用在高硼低硅易熔釉中，或者用在钠长石釉以及锆乳浊釉中，能使釉面呈现较鲜艳、明快的黄色，适于氧化气氛。锆矾黄色料用在高硼低硅流动性好的釉中，或者用在含 ZnO 的釉中、锆乳浊釉中则呈色更好。

镨黄色料的用量一般为 1.5%～5%，如欲得到淡奶黄色，向乳浊釉中添加 1%～1.5% 的镨黄色料即可。在釉中添加 5%的镨黄，可得到较为纯正的黄色。

锆钒黄的用量一般为 2%～6%，适于氧化和还原气氛。在彩釉砖的釉中使用 2%的锆钒黄，可得到奶油黄。这两种色料均可在低于 1300℃下使用。

(3) 锆钒蓝、海蓝

锆钒蓝和海蓝是两种晶型的色料，对基础釉的要求不一样。

锆钒蓝是一种较稳定的色料，对基础釉无特殊要求，加到不同的基础釉中，均可呈现一定色调的天蓝色。在生料釉中没有在熔块釉中呈色鲜艳，用在铅釉中呈色更好。一般提倡将锆钒蓝用于乳浊釉中。若基础釉中 ZnO 含量较高，会使天然色调变浅。锆钒蓝色料用量一般在 3%～6%，可以在≤1300℃下使用。适于氧化气氛。

海蓝色料是由 ZnO-Al_2O_3-Co_2O_3 合成的尖晶石系色料，由于 Co_2O_3 的强着色作用，在许多类型的釉中产生分解，呈现出较稳定的蓝色，但随着基础釉成分的变化，着色也发生变化。在 ZnO 釉中，随着 ZnO 含量的增加，釉的紫蓝色更为鲜艳；在 CaO 釉中，随着石灰石用量的增加，呈色更深；但如果用在锆乳浊釉中，则呈色变浅。因此海蓝色料更适合含 ZnO、CaO 的基础釉。

海蓝色料的用量一般是 1%～5%，在彩釉砖中，外加 1.5%的海蓝，可使釉呈现浅蓝中泛银白色调。在卫生陶瓷釉、日用陶瓷釉及坯体中也常得到使用。适于氧化、还原气氛。

（4）铬锡红、铬铝红

铬锡红色料因其特殊的晶体结构构造和着色机理，基础釉对它的影响较为敏感，不同的基础釉中呈色差别很大，对釉烧气氛也较为敏感。

铬锡红色料适合于钙釉，基础釉中的 CaO 能提高榍石的结构稳定性。该色料不适合用于含 ZnO 或 MgO 的基础釉中，因 Zn^{2+} 或 Mg^{2+} 会使色料载体榍石分解，生成透辉石（$CaO \cdot MgO \cdot 2SiO_2$），或者 Zn^{2+} 分解榍石后生成 SnO_2，使釉面产生白斑失透。

铬锡红色料也适用于含铅的长石-石灰釉中，在该釉中可呈现出较美丽的紫红色。如果将该色料用在锆乳浊白釉中，随着色料外加量的变化，可得到一系列的豆沙色调，此色调在高档卫生陶瓷上较为流行。铬锡红外加量一般为 5%～6%，或根据要求而调整。通常可在≤1300℃、氧化气氛下使用。

铬铝红色料为尖晶石型色料，一般由 Cr_2O_3、ZnO、Al_2O_3 合成铬铝尖晶石和锌铝尖晶石的固熔体。铬铝红适用于含 ZnO 或 MgO 的基础釉中。提高基础釉中 ZnO 和 Al_2O_3 的用量可提高色料晶体结构的稳定性，使其呈色能力提高。但高硅、高钙的基础釉则不利于呈色。含 PbO、B_2O_3 的基础釉对呈色也有影响。也就是说铬铝红色料适用于高锌、高铝、含镁的基础釉。

铬铝红色料在卫生陶瓷中用量大约 6%，可使釉呈现粉红色。在外墙砖釉中用量为 3%～4%，经常和其它色料复合使用。通常可以在≤1300℃、氧化气氛下使用。

（5）孔雀绿

孔雀绿色料属同晶混合尖晶石型色料，使用范围宽广，用途较为广泛。呈色随基础釉性能及加入量的不同而发生变化。

一般来说，孔雀绿色料要求基础釉中不含 MgO，最适合含 Na_2O、K_2O、CaO 成分较高的基础釉，随着三种氧化物含量的提高，色调向蓝色发展。

孔雀绿色料可用于日用陶瓷、外墙砖等，外加量为 1.5%～5%，该色料可以在≤1300℃、氧化或还原气氛中使用。

（6）橘黄

橘黄属金红石 Ti(Sb，Cr)O_2 型色料，由于晶体结构的特性，通常在中、低温釉中呈色稳定。它适用于含 TiO_2 及 CaO 的基础釉中，调整基础釉中 CaO 的含量，可以改变色釉所呈橘黄的色调。在彩釉外墙砖中使用时，在含锆英石乳浊剂的基础釉中加入 2%左右的橘黄色料，可产生姜黄色调的釉色。在含锌高钙中温生料釉中加入5%～7%的橘黄色料，可得橘黄色釉；向橘黄色釉中外加铬铝红色料，可得土黄色釉。该色料不适用于含PbO的基础釉。通常可在≤1180℃、氧化气氛下使用。

(7) 黑色色料

黑色色料同红棕一样，同属于同晶混合型尖晶石系色料。价廉低成本的黑色色料一般由Fe-Cr-Mn-Cu-Co的化合物合成，合成温度一般在1280～1300℃。

由于黑色色料中Fe_2O_3含量较高，使用时黑色色料用量较大，一些未合成为尖晶石的Fe_2O_3会引入釉中，这样就要求基础釉流动性良好、高温黏度小。否则，配入釉中黑色色料引入的Fe_2O_3容易使釉起泡，这种情况在外墙砖釉料中发生较多。

黑色色料不能用在含ZnO的基础釉中，虽然ZnO有助于尖晶石的稳定，但ZnO易与黑色色料成分中的Fe_2O_3、Cr_2O_3反应生成棕色尖晶石，使加入黑色色料的釉泛棕色或黄棕色。含MgO的基础釉也容易使黑色变化，产生较脏的黑棕色。因此黑色色料不能用在含ZnO、MgO的基础釉中。

黑色色料较适用于钙釉、钡釉、铅釉、流动性好的长石釉，在铅硼熔块釉中更容易显色。黑色色料同时也适用于透明生料釉或透明熔块釉。在透明熔块釉中用量一般为5%～6%，在生料透明釉中用量一般为6%～8%。该色料可以在≤1300℃、氧化气氛下使用。

5.6 陶瓷色料应用中重点注意的问题

5.6.1 色料的呈色均匀性

大多数陶瓷色料是通过高温下的固相反应得到的，要想使固相反应快速、均匀地进行，必须严格控制各项工艺参数。在多数情况下，生产的批量以吨计，不宜一次过多，以保证均匀性。

在基础釉或化妆土中加入呈色能力特别强的某些色料时，由于用量很少（小于5%），容易产生的问题是因混合不均匀而产生各种缺陷。由于色料通常是所有原料中成本最贵的，尤其是用在釉面砖和卫生陶瓷生产中，要求其着色必须均匀。基于这个出发点，通常采取先在白色乳浊剂中预先混入少量色料，随后再置于配合料中混合均匀后使用。

锆基和钛基色料大部分不能将乳浊性传给釉，在艺术陶瓷中往往需要这种低乳浊性，以便在不平的表面上造成明亮的效果。

对于色料最基本的要求之一，是要求颜色的均匀性。为获得均匀的颜色，有时还要考虑陶瓷坯体表面颜色的不均匀性，这就需要采用乳浊釉，通常是采用以硅酸锆作为乳浊剂的锆乳浊釉。

建筑陶瓷产品所用的色料都已经过色料专业公司的调配定位，但使用人员也应深入了解色料的调配与使用中存在的许多技术方面的因素与部分禁忌。

有些色料不满足进行大批量的重复生产使用，导致每次烧成后产品颜色不同或色调不一。目前发现的难以重复与批量性使用的色料种类，如维多利亚绿、锰铝粉红、铬锡粉红等，均会产生上述现象。工艺解决方法是在呈色浅淡的色料中引入少量的呈色力强的色料组分。

有些企业以黑色色料和白色乳浊剂制作灰色，结果不能收到很好的效果，远不如直接采用钴-镍灰方镁石灰色色料呈色效果好。

氧化铜类色料对于火焰的气氛非常敏感，在氧化焰中呈现绿色，而在还原焰中呈现红色，表现出很大的差异，故以此色料和其它色料进行调色时也应该注意意外影响。

5.6.2 色料的呈色稳定性

颜色是色料最主要的性质，颜色的种类是不断发展的，归类大致可分为红、橙、黄、绿、蓝、紫、黑、灰、白等颜色，而各种颜色之间存在一定的内在联系。颜色分消色和彩色，消色只有明度之分，而彩色可用色调、饱和度和明度三个参数决定。色调是彩色彼此相互区别的特征，物体的色调决定于光源的光谱组成和物体表面所反射或透射的各波长辐射的比例对人眼所产生的感觉，不同波长的光呈现不同的颜色。明度是人眼对物体的明亮感觉，物体对光的反射率越高，它的明度就越高。饱和度是在色调质的基础上所表现出的颜色的纯度。

可见光的各种单色光是最饱和的彩色，这些颜色当掺入的白光越多就越不饱和，对光波的选择性越强就越不饱和。

消色是对可见光波无选择吸收的结果，所呈现的黑、灰、白色，只有明度的差别。当对可见光波所有波长反射率在 80%～90%时，体现很高的明度，为白色；当对可见光波的所有波长的反射率在 4%以下时，呈现很低的明度，为黑色；反射率在两者之间是各种明度的灰色。

彩色则是黑、白以外的颜色，是对可见光波各波长有选择性吸收的结果，这样对光的反射既有量的变化，也有质的不同。量的不同，就是对可见光波反射率的高低，反射率的高低表现为彩色对光波的选择性，选择性越强，反射率越高，则明度越高。质的不同是对可见光波各波长的反射率不同，在某一段波长上反射率大，则主要表现该区间光波的颜色，其反射率不同，色调不同。

颜色的原色、补色间可以相互混合，从而得到自然界中的一切色彩，陶瓷色料也可以通过各种颜色的组合来丰富其颜色世界。

色料的呈色稳定性主要取决于色料的种类、呈色的温度范围、烧成气氛及与之相匹配的坯和基础釉的配方组成。

坯（色坯）和基础釉的化学组成对色料的呈色影响很大，如有些色料要求基础釉含较高的锌或铅等，这样获得的颜色更亮丽，如 Fe-Cr-Zn-O 尖晶石型棕色色料（要求高锌）和 $Cd(Se_xS_{1-x})/ZrSiO_4$ 包裹色料（要求高铅）；大部分色料要求基础釉低锌、低镁；有少数要求无锌、无镁，在这种情况下获得的釉色更明亮。

5.6.3 色料、基础釉、乳浊剂的相互匹配

在建筑陶瓷产品需要的高温烧成中，陶瓷色料与釉料发生相互熔化与交融。因此要想展示出色料的呈色功能，必须要求色料组分与釉料组分有较高的相容性与适应性。

通常的釉料是由单纯釉料、乳浊剂及其它添加剂等几部分组成的。因此釉料与色料的相容，实际上是色料和单纯釉料、乳浊剂及添加剂的各自相容。

为减少色料在釉中的溶解，可加入乳浊剂，乳浊剂应与色料相匹配、相混溶。这时要考虑它们在化学组成上的相同性。如锆系乳浊剂可用于锆系色料中，而钛系乳浊剂则适用于含

钛色料中，含氧化锡的色料（如铬锡红和钒锡黄），最好与含有氧化锡的乳浊剂相匹配。

在烧成中，基础釉与色料之间的相互作用会使呈色发生很大变化。有些色料如锆英石类色料在普通釉中相对不活泼，因此它们的呈色就稳定。而其它色料则更活泼一些，并且有些釉和色料的相互作用比另一些釉更强烈，这就必须加以专门考虑。

如有许多色料在釉中有 ZnO 时呈色不稳定，例如刚玉型的锰铝红、赤铁矿型的铬绿、石榴石型的维多利亚绿、锡石型的铬锡紫，以及榍石型的铬锡红，所以它们要求与之相匹配的化妆土和基础釉无锌或低锌。反之，有些色料如赤铁矿型的铁棕、尖晶石型的铬铝红、尖晶石型的铁酸锌棕、尖晶石型的锌-铁-铬棕等，则要求釉中 ZnO 的含量高，以保证色料的稳定性。

对刚玉型的铬铝红和锰铝红、尖晶石型的铬铝红以及尖晶石型的锌-铁-铬棕等需要基础釉中的铝含量高一些。对于斜锆石（ZrO_2）型的钒锆黄、尖晶石型的铬铝红和镉硒红等色料，基础釉中 PbO、B_2O_3 这些活性组分要限量使用，镉硒红色料要求在基础釉中加入部分 CdO 以保持足够的稳定。

5.6.4 色料适应的工艺条件

在陶瓷生产企业中，不同的陶瓷产品使用的各种色料，应该能够满足实际生产工艺要求，能够形成预期的装饰效果，提高产品的品质。目前建筑卫生陶瓷产品使用的陶瓷色料与陶瓷颜料，要较日用陶瓷等更为丰富。建筑卫生陶瓷产品的装饰在彩饰方法上，已经分为釉下彩、釉中彩、釉上彩、色瓷胎、色釉及色化妆土等几个方面。

不过，色料的装饰技法种类虽然很多，但使用效果与选择范围各有利弊，在使用时应该加以严格选择。比如釉下彩色料是进行釉下彩饰，上面再覆盖一层透明釉料，呈色纹饰花面处在釉下，具有装饰的玻璃感好，但由于烧成温度高（1200～1320℃），可选择的色料品种范围反而较窄。釉上彩则是将色料绘在釉面表面，采用低温烧成后，色料附着于釉表面，由于彩烤温度低（650～830℃），具有可供选用的色料种类广泛的优点。不过由于其色料在釉面上，易产生色料中的金属化合物溶出问题。

釉中彩技术介于釉上彩与釉下彩之间（烧成温度为 1100～1200℃），色料的颗粒处在釉层的中间，色调形成一种朦胧的美感，但所用色料种类亦受一定限制。呈色瓷胎采用了将色料掺配入坯料内，从而使产品瓷质形成出色效果，瓷胎表面一般上透明釉。色釉是将色料与颜料直接引入釉料内，使釉料形成色釉（烧成温度在 1150～1280℃）。还有一种将色料加入不溶性高岭土中，制成陶衣（亦称化妆土），用于陶瓷制品装饰，称为色化妆土。此种化妆土可以遮盖瓷砖不洁的砖坯，作用很大，但仍需在色化妆土表面再施一层透明釉料（烧成温度为 1150～1250℃），起增加保护与光亮作用。

5.7 陶瓷色料的新发展

近几十年来，陶瓷色料的发展取得突破性的进展，如无铅无镉釉上色料、无镉硒红色料的研制成功。尤以 20 世纪 70 年代德国开发的包裹型硫硒化镉色料最引人注目。其合成方法是采用液相共沉淀法，用透明晶体 $ZrSiO_4$ 包裹高温下易氧化分解的硫硒化镉晶体，使其在高温下呈大红色。这种包裹方法给人很大的启迪，现在人们正在尝试用此方法开发包裹型金红色料、碳黑色料、钴蓝色料等。

随着色料合成的新方法（如自蔓延燃烧法、溶液燃烧法、水热法等）、新技术在色料制备工艺上的成功运用，色料的发展会出现新的飞跃。

5.7.1 仿金、代金色料

传统金水是硫化香膏与三氯化金结合而成的硫化香膏金的复合物，溶解于挥发油和有机溶剂中制成，其中含金量8%～12%。因金水制造方法复杂、价格昂贵，故不能在日用陶瓷、建筑卫生陶瓷上大面积使用，仅在陶瓷装饰时做点缀、增辉之用。人们一直在寻找代替金水装饰陶瓷表面的技术和仿金、代金色料。

近年来，国外对于陶瓷用仿金、代金色料的研究和开发加快了步伐，由低温（750～850℃）装饰，提高到中、高温（1200℃）装饰，其中相当大一部分不再使用或很少使用黄金、铂金等贵重金属材料，而用仿金、代金色料，很适合各种中、高档建筑卫生陶瓷产品的装饰。

目前有以下两类比较成熟的仿金、代金装饰色料。

（1）钯、银、铋代金色料

英国按钯∶银＝(1～1.2)∶1的配比熔解入钯金属-有机化合物和银金属-有机化合物中，再以基础金属（Bi、Cr、Pb、U、Sn、Ti、W、Zr或其它混合物）的有机盐为熔剂，按特定工艺得到的色料呈金黄色，但钯银比范围较窄，须严格控制。

（2）云母仿金彩料

日本在无铅熔块中加入超细云母可制得釉上金彩。前苏联用金云母和白云母为主要原料也制成了仿金彩料，用白云母的彩料呈银色。德国采用人工合成云母粉加工的色料再加熔剂制备代金色料。

近年来，一些厂家所采用的仿金色料的云母基珠光色料系列产品中的金色系列产品，如铜红、金黄、赤铜、红金色等，其中已添加了熔剂成分，可直接作釉上彩料使用或直接印刷于建筑陶瓷表面。

5.7.2 电光彩料

电光彩料早在20世纪60年代就已经用在日用陶瓷装饰上，近几年来用在建筑陶瓷上。它是以油脂、松节油、樟脑油、苯等材料制成，将电光彩料稀释后，再涂覆或喷彩到砖的表面，烧成后砖的深处呈绿色，浅处呈绯红、紫、蓝、黄、淡蓝、灰等多种色调，有时还带有某种金色感，在光照下闪闪发光。其烧成温度780～820℃，主要用于三度烧腰线砖上。意大利、西班牙等国已在建筑陶瓷上大量采用，形成众多色调，有珍珠色、桃红色、金褐色、紫色、铜色、黑色、鼠灰色等几十个品种。

5.7.3 长余辉发光色料

长余辉发光色料是近几年来研究的热点。它主要有低度应急照明、指示标识、装饰美化三大用途，广泛用于发光陶瓷、发光玻璃、发光水泥、发光纸、防伪商标等方面。

稀土离子Eu^{2+}激活、Eu^{2+}、Dy^{3+}共激活的铝酸锶长余辉光致发光色料是最好的，此色料已实现工业化生产并有望批量应用于建筑陶瓷的装饰。

5.7.4 相干色料

传统色料归类于一维色料，从任一观察角度来看，看到的都是同一种颜色，属于吸收光色料。

金属光泽色料或仿金属色料归类于二维色料，随着观察角度的变化，外观颜色也发生变化，属于吸收-反射色料。

相干色料是三维空间色料，随着观察角度和入射光角度改变，都会呈现出不同的颜色外观，属于吸收-反射-干涉色料。它增强了所装饰物体的立体感，属于典型的高科技装饰技术。

相干色料应用到陶瓷装饰上是近十年的事，在国内只是近两年才接触到。它不含有毒的重金属，完全无毒，属于绿色环保装饰材料。

在陶瓷上用的相干色料，主要采用钛或铁覆盖分散在云母鳞片基体上，也用在以硅或氧化铝鳞片为组分的基体上。

5.7.5 水热法制备包裹色料

包裹色料制备方法可以归纳为熔剂包裹法、基础釉包裹法、异晶包裹法三类。

分别采用 $ZrSiO_2$、SnO_2、TiO_2 作为基质对 Cd(Se，S）进行异晶包裹，将色料耐热温度提高到 1200℃以上。包裹率从 1%～2%到 6%～7%，到 9%，直到 12%。即便如此，包裹率还是太低，大部分色料在形成 $ZrSiO_4$ 时已经分解，降低 $ZrSiO_4$ 晶粒生长温度是关键。

水热法是一种利用水作为活媒并在高温、高压下制备研究材料的方法。水热法制备的陶瓷粉体具有晶粒细小，Cd(Se，S）晶体可达 100nm，发育完整，粒度均匀，成分纯净等特点。制备过程无污染，周期短，避免了煅烧法制备的粉体结构不完整的缺陷，而且制备的温度低（＜350℃），是一种有前景的粉体制备方法。

5.7.6 利用矿物原料或工业矿渣制备色料

利用铬铁矿制备坯用无钴黑，有极大的实用价值，其成本低廉、发色黑而稳定。以铬铁矿为主要原料，适当配以 Fe_2O_3、Cr_2O_3、MnO_2、CuO 等，在 1250～1265℃下煅烧，有 $(Mn_{0.5}, Cr_{0.5})(Mn_{0.5}, Cr_{0.5})_2O_4$、$FeCr_2O_4$、$CuFeMnO_4$、$FeFe_2O_4$、$CuMn_2O_4$ 晶体析出，对呈色有利。

影响黑色料呈色的主要因素为铬铁矿、Fe_2O_3、Cr_2O_3、MnO_2、CuO 五者的比例。当这些氧化物浓度合适时，它们的光谱曲线叠加后对可见光全部吸收而使色料呈现黑色。

利用矿物原料或工业矿渣制备色料是色料发展的一个趋势，可以大大降低成本，是绿色环保色料。同时，近年来也有较多方法制备了性能优良的色料。如：通过溶液燃烧反应和后续的高温煅烧制备了超细 $CaLaAl_{1-x}Cr_xO_4$ 红色陶瓷色料。合成色料具有良好的高温稳定性，有利于陶瓷色料的应用。采用改进的溶胶凝胶法合成制备了 $Y_3Al_5O_{12}$ 作为衬底和 Cr^{3+} 作为掺杂离子的新型近红外反射陶瓷色料，新型陶瓷色料还具有耐酸碱和耐高温特性。掺铬 $Y_3Al_5O_{12}$ 色料具有近红外反射率高、绿色宜人、耐受性好等优点，有望成为坯料和釉料的着色剂，弥补单一材料的不足。以松香为有机前驱体，在低温下成功合成了单相 $ZnAl_2O_4$ 尖晶石蓝色色料。通过聚合路线成功地合成了基于 AB_2O_4（A=Co，Ni；B=Cr，

Al）尖晶石型结构的绿色无机色料，获得的纳米颗粒由几乎呈球形的颗粒组成，色料加入量小于4%就足以使材料获得纯正绿色。也有研究者通过固相反应成功合成了Ni/Co掺杂的$Ba_{0.956}Mg_{0.912}Al_{10.088-x}Co_xO_{17}$（$0\leqslant x\leqslant 0.3$）蓝色色料。所制得的新型Ni/Co掺杂$Ba_{0.956}Mg_{0.912}Al_{10.088-x}Co_xO_{17}$蓝色色料具有较低的Co含量和简单的陶瓷合成工艺，是一种很有前途的蓝色氧化锆陶瓷着色剂。也有研究者采用机械激活辅助固相法合成了一种具有随光异色功能的钼酸钬陶瓷色料，所制备的钼酸钬色料具有良好的高温化学稳定性，可以作为一种潜在色料应用于陶瓷装饰等领域。

5.7.7 陶瓷墨水

目前，国内陶瓷墨水已研发12～14种，包括7种不同颜色。其中蓝色发色力最强，黄色发色力较弱，现有的黄色墨水带有绿色调，棕色居中，鲜艳的红色仍然很难达到，且白色墨水的白度也不高。此外，现有进入生产的组合陶瓷墨水一般为3色（蓝、棕、黄）、4色（蓝、棕、黄、橘）、5色及6色。2014年西班牙瓦伦西亚国际瓷砖卫浴展上，FERRO（西班牙）公司研发的水溶性墨水获得化工领域的阿尔法奖。用水性墨水制备出的瓷砖产品色彩鲜艳、靓丽，引发了国际市场的广泛关注，水性陶瓷墨水的推出可能迎来喷墨技术的新一轮技术变革。

5.7.7.1 陶瓷墨水种类、特点及其应用

目前，陶瓷墨水朝着水性体系和功能化两大创新技术方向发展。水性陶瓷墨水又可细分为抛光砖墨水和大墨量墨水，而功能墨水又包括具有环境友好型的负离子功能、抗菌杀菌功能、自洁功能、防静电功能，和具有特殊装饰效果功能的下陷3D效果、贵金属效果、闪光效果等墨水。陶瓷墨水的创新，将促进五位一体釉线技术，实现施釉+炫彩+装饰+功能+喷釉为一体的釉线装饰材料墨水化，使得建筑陶瓷更具个性化、功能化、艺术化，成为美化人居环境的建材首选。功能墨水是指用于瓷砖的釉面表层，赋予瓷砖有益于人身体健康或特殊效果、特定环境特殊要求的附加功能，是色料墨水成熟应用之后发展起来的陶瓷墨水新品。利用喷墨技术将功能性陶瓷墨水打印在陶瓷砖上，可以实现建筑陶瓷的个性化和功能化，顺应了国家政策和消费者的主流，对于陶瓷企业研制新产品、打造品牌具有十分重大的意义。

（1）水性陶瓷墨水

水性陶瓷墨水又可细分为抛光砖墨水和大墨量墨水。

① 抛光砖墨水

抛光砖墨水是最近研发成功并应用于抛光砖图案打印的墨水，可适用于表面强度高、耐磨性能好的抛光砖装饰。抛光砖墨水区别于釉面砖使用的墨水，但都是使用喷墨打印机将墨水喷印在陶瓷砖上，属于水性陶瓷墨水。目前，已经成功上线应用，渗花深度达3～4mm，总体效果趋于稳定，技术基本成熟。

喷墨抛光砖是指采用可溶性液体染色物作为发色体，通过喷墨打印技术，将图案打印到坯体表面，液体染色物渗入坯体（或釉体）内部，经过高温煅烧后，从而呈现出具有色彩的装饰图案。喷墨抛光砖的面世是墨水、喷头和设备联动创新的成果，抛光砖墨水需要专门的水性体系喷头和适应水性体系墨路的喷墨打印机。目前，已成功开发出灰、褐、蓝、灰绿、

咖啡、黄绿、黑、白等颜色的墨水，开发的墨水扩散问题得到解决，能够很好地避免喷墨后墨水横向扩散，并且垂直渗透能力强，渗透深度达到 4mm 以上，抛光后渗透深度仍然有 2mm 以上，垂直渗透还得益于喷墨后喷特殊的助渗剂。

喷墨抛光砖与传统丝网印刷相比亮点在于喷墨同时喷印，定位准确，不同颜色的发色因子相互叠加、均匀合理，可以在砖面得到浓淡相宜、颜色平缓过渡的版面效果，可实现平行和垂直的喷印。现在已经设计出鲜绿、鲜黄色调的版面效果，其具有翡翠般的玉质感。未来喷墨抛光砖将具有质感、玉感、触感的效果，其设计空间将是无限的。另外，喷墨抛光砖的另一亮点在于设计模仿将难于抛釉砖，因为喷墨抛光砖的发色与坯体的配方组成关系密切，将有利于品牌的保护。

② 大墨量墨水

从现在的喷墨产品来看，现有的油性墨水在生产浅色瓷砖方面具有优势，而缺点在于难以发出大红、大紫、柠檬黄等比较鲜艳饱满的颜色，难以得到炫彩图案，一些大图案始终比不上辊筒印刷。而伴随着喷头的设计创新，喷墨量将达到 $100 \sim 1000 g/m^2$，喷墨量提升后，墨水的颗粒亦可进一步放大。如此大的喷墨量，需要水性体系的墨水进行配合，方可完全与釉料兼容，避免出现裂釉等缺陷，同时在环保上得到改善，也有利于仪器设备的清洗。

(2) 功能化陶瓷墨水

① 负离子功能墨水

负离子功能陶瓷墨水数码技术是指将负离子材料研制成陶瓷墨水并应用陶瓷喷墨打印机打印在陶瓷砖表面，经烧成后能够永久产生负离子的技术。它具有成本低廉、不影响砖面图案效果、负离子发生量高、放射性达到 A 类合格水平、应用方便等优点。同时还具有普通油性墨水一样的使用性能，可直接在现有体系的喷头和工艺条件上应用。负离子砖产生的负离子可以净化空气，能让人精力充沛，提高人们的工作效率。在一些公共场所，如学校、医院、办公楼、养老院、娱乐场所等地方将能发挥很好的作用，有利于改善人们的健康。

② 变色功能墨水

变色功能墨水是将稀土元素的发光特性充分应用在陶瓷喷墨墨水中，利用稀土独特的光学性能作为着色或助色原料。近些年来，稀土在高级建筑装饰材料和艺术陶瓷、日用陶瓷等方面的应用越来越广泛，能够达到一些传统色料不能达到的效果。使用稀土原料烧制成的陶瓷是采用一般着色剂的产品难以比拟的，其色泽艳丽、柔润、均匀，如橘黄、娇黄、浅蓝、银灰、紫色等，玲珑精美，且独有的变色和发光效果更是精绝，随着照射光线强弱的不同而变化的各种颜色异彩纷呈、瑰丽多姿。变色功能墨水喷印在陶瓷砖表面经烧结后，由于稀土氧化物谱线繁多，其在可见光区具有多个明显狭窄吸收峰，在不同光照下能呈现出不同的色彩。其中以钕稀土为变色材料的墨水在日光灯下呈现出蓝色色彩，而在弱光下呈现出粉红调的色彩。变色功能墨水经过对粉体进行改性，墨水具有良好的使用稳定性和高温呈色稳定性，适应现在市面上流行的各种喷头和喷墨设备。

③ 下陷功能墨水

下陷功能墨水是使用在高温条件下能够产生溶蚀效果的材料制得的墨水，其下陷效果深浅可调节，下陷线条宽度可减小到 1mm 以下。得到相同的瓷砖图案，下陷功能墨水相比下陷釉节省至少 50%的用量。其烧成温度范围广，在 1000～1200℃之间均可，一次烧、二次烧墙地砖均可。墨水不会影响砖面色彩的发色，表现出立体、简洁、高贵的效果，是新一轮开发新产品高峰的首选科技产品。

④ 3D 自洁功能墨水

随着居住要求不断提高，人们对生态环境的重视程度也越来越高，致力于利用自然条件和人工手段来创造一个更舒适、健康的生活环境，同时又要控制自然资源的使用，保持建筑外观的美丽洁净。自洁陶瓷在日本已得到大量的应用，其主要原理是瓷砖表面有一层经高温烧成后能够使得瓷砖表面细腻光亮平滑的材料，即憎水材料，从而使得污垢极难附着在瓷砖表面上，非常容易清洁。一个很简单的检测方法可以对比喷印了自洁功能墨水的瓷片砖与普通瓷片砖的自洁效果，即在砖面上倒 100g 左右的水，然后用嘴吹砖面的水，将会发现具有自洁功能的砖能够使得水很容易流动，而普通的亮面砖则很难使得水流动。所以，对于外墙砖和应用在厨房、卫生间的瓷砖就具有很好的清洁效果。自洁功能墨水是使用特殊材料制得的陶瓷墨水，经喷墨打印后均匀施在陶瓷砖表面上。

⑤ 其它功能墨水

闪光墨水开启了喷墨打印金碧辉煌时代，墨水喷印在瓷砖釉面上，高温烧成后析出矿物晶体而使釉面强烈反光。金属墨水点石成金，打造陶瓷中的土豪金，墨水喷印在瓷砖釉面上，有金属般的光泽，有金色、黄色、黑色、银灰色等系列。夜光墨水喷印在瓷砖表面后经烧成，瓷砖在黑暗的条件下能够发光。银离子和二氧化钛材料能起到抗菌杀菌的作用，所以把一些银离子和二氧化钛材料制作成墨水喷印在瓷砖表面后经烧成，使得瓷砖具有抗菌杀菌的效果。除此之外，还有一些珠光效果的墨水、可喷大墨量的亲水釉料墨水、使得瓷砖表面具有凹凸效果的憎水墨水、可黏颗粒的胶水墨水等。

5.7.7.2 陶瓷墨水组成及其作用

喷墨打印技术在陶瓷制品上的应用关键在于陶瓷墨水的制备。所谓陶瓷墨水，就是含有某种陶瓷釉料成分、陶瓷色料或陶瓷着色剂的墨水。陶瓷墨水的组成和性能与打印机的工作原理和墨水用途有关，它通常由无机非金属颜料（色料、釉料）、溶剂、分散剂、结合剂、表面活性剂及其它辅料构成。无机非金属颜料是陶瓷墨水的核心物质，要求颗粒度小于 1μm，颗粒尺寸分布窄，颗粒之间不能团聚，有良好的稳定性，受溶剂等其它物质的影响小。溶剂是把无机非金属颜料从打印机输送到受体上的载体，同时要控制好干燥时间、墨水黏度、表面张力等不随温度变化而改变。溶剂一般采用水溶性有机溶剂，如醇、多元醇、多元醇醚和多糖等。分散剂能帮助无机非金属颜料均匀地分布在溶剂中，并保证在喷印前粉料不发生团聚。它的主要成分是一些水溶性和油溶性高分子类、苯甲酸及其衍生物、聚丙烯酸及其共聚物等。结合剂能保障打印的陶瓷坯体或色料具有一定的强度，便于生产操作，同时可调节墨水的流动性能，通常树脂能起到结合剂和分散剂的双重作用。表面活性剂能控制墨水的表面张力在适合的范围内。其它辅助材料主要有墨水 pH 值调节剂、催干剂、防腐剂等。

5.7.7.3 提高陶瓷墨水稳定性的途径

陶瓷色料是陶瓷墨水的核心，陶瓷墨水的性能要求除普通墨水的颗粒度、黏度、表面张力、电导率、pH 值以外，根据墨水应用的特点，对陶瓷色料还有一些特殊性能要求：陶瓷色料粉体在溶剂中能保持良好的化学和物理稳定性，经长时间存放，不会发生化学反应和色料颗粒的团聚，不会出现色料颗粒的沉淀；在打印过程中，陶瓷色料颗粒能在短时间内以最有效的堆积结构排列，附着牢固，获得较大密度的打印层，以便煅烧后具有高的烧结密度；色料在加工到喷墨打印机能顺利使用的粒度和粒度分布时，色料的色饱和度下降不太明显，色料高温烧成后稳定，具有良好的呈色性能以及与坯釉的匹配性能。

（1）降低色料颗粒的沉降速率

首先，要求色料的粒度较小，并且需经过良好的分散，而不能团聚在一起，所以分散设备、分散方法、分散介质、分散时间等因素很重要。色料颗粒越小，布朗运动越强，颗粒会克服重力影响而不下沉。其次，可尝试降低分散相与分散介质的密度差，可通过调整色料制备工艺降低色料的密度，或通过加入添加剂（如壳聚糖等糖类物质）增 加分散介质的密度，但前提是陶瓷墨水的密度需达到 $1.0 \sim 1.5 g/cm^3$。最后，在适应喷墨打印（进口陶瓷墨水要求打印温度下黏度为 1～13mPa·s，表面张力为 30～32mN/m）的前提下，可以添加适量的黏度调节剂以提高分散介质的黏度来降低沉降速率制备陶瓷墨水。可以尝试使用的黏度调节剂有：丙烯酸树脂、乙醇、异丙醇、正丙醇、正丁醇、三乙二醇甲醚、聚乙二醇甲醚、聚乙二醇、羧甲基纤维素、*N*,*N*-二甲基间甲苯胺、乙二醇苄醚、壳聚糖、四氢糠醇、吗啉等。

（2）选择合适的陶瓷色料种类

尽管目前已经研发出十余种陶瓷墨水，但陶瓷墨水的彩色范围仍较窄，鲜艳的红色色系、黄色色系和黑色色系陶瓷墨水高温烧成后的发色效果仍不是很理想，制约了陶瓷墨水在陶瓷砖装饰上的应用。首先，陶瓷色料的发色主要取决于微观结构，即离子的结构、电价、半径、配位数及离子间相互极化作用等。陶瓷色料的着色主要可分成三大类：晶体着色、离子着色和胶体着色。第一类是晶体着色，它占了大多数，如刚玉型的铬铝红、金红石型的钒锡黄、锆英石型的钒锆蓝、尖晶石型的钴铁铬铝黑、石榴石型的维多利亚绿等；第二类是离子着色，我国传统的铁青釉就是典型的离子着色；第三类是胶体着色，铜红釉的着色就是依靠氧化亚铜胶体粒子。其次，发色效果除了与着色离子等因素有关外，还与载体的形式有关。若形成固溶体、包裹体、尖晶石等载体结构，可提高色料的呈色稳定性。再次，陶瓷墨水要求具备超强的发色饱和度和稳定性，而陶瓷色料的粒度对发色效果的影响很大。黑色色料的呈色机理主要是通过颜色的减色混合原理实现的，即通过几种色料颗粒对不同波段的可见光进行选择性吸收，最终将 400～700nm 波段的可见光全部吸收，从而使釉面呈现黑色。特别是含钴的黑色料，粒度越小，黑度越好。棕色色料随着粒度的减小，一般红、黄调会增大，但颜色深度会明显变浅。由于人眼对棕色的色差敏感，即使在色差很小的情况下也能观察出来。锆系三原色色料存在结构不稳定的问题，随着粒度的减小，在釉料中的发色饱和度明显降低。锆系灰色色料随着粒度的减小，呈色更加均匀。钒锆黄色料属“媒染型”色料，结构稳定性差，粒度的减小对色调影响明显。包裹色料受粒度的影响非常大，长时间研磨易使包裹结构受到破坏，缺陷增多，导致发色变浅。Co-Si 系的宝蓝色料属离子着色，在乳浊釉中粒度越小，呈色越均匀；在透明釉中，随着粒度减小，游离到釉中的 Co^{2+} 转化为四配位的机会增多，其紫红调减小，蓝调增大。在陶瓷色料结构体系中，尖晶石型陶瓷色料的晶体结构致密、发色稳定、气氛敏感度小，特别是高温稳定性和化学稳定性好，如钴蓝系列、棕黄系列和黑色系列。而且尖晶石型结构色料的细度越小颜色饱和度反而越好。因此，陶瓷墨水最好选择尖晶石型等结构类型的陶瓷色料。

目前陶瓷墨水色料的生产主要采用固相法，原料的活性和粒度、混料的均匀程度、表面活性剂和矿化剂的种类及用量、烧成制度等因素对色料的合成至关重要。由于纳米级原料的表面吸附、团聚作用较大，混料的均匀程度较难控制，且固体反应时组分扩散只能在微米级，因此产品的质量不理想，存在色料色彩明度低、着色能力差、显色稳定性差和色差等问题。由于固相法具有制备工艺简单、成本较低、技术成熟等优点，所以它被广泛地使用。制备时也可考虑以均匀系统代替非均相系统，即采用化学共沉淀法、溶胶凝胶法、水热法、微乳液法等方法制备高性能陶瓷墨水色料。也有许多专家利用化学共沉淀法、溶胶凝胶法等液相法来制备陶瓷墨水色料，但当前存在所制备的墨水发色较浅、中位粒度$>1\mu m$，且粒度分布不均匀等问题，还需要进行深入研究。

可用于加工陶瓷墨水色料的设备，主要有干法气流磨机和湿法搅拌式球磨机。其中，气流磨是以气流作为介质，通过环形超音速喷嘴加速形成高速气流，带动颗粒加速，相互碰撞导致颗粒粉碎。粉碎后的颗粒经过涡轮气流分级机分级，合格颗粒进入收集系统，不合格颗粒返回粉碎机继续粉碎。若使用湿法搅拌式球磨机对色料粗品进行球磨，需要将粉体处理至亚微米级之后，再通过分级设备分离，以得到亚微米级的产品。

（3）对色料颗粒进行表面改性

目前，针对纳米SiO_2、纳米TiO_2、纳米ZnO、纳米$CaCO_3$、纳米Fe_2O_3、纳米SiC等纳米级无机粉体的改性技术已经较为成熟，制备陶瓷墨水时可借鉴这些技术对陶瓷色料进行改性。按改性原理的不同，纳米无机粉体表面改性可分为物理法和化学法两大类。物理法表面改性技术包括表面活性剂法、表面沉积法和高能表面改性等。化学法表面改性技术包括机械力化学改性和表面化学改性。表面化学改性是利用改性剂中的有机官能团，与无机粉体表面进行化学吸附或反应而进行表面改性。它可以分为偶联剂法、酯化反应法、表面接枝改性法。偶联剂法是偶联剂与纳米粒子表面发生化学反应，使得两者通过范德华力、氢键、配位键、离子键或共价键相结合；酯化反应法是利用金属氧化物与醇的酯化反应，使得粒子亲水疏油的表面变为亲油疏水的表面；表面接枝改性法是通过化学反应在无机纳米粒子表面接枝高聚物。接枝可分为3种类型：聚合与接枝同步进行、颗粒表面聚合生长接枝和偶联接枝。

（4）选择合适的墨水分散剂

分散剂可以帮助陶瓷色料颗粒均匀地分布在溶剂中，并保证在喷墨打印之前微粒不发生团聚。制备陶瓷墨水可以尝试使用的分散剂有：亚甲基双萘磺酸钠（NNO）、聚羧酸类化合物、聚乙二醇20000、海藻酸钠、聚丙烯酸（PAA-20000）、聚丙烯酸铵、焦磷酸钠等。EF-FA-4300为聚丙烯酸酯型高分子，一方面，主链的多个点位上悬挂有羧基官能团，一般含有N、O等官能团的有机物对无机物都有一定亲和性，能够和无机物的羧基形成氢键，锚固在无机物颗粒表面；另一方面主链上大分子可溶性基团在溶剂中充分伸展，形成位阻层，充当稳定部分，阻碍颗粒碰撞聚集和重力沉降，起到稳定墨水的作用。超分散剂的分子结构含有两个在溶解性和极性上相对的基团，分别产生锚固作用和溶剂化作用。其中一个是较短的极性基团，称为亲水基，其分子结构能使其很容易定向排列在物质表面或两相界面上。降低界面张力，对水性分散体系有很好的分散效果。超分散剂的另一部分为溶剂化聚合链，聚合链的长短是影响超分散剂分散效果的重要因素。聚合链长度过短时，不能产生足够的空间位阻，分散效果不明显；如果过长，将对介质亲和力过高，这样不仅会导致超分散剂从粒子表面解吸，而且还会引起在粒子表面过长的链发生反折叠现象，从而压缩了空间位阻层或者造成与相邻分子的缠结，最终发生颗粒的再聚集或絮凝。

（5）对色料颗粒进行聚合物微胶囊包覆

采用长链聚合物对色料颗粒进行聚合物微胶囊包覆，能够有效阻隔色料粒子团聚，提高与聚合物基体的界面相容性和在介质中的分散性能。包覆后的色料颗粒可以看成是由核层和壳层组成的复合颗粒。聚合物微胶囊包覆可采用物理和化学包覆法。溶液蒸发法、喷雾造粒法或静电吸附法都属于物理包覆过程。溶液蒸发法是将囊壁材料以适当的溶剂溶解后，与色料充分混合，再通过加热等方法使溶剂挥发掉，色料与聚合物一直保持在液相状态，直至溶剂蒸发掉。随着溶剂的不断减少，聚合物不断被吸附在色料表面，形成微胶囊。喷雾造粒法是将色料粉碎至一定细度后，与一定浓度的聚合物溶液混合，制成悬浊的浆料，把该浆料经喷雾装置高速喷出，同时向其中鼓入热空气，色料在喷出、下落过程中颗粒表面的溶剂迅速蒸发掉，囊材沉积在色料表面，形成微胶囊。化学包覆的方法有微乳液聚合法、悬浮聚合法和分散聚合法等。化学包覆成功的关键是聚合物和色料颗粒间必须有某种结合力产生。但陶瓷色料颗粒表面一般为惰性，很难和聚合物产生化学接枝。可在色料颗粒表面通过偶联反应接上一些有机基团，如—OH、—RNH_2、—RSH、—NHR、—C═C—R—N═N—R、—R—O—O—R 等，或者通过氧化还原或加热使聚合物与色料颗粒发生化学反应，直接在粒子表面发生自由基，引发乙烯基单体聚合。在陶瓷墨水的研发过程中可尝试使用的包裹聚合物有：聚甲基丙烯酸甲酯、聚苯乙烯、聚醋酸乙烯酯和聚吡咯等。

5.7.7.4 陶瓷墨水制备

陶瓷墨水的制备方法主要包括溶胶凝胶法、反相乳相法以及分散法。陶瓷墨水的制备流程如下（图 5-1）所述。

① 润湿。将部分溶剂、树脂、分散剂、陶瓷色料经高速分散机进行预分散，使色料充分润湿。

② 分散。将预分散好的物料转入研磨机中研磨 2～4h，使色料平均粒度达到 300～500nm，最大粒度<1μm，即得到色浆。

③ 分散稳定。向色浆中加入流平剂、消泡剂、防沉剂、电解质、pH 值调节剂以及剩余溶剂，使用精度为 1μm 的滤芯过滤，即得到喷墨打印用陶瓷墨水。

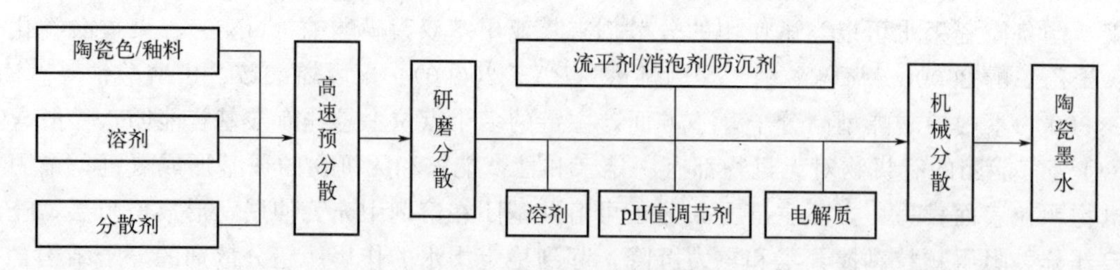

图 5-1 陶瓷墨水的制备流程

溶胶凝胶法在色料的合成过程中，能够实现反应物之间在分子、离子级别的分散混合，因此该方法制备的色料颜色纯正、发色强度好。通过纳米技术的应用，可以使形成的色料颗粒粒度在几十纳米到几百纳米之间，色料的颗粒及其分布能直接满足喷墨打印对色料粒度的要求。但是溶胶凝胶法使用的原料昂贵，溶胶不稳定，工艺复杂，工艺控制的难度很大。单批做出的色料可以很好，但不同批次色料性能的重复性比较困难。因此溶胶凝胶法的研究多处于实验室阶段，要使溶胶凝胶法用于陶瓷墨水的商品化生产仍有较长的路要走。

反相乳相法也存在溶胶凝胶法同样的问题，难以实现工业化生产。另外反相乳相法制得的墨水固含量低，仍有许多技术问题需要解决。

分散法工艺相对简单易行，工艺控制容易实施，尽管分散法制备的色料用于喷墨打印，色料的发色强度会有明显的降低，但它容易实现陶瓷墨水色料的工业化生产，目前国内陶瓷墨水色料主要用分散法生产。采用陶瓷粉体与分散介质混合球磨，再超声分散，制备出稳定的悬浮液。利用分散法制备陶瓷墨水主要包括超细粉体的制备和墨水的调制两个部分。在超细粉体制备方面，粉体的粒度必须控制在 1μm 以下，粒度分布窄，粉体颗粒呈球形状，运用球磨、超声波分散等方法，将团聚在一起的超细粉体分散开来，粉体颗粒粒度分布于合理区间，与此同时要控制 pH 值对粉体表面电势、分散节的解离，采用静电位稳定机制解决粉体团聚的现象，尽可能使粉体颗粒处于包裹吸附和稳定的单分散状态。

目前，黑色陶瓷墨水使用的黑色色料主要是用固相法制备的色料。黑色色料有 Cr-Fe-O、Co-Cr-Fe-O、Co-Mn-Fe-O、Co-Cr-Mn-Fe-O、Co-Cr-Ni-Fe-O、Co-Cr-Ni-Mn-Fe-O、Co-Cr-Al-Mn-Fe-O、Co-Cr-Ni-Fe-Si-O、Cr-Ni-Fe-O、Cr-Ni-Fe-Mn-O、Cr-Ni-Fe-Cu-O、Cr-Ni-Fe-Mn-Cu-O、Cr-Ni-Fe-Mn-Cu-Al-O 等尖晶石型系列黑色。

5.7.7.5 影响陶瓷墨水发色的因素

以墨水品质和打印效果稳定不变为前提条件，釉料的化学组成、墨水在表面的渗透性和附着性以及烧成制度都会影响到陶瓷喷墨墨水的发色。

(1) 陶瓷喷墨墨水的发色特性

含钴蓝色系墨水对釉料有很强的适应性，温度对呈色效果的影响稳定，在高锌、高镁釉料中，钴蓝色系墨水会偏紫色；棕色、铁红色以及深棕色系墨水在硅酸锆乳浊剂面釉中发色更好，发色随烧成温度变化稳定性一般，面釉中过多的锌、硼和钡会导致墨水发色偏黄调；在硅酸锆乳浊剂面釉中，黄色系墨水适应性较强，烧成温度范围广；粉色系墨水对釉料的适应性差，发色随着温度变化波动明显，釉料中 ZnO 用量过多颜色减淡，含钙类釉料有助于粉色系墨水发色；钴黑系墨水随着温度的变化，发色波动较大，釉中钙、钡有利于黑色的发色。

(2) 釉料的化学组成对墨水发色的影响

传统建筑陶瓷面釉中的助熔剂原料大多以镁、钙、锌等为主，但这些熔剂大都会影响到墨水发色，在陶瓷砖喷墨面釉调制过程中尽量考虑不用或者少用。钾、钠、钙、钡对于墨水的发色影响较小。在喷墨面釉中一般会添加 5%～10%的硅酸锆乳浊剂，增加面釉白度，为此锆尖晶石型色料如钒锆黄等发色会明显好于其它不含锆的色料。在不考虑面釉成本的前提下，加一定量的煅烧 ZnO 到基础釉料中，金含铁的色料发色相对较好。而对于黑色系的艳黑和钴黑，基础釉料中的氧化锌和氧化锆都是不利于黑色发色的。再者，烧成制度也会影响基础釉料的熔融能力，烧成温度偏高，釉料的高温熔融能力略微偏低，有利于保存更多未被釉料侵蚀熔解的色料颗粒，从而提高色彩的饱和度。其主要影响因素有三个方面：烧成温度、保温时间和烧成气氛。不同的颜色对烧成制度的敏感程度不一样。

(3) 生产工艺对墨水发色的影响

① 喷墨面釉

目前陶瓷墨水的制备方式一般采用分散法，分散法会影响晶体的结构，最终会影响发色剂的发色，降低发色剂的发色能力，最终影响了墨水的发色能力，因此喷墨专用面釉的发色能力好坏直接影响墨水的发色。面釉是由各种陶瓷原料组成的，面釉影响发色主要是各原材料对墨水的发色有影响，如：ZnO 对红色发色比较好，并且可以使发色鲜艳；方解石对黑色发色比较好；滑石有利于红色发色，但偏暗；石英有利于色料的发色，尤其利于红色、黄色的发色；钠长石有利于黄色发色；钾长石有利于红色发色；发色熔块（含有 BaO、Li_2O、SrO、B_2O_3）有利于色料发色；硅酸锆有利于红色、黄色的发色，使发色鲜艳，但不利于黑色发色。另外，在研究中发现适当添加一定量的稀有元素如稀土元素，可以有效提升墨水发色的鲜艳度，特别是对棕色和黑色墨水发色更纯，有助于瓷质釉面砖等高温烧制产品的研发生产。

② 喷墨保护釉

喷墨保护釉的主要作用如下：防止排墨，使抛釉分布均匀；在喷墨图案与抛釉之间建立缓冲层，保持图案清晰；保护墨水的发色能力；提高墨水的发色能力；与部分特殊墨水相互配合产生特殊效果，如拨开釉等。喷墨保护釉跟喷墨面釉不同，对喷墨保护釉要求不能吃色，不可与面釉或者抛釉发生反应导致针孔、缩釉、分层等不良缺陷的产生。喷墨面釉虽然可以提高墨水的发色能力，但在某些颜色（如红色、黄色）发色方面达不到人们的要求。相对而言，喷墨保护釉就是针对这种情况而研发的。喷墨保护釉不但可以提高墨水的发色，还可以保护墨水不受窑炉的影响，保证发色纯正。在实验室阶段，通过对比试验发现：在喷墨保护釉中适当添加细粉末状干粒有助于保护釉更透，发色力更强。

③ 干粒保护釉

现阶段，干粒产品主要以悬浮剂加一定比例干粒采用直线淋釉器淋干粒或高压喷釉柜喷干粒为生产工艺，也有企业研发出多款圆珠状干粒，可用于丝网平板印干粒，也可用于直线淋釉器和高压喷釉柜。原料经一定比例混合后高温熔融淬火，再经过破碎过筛形成不同目数的干粒成品，其主要成分为 ZnO 0～10%，ZrO_2 1%～10%，CeO_2 0～10%以及微量稀有元素，这些成分都有助于墨水发色。

④ 凹凸版效果釉

效果釉在瓷质釉面砖中应用非常普遍，通常效果釉应用于喷墨打印后，用 80～100 目丝网印刷，效果釉可以增强仿古砖产品的厚重感。另外，在喷墨印刷工艺之前用辊筒或者丝网印一层效果釉，也可以提升产品质感，同时在效果釉中添加某种原料或印刷粉也可增强喷墨墨水的发色。

5.7.7.6 陶瓷墨水的未来发展趋势

纵观国内外喷墨技术的现状与发展，喷头、设备与墨水创新不断，并且创新空间仍然巨大。陶瓷墨水的创新将驱动建筑陶瓷产品的转型升级。目前，陶瓷墨水朝着水性体系和功能化两大创新技术方向发展。陶瓷墨水的创新，将促进五位一体釉线技术，实现施釉＋炫彩＋装饰＋功能＋喷釉为一体的釉线装饰材料墨水化，使得建筑陶瓷产品更具个性化、功能化、艺术化，成为美化人居环境的首选建材。

传统陶瓷墨水在亮度强度、彩色范围、印刷质量、均匀性和稳定性等方面还有许多问题需要研究。陶瓷墨水喷墨时要求墨滴小、喷墨快、墨滴可变、能实现 8 级灰度，因为这些方面决定陶瓷墨水的流速、黏度与密度等物理参数，低比容决定了墨水的亮度强度，研究高强度发色色料是今后的重要方向。尽管目前已经研发出 10 多种陶瓷墨水，但陶瓷墨水的彩色范围仍较窄，绚艳的红色色系、黄色色系和黑色色系陶瓷墨水仍极少见，这制约了陶瓷墨水在陶瓷砖装饰上的应用。此外，陶瓷墨水的加工技术具有局限性，如分散法虽然色系较多、彩色范围较广、成本较低，但由于其颗粒度较大，陶瓷墨水的稳定性问题仍有待进一步探索。研究陶瓷墨水加工方法和在亮度强度、彩色范围、印刷质量、均匀性和稳定性上有明显优势的产品仍是未来陶瓷墨水研发的主要方向。

第 6 章

建筑陶瓷釉料

本章导读

本章主要介绍了生料釉、熔块釉、乳浊釉、渗彩釉、艺术釉、功能釉等各种建筑陶瓷釉的性质、制备方法、工艺特点、配方组成和生产中注意事项，同时还介绍了建筑陶瓷釉浆的性质，施釉的工艺、设备及其优缺点。

学习目标

掌握各种建筑陶瓷釉料的性质，学会各种建筑陶瓷釉料的配制技术，掌握建筑陶瓷釉料的制备工艺及施釉方法。

6.1 建筑陶瓷釉的种类及制备

建筑陶瓷种类繁多，烧制工艺各不相同，因而釉的种类和组成较为复杂。目前使用的釉按其类别与用途可以大致分类如下：生料釉与熔块釉；铅釉和无铅釉；一次烧成与二次烧成用釉；浸釉、喷釉、淋釉、浇釉、喷墨打印釉；高温釉和低温釉；高膨胀釉和低膨胀釉；颜色釉与无色釉；透明釉与乳浊釉；金属光泽釉、无光釉、半无光釉、花纹釉、渗彩釉；防滑釉、耐磨釉、抗菌釉、发光釉、防静电釉等。这些丰富的釉料充分反映出许多特性，以及施釉产品或者某些施釉和烧成特征，如包括釉料的化学成分、配料成分、产品用途、成瓷后的物理化学特性，有的表明了其工艺方法及釉面的外观表象。

由于建筑陶瓷的品种较齐全，从精陶到瓷质都包含，故墙地砖使用的釉料比较复杂：既有透明釉，又有无光釉和乳浊釉；既有无色釉，又有各种装饰釉；既有普通釉，也有特殊效果釉。通常瓷质和炻质的制品使用高温生料釉，内墙砖采用低温熔块釉。

值得注意的是，建筑陶瓷普遍使用乳浊釉，由于透明釉缺乏遮盖力，难以掩盖不洁的砖面，而环保工作又要求尽量采用低质原料制坯。因此透明釉在建筑陶瓷中使用范围很窄，通常在玻化砖、岩板等少数几种产品中使用。

6.2 生料釉及其制备

生料釉就是指釉用的全部原料都不经过预先熔制成熔块，直接加水调制而成浆。生料釉由不溶于水的原料所组成，制备工艺过程与坯体基本相同，一般是先将洗选好的硬质原料粉碎，再与精选的黏土原料配合进行湿法球磨，磨细的釉浆须经除铁、过筛、陈腐后方可使用。

生料釉相对于熔块釉制备工艺简单，可以大幅度降低燃料消耗和成本，缩短生产周期。但是由于陶瓷生料釉组成内不使用熔块，所以它们仅限于最高烧成温度大于1150℃时使用。生料釉通常可用做生产硬质瓷器、玻化卫生瓷，炻器及各种低膨胀坯体的施釉。生料釉以含有的熔剂（如长石或霞石正长岩），外加黏土、石英、白云石、氧化锌和硅酸锆等作为常用原料，低膨胀生料釉还使用透锂长石作为熔剂。生料釉不会有任何形式的玻璃相，在烧成时必须经过足够时间将气体从原料组分内排出，釉熔融后可获得光滑而无气泡的釉面，因此，生料釉烧成时间要比熔块釉长；在烧成温度低于1150℃时，则宜采用熔块釉。

生料釉的分类方法很多，如生料釉根据烧成温度可分为低温烧成生料釉和高温烧成生料釉，根据外观又可分为乳浊生料釉和透明生料釉。

实用生料釉的配方如下。

① 配方1：锆乳浊生料釉，烧成温度1220～1240℃。

长石42 %，石英14%，高岭土3%，方解石12.5%，烧滑石8.5%，烧氧化锌5%，锆英石5%，水玻璃0.2 %，甲基纤维素0.2%。

② 配方2：透明中温生料釉，烧成温度1180～1200℃。

钠长石55%～60%，石英粉10%～15%，苏州土8%～12%，碳酸钙6%～10%，碳酸钡2%～5%，氧化锌4%～8%。

③ 配方3：低温乳浊生料釉，烧成温度1040℃±5℃。

硼镁矿15%～22%，钾长石16%～30%，石英25%～35%，锆英石9%～14%，石灰石7%～12%，氧化锌5%～10%，苏州土5%～9%。

6.3 熔块釉及其制备

6.3.1 概述

熔块釉就是将部分原料先熔融成玻璃状物质（即熔块），再与其它物料混合加水研磨制浆使用的低温釉料。

（1）使用熔块釉的目的

① 降低烧成温度，扩大烧成范围。熔块熔制温度都比较高，使得各种原料在高温下充分反应和熔融，转化成玻璃状物质，二次再熔时，降低了釉料的熔点，扩大了釉的熔融范围，为生产控制带来方便。

② 稳定釉料性质。为了保证釉料能适应低温烧成的需求，通常在釉中加入较多的易熔化合物，如硼砂、硼酸、纯碱、硝酸钾等。它们都是水溶性物质，易溶于水，若是不制成熔块，作为生料低温釉，则上述水溶性盐会溶于釉料的水中，施釉时，它们在坯体吸收水时一同进入坯体，从而改变了坯体与釉料的化学组成，影响最后的制品质量。若将它们预先制成熔块，变成不溶于水的硅酸盐或硼硅酸盐，可避免引起缺陷。

③ 降低釉料的毒性。引入釉料中的铅丹、密陀僧（PbO）、氟硅酸钠、$BaCO_3$ 等是有毒

物质，对工人的身体健康有害，将它们经高温煅烧制成熔块，转化为稳定的硅酸盐，毒性大大降低或者消失，从而避免或减少了对工人的毒害。

④ 提高釉面质量，降低釉料收缩。高温煅烧制作熔块时，会使得原料中能分解的物质及某些挥发物预先排出，在釉烧时不再出现这些过程，减少了针孔缺陷。同时，经熔制后的釉料，釉烧时烧失量很小，几乎不收缩，能更好地与坯体相适应，减少滚釉、缩釉等缺陷。

⑤ 保证釉浆具有良好的工作性能。引入釉料中的铅丹（相对密度 9.1）、锆英石（相对密度 4.5～4.7）等物质具有大的相对密度，不制成熔块则釉料易发生偏析，釉浆中的物质按不同的相对密度分层沉淀。熔制成熔块后，这些物质与其它物料熔为一体，相对密度均一，不再出现偏析。

⑥ 提高乳浊效果。对乳浊釉而言，制备成熔块能使乳浊剂充分熔化，在随后的釉烧过程中，再以细分散相析出，可以显著地提高乳浊效果。

（2）熔块配制原则

① 熔块中 RO 与 RO_2 比例须在 1∶1 和 1∶3 之间。目的在于防止熔融温度过高，造成某些成分（如 PbO、B_2O_3、R_2O）挥发，从而造成釉料在高温熔融时黏度上升，影响釉面质量，因此要使熔块保持在容易熔融的范围之内。如碱性或酸性分子过多，则熔块极难熔融；如果温度升高，则熔块中较易挥发的原料分离的倾向更大，导致熔块更难熔化。

② 熔块中碱金属氧化物与氧化硼的比例，应与釉中碱金属氧化物与氧化硼的比例相同。因釉中的碱金属氧化物与氧化硼皆是可溶性成分，比例相同的目的是指明所有碱式氧化物与氧化硼均须制成熔块，如有一部分碱金属氧化物是以长石加入的，则可斟酌情况予以变动。

③ R_2O 族的 K_2O、Na_2O 与 RO 族中其化合金属氧化物的比不得超过 1∶1。目的是防止熔块的可溶性。因为碱式硅酸盐具有可溶性，熔块中须含有一个或两个其它自成不溶性硅酸盐的氧化物，以便生成不溶的复合硅酸盐，保证获得不溶于水的熔块。RO 不易溶于水，R_2O 易溶于水。

④ 熔块中的酸成分须含 SiO_2。但如加入 B_2O_3 则 B_2O_3 与 SiO_2 的比例不宜超过 1∶2，因硼酸盐易溶解，SiO_2 之量最少应二倍于 B_2O_3，以便形成不溶解的熔块。

⑤ 熔块中的 Al_2O_3 不宜超过 0.2 克分子当量。因为 Al_2O_3 太多，熔融困难且易形成一种极黏稠的熔块。此外熔块中 Al_2O_3 含量增多，会使熔块的耐火度及黏度显著增大，易使熔块不匀，同时温度升高会增加挥发组分的烧失量。

⑥ 凡溶于水的原料以及有毒的原料均须置于熔块中。目的是保证釉料稳定，保证工人身体健康。

⑦ 悬浮性好的原料不熔于熔块中。一般将黏土留作悬浮剂，保证釉浆具有良好的工作性能。除了黏土外，其它如 ZnO、$CaCO_3$ 等也可用作悬浮剂，是否使用视具体情况而定。

6.3.2 熔块的质量控制

在实际生产中控制熔块质量可从以下几方面着手。

（1）熔块原料的质量要求

原料质量决定着熔块的质量，对原料的质量要求见表 6-1 和表 6-2。

表 6-1　熔块用矿物原料的质量要求　单位：%

原料名称	SiO_2	Al_2O_3	Fe_2O_3	MgO	CaO	KNaO	ZrO_2	SO_3	烧失量
石英	≥98		≤0.2						
长石	≥65	≥18	≤0.2			≥14			
苏州土	≥46	≥34	≤0.5					≤0.5	≤15
石灰石					≥54				≤40
白云石				≥17	≥28				≤40
滑石	≥60			≥30					
锆英石	≥32						≥63		

表 6-2　熔块用原料的纯度要求

原料名称	分子式	纯度/%
氧化锌	ZnO	≥98
硼砂	$Na_2B_4O_7 \cdot 10H_2O$	≥98
铅丹	Pb_3O_4	≥97
硝酸钾	KNO_3	≥99
碳酸钙	$CaCO_3$	≥99
硼酸	H_3BO_3	≥98
锆英石	$ZrSiO_4$	ZrO_2≥63，SiO_2≥32
碳酸钡	$BaCO_3$	≥98

在购料和投入生产前必须严格控制这些指标，做到不合格原料不进厂，不合格原料不投产使用。主要措施是：定点（矿点或生产厂）供应原料；对每批原料进行必要的理化检测及配方试验；应用时要考虑原料加工后的质量变化因素。

(2) 配方的控制

为了确保易熔，熔块配方中的 RO 与 RO_2 之比应控制在 1∶1～1∶3 之间；为了得到质量良好的熔块，熔块中 Al_2O_3 的量应该控制 0.2～0.7mol（按釉式得出）之间；Al_2O_3∶SiO_2 约为 1∶10，$SiO_2/(R_2O+RO)$ 在 2.5～4.5 之间。

为了确保熔块不会溶解，应严格控制 RO 基中碱金属氧化物对其它成分的比例不得超过 1∶1。若熔块中的碱金属氧化物含量太高，则制得熔块的溶解度大致与硅酸钠差不多。由于现在制得的熔块中含有硼砂，即熔块中含有 B_2O_3 是可溶的，故至少 2 倍于 B_2O_3 量的 SiO_2 方能使熔块不溶，为此，R_2O_3 与 SiO_2 之比也不可以大于 0.5。但水晶釉熔块中，应尽量引入碱土金属氧化物，减少碱金属氧化物成分，同时，Al_2O_3 应尽量接近 0.2mol（釉式中），Al_2O_3∶SiO_2≈1∶10，并在原料中引入 $BaCO_3$ 以增加光泽。

(3) 原料粒度的控制

配制熔块的原料颗粒不宜太大，颗粒大对熔化不利，熔块用原料的粒度应尽可能小。粒度小有利于熔块熔制（但过细会引起过早熔化，气体排出不尽）。石英、长石的粒度应＜0.5mm；对于锆英石乳浊釉，对锆英石细度要求更为严格，通常控制在小于 0.05mm，达到 0.01mm 最为理想，这样促使锆英石完全熔于釉熔块中且析出均匀分布的微晶，而产生最好的乳浊效果，在同样的工艺条件下可使白度提高 2%～3%。锆英石通常通过长时间球磨来达到细度要求。球磨要点是“大球磨、低转速、小球子”，球子最好是采用锆质球子，球磨时间一般为 100h 左右。

（4）原料混合的控制

混料控制得好坏，直接影响熔块质量。要求混料愈均匀愈好，以使固相反应容易进行。而要达到这一目的，往往在混料时应注意加料次序，一般是先将瘠性料加少量水湿润，再加入熔剂性粉料搅拌混合。目前，根据我国的实际情况，采用混砂机较为理想，可防止产生局部过熔、局部欠熔的缺陷。手工拌料易产生偏析，影响熔制。

（5）熔块熔制的控制

熔块熔化质量的好坏将直接影响产品釉面的质量，因此，熔化温度等参数控制对熔块而言至关重要。在大部分墙地砖生产中，组成熔块的硼砂、石灰石、硝酸钾、长石等混合物在加热过程中会发生一系列变化。如硼砂加热至 400～500℃可脱水成无水四硼酸钠，在 878℃时熔化为玻璃状物。

在加热过程中，组成熔块的原料可能在达到熔点或分解温度之前发生固相反应。如石灰石与石英在 800℃时，两者在比熔点低得多的温度下发生固相反应，在配方中如 $CaCO_3$ ∶ SiO_2＝3∶1 时，最初阶段生成正硅酸盐 $2CaO \cdot SiO_2$，随着温度的升高，最后的固相物为 $3CaO \cdot SiO_2$。随着温度的继续上升，石灰石、硝酸钾等发生分解反应，见式(6-1) 和式(6-2)：

$$CaCO_3 \longrightarrow CaO + CO_2 \uparrow \tag{6-1}$$

$$4KNO_3 \longrightarrow 2K_2O + 4NO_2 \uparrow + O_2 \uparrow \tag{6-2}$$

最后的结果均为氧化物。

随着加热的继续进行，一部分易熔原料熔化，而发生共熔物的生成反应；熔化了的物质又对固态物质产生熔解作用。

此外，还会有一些原料挥发，影响到熔块的组成进而影响熔块的质量。

总之，在熔制熔块时，要特别注意控制加热过程所发生的一系列变化，所发生的氧化分解越充分，化合阶段所生成的物质越完善，这样方能得到质量好的熔块。一般普通熔块熔化温度为 1350℃左右，而水晶及高档熔块熔化温度保持在 1450～1500℃，并且在熔窑中增加了均化澄清时间，使熔块无夹生、亮透。同时，水晶熔块的水淬也极为重要。

（6）熔制过程中对火焰气氛的控制

用熔块炉生产熔块，对气氛的控制直接影响到熔块的质量。熔块在形成熔块玻璃之前均有析晶过程，不同种类的熔块料析晶温度范围不同。造成析晶的根本原因，在于粉状的熔块料中夹有空气和熔块熔化前分解放出的气体，它们在熔块中形成气泡，成为析晶的中心。但随着熔制温度的提高，晶体逐渐熔化，至一定温度时全部熔完。具有正确的熔块组成的玻璃，淬冷时不会发生重结晶。然而，一旦违反熔制制度，窑炉气氛缺乏严格控制，就会使过剩的碳粒沉积在熔块玻璃上，即成为固体包裹物，又可形成氧化气泡，从而导致熔块重结晶，而影响熔块质量。

（7）熔融温度的控制

熔制熔块的炉体往往较小，热惯性不大，温度波动大，容易造成熔块熔制质量问题。一般以熔制时熔体黏度最小、气泡最易排出时的熔制温度为控制温度。过低则熔不透，过高则易挥发物逸失，改变熔块组成。

熔块在加热过程中与釉、玻璃一样没有固定的熔点，而是在一定温度范围内逐渐熔化。一般熔融温度指用熔块料制成 3mm 高的小圆柱，受热软化到与底盘平面形成半圆球形时的温度。

熔融温度控制不当，会对熔块质量产生影响。对于液体，一般是随着温度的升高，液体的黏度将减小。但熔块熔化却结果相反，即温度升高，熔化了的熔块黏度则趋于增长。其原因在于熔块熔融过程中，熔融物有一定量的挥发，从而改变了熔块组成。而过长的熔融时间和过高的熔融温度都会加剧这种挥发，影响熔块的质量。所以，应对熔融时间的长短、熔融温度的高低予以严格控制。一般而言，铅硼含量高的熔块，熔制时熔液在窑内存留时间应尽量短（如铅硼熔块）；而铅硼含量低、碱土金属含量高的熔块可在窑内充分熔化、澄清（如水晶熔块）。

6.3.3 熔块釉的制备工艺

由于熔块釉含有部分水溶性或毒性原料，因此，制备工艺分两步进行。第一步制熔块；第二步将熔块与黏土等生料配合，再经球磨、过筛、除铁，制成釉浆。

熔块的制备方法，是先将各种原料按配方比例准确称量，经混合均匀后再置于坩埚或池炉、回转炉中，以 1250～1450℃的高温进行熔炼，至完全熔融（抽出的细丝没有结瘤）后，再倾入（或滴入）冷水中急冷，使之成为松脆的小块，以利于粉碎。

6.3.3.1 熔块的主要生产工艺流程

原料预处理→原料检验→（原料储备）→配方称量→混合→过筛除铁→（混合物储存）→熔化→水淬→干燥→检验→包装。

① 原料的制备。为了保证熔块料混合均匀，所有原料都必须事先制成粉料。长石和石英等硬质料一般经干碾中碎后，以干法磨细碎；苏州土等黏土类原料可先经烘干然后干磨；化工原料可直接过筛配入。在生产实践中发现，原料过细反而不利于熔制和保证熔块的质量。因为：原料过细在池炉中易被烟气带走而改变其成分；熔化过急，熔体黏度急剧提高（像锆英石之类能提高熔体黏度的矿物过早地熔入熔体）阻碍了熔块熔化和澄清。

② 混合配料。每批进厂原料应做细度、化学成分检测，保证符合规定要求。配料要求称量仔细，配比准确，混合均匀。称量器具要校核准，称料次序应与混料的投料次序相匹配。如用累计法称量配料，则应先称小料，后称大料。通常用轮碾式混合机或反复过筛的办法混合熔块料，混合后的粉料需进行过筛、除铁各一次，一般用孔径 2～4mm 筛网。

③ 熔制。通常认为高温、快速熔制既能保证熔块熔融透明，又能防止过多的易挥发物挥发。整个过程要求在氧化气氛中熔融，主要的控制参数是温度和时间。在原料、粒度、混合等工艺质量稳定的情况下，稳定熔制制度是保证熔块批量质量稳定的决定性因素。

④ 水淬成粒。熔块经水淬成粒可缩短釉料研磨时间。

6.3.3.2 熔块熔制设备

熔块的熔制设备一般有以下三种：坩埚炉（连续式与间歇式）、池炉和回转炉。

（1）坩埚炉

熔制熔块的连续式坩埚熔块炉在坩埚底部有一小孔，孔下面是用于淬冷熔块的下水槽，如图 6-1 所示。因燃料种类不同，则坩埚个数不同。

熔制前用一个瓷球或用一个瓷管堵住穿孔，待坩埚内完全变红热时就可加料。加料要陆续加满，以后随粉料的熔融速度陆续补加生料。如果温度偏低，流出的熔制熔块不良时，必须单独存放，以便进行复熔。

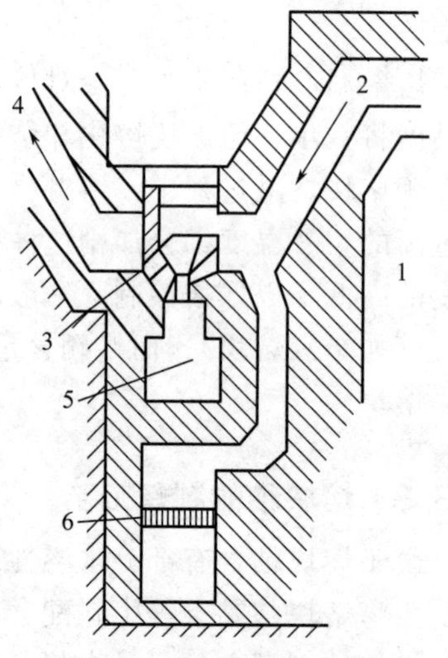

图 6-1 连续式坩埚熔块炉

1—马弗炉；2—马弗炉的废气；3—流釉坩埚；4—烟道；5—放水槽的位置；6—燃烧炉床

坩埚炉的主要特点：

a. 熔块料不与火焰接触，易挥发物损失小，熔块质量好，可在不同的坩埚中同时熔制不同种类的熔块，比较灵活；

b. 采用间歇式坩埚炉熔炼，难以熔融均匀；

c. 工人劳动强度大，生产效率低；

d. 热耗大；

e. 更换坩埚及炉子修理费用多。

（2）池炉

我国陶瓷墙地砖厂使用的熔块池炉有两种基本类型，即顺流式和混流式。其主要差别在于顺流式池炉物料流动方向与火焰方向是一致的；混流式池炉物料流动方向与火焰的方向，不是简单的顺流和逆流。图 6-2 是两种不同形式池炉的示意图。

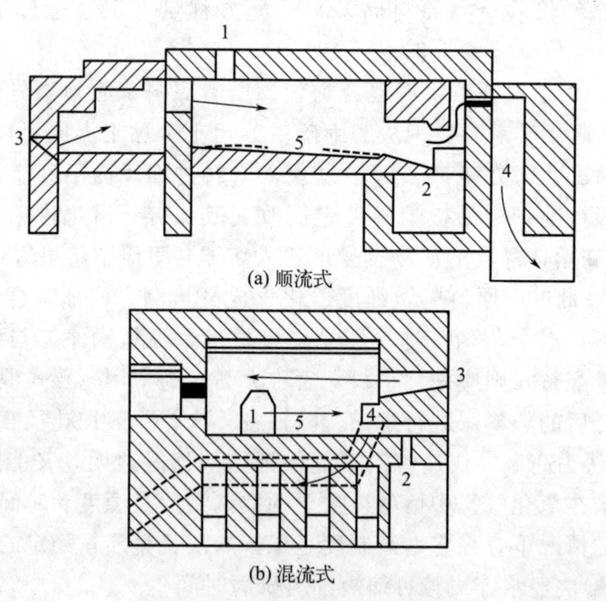

图 6-2 两种不同形式的池炉

1—加料口；2—出料口；3—火口；4—烟道；5—炉池

顺流式池炉的熔块液流出口离喷油嘴较远，温度较低，容易造成流出口堵塞。而混流式池炉的加料口离烟气口近，生料粉容易飞扬，易被烟气带出烟气口而造成损失。

采用池炉熔制熔块是明焰熔制，应采用液体或气体燃料。但烟气温度较高，为提高热利用率，可在主烟道设置余热锅炉或者干燥设备。

池炉的主要特点：a. 熔块料与火焰直接接触，易受气氛影响；b. 产量高，劳动条件好，容易自动化；c. 结构简单，维修费用低；d. 熔块料中易挥发成分虽有损失，但仍能保证熔块的质量。

（3）回转炉

熔制熔块的回转炉外形像锥形球磨机，在钢板的圆筒内，衬高铝质耐火砖，筒体中央有进出料口。整个筒体放置在两对旋转托轮上，其中一对为主动旋转托轮，由电机减速器驱动。筒体的一端为装了喷嘴的孔洞；另一端为烟气排出口，通向烟道，结构如图 6-3 所示。

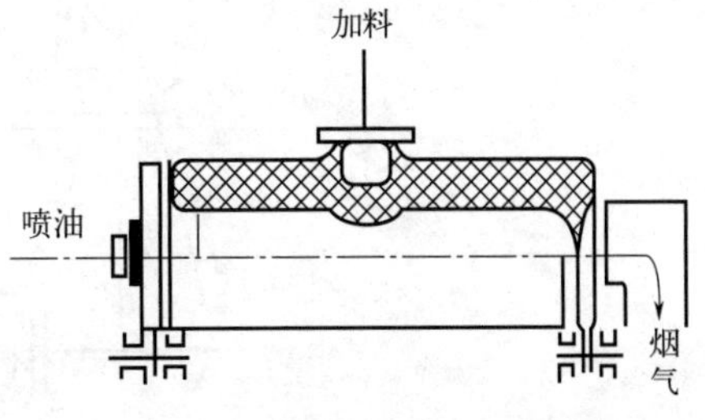

图 6-3　熔制熔块回转炉

回转炉和间歇式坩埚炉一样，出料前要用钢钎取样观察。当拉出熔丝夹有生料或丝中有结瘤，则为熔化不良，应继续熔制。其主要特点如下：a. 熔块处于不断的搅和状态，因而熔块与火焰接触的情况大为改善，保证熔块熔融得透彻和均匀；b. 产量大，劳动生产率高；c. 工人劳动条件好，炉子使用寿命长。

（4）高档熔块熔制新设备

是为了提高熔块质量，特别是提高始熔点无缺陷釉用熔块的质量而采用的一种新技术。其主要原理是熔块粉料和已熔制成的熔块玻璃是很好的电介质。因熔融后的玻璃液，其中的 K^+、Na^+、Ca^{2+}、Mg^{2+}、B^{3+}、Pb^{2+} 等离子可在电场中迁移，产生离子导电。在玻璃液中安装电极，调整电极间距和电极电压，玻璃液本身作为电阻元件发热，并获得恒定温度，热量传递给上层粉料，形成自上而下的玻璃熔制过程。下部设置玻璃导出口，上部不断加料，最后形成连续式直接电加热式电阻炉。

波歇炉就是一种可供熔制熔块的全电熔炉，其结构简图如图 6-4 所示。炉体是直径 2～3m、深 0.5～1.5m 的盆体结构，铜电极从侧面（或顶部）插入窑内，炉壁和电极夹套内通水冷却。日产玻璃 7～14t，耗电 1～1.5(kW・h)/kg 玻璃。

直热电加热式电阻炉具有如下的优点。

a. 热效率高。根据理论计算，一般形成硅酸盐玻璃（钠钙玻璃）所需的总热耗约 2508kJ/kg。高温透明熔块的热耗应不相上下。燃油池窑每千克熔块油耗一般为 0.3kg 油，相当于热耗为 12540kJ/kg，其热效率仅为 20%。最小的电熔炉，以耗电 2(kW・h)/kg 计算，相当于耗热 726.84kJ/kg，热效率为 34.5%。日产 10 t 以上的波歇炉，单位耗电以 1.2～1.5(kW・h)/kg 计，则热效率分别相当于 57.5%和 46%。

b. 熔化状态稳定，熔化温度高。玻璃行业、玻璃纤维行业、陶瓷棉行业的生产经验证明，全电熔熔化温度场恒定，且可随意调节，最高可获得 2000℃玻璃液，有利于熔融快速完善地进行。从加入粉料到流出，仅需 15min。熔融过程中玻璃液在气体作用下自行搅拌。尤其适用于熔化锆英石乳浊熔块，可使用较粗的锆英石粉料，锆英石难熔粒子可完全熔解，有助于减少锆英石用量。

c. 挥发量极少，不污染环境，熔块质量稳定。熔化高温区在玻璃物料内部，挥发物通过上部温度低的预热带（料盖、料毯）时冷凝下来，以带入高温区，不会向外逸散。

d. 炉结构简单。波歇炉的盆体内甚至不加耐火材料，靠外部水冷形成粉料保温层，投资少。

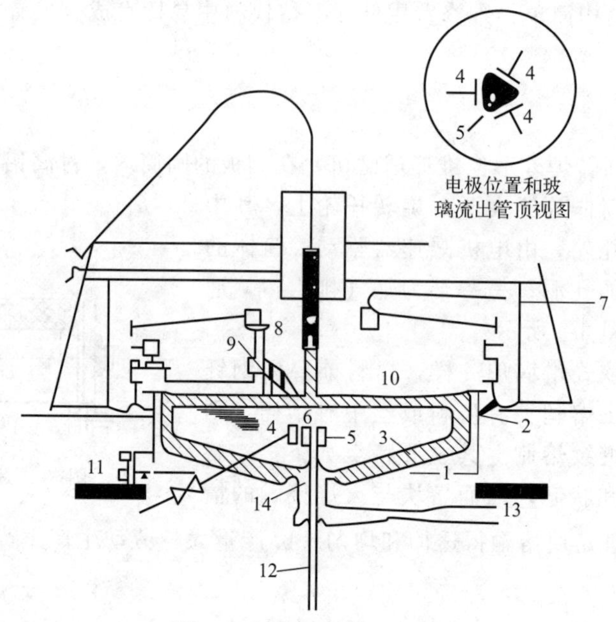

图 6-4 波歇炉结构

1—绕着冷却水管的钢盆；2—冷却水进口和出口；3—耐火材料阻热层；4—电极；5—玻璃流出管；6—玻璃流量控制管；7—配合料供应；8—旋转式加料器；9—往复式配合料分配器；10—永久性配合料层；11—测力支柱；12—玻璃流股；13—排气管；14—保护管的氢气层气源（未画出）

6.3.4 熔块质量的鉴别

① 淬水法。将熔制好的熔体落入冷水中使熔体急剧冷却，然后观察其外观质量。对于常用的硼锆熔块，外观鉴定标准是：急冷后的熔块，应是无残余原料粒点、晶莹透明或略带淡淡的乳浊的疏松状玻璃体。

② 抽丝法。用一根长棒形耐火物伸入熔炉内，插入熔体中，然后迅速往外抽棒，将熔体带出抽成细丝，冷却后观察玻璃丝上有无节点。好的熔体冷却后应无节点。

③ 偏光法。把熔块磨制成光薄片，在偏光显微镜下进行分析。若熔块是经过充分熔融的，无晶粒存在，则在正交光下看不到干涉色。否则就是熔制不透。

④ pH 值法。将熔制好的熔块磨碎成细粉，加水调成浆，充分搅拌后，用 pH 试纸或 pH 计检测熔块浆的 pH 值，若检测数据为 7 或略＞7，表明熔块熔制透；若数据比 7 大得多，表明熔块未熔透。

⑤ X 射线衍射法。将熔制好的熔块破碎成粉状，用 X 射线衍射仪测定其衍射曲线。若不出现特征曲线，表明熔好；反之，未熔好。

6.4 乳浊釉及其乳浊机理

乳浊釉的显微结构表明在釉层中存在着与基础釉玻璃相性质不同的第二相（或多相），

使得入射光线在多相界面上发生复杂的散射、折射、漫反射等光学现象，造成釉面失透，出现乳浊效果。

乳浊釉可以说是光泽失透釉。乳浊釉、无光釉都可以分为不透明的釉（全乳浊釉、全无光釉）和半失透的釉（半乳浊釉、半无光釉）。也就是说无光釉具有一定的乳浊效果，其乳浊的能力取决于结晶的数量和结晶尺寸的大小；而结晶釉只在结晶部位出现失透和半失透。

乳浊釉中的第二相既可以是气相，也可以是液相或是固相。第二相颗粒的大小、数量、分布、折射率等直接影响乳浊釉的乳浊程度。

只有一种玻璃相构成的均质釉是透明的。如果坯体的色调为不理想的灰色或发黄时，施以这样的透明釉，有时效果不佳。此时如在玻璃相中形成第二相，进而可以制成乳浊釉、无光釉或结晶釉。无光釉和结晶釉用于惹人注目的制品，而乳浊釉则广泛应用在要求有均匀光泽表面的制品，如建筑卫生陶瓷制品上，以遮盖低质原料配成的坯料，提高釉面的美观程度。

6.4.1 乳浊机理

乳浊釉的乳浊机理是当透明釉层中存在着密度与釉玻璃不同的晶粒、分相液滴或微小气泡时，入射光被散射，釉的透明度降低，釉层呈乳浊状，即为乳浊釉。当入射光被散射的比例越多时，则釉的乳浊程度越高。

当光线入射于釉层时，出现下面几种光学现象：部分光线透过釉层，到达坯釉界面；部分光线被釉层反射；部分光线被釉层吸收。产生这样的现象是由于入射到透明釉层中的光线遇到小于其波长的微粒，在微粒界面上由于光波的作用，其原子和离子成为以光波频率振动的偶极子，吸收光波的能量同时发生二次光辐射，使入射光的方向改变。在介质中偶极子光辐射或平面光波的漫反射使光线偏离入射方向的现象称为散射。

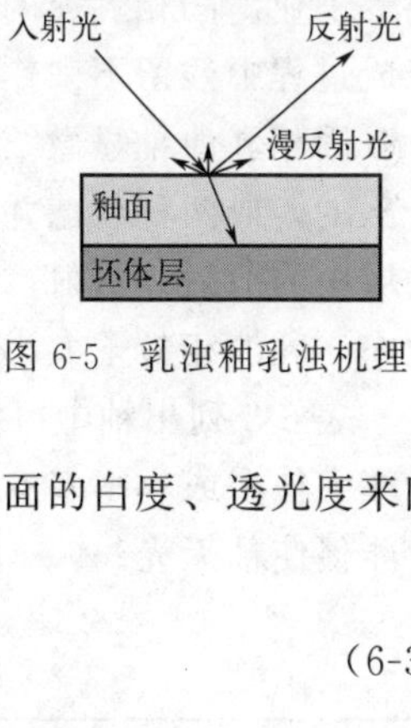

从图 6-5 可见，当入射光透过釉层时，如果在其前进方向上存在两种不同相的界面，则入射光线在界面发生二次折射、散射、漫反射和吸收，使得透射方向的光强度急剧衰减，透明的玻璃渐渐失透，覆盖了坯体的颜色，这就是乳浊机理。

入射光
反射光
漫反射光
釉面
坯体层

图 6-5 乳浊釉乳浊机理

如何衡量乳浊效果，目前尚未有统一的标准方法，通常用测量釉面的白度、透光度来间接表征乳浊效果。

$$透光度\ T=\frac{I}{I_o}=-Sx=-\frac{3kV}{4r}x \qquad (6\text{-}3)$$

式中 S 为散射系数；k 为与乳浊相与玻璃基体折射率相关的因子；V 为乳浊相粒子的体积分数；r 为乳浊相的粒子半径；x 为光线射过介质的距离（即釉层的厚度）。

由上式可知，釉的乳浊效果与下列因素有关。

① 乳浊相粒子与玻璃基体折射率差值越大，即 k 值越大，釉的乳浊度越大（当 r、V 一定时）。

② 乳浊相数量越多，则 V 越大，即散射中心增多，（当 k、r 一定时）釉的乳浊度越大。

③ 当乳浊相数量一定时，乳浊相粒子的半径就很重要，粒子半径接近于入射光波长，散射效果好，以粒子半径为 0.4～0.75μm 时效果最好。

④ 当 k、V、r 一定时，釉层厚度增大，则透光度下降，乳浊效果变好。

⑤ 当k、V、r、x一定时，乳浊效果与乳浊相粒子的分散均匀程度有关，愈是分散均匀，乳浊效果愈好。

6.4.2 乳浊釉类型

一般根据乳浊釉中的分散相形式来加以分类。

（1）气相乳浊釉

指釉中的分散相粒子是气泡。从理论上讲，利用气泡作为分散相，可以获得很好的乳浊效果。原因是：气泡中的气体折射率很低，接近于1，而一般釉的折射率为1.5～1.6，可见折射率之差较大，一般大于0.5。如果能控制气泡的尺寸和数量，就可获得较好的乳浊效果。

然而事实上，在生产过程中要控制气泡的数量、尺寸比较困难，而且气泡的尺寸随温度变化。所以到目前为止，气相乳浊釉只是在理论上可行，而没有工业价值。

（2）液相乳浊釉

指釉中的分散相是与基础釉玻璃成分、性能不相同的液滴。制作这种釉是利用了两液相分离的原理，日用瓷中的铁红花釉就属于这种类型的乳浊釉。

近几年来开发的微晶——熔析釉都有一部分属于这个范围，锆釉、钛釉都有一部分分散相是液滴。

（3）固相乳浊釉

指釉中的分散相粒子是固相，即晶体颗粒。这种固相乳浊方法广泛用于陶瓷、搪瓷、玻璃等工业。固相乳浊的乳浊剂通常是微细晶体，它既可以是预先以一定的大小加入釉中，在烧成过程中残留下来作为乳浊相；又可以是在烧成过程中从釉中析晶出来而成为分散相。

固相乳浊釉显微结构就是在基础釉玻璃相中存在着晶体（晶体既可以是残留的也可以是析出的，或两种状态并存），且晶体的折射率与玻璃相的折射率相差较大，使得入射光线在釉层中的散射、折射、漫反射等光学现象反复进行，最终失透。釉的失透与乳浊相折射率的大小，乳浊相粒子大小、数量、分布均匀程度等有关。

表6-3列出釉中可能存在的结晶物质、分相液滴或气泡的平均折射率。所有比釉玻璃折射率大得多或小得多的物质，都可能使釉乳浊。而那些与釉玻璃折射率相近的矿物，在釉中只能促使釉无光。

表6-3 几种代表性釉用物质和釉中成分的平均折射率

名称	平均折射率	名称	平均折射率	名称	平均折射率
$ZrSiO_4$	1.94	Sb_2O_3	2.01	$CaO \cdot TiO_2 \cdot SiO_2$	1.90
SnO_2	2.0	Sb_2O_5	2.09	$Ca_3(PO_4)_2$	1.64
ZrO_2	2.20	NaF	1.33	Al_2O_3	1.76
CeO_2	2.33	CaF_2	1.43	SiO_2	1.55
TiO_2 金红石	2.76	AlF_3	1.24	$3Al_2O_3 \cdot 2SiO_2$	1.64
TiO_2 锐钛矿	2.55	$NaAlF_6$	1.33	$CaO \cdot Al_2O_3 \cdot 2SiO_2$	1.58
ZnO	2.00	$CaO \cdot TiO_2$	2.35	透明釉	1.52～1.56

理论上上述的晶体都可用作乳浊剂，但是实际上真正用于生产的只有少数几种。原因是部分乳浊剂不是价格昂贵，就是工艺控制困难，或是易于出现缺陷。如氟化物，它们的折射率与基础釉的折射率相差不大，乳浊效果不明显；另外，氟在高温下易挥发，易使釉面卷缩、滚釉。

Sb_2O_5 与基础釉折射率相差很大，乳浊效果好，但 Sb_2O_5 制备出的釉高温黏度大，难熔平，对还原气氛敏感，易使釉面呈黄色，只能在低温下使用。

SnO_2 和 CeO_2 两者都具有较大的折射率，不熔于釉中，有很强的遮盖能力，乳浊作用强，2.5%的 CeO_2 乳浊效果与 8%的 SnO_2 相当。但 CeO_2 价格昂贵，一般企业承受不了；同时 SnO_2 对还原气氛十分敏感，在还原气氛下，锡釉必然失去乳浊性而透明，成为透明的灰黄色釉。

ZnO 折射率很大，可以获得高乳浊效果，但是它的加入量不宜多，否则会因析晶造成釉面失透，或因 ZnO 过大的收缩而导致釉面出现缩釉缺陷。ZnO 一般是作熔剂用的。

Al_2O_3 在低熔锆釉中处于网络形成体中，能提高釉的黏度，是积极的乳浊成分。它也能降低锆英石釉的熔解度，使析晶的晶粒不再熔解。Al_2O_3 以残留固相的形式参与固相乳浊行为，在快速烧成中应予重视。

含锂矿物，代表矿物为锂辉石、锂云母等，一般有很低甚至是负的热膨胀性能，能改善釉面性能，如急冷急热、硬度、光泽度以及化学稳定性，使一些碱性色料颜色更鲜艳，是一种良好的矿化剂和絮凝剂，常用来对硅酸锆进行表面改性，改善锆釉性能。

含磷矿物，代表矿物是磷灰石，主要用于骨瓷和生物陶瓷，它在釉中能形成乳浊，并能促进锆英石釉中的乳浊效果。

氟化物，代表矿物是冰晶石，主要用于微晶材料中作助晶剂和形成剂。其析晶倾向强，在乳浊相中作辅助乳浊剂，有利于最初的晶核形成。

目前用得最广泛的乳浊剂是 $ZrSiO_4$ 或 ZrO_2、SnO_2 及 TiO_2。根据所采用的乳浊剂不同，乳浊釉又可分为锆乳浊釉、锡乳浊釉和钛乳浊釉。乳浊釉的分类与特征见表 6-4。

表 6-4　乳浊釉的分类与特征

分类依据	种类	特征
乳浊机理	原始晶粒乳浊釉	加入釉料中原始乳浊剂粒子引起乳浊
	析出晶粒乳浊釉	加入釉配料的乳浊剂熔解后再析出的结晶粒子引起乳浊
	分相乳浊釉	加入配料的乳浊剂熔解后在釉中分离出第二相液滴引起乳浊
	气相乳浊釉	釉层中存在微气泡引起乳浊
乳浊程度	高乳浊釉	釉层对可见光的透过率＜10%
	中乳浊釉	釉层对可见光的透过率 10%～20%
	低乳浊釉	釉层对可见光的透过率＞20%
乳浊剂种类	锡乳浊釉	以氧化锡和铅锡灰作乳浊剂
	锆乳浊釉	以锆英石或氧化锆作乳浊剂
	铈乳浊釉	以氧化铈作乳浊剂
	氧化锌乳浊釉	以氧化锌作乳浊剂析出富锌液相乳浊
	氟化物乳浊釉	加入冰晶石、萤石、氟化钠、氟硅酸钠使釉乳浊，仅作辅助性乳浊

续表

分类依据	种类	特征
乳浊剂种类	磷酸盐乳浊釉	加入骨灰、磷灰石、各种磷酸钙作乳浊剂，仅作辅助性乳浊
	复合乳浊釉	加入两种以上乳浊剂的乳浊釉
使用或制造条件	制品	卫生瓷、釉面砖或炻器等用乳浊釉
	配料方式	熔块或生料乳浊釉
	烧成方法	烧成，乳浊釉慢烧或一次烧、二次烧，乳浊釉高温或低温乳浊釉

6.4.3 锆乳浊釉

（1）含锆乳浊剂

锆乳浊釉是目前使用最广泛的乳浊釉。因为锆釉成本比锡釉低，性能比钛釉稳定，而且在各种气氛中比较稳定。锆乳浊釉除了加入 $ZrSiO_4$ 或 ZrO_2 外，还可以以 ZnO、CaO、MgO、BaO 与 ZrO_2 形成的化合物 $MZrO_3$ 形式加入，在个别釉中，还可加入 Na_2ZrO_3 作为乳浊剂，来制备固相乳浊釉。

研究表明，无论以何种含锆化合物作为乳浊剂，最后起乳浊作用的只有锆英石和 ZrO_2 两种晶相。ZrO_2 与碱土金属氧化物形成锆酸盐，因成本较高现已较少使用。Na_2ZrO_3 在水中溶解，只在配制熔块时使用，因此比锆英石或氧化锆易于形成玻璃，但同时因带入大量 Na_2O，熔块的热膨胀系数难以调整而很少使用。

因此，锆乳浊釉最实用的乳浊剂是天然的锆英石和经精加工的硅酸锆。天然的锆英石精矿也需经过精细加工再使用，否则不仅达不到理想的乳浊效果，即使在熔块配料中加入也难以在熔化时完全熔解。

生产中应用锆英石乳浊剂对粒度的要求分三种情况。

① 配入熔块中使用，希望锆英石完全熔解在熔块中，一般将锆英石精矿预磨至少通过 250 目筛，即最大粒度小于 63μm。

② 直接配入釉中使用，一方面起乳浊作用，另一方面希望较粗的锆英石粒子能提高釉的机械性能，特别是耐磨性能，可以使用磨细过 325 目筛的锆英石粉。例如在快烧地砖底釉、面釉中使用，这样成本也低。

③ 直接配入釉中作乳浊剂，特别是在卫生瓷釉、高级炻器餐具釉、高级墙地砖面釉中作乳浊剂使用时，要求锆英石平均粒度在 1.0μm 左右的等级。对于快烧釉，最好采用平均粒度小于 1.0μm 超细粉。慢烧的卫生瓷釉可考虑采用平均粒度稍大的超细粉。

（2）锆乳浊釉的特点

① 机械强度高，化学稳定性好。乳浊效果好，乳浊效果稳定，不受气氛影响。因为 $ZrSiO_4$ 晶体是八面体结构，Zr^{4+} 与周围的 8 个 O^{2-} 几乎是等距离相联系，在氧化还原气氛中均能保持稳定，所以锆乳浊釉稳定性很好。这是锆英石乳浊釉得以广泛应用的重要原因之一。

② $ZrSiO_4$ 来源丰富，价格相对低廉。

③ 高温黏度大。加入锆英石和 ZrO_2 的乳浊釉，高温黏度随其加入量而呈直线增加。锆乳浊釉的高温黏度大，釉的流动性能差，因此锆釉易产生针孔、波纹、滚釉等缺陷，降低釉

面质量。

④ 热膨胀系数小。

（3）锆乳浊釉的乳浊机理

锆乳浊釉的乳浊性是釉层中析出或残留的锆化合物微晶体，使得入射光线在基础釉与锆化合物形成的界面上产生折射、反射、散射等光学现象，釉层失透，形成乳浊。锆化合物一般是指 $ZrSiO_4$，只有在特定条件下才能形成 ZrO_2，某些情况下，锆化合物是含锆的不混熔液相。锆釉的乳浊既可以是未熔解的含锆乳浊剂形式，也可以含锆乳浊剂熔解后再析出的形式出现，有时甚至两种乳浊机理出现在同一釉中作用。因此，不论釉的组成、制备工艺和使用温度的高低，锆乳浊釉不外乎以下两种情况。

① 当釉组成中 $SiO_2>50\%$时，釉中乳浊主晶相是锆英石。对于生料釉，这种锆英石是加入的锆英石原始粒子；对于熔块釉，这些锆英石是釉烧过程中析出的二次锆英石结晶。当釉中含有 B、F 等矿化剂时，能抑制锆英石晶粒发育，微小锆英石析晶相增多，乳浊能力增强。

② 当釉中 $SiO_2<50\%$时，釉中乳浊相由锆英石和单斜 ZrO_2 构成。来自熔解的锆英石，在烧成过程中析出的 SiO_2 在高温下呈四方结晶结构，冷却后变为单斜晶体，伴随有体积变化，可能导致釉中出现微裂纹。

（4）影响锆乳浊釉乳浊性能的因素

① 锆釉的制备方法。熔块锆釉的乳浊效果优于生料锆釉的乳浊效果。主要是因为只有当乳浊相粒子的半径接近于可见光波长时才能获得最佳的散射效果。重新析出的锆化合物微晶粒子的尺寸接近可见光波长；残留的锆化合物粒子尺寸比可见光波长要大得多，散射效果差。

② 锆英石析出时间。在以熔块形式引入锆化合物的乳浊釉中：升温过程中析出的锆化合物晶体微粒细小、均匀、数量多，散射中心多，乳浊效果好；冷却过程中析出的锆化合物晶粒大、数量少，大部分出现在釉层的表面，乳浊效果差。

③ 锆英石的加入量。根据乳浊机理，锆英石在釉中的含量越高，则析出的乳浊相粒子数量越多，乳浊效果就越好。当锆英石加入量小于 2%时，釉面几乎无乳浊；当加入量为 2%～15%时，釉面乳浊效果随加入量的增加而增大，以 10%～15%的加入量为最佳。过多的锆英石引入，虽然可以增加乳浊效果，但釉的成熟温度和黏度也会增加，影响釉面的光亮度和平滑，甚至出现橘釉。

④ 锆英石的粒度。乳浊相的粒子越细越好，引入的锆英石粒度小于 $5\mu m$ 时，乳浊效果明显增大，特别是当粒度小于 $1\mu m$ 时，（根据米氏散射理论，最佳粒度为 $0.45\sim0.75\mu m$）乳浊效果最佳。当乳浊相粒度大于 $30\mu m$ 时，乳浊效果差（实际生产中的控制是粒度 D_{50} 在 $1.4\mu m$ 以下，D_{90} 控制在 $4.0\mu m$ 以下，同时要求粒度分布范围小）。

⑤ 析出晶粒种类

a. 当釉中析出微晶和熔滴时，具有最好的乳浊效果，但控制困难。——组成、工艺制度等均为最优的熔块锆釉。

b. 当所有的锆英石原料都熔解到熔体中去，且结晶相大部分为斜锆石，少部分为锆英石时，具有高的乳浊效果。——熔块釉。

c. 当小部分锆英石处于残留的结晶状态，而大部分熔解到熔体中去，且结晶相是锆英石（碱的含量是 11%～16%）时具有良好的乳浊效果。——预先细粉碎过的锆英石生料乳浊釉。

d. 当相当多的锆英石处于残留的颗粒状态，且结晶相是锆英石（碱含量约为 6%）时，乳浊效果差。——普通生料釉。

⑥ Al_2O_3 和 SiO_2 的含量。基础釉中的 Al_2O_3 和 SiO_2 的量对乳浊效果有一定的影响，锆乳浊釉的白度随着基础釉中的 Al_2O_3 和 SiO_2 的量增大而增大，但基础釉中的 Al_2O_3 含量增大会使釉的成熟温度升高，不符合节能的原则。因此基础釉一般选择含 SiO_2 较高的釉，同时 SiO_2 含量较高的釉本身可能会因两种不同的石英玻璃而形成失透，帮助提高乳浊效果。

⑦ K_2O 和 Na_2O 的含量。锆乳浊釉的高温黏度大、流动性能差，易导致釉面不平及针孔等缺陷，降低釉面质量。因此，引入碱性金属氧化物，降低釉的高温黏度，从而提高白度和釉面质量。一定量的 K_2O+Na_2O 有利于降低釉的表面张力使釉面平整，光泽度提高。釉中引入 MgO，能剧烈降低 ZrO_2 的熔点，降低釉的高温黏度，促使釉析晶，提高釉面白度和光泽度，若用量过多，会导致釉面开裂。引入 CaO 作为助熔剂能降低烧成温度，提高光泽度，但引入量过多易导致釉面发黄，对白度不利。当 $SiO_2<2.3\%$（或 SiO_2/ZrO_2 小于 3 时），K_2O 和 Na_2O 的含量为 13%～24%时，单斜锆石 ZrO_2 从熔体中析出，有益于乳浊；当 SiO_2 为 54%～65%，K_2O 和 Na_2O 的含量<20%时，这时釉中主要析出的是锆英石，乳浊效果较好；当 $SiO_2>54\%$，K_2O 和 Na_2O 的含量>20%时，即使在釉中加入 20%的锆英石，也不会析出晶体，这是因为此釉具有很大的熔解度，釉中不能保留晶粒。

⑧ RO 的作用。ZnO 的加入对提高乳浊效果有帮助，除了析出锌铝尖晶石产生散射，更重要的是锌离子可以增加晶核生成，能形成大量的微小粒子，构成大的散射体系。因而，锆釉中都引入 ZnO，但引入量不宜过大（<0.45mol），否则会因收缩过大而造成开裂或缩釉。一般加入量为 6%～8% MgO 和 ZnO 一样起矿化剂作用，促进乳浊剂在较低温度下（800～820℃）就开始从釉熔体中析晶。CaO 能改善釉面光泽，析出的钙长石有助于乳浊作用，提高釉面硬度。BaO 能改善釉层质量，一般以 $BaCO_3$ 形式引入，用量在 5%～7%时能获得满意的效果。SrO 能增大锆釉的流动性，减少棕眼、针孔等缺陷，对釉的乳浊性没有明显影响。

⑨ B_2O_3 的影响。硼酸盐在釉中起矿化剂作用，能降低釉的成熟温度，促进釉中的锆化合物以微晶的形式析出。引入方式有两种，可以以硼砂的形式引入硼，也可以以硼酸的形式引入硼。但当以硼砂形式引入时会同时引入钠，增大釉层的热膨胀系数，恶化坯釉适应性。一般是硼砂和硼酸同时引入，既引进硼，又避免提高膨胀系数，并且降低生产成本。

⑩ 氟化物的影响。氟化物既是强助熔剂，也是晶核形成剂。用氟硅酸盐取代碱金属氧化物，既可以降低釉的成熟温度，又可以加强乳浊效果，还可以降低釉的表面张力，使釉面平整、光亮。

⑪ 磷酸盐的影响。如 Na_3PO_4、$Ca_3(PO_4)_2$ 等，在釉中加入 0.5%～0.9%的磷酸盐有如下作用。

a. 降低釉的高温黏度，提高流动性。因为釉中的磷酸盐在高温时，以较短的磷酸盐链（链长 1.44Å）或［PO_4］四面体单元存在，并与釉玻璃网络相连，［PO_4］四面体的不对称结构使网络断键增加，同时又有磷酸盐短链的存在，导致釉玻璃网络完整性被破坏，从而使釉黏度明显降低。

b. 降低釉的表面张力，减少缩釉的缺陷。因为釉表面张力的大小与化学组成有很大关系，碱金属氧化物对降低表面张力作用较强，碱金属离子半径愈大，其降低效果愈明显，二价金属氧化具有与一价金属氧化物相似的规律。这些降低表面张力的物质也就是表面活性物质，P_2O_5 也属于表面活性物质，加入 Na_3PO_4 或 $Ca_3(PO_4)_2$ 就相当于加了 Na_2O、CaO、P_2O_5 等。所以釉的表面张力降低，釉面平整。

c. 提高乳浊效果。［PO_4］和［SiO_4］四面体在几何形体上存在较大的差异，导致它们不混熔，在 Si 玻璃中［PO_4］常以与碱土金属（或碱金属）离子相结合的基团形式分离出来，形成两液相分离，从而提高乳浊效果。

⑫ 釉层厚度。由乳浊机理可知，釉面的乳浊程度与釉层厚度成正比，增加釉层厚度，可以明显改善乳浊效果。一般熔块釉的厚度为 0.5mm 时，乳浊效果较好，若再厚则会引起其它的缺陷。

⑬ 锆釉的组成。锆釉的组成对釉的不透明性影响极大，所以在生产中要根据不同的产品和生产工艺控制其组成。常用锆乳浊釉的化学组成范围如表 6-5。

表 6-5　常用锆釉乳浊釉化学组成范围　　单位：%

组成	960℃左右快烧地砖	1020～1040℃快烧面砖	1080～1100℃快烧釉面砖	卫生瓷
SiO_2	49.0～51.2	51～54	54～56	57.2
Al_2O_3	14.3～17.4	7～9	7～8	11.1
CaO	5.4～3.9	5～6	6～7	6.9
ZnO	2.6～5.6	7～8	11～12	4.4
ZrO_2	10.8～12.0	9～10	7～8	6.4
MgO	0.6～0.65	1.5～2	2～2.5	3.0
B_2O_3	5.8～6.5	7～8	4.5～5	
BaO	2.9～5.1			
K_2O	2.2～2.7	3～4	1～2	3.6
Na_2O	1.2～1.8	1～1.5	2.5～3.5	0.7
Li_2O		0～1		
Fe_2O_3				0.2
TiO_2				0.45
灼减				6.4

6.4.4 钛乳浊釉

钛乳浊釉是以钛化合物为分散相的固相乳浊釉。

(1) 钛乳浊釉的乳浊机理

钛乳浊釉多属于二次析晶型乳浊釉，在釉料中引入 TiO_2，烧成过程中析出锐钛矿或金红石或钛榍石（$CaO \cdot TiO_2 \cdot SiO_2$）或钙钛矿（$CaO \cdot TiO_2$）成为分散相，使釉层产生强烈的乳浊效果。在高硼、高锌的釉中，也可能由于分相出现富含 CaO、TiO_2、ZnO、B_2O_3

的液相而呈现乳浊。

引入熔块釉或生料釉中的钛源，一般为人工合成的金红石或锐钛矿。在熔块熔化过程中，TiO_2 在熔块熔体中熔解，形成棕色透明玻璃，釉烧时，在含硅、钙较高的釉中，在烧成过程和冷却过程中析出钛榍石呈现乳浊。在生料釉中，TiO_2 在熔入釉熔体的同时，在硅、钙含量较高的釉中析出 $CaO \cdot TiO_2 \cdot SiO_2$ 呈现乳浊。不管是什么钛釉，烧成温度过高，$CaO \cdot TiO_2 \cdot SiO_2$ 在黏度降低的硅酸盐玻璃熔体中熔解，随温度升高，$CaO \cdot TiO_2 \cdot SiO_2$ 熔解速度大于析出速度，最终将导致釉层透明，变成了浅褐黄色透明釉层。

（2）钛乳浊釉的特点

① 钛乳浊釉的黏度小，在烧成过程中易于流平，获得平坦光亮的釉面。主要原因是 TiO_2 属构成玻璃的中间体离子，离子场强比 Zr^{4+}、Sn^{4+} 或 Al^{3+} 更小，虽属耐火氧化物，但不会使釉的高温黏度明显提高，因此钛釉出现针孔等釉面缺陷的可能性比锆釉小。

② 在极微弱的还原条件下，TiO_2 晶格中的氧原子也容易脱除，形成非化学计量组成的钛氧化合物，带氧空穴的 TiO_2 由白色变成黄色。TiO_2 与 CaO、SiO_2 形成 $CaO \cdot TiO_2 \cdot SiO_2$ 后，TiO_2 脱氧阻力增大，但在稍强的还原条件下，氧分压较低时，仍然存在脱氧的可能性。因此，钛釉烧成必须采取较强的氧化气氛。

③ 在钛乳浊釉组成中 CaO 或其它碱金属氧化物含量不足而 TiO_2 含量较高时，乳浊晶相可能是金红石。在此情况下，除更强调采用氧化气氛外，还必须采用更快的烧成速度，以防止结晶成长极快的金红石长大。晶体较大的金红石对可见光长波段光线散射能力大，釉层带黄色色调。如果金红石长大到几十微米，釉面变得无光。

④ 随着 TiO_2 含量的增加，钛釉的热膨胀系数为（6.26～6.00）$\times 10^{-6}$℃$^{-1}$，能适应硅灰石质等坯体，改善坯釉结合。

⑤ 当釉中引入的 TiO_2 为 5%～8%时，烧成后的釉面具有抗水解、耐酸蚀的化学稳定性。

⑥ 钛乳浊釉的乳浊效果极大，可以降低釉料的用量，这样既可以降低成本，又因釉层变薄，弹性得到提高，改善了坯釉结合。

（3）钛乳浊釉的组成

根据钛乳浊釉的特点，希望析出钛榍石，形成较稳定的一些乳浊晶相。根据 $CaO\text{-}TiO_2\text{-}SiO_2$ 三元相图（如图 6-6 所示）可知，$CaO \cdot TiO_2 \cdot SiO_2$（CTS）是在 1382℃一致熔融化合物，与其周围的化合物 $CaSiO_3$、$CaTiO_3$、TiO_2、SiO_2 互相构成的四个三元矿物的最低共熔点分别为 1400℃、1348℃、1365℃和 1365℃。因此，以钛榍石析晶的乳浊釉应该能使用到中温釉的温度。为了保证 TiO_2 与 CaO 和 SiO_2 共同形成钛榍石，对釉组成有以下基本要求。

① 釉中 CaO/TiO_2 摩尔比必须大于 1，质量比必须大于 0.7。在实际钛釉中，CaO/TiO_2 质量比往往>2。

② TiO_2 含量一般在 4.5%～7%。TiO_2<4.5%时析出晶相量少，乳浊程度差；TiO_2>7%时常使釉无光。

③ 在上述 TiO_2 含量和相应 CaO/TiO_2 比之下，釉中还必须含有足够量的 SiO_2。视釉的烧成温度不同，SiO_2 质量分数波动范围为 45%～60%。

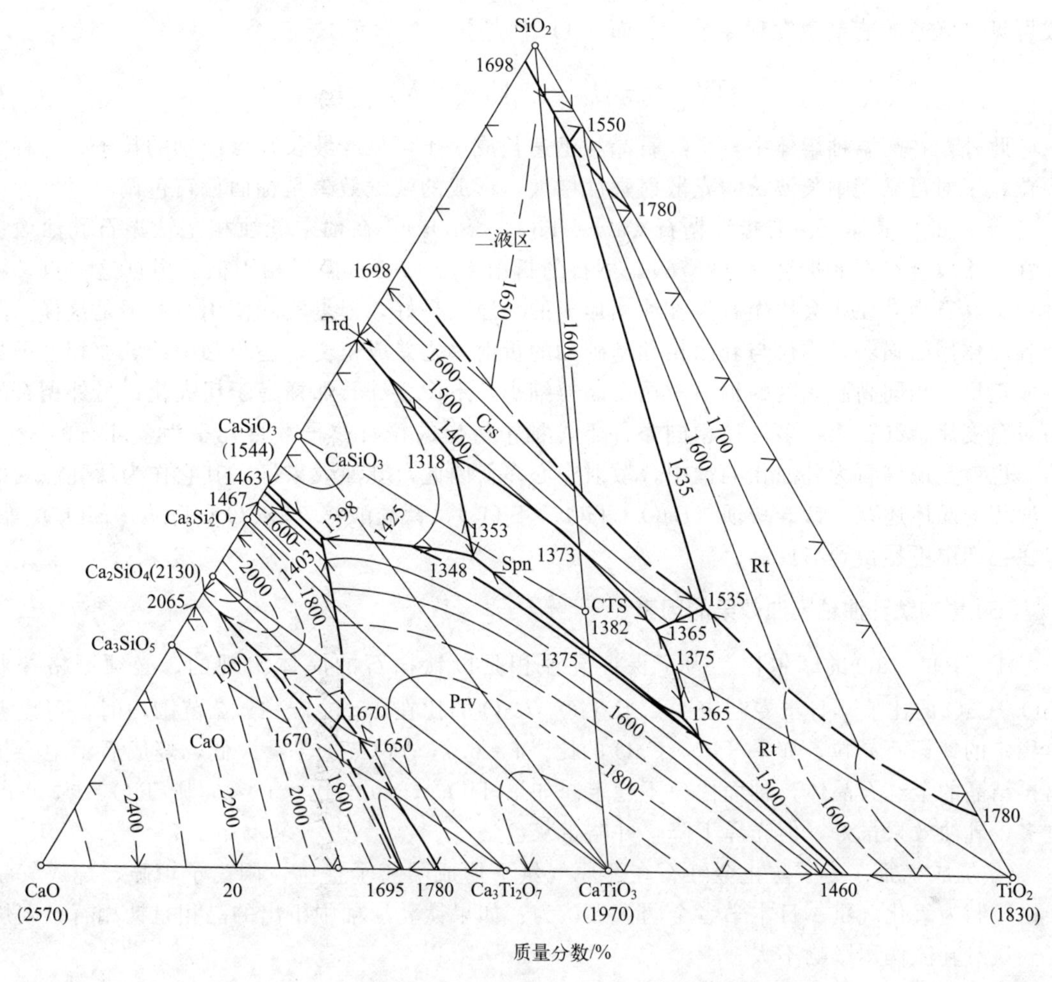

图 6-6　CaO-TiO_2-SiO_2 三元相图

④ Al_2O_3 是钛釉中第四个重要组分。含少量 Al_2O_3，可以加强釉的网络结构。调整釉的使用温度。但 Al_2O_3 含量不能过高，尤其在 TiO_2 含量较高，CaO/TiO_2 偏低时更是如此，否则釉中会析出钙长石，钙长石析出会消耗釉中的 CaO，实际上等于降低了釉中的 CaO/TiO_2 比值，结果析出 TiO_2（金红石），釉面发黄，这一现象已被研究和实践所证实。Al_2O_3 在钛釉中的含量范围为 2%～9%。

⑤ 其余氧化物 R_2O、RO、B_2O_3，主要起调节釉的烧成温度、热膨胀系数等作用，可在较宽范围内变动。例外的是 PbO，在含铅釉中，TiO_2 使釉呈黄色。钛乳浊釉中不能含铅。

（4）不同乳浊相的乳浊效果比较

① 氧化物晶体（锐钛矿和金红石）。当乳浊相为锐钛矿时，可以获得高遮盖能力的钛乳浊釉，这需要严格控制配方组成、烧成气氛、烧成温度，不适合墙地砖生产，适应于搪瓷生产。当乳浊相为金红石时，釉面易带有灰黄色。因为金红石晶体对还原气氛极为敏感，其结构易形成氧空位，变成非化学计量配比，见式(6-4)。其中的 Ti 阳离子能俘获从结构中排出阴离子 O^{2-} 后留下的电子而保持电中性，但是 Ti 阳离子俘获的电子具有较高的能量，会吸

收可见光光子的能量激发到导带，从而 TiO_2 使晶相产生黄色。

$$2TiO_2-\frac{1}{2}O_2 \longrightarrow 2Ti'_{Ti}+V''_o+3O_o \tag{6-4}$$

此外，在高温釉熔体中，金红石晶粒迅速长成大于可见光波长长度级别的粒子，这种大颗粒粒子对可见光中长波长的光散射强度增大，形成的视觉效果是釉面偏黄色调。

② 硅酸盐晶体（主要指钛榍石 $CaO \cdot TiO_2 \cdot SiO_2$）。在釉中乳浊相是钛榍石乳浊效果良好。相较金红石的折射率（2.76），榍石的折射率（1.95）显得相当低。根据这一点，在釉中金红石为乳浊相会比榍石为乳浊相形成的乳浊效果好，但是实际使用时并不是这样。因为乳浊作用的强弱，不仅与乳浊相和基础釉的折射率之差成正比，还与釉中的乳浊相粒子数量成正比。相同高温黏度的釉中，榍石晶粒细小，不像金红石那样易于粗大化；另外榍石的相对密度比金红石小得多，在相同条件下，釉中析出的榍石粒子数目几乎为金红石的3～4倍。也就是说榍石为乳浊相的釉中，散射中心多，因此，乳浊效果好。其它作为钛乳浊釉中乳浊相的晶体还有：钛硅酸钡（$BaO \cdot TiO_2 \cdot SiO_2$）、钛硅酸锌（$2ZnO \cdot TiO_2 \cdot SiO_2$）等，但在生产中不易得到与控制。

（5）影响钛乳浊釉乳浊效果的因素

① TiO_2/CaO 的摩尔比。为了保证乳浊相是以钛榍石的晶体出现的，必须严格控制 TiO_2/CaO 的比值。日本专利表明：当 TiO_2/CaO 的比在 1∶0.7～1∶2 范围内时，可以获得稳定的钛榍石晶粒。如果 TiO_2/CaO 的比＞1∶0.7，则 CaO 含量太低，烧成后釉中会析出再结晶的金红石晶体，釉面白色不稳定。如果 TiO_2/CaO 的比＜1∶2，则 TiO_2 少，CaO 过多，乳浊效果虽好，但光泽下降，并略带灰色。

② 烧成气氛。为了防止金红石在还原气氛下形成阴离子空位，阳离子填隙，烧成气氛严格控制为氧化气氛。日本学者金冈繁人认为：如果钛乳浊釉中析出的晶相是钛榍石，则烧成气氛对乳浊作用影响不大。

③ 烧成温度。一般认为当烧成温度为 950～1000℃时，出现榍石；当温度继续升高至1100℃时，榍石数量激增；再升高至 1150～1200℃，榍石熔化，釉中发生熔析现象，固液平衡温度是在 1127～1142℃的范围内，这时釉中既可以存在榍石晶粒，也可以存在熔解后的玻璃微粒（尺寸为 0.2～0.4μm），乳浊性能好。

④ TiO_2 的量。当 TiO_2 含量在 2%～10%范围内时，可以获得较好的乳浊效果，最佳范围是 5%～10%；TiO_2 含量低于 2%时，则没有什么乳浊作用；TiO_2 含量高于 10%时，则会由于残存过多的 TiO_2，在气氛稍有变化时，釉面变黄。

⑤ ZnO/TiO_2 的摩尔比。当釉中加入适量的 ZnO 后，能防止金红石还原，并与 TiO_2 形成 $2ZnO \cdot TiO_2$ 尖晶石型晶体，降低了 TiO_2 的熔解度，提高了乳浊效果。以 $ZnO/TiO_2=2:1$ 为合适。

6.4.5 锡乳浊釉

（1）锡乳浊釉的乳浊机理

锡乳浊釉是传统釉种，早在公元前 6～9 世纪，中东地区就已经出现了应用在内墙砖上的锡乳浊釉。它是以原始加入的 SnO_2 粒子悬浮在玻璃中产生乳浊的釉。SnO_2 的折射率虽然不高，但它在釉熔体中熔解度很小（0.6%～0.9%），大量未熔解晶粒的悬浮使釉产生良好的乳浊效果。锡乳浊釉是对基础釉适应性最高的乳浊釉，至今仍然是艺术陶瓷、卫生陶瓷等产品中要求使用的最高级乳浊釉。

锡乳浊釉可以用天然锡石矿、铅锡灰和 SnO_2 作乳浊剂。锡石矿杂质多，很少用。铅锡灰是铅锡合金经氧化后的混合物，过去用于低温烧成的铅釉中。陶瓷工业中锡釉主要用工业二氧化锡作为乳浊剂。SnO_2 的生产有金属硝酸氧化法和高纯金属锡熔液直接蒸气氧化法，用作乳浊剂的 SnO_2，最好用第二种方法，生产乳浊效果好。

（2）锡乳浊釉的特点

SnO_2 作为乳浊剂应用具有如下特点。

① 由于 SnO_2 在各种釉熔体中稳定，总是以原始加入的悬浮粒子形式发生乳浊作用，因此对基础釉的组成没有特殊要求，它可以在各种釉中使用。

② 氧化锡乳浊剂在各种釉中均可以以球磨加料方式配入釉中，不必也不应当加入熔块配料中熔制。

③ 由于 SnO_2 原始粒子存在于釉熔体中，釉的高温流动阻力增大，但产生的影响不大。所以大部分透明釉中可直接加入 SnO_2 形成乳浊釉。

④ SnO_2 在釉熔体中的稳定性，还与 SnO_2 粒子本身的结晶发育有关。经过机械研磨的 SnO_2，其粒子表面结构破坏，在熔体中的熔解度增加，乳浊效果降低。此时，最好将磨细后的 SnO_2 在强氧化条件下重烧至 1200～1300℃，使 SnO_2 的晶格更加完整。

⑤ 加入 SnO_2 乳浊剂的粒度要小。应用中要求 SnO_2 的粒度要很小，一般为 0.4～0.7μm。

⑥ 锡乳浊釉对气氛敏感，要在氧化气氛下烧成。锡乳浊釉烧成应自始至终保持强氧化气氛，因为 SnO_2 极易被还原。

$$SnO_2+CO = SnO+CO_2 \tag{6-5}$$

$$SnO+CO = Sn+CO_2 \tag{6-6}$$

$$Sn+SnO_2 = 2SnO \tag{6-7}$$

这些反应在低温下（565～850℃）即开始进行，而具有较高的反应速率常数。SnO_2 一旦被还原成 SnO，则更容易进一步被还原成 Sn，而且 SnO_2 本身在硅酸盐熔体中的熔解度很大。也就是说，在还原气氛下，锡釉必然失去乳浊性而透明，Sn^{2+} 带明显灰色，所以被还原的锡釉为透明的灰黄色。

6.5 渗彩釉及其制备

6.5.1 渗彩釉的概念与制备

渗彩釉又名渗花釉，渗彩釉起源于 20 世纪 80 年代的意大利，90 年代欧美一些发达国家相继研制和生产。采用渗彩釉装饰而成的渗花玻化砖是陶瓷墙地砖的换代产品，该产品集天然花岗岩、瓷质色点砖的耐磨、耐腐蚀、耐酸碱、不吸脏、高抗折强度及天然大理石、印花彩釉砖的丰富装饰效果于一体，质地晶莹、典雅华贵，抛光后光洁如镜、俏丽脱俗、富丽豪华。渗彩釉是采用可溶发色化工原料经过适当的配制，印刷在坯体上，高温烧成后，化工颜料渗入坯体内部而呈色的一种釉料。渗彩釉一般是由可溶性发色金属颜料、水、黏合剂、分散剂等组成，呈胶状流变体。采用丝网印刷技术将渗彩釉印刷在具有一定表面温度的坯体上，经过淋水，坯体表面的釉料被水分解，可溶性颜料在表面活性物质（助渗剂）帮助下，通过砖坯自身的水分梯度、毛细管力作用渗入砖坯内形成渗透层。渗彩砖主要生产工艺流程如图 6-7 所示。

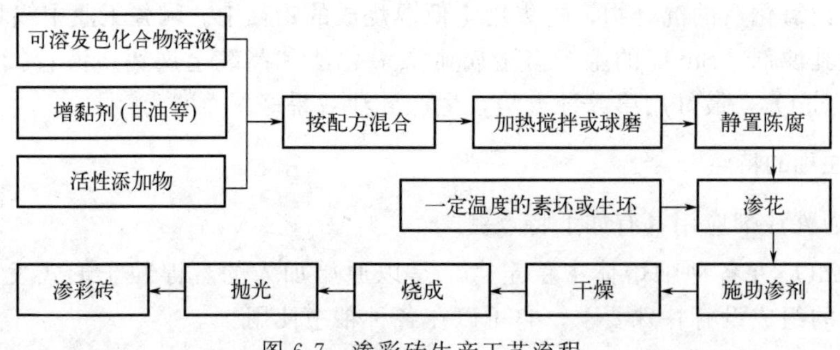

图 6-7　渗彩砖生产工艺流程

近年来，渗彩釉越来越多地应用于玻化砖的装饰中，渗彩釉具有独特的特点，能渗入瓷质砖近一半的深度，花色不易磨掉，色彩经久不变，花色款式新颖别致，多彩多姿。目前渗彩釉的应用主要存在两个方面的问题：一是颜色品种单一，色饱和度太小，不能像彩釉砖那样形成色彩丰富的图案；二是渗透深度太浅，表面与内部的颜色差别太大，抛光后图案容易被抛掉或变得模糊不清。渗彩釉最关键的工艺，就是渗入瓷质砖的深度，其次是呈色的稳定性。

6.5.2　渗彩釉的组成及原料的选择

6.5.2.1　渗彩釉的组成

渗彩釉通常由增黏剂、着色剂、助渗剂、溶剂等组成。

（1）着色剂的选择

着色剂是渗彩釉中发色的原料，着色剂的选用原则是尽可能选用溶于水但不水解的可溶性金属盐类，且在高温下发色稳定。渗彩釉可用色剂的呈色及其用量见表 6-6。

表 6-6　渗彩釉可用色剂的呈色及用量

呈色	色剂名称	用量/%
蓝色	氯化钴、硫酸钴、硝酸钴	0.1～2.0
绿色	硫酸铜、氯化铜、硝酸铜	0.5～5.0
蓝青色	硝酸铷、氯化钴、氯化铜	0.3～8.0
灰色	氯化钯、氯化钒、氯化铁、氯化钴、硝酸铜	0.5～8.0
茶色	硝酸铷、重铬酸钾、氯化镍、醋酸镍、氯化铁	0.5～5.0
黄色	硝酸铷、重铬酸钾、氯化镍、醋酸镍	0.5～10.0
棕色	硝酸铷、硝酸锰、重铬酸钾、醋酸镍	0.5～10.0

（2）增黏剂的选择

增黏剂的作用是保证着色化合物迅速渗入坯体中而不洇开。可供选择的增黏剂有：甘油、糖浆、蓖麻油、机油、松节油、生粉等。

(3) 助渗剂(促渗剂)的选择

印花后的半成品坯体，只有在坯体表面喷施一定量的助渗剂（促渗剂）后，釉中呈色的金属离子才能通过渗透作用进入坯体，最终获得一定深度的渗彩图案。助渗剂（促渗剂）通常用水或水溶液。助渗剂（促渗剂）的作用在于使呈色金属离子与之经过络合反应后，不易在坯体中渗透的呈色离子变得易于渗透。其实质在于改变呈色离子的结合形态，使呈色离子的渗透作用得到明显增强，促使釉渗入的厚度增加，由1～2mm增加到3～4mm。可供选择的有：Na_2CO_3、NaOH、KNO_3、K_2CO_3 等配成pH值为6～8的水溶液，或用去离子水。

(4) 溶剂的选择

一般渗彩釉所用的溶剂为水。渗彩釉的配方为：可溶性化工原料3%～10%，增黏剂25%～45%，溶剂50%～75%，助渗剂在施釉时喷在坯体表面。

6.5.2.2 渗彩釉化工试剂的选择原则

(1) 要考虑化工试剂的溶解度

溶解度反映了化工试剂一定条件下在水中溶解的能力大小。对于渗彩釉来说，溶解度大些的呈色化工试剂或助渗剂有利于其在釉浆中以离子形式存在，从而有利于渗彩釉稳定和呈色离子在坯体中的渗透；相反，溶解度较小的化工试剂有易于在釉中结晶析出的趋向，从而不利于釉浆的稳定、印花和呈色离子的渗透。因此，选择渗彩釉中化工试剂时，要优先考虑其相应的溶解度较大的化合物。

(2) 要考虑化工试剂的酸碱度

选择酸碱度适宜的化工试剂是渗彩釉得以应用的前提。渗彩釉过低或过高的pH值不仅会对坯体、印花工、网版产生较强的腐蚀作用，而且也会使渗彩釉中的CMC、调黏生粉等难以适应而变质。所以在选择渗彩釉化工试剂时要尽量选择酸碱度温和的呈色化合物和助渗剂，实在难以选择时可考虑添加其它合适的化合物对渗彩釉的pH值进行调整。通常渗彩釉的pH值在5.5～8.5之间为宜。

(3) 要考虑化工试剂的渗透性

良好的渗透性是渗花生产工艺对渗彩釉的基本要求。影响渗彩釉在坯体中渗透深度的因素很多：如坯体温度、渗彩釉黏度、助渗剂、吸水量、呈色离子自身的渗透性、图案、图案的目数等。其中呈色离子自身的渗透性是内因，助渗剂是影响渗透性的重要条件。所以，关于渗彩釉的渗透性要着重考虑呈色试剂和助渗剂两个方面：首先是呈色试剂。通常呈色化合物中呈色离子的化合形态、同其它离子的结合形式不同，其在坯体中的渗透能力也不同。如 Cr^{3+}、$Cr_2O_7^{2+}$，在同样条件下，后者表现为强渗透，前者表现为弱渗透。这就要求我们要根据呈色离子的渗透情况，选择对应的具有较强渗透作用的化工呈色试剂来满足渗花工艺的要求。其次要选择适宜的助渗剂。助渗剂的作用在于使呈色金属离子与之经过络合反应后，不易在坯体中渗透的呈色离子变得易于渗透。其实质在于改变呈色离子的结合形态，使呈色元素的渗透作用得到明显增强，如 Cr^{3+} 同柠檬酸根络合后，渗透作用由弱变强。值得说明的是，不同的呈色离子对助渗剂的种类和数量要求不尽相同，这需要在大量的生产实践中摸索和完善。

（4）要考虑化工试剂的配合性

渗彩颜色取得突破并丰富是两种或两种以上呈色试剂相互结合作用的结果，也是渗花产品花色、款式多样化的重要原因之一。在呈色试剂配合时要注意以下几个方面：一是试剂之间不能发生化学反应，化学变化往往会导致渗彩釉 pH 值发生变化、呈色离子化合沉淀、某些离子丧失渗透作用等，从而不能达到相互结合的目的；二是呈色离子的渗透性要基本一致，呈色离子之间的渗透作用差别过大，往往会使渗花图案经过抛光工序后产生颜色分层现象，从而使渗花产品的色号过多不易控制；三是化工试剂的量要把握好，它们的总量一般不宜超过釉重的 30%，否则会对渗彩的调黏物提出更高的工艺要求，并对印花工艺产生不利影响。

（5）要考虑化工试剂的环保性

渗彩釉中的化工试剂，有相当一部分是重金属化合物，甚至有些毒性很大，同时它们的挥发物、高温分解物会对空气产生不同程度的污染。因此，在渗彩釉的开发过程中，要避开一些对人体、环境有明显危害的化工试剂，要优先采用有利于环保的化合物。具体地讲，从盐类金属元素考虑，就是尽量采用 Fe、Co、Ni 等无毒或低毒元素呈色，少用或不用 Cr、Pb、Cd 等具有明显毒性的元素呈色；以盐类酸根考虑，就是尽量采用醋酸根、磷酸根、碳酸根等，少用或不用盐酸根、硝酸根、硫酸根等。另外，在渗彩釉生产应用时，应该考虑对其中化工试剂的有毒挥发物、分解物进行处理，对一些废弃釉加以回收，从而预防其对环境产生不利影响。

6.5.2.3 渗彩釉的配方实例及工艺要点

① 渗彩釉的工艺配方：

沸水 330g、清水 24g、特级生粉 6～15g、工业酒精 36g、甘油 54g、着色剂 1 份。

② 几种着色剂的配比

a. 浅绿色：$CoCl\cdot 6H_2O$ 2.3g＋$CuSO_4\cdot 5H_2O$ 2.7g；

b. 蓝色：$CoCl\cdot 6H_2O$ 18g；

c. 浅棕泛黄色：$NiCl_2\cdot 6H_2O$ 27g；

d. 黄色：$NiCl_2\cdot 6H_2O$ 51g。

其中用浅绿色着色剂时用甲醇代替工业酒精，其它不变。

③ 生产工艺要点

首先按配方称取清水并煮沸，得到沸水备用，另称取适量清水和特级生粉，混合均匀后，倒入已煮沸的水中，并不断搅拌，待冷却到接近室温时可用。此时，渗花液便制成。然后入球磨与工业酒精、甲醇、甘油、着色剂一并混合，研磨 60～80min，倒出过 40 目筛，筛下料便是渗花彩釉成品。

6.5.2.4 描述渗彩釉效果的三大指标

通常采用色饱和度、渗透深度、色饱和度梯度三个指标对渗彩釉加以描述。

① 色饱和度（P），又称色纯度，是某一主波长的单色光与白光混合后其所占含量。通俗地讲是指颜色的浓淡程度。

② 渗透深度，是指渗彩玻化砖烧成后，沿渗透方向发色离子的渗透深度。渗透深表示渗彩釉浆渗透性能好，渗透浅表示渗彩釉浆渗透性能差。渗透深度从工艺角度讲，则与釉浆黏度、施釉量、渗透时间、坯体密度、坯体温度及助渗剂用量等一系列因素有关。

③ 色饱和度梯度（grad$P$），是指垂直于渗彩釉浆渗透方向上单位距离各截面的色饱和度差。其定义如下：色饱和度梯度即垂直于渗彩玻化砖（烧成后）渗透方向的色饱和度变化率。用数学公式表示为：

$$\text{grad}P = \lim_{\Delta x \to 0}\left(-\frac{\Delta P}{\Delta x}\right) \tag{6-8}$$

式中，ΔP 为各截面间色饱和度差；x 为各渗透层截面距坯体表面的距离；“－”表示 x 方向与 grad$P$ 方向相反。

6.5.2.5 影响渗彩釉印刷质量的主要因素

(1) 印刷液的黏度

一般控制在恩氏黏度 10～20。若黏度太小，则会因渗透过快而使图案变得模糊；若黏度太大，则会出现难以渗入的缺陷。

(2) 坯体温度

如果砖坯的温度过高（高于 70℃），在印刷过程中，渗彩釉中的水分在遇到高温坯体后会快速蒸发，使渗彩釉的黏度变大，黏稠的釉料容易堵塞丝网网孔，造成印刷困难。另外，进入坯体的着色离子也会随着渗彩釉中水分的蒸发而发生迁移，着色离子从坯体内部大量集中到坯体表面，造成渗花不深、图案模糊。但是，如果砖坯的温度过低（低于 30℃），坯体中的毛细孔缩小，渗彩釉渗入坯体的阻力相应增大，着色离子也就很难进入坯体内部，导致渗彩釉在坯体表面横向扩散，使产品图案模糊，且颜色很浅。因此，为了提高印刷产品质量，应严格控制砖坯的温度，一般控制在 45～65℃为宜。

(3) 丝网材料及丝网目数

a. 丝网材料。通常选用尼龙网，尼龙网表面光滑，摩擦阻力小，印刷液透过性好，对黏度适应范围大，有适当的柔软性，拉伸强度大，使用寿命长，耐酸碱，印出的图案一致性强，能适应高速印刷。

b. 丝网目数。一般选用 100～180 目的网。选择原则是：当要求图案轮廓清晰时，选用高目数的网；当要求渗透深度大时，选用低目数的网。

c. 丝网网面与砖面距离。在丝网印刷中，砖坯与丝网之间的间距直接影响到印刷图案的精度。随着刮板的移动，丝网会发生一定的变形，印刷在砖坯上的图案与丝网上的图案也就不完全一样，因此从理论上分析，砖坯与丝网间距越小，砖坯上图案的精度越高。在建筑陶瓷渗花砖的实际生产控制中，间距既不能太大也不能太小，应保持 3～5mm 的距离。距离太近易压断砖坯，图案也易模糊不清；距离太远，印刷到砖坯上的渗彩釉量不足或不均匀。

(4) 坯体的性质

与普通丝网印刷工艺不同的是，砖坯的性能（包括砖坯的含水率、颜色等）对产品的色彩和图案质量都有较大影响，在实际操作中，坯体必须保持一定的湿度和温度才能适应丝网印刷工艺的要求。砖坯的含水率主要是指其经过干燥工序进入丝网印刷工序时的水分含量，其含水率的高低对丝网印刷工序影响较大。当砖坯含水率过低时，渗彩釉通过丝网网孔时将很快被砖坯吸收，易造成釉料颗粒的聚集、干结，使网孔堵塞，给印花造成困难。当砖坯含水率过高时，砖坯对渗彩釉的吸收速度慢，若此时砖坯与丝网的间距又小，刮板刮过后，丝网可能无法在渗彩釉依附到网丝上以前离开砖坯表面，即釉料易黏附到丝网上，造成网孔堵塞。因此，在实际生产中一般要求砖坯的含水率控制在0.2%以下。坯体的色调尽可能浅淡，趋向于白色；坯体的致密度不宜过大，否则渗彩釉不易渗入内部。

（5）渗彩釉黏度

在渗彩釉的一系列性能指标中，黏度是一个非常重要的参数，对印刷质量的影响较大。若黏度太大，首先是对印刷工艺不利，容易产生黏网、堵网和破坏坯体表面的现象；其次，当坯体表面釉料黏度较大时，离子扩散阻力增大，使釉浆停留在坯体表面而难以渗入内部，高温烧结后图像模糊且浅淡。造成黏度过小的原因可能有两方面：一是助渗剂的加入量过多；二是渗彩釉本身的浓度过低。如果是由助渗剂加入量过多而造成的黏度过低，则着色离子在助渗剂的作用下会渗花过深，导致着色离子在坯体中的浓度降低，高温烧结后颜色变浅、模糊。如果是渗彩釉本身浓度过低，则釉浆中的水分增多（实际上水也是一种助渗剂），着色离子的浓度也随之降低，高温烧结后的图像同样模糊、浅淡。

（6）釉浆粒度

釉浆粒度对印刷质量有一定的影响，太细则表面张力增大，易出现釉层干燥开裂，烧结后产生缩釉、烂花等现象。釉浆粒度太粗，则会提高熔融温度，影响着色离子渗入坯体的深度，影响色釉的发色能力，使图案的颜色浓度降低；同时，粒度太粗的釉浆在丝网印刷时易出现糊版现象，还会加快网版的磨损，降低耐印力。在实际操作中，釉浆粒度的控制一般以丝网网孔开口尺寸大小的一半作为其颗粒大小的上限。

6.6 艺术釉及其制备

艺术釉装饰其实是由颜色釉装饰发展起来而形成的新分支。艺术釉是指某些具有特殊装饰效果的釉料，和普通的无色釉或颜色釉不同的是其釉面色调不均一，看上去甚至并不光滑完好，却能给人一种天然的、有特殊韵味的美感。近年来，由意大利、西班牙及日本输入我国的艺术釉料种类均属此品种，如流纹釉、无光釉、碎纹釉、金砂釉、结晶釉、还原釉等。在墙地砖生产中已使用的有无光釉、金砂釉、结晶釉等。

6.6.1 结晶釉

结晶釉是用来装饰瓷器、精陶、陶砖等产品的一种人工晶花釉，是在中国古色釉的基础上发展起来的。宋代在瓷器色釉的基础上，利用氧化还原气氛制造窑变花釉，其中有些色釉自然地呈现绚丽多彩的微晶，如天目、星盏、茶叶末、铁锈花、葡萄点、芝麻点等名贵微晶结晶釉，被认为是世界上最早的结晶釉产品。

结晶釉是使用一种或两种以上的结晶成分，使釉在形成玻璃的过程中形成过饱的熔度，由液相过渡到固相——从液相中析出结晶。熔体的结晶只是在温度相当于该物的熔点时发生，也就是熔体过冷时才能发生。我国于1964年开始用结晶釉装饰建筑陶瓷，产品有内墙砖、彩釉砖和马赛克（外墙砖），大多采用二次烧成或一次高温烧成。作为陶瓷艺术釉之一的结晶釉，其晶花富于自然变幻给人美感，一般比釉下彩色调丰富，比釉上彩经久耐用且立体层次感强。将结晶釉成功地用于建筑陶瓷装饰品，不但丰富了产品的花色品种，也是陶瓷工业的一项创举。

(1) 结晶釉的分类

结晶釉的分类有很多种，已研究过的结晶釉组成系统近30种，两个或两个以上的系统结晶釉类型又可以复合派生出不同花色的结晶釉新品种，种类相当繁多。按温度可以有高温、中温、低温结晶釉；按色彩有白色和彩色结晶釉；按结晶剂种类分，有单一结晶剂结晶釉，如氧化锌系、氧化钛系、氧化锰系、铁系结晶等，以及多种结晶剂和促晶剂配合使用的结晶釉；按晶体的形状划分，有菊花状、放射状、条状、冰花状、星状、松针状闪星及螺旋状结晶釉等；按晶花的大小又可以分为大结晶和小结晶结晶釉，大的直径可达12cm左右，小的只有针眼那么大。结晶釉的形成原理早为人悉知，但对其工艺研究却颇费周折，关键问题是烧成控制，尤其是冷却阶段的控制，如控制不当便不能获得完善的晶花。

(2) 结晶釉的组成

结晶釉组成包括结晶剂、基础釉及着色剂三部分。某些物质既是结晶剂也是着色剂。釉料基质中二氧化硅和其它结晶矿物质的浓度对结晶釉的影响最大，即所谓过饱和度的高低，它是影响结晶釉组成的关键因素。饱和度低，结晶难以长大；饱和度过高，则晶核堆积，晶花过小或析晶粗糙。

釉料基质主要用来调整结晶釉的烧成温度、黏度和热膨胀系数；碱金属氧化物含量不宜过多，否则会削弱析晶作用；碱土金属氧化物会促进析晶。

着色剂的主要作用是赋予釉体和晶花特定的色调，一般用量少，影响作用少。既呈色同时又有结晶作用物质如氧化铁、氧化镍等。但是，着色剂在不同组成的结晶釉中，着色效果不尽相同，如CoO在硅锌矿结晶釉中，晶花呈现蓝色；而在辉石结晶釉中，晶花呈现粉红色。

(3) 结晶釉工艺操作要点及注意事项

结晶釉的制备及烧成工艺直接影响到晶体大小及其美观程度，是保证结晶良好的关键。

① 结晶剂要在釉磨细后加入，并尽力使其混合充分均匀。这样做的目的是增大结晶剂和晶种的粒度，以此增加对高温熔体熔融的抵抗能力。但也不易过细，过细会造成脱釉和缩釉，过粗会提高烧成温度。而着色剂就应该尽量磨细，避免产生彩色斑点。

② 结晶釉釉浆细度要大些，过小会给施釉操作带来困难，并易出现裂釉现象。玻璃粉、长石、滑石、石英、高岭土等矿物原料，应分别加工成粉末，过100～120目筛备用。氧化钴、氧化铜、氧化铁等着色金属氧化物，应分别磨细加工，越细越好。氧化锌、氧化钛、铅粉、硼砂等粉料不必预先精制，只需配料过程中混磨均匀就可以。锌、钛等结晶剂原料的颗粒粗些较易结晶，因为粗颗粒熔点较高，相对地局部过饱和程度更高，析晶时容易形成结晶。玻璃粉、长石、石英，要求较细为好，能降低釉的熔点和黏度，同时能使高温的物理化

学反应更完善，有利晶体成长。细的着色剂能充分发挥着色能力，同时呈色也较均匀，不至于造成色点、色斑等缺陷。

③ 结晶釉可采用任何施釉方法，但釉层都要比普通釉厚，厚度为0.5～2mm，大部分为1～1.5mm。釉层厚度对釉面质量以及烧成过程中晶核形成及晶体成长有很大的影响，同样的配方，采用不同厚度釉层处理，性能会有较大差别。釉层过薄，结晶稀小，釉面质感会相对较差；釉层过厚，又会增加高温下的流动性，严重的造成釉面分布十分不均匀，色差大。一般而言结晶釉的厚度会较普通釉厚，它的高温黏度并不大，为减少流出的釉黏住底部，可以先在坯上施加一层黏度大的底釉再施结晶釉。

④ 结晶釉一般适宜装饰上小、下大的弧形产品。

⑤ 结晶釉制品的烧成工艺制度。烧成是结晶釉的关键工序之一，制订合理的烧成制度对于保证晶核的形成和晶体的生长是十分重要的。

（4）结晶釉烧成工艺制度特点

结晶釉烧成时，其升温速度曲线与普通釉相同，但在釉料完全熔融后，必须在适宜结晶的温度阶段进行保温操作，以便控制冷却速度。结晶釉晶花的大小与保温时间和冷却速度有关：当冷却速度加快时，结晶花形状极小，呈现无光釉的外观；若冷却速度过慢，则由于结晶花粗大且釉表面粗糙，而失去艺术韵味。按照热力学原理，当熔体冷却到析晶温度时，由于粒子动能的降低，液体中粒子的近程有序排列得到了延伸，晶核逐渐形成；如果继续冷却，晶核就可以形成稳定的籽晶，继而以籽晶为中心，发育成为晶体。晶核形成、晶体长大两过程受两个相互矛盾的因素共同的影响：一方面当冷却程度增大，温度降低，液体质点的动能降低，吸引力相对增大，因而容易聚结和附在晶核表面上，有利于晶核形成和晶体的长大；另一方面，由于冷却程度增大，液体黏度增加，粒子移动困难。常把晶核形成速率 K_1——温度曲线，和晶体成长速率 K_2——温度曲线的重合区域（阴影区域）作为最适合析晶和晶体成长的区域，如图6-8所示。

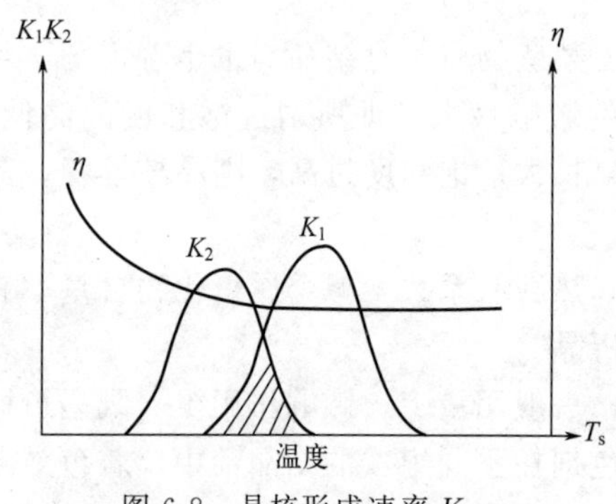

图6-8　晶核形成速率 K_1、晶体成长速率 K_2 与温度的关系

当结晶保温温度偏高时，釉的黏度小，晶核生成少，发育快，结晶形态不稳定。而保温温度偏低时，则晶体多，晶花小。大部分结晶釉的保温温度在低于烧成温度100℃处，但需要以实验而定。结晶釉的烧成温度范围很窄（一般只有±5℃），因此，对烧成曲线的掌握要求十分严格。

由热力学的知识可知，釉玻璃内能高于同成分有部分结晶的结晶釉内能，这样，釉熔体冷却定会造成析晶现象的产生，熔体能量和晶体能量差得越大，析晶越容易出现。因为冷却时熔体黏度快速增加，析晶的阻力随之增大，釉熔体也可能不析晶而直接成过冷液体，这样对黏度的控制就要求非常严格。

析晶是在冷却过程中进行的，包括晶核形成和晶体长大两个阶段，对于大多硅酸盐熔体而言，晶体长大速度最快的时候温度都相对较高，而晶核形成速度最快的时候则处于低温段。温度与结晶好坏有着必然的联系，为了保证结晶的质量，结晶釉制品烧成工艺的制度一般是“快烧慢冷”。快烧是在坯体安全条件下，使升温时间尽量缩短，只要能满足釉玻璃化完善的要求，高温保温时间越短越好，这样既可以避免大量的釉流出，又可以避免结晶剂熔融。而慢冷是在冷却过程中，在最佳析晶区域保温时间尽可能长，再慢慢冷却，这样做的目的是使得结晶最充分且晶形也最佳。

实际工作中，人们总结出了“烧、升、平、突、降、保、冷”7个字来概括结晶釉的烧成经验。烧——制品在低温阶段稍慢；升——制品干燥，脱出部分结晶水以后，尽可能快速升温；平——接近釉料熔点开始玻璃化，晶体进行烧结时，略加保温，以便釉和坯体中的物理化学反应进行得充分，为下阶段快烧做准备；突——尽可能快地升到最高烧成温度；降——快速降温至析晶最佳保温温度；保——在析晶温度平稳保温，使得晶体充分形成和发育；冷——析晶完毕，在窑中自然降温，使制品冷却。其中最关键是就是要确定最高烧成温度和最佳的保温温度。

（5）釉面内墙砖用结晶釉的配方（如表6-7）

表6-7　釉面内墙砖用结晶釉配方　　单位：份

编号	1#熔块	2#熔块	石英	高岭土	玻璃粉	氧化锌	滑石	氧化钙	氧化铁	氧化锰	氧化钴	氧化铜	氧化钛	五氧化二钒	海碧	样品色调
1	74		3	1	3	17		2						0.2	0.5	古铜色大结晶
2					71	7	3		4				13	2.0		金色小花结晶
3	75		3	1	3	16		2			0.25			0.1		蓝色小花结晶
4	62		4	1	15	15		1				0.6		0.2		浅绿色光亮结晶
5	78		3	1	3	3		2				2	16	0.4		绿色结晶
6	66		4	1	12	12		1				4	3	1		古铜色结晶
7	22	20	5	10	15	15	10			7.5						银灰色结晶
8	32	20	5	10	15	15				7.5						浅咖啡色结晶
9		66	5	8	9	8		4				0.6		0.22		黄绿色结晶
10		66	5	8	9	8		4			0.5					蓝花结晶
11		66	5	8	9	8		4							0.5	黄灰银结晶

注：1.最高烧成温度1240℃；析晶时最佳保温温度1120℃，保温温度1120～1100℃，保温4.5h。

2.表中所用两种熔块配方为：1#熔块配方（份），硼砂25、硝酸钾14、碳酸钾2、氟化钙5、氧化锌7；2#熔块配方（份），碳酸钾17、氧化锌25、氧化钛9、碳酸钠4、碳酸钡5。

6.6.2　无光釉

无光釉表面缺乏玻璃质感的高度光泽，但仔细观察可见在平滑的釉表面呈现丝状或绒状的轻微光泽。无光釉在近年的建筑陶瓷领域颇受青睐，无论是墙砖、地砖、外墙砖还是屋面瓦，很多产品的釉面都采用了无光釉，体现人们高雅、平和、安定、沉着的美学追求。

呈现丝光或玉石状光泽，而无强烈反射光的釉称为无光釉。形成无光釉主要有三条途径：① 用氢氟酸腐蚀光泽釉面，可获得粗糙的无光釉面。②将普通釉生烧而获得无光釉。在釉料中加入一定量的难熔物质，主要是高铝质黏土及铝的化合物，在烧成过程中，部分铝化合物呈不熔或半熔状态而呈现无光。但这种铝含量偏高的无光釉是因为釉中物质未完全熔融或为半熔状态而呈现无光的，如此生成的无光釉釉面粗糙，物理性能较差。在光泽釉料中引入少量添加剂也可以制成无光釉，但添加的量视情况而变动。③釉料的烧成情况和普通釉一样，也要充分熔化，在冷却时采取特殊工艺使釉料中某些成分呈现极微细晶体并均匀分布在釉面上，当晶体的大小大于光的波长时，就会在釉面形成玉石状光泽而无强烈的反射光，使釉面失去光泽。前两种方法所得的无光釉都不是理想的无光釉，通常是以第三种方法生产获得。

对于高档的建筑卫生陶瓷釉面装饰，以形成釉面细小结晶为主，其晶粒大小介于结晶釉和乳浊釉之间，一般在3～10μm。由于它均匀地分布在釉中，晶粒尺寸大于普通入射光的波长，且与基质的折射率有一定差值，从而使釉面对入射光产生一定散射而失去光泽，产生无光的效果。

(1) 无光釉的种类

无光釉按原料种类分，可分为生料无光釉和熔块无光釉；按烧成温度分，又可分为高温无光釉、中温无光釉、低温无光釉三类；按析晶种类分，又可分为钙无光釉、镁无光釉、锌无光釉、钛无光釉及复合无光釉等。釉中加入各种着色剂，即可形成具有各种颜色的无光釉。

① 钙无光釉

釉中含有较高的CaO成分，当条件合适时，即形成钙长石或硅灰石细小结晶，而产生无光效果。

例1　釉配方（%）：1#熔块62.0、石英5.0、高岭土8.0、硅灰石20.0、SnO_2 5.0。其中1#熔块配方（%）：铅丹34.0、石英24.0、硼砂18.0、长石12.0、石灰石7.0、高岭土5.0。烧成温度1060℃。

例2　釉实验式：

$$\left.\begin{array}{l}0.066K_2O\\0.039Na_2O\\0.153MgO\\0.551CaO\\0.191ZnO\end{array}\right\}\left.\begin{array}{l}0.065Al_2O_3\\0.223B_2O_3\end{array}\right\}\begin{array}{l}1.17SiO_2\\0.156ZrO_2\end{array}$$

烧成温度为1100℃。

② 镁无光釉

当釉中MgO含量较高时，在适当的釉成分中，即形成原顽辉石或透辉石细小结晶，而产生无光效果。

例　釉实验式：

$$\left.\begin{array}{l}0.10K_2O+Na_2O\\0.25CaO\\0.22MgO\\0.43ZnO\end{array}\right\}0.10\sim0.12Al_2O_3\left\{\begin{array}{l}1.00\sim1.30SiO_2\\0.05B_2O_3\end{array}\right.$$

烧成温度为1100℃.

③ 锌无光釉

以ZnO作为无光釉的结晶剂，主要晶相是硅酸锌结晶。

例　釉料配方：长石40%、石英6%、ZnO 14%、苏州土10%、石灰石16%、滑石20%、大同砂12%、锆英石6%。烧成温度1180℃。

④ 钛无光釉

以 TiO_2 作为无光釉的结晶剂，主要晶相为金红石。

例　釉料配方（%）：2# 熔块 50.0、白云石 5.0、长石 5.0、高岭土 12.0、石英 13.0、金红石 15.0。其中 2# 熔块配方（%）：铅丹 79.0、石英 21.0。烧成温度 1100～1120℃。

⑤ 复合无光釉

从上述实例可以看到，几种产生无光的结晶剂经常是复合使用。从 X 射线衍射分析结果得知，它们有钙长石、硅灰石、硅酸锌和原顽辉石等，其适宜用量 CaO 0.4～0.5mol，MgO 0.1～0.14mol，ZnO 0.25～0.33mol。

除上述结晶剂外，还有形成莫来石晶体、鳞石英晶体等也可产生无光效果，但使用不普遍。

（2）影响无光釉的因素

① 结晶剂用量。各种结晶剂的用量必须合适，太多或太少都会失去无光釉的特征。

② 硅铝比。当碱性氧化物含量固定不变时，随硅铝比升高，釉面会从无光向半无光至光亮过渡。对于生料无光釉一般硅铝比在 7～8 为宜。

③ 乳浊剂。由于锆英石的加入，釉黏度增大，会产生一系列缺陷。一般在生料无光釉中，锆英石的用量以小于 40%为宜。

④ 烧成制度。烧成制度对无光釉的品质影响很大，根据不同的配方选择最佳烧成温度、保温时间、冷却速度是制作好的无光釉的关键。

6.6.3　金砂釉

又名金星釉，该釉的特征是在深色透明玻璃釉中悬浮有金色板状薄结晶或金属粉，在光线照射下闪烁。装饰有金砂釉的瓷砖产品亦称晶彩砖、水晶砖或光泽釉彩砖等，是目前国际市场上颇为流行的瓷砖品种。按结晶剂的不同，金砂釉以可分为铁金砂、铬金砂、铬铜金砂、铬铁金砂釉等。铁金砂釉实际上是铁硅酸盐结晶釉，它主要用于面砖及彩釉砖上，以增加建筑艺术效果。铬铜金砂釉是在黄绿以至深橄榄色的釉面下，出现悬浮在透明玻璃基体中的许多互相孤立的极细小金粒，在入射光的照射下，闪耀着金光灿灿的光辉。

（1）金砂釉形成机理

当氧化铁或其它某些物质含量很高的釉烧成冷却时，由于结晶剂冷凝而析出很多微细氧化铁等晶体，形成金砂状，细小的晶体悬浮在釉玻璃基体内而闪闪发光。与其它结晶釉不同，金砂釉的结晶不是由针状晶体组成的放射状晶簇或晶群，而是许多像孤立的小金箔一样闪闪发光的单个片状晶体，且晶体处于釉中而不是釉面。由于晶体对入射光的反射作用，外观呈现星光闪烁，因此而得名。如果采用传统的铅釉，在不同熔融温度下能够熔融 6%或更多的氧化铁。熔釉进行缓慢冷却时即能析出过饱和状氧化铁。

（2）铁金砂釉在较宽烧成温度范围内的生成条件

① 釉中的钠是碱性原料中很有效的成分，其含量大小对生成的晶体比例与大小至关重要。一般要求它的含量可以高些，这样有助于金星的生长，氧化钙、ZnO、TiO_2 会阻碍金星的生长。

② 基础釉应在规定的烧成范围内熔融，流动性要好，选择铅硼熔块为宜，再加入显色兼结晶剂 Fe_2O_3 5%～8%。铅硼熔块在高温时有较好的流动性，能使 Fe_2O_3 熔解达到饱和

状态，当烧成达到最高温度后，应快速降至750～650℃，保温10min左右，以保证Fe_2O_3析晶，成为悬浮于釉中的微小金色晶片。

③ Al_2O_3含量要适当，以保证釉既有合理的黏度，又不过度流动。

④ 为使金砂釉料达到预期烧成效果，釉料组成中应引入一定量的硼酸。

⑤ Fe_2O_3含量变动在0.2～0.85mol之内。氧化铁少了，不能得到好而均匀的晶体；过多则会使釉面粗糙，光泽暗淡，不易形成金色闪点。

⑥ 釉中Al_2O_3的含量应尽可以能的少，否则会增加釉的难熔性，使釉高温黏度大，不利于析晶。

⑦ 釉料中的SiO_2含量应视在强助熔剂协助下能达到的烧成温度来决定。

⑧ 当Fe_2O_3加入量增大时，晶体尺寸增大，数量亦增多，同时釉料的熔融温度也提高；Na_2O含量增大时可以促进釉料的结晶化；CaO含量如果在0.4mol以上时，不会形成金砂釉效果。

(3) 实用金砂釉的配方

① 常规金砂釉配方：煅烧硼砂13.5%、Fe_2O_3 16.0%、硼酸4.1%、高岭土5.2%、Na_2CO_3 7.2%、石英54.0%。烧成温度1130℃。

② 低温铬铜金砂釉配方

a. 熔块配方：硼砂30%、石英30%、铅丹8%、石灰石6%、$BaCO_3$ 10%、CuO 4%、重铬酸钾2%。

b. 釉配方：熔块100份、苏州土6份。烧成温度1100～1190℃。

6.6.4 闪光釉

闪光釉是近年来在我国使用的一种新型装饰艺术釉，它也是一种结晶釉，釉中含有大量的二氧化铈（CeO_2）晶体，在烧成过程中，CeO_2晶体从釉熔体中析出，铺满整个釉面，能对光线产生良好的反射，从而形成闪闪发光的镜面效果。

闪光釉闪闪发光的外观为陶瓷制品增添了迷人的色彩，主要用于厨房、卫生间的墙面砖装饰。它具有金属镜面般的闪光效果，能迎合一部分用户的欣赏和审美要求。该釉可以使用丝网印刷技术，因此可以随意设计内墙砖的花色，使画面更加丰富多彩。

(1) 闪光釉的闪光机理

当光线入射到两种物质的相界面上时会产生光的折射、反射、散射、透射等光学现象，各相间的折射率差值越大，这些光学作用就越强。无机介质材料在可见光区吸收系数很小，这是因为无机介质材料的价电子所处的能带是填满了的，它不能吸收光子而自由运动，而光子的能量又不足以使价电子跃迁到导带，所以在可见光区吸收系数很小。这样影响无机介质材料光学性能的主要是反射、散射和透射。

对闪光釉来说，其闪光效果或强烈的反射光泽主要是由对光线的定向反射造成的。而这种定向反射又由两部分构成：一部分是釉层表面对入射光线的镜面反射，另一部分是釉层中CeO_2晶粒的定向反射。

① 釉面的镜面反射

当一束光入射到釉层表面时，除一部分因折射进入釉层外，其它会在釉的表面发生反射。其反射率可表示如下：

$$R=\frac{(n-1)^2}{(n+1)^2} \tag{6-9}$$

式中，n 为釉层玻璃基质对空气的相对折射率；R 为反射率。

从式中可知，反射率越大，则釉面光泽相对越好。同时釉面越平整，则镜面反射就越大。

为了提高镜面反射，增大这一部分对闪光效果的贡献，一方面可以采用高折射率的原料，如采用 PbO 等配制釉料，以提高闪光釉层玻璃基质的折射率；另一方面就是设法提高釉面的平整度。

② CeO_2 晶粒的定向反射

CeO_2 晶体是立方结构，其（200）面是奇异面，只有较低的界面能，使晶粒有光滑界面。因此当 CeO_2 晶体从熔体中析出时，其（200）面易析出且（200）面与釉面平行。折射进入釉层的光线在遇到 CeO_2 晶粒时将被其（200）晶面反射，然后再通过釉层与空气的界面折射一部分光线进入空气，这种情形就好像 CeO_2 晶粒在釉层中处于比实际位置较高的地方对入射光线进行反射。当 CeO_2 晶粒以（200）面择优取向时，其折射率会高达 2.44。而高折射率的晶体表面具有高的反射率，所以产生较好的闪光效果。

(2) 闪光釉的制备

① 闪光釉的组成

一般情况下，闪光釉要求有较高的平滑度，同时施釉又较薄，所以采用底釉、面釉二次施釉方式。底釉采用一般生产用釉，一次烧成时需要与面釉烧成温度相匹配。一闪光釉组成示例如下。

a. 底釉组成

组分：	SiO_2	Al_2O_3	B_2O_3	Fe_2O_3	ZrO_2	CaO	MgO	ZnO	K_2O	Na_2O
含量(%)：	61.37	8.15	7.98	0.031	0.53	9.00	2.03	5.54	4.12	0.97

b. 面釉实验式

$$\left.\begin{array}{l}0.08\sim0.14K_2O\\0.04\sim0.0Na_2O\\0.300\sim0.46CaO\\0.02\sim0.10MgO\\0.25\sim0.45ZnO\end{array}\right\}0.22\sim0.30Al_2O_3\left\{\begin{array}{l}0.02\sim0.08ZrO_2\\1.80\sim3.10SiO_2\\0.04\sim0.12\ CeO_2\\0.06\sim0.20B_2O_3\end{array}\right.$$

CeO_2 加入质量分数为 6%～8%。

c. 面釉组成

组分：	SiO_2	Al_2O_3	TiO_2	BaO	PbO	ZrO_2	CaO	MgO	ZnO	K_2O	Na_2O	CeO_2
含量(%)：	52.4	6.9	0.60	4.0	7.0	4.2	6.00	2.03	9.2	3.7	0.90	5.0

面釉制成熔块才能使用，熔块熔制温度以 1350℃以上较好。

② 施釉和烧成

闪光釉粉料加入一定量的 CMC 和水，磨成釉浆施于底釉上，细度在 10μm 以下。面釉在电炉内 1040～1080℃烧成，烧成时间 50～60min，保温 5min。面釉调制成印膏后以丝网印花的形式印于底釉上，在 1100℃左右中性气氛烧成。

印花用印油（质量分数,%)：CMC 2、乙二醇 100、水 82。印膏：印油∶釉料＝3∶5。

（3）影响闪光釉的因素

① 闪光釉以熔块釉形式闪光效果较好，而且熔块的熔制温度对闪光效果有较大的影响，面釉熔制温度在1200℃下几乎无闪光现象。

② CeO_2 的加入量对闪光效果影响较大，过低过高都不能产生闪光。最佳的 CeO_2 加入量为6%～8%。推测 CeO_2 含量太低时，晶粒不能铺满整个釉面，只有在有足够量的 CeO_2 时，晶粒方能在釉表面形成连续的铺展。CeO_2 含量太高，在釉烧温度下闪光釉黏度太大，CeO_2 晶粒取向困难，因此闪光效果也变差。

③ 釉中硅铝比应适当较高，钙、锌含量亦应较高，利于铈晶体从釉熔体中析出；同时基釉需有一定的乳浊度或失透性，以衬托表面层铈晶体的反光性。

④ 釉料细度也要严格控制，釉料过细会影响氧化铈晶体的析出。

⑤ 闪光釉需施于底釉上才能达到较好的闪光效果。

⑥ 烧成以中性气氛为宜。

6.6.5 金属光泽釉

釉表面的色调和光泽呈现类似金属光泽的高光泽釉，称为金属光泽釉。如金光釉、银光釉、铜光釉、铜红色金属光泽釉等。金属光泽釉具有高雅、豪华、庄重的艺术效果，加上釉面化学稳定性好、不氧化、耐酸碱腐蚀性好，具有优良的实用性能，近年来越来越受到建筑陶瓷行业的重视，用其进行装饰的建筑陶瓷制品，具有逼真的金属装饰效果。

早期采用以金水涂覆釉面，再经低温焙烧使其产生金色效果。但却是以贵重黄金或白金为原料，并将其制成金水后使用的，成本高而不能大面积使用。目前生产金属光泽釉的方法已多样化，并且一些较为廉价的代金材料得到应用，因而推动了此类装饰方法的盛行。

6.6.5.1 金属光泽釉的制备方法

目前生产金属光泽釉的方法有以下四种。

（1）热喷涂法

在炽热的（600～800℃）釉表面喷涂有机或无机金属盐溶液，通过高温热分解在釉表面形成一层金属氧化物薄膜，不同类型的金属氧化物呈现不同的金属光泽，从而形成金属光泽装饰。

热喷涂技术有热分解喷涂法、金属离子交换法、化学浸镀法等多种形式。其中，最常用的方法是热分解喷涂法。

① 热喷涂的原理。将分解温度较低的金属盐溶液喷涂在炽热的釉表面上，这些金属盐溶液在喷到炽热的釉表面的瞬间立即分解并与釉面发生反应，形成Si-O-M（金属元素）结构的金属氧化物薄膜或金属胶体膜。

不同的金属盐离子就会呈现不同的颜色，还可混用以调配近百种颜色。彩色膜与釉面结合牢固，结构致密，不易脱落，光亮如镜，化学稳定性好。

② 喷涂液与喷涂装备。喷涂液由着色剂和溶剂两部分组成。着色剂一般选用化学元素周期表中第Ⅱ～Ⅵ族金属元素，如铁、钴、镍、钛、钒等的盐类。同时必须符合下列要求：其氧化物、硝酸盐或有机金属盐在水或有机溶剂中有较大的溶解度；热分解温度较低；其盐

类能电离或形成络合物状态，以利于热喷涂。关于所用的溶剂，当选用有机金属盐时，有机溶剂以二氯甲烷最好，无有毒蒸气排出，生产安全。

喷涂设备应能满足连续热喷涂着色工艺的要求，它包括喷嘴、输釉管路、输气管路、排气装置、滑动部件等。将热喷涂装置安装在经改造后的喷涂室中。该装置是专门设计的，具有结构合理、操作方便、造价低等特点，可以满足实际应用的要求。

③ 制备的工艺流程。热喷涂工艺制备金属光泽釉的工艺流程如图 6-9 所示。

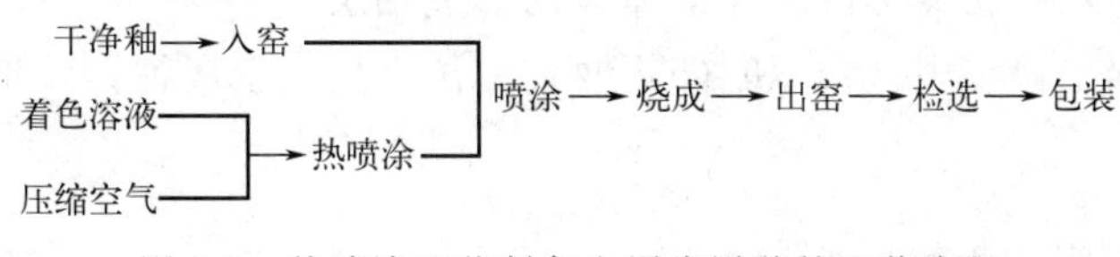

图 6-9　热喷涂工艺制备金属光泽釉的工艺流程

④ 影响热喷涂技术的因素

a. 釉面表面温度的高低对喷涂着色有重要影响。它不仅影响釉面的镜面效应，也对喷涂层与釉面结合的牢固程度、耐腐蚀性能有较大影响。一般釉面温度必须在 500℃以上，若温度太低，则表面耐腐蚀性差；温度太高浪费能源，不利于生产。所以釉面温度一般控制在 550～750℃范围内。

b. 热喷涂压力、喷嘴孔径及喷涂距离对着色也有影响。如果喷嘴孔太大，压力太小，雾化不好，釉面不均匀。一般喷嘴孔径以 0.8～2.5mm、喷涂压力以 0.4～0.6MPa 为宜。

c. 喷涂厚度应控制适当。太厚时，化学稳定性较差；太薄时，则釉面色泽不一致，色差大。

(2) 蒸镀法

此方法实际上是化学气相沉积（CVD）和物理气相沉积（PVD）工艺在陶瓷装饰上的应用。常见的镀膜物质是 Ti_3N_4，由于它具有与金膜相似的色彩，是目前陶瓷仿金装饰的重要材料之一。它与金膜相比，具有硬度高、耐磨性和耐蚀性好、膜层较薄、结合牢固等优点，受到人们广泛的重视。由于它需用较昂贵的真空镀膜设备，如真空蒸镀机、阳极溅射镀膜装置和离子涂覆设备等，以及新技术的掌握和对产品尺寸的限制等，该方法的应用面受到很大的限制。

(3) 还原法

在陶瓷制品釉面上涂以含有金属或金属化合物粉末的涂层，经过还原热处理，形成金属化装饰层。

(4) 高温烧结法

它与一般釉的制备方法相同，只是在釉料成分中引入多种着色金属氧化物，并使它在高温熔体中饱和，这样，冷却时就会析出具有金属光泽的析出物。因不同类型析出的金属光泽微粒或矿物不同，就会产生不同的色彩。为了使着色的析出物能保持一定的成分，有的可以预先合成，再按生料釉的方法制备。也有的可以制成熔块，按熔块釉的制备工艺生产。一定组成的釉随同坯体烧成时，产生色调和光泽等外观类似某类金属的仿金属釉面，它主要是通过调整釉料配方组成，如 MnO_2、TiO_2、PbO、CuO、NiO、Fe_2O_3、V_2O_5 含量，在釉料烧成过程中，金属氧化物达到饱和状态，析出金属，使釉呈现金属光泽。此工艺所产生的金属光泽釉面不氧化、不掉色、耐磨性好、工艺简单、成本低，不需要加任何设备，所用原料矿物也和其它陶瓷釉用原料差不多，比较便宜，在价格上有很强的竞争力，是很有发展前途的高档墙体装饰材料。但对釉组成要求严，某些品种效果不够稳定。

（5）高温施釉法

将待施釉的坯体放入窑内烧成，当烧成进行到高温阶段时，向窑内喷洒有机酰盐，高温下有机酰盐氧化分解，金属离子沉积在坯体表面形成釉层。

在实际生产过程中，常用（4）和（5）两种方法来生产金属釉，效果较好、生产方便的方法是第四种方法。

6.6.5.2 金属光泽釉的种类

在金属光泽釉领域里，早为人所知的金砂釉，或许可称为金属光泽釉。它是富含氧化铁的釉，其色彩是通过赤铁矿晶体产生的，类似铜的颜色。然而这种釉的制品色彩单一，色调变化的可能性不大。

近些年来国外在研制金属光泽釉方面进展很快，成果显著，色彩丰富多样，其中有以下几种有代表性的金属光泽釉。

（1）多色彩金属光泽釉

该釉料由75%～95%的基础釉和5%～25%的着色剂组成。基础釉含PbO 20%～55%、Na_2O 0.1%～10%、CaO 1%～15%、Al_2O_3 1%～18%和SiO_2 8%～81%。着色剂由MnO_2 30%～80%、CuO 1%～20%、TiO_2 0.01%～50%和NiO 0.01%～20%构成。色素可由各金属氧化物直接混合制成，也可由各氧化物经混合煅烧制成。通过改变各氧化物之间的数量比，可以获得多种色彩的金属光泽釉。最佳烧成温度范围为1020～1280℃。

（2）黑色到棕色金属光泽釉

该釉料很适合建筑陶瓷制品中的面砖装饰，可以快速烧成。釉料组成为：B_2O_3 19%～45%、Al_2O_3 0.5%～9%、P_2O_5 0.5%～3.0%、SrO 6%～24%、SiO_2 2%～8%、MnO_2 17%～60%、TiO_2 0.5%～9.5%。最佳釉烧温度为970～1020℃，最佳釉烧温度下保温20～30min。釉烧后釉面外观为带金属光泽的黑色或棕色。

（3）铜红色金属光泽釉

该釉适合装饰红色黏土坯体的艺术制品，它使用的原料为珍珠岩、硼砂、氧化铬和氧化铜。一般要把珍珠岩和硼砂在1300℃下做成熔块。其釉料的组成为：SiO_2 53.06%～56.51%、Al_2O_3 11.71%～12.26%、B_2O_3 9.85%～10.44%、Fe_2O_3 0.34%～0.36%、CaO 0.51%～0.54%、Na_2O 12.07%～12.78%、K_2O 2.46%～2.61%、CuO 3.0%～5.0%、Cr_2O_3 0.5%～5.0%。制品在还原气氛下1000℃左右釉烧3h，得到光泽度为95%以上的釉面，外观呈现铜红色金属光泽。

（4）银色金属光泽釉

该釉使用的原料为珍珠岩、硼砂、氧化铜和氧化镍，特别适用于红色坯体面砖的装饰。釉料组成为：SiO_2 52.30%～54.51%、Al_2O_3 12.35%～13.26%、Fe_2O_3 0.33%～0.34%、

Na_2O 11.64%～12.07%、K_2O 2.38%～2.46%、B_2O_3 9.5%～9.85%、CuO 5%～7%、NiO 2%～4%、CaO 0.49%～0.51%。珍珠岩和硼砂一般做成熔块，釉烧温度为 940～960℃。烧成产品釉面外观呈银色金属光泽。

（5）仿金金属光泽釉

该釉对日用瓷、艺术瓷器及建筑陶瓷均能适用，具有高雅、豪华、庄重的艺术装饰效果。它分为基础釉和着色剂两个部分。基础釉的组成是：SiO_2 36.22%～51.63%、Al_2O_3 9.37%～15.13%、B_2O_3 3.85%～13.03%、Na_2O 3.91%～5.22%、K_2O 7.41%～9.89%、CaO 1.33%～1.77%、MgO 0.10%～0.14%、PbO 18.61%～34.84%、Li_2O 0.13%～0.17%。在此基础釉的基础上再加入着色剂，着色剂组成为：CuO 3%～3.5%、MnO_2 6.5%～8%、NiO 0.5%～1.5%、V_2O_5 1%～1.5%。施釉制品在 1140～1180℃的温度下进行釉烧。烧成产品釉面外观呈金黄色的金属光泽。

6.6.5.3 金属光泽釉的呈色机理

金属光泽釉产生金属光泽的机理，在学术领域有不同的观点。到 20 世纪 80 年代之前，一般认为金属光泽釉产生金属光泽的原因是：在高温釉熔体中某些金属氧化物呈饱和状态，当冷却时呈过饱和状态，金属析出，因而釉面呈现金属光泽。但现在普遍认为是因为釉层表面形成了大量的尖晶石，且都以（111）晶面与釉层表面平行，对光线容易产生反射，加之在尖晶石晶体结构中，平行于釉层表面的（111）面网中原子密度较大，故反射能力增强，从而产生金属光泽。可以产生镜面反射的尖晶石有：$CoFe_2O_4$、$FeO \cdot Fe_2O_3$、$MnAl_2O_4$、$CuMnO_4$ 等晶体。

几种典型的金属光泽釉的配方如表 6-8 所示。

表 6-8 金属光泽釉配方的化学组成 单位：%

组分	SiO_2	Al_2O_3	Fe_2O_3	CuO	PbO	B_2O_3	CaO	MnO	V_2O_5	K_2O	Na_2O	Li_2O
含量	1.632	0.310	0.195	0.102	0.168	0.173	0.657	0.2754	0.227	0.176	0.188	0.014

烧成温度 1060～1160℃，呈现金光泽。

组分	SiO_2	Al_2O_3	Fe_2O_3	PbO	CaO	MgO	V_2O_5	K_2O	Na_2O	TiO_2
含量	2.7374	0.2866	0.0015	0.6249	0.2592	0.0045	0.0399	0.0863	0.0251	0.1866

烧成温度 1250～1270℃，呈现银光泽。

组分	SiO_2	Al_2O_3	$MnCO_3$	CuO	PbO	B_2O_3	CaO	MgO	V_2O_5	K_2O	Na_2O	Li_2O
含量	2.0～3.0	0.35～0.50	0.11	0.03	0.33	0.25	0.09	0.01	0.012	0.31	0.25	0.02

烧成温度 1140～1180℃，呈现金光泽。

组分	SiO_2	Al_2O_3	SrO	PbO	BaO	CaO	MnO_2	MgO	K_2O	Na_2O
含量	1.862	0.071	0.079	0.495	0.089	0.125	0.018	0.082	0.064	0.066

烧成温度 1200℃，呈现铜光泽。

组分	SiO_2	Al_2O_3	Fe_2O_3	CuO	PbO	MgO	CaO	MnO_2	TiO_2	K_2O	Na_2O	NiO
含量	2.3972	0.1548	0.0019	0.1481	0.4468	0.0131	0.1824	0.5800	0.2939	0.0722	0.0246	0.1123

烧成温度 1100～1150℃，8h，呈现铜光泽。

6.6.6 其它艺术釉

6.6.6.1 花釉

指釉面呈多种色彩交混、花纹各异的颜色釉。在建筑陶瓷中应用的一般有釉里纹釉和大理石花釉两种。

（1）釉里纹釉

在生坯上先厚施一层底釉，再在底釉上喷施一层面釉（为底釉厚度的 1/3），烧成后，釉面远看似有龟裂，近看光滑平整，釉中花纹犹如动物斑纹。底釉及面釉中着色剂不同，在烧成过程中，由于两种釉互相反应和颜色的互补作用而形成别具一格的釉里纹釉。

以黄地棕色斑纹釉为例，其釉料组成如下。

底釉（%）：石英 27、长石 43、石灰石 18、碱石 12、棕色料 8。

面釉（%）：石英 27、长石 43、石灰石 18、碱石 12、锆黄色料 6。

（2）大理石花釉

顾名思义，大理石花釉是模仿大理石天然纹理的装饰花釉。花纹的出现主要靠施釉方法来实现，施釉方法有以下几种。

a. 浸釉法：将两种以上颜色的釉料分别缓缓注入浅盘中略作搅混，砖沿釉浆面浸釉。

b. 甩釉法：先喷一层底釉，再甩上一些异色釉浆。

c. 喷彩法：先喷一层底釉，再在砖面上按要求喷彩。

d. 抛磨法：在制品表面喷多层不同色釉，每一层都有意喷得凹凸不平，烧成后把釉层磨平或抛光。

6.6.6.2 变色釉

将硅酸钕型变色色料加到含硅量较高的釉中，烧制出变色釉面砖及变色结晶釉。

变色色料有两种类型：其一为硅酸钕型，组成为富钕氧化物 60%～80%、石英粉 20%～40%、硼砂 5%～20%；其二为铝酸钕型，组成为氧化钕 50%～60%、氧化铝 30%～60%、硼砂 5%～10%，均在 1250～1300℃煅烧。区别是硅酸钕型色料可采用品位较低的富钕氧化物来合成，而铝酸钕型色料必须用化学纯的氧化钕来合成，否则颜色不正，二者价格相差十多倍。

变色色料在釉中的着色属于离子着色。钕的正常价态为三价，其离子的电子层结构为 [Xe] $4f^3$，钕离子的 3 个 4f 电子可在 7 个 4f 轨道之间任意跳跃，从而产生各种光谱项和能级，在可见光的激发下，会在可见光区范围出现一些窄的吸收峰。其主要吸收峰为 480nm、530nm、600nm、680nm 处，在 530nm 和 600nm 处有强烈的吸收，即在黄、绿波段有狭窄的吸收峰。由于窄峰的存在，便可将可见光谱分为两部分，当变换不同光源时，其颜色就有变化。变色色料着色的制品在不同光源照射下呈现不同颜色，如表 6-9 所示。

表 6-9　不同光源照射下钕变色釉的呈色

光源	白炽灯	蜡烛	高压钠灯	高压汞灯	钪钠灯	日光灯	阳光
颜色	粉红、淡紫	浅粉红、淡紫	橙红色	先是红色转鸭蛋青，后转为蓝绿色	蓝绿色	青色	红紫色

6.6.6.3 虹彩釉

虹彩釉是由于釉面析出的结晶膜或晶体与玻璃折射率不同，从而形成光的干涉效应而引起的虹彩，在阳光或在明亮的室内光线照射下呈现出不同色调光彩闪烁的虹彩。

虹彩釉根据组成不同，可用于高温、中温及低温；因引入的着色物质不同，可产生不同底色和不同虹彩结晶。主要有以下几个系列。

(1) 铅-锌-钛系虹彩釉

是以铅-锌釉作为基础釉，加入 $\mathrm{TiO_2}$ 晶核，再加入促进 $\mathrm{TiO_2}$ 晶体生成的偏钒酸铵，就会形成金红石型的 $\mathrm{TiO_2}$ 针状晶体，其厚度很小，使光线产生了散射，故呈现了红、蓝、橙等虹彩现象。

釉实验式：

$$\left.\begin{array}{l} 0.100\ \mathrm{K_2O} \\ 0.037\ \mathrm{Na_2O} \\ 0.013\ \mathrm{CaO} \\ 0.017\ \mathrm{MgO} \\ 0.365\ \mathrm{ZnO} \\ 0.478\ \mathrm{PbO} \end{array}\right\} \begin{array}{l} 0.216\ \mathrm{Al_2O_3} \\ 0.002\ \mathrm{Fe_2O_3} \end{array} \left\{\begin{array}{l} 0.250\ \mathrm{SiO_2} \\ 0.233\ \mathrm{TiO_2} \\ 0.043\ \mathrm{V_2O_5} \end{array}\right.$$

烧成温度 1250～1280℃。烧成制度对它影响很大，在烧成过程中，需经二次保温。其中高温保温可获得优良的釉面质量；当降温至析晶区，再行保温是虹彩釉形成的关键。具体工艺是在烧成温度下保温 20min，后以 10～20℃/min 的冷却速率冷至 1060℃，在此温度下保温 50min 后自然冷却，即可得到虹彩釉面。

(2) 钙-镁-铁系虹彩釉

在钙-镁的基础釉中加入 $\mathrm{Fe_3O_4}$（8%）和稀土类氧化物，例如 $\mathrm{Nb_2O_5}$（5%），在氧化气氛中 1280℃烧成，可得棕色底釉橙红色虹彩的釉面。

(3) 铅-锌-锰系虹彩釉

在铅-锌的基础釉中加入 $\mathrm{MnO_2}$ 及促进结晶的偏钒酸铵，烧成冷却时，在釉中析出黑锰矿，呈三角锥状分布在釉中，形成金、银、蓝色虹彩。

(4) 锂-铅-锰-铜-镍系虹彩釉

在锂-铅-锰的基础釉中外加 CuO 2%、NiO 1%，于 1280℃氧化气氛下烧成，则在深黑棕釉上形成磨光铜器般的金色光泽虹彩。

6.6.6.4 偏光釉

偏光釉着色的瓷砖具有偏光效果，可从不同的角度看到不同的颜色，从而形成一种丰富多彩的梦幻般的装饰效果，是一种新型的高档建筑装饰材料。

(1) 配方及工艺

它是采用既适于较高温度烧成，又能抵抗釉熔体侵蚀的无机偏光材料，以及不仅能满足坯釉结合，还能在较高温度下对偏光材料起一定保护作用的熔块配制而成的。

① 熔块的实验式：

$$\left.\begin{array}{l}0.10\ K_2O\\0.14\ Na_2O\\0.28\ CaO\\0.48\ PbO\end{array}\right\}0.11\ Al_2O_3\left\{\begin{array}{l}1.85\ SiO_2\\0.31\ B_2O_3\end{array}\right.$$

② 釉料配方（%）：熔块 85～90、苏州土 3～5、无机偏光材料 5～10、陶瓷色料（外加）1～5、外加剂 0.2～0.3。

③ 烧成制度：釉烧温度 850～900℃，烧成周期 2～3h。

（2）影响因素

① 基础熔块中，一定的 SiO_2、Al_2O_3 含量及适量的 K_2O、Na_2O、CaO、PbO、B_2O_3，有利于偏光效果的产生；釉料的碱性组分不宜过高，否则会破坏无机偏光材料的表面晶体结构，降低甚至失去偏光效果。一般（$RO+R_2O$）<0.55 为宜。

② 釉烧温度不宜过高，在 850～900℃之间，以取下限为宜。

（3）偏光釉呈色机理

偏光釉独特的偏光效果实际上是一种“视角闪色效应”，即随视角异色现象。实质是无机偏光材料以其原始状态分布于偏光釉中，即在釉中均匀分布着偏光材料的众多微小晶体，对光线的照射产生反射、吸收和干涉，从而产生独特的偏光效果。

6.6.6.5 珠光釉

珠光釉是将云母钛珠光色料加至特殊组成的熔块中制成釉料，施于釉面砖上，在低于1100℃的釉烧温度下即可呈现柔软细腻的丝光状釉面。随着不同色料的加入就能产生出具有各种颜色珠光效果的釉面砖。

（1）云母钛珠光色料合成工艺

将人工合成的云母粉配成悬浮液，在保持一定温度及酸度并不断搅拌的情况下，反复滴加四氯化钛的盐酸溶液和氯化亚锡溶液，并静置，同时用氢氧化钠溶液来中和水解过程中不断分解生成的酸，使溶液的酸度保持恒定不变，直到云母表面沉积的二氧化钛及二氧化锡达到预定厚度为止。整个包膜过程必须缓慢进行，并要严格控制 pH 值。若 pH 值太小，云母表面沉积的含水氧化钛就不充分；若 pH 值太大，分散在悬浮液中的云母粒子就会聚集起来，从而得不到所希望的沉积效果。包膜后的溶液经洗涤、干燥、煅烧后就制成云母钛珠光色料。

（2）珠光釉制备工艺

① 熔块实验式：

$$\left.\begin{array}{l}0.24\ K_2O+Na_2O\\0.24\ CaO\\0.52\ PbO\end{array}\right\}0.14\ Al_2O_3\left\{\begin{array}{l}1.99\ SiO_2\\0.32\ B_2O_3\end{array}\right.$$

② 釉配方：将 95%上述熔块、5%的苏州土，再外加 10%云母钛色料配制成釉，施釉

烧成后即得到珠光釉面。

（3）珠光釉呈色机理

制备云母钛的云母采用的是能耐1100℃的人工合成氟金云母，它是云母外包膜二氧化钛的水合物，由于二氧化钛与云母折射率不同便产生珠光效果；再包膜二氧化锡等难熔氧化物，阻止易熔的釉成分侵蚀云母钛基体，从而起到保护作用。当釉料冷却时，云母晶体在700～800℃时又重新析出，形成珠光釉面。

6.7 功能釉及其制备

6.7.1 抗菌釉

抗菌釉是因含有抗菌剂 Ti、Ag、Zn 等金属离子而具有杀菌、防霉功能的陶瓷釉。

（1）分类

按制作工艺不同抗菌釉可分为两种基本类型。

① 在普通陶瓷釉配方中添加抗菌剂而制成抗菌釉。该抗菌釉从外观上看与一般陶瓷釉无明显区别。

② 在陶瓷釉面上涂覆一层金属氧化物涂层制成抗菌釉。该釉层具有杀菌、防霉功能，且具有珍珠或金属光泽，也可称为自洁釉。

（2）抗菌剂及抗菌机理

① 抗菌剂：常用的抗菌剂有 TiO_2、含银离子和锌离子等的氧化物或化合物。

② 抗菌机理

a. TiO_2 光催化作用。TiO_2 在光照条件下可使空气中的水发生分解，使其表面生成 OH^-、H_2O_2、O^{2-} 等反应活性强的物质，它们对细菌有杀灭作用，生成的 H_2O_2 有较强的杀菌消毒作用。

b. 银离子可与蛋白质结合，抑制酶系统，破坏细胞核物质，所以能抑制乃至杀灭微生物。

c. 带正电的抗菌金属离子与保持电负性的细菌作用，使细胞膜破损，从而抑制其生长、繁殖。

（3）抗菌釉的制作

① 将抗菌金属离子如银、锌等的氧化物或化合物与陶瓷载体——黏土质、蜡石质、瓷石质等耐火度较高的材料和陶瓷釉料按一定比例混合，煅烧，而制得抗菌剂。将该抗菌剂加入陶瓷釉料中，施于坯体上，或施于施过底釉的陶瓷釉面之上，经烧成就得到抗菌釉。其主要制作工艺如下：

陶瓷坯料—成型—干燥—施底釉—施抗菌釉（抗菌剂＋基釉）—烧成—包装—成品。

② 将含有抗菌金属离子的化合物制备成溶液，用旋转法、提拉法、喷涂法、热喷涂法、移液法等方法在陶瓷产品表面涂覆一层金属化合物溶液，该涂层在600～800℃温度下焙烧，即得到抗菌釉面。

(4) 抗菌性能与应用

抗菌釉对大肠杆菌、绿脓菌、金黄色葡萄球菌、霉菌等都有抑制杀灭作用，对照实验中，其24h的杀菌率可达99.9%。抗菌釉可用于卫生陶瓷、墙地砖釉面上。由于其本身的抗菌、杀菌、防霉功能，所以用抗菌釉产品来装饰手术室、病房、厨房、厕所的墙地面及水箱、扶手，能防止细菌生长繁殖，减少病菌传染，提高公众健康水平。

6.7.2 红外釉

红外光是波长比可见光更长的电磁波，其波长范围为0.721μm～1mm。一般将波长在3～1000μm光的称为远红外光，远红外光由于其波长较长、穿透力强，在红外光应用中具有近、中红外光所不能及的作用。远红外辐射材料是一类重要的功能材料，具有光热转换功能。自20世纪80年代以来，人们已研制出多种体系的中高温远红外辐射陶瓷材料，促进了远红外加热和节能技术的发展。在各种体系的材料中，由Fe_2O_3、MnO_2、CuO、Co_2O_3、Cr_2O_3等多种过渡金属及其氧化物组成的材料尤其受到重视，其突出优点在于具有类似黑体的红外辐射特性，在整个高载能的2～25μm波段内都具有较高的发射率，因而具有广泛的应用。远红外辐射材料在常温下应用于透明树脂组成的远红外陶瓷，置于食物容器内壁具有食物保鲜作用；利用远红外陶瓷的高辐射激活水分子，可以净化水源；远红外辐射材料可激活植物体内的水分子，用来干燥果肉、肉类及取暖；还可用于食品发酵、细菌培养或抑杀等。

将常温下具有远红外辐射的陶瓷粉体加入普通的陶瓷釉料配方中制成釉浆，并按常规施釉方法施加在建筑陶瓷坯体上，可制得具有特殊保健和抑菌功能的远红外陶瓷产品。

(1) 具有远红外辐射的陶瓷粉体

具有远红外辐射功能的陶瓷粉体材料主要有：半导体氧化钛（$TiO_{1.9}$）或属于元素周期表第二、第三周期元素的一种以上的氧化物和属于第四、第五周期一种以上的氧化物的混合物；也有以$ZrO_2 \cdot SiO_2$（锆石）为主体并含有Fe、Co、Ni、Cr、Mn、Cu等氧化物加以有黏度物质组成的混合物。通常远红外粉体的制备方法有固相法和液相法。将原料混合均匀，如Fe_2O_3-MnO_2-CuO-Co_2O_3体系材料混合后经过高温煅烧，可形成Fe_3O_4、$CoFe_2O_4$、$CuFe_2O_4$、$CuFeMnO_4$、$CuMn_2O_4$等多种立方尖晶石的混合晶体，再与硅酸盐矿物复合可制成由尖晶石混晶、莫来石、α-方石英组成的复相结构，其在8～14μm波段的发射率达到87%～91%。采用液相共沉淀法制备的MgO-Al_2O_3-SiO_2-ZrO_2-TiO_2体系材料（外加少量Y_2O_3和Pd_2O_3起激活催化作用），煅烧后形成以金红石、堇青石、莫来石、锆石等为主要晶相的复相结构，其远红外辐射发射率可达到90%以上。

(2) 材料的远红外辐射性能原理

在远红外波段范围，材料的红外辐射性能主要是因其粒子振动引起偶极矩变化而产生的，根据对称性选择定则，粒子振动时的对称性越低，偶极矩的变化就越大，其红外辐射性就越强。而降低粒子振动对称性的主要因素就是晶格畸变，缺陷和杂质离子的存在对发射率的提高也有积极的贡献。

(3) 红外釉制备及其功能

远红外辐射釉的制备对基釉没有特别的要求，只要所用基釉适用于需施釉的坯体即可，一般采用普通的建筑陶瓷釉料。

其制备工艺：将制备好的远红外辐射陶瓷粉体按一定比例添加到预先制备好的基釉釉料中，经过充分混合制成具有适当相对密度和 pH 值的釉浆；采用与其它釉相同的施釉方法在陶瓷生坯或底釉上施釉，干燥后经烧成便得到远红外辐射釉。如要得到不同颜色的釉面，也可在釉料中加入不同的合适的着色剂或采用配好的颜色釉作为基釉。

采用各种体系的红外辐射材料制得的远红外辐射釉的远红外辐射性能均随红外辐射材料添加量的增加而趋于提高，一般均可达到 83%以上，但具体最佳添加量还需综合考虑釉面的其它性能要求。釉面光泽度和显微硬度等性能随红外辐射材料添加量的变化情况，因所采用的辐射材料体系不同而呈现不同变化。对于 $MgO-Al_2O_3-SiO_2-ZrO_2-TiO_2$ 体系材料，由于 ZrO_2、TiO_2 的乳浊效果提高了釉面光泽度，因此，随添加量的增加光泽度提高；但添加量过多，又易因金红石的存在，釉面由白色变黄色。另外由于该体系材料 Al_2O_3 含量较高，故添加适量该体系红外辐射材料还有利于提高釉中的 Al/Si 比，从而提高釉面硬度。但对于 $Fe_2O_3-MnO_2-CuO-Co_2O_3$ 体系及其与天然硅酸盐矿物复合体系红外辐射材料，却出现了不同的情况，当其添加量达到 5%时，远红外辐射釉的光泽度明显降低。

固体样品的表面物理状态及表面光学性质对釉面的红外辐射性能也具有重要影响，光滑釉面的表面反射使得长波长区出现低辐射，同时也使釉面的全波段发射率低于相应的红外辐射材料。研究发现，采用陶瓷制备技术对釉面进行压制布纹、斑点等表面加工，不仅可以增强釉面的装饰效果，而且可以提高其红外辐射性能。

红外釉的功能如下。

① 抑菌功能。远红外辐射釉对霉菌具有很强的抑制作用，对大肠杆菌、藤黄八叠球菌等细菌也有明显的抑制作用。远红外辐射釉的抑菌功能主要来自物理作用。微生物的新陈代谢和生长繁殖需要合适的外界环境，当外界环境受到破坏时，其代谢活动发生相应变化，甚至会导致主要代谢机能发生障碍，使微生物生长受到抑制。红外辐射属于非电离辐射，与紫外光、可见光等其它非电离辐射相比，其波长较长，辐射能不足以引起菌体产生化学变化。所以，远红外辐射釉的抑菌功能应主要归于红外辐射的热效应改变及破坏了菌体分解代谢和合成代谢所需的适宜环境，从而使其繁殖过程受到抑制。此外，釉料中加入的红外辐射材料含有具有抗菌作用的铜离子，铜离子能够和菌体内含硫、氨的官能团发生反应，阻止其正常的生长繁殖。因此，远红外辐射釉表面的抑菌功能除物理作用外，还可能和这种化学作用有关。

②保健功能。远红外辐射釉具有较高的远红外辐射发射率，人体皮肤在受到远红外辐射刺激之后，皮肤上的神经就能把此种刺激向上传导到大脑，脑神经就会立即产生反应。在产生的各种反应中，以植物性神经和内分泌腺活动最为活跃。植物性神经是管理心脏和血管收缩的，植物性神经的活跃，必然引起心脏活动加强，血管扩张，血流加快，如此一来，身体的机能就大为振奋，身体抵抗力就大大加强，提高了免疫力，从而达到对人体的保健作用。

③陶瓷制品施加了远红外辐射釉后，对食物、饮料、水等具有活化作用，使食物和饮料味道鲜美；对水还可以清除杂质，提高水的保健作用；还可以加快酒的发酵和成熟，并可消除酒的异味，提高酒的档次等。

6.7.3 荧光釉

某物质在受到外界能源激发后可以发出可见光的现象，称为发光现象。若发出的可见光余辉维持在 8～10s 以上的，则称为荧光。具有发射荧光本领的陶瓷釉称为荧光釉。

（1）荧光釉的分类与组成

可分为电致发光荧光釉和光致发光荧光釉两种。用于建筑陶瓷产品，作为标识、显示和照明用的以光致发光荧光釉为主。

荧光釉由磷光体（或称荧光物质）和玻璃体两部分构成。磷光体是产生荧光的材料，由基质物质、微量的重金属激活剂和促进基质结晶化的熔剂组成。基质物质多半是第二族金属元素的硫化物，如 CaS、ZnS、CdS 等，以及这些金属的硒化物和氧化物。激活剂一般是重金属，它们取代基质中的阳离子，成为激活中心。不同的基质和激活剂即可制成具有不同颜色的荧光与余辉时间长短不同的磷光体。最常见的磷光体，ZnS-Cu 发绿荧光，ZnS-Mn 发黄荧光，ZnS-Ag 发红荧光。

玻璃体主要是起保护磷光体的作用，同时又不能破坏磷光体的荧光发光机制。

（2）制作工艺要点

① 荧光基质应选择其离子容易被可见光激发而发光的材料，要求初亮度值高，余辉时间长。最常见的是 Zn、Cd 的硫化物，即 ZnS 和 ZnS-CdS 固熔体。

② 根据选定的荧光基质，选择适当的激活剂。例如对于 ZnS 和 CdS，最好的激活剂是 Cu、Mn、Au 等。

③ 玻璃体的设计很重要，除了要考虑本身的化学稳定性、热膨胀系数、釉面光泽等因素外，还要特别注意不能含有影响磷光体发光的有害离子，如 Fe^{2+}、Ni^{2+}、Co^{2+} 等。此外，要求玻璃体的熔点低于磷光体分解或熔化的温度，还需具有较高的透光性。

④ 荧光基质、激活剂、玻璃体三者之间的比例要适当。

⑤ 要保证原料充分混合均匀，不引入有害物质 Fe、Co、Ni。

（3）实例

荧光基质∶玻璃粉＝1∶3。激活剂占荧光基质与玻璃粉总量的 0.001%～0.01%。

荧光基质用 ZnS，激活剂用 Cu，保护体采用易熔玻璃（石英 32.5 份，无水硼酸 51.0 份，烧蓝晶石 52.55 份，锆英石 12.0 份，无水硼砂 19.9 份，碳酸锂 39.3 份，碳酸钙 32.7 份），釉烧温度 800℃以下。$CaAl_2O_4$：Eu，Nd 发光材料是一种典型的发蓝紫色光的长余辉发光材料，余辉时间可长达 19h 以上，是目前发现的余辉时间最长、具有最广泛应用前景的长余辉发光材料。

6.7.4 防静电釉

在日常生活中，静电现象无处不在，或多或少带给我们生活上、工作上一些威胁，很多面粉工厂、烟花爆竹工厂都会因为小小的静电给人们带来巨大的生命、财产损失，还会引起电子产品发生爆炸、人体受到不明电力影响等。因此，发展出了防静电的功能型陶瓷，其制作原理就是在釉层或坯体里添加具有导电性质的材料，这样就能防止静电，并且功效时间持久、耐磨性能强、装饰效果优。

导电釉的本质就是防静电釉，是将导电因子融合于陶瓷釉料中，让导电因子存在于陶瓷釉中形成连续导电的规则通道，这样离子转换位置就会相对容易，并且陶瓷釉自身电阻下降至一定数值时，就会提高释放离子的速度，防静电效果更佳。研究结果表明，透明釉防静电性能良好，而锆乳浊釉内含锆英石晶体则不适合用来制作防静电釉。

导电因子就是导电粉，是防静电釉的核心原料。目前常用的导电粉有锑掺杂 SnO_2（ATO）、铝掺杂 ZnO（AZO）、TiC 和 TiB 等，其中 ATO 因其良好的抗静电性、耐候性和稳定性被大量应用于陶瓷釉料中。

材料内部必须有携带电荷的载流子与可供载流子高速移动的导电通道是材料导电必须具备的两个条件。材料的电导率可用公式 $\sigma=ne\mu$ 表示。其中，n 代表载流子浓度；e 代表电子的电量；μ 代表载流子的迁移率。可见，材料的导电性能主要受材料中的载流子浓度和载流子迁移率这两个因素的影响。纯 SnO_2 是一种禁带宽度达 3.8eV 的绝缘体，可通过掺杂 Sb、Nb 等高价金属离子形成主能级，后形成 N 型半导体。其中 Sb 掺杂效果最好，可使其具有准金属的特性。因此现阶段制备 SnO_2 导电粉是以 Sb 掺杂为主，即 Sb_2O_3 掺杂的 SnO_2（ATO）。Sb 是一种变价元素，Sb_2O_3 在一定温度下可氧化成 Sb_2O_5，故可看成由 $Sb_2O_3 \cdot Sb_2O_5$ 组成，Sb^{5+} 可进入 SnO_2 晶格从而取代晶格中 Sn^{4+} 的位置，最后形成价控半导体。所以，ATO 粉体导电是由于晶格中氧空位缺陷以及 Sb^{5+} 在 N 禁带形成主能级并向导带提供 N 型载流子。将 ATO 导电粉加入釉料中后，根据 Nakarnura 等提出的 Sb 掺杂 SnO_2 在玻璃体中的导电模型，烧成后会形成富含半导体成分的熔体层，熔体层相互接触形成了良好的导电网络，从而使釉面电阻下降，达到防静电的效果。

6.8 建筑陶瓷施釉工艺

陶瓷墙地砖施釉量为坯体质量的 1/18～1/14，但它的品质却直接影响产品的性能和等级。施釉的工艺根据坯体的性质、尺寸和形状以及生产条件来选择使用的施釉方法和釉浆参数。陶瓷墙地砖生产中常用的有浇釉（淋釉）、喷釉、滴釉、涂刷等湿法和干法施釉方法。

目前建筑陶瓷生产中最常见的施釉方法主要是喷釉、甩釉和淋釉。

6.8.1 釉浆的性质要求

（1）釉浆细度

釉浆细度直接影响釉浆的稠度和悬浮性、釉与坯的黏附、釉层的干燥收缩、釉的熔化温度及坯釉烧成后的性能和釉面质量等。一般而言，釉浆越细其悬浮性就越好，釉的熔化温度相应降低，坯釉黏附性能好，并使化学反应充分，釉面质量高。但釉浆过细，就会使釉的稠度增大，触变性增强，施釉时容易形成过厚釉层，釉层干燥收缩大，易产生生釉层开裂和脱釉等缺陷，同时釉料加工能耗增加。熔块釉随粉磨细度提高，熔块溶解度增大，釉浆 pH 值增高，导致釉浆结构改变并使之易于凝聚，同时也是产生釉面棕眼、开裂、缩釉和干釉等缺陷的原因之一。这在釉的高温黏度和表面张力大时尤为明显。一般地，釉面砖乳浊釉细度为万孔筛（250 目）筛余物小于 0.1%，透明釉细度为万孔筛筛余物在 0.1%～0.2%，而彩釉墙地砖釉则为 0.2%～0.4%。

（2）釉浆相对密度

釉浆相对密度对施釉时间和釉层厚度起决定作用。釉浆相对密度较大时，短时间施釉也容易获得较厚釉层。但过浓的釉浆会使釉层厚度不均，易开裂、缩釉等。釉浆相对密度较小时，要达到一定厚度的釉层需多次施釉或长时间施釉。釉浆相对密度的确定取决于坯体的种类、大小及采用的施釉方法。当施在二次烧成的素坯上时，因其孔隙率大，吸水多而快，釉浆相对密度可小些，约为1.40～1.45。而施在一次烧成的生坯上，釉浆相对密度则控制在1.65～1.75。

(3) 釉浆流动性与悬浮性

釉浆的流动性和悬浮性是施釉工艺中重要的性能要求之一。釉料的细度和釉浆中水分的含量是影响釉浆流动性的重要因素。釉料细度增加，可使悬浮性变好，流动性好；但太细时釉浆变稠，触变性增强，流动性变差。增加水量可稀释釉浆，但却使釉浆相对密度降低，釉浆与坯体的黏附性变差。有效地改变釉浆流动性和触变性而不改变釉浆相对密度的方法就是加入电解质。常用的电解质有两类：一类是解胶剂，常用的有纯碱、水玻璃、腐植酸钠、三聚磷酸钠等碱性物质，适量加入可增大釉浆流动性；另一类是絮凝剂（亦称为增凝剂），常用的有石膏、氯化钙等酸性物质，适量加入可增大釉浆的黏度，使釉浆发生不同程度的絮凝，可防止釉浆的沉淀，改善悬浮性能。电解质的加入量通常不超过1%。

另外，在含软质黏土少的釉料中，加入适量CMC（羧甲基纤维素）可提高釉料对坯体的附着力。对于一次烧成釉而言，CMC不仅是稀释剂，也是保水剂，使底釉不致渗水过快而造成面釉出现针孔缺陷；对于面釉来讲加入适量CMC可减少干釉及釉绺缺陷。

6.8.2 施釉方法

6.8.2.1 喷釉

(1) 喷釉原理

喷釉工艺是指利用压缩空气产生的高速气流将釉浆吹喷成雾状釉滴，当坯体通过釉雾区时，釉滴均匀地黏附在坯体之上，形成釉层。坯与喷枪的距离、喷釉压力、喷釉次数及釉浆相对密度决定了釉层的厚度。这种方法适用于大型、薄壁及形状复杂的坯体，特别是对于薄壁小件易碎的生坯更为合适，因为这种坯体如果采用浸釉法，则可能因为坯体吸水过多而造成软塌损坏。

(2) 喷釉的特点

釉层的厚度比较均匀，易于控制；与其它的施釉方法相比较，容易实现机械化和自动化；可以掩盖坯体表面的小缺陷，釉面与坯体结合牢固；可以使用数量较少的釉；可以对形状复杂的制品施釉；施釉灵活，适应各种场合的施釉需要；可施高黏度的釉；因釉是以点状施在坯体上的，烧成后釉的光滑度不够；雾化的釉滴四处飞扬，易造成空气污染；多余的釉不易回收，造成浪费。

(3) 影响喷釉效果的因素

① 喷口与坯体的距离。喷口距坯体的距离越大，则喷雾面积增大，但是单位时间内坯体获得的釉浆少，釉层薄。

② 喷釉压力。喷釉压力提高，可增加釉层的厚度，一般使用的压缩空气压力为1～

3.5kg/cm^2。

③ 釉浆相对密度。釉浆相对密度增大，釉层增厚。

④ 传送带速度。坯体传送带速度放慢，则坯体釉层加厚。

⑤ 喷口的位置。喷口的位置必须正对坯体的中心，否则就会出现厚薄不均的缺陷。

6.8.2.2 淋釉（浇釉）

（1）淋釉原理

淋釉又称浇釉，是通过溢流或下落的方法使釉浆形成釉浆薄膜，让坯体从釉膜下通过，在坯体表面黏附上一层釉。对于无法采用浸釉、荡釉等方法的大型器物，一般采用这种施釉方法。在釉面砖等的生产中，广泛采用浇釉法施釉。它是将坯体置于运动的传送带上，釉浆则通过半球形或鸭嘴形浇釉器流下形成釉幕而流向坯体。因此，也可将建筑陶瓷的浇釉分为钟罩式浇釉和鸭嘴式浇釉。

① 鸭嘴式淋釉。

图 6-10 为鸭嘴式淋釉机示意图，鸭嘴式淋釉装置为一扁平状漏斗，从中流出的釉浆形成一线型釉幕，然后施于砖坯上。使用该方法注意保持釉浆液面高度稳定。用此法施釉时，可通过调整釉幕厚薄、釉浆浓度及传送带速度来获得所需厚度的釉层。这一设备特别适用于均匀施釉、釉浆相对密度较小（一般为 1.4～1.5）的二次烧成砖的施釉。采用此装置施釉在砖边缘部位施釉较中部少，因釉浆与设备边缘的摩擦力影响，其流速较中部慢。

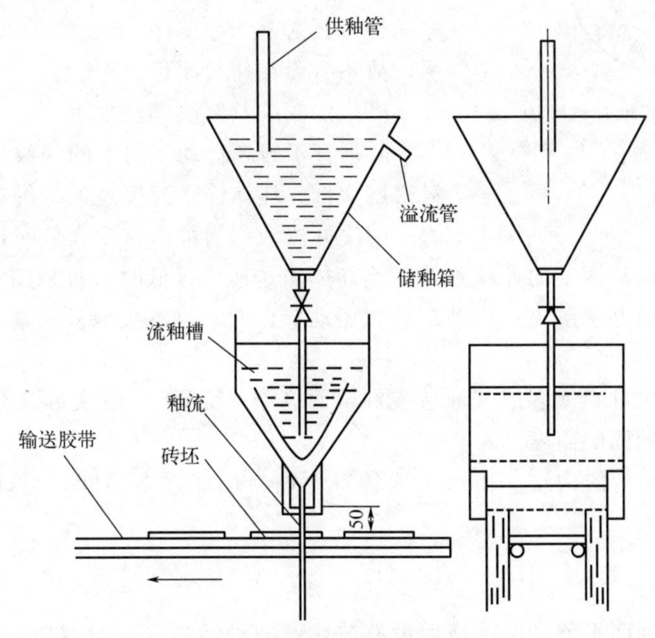

图 6-10　鸭嘴式淋釉机结构

产生的缺陷及解决办法如下：a. 在釉面上产生有规律的沟纹。主要是由设备不良引起的缺陷，可能是淋釉装置阻塞或变形；也可能由喷头内部和外部的釉料局部过量，改变釉浆的均匀性而引起。解决办法：由釉流出形状变形，例如板材弯曲或平面平行度有问题引起的沟纹，以更换整个装置的办法解决；由淋釉装置阻塞引起的沟纹，可通过在槽内加一个螺旋桨叶片的办法加以解决，如果相同的问题以一定的频率出现，应立即检查过滤网；由釉料增厚引起的沟纹，沟纹在内部可使用一个叶片，在外部可用一块海绵，如果仍不起作用，则要停机清洗。b. 在釉面上产生不规律或不均匀的沟纹。主要是由于釉浆过稀及釉料中有气泡。解决办法：因釉浆过稀引起的沟纹，可以通过缩小出口狭缝和减少施釉量的办法来消除；因气泡引起的沟纹，若不能在原装置上解决，则应使釉浆流到一斜面上，以避免可能出现的涡流。

如果沟纹出现在面砖运动方向的横向上，则可能是由于淋釉装置振动或输送线不均匀运动。若想获得最佳施釉，淋釉装置和坯体间的距离应为 3～4cm。

② 钟罩式淋釉

图 6-11 为钟罩式淋釉机示意图，由固定架将钟罩悬吊在砖坯传送带上方 150mm 左右处，釉浆经供釉管流到釉碗内，并保持一定的釉位高度，从釉碗和钟罩之间长方形扁口中自然流下，在钟罩表面上形成一弧形釉幕流下，当坯体从釉幕下通过时，坯体表面就黏附了一层釉。如果需进行两次淋釉，可在釉碗和钟罩之间开两个对应长方形扁口，同时形成两条釉幕，通过坯体就受到两次施釉，多余的釉浆由底部设置的盛釉池收集后回收使用。钟罩式施釉装置可以使用高密度的釉浆，因而主要用于一次烧成砖的施釉。对于大型坯体，应使用较宽的钟罩式施釉装置。由于该施釉线对地面的振动敏感，故不宜设在压机附近。

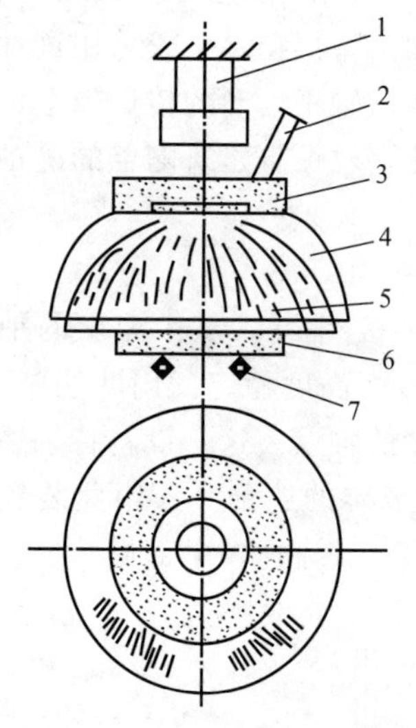

图 6-11　钟罩式淋釉机结构

1—固定架；2—供釉管；3—釉碗；4—钟罩；5—釉幕；6—砖坯；7—运输带

产生的缺陷及解决办法如下：

a. 垂直于砖坯运动方向上的沟纹或波纹。这是由釉料密度太低、坯体输送速度过低、钟罩装置振动等造成的。解决办法为：当釉料密度太低时，可采用减小釉流速度，并降低砖坯运动速度的办法弥补；当坯体输送速度过低时，可采用增加釉流速度，并增加砖坯运动速度的办法解决；由钟罩装置振动造成的，可解决地板振动，并使钟罩与施釉线振动部位隔开。

b. 坯体缺釉。由釉料太多或气泡造成钟罩面撕裂（无釉）。解决办法是：对釉料进行陈腐，保持釉浆罐中釉面的高度。

c. 坯体运行纵向上的沟纹。由边上或钟罩上釉料局部过多引起，可通过清理及清洗来解决。

（2）淋釉特点

淋釉法得到的釉面平整光滑，烧后没有波纹；施釉浪费少；没有空气污染；操作简单、设备简单，设备易于清洗；只适宜施平板型的坯体；对釉浆要求高；产品易产生缩釉缺陷。

（3）影响淋釉效果的因素

① 釉幕厚度。釉幕太薄，则釉层薄；釉幕太厚，则釉层不均匀，导致施釉不匀。一般釉幕以 1mm 左右为好。

② 釉浆浓度。当其它条件不变时，釉浆浓度增加，则釉层厚度增加。

③ 釉浆黏度。釉浆黏度太大，不易形成釉幕；釉浆黏度太小，则釉幕太薄，且易在施釉过程中从坯体表面流到背面，若不除去，会在烧成过程中因釉熔融而导致黏辊的缺陷。

④ 坯体传输速度。固定其它条件，加快传输速度，则釉层变薄；反之，釉层加厚。

6.8.2.3 甩釉

(1) 甩釉原理

甩釉法施釉是指利用某种装置使釉浆在离心力的作用下飞散成釉滴，让坯体在其下通过，从而在坯体表面吸附飞散的釉滴，形成釉层。施釉装置如图 6-12 所示，釉浆经过釉管压入甩釉盘中，依靠其旋转产生的离心力甩出，釉料以点的形式施加于坯体上。因此，这种方法通常用在建筑陶瓷生产中，坯体表面所形成的斑点或疙瘩随转速而异，转速愈大斑点愈小，通常转速在 800～1000r/min。

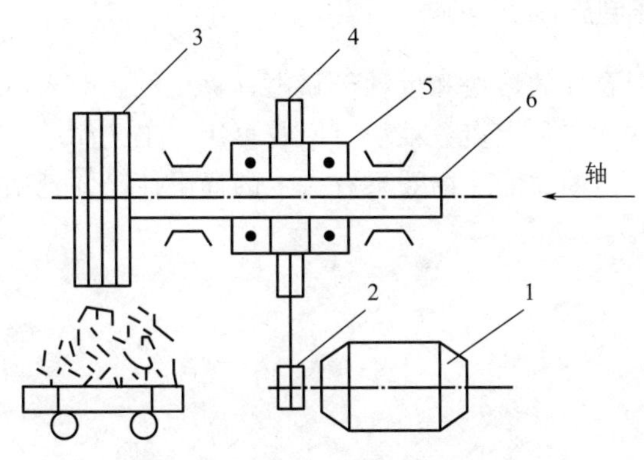

图 6-12　圆盘离心式施釉机结构

1—电动机；2，4—皮带；3—甩釉盘；5—轴承；6—釉管

(2) 甩釉的控制

① 转速。旋转碗或甩釉盘的转速越大，釉点越小；转速越小，釉点越大。利用此特性，可以通过调节釉点的大小来实现不同的装饰效果。

② 釉碗的缺口和甩釉盘的缝隙。釉碗的缺口越小，或甩釉盘的缝隙越小，则斑点越多，越小。

③ 釉浆的黏度和表面张力。釉浆的黏度和表面张力愈大，则斑点越大。

(3) 甩釉产生的缺陷和原因

① 没有受圆盘离心作用的釉滴。是由釉浆黏度太低、供给圆盘装置的釉料过量、圆盘间内部形状和抽力不足等原因引起的。

② 在砖坯运行方向的横向施釉不平整。其原因是圆盘间振动和输送系统运动不均衡等。

③ 与砖坯运行方向的平行方向上施釉不平整。其原因是圆盘高度与砖坯宽度之比太小、圆盘组合体内釉料分配管未对准中心或局部阻塞等。

④ 施釉不连续。其原因是釉料中粗颗粒阻塞、釉浆黏度或密度发生变化。

6.8.2.4 干法施釉

干法施釉是将釉料中的熔块制成大小不同的颗粒，生料釉制成干粉釉进行混合，利用施釉线的干法施釉装置，在施过底釉及胶黏剂的坯体上撒干粉釉料，然后用压缩空气喷吹，再施薄薄一层光泽釉，一次烧成。可以将色料加到熔块中形成带色熔块，也可以通过锥形混料器用色釉把熔块包裹住，在烧成过程中，通过带色的熔块和色釉之间互相作用形成五彩缤纷的仿花岗岩、大理石及云石等具有天然质感的釉面。

6.8.2.5 湿法静电施釉

干法与湿法静电施釉的原理相同，都是利用带电的粉状物料同性相斥、异性相吸的原理，将釉附着在坯体上。将釉粉通过空气流悬浮输送进入高压电场，使之带负电，而坯体带正电，釉粉覆盖在坯体上，当釉粉与坯体之间的电位接近零时，则完成施釉过程。

6.8.2.6 坯、釉一次压制施釉

通过两次喂料，将混合好的熔块和生釉干粉由计算机控制喂入模腔内，再喂入坯料后一次压制而成。这种工艺的优点是大多数釉粉可回收再用，工艺简单，不需要湿法制釉及施釉线，釉面质量也可提高，但釉面的装饰效果有一定的局限性，并且釉面耐机械冲击降低。

第7章

建筑陶瓷的干燥与烧成

本章导读

本章主要介绍了建筑陶瓷的干燥与烧成工艺，重点介绍了建筑陶瓷低温快速烧成的工艺特征和对坯、釉和窑炉的要求，分析了建筑陶瓷干燥和烧成过程中产生的缺陷及其原因，并提出解决措施。还介绍了干燥设备的种类及其干燥工艺制度，详细介绍了辊道窑的种类、结构和烧成制度。

学习目标

掌握建筑陶瓷的干燥与烧成工艺，了解干燥设备和烧成设备，掌握辊道窑烧成建筑陶瓷的缺陷分析，掌握低温快速烧成的概念及其对坯、釉和窑炉的要求，重点掌握建筑陶瓷低温快速烧成对陶瓷原料的要求。

7.1 建筑陶瓷的干燥

7.1.1 建筑陶瓷干燥工艺

干燥是指利用热能使物料中的水分汽化，并将所形成的水蒸气排至外部环境中的过程。陶瓷坯体的干燥一方面是坯体表面的水分汽化过程，即热量从周围环境传至坯体表面，使表面水分蒸发；另一方面，坯体内部同时发生热量传递、水分向外部扩散和迁移的过程。陶瓷坯体干燥时表面蒸发和内部扩散同时进行。

干燥时坯体表面的水分被干燥介质带走，坯体表面的水分浓度降低，此时，表面水分浓度和内部水分浓度产生一定的浓度差，内部水分通过毛细管作用扩散至表面，直到坯体中的机械结合水被全部排出。

实际上，由于建筑陶瓷的产品品种、规格、使用的原料、成型方式、干燥设备等因素的不同，导致不同建筑陶瓷的干燥制度各不相同。具体的干燥制度视具体生产的产品而定。

7.1.2 建筑陶瓷的干燥设备

对于建筑陶瓷墙地砖，当坯体从压机出来后一般都是利用窑炉的余热来进行干燥，但随着产品的规格尺寸越来越大，厚度越来越厚，靠窑炉的余热已不能满足干燥的需要。而且，随着产品的高档化、色彩的多样化，对窑内气氛的控制越来越严格和精确。在抽取余热干燥坯体时，干燥段的调整或多或少会对窑内气氛产生影响。因此，越来越多的窑炉都配置单独的干燥器对坯体或釉坯进行调控干燥。而且墙地砖的成型是压力成型，它的黏土微粒的排列及间距被破坏，这将直接影响坯体内部水分的迁移能力。因此，坯体内温度梯度对水分的迁移影响较小，而且由于砖体的机械强度大、水分含量少、坯体薄，可以使用较强的干燥气氛。

建筑陶瓷干燥设备有立式干燥器、单层或多层干燥窑。目前国内使用较多的是双层干燥窑。

7.1.2.1 立式干燥器

立式干燥器是20世纪90年代随意大利生产线的引进而引入的，如图7-1所示。它占地面积小，在干燥小规格的墙地砖方面具有较高的效率。但随着产品规格的大型化，立式干燥器的效率和能力不能满足要求，现在已经在国内市场淘汰。一般地，立式干燥器比较适合500mm×500mm以下的墙地砖干燥。

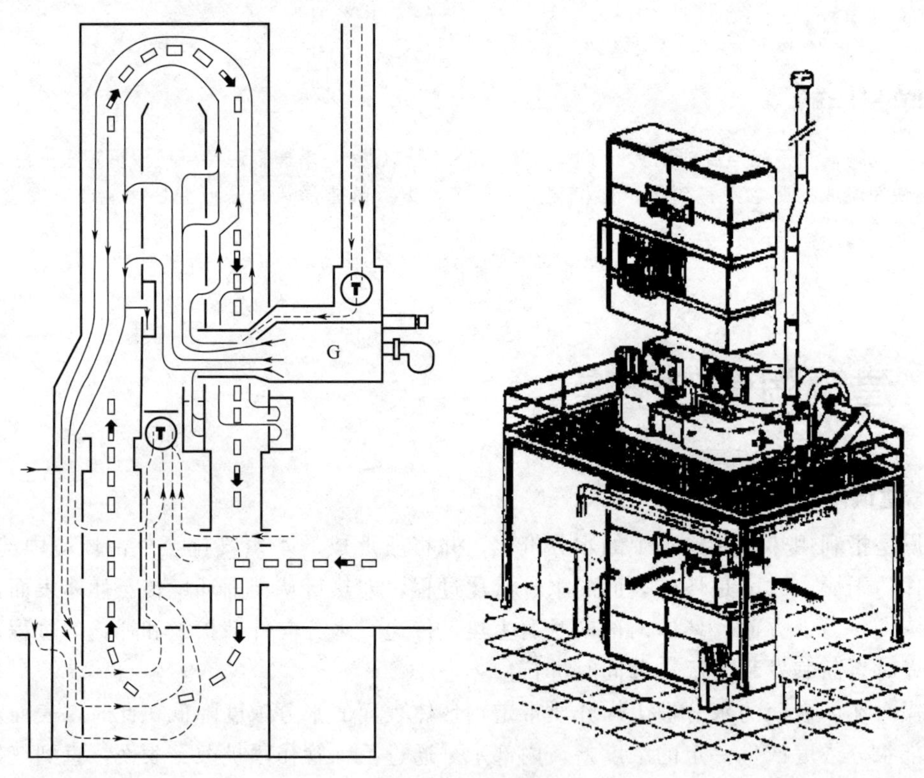

图7-1 立式干燥器

7.1.2.2 双层干燥窑

另一种干燥方式是从压机出来或施釉后出来的砖坯直接进入干燥窑，干燥窑有单层、双层和多层之分。

单、双层干燥窑是国内目前广泛使用的干燥窑，它的长度和宽度依据烧成窑炉的长度以及产品的品种和产量确定。它主要由三大部分组成：热风系统、抽湿系统、窑体。热风系统直接从烧成辊道窑抽取余热（窑头烟气和窑尾余热），不需要专门的热风炉。如图7-2所示是佛山某窑炉公司设计的双层干燥窑。该干燥窑的主要参数及特点如下所述。

图 7-2　佛山某窑炉公司设计的双层干燥窑

① 合理的干燥窑空间。窑长 110m，内宽 3600mm，内高 950mm，达到气流稳定、不易波动的效果。设计产量 $12000m^2/d$。

关于干燥窑的内高，过去的干燥窑内高一般为 60～75cm。由于干燥窑产量的增大，在干燥窑内易出现干燥介质流速太快、砖坯表面排水过快而导致裂砖的现象。为了解决该问题，一些窑炉公司将干燥窑内高增加，取得了明显的效果。但是，干燥窑的内高并不是越高越好，过高会导致干燥介质分层，反而影响干燥窑的性能。目前多数窑炉公司的双层干燥窑内高控制在 90～100cm。

② 便于调节的主管多点供热方式。干燥窑的热量全部由窑炉余热及烟气提供，采用多点接入的方式进行供热，对应接入点分别是：一级烟气、一级烟气与二级烟气混合、二级烟气、余热 1、余热 2。这种供热方式容易调节干燥窑的温度，便于干燥曲线的调节。

这种方式的烟气布局，主要是考虑到窑头的湿度分布，产生高温高湿的效果。

③ 彼此独立的供热系统。双层干燥窑采用独立的供热系统进行供热，其供热断面如图 7-3 所示，层与层之间采用良好的隔热层隔开，达到互不干扰的目的。采用窑底供热、双

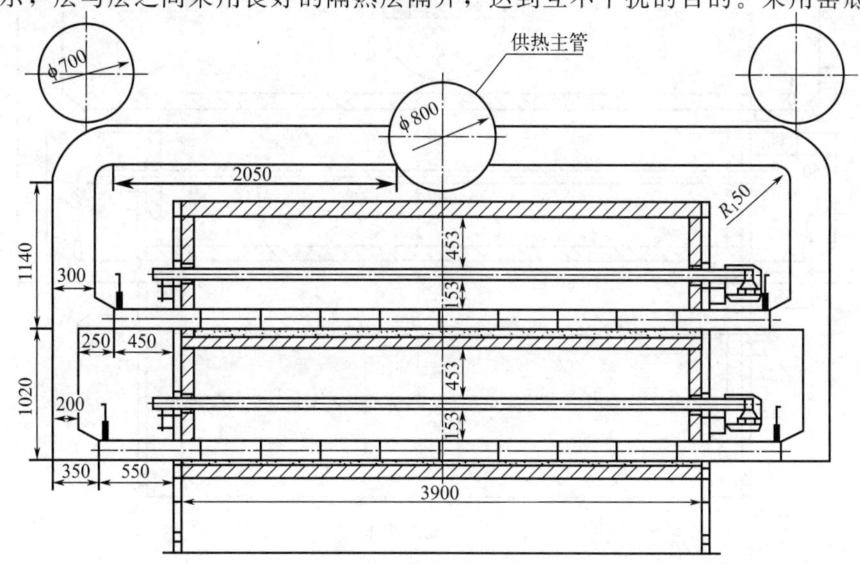

图 7-3　双层干燥窑的供热断面

侧供热，截面方向设有 4 个分风器。分风器的结构如图 7-4 所示。对应上述逆流抽湿要求，分风器的开口朝向窑头，不直接对坯体吹风。每个口内都有导向板。

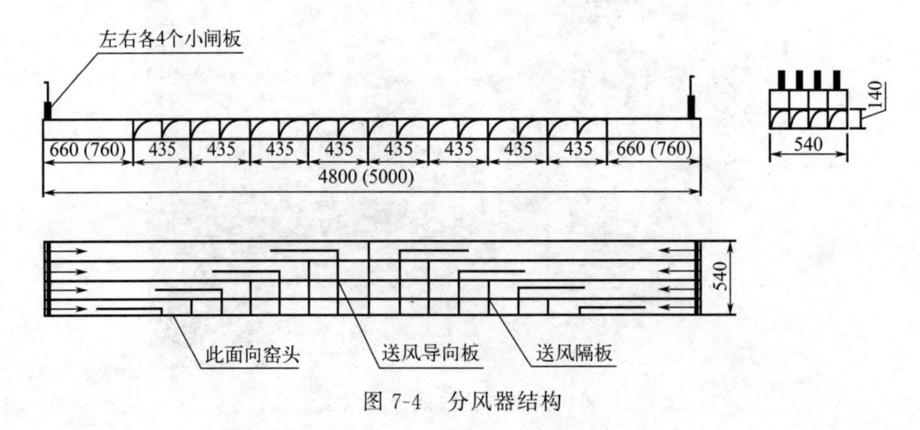

图 7-4　分风器结构

分风器采用双边各 4 个通道。通道的数量并不是越多越好，有一个合理的度。有人认为要通过计算整个供风系统的流量分配来确定通道数量，采用“单向分风器——交错设置”的结构，利用累计法来减小误差，可最大限度地缩小传统分风器在窑内流场分布的差异性。也有学者认为设计干燥窑的分风器时，应根据生产工艺和产品质量要求而定，不能过多设置分风器内的通道数量。

④ 合理设计的抽湿系统。如图 7-5 所示，该系统采用最新的顶抽加侧抽的结构，保证无论是正常还是空窑的状态下，均可以保证同一断面温度的均匀性。顶抽加侧抽的结构不占用干燥窑的空间，大大加强了气流的稳定性。在顶抽加分风器，直接侧抽，开口在接近窑顶处，尽量减少对坯体表面气流的影响。

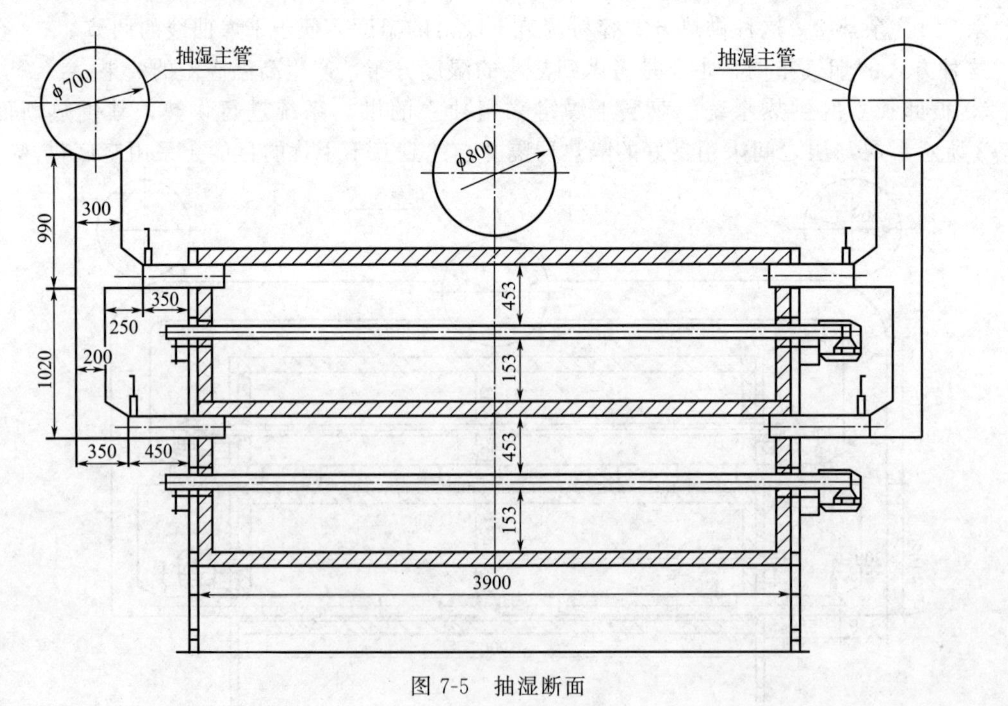

图 7-5　抽湿断面

⑤ 采用逆流抽湿结构。干燥窑的布风系统有两种结构形式：顺流式和逆流式，如图 7-6 所示。逆流式布风温差小、坯体不易开裂，同时提高了热风的相对流速，利于干燥。干燥窑一般都采用逆流式布风系统。

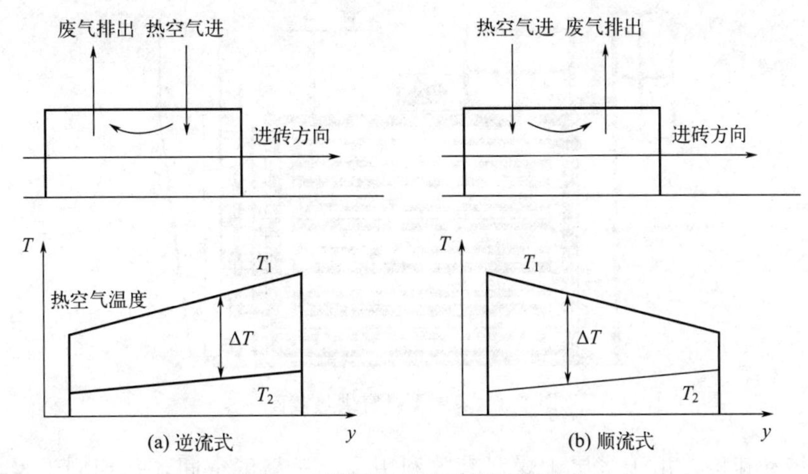

图 7-6 干燥窑布风系统结构形式

⑥ 安装了清灰口。在干燥窑的前部，侧抽和顶抽口都安装了清灰口。由于空气湿度大，灰尘很容易在抽湿管内壁吸附结块，并且会越结越厚，严重影响管道的抽风能力，造成裂砖。在生产过程中，要经常清理抽湿管。

7.1.2.3 多层干燥窑

与双层干燥窑同时广泛使用的还有多层干燥窑。目前建设的干燥窑以五层干燥窑为主，也有少量的七层干燥窑。图 7-7 为多层干燥窑结构示意图。

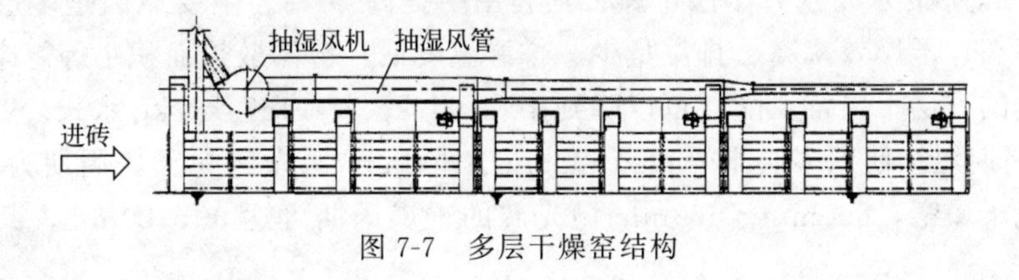

图 7-7 多层干燥窑结构

(1) 多层干燥窑的设计特点

① 多层干燥窑通过多台循环风机抽出窑内湿热空气，并经多台燃烧机（燃烧机主要用来补充热量）加热到所需温度（具体需根据产品定），再通过循环风机鼓入窑内多次循环干燥，其中有一部分湿热空气通过抽风机被排到大气中。由于采用了湿热空气循环，窑内气体受到强制搅拌产生紊流，使窑内气体温度、湿度均匀，可实现低温低湿高效干燥。在干燥窑不同区域内可根据产品的不同调整合适的排湿量，以实现湿度的灵活控制。多层干燥窑温度和湿度适宜，即使快速干燥大规格砖也不会造成裂砖。

② 坯体上、下方密布钻孔排管。多层干燥窑在每层辊棒的坯体上、下方布置钻孔排管，并对准坯体吹风，实现强制对流干燥，使坯体在连续运行过程中上、下方每一点都均匀受热，这样坯体不易开裂，传热效率也大为提高。其供热截面如图 7-8 所示。

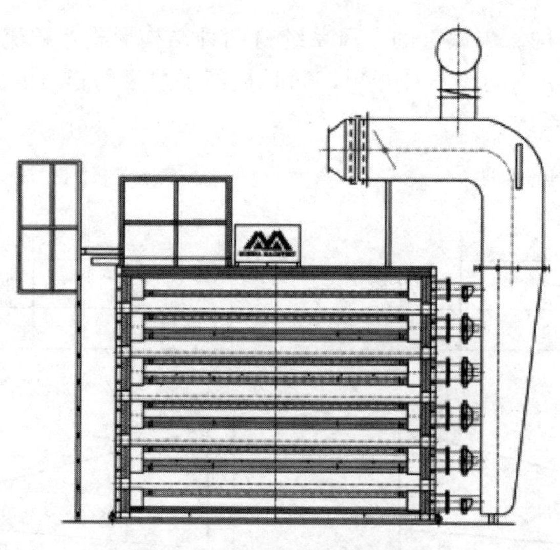

图 7-8　多层干燥窑供热截面

③ 细分传动速度。由于多层干燥窑有效利用了厂房高度空间，在相同干燥周期、相同产量的情况下，每层长度仅为双层干燥窑的 40%，单层干燥窑的 20%。在干燥周期相同时，多层干燥窑砖坯运行线速度仅为双层干燥窑的 40%，单层干燥窑的 20%，相对来说多层干燥窑的辊棒转动速度很慢，震动较小，对砖坯的机械损伤也小，这一点对强度不高的大规格砖干燥有极大的优势。

（2）多层干燥窑的优点

① 干燥热利用率高，节能效果显著。在都不用冷却余热及烟气余热时，多层干燥窑能耗可降到 1250～1500kcal/kg 水（5232～6279kJ/kg 水），而常规干燥窑为 2500～3000kcal/kg（10465～12558kJ/kg 水）水，多层干燥窑热利用率提高 50%。主要原因是多层干燥窑热风循环热利用率高、干燥效率高、排湿量少、排湿温度低、窑体散热面积小等。摩德娜公司开发的利用余热的五层干燥窑，能耗可以降到 400kcal/kg 水（1674kJ/kg 水）。

② 干燥周期短。使用多层干燥窑，600mm×600mm 抛光砖的干燥周期为 30～35min；使用国内常规干燥窑，600mm×600mm 抛光砖的干燥周期可达 60～80min，其干燥效率可提高 45%以上。

③ 干燥缺陷率低。由于在多层干燥窑内砖坯运行速度很慢（砖坯的线速度为单层干燥窑的 1/5），干燥均匀，并且机械破损率为 0，干燥 600mm×600mm 抛光砖时干燥合格率可达 99.5%以上。

④ 转换产品灵活、快速、稳定。多层干燥窑在 2.8～2.85m 长度范围内设一个燃烧机和循环风机，总体设一至两套独立的排湿系统，不仅每节的温度可以自动调节，且每节热风湿度也可以通过排湿来灵活调节。这对陶瓷厂频繁转换产品时要求快速稳定有明显优势。

⑤ 生产稳定性好。多层干燥窑设有燃烧机和循环风机独立控制的供热系统，并设有独立的排湿系统，只利用部分冷却余热，窑炉与干燥相互影响不大，生产过程中稳定性较好。

⑥ 设备紧凑，占地面积小。多层干燥窑长度只有双层干燥窑的 40%，占地面积小。如干燥 600mm×600mm 抛光砖，产量在 $12000m^2/d$ 时，传统双层干燥窑占地面积大约 $550m^2$（110m×5m），而同样产量的五层干燥窑占地面积大约 $221m^2$（34m×6.5m），厂房

利用率大大提高，土建投资减少。

⑦ 周围环境好，设备寿命长。多层干燥窑主要利用燃料直接加热，仅使用少量冷却余热，无腐蚀，且干燥本身以循环湿热气体为主，干燥窑内正压最大为 5 Pa，热气逸出窑外较少。干燥窑内最高温度不超过 150℃。

(3) 多层干燥窑的缺点

尽管多层干燥窑有以上几个方面的优点，但它有一个致命的弱点，一旦出现烂坯等故障，处理起来相当麻烦和费时。此外，多层干燥窑造价较高。

随着多层干燥窑技术的不断进步，现在使用多层干燥窑的企业越来越多。特别是宽体窑的推广、土地的紧缺，使多层干燥窑的使用越来越多。

7.1.3 干燥缺陷和解决措施

干燥窑产生的干燥缺陷主要有开裂、滴水和落脏。开裂有左右边裂、前后边裂和面裂 3 种。

(1) 坯体左右边裂

坯体左右边裂产生的原因和相应解决措施如下所述。

① 干燥窑箱体节间传动系统的水平存在差异，会直接导致坯体在干燥过程中的横裂或边裂。如图 7-9 所示。解决措施：调整干燥窑箱体使其处于同一水平线上。

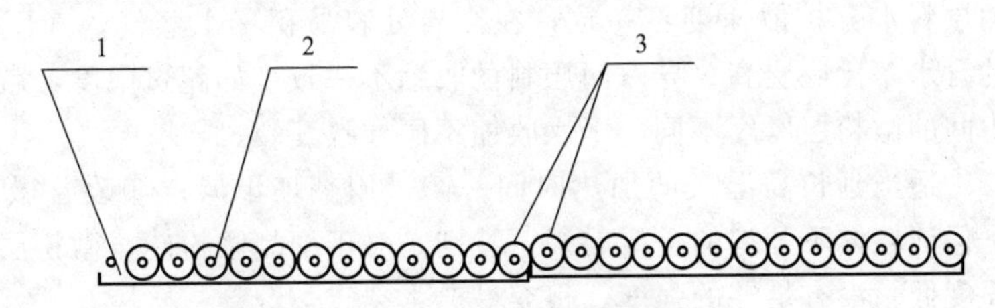

图 7-9 卧室干燥窑传动结构

1—传动被动轴承的支撑铁；2—被动轴承；3—轴承铁安装不平引起的干燥传动不水平

② 进干燥窑的前温不够高。干燥窑的进窑温度一般在 200℃左右，最高的可以升到近 300℃。解决措施：严格控制干燥窑的进窑温度。

③ 干燥窑窑头的湿度不够高。解决措施：用高温高湿一级烟气，禁止用窑炉冷却余热烟气。如果烟气湿度不够，还可以考虑在总管道处喷水雾增湿。

④ 干燥窑高温高湿后段排湿段的长度、温度、抽湿闸板开度不合理。解决措施：针对具体的缺陷原因，调整排湿段的长度、温度、抽湿闸板开度。

(2) 坯体前后边裂

采用底进风、面侧抽结构的干燥窑，干燥介质的流向与辊棒平行，决定了坯体在干燥过程中，平行辊棒的前后边产生排水快慢、收缩先后的差异，若超过一定程度，就会产生前后开裂。在干燥窑前部加顶抽，可以有效解决该问题。

(3) 坯体面裂

坯体面裂主要原因是干燥高温高湿段的排湿速度过快，造成坯体中间与周边的收缩不均匀，产生面裂。解决措施：减慢高温高湿段的排湿速度，缩小坯体传热造成的收缩不均。控制要点：高温高湿段的时间、等速段的排湿速度、等速段的排湿时间。

（4）干燥窑滴水

滴水主要出现于生产渗花砖产品时，生产微粉砖时很少出现。产生滴水的原因：①砖面喷水，抽到干燥窑烟气的湿度过高；②干燥窑集中抽湿，局部湿度过高，导致过饱和冷凝滴水。

有的烧成窑炉的窑头也会出现滴水。解决滴水的措施：①采用分散抽湿方式，避免局部湿度过高；②窑头烟气排空一部分，不要全部抽到干燥窑；③混合部分二级烟气到干燥窑头的一级烟气中，适当降低干燥空气的湿度，但要注意二级烟气的混合量，不要产生烟气过干而出现坯体开裂；④加大干燥窑内气体的流速；⑤防止干燥窑内金属件直通窑外，湿热气体泄漏产生冷凝水通过金属件滴下来。

（5）干燥窑落脏

产生落脏的原因：①风机积脏；②供热的风管积脏；③干燥窑窑底积脏；④滴水也会导致落脏。解决落脏的措施：针对各种落脏的来源，分别清理相应部位。

（6）微粉砖开裂

微粉砖开裂的原因：①坯体表面微粉层颗粒细，毛细管细；底层普通喷雾料颗粒粗，毛细管粗。结果两层料水分扩散速度不一致，在交界处容易积聚水蒸气，气压过高时产生裂砖。②表面层的含水率比底层高，导致两层料的收缩不一致，如超过限度，就会开裂。③坯体的角、边和中间的微粉层厚度不同，干燥收缩不同导致开裂。

应对措施：①适当延长高湿段的加热时间；②采用翻坯干燥；③改善微粉层的生坯强度。生坯强度是保证坯体不开裂的重要前提，特别是对于聚晶微粉砖，微粉层使用高白度水洗黑泥，坯体强度低。没有足够的强度，很容易产生裂砖。

注意，要慎重使用羧甲基纤维素钠（CMC）。CMC 的保水性很好，加入量太大的话，坯体不易排水，反而容易产生裂砖。因此把握 CMC 的加入量很重要。可以选用既能增加坯体强度，又不影响坯体排水的高分子材料替代 CMC。

（7）干燥窑棒钉

干燥窑棒钉的形成是与干燥窑前段辊棒结钉密切相关的，是调节供热、抽湿所不能解决的。所谓辊棒结钉，是指原本表面光洁干净的辊棒在窑内运转一定时间后，辊棒表面逐步黏附一些陶瓷砖坯粉尘等杂物，且越黏越多，最后出现辊棒表面不平整的情况，导致砖坯在该辊棒上行进出现波浪式起伏“跳动”的现象。

一旦干燥窑辊棒出现棒钉，原本强度很弱的压机压制出来的砖坯，经过这些结有棒钉的辊棒表面时，砖坯行进就会产生“跳动”现象，给砖坯带来了机械破坏力，砖坯在干燥过程中就会出现边裂纹或者中心裂纹。

① 干燥窑前段辊棒结钉的原因

由于干燥窑使用窑头烟气作为干燥介质，而窑炉烟气的湿度大（尤其在生产仿古砖和渗花砖时），且由于干燥窑前段是排水区，砖坯内大量的水分都在这段排出，所以干燥窑前段是整个干燥窑中湿度最大的区域。如果干燥箱体的保温性能不够好，或者干燥介质温度过低，那么干燥窑前段的烟气就很容易液化成水珠而沉积下来，也就增强了干燥窑内壁（干燥窑顶内壁、侧墙内壁）和辊棒表面的黏附能力。加上通过大功率的排烟风机送过来的窑炉烟气中还存在一定量的粉尘（如燃料的灰分、砖底浆粉、棒浆粉等），这样就提供了干燥窑前段辊棒积结粉钉的条件。当然，同时也提供了干燥窑前段出现落脏、滴水的条件。

此外，部分陶瓷厂的压机靠近干燥窑，未有效除尘，空气中的粉尘大，也会导致辊棒结钉。

② 消除干燥窑前段辊棒结钉的途径

a. 把干燥窑前段的抽湿适当关小（干燥窑入口的逸流罩可以开大一些，防止烟气逸出干燥窑而污染工作环境），然后把后段的抽湿开大，加长干燥的排水时间。但不能关得太小，不然坯体无法排水，一定要保证干燥窑窑头在正压或者大正压状态下工作。

b. 适当加大干燥窑窑头约占干燥窑全长1/4以内的供热分风器，以提高干燥窑窑头的温度，温度控制为大于或等于130℃；同时增大干燥窑窑头的正压，加长抽湿区域，避免过于集中抽湿而导致该区域的温度过低。

c. 加强干燥窑窑头的保温性能，尤其是干燥窑窑顶，杜绝干燥窑窑顶滴水到辊棒表面。

d. 控制好砖坯底浆的浓度，增强底浆的吸附力，从而改善窑炉烟气中的粉尘含量，杜绝干燥窑窑头的辊棒结钉。

e. 加塞辊棒处、供热支闸、供热主管闸板、事故处理口等处的石棉，防止冷风漏入，杜绝热能损失。

f. 清扫干净压机压制出来的砖坯表面上黏附的粉尘、坯粉，保证进入干燥窑时砖坯底部不带有松散的粉尘。

g. 加强压机除尘，或者将压机与干燥窑隔离。

③ 新干燥窑棒钉

新建好的干燥窑也会出现棒钉的现象。主要表现为两种：一种是“棒刺”，主要是因为在把铁棒塞入干燥窑时，与支撑轴承相互摩擦，造成在铁棒表面划出铁刺；另一种是干燥窑安装烧焊时焊渣掉在辊棒上，产生棒钉。对于这种棒钉，用废弃的旧模芯在干燥窑内运行几次，基本上可以把这些棒钉压掉。

7.2 建筑陶瓷的烧成

7.2.1 一次烧成和二次烧成

建筑陶瓷的烧成工艺分为两种，即一次烧成和二次烧成。

一次烧成是指将生坯施釉，干燥后入窑经高温一次烧成制品。其特点为：①坯体完全玻化明显；②釉与坯体同时成熟，坯釉结合好，坯与釉的中间层的形成常常能够增加产品的强度；③热损失少，节能好且更经济，大幅度降低了产品成本，并有利于环境保护。

二次烧成是指将未上釉的坯体，经干燥后先进行一次素烧，然后施釉，再第二次烧成制品。其特点为：①通过素烧，有机物被氧化，结晶水逸出，碳酸盐和硫酸盐在施釉前分解完成，有利于消除釉面橘釉、针孔、气泡、熔洞等缺陷；②增加坯体气孔，提高吸釉能力，使低浓度挂釉成为可能，施釉速度快且吸釉均匀，釉面平滑光润；③提高坯体强度，有利于后继工序的进行，有利于自动化操作，减少破损；④坯体素烧后，可以发现半成品的很多质量缺陷，便于拣选剔除不合格产品，提高成品合格率。

表 7-1 是一次烧成和二次烧成工艺的对比。

表 7-1 一次烧成和二次烧成工艺的对比

分类项目	一次烧成	二次烧成
定义	砖坯经压制成型并干燥后，直接上釉入窑烧成，烧成温度达 1150℃	砖坯经压制成型和素烧后，素坯上釉而釉烧，釉烧温度一般是 1050～1100℃
性能	由于坯釉一起烧成，所以坯釉结合好，有发育较好的中间层生成。其抗后期龟裂性能好，吸水率较低，抗折强度高	坯釉结合性能较差，抗龟裂性能差，容易产生后期龟裂，抗折强度较低
其它	技术难度大，工艺要求高，生产成本高，质量档次高	工艺较成熟，技术难度低，生产成本低，质量档次低

目前，大规格墙地砖大多采用一次烧成，而传统的釉面砖一般采用二次烧成，第一次在较高的温度下素烧（1150～1200℃），施釉后再用较低的温度釉烧（1050～1110℃）。

7.2.2 烧成制度

建筑陶瓷的烧成需要在特定的烧成制度下进行，合理的烧成制度是得到良好产品的根本保证。烧成制度包括温度制度、压力制度和气氛制度，其中温度制度最为关键，只有保证合理的三大制度才能使制品达到良好的品质。

7.2.2.1 温度制度

温度制度包括升温速度、烧成温度、保温时间和冷却速度等参数，并最终制定出适宜的烧成曲线。一般通过坯料在加热过程中的形状变化，初步得出坯体在各温度或时间阶段可以允许的升、降温速度等。

(1) 各阶段的升温速度

① 低温阶段（室温～350℃） 此阶段实际上是干燥过程的继续，升温速度取决于入窑坯体的含水量、密度等。当坯体入窑水分高，升温速度过快将引起坯体内部水汽压力的增高，可能产生开裂现象。辊道窑的升温速度控制在 30～50℃/min。

② 中温阶段（350～1050℃） 此时坯体尚未烧结，也没有收缩，结晶水和分解气体的排出可自由进行，所以可作为快速升温阶段。但升温速度仍取决于原料纯度和坯体的厚度，并受气流速度和气氛性质的影响。辊道窑的升温速度控制在 50～80℃/min，但在晶型转化阶段升温速度不应超过 30℃/min。

③ 高温阶段 此阶段坯体瓷化，釉层玻化，收缩较大，保证坯体受热均匀，使之高温反应趋于均一是本阶段的关键。因此，升温速度取决于窑炉结构、坯体的收缩变化及其烧结范围。辊道窑的升温速度控制在 80～100℃/min。

(2) 烧成温度（止火温度）和保温时间

烧成温度与保温时间两者之间有一定的相互制约性，可以在一定程度上相互补偿。通常烧成温度与保温时间之间是可以相互调节的，以达到一次晶粒发展成熟、晶界明显、无二次晶粒过分长大、收缩均匀、气孔少、瓷体致密而又耗能少为目的。

为了使窑内温差、制品表里的温差尽可能地缩小，坯内的物理化学反应充分进行，促进坯釉组织结构趋于均一，在烧成温度下维持适当时间的高温保温是必要的。

烧成温度的高低取决于坯料的组成、坯料所要达到的物性指标、坯料开始软化的温度和烧成速度的快慢等因素。

通常把烧结至开始软化变形的温度区间称为“烧结温度范围”。一般建筑陶瓷选择在高温阶段进行保温，可以节省保温时间。对于采用辊道窑烧成的陶瓷砖，一般高火保温时间为3～5min。

（3）冷却速度

冷却是把坯体从高温时的可塑状态降至常温呈岩石般状态的凝结过程。冷却速度是否合适，对制品的性能有很大的影响。

冷却速度主要取决于坯体的厚度以及坯内液相的凝固速度，在冷却初期必须采取快速冷却。其原因如下所述。

① 防止莫来石超微细晶体和石英微粒有强烈地熔解于液相中的倾向；

② 防止莫来石晶体的继续生长；

③ 避免低价铁重新氧化成高价而泛黄；

④ 防止釉层析晶失透，以提高制品白度、强度以及釉面光泽度；

⑤ 冷却初期瓷胎中的玻璃相还处于塑性状态，急冷所引起的热应力大部分被液相的塑性和流动性所补偿，不会产生破坏作用。

一般地，快速冷却的温度为止火温度至800℃，冷却速度为80～100℃/min。但快冷后期（800～700℃）降温速度应降低。

在后期必须采取慢速冷却，其原因如下所述。

① 玻璃相开始凝固，所产生的热应力大，若太快则制品破坏；

② 保证残余石英晶体的晶型转化。

缓慢冷却起始温度取决于瓷胎中的玻璃相转变温度，一般在800～830℃左右；在400℃以后，热应力变小，又可以加快冷却速度。

7.2.2.2 压力制度和气氛制度

建筑陶瓷通常采用辊道窑烧成，辊道窑属于中空窑，因而建筑陶瓷的气氛制度与压力制度相对容易控制。通常建筑陶瓷采用全氧化气氛烧成，控制好空气与燃料的比例，燃烧过程空气过剩系数大于1，保证燃烧完全，保持氧化气氛。辊道窑属于中空窑，气体在窑内流动阻力损失较小，窑内压降也小，压力制度较易控制。辊道窑压力制度的控制如同隧道窑一样，主要是通过调整排烟风机频率和排烟总闸开度来稳定预热带和烧成带之间零压面的稳定，使预热带处于微负压下操作，以利于水汽和坯体氧化分解产生的反应气体的排出；而烧成带控制在接近零压的微正压下操作，以阻止继续排气而产生针孔。冷却带中一般急冷带是微正压，缓冷带是微负压，快冷带在微正压下进行操作。但对于岩板产品，为保证冷却过程中的应力均匀，防止切割裂，缓冷带需拉长并处于接近零压的微正压下操作。

7.2.3 建筑陶瓷坯体在烧成过程中的变化

7.2.3.1 烧成过程中坯体的物理化学变化及温度控制

烧成是陶瓷生产最关键的一道工序。坯体在烧成过程中，会经过一系列的物理化学变化。只有掌握坯体在高温焙烧过程中的变化规律，制定合理的烧成制度，正确选择窑炉，才能最大限度地提高产品的质量和降低燃料的消耗。

坯体烧成过程是一个十分复杂的过程，物理变化和化学变化交错进行，且受烧成条件的影响，有的反应很难进行完全。现在一般根据温度和坯内的变化，分作四个阶段来讨论，见表 7-2

表 7-2　坯体烧成各阶段

烧成过程	主要作用	主要变化	温度/℃
低温阶段	排出坯内残余水分	1.孔隙率增加 2.重量降低	室温～350
中温阶段	氧化和分解	1.结构水排出 2.有机物、无机物和碳等的氧化 3.碳酸盐、硫化物等的分解 4.晶型转变	350～1050
烧成阶段	成瓷	1.氧化、分解反应继续进行 2.形成液相、固相熔解 3.形成新晶相和晶体长大 4.釉的熔融	1050～烧成温度
冷却阶段	冷却	1.液相结晶 2.液相的过冷凝固 3.晶型转变	止火温度～出窑温度

(1) 低温阶段 (室温～350℃)

这一阶段主要是排出干燥后的残余吸附水。随着水分的排出，固体颗粒紧密靠拢，伴随着少量收缩。但这种收缩不能完全填补水分排出后所遗留的空隙。对于黏土质坯体而言，经过此阶段后坯体强度和气孔率都相应增大。如果坯体是由非可塑性原料制成的，则反而变得疏松多孔，强度降低（加黏合剂的除外）。本阶段坯体不发生化学变化，只是发生体积收缩、气孔率增加等物理变化。

控制坯体入窑水分是本阶段快速升温的关键。一般建筑陶瓷坯体入窑水分控制在 3%以下，这部分水相当于吸附水，因而水分排出时收缩很小。坯体含水率较高时，升温速度要严格控制。因为温度高于 120℃时坯体内部的水分发生强烈汽化，蒸汽压力超过坯体的抗张强度极限时，会造成制品开裂，对于厚壁制品尤为突出。坯体入窑水分过高时，往往易与窑炉内烟气中 SO_2 发生化学反应，使坯体中的钙盐形成硫酸钙析出。

控温要点：①此阶段要避免急速升温，以防止坯体水分蒸发过快而引起裂纹或爆砖。②保持在负压状态下，以利于排气、排湿等。③此阶段温度的控制主要是通过调整窑头抽力、排烟支闸开度以及挡火板（墙）的高度来实现。

(2) 中温阶段 (350～1050℃)

在这一阶段，坯体内部发生较复杂的物理化学变化：黏土矿物结构水的排出；有机物、碳素的氧化；石英晶型的转变；碳酸盐、硫化物的分解。这些变化与坯体组成、升温速度、窑炉气氛等因素有关。

① 黏土矿物结构水的排出

坯体气孔率增多，失重迅速增加，黏土晶体结构遭到破坏，坯体强度降低。各黏土矿物的失水温度如下：

高岭石：500～700℃；

蒙脱石：600～750℃；

伊利石：400～600℃。

$$\underset{(高岭石)}{Al_2O_3 \cdot 2SiO_2 \cdot 2H_2O} \longrightarrow \underset{(偏高岭石)}{Al_2O_3 \cdot 2SiO_2} + 2H_2O \tag{7-1}$$

② 碳素、有机物的氧化

坯料中的可塑性黏土（如黑泥）和硬质黏土（如黑碱石、黑砂石）都含有较多的碳素、有机物和硫化物，压制成型坯料表面还往往沾有润滑油，这些物质加热时都要发生氧化。它们的氧化反应和反应温度如下：

$$C_{有机物} + O_2 \longrightarrow CO_2(约\ 350℃以上) \tag{7-2}$$

$$C_{碳素} + O_2 \longrightarrow CO_2(约\ 600℃以上) \tag{7-3}$$

此阶段如果坯体中的碳素或有机物未完全燃烧和氧化，会产生发蓝、黑心或固定位置的密集黑点杂质。釉面砖则还会因釉面熔融封闭坯体气孔而形成釉面烟熏、气泡、针孔。

③ 石英晶型的转变

在573℃时，坯体中的β-石英向α-石英转换，并伴有8%～10%的体积膨胀。此段若升温控制不好也易产生裂纹。

④ 碳酸盐、硫化物的分解

坯体中的碳酸盐分解，排出CO_2。它们的分解反应和反应温度如下：

$$MgCO_3 \longrightarrow MgO + CO_2\uparrow(540℃) \tag{7-4}$$

$$CaCO_3 \longrightarrow CaO + CO_2\uparrow(850～1050℃) \tag{7-5}$$

$$MgCO_3 \cdot CaCO_3 \longrightarrow MgO + CaO + 2CO_2\uparrow(730～950℃) \tag{7-6}$$

$$FeCO_3 \longrightarrow FeO + CO_2\uparrow(800～1000℃) \tag{7-7}$$

坯体中的硫化物分解，排出SO_3。它们的分解反应和反应温度如下：

$$Fe_2(SO_4)_3 \longrightarrow Fe_2O_3 + 3SO_3\uparrow(560～775℃) \tag{7-8}$$

$$FeS_2 + O_2 \longrightarrow FeS + SO_2(350～450℃) \tag{7-9}$$

$$4FeS_2 + 11O_2 \longrightarrow 2Fe_2O_3 + 8SO_2\uparrow(500～800℃) \tag{7-10}$$

$$MgSO_4 \longrightarrow MgO + SO_3\uparrow(900℃) \tag{7-11}$$

硫化物、碳酸盐的氧化分解反应程度取决于砖坯中有机质的含量、窑内的温度与气氛、反应的时间，以及相应的砖坯成型压力。

⑤ 坯体表面开始出现液相

此时，颗粒重新排列紧密，并填充间隙，从而使坯体逐渐致密收缩，气孔率减少。此阶段如果辊道上下层温差控制不合理，会导致坯体产生上翘或下弯变形。

中温阶段控温要点如下所述。

① 该阶段是整个烧成控制中，坯体发生物理和化学反应最剧烈的一段。一旦控制不合理，极易出现黑心、发蓝、针孔、变形、气泡、阴阳色等缺陷。为避免发蓝、针孔、黑心等缺陷的产生，此阶段必须有较长的时间及充足的氧气，使坯体得以充分的分解和氧化。氧化时间的长短取决于坯体的规格。

② 必须控制在负压和氧化气氛中，使坯体得以充分氧化分解，利于坯体发色鲜艳及排气通畅。

③ 在500～600℃应缓慢升温，保证石英晶型安全转换而不产生坯裂。

④ 此阶段烟气温度大于坯体温度，坯体主要通过对流和辐射两种传热方式获得热量。

⑤ 温度调控主要是通过调节排烟总闸及各支闸的开度和各区段上下层挡火板（墙）的高度来实现的。要特别注意上层温度的控制，以避免坯体表层过早熔融，封闭坯体内的气孔而产生针孔或发蓝；还要注意砖坯底面、表面因表层应力不同而产生上翘或下弯变形。

（3）烧成阶段（1050℃～烧成温度）

此阶段坯体中的液相大量出现，并填充到莫来石骨架中，使坯体气孔率下降，从而达到瓷化，坯体体积收缩最大。由于各种陶瓷性质及其所用的原料、配方不同，所以其最高烧成温度也不同。此外，如果液相过多或液相黏度低，坯体会软化从而出现高温变形。

控温要点：瓷质砖的使用性能在很大程度上取决于坯体的烧结程度，而烧成温度和保温时间是保证坯体达到最佳烧结的必要条件，经过该阶段烧成，要使产品达到足够的机械强度（如抗折强度等）和理化性能要求（如平整度、吸水率等）。

① 压力和气氛的控制：为阻止坯体继续排气而产生针孔缺陷以及稳定色泽，烧成带一般取零压或微正压烧成。

② 如果此阶段正压过大，极易因局部蓄热过高造成断棒多，且大量的热量向外逸出，使操作环境恶化，单位能耗增加。

③ 如果此阶段负压过大，过多的冷空气吸入窑内，导致同一截面温差增大，产品容易出现阴阳色或尺码不统一现象。

④ 烧成带温度的控制主要是通过调节各区喷枪的风油（气）比例以及该位置的挡火板（墙）高度来实现的。所以在正常生产情况下，操作者不宜频繁改变各喷枪的风油（气）比例和挡火板（墙）的高度，否则对温度场的稳定是极不利的，甚至会改变窑内气氛和压力制度，从而影响产品质量。

⑤ 在温度调控方面必须学会“看砖烧砖”，灵活、及时地调整烧成制度。如采取产品上限温度烧成，则高温保温时间可适当缩短些，以达到快烧目的；如采取产品下限温度烧成，保温时间则要相应延长些，以确保吸水率合格。否则就极易出现过烧、生烧或变形现象。

⑥ 烧成区各组油（气）压要均衡，特别是底、面喷枪的油（气）压不能相差悬殊，否则极易导致产品烧结度不一致而出现变形或抛后变形。

⑦ 烧成制度只能在一段时间内保持相对稳定，之后肯定会产生波动，这就要求操作者除了严格执行烧成制度外，还应随时观察窑内喷枪的燃烧情况，作出小范围的调整，使各区段的温度分布均匀，持续稳定，避免不合格产品的出现。

（4）冷却阶段（止火温度～出窑温度）

冷却阶段是陶瓷制品烧成工艺中的最后阶段，按冷却制度的要求，可划分为3个阶段。

① 急冷阶段（烧成温度～700℃）

这是冷却过程的重要阶段。其主要变化是，坯体处于黏滞状态的液相随温度降低黏度不断增大。此时，如果冷却速度缓慢，一方面，瓷坯中液相的黏度变化将不明显，黏度较小的液相便会通过熔解、淀析作用，逐渐熔解微细晶体（主要是莫来石微晶）并在较大晶体上淀析，使细晶减少而粗晶增多，导致制品机械强度降低；另一方面，釉层也会因冷却速度过于缓慢而引起析晶失透。如果采取快速冷却，则可克服这些不良倾向。并且，此时瓷坯中玻璃相仍处于黏滞的塑态，能够对快速冷却所引起的应力起缓冲作用，快冷而不会开裂，降温速率可达100℃/min。此外，将处于高温状态的坯体急速冷却至石英晶型转换点573℃附近，形成一个过渡区，让坯体晶型的转化有较长且缓慢的时间范围，使其不会因产生收缩应力而发生冷却裂痕的现象，缩短烧成周期。

控温要点：a. 进入急冷阶段前坯体温度不能过高，否则容易导致坯体在进入缓冷阶段之前未能达到石英晶型转换的温度要求而出现裂纹（即热裂）。b. 当坯体降到700℃左右时，不能直接吹冷风，否则必然引起裂纹。c. 如无特殊要求，上下急冷管开度要求一致，以避免坯体上下收缩不一致而产生变形。d. 一般情况下，建议不要采用急冷管调节砖坯变形度，因为从实际生产中总结得知，此法会导致坯体的变形极不稳定，且反复出现。e. 此阶段必须保持在零压或正压状态下，以防止坯体继续排气而产生针孔以及因吸入冷空气而造成坯体冷却不均产生风裂。f. 此处气流应流向窑尾抽热方向。g. 此处各挡火板一定要齐全，否则容易造成烧成区气流不稳定、前温过高现象。

② 缓冷阶段（700～450℃）

这是冷却过程的危险阶段。其主要变化是，首先瓷坯中黏滞的玻璃相将随着温度的不断降低，由塑态逐渐转变为固态，坯体脆性较大；其次是残余石英在573℃左右发生晶型转换，体积收缩，容易产生较大的热应力，此时冷却速度不可超过30℃/min，以防制品炸裂。

控温要点：a. 此阶段在正压或零压状态下控制，禁止负压，以免吸入冷空气产生开裂砖。可利用急冷后混合的热空气缓慢流经坯体的表面，从而达到自然缓慢降温的目的。b. 必须保证石英晶型转换点（573℃）在缓冷阶段，其提前与后移都会对坯体产生不利的影响。c. 禁止直接对产品吹冷风或提前抽走过多的热气，这样都会导致坯体因降温过快而开裂。此处坯体开始呈现“黑色”，当只有微“红色”时，禁止再向坯体直接吹冷风，即俗语所说的“鼓红不鼓黑”。d. 此处温度变化应平缓，避免出现局部高低温现象。上下挡火板（墙）一定要一致，否则会引起气流不一致，局部温度不同进而出现风裂现象。e. 降温速度亦不能过慢，否则坯体被送出缓冷阶段时还未降到573℃以下，致使石英晶型转换点后移到快冷区，从而出现热脆现象。有些坯体出窑后，外表看上去完整无缺，但用力一击就很容易破碎，这也是到抛光线刮平机出现很多烂砖的原因之一。f. 此处上挡火板是否齐全很重要，否则很容易使产品出现风裂或脆角，以及有细小裂纹就开边的现象。

③ 强冷阶段（450℃～出窑温度）

这是冷却过程的最后阶段。此时，瓷坯中的玻璃相已经全部固化，瓷坯内部结构也已定型，强度也随之增加。此阶段可直接对坯体吹冷风，快速冷却。坯体温度高于此阶段的烟气温度，处于零压或微负压状态下操作。该阶段又称为尾冷阶段。

控温要点：a. 窑尾余热主要经此处抽走，热风抽出口的闸门开度由前向后逐级开大，促使窑内热气流向窑尾移动。b. 避免热气流过于集中于强冷阶段首端抽走，形成局部温度过高，使坯体因降温过快而开裂。c. 强冷风管开度亦由始端向末端逐渐开大。d. 仍然要注意有些坯体的石英在270℃尚有晶型转换从而产生开裂。

出窑温度：出窑温度直接关系工人的工作环境。很多厂出窑温度偏高，有的达200℃。其主要原因如下：a. 冷却带长度占总窑长度比例太小。一般要求40%，国内一些公司仅35%，把5%加到了预热带。b. 缓冷带和强冷带长度比例不合适。因担心573℃的裂砖而把缓冷带拉长，减小了尾冷阶段长度。c. 缓冷管太少。为节约成本，虽然缓冷带较长，但缓冷管设置较少，缓冷效果差，占了尾冷阶段的长度，出窑温度高。d.缓冷和抽热共用一台风机。二者会相互影响，当缓冷带自动控温时，影响更大，最好是缓冷风机独立。

7.2.3.2 烧成过程中坯体的宏观性能及显微结构的变化

建筑陶瓷坯体在烧成过程中，除了发生上述的物理化学变化外，其宏观性能及显微结构在烧成过程中由生坯逐渐变成具有较高强度的陶瓷。

对于压制成型的生坯而言，坯体往往具有25%～40%气孔，当密度为2.2～2.4g/cm^3时，抗拉强度仅为0.35～1.0MPa，只能满足运输过程的基本要求。但经过烧结后，坯体发生12%～15%的线收缩，吸水率在0.5%以下，密度增大为2.4～2.6g/cm^3，抗拉强度可达50.0MPa，较生坯提高50～150倍。由此可见，生坯通过烧成变为瓷坯，过程中最明显的宏观性能变化是外形尺寸收缩、密度增加、强度显著提高。

以基本组成为黏土、长石、石英的瓷质砖为例，坯体的宏观性能和显微结构变化叙述如下。

（1）950℃以前的变化

500℃前坯体是由带棱角的石英、长石和细颗粒黏土组成的多孔粗糙组织。500℃附近由于黏土中的高岭土脱水，因而500～900℃之间，坯体就由石英、长石和偏高岭石的机械混合物组成。坯体体积变化特征表现为三种原料的膨胀和收缩量的综合效应。573℃时石英多晶转化具有大的膨胀，因而坯体表现出明显膨胀。650℃以后，高岭土收缩较大，加上高温型石英膨胀系数是负值，因此650～850℃之间，虽然长石有较大膨胀，但高岭土多的坯体仍显示收缩，长石多黏土少的还显示平缓膨胀，当膨胀与收缩刚好抵消时就无体积变化。850～950℃之间有一较小膨胀，这大概是由于长石在此范围有极显著的膨胀，而黏土的收缩相对而言极为平缓。

通过偏光显微镜和扫描电子显微镜的观察，发现此时坯体除致密化以外，基本上没有其它变化，因而组织结构与未烧前并无多大差别。

（2）950～1100℃之间的变化

如图7-10所示，坯体在950℃开始收缩，1000℃附近产生急剧收缩，与纯高岭土的收缩变化一致，表明这个过程是偏高岭石颗粒界面扩散导致坯体的烧结。在1000～1100℃之间收缩较缓和，推测是由于偏高岭石转变为尖晶石中间相。

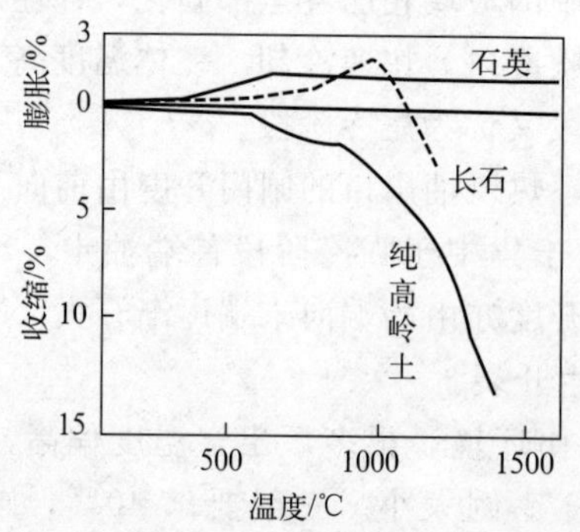

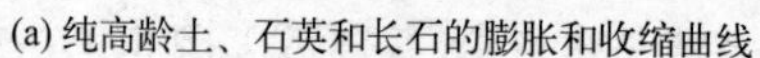

(a) 纯高龄土、石英和长石的膨胀和收缩曲线

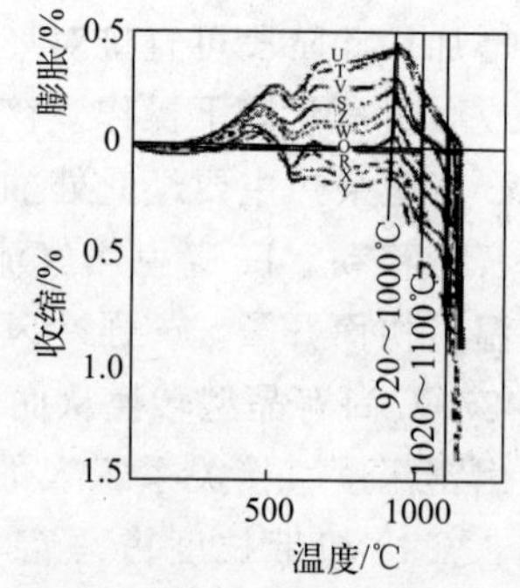

(b) 瓷砖坯体的膨胀和收缩曲线

图7-10 原料和瓷砖坯体的膨胀和收缩曲线（升温速度10℃/min）

（3）1100℃以上的变化

坯体在1100℃左右及以上温度发生急速收缩（如图7-10）。这一阶段，坯体的收缩率和体积密度都随烧成温度升高而变大。此时，坯体的收缩率与坯体的组成有很大的关系。石英含量多，长石含量少的坯体收缩率小；石英较少、长石较多的坯体收缩率大，体积密度大，并在较低温度范围内具有较大收缩率和较大体积密度。坯体的开口气孔率都随烧成温度升高而降低，在1200～1250℃间为极限值，超过此温度则发生相反的变化。从上述性能变化得知，1100℃以上温度，虽然原料中的不纯物已形成熔体，新相莫来石形成量已增多，这些都要发生体积收缩，但是坯体的致密化过程是以长石为主的，坯体在较低温度范围内烧结；长石少、石英和高岭土多的坯体就难以烧结。

显微结构研究发现，坯体在接近1100℃时含有尖晶石、石英、长石和原始微细高岭土颗粒，但在开始急速收缩以后，坯体中的矿物组成已稍有改变，长石的X衍射谱线减弱，证明长石已部分熔化。与此同时高岭土微粒也部分熔化，而且形成少量莫来石。所以经过1100℃烧成的坯体，虽然也有较多空隙，但此时因熔体的黏性流动，坯体已开始发生明显收缩，并具一定强度。在偏光显微镜和扫描电子显微镜中观察到，l100～1200℃烧成的坯中，有相当多的凝固长石熔体的圆形颗粒和1μm左右的闭口气孔，经氢氟酸处理后能清楚看到石英粒子和在高岭土残骸中的微粒莫来石区，以及分布在长石玻璃中发育较好的针状莫来石集合区，如图7-11～图7-13所示。随着温度升高，由于相邻固体颗粒的熔解，固熔体的数量增多。点状固熔体就如金属焊点，使1000℃下的焙烧物提高了强度。在1200～1250℃煅烧的坯中，莫来石量增加，石英由于熔解而逐渐减少；长石熔体粒子失去外形，随着黏度降低开始向基质扩散，坯体进一步致密。1250℃时粗石英颗粒变圆，外围有1～2μm厚的玻璃质，称为熔蚀边；针状和细粒状莫来石两区域边界更加靠近，坯体开始均匀化，其中气孔几乎全为闭口形。

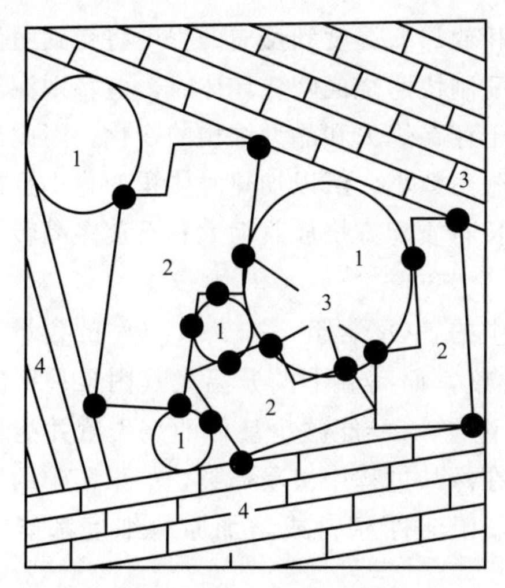

图7-11　瓷坯在烧至950℃后的组织结构

1—石英；2—长石；3—熔滴；4—黏土矿物

图7-12　瓷坯烧至1000℃后的组织结构

经过烧结后的瓷质砖，冷却后的坯体中存在着晶相、玻璃相，还有许多显微大小的气泡。晶相构成坯体骨架，玻璃相为骨架间隙中的填充物。玻璃相的数量一般为30%～50%，莫来石晶体一般占10%～30%，其余为石英晶体和气孔，见图7-14。

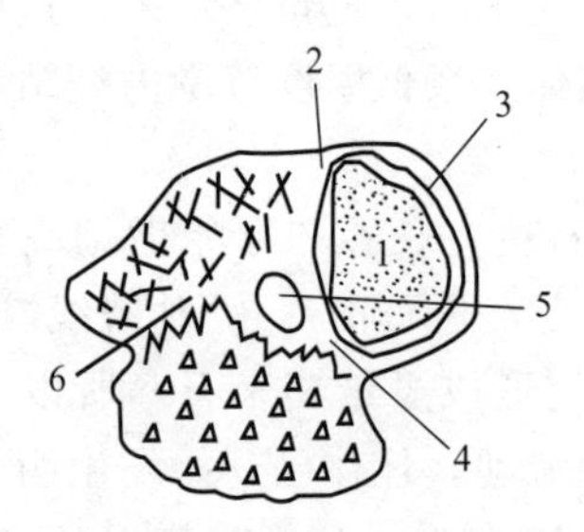

图 7-13 烧结瓷坯体组织结构

1—残留石英；×—二次莫来石；△——次莫来石；2—长石玻璃；3—石英熔蚀边；4—三元低熔物；5—气孔；6—长石-高岭玻璃

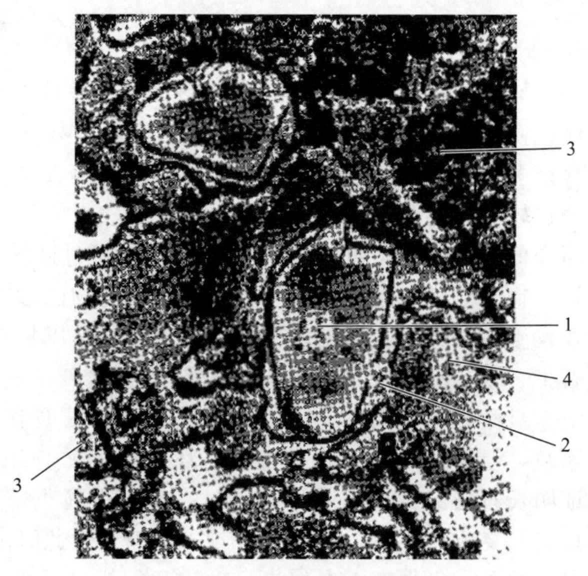

图 7-14 瓷质砖的相图

1—残留石英；2—石英熔蚀边；3—针状莫来石；4——次莫来石

7.3 快速烧成对坯、釉和窑炉的要求

7.3.1 正确选择原料和坯釉组成

黏土在受热过程中，由于升温速度不同，吸热和放热的温度和反应的程度将受到明显影响，而长石原料的反应却与升温速度无关。因此在配制快速烧成陶瓷坯体时，应特别注意黏土原料的种类和数量的选择。例如，黏土加热时由于存在烧失和晶型结构的变化，因此加热过程要平缓。硅灰石和磷矿渣都无结晶水，而且膨胀系数小，所以加热时体积变化小且极为均匀。采用这类原料配制成的建筑陶瓷砖，克服了长石质配方烧成收缩大和石英多晶转化造成体积突变的缺点，使烧成在几十分钟内完成。

对于建筑陶瓷，在允许范围内可尽量提高坯体中的 SiO_2 含量，减少 Al_2O_3 的含量，这样有利于缩短烧成周期。因为 Al_2O_3 会提高烧成温度，而高温下的升温尤其困难；铝酸盐分解和化合时又要吸收较大热量，从而影响快速升温。SiO_2 能减少坯体的烧失量并能抵消部分收缩，所以高硅质瓷利于快烧。然而这种坯体在冷却过程中极易炸裂，如果窑炉的热交换不良，冷却系统不完善，这种配方很难生产。采用活性原料或增加原料细度都能促进快烧。

(1) 低温快烧的经验公式

陶瓷坯体化学组成和烧成温度之间的经验公式为

$$T=267.44+0.15(S+A)\{73.32-[4.18-(S/A)]^2\} \\ -1.15(C+M+K+N)\{7.86-[2.8-(R_2O/RO)]^2 \quad (7\text{-}12)$$

式中，S、A、C、M、K、N 等分别表示 SiO_2、Al_2O_3、CaO、MgO、K_2O、Na_2O 等氧化物在坯体中的含量，%；R_2O 表示碱金属的含量，%；RO 表示碱土金属和二价金属氧化物的含量，%。

从公式可知，调整 S/A、熔剂数量 R_2O+RO 及 R_2O/RO 均可达到降低烧成温度的目的。

（2）适合低温快烧的原料

1）低温烧成及其对原料的要求

烧成是将陶瓷坯体在一定条件下进行热处理，使之发生一系列物理化学变化，形成预期的矿物组成和显微结构，从而达到固定外形并获得所要求性能的过程。以黏土、长石、石英三种矿物成分配制的传统陶瓷坯体在烧成过程中随着温度的逐渐升高，其中所含水分（结合水和结晶水）排出，碳酸盐、硫酸盐分解，有机物、碳素和硫化物等氧化，石英多晶转变，液相产生，长石、石英等旧晶相颗粒在液相中熔融，并从液相中析出比较稳定的新晶相莫来石。由于液相充填坯体固体颗粒之间的孔隙，且由于液相表面张力的作用，固体颗粒互相靠近，促使坯体致密化，坯体体积收缩，气孔率下降；而在液相中旧晶相的熔解过程和新晶相的析出过程不断进行，促使莫来石晶体在线性方向上不断长大，呈针状交错贯穿于坯体中起骨架作用，使瓷坯强度增大，最后莫来石、残留石英与坯内其它组分借助于玻璃状物质黏结在一起，形成了致密的有较高机械强度的瓷胎。由此可见，对于以液相烧结为主的传统陶瓷制品来说，液相的存在和稳定的新晶相的产生是达到烧成目的的关键，而这两者需要在一定烧成温度下才能得以实现。

低温烧成顾名思义是在相对较低的温度下完成烧成过程，故它对原料的要求是：a. 在相对较低的温度下生成低共熔物即液相。b. 在这个较低的烧成温度下液相数量和黏度均合适。液相数量过少，坯体致密化和熔融析晶过程受到影响；液相黏度过低，坯体容易变形。c. 在较低温度下能生成新晶相。

从这个意义上来说，以黏土、石英、长石三种矿物成分组成的普通陶瓷坯料，其中作为熔剂矿物的长石本身就是一种低温原料，由于长石中提供了 K_2O 或 Na_2O，与 $A1_2O_3$、SiO_2 形成三元低共熔体系，使液相得以在较低温度下产生，并生成组成为 $3A1_2O_3 \cdot 2SiO_2$ 的莫来石晶体。长石的替代品如伟晶花岗岩、霞石正长岩、酸性玻璃熔岩等因含有一定量碱金属氧化物，其作用同于长石。

硅灰石作为建筑陶瓷低温烧成原料得到广泛应用，当硅灰石与黏土或与叶蜡石配成坯料时构成了硅酸铝钙系陶瓷，高温生成晶相为钙长石及方石英。这个反应温度较低，为 900～1000℃，从而降低了烧成温度。

碱金属、碱土金属氧化物含量丰富的非金属矿物与其它原料适当配合，都可考虑作为低温烧成陶瓷原料。

2）快速烧成及其对原料的要求

陶瓷制品在烧成过程中，从低温逐渐加热到高温，在高温段保温一定时间，然后从高温又冷却到低温，需要一定的烧成温度和烧成时间。在这段时间内，各种物理化学反应得以完成，最终成为有固定外形尺寸、一定的气孔率、较高强度及其它一系列所要求性能的产品。烧成温度不够或烧成时间不足，不仅达不到所期待的产品性能，而且往往还会造成各种烧成缺陷。在一定范围内，烧成温度和烧成时间是互补的，温度不够，可以通过适当延长烧成时间予以弥补；同样，烧成时间不足，也可通过适当提高烧成温度予以弥补，这就是称为低温长烧、高温短烧的烧成工艺，借此可以取得所要求的烧成效果。而低温快烧工艺既要在较低烧成温度又要在较短烧成时间下完成烧成全过程，如果原料选用不当或烧成操作不当，容易造成下列几方面产品缺陷。

① 坯体变形开裂和产品尺寸不一。由于烧成过程中热量在坯体内的传递滞后于坯体表面温度的升降以及窑炉内上下左右之间存在的温差，坯体内存在温度梯度，从而引起坯体各部分收缩不均匀，产生热应力。热应力正比于温度梯度，而温度梯度正比于温度变化速度，温度变化速度过快，坯体内的热应力过大，以致超过制品所能承受的极限而引起制品变形和开裂。另外，由于窑炉烧成带截面温差以及高温保温时间短，靠近窑内两侧的制品和中间部位的制品长短不一，特别是对于烧成范围狭窄的坯体，这种长短差更明显。

② 釉面针孔、气泡等缺陷。现代陶瓷烧成反应动力学的研究和生产实践证明，陶瓷坯体中物理化学反应的反应速率正比于升温速度，升温速度越快，反应速率越大。尽管如此，在快速烧成时由于坯体在预热带时间过短，挥发性成分分解排出来不及在高温段前全部完成，以致当釉熔融封闭制品表面时，坯料中还继续有挥发性成分逸出，冲破釉面，轻则造成针孔，重则形成气泡。

③ 坯釉结合不牢及缩釉、裂釉等。由于坯釉料匹配不好，烧成后没有形成良好的坯釉中间层，以致釉层与坯体结合不牢或发生缩釉、裂釉，这在快速烧成中更易出现。

根据以上分析，总结出快速烧成的原料要求如下所述。

① 原料中挥发性成分（结晶水、有机物、碳酸盐、硫酸盐等）尽量少，即原料烧失量小，且希望挥发性成分在1000℃前能全部逸出。

② 原料烧成范围尽量宽。

③ 原料烧成收缩尽量小。

④ 原料热膨胀系数大小适宜。从减小热应力的角度考虑，坯料热膨胀系数宜小；从坯釉匹配角度考虑，坯料热膨胀系数应稍大些，应略大于釉料热膨胀系数。综合这两个因素，坯料的热膨胀系数应以中等大小为适宜，并希望热膨胀系数随温度升降呈平稳的线性变化，以避免因烧成过程中不规则的胀缩而产生的产品缺陷。

在实际选择原料时，满足上述各项要求中的其中几项，即可考虑用作快烧原料。例如目前在建筑陶瓷生产中采用的透辉石（$CaO \cdot MgO \cdot 2SiO_2$），除了因为它富含熔剂性碱土金属氧化物CaO、MgO，是一种低温原料外，还因为它：①不含挥发性成分；②是瘠性料，烧成收缩小；③热膨胀系数不大，且随温度升高而呈线性变化；④本身不产生多晶转变，因而可避免因多晶转变的体积效应所造成的应力，故是一种较好的快烧原料。

3）原料低温烧成性能与快速烧成性能之间的关系

原料低温烧成与快速烧成两种性能之间既有对立的一面，又有统一的一面。前面已提及，制品在烧成中发生的变形开裂是由于制品中热应力超过制品的承受极限。这里，热应力是引起变形开裂的外因，制品自身的承受能力是内因。原料具有低温烧成性能，即在较低温度下完成烧成物化反应，赋予制品以强度，也就具备了在一定范围内抵抗热应力而不变形不开裂的能力；烧成时间越短，温度变化速度就越快，则制品内热应力也越大；而低温烧成性能越好，则制品在这个较低温度下烧成后强度越高，越能承受较大热应力而不变形不开裂，故从这个角度分析，原料低温烧成与快速烧成两种性能有统一的一面。但是，在选择低温快烧原料时往往不能同时满足上述对低温烧成和快速烧成的全部要求，某种原料烧成温度较低，但快烧性能却欠佳，或反之，低温性能不理想，快烧性能倒很好，这又是对立的一面。例如作为传统熔剂原料的长石，本身就是低温快烧原料，在低温快烧工艺中，有人认为选用钾长石好，也有人认为选用钠长石好，这实质上是因为这两种长石在低温烧成性能和快速烧成性能两方面各有所长。在同样温度下，钾长石熔融物黏度大于钠长石熔融物黏度，钾长石熔融物黏度随温度变化的速率又小于钠长石熔融物，且钾长石相比钠长石又有较宽的熔融温度范围，因此用钾长石作熔剂原料要比用钠长石烧成范围宽，有利于快速烧成中的操作控制；但钠长石的熔融温度比钾长石低，容易形成液相，其液相黏度小，容易熔解黏土分解物和一部分石英，新晶相莫来石容易在钠长石熔体中生长发育，所以钠长石低温烧成性能比钾长石好。因此在综合比较钾长石和钠长石的低温快烧性能及优先选用哪一种时，决定于侧重点在哪一点。

含 CaO、MgO 的矿物如滑石（$3MgO \cdot 4SiO_2 \cdot H_2O$）、白云石（$CaCO_3 \cdot MgCO_3$）、硅灰石（$CaO \cdot SiO_2$）、透辉石（$CaO \cdot MgO \cdot 2SiO_2$）、透闪石（$2CaO \cdot 5MgO \cdot 8SiO_2 \cdot H_2O$）加入坯料中去，都能降低坯体的烧成温度，但是它们对坯体烧成范围的影响却因加入量多少而截然不同。当引入少量的 CaO、MgO 时，例如在坯料中加入 4%左右的滑石或 2%的白云石，不致引起熔体数量的大量增加，由于石英的熔解，熔体也能保持适当的黏度，且在坯体中形成了起骨架作用的莫来石针晶，所以坯体具有较好的抗变形能力和较宽的烧成范围，此时滑石或白云石起到同时调节烧成温度和烧成范围、改善产品性能的添加剂作用；而当坯料中引入较多的 CaO、MgO 时，例如把透辉石、硅灰石等作为主要原料加入坯料中去（加入量在 10%以上），会使坯体烧成范围变窄，因为这时坯体烧成过程中总会形成一定量的钙质玻璃或钙镁玻璃，其高温黏度随温度升高而迅速降低，容易造成产品的变形，所以硅灰石、透辉石等矿物原料目前常用作低温快烧原料，因其挥发性成分少、瘠性料收缩小等有利于快速烧成的一面。

为解决上述矛盾，使低温烧成和快速烧成两大优点兼而有之，可采用复合熔剂或在坯料中添加能改变熔体性能的物质，例如在坯料中同时加钾长石和钠长石或采用本身就含有钾长石和钠长石两种矿物成分的长石原料；如配制以黏土为主要原料成分的低温快烧坯料，则可采用含有未风化完全的长石碎屑的黏土原料外加石灰石构成长石-石灰石组成的复合熔剂，或采用石灰石-长石-滑石组成的复合熔剂来强化其烧结过程；如用透辉石等作为低温快烧原料时，为加宽烧成范围，应在坯料中同时增加 $A1_2O_3$、SiO_2、ZrO_2 等成分，以提高液相高温黏度。

4）选用低温快烧原料时要注意的几个问题

① 在选用低温快烧原料时，必须结合窑炉设备条件一起考虑。目前建筑陶瓷生产中普遍采用的辊道窑较隧道窑、推板窑等老式窑炉容易实现低温快烧，所以同样的原料，在隧道窑、推板窑中达不到低温快烧而在辊道窑中却有可能达到；而同为辊道窑，因窑体结构、窑墙耐火材料、烧嘴种类和布置、所用燃料种类、人控还是自控等的不同，也会导致低温快烧效果的差异；窑内温差小、窑体保温性能好、用煤气或轻柴油等优质燃料、明焰烧成、自动调节的辊道窑，比窑内温差大、窑体保温性能差、用煤或重油等劣质燃料、隔焰烧成、人工调节的辊道窑更有利于低温快烧，因而前者对低温快烧原料的挑选余地要比后者大。

② 在选用低温快烧原料时，首先要看生产产品的品种。对于吸水率较低的瓷质或炻质的外墙砖、地砖，其坯料烧成温度接近于烧结温度，因而要求原料烧成范围宽；而对于吸水率允许大一些的精陶瓷釉面内墙砖，其坯料烧成温度离烧结温度尚有一段差距，且固相反应

是烧成过程中形成坯体的基本反应，因此烧成范围窄的原料对它的快速烧成的负面影响相对小些。于是硅灰石、透辉石等烧成范围窄的低温快烧原料常用于生产釉面内墙砖，而用于生产外墙砖、地砖效果就要差些。另外，烧成温度相对较高、坯体致密的瓷质、炻质墙地砖对原料挥发性成分的含量要求，也要比烧成温度相对较低、气孔率较大的精陶质釉面砖严格，故碳酸盐含量高的页岩红土或红黏土不宜用作外墙砖、地砖的低温快烧原料，却可用作多孔性陶瓷制品如釉面砖的低温快烧原料，只有碳酸盐含量低于2%的页岩红土才可用作彩釉墙地砖的低温快烧原料。

③ 要求原料来源广泛，价格低廉，在基本满足低温快烧要求的前提下，尽量使用所谓的劣质料和本地料，以使生产成本降低。例如用长石风化未完全仍含有较多钾钠成分的黏土料取代长石，广东陶瓷企业应用较多的低温瓷砂实质上就属于这一类，各地都可寻找发掘类似的低温料。又如近年在开发瓷质砖以及对待“红坯”和“白坯”的问题上，似乎一味追求白坯，喜用色浅、质好、价高的低温硬质料如硅灰石、透辉石、伊利石等，而排斥色深、质次、价廉的低温软质料如红黏土，实际上这是步入了选料误区。成分合适的红黏土是具有低温烧结性好、中等塑性、收缩不大等综合性能的黏土原料，适宜低温一次快烧工艺，可用来生产精陶质、炻质墙地砖，对于含Ca、Mg较少的红黏土，烧成范围不窄，从理论上讲完全可以用来生产吸水率小的墙地砖产品，国外高档墙地砖产品往往采用有色、廉价的“劣质”原料。

④ 工业废渣如萤石矿渣、磷矿渣、高炉矿渣、珍珠岩废料等往往含有较多的低熔点成分，烧失量小，烧成收缩不大，因而满足低温快烧的要求。把它们用作建筑陶瓷低温快烧原料，既扩大了原料来源，又降低了原料成本，还可变废为宝，为综合治理“三废”作了贡献。

⑤ 在选择低温快烧原料时，除了对这种原料的低温烧成和快速烧成两种性能通盘考虑外，还要根据生产工艺性能要求综合考虑坯料的整体配方。如某种低温快烧原料在满足某项工艺性能方面存在不足，可以通过在配方中加入其它原料予以调剂，则这种低温快烧原料仍可采用。

⑥ 生产中应以产品质量为前提，以质量求效益。当低温快烧原料和窑炉确定以后，必须严格按相适应的烧成制度和工艺操作规程进行生产，否则会大幅降低产品的性能。

7.3.2 低温快烧对窑炉的要求

建筑陶瓷要实现低温快速烧成，除了对坯釉配方组成、坯体的形状以及入窑水分等有要求外，采用能够适合低温快烧的窑炉也十分重要，这对于保证产品质量、提高生产效率具有重要的意义。

（1）快烧窑炉具有短小、扁窄和自动控制等特点

传统窑炉在截面内垂直方向与水平方向上的温差很大，窑具蓄热量大，限制了升温和冷却速度，因此，辊道窑是目前快速烧成中最适合的窑炉。由于窑炉的截面小，上下温差低，辊道窑的辊子速度可以灵活调节，窑具的蓄热小，广泛地在建筑陶瓷生产中得到应用。

（2）采用高速等温喷嘴以保证窑温的均匀分布

采用高速等温喷嘴是减小窑内温差，实现快速烧成的一项重大技术措施。普通喷嘴的喷

出气流速度仅为5～10m/s，不能在窑内造成气流的再循环和强烈的搅拌作用。高速喷嘴的喷出气流速度为40～80m/s，甚至高达160～300m/s，喷入窑内的高速燃气气流引起窑内气流的再循环，大幅度提高传热效率，从各个方向对制品进行均匀快速加热。

高速等温喷嘴是向高速喷嘴添加扩散空气，燃气与扩散空气的混合气体从燃烧器喷口射出的速度在其温度调节范围内（100～1800℃）的任一设定值均能保持相当稳定。提高燃气量，相当于减少扩散空气量，则使燃气流温度提高，反之，温度下降。在整个烧成过程中，燃气流速保持在一个相当稳定的数值上，即窑内维持相对稳定的强气流循环。因此，可以说高速等温喷嘴具有：燃气流速快、空间热强度大、温度分布均匀的特点，为高质量快速烧成提供了成功的条件。

(3) 采用优质的筑窑材料

采用轻质、耐高温、高强度、绝缘性好的材料筑窑，减少窑墙厚度，降低散热损失和窑墙蓄热，克服加热与冷却过程中的温度滞后现象，调节灵活，适应快速烧成的要求。所选用耐火材料的长期工作温度应比实际使用温度高出200℃左右作为安全系数。使用泡沫电熔刚玉砖以及陶瓷纤维隔热材料较为理想。

(4) 采用含硫量低、无灰分的优质燃料

在烧成过程中，1000℃以下以对流传热为主，在高温区域以辐射传热为主。在以对流传热为主的预热带，要达到快速地均匀升温，采用隔焰是不利于对流传热的。对流传热与气体流速成比例，即：

$$Q=A\alpha(T_{气}-T_{制}) \tag{7-13}$$

式中 Q——对流传热量；

A——传热面积；

α——对流传热系数；

$T_{气}$，$T_{制}$——气体热源及制品的温度。

因此，采用城市煤气、天然气、液化气、轻质柴油等无灰分、低含硫量燃料进行明焰直接加热较适宜。要求明焰烧成的含硫量低于0.2%。

7.4 降低烧成温度的措施

降低建筑陶瓷烧成温度的措施主要有以下几种。

(1) 调配适宜的坯、釉组成

碱金属氧化物是助熔能力很强的氧化物，能显著降低黏土质坯体出现液相的温度，并促进坯体中莫来石的形成。例如在高岭石、蒙脱石质黏土中引入Li_2O，液相出现的温度将由1170℃降至800℃；引入Na_2O时，将降至817℃；引入K_2O时将降至917℃。如果不引入碱金属氧化物，高岭石-蒙脱石质黏土即使煅烧至1100℃也无新相形成，但引入Li_2O后，莫来石可在1000℃下出现；引入Na_2O和K_2O时，莫来石出现的温度为1100℃。

碱土金属氧化物也有与碱金属氧化物相似的作用，其中以MgO对莫来石形成的促进作用最大。不过，这些氧化物的引入量应适当，引入量太大时甚至会出现相反的结果。另外需要指出，组合型熔剂成分的引入对促进坯体低温烧成有更好的效果。例如添加1%的菱镁矿和0.5%的氧化锌，可以使硬质瓷的烧成温度从1390℃降至1300℃。

(2) 提高坯料的细度

坯料颗粒越细，其表面能越大，则坯体烧结的推动力也越大，烧结温度自然会降低。如测定 Al_2O_3 瓷坯料细度与烧结温度的关系，球磨168h和63h的坯料不到1600℃时烧结已明显进行；球磨48h和32h的坯料则要烧至1710℃时，开口气孔率才明显降低；而球磨12h及4h的坯料则须煅烧至1765℃以后才开始明显烧结。

(3) 适合于坯体烧成的釉料组成

釉料组成则应具备烧成温度低、始熔温度稍高、熔化速度快、高温黏度小等特点，往往要配入熔块。

7.5 实现快速烧成的措施

利用现有配方和窑炉，只能达到加速烧成，必须采取下列措施才能真正实现快烧。

(1) 正确选择原料和坯釉组成，严格按坯料加热性状的变化规律烧成

黏土在受热过程中，由于升温速度不同，吸热和放热的温度和反应的程度将受到明显影响，而长石原料的反应却与升温速度无关。因此在配制快速烧成瓷坯时，应特别注意黏土原料的种类和数量的选择。例如采用加热时烧失量小而且随温度升高变化进行较平缓的黏土。硅灰石和磷矿渣都无结晶水，而且膨胀系数小，所以加热时体积变化小且极为均匀。采用这类原料配制成的釉面砖，克服了长石质配方烧成收缩大和石英多晶转化造成体积突变的缺点，使烧成在几十分钟内完成。

在允许范围内尽量提高坯体中的 SiO_2 含量，减少 Al_2O_3 的含量，这样有利于缩短烧成周期。因为 Al_2O_3 会提高烧成温度，而高温下的升温尤其困难；铝酸盐分解和化合时又要吸较大热量，从而影响快速升温。SiO_2 能减少坯体的烧失量并能抵消部分收缩，所以高硅质瓷利于快烧。然而这种坯体在冷却过程中极易炸裂，如果窑炉的热交换不良，冷却系统不完善，这种配方很难投产。采用活性原料或增加原料细度都能促进快烧。

(2) 降低坯体入窑水分，提高入窑时的坯温

水分蒸发需要消耗大量的热，因此入窑坯体的含水量直接决定了窑炉预热带的长短和升温快慢。如果在降低坯体入窑水分的同时，相应提高坯温，则预热带的温度可大大提高，长度缩短，预热时间缩短。按理论计算，对含50%黏土的釉面砖，如果入窑坯体的含水量小于0.5%，坯温为200℃，则窑炉预热带的初始温度可提高到666℃。利用微波、远红外和高频电等新技术，提高入窑坯体的温度完全是可能的。目前国外面砖、地砖坯的入窑温度已可高达400℃左右。

(3) 控制坯体的厚度、形状和大小

陶瓷坯泥为导热性低的材料，根据平板材料计算，坯体受热时表面与中心温度差与坯厚

的平方成正比，而且加热至一定温度所需时间也与坯厚的平方成正比。所以快速烧成只能在坯体较薄、表面和内部温差较小的情况下适用。坯体过厚、过大或形状复杂、各处厚薄不匀时，快速升温则会因内部的破坏力超过结合力而使坯体遭破坏。所以制定快烧曲线时，必须考虑坯体的厚度和形状（确定热应力集中点）。

（4）提高窑炉效率，缩小窑炉温差

辊道窑是当前最有效的建筑陶瓷烧成设备，该窑炉具有截面小、烧成温度均匀的优点，因而获得了广泛的应用。

7.6 辊道窑技术

辊道窑是当前陶瓷工业中优质、高产、低能耗的先进窑炉，非常适合于建筑陶瓷的低温快速烧成（见图 7-15），在我国建筑陶瓷领域得到广泛的应用。

辊道窑断面呈扁平形，制品一般为单层焙烧，基本上不存在上下温差，辊道上下还能同时加热，并且制品不装匣钵，传热速度加快，窑内断面温度均匀，能够大大缩短烧成时间，保证快速烧成的实现。辊道窑广泛采用新型轻质筑炉耐火材料，并且取消了窑车和匣钵，仅用薄垫板，建筑瓷砖还大多不用垫板，使热耗大为降低。辊道窑属中空窑，窑内阻力小，压降也小，因而窑内正负压都不大，加上辊道窑无曲封、车封、砂封等空隙，因而窑体密封性能好，减少漏风，从而大大提高了热利用率。由于没有窑车吸热，也没有车下漏风，保证了窑内上下温度的均匀。

图 7-15　建筑陶瓷烧成用辊道窑

此外，辊道窑机械化、自动化程度高，不仅降低了工人的劳动强度，还保证了产品质量的稳定，而且辊道窑能与前后工序连成完整的连续生产线，大大提高了生产效率。

辊道窑由于窑内温度场均匀，从而保证了产品质量，也为快烧提供了条件；辊道窑中空，裸烧的方式使窑内传热速度与传热效率大，保证了快烧的实现，快烧又保证了产量，降低了能耗。以一次烧成釉面砖为例，辊道窑热耗为 2000～3500kJ/kg 产品，而传统隧道窑则高达 5500～9000kJ/kg。所以，辊道窑是建筑陶瓷工业中最适合的窑型。

7.6.1 辊道窑的分类

辊道窑可以按使用的燃烧结构分类，也可以按加热方式分类，还可以按通道多少来分类。一般对建筑陶瓷工业辊道窑结合燃料与加热方式进行分类。

（1）明焰辊道窑

火焰进入辊道上下空间，与制品接触并直接加热制品。

① 气烧明焰辊道窑。常用的气体燃料有：天然气、发生炉煤气、石油液化气等，要求煤气是洁净的。

② 轻柴油烧明焰辊道窑。由于供油系统比供气系统简单，投资也较少。

（2）隔焰辊道窑

火焰一般只进入与辊道隔离的马弗道中，通过隔焰板将热量辐射给制品并对其进行加热。

① 煤烧隔焰辊道窑。煤在火箱中燃烧，火焰进入辊道窑下的隔焰道（马弗道）内，间接加热制品。有些煤烧辊道窑为稳定窑温、减少上下温差，在辊上安装若干电热元件（硅碳棒），对制品进行补偿加热，对提高产品质量有一定的效果。这类辊道窑可称为煤电混烧辊道窑，但也属于煤烧隔焰辊道窑的范畴。

② 油烧隔焰辊道窑。以重油或渣油为燃料，火焰一般也是进入窑道下的马弗道中，间接加热制品。

（3）电热辊道窑

以安装在辊道上下的电热元件（硅碳棒或电热丝）为热源，对制品辐射加热。适用于电力资源丰富的厂家或小型辊道窑。

辊道窑还可以按工作通道的多少来分类：有单层辊道窑、双层辊道窑、三层辊道窑等。多层辊道窑可节省燃料，缩短窑长，减少用地，降低投资费用。但由于层数较多，入窑及出窑的运输线、连锁控制系统、窑炉本身结构都复杂化，给清除砖坯碎片更是带来不少困难。我国目前大多采用单层辊道窑，有的采用两层通道，一层用来焙烧制品，另一层用于干燥坯体，干燥热源利用焙烧层的余热。一般说来，当窑宽较窄、工作温度也不太高、占地受到限制时宜采用多层，但一般也不宜超过三层。其它情况下以单层为好。

7.6.2 辊道窑的结构

在 20 世纪，辊道窑的长度一般在 200m 以内，其结构如图 7-16 所示。进入 21 世纪后，窑炉技术不断进步，窑炉的长度也不断增加，目前最长的窑炉已经达到 600m。随着长度的增加，窑炉的结构也发生了变化，主要是把原来排空的烟气都作为一级风和二级风抽送到了干燥窑。如图 7-17 所示是佛山某公司设计并建造的长度为 300m 的微粉抛光砖窑炉。现在新建的窑炉长度基本上都超过了 300m，与此同时，窑炉的宽度也在加大，以意大利萨克米公司为代表的外国公司，在国内推出的内宽度为 3.10m、长度为 300m 的辊道窑，日产量超过 22000m^2。

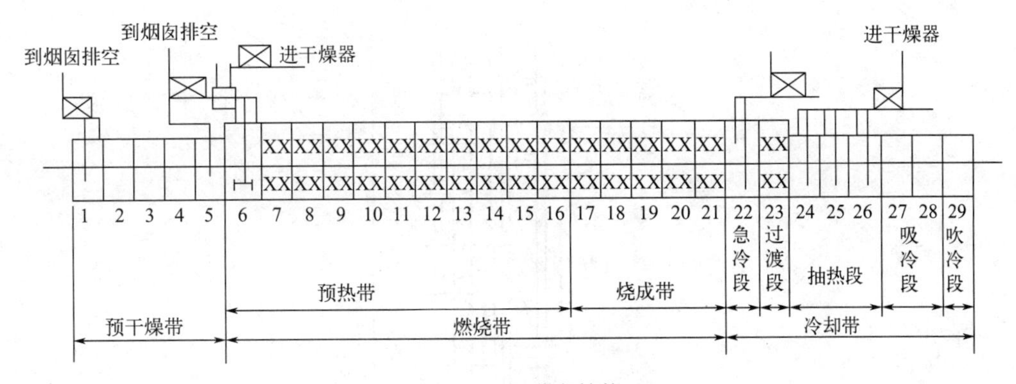

图 7-16 辊道窑结构

辊道窑主要包括六大系统：窑体系统、燃烧系统、排烟系统、冷却系统、传动系统、测控系统。下面分别介绍这些系统。

7.6.2.1 窑体系统

辊道窑的窑体结构经常用到以下几个窑炉参数。

(1) 窑炉的空间高度

辊道窑的上层高度一般是420～450mm，但如果窑的长度增大，就要同步提高窑炉的空间高度。如长度200m以上的窑炉，空间高度最好是500mm以上。因为窑炉的截面积越小，窑炉的压力梯度和温度梯度越大，对烧成的影响也越大，即空间高度越高，窑炉烧成的操作越容易，越能提高产品的优等品率。所以，建新窑或年终维修时最好能调高窑炉的空间高度，但相应地也提高了建窑的成本并增加了能耗。注意，窑内空间也不能随意加高，否则会影响氧化带的氧化速度。与干燥窑相反，坯体表面气流流动慢会导致坯体氧化效果差。

(2) 窑炉的“三带”比例

一般窑炉的预热带、烧成带和冷却带的长度比例为3∶3∶4。根据不同地区的原料情况，适当调整“三带”的长度比例。如北方地区原料中的碳、碳酸盐和硫酸盐含量高，需要较长的氧化分解时间，就要延长预热带的长度；生产釉面砖、水晶砖和耐磨砖等吸水率高的产品的窑炉，则烧成带可适当缩短，而预热带则要加长；生产低吸水率的抛光砖、瓷质仿古砖的窑炉，则要相应延长烧成带的长度。

对于已经建好的窑炉，可以通过调节挡火墙（板）的高低、喷枪的前后移动等来实现“三带”比例的微调。

(3) 挡火墙（板）的高度

辊道窑的挡火墙（板）是窑炉调节非常重要的工具。合理调节挡火墙（板）的高度，可以在一定程度上实现：①温度曲线的分段；②改善窑内温度的均匀性；③减少温度分层；④增加气体流速；⑤改变烧成压力。

辊道窑各段的窑体结构如图7-18～图7-21所示。

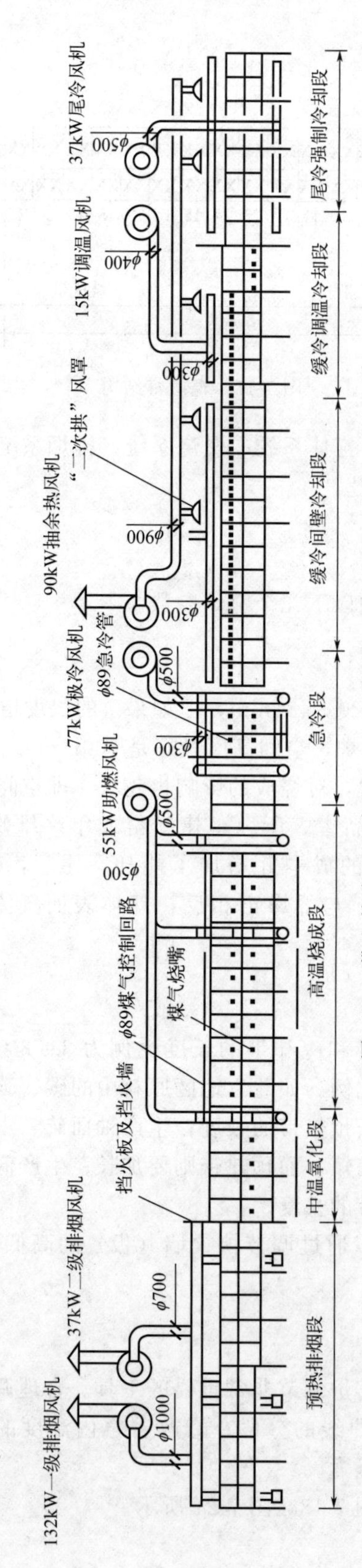

图 7-17　佛山某公司设计的 300m 长微粉抛光砖窑炉

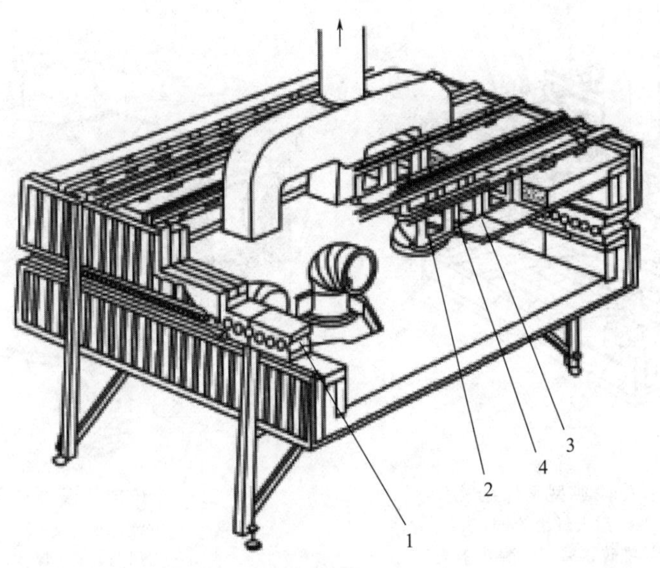

图 7-18　预热带典型窑体结构

1—孔砖；2—倒 T 形支架砖；3—耐火纤维板；4—钢捎钉

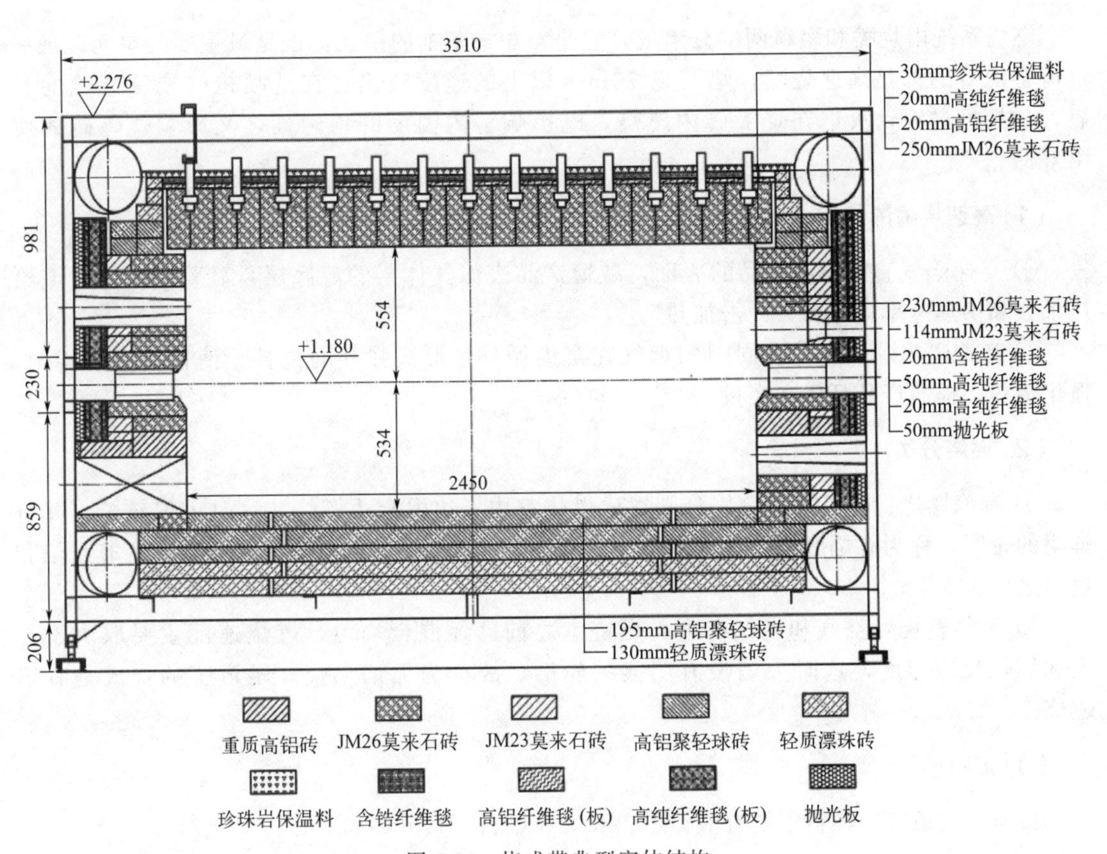

图 7-19　烧成带典型窑体结构

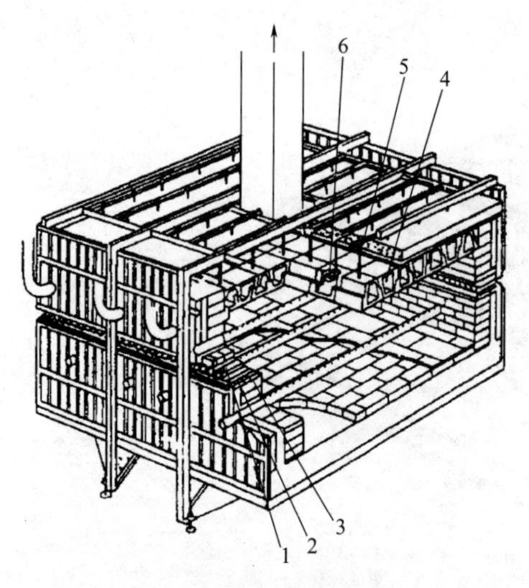

图 7-20　冷却带急冷段典型窑体结构
1—耐火纤维管；2—耐火纤维管槽；
3—耐火砖；4—耐火纤维砖；5，6—耐热钢板

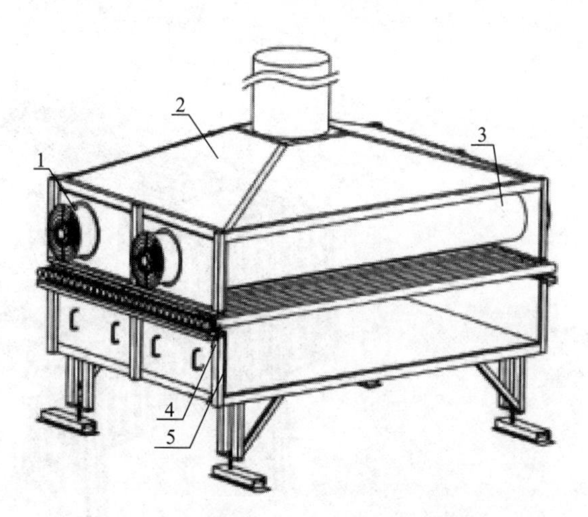

图 7-21　冷却带低温冷却段典型窑体结构
1—轴流风机；2—窑顶抽风罩；
3—吹风管；4—辊棒；5—窑架

7.6.2.2　燃烧系统

燃烧系统由烧嘴和燃料两部分组成，它是窑炉最基本的单元，也是最重要的单元。现在辊道窑配备的都是高速烧嘴，焰气以 70m/s 以上的速度喷出。在选喷枪时要注意枪的长短，如果枪过短，火焰在烧嘴砖内燃烧，既影响窑内温度的均匀性，又影响烧嘴砖的使用寿命。

（1）高速烧嘴的优点

① 高速焰气直接喷向产品的表面，减薄产品表面气体层的流底层，显著增大了对流给热系数和供热速率，称为“冲击加热”。

② 高速喷出的焰气带动周围的烟气在窑内循环，形成强烈的搅拌，使窑内温度均匀，强化传热，提高产品品质和产量。

（2）燃烧分类

① 有焰燃烧：将燃气和空气分别送入燃烧室内，边混合边燃烧，这时火焰较长，并有鲜明的轮廓，称为有焰燃烧。有焰燃烧火焰的长短取决于燃气与空气的混合速度，有长焰和短焰之分。

② 无焰燃烧：空气和燃气在进入燃烧室之前已经混合均匀，燃烧速度主要取决于着火和燃烧反应速度，这时火焰没有明显的轮廓，故称为无焰燃烧。辊道窑的烧成是有焰燃烧。

（3）燃料

目前，辊道窑的燃料主要有液体燃料和气体燃料，其分类如下：

$$\text{液体燃料}\begin{cases}\text{柴油}\\ \text{重油}\end{cases}$$

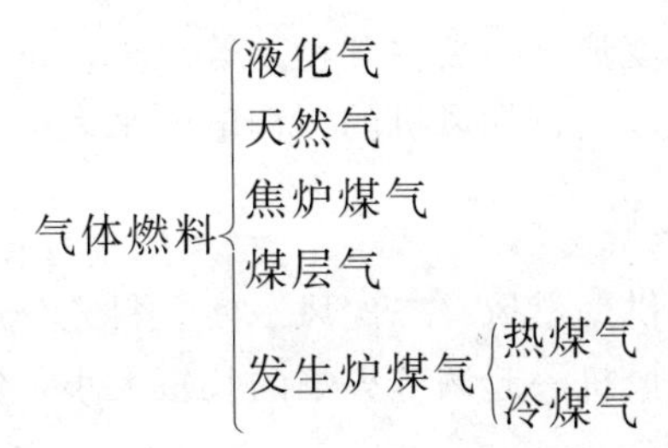

由于石油价格的问题，目前烧液化气、重油和柴油的厂家已经很少了，绝大多数企业使用发生炉煤气，又称为水煤气。依据设备不同，水煤气分为热煤气和冷煤气两种。

① 热煤气：热煤气是将出炉的高温煤气（400～500℃）只经过干法除尘就送往用户使用。热煤气的缺点：a. 煤气温度高，无法用鼓风机加压输送；b. 净化程度差，含有大量的焦油、水蒸气、灰尘和硫化物。

热煤气不能用于烧成有釉制品，用于喷雾干燥塔时也要考虑粉料中混入杂质的问题。

② 冷煤气：冷煤气是由发生炉出来的煤气经水洗冷却，并通过电捕焦获得的。其净化程度高，可用鼓风机加压输送。

几种气体燃料的性质见表 7-3。

表 7-3　几种气体燃料的性质

性质		焦炉煤气	发生炉煤气	天然气
成分/%	CH_4	20～30	3～6	约 90%
	碳氢化合物	2	≤0.5	—
	CO	7	26～31	—
	H_2	58～60	9～10	—
	N_2	7～8	55	—
	CO_2	3～3.5	1.5～3.0	—
发热量/(kcal/m^3)		3900～4400	1400～1700	8500～9000
重度/(kg/m^3)		0.45～0.55	1.08～1.25	0.7～0.8
燃点/℃		600～650	700	550
主要性质		无色、有臭味，有毒，易燃易爆	有色、有臭味，有剧毒，易燃易爆	无色，有蒜臭味，有窒息性麻醉性，极易燃易爆

7.6.2.3　排烟系统、冷却系统

辊道窑结构中的排烟系统、冷却系统等直接与风机相关。所以，讨论排烟系统和冷却系统就是讨论各种风机的作用。窑炉风机包括排烟风机、急冷风机、抽热风机（含热交换风机）、助燃风机（含雾化风机）、尾冷供风机。

（1）排烟风机

① 排烟风机的作用：主要是排放燃烧废气和控制窑炉的压力制度，保证窑炉有适宜的负压；调节预热带温度和窑炉升温梯度；把窑内的烟气抽出并送到干燥窑，为干燥窑提供热源，把多余的烟气排出。

② 排烟风机的控制要点：a. 调整排烟风机抽力时，要考虑窑尾余热抽力的大小；b. 调

整排烟风机抽力可以控制坯体变形度、裂纹和色差等缺陷，排烟风机抽力大小的衡量标准通过窑内的零压位来表征，也可以用排烟风机的工作电流来表征。

（2）助燃风机（含雾化风机）

助燃风机的主要作用是提供助燃风（二次风）使燃料充分燃烧。如果是液体燃料，还有雾化风机（即一次风）与助燃风机一起调节火焰的长短大小，保证燃料燃烧完全。雾化风量与助燃风量的比例是2∶8左右。

（3）急冷风机

急冷风机的作用是提供急冷风，保证制品在高温下急速冷却而不影响其品质，它通过风量的大小来调节产品的冷却速度，是控制冷却速度、防止坯体惊裂的重要手段，还可以协助窑炉的温度和压力制度的调试。

（4）抽热风机（含热交换风机）

抽热风机有抽风和供风两方面的作用，除此之外还可供助燃风加热，也称为余热风机。它的工作过程如下：由急冷风机和冷却风机提供的冷风与产品热交换后成为热风，再由抽热风机将这些热风抽出并输送到干燥窑内或排入大气，作为对坯体加热干燥的干燥介质（高温低湿）。

（5）各种风机间的影响

窑炉作为一个整体，排烟风机、抽热风机、急冷风机、助燃风机中只要一个发生变化，就会改变窑内的压力和温度分布。要维持窑炉的压力不变，风机的调整要对应进行。加大急冷风机、助燃风机开度，可以提高窑炉的正压；加大排烟风机、抽热风机开度，可以提高窑炉负压。

7.6.2.4 传动系统

又分为直齿轮传动和斜齿轮传动。传动方式为电动机通过减速机、离合器、传动机构带动辊子转动。

辊道窑早期使用链条传动系统，它的传动方式是通过链条将动力传给许多小链轮，再带动辊子转动。这种传动方式具有结构简单、经济实用的优点。传动方式分为整体传动、分段传动及分组传动三种。整体传动只适用于较短的辊道窑；分段传动可以减小链条拉力和松弛，使辊子转动较为平稳；分组传动是将链轮分组隔一取一分别传动，以减小两端过大的负荷。链条传动缺点较多：难以连续平稳转动辊子而具有断续性，使辊子转动发生震动，影响制品平稳前进；链条易磨损，链节距易伸长，引起链条松弛发生脱链，链条易断裂，链条应力重复集中发生疲劳损伤等。齿轮传动方式具有平稳、可靠、使用寿命长等优点，其传动方式有两种形式：一种是双排直齿轮传动，另一种是蜗轮蜗杆传动。直齿轮设置成双排是为了满足齿轮所连接的辊子转动方向一致，每排齿轮都有一半充当介轮。蜗轮蜗杆传动形式则是通过一条很长的蜗杆同时驱动若干个斜齿蜗轮，再带动辊子转动。现代辊道窑上，双排直齿轮传动和蜗轮蜗杆传动方式以其平稳性和可靠性已确立主导地位。

辊子是辊道窑的重要部件。辊子在窑中连续移动，承受高温和荷重的双重作用。辊子由于某种原因不能正常工作时称为失效。辊子失效的主要原因为：断裂，塑性变形，过大的弹性变形，工作表面的过度磨损或损伤，窑内高温环境下产生的蠕变及腐蚀气氛的影响。为了使辊子在预定的使用期限内可靠地工作，辊子应满足下列要求。

① 强度：强度是衡量辊子抵抗破坏力的能力，是保证辊子正常工作的最基本要求。当辊子强度不足时，就会发生塑性变形，甚至断裂。为了保证辊子有足够的强度，要求辊子的工作应力不得超过许用应力。一般国内 Al_2O_3 陶瓷辊许用应力≥45MPa。

② 刚度：刚度是衡量辊子抵抗弹性变形的能力。辊子刚度不足时，会产生不允许的弹性变形，形成荷载集中，影响辊子的正常工作。

③ 耐磨性：耐磨性是指辊子抵抗磨损的能力。连续运行的辊子依靠辊子与制品间的摩擦力推动制品沿辊道前进，由于辊子与制品不断摩擦，辊子表面物质不断损失，这种现象称为磨损。磨损会逐渐改变辊子的尺寸和表面形状，从而影响制品的质量，因此，要求辊子应具有良好的耐磨性。

④ 耐热性：耐热性是指辊子抗氧化、抗热变形及抗蠕变的能力，是辊子使用寿命的主要指标之一。辊子在高温下工作时，强度将会削弱，同时出现蠕变，变形加大，而且窑内燃烧产物含有大量游离氧和一氧化碳，因而要求辊子在高温和燃烧产物作用时具有良好的抗氧化、抗热变形和抗蠕变能力，以适应烧成工艺的需要。辊子在窑内使用一段时间后因失效或沾上釉渣时必须更换。为适应高温下更换辊子的需要，辊子还必须具有良好的抗热震性能。

⑤ 尺寸公差要求：辊子一般为管状，壁较薄。要求辊子直而圆，尺寸准确。辊子的直线度、圆度、圆柱度及辊子两端同轴度直接影响窑内坯体运行的平稳性，如果它们的误差大，易引起窑内坯体走偏和叠坯现象，因此辊子的尺寸公差必须加以控制。

⑥ 吸水性：辊子应具有一定的吸水率，以便在辊子表面预涂一层涂层，既可延长辊子的使用寿命，又较容易清除黏附的釉层。

辊道窑从预热带到冷却带不同部位的温度与气氛不同，对辊子技术要求也不同。一条辊道窑有数百根甚至数千根辊子，可选用同一类材质，也可在不同部位选用不同类材质的辊子，使各部分要求分别得到满足。

辊子的主要材质有两大类：一类是金属材料，另一类是非金属材料。

选用金属材料制作辊子时，可直接用金属管材，然后根据辊子连接要求对辊子两端进行加工，金属辊子的工作表面一般不加工，制作工艺简单。常用的金属辊子有铝合金管、电焊钢管、普通无缝钢管和耐热合金钢管等，其主要技术指标与规格见表 7-4。选用金属辊子时，还应注意高温气体的腐蚀、热膨胀、高温摩擦、变形及蠕变等问题。

表 7-4　常用金属辊子主要技术指标

<table>
<tr><th colspan="2" rowspan="2">种类</th><th rowspan="2">规格(外径)/mm</th><th colspan="2">外径允许偏差/mm</th><th rowspan="2">常用材料</th><th rowspan="2">特性及应用范围</th></tr>
<tr><th>普通级</th><th>高级</th></tr>
<tr><td colspan="2" rowspan="2">铝合金管</td><td>21～34</td><td>±0.2</td><td></td><td rowspan="2">LF</td><td rowspan="2">耐腐蚀性好</td></tr>
<tr><td>36～50</td><td>±0.3</td><td></td></tr>
<tr><td rowspan="4">电焊钢管</td><td rowspan="3">普通电焊钢管</td><td>21～40</td><td>±0.5</td><td>±0.25</td><td rowspan="3">A_3F</td><td rowspan="4">具有一定机械性能，价格便宜，热稳定性较差，常用于窑头及窑尾输送段</td></tr>
<tr><td>31～40</td><td>±0.5</td><td>±0.3</td></tr>
<tr><td>41～51</td><td>±0.5</td><td>±0.35</td></tr>
<tr><td>低压液体输送用钢管</td><td>17～48</td><td>±0.5</td><td></td><td>B_3F</td></tr>
</table>

续表

种类			规格(外径)/mm	外径允许偏差/mm		常用材料	特性及应用范围
				普通级	高级		
普通无缝钢管	冷轧无缝钢管		≤30	±0.4	±0.2	10 钢	如 20 钢，使用温度＜450℃，非腐蚀介质气氛中，常用于预热带前段及冷却带后段
			＞30～50	±0.45	±0.3	20 钢	
	热轧无缝钢管		＜159	+1.25%，−1%	±1%	45 钢	
耐热合金管	不锈钢无缝钢管	冷轧钢管	＞10～30	±0.4	±0.2	$_1Cr_{18}Ni_9Ti$	耐酸，在 600℃以下耐热，在 1000℃以下不起皮，常用于预热带后段及冷却带前段
			＞30～50	±0.45	±0.3		
		热轧钢管	≤140	±1.5	±1.25%	$_0Cr_{18}Ni_9$	
	耐热钢管		＞10～30	±0.4	±0.2	$_1Cr_{25}Ni_{20}Si_2$	抗氧化温度可达 1200℃，但价格贵
			＞30～50	±0.45	±0.3	GH1140 GH3030 GH3039	850℃以下适用

常用的非金属辊子多采用瓷质空心棒，即陶瓷辊。陶瓷辊比较脆，在满足使用要求的同时，应充分考虑辊子工艺和经济性要求。常用陶瓷辊材试验结果见表 7-5。从表 7-5 以看出，使用温度在 1300℃以下时选用 Al_2O_3 陶瓷管，其性能指标见表 7-6。烧成温度达 1300℃以上时一般采用结晶碳化硅管，如重结晶碳化硅辊子在氧化气氛中可用至 1600℃，但价格昂贵。碳化硅辊子的性能指标见表 7-7。

表 7-5 常用陶瓷辊材试验结果

材质名称	规格/mm	试验温度/℃	试验时间/d	试验结果
碳化硅管	直径 35×1300 壁厚 4～5； 直径 25×1300 壁厚 3～4	1300～1350	30	有氧化现象
碳化硅管（表面有涂层，涂料采用 95%氧化锆和 5%五氧化二钒）	直径 35×1300 壁厚 4～5； 直径 25×1300 壁厚 3～4	1300～1500	30	不好，涂层易掉，有掉皮现象
刚玉管	直径 25×1300 壁厚 3	1300～1500	30	无异常现象
85%Al_2O_3 陶瓷管	直径 35×1200 壁厚 3～5	1300 以下	30	良好，无弯曲现象
		1300～1360	30	有变色和稍弯曲现象

表 7-6 Al_2O_3 陶瓷辊子的理化性能指标

性能名称	单位	性能指标
氧化铝含量	%	75～76
规格尺寸	mm	长度 3000±3，直径 40±0.5
变形	%	直线度≤0.1，圆度≤0.3
吸水率	mm	＜10
抗弯强度	MPa	≥45
抗热震性		经 1350℃至室温急冷急热循环 5 次不出现裂纹

续表

性能名称	单位	性能指标
线膨胀系数	$℃^{-1}$	$<6.2\times10^{-6}$（从25～1000℃）
高温荷重软化温度	℃	≥1500
耐火度	℃	≥1750

表7-7　碳化硅辊子的性能指标

名称	单位	ICRA重结晶碳化硅	诺顿晶体（Norton Crystar）	渗硅碳化硅
SiC含量	%	99	99	Si 8%～12%，其余为SiC
体积密度	kg/m^3	2600	2600	≥3000
吸水率	%	7～8		
开气孔率	%	18	16	0
抗弯强度	MPa	100～120	20℃ 100；1250℃ 120	≥300
膨胀系数（20～1500℃）	$℃^{-1}$	4.6×10^{-6}	4.8×10^{-6}	4.5×10^{-6}
最高使用温度	℃	1600氧化	1600氧化	

在烧成过程中，制品坯体上的釉料会落在辊子上。如在烧成带则釉料熔融，黏附在辊子表面。金属辊子由于在高温时会形成一层氧化层，黏上的釉较易清除，而陶瓷辊子较难除去。可在辊子表面预先涂上一层专用涂料浆，就可较易清除黏釉。因此，引进的辊道窑常在烧成带用耐热钢辊子，而陶瓷辊子只用于预热带和冷却带。

辊子的辊距（辊心距离）应尽可能小，但又要保证辊子之间有一定间隙以便热气流通过。辊距与制品尺寸有关，应保证至少有两根辊子支撑制品，一般是按三根辊子支撑确定辊距。尺寸过小或形状不规则的制品则需垫板。在无垫板的情况下，辊距一般为50mm左右。在这种辊距下，最小制品尺寸为150mm×150mm。也有辊距为40多mm的，可烧制100mm×100mm面砖。近年来辊道窑烧制大型面砖较多，辊距加大到60mm以上。辊距小则辊子直径要小，但辊子直径减小则抗弯能力减弱。

7.6.2.5　测控系统

辊道窑的测控系统包括三大部分：压力测控、气氛测控和温度测控。这三者的变化密切相关，其中一个的变化会引起另两个的变化，故生产过程中必须一起稳定。

(1) 压力测控

1）压差

如果窑内绝对压强大于外界大气压强，称窑内为正压；如果窑内绝对压强小于外界大气压强，称窑内为负压；零压位是指窑内压强与窑外压强相等的位置，常是预热带与烧成带的分界线。

各种风机对窑内压力的影响如下所述：

① 往窑内鼓风，鼓风处窑内一般为正压。

② 抽风使窑内静压降低，抽风处窑内一般为负压。

③ 加大排烟风机的抽力，零压位往高温区移动；减少排烟风机的抽力，零压位往窑头方向移动。另外，调整挡火墙（板）可以调整零压位。

2）辊道窑内气体流动和压力分布特点

辊道窑由于断面较矮，加上大都采用中、高速烧嘴将燃气或燃油高速喷入窑内燃烧，扰动作用激烈，所以辊道窑烧成带温差小。辊道窑预热带和冷却带多设有热风喷口、喷嘴、冷风喷管等，还有抽热风口有气流喷入窑内造成气体循环，形成强烈的扰动，故辊道窑预热带和冷却带上下温差也不大。

① 窑头和预热带呈负压状态，气流流速较快，以利于水汽和坯体氧化分解产生的反应气体的排出。

窑头负压不可过大，若负压过大，砖坯干燥太快，容易引起开裂或炸坯。开裂和炸坯因抽烟口位置和开度不同以及窑速不同而有所不同。对于砖坯出现裂砖、炸坯缺陷，通过抽烟总闸开度关小、负压减小和各抽烟道支闸开度调节、排水区域分配等是有一定效果的。如果负压过小，虽延长了砖坯的干燥期，但窑速恒定，容易导致水分不能及时排出而使砖坯在预热区开裂或炸坯。

在预热带，坯体进行一系列氧化还原反应，释放出 CO_2 及 SO_2 等气体，此段要求负压。因为负压状态下可及时排走残留的吸附水、部分结构水以及氧化还原反应产生的气体。如果此段不控制负压或负压过小，水和气不能及时排走，很容易使得坯体内部反应缓慢从而出现黑心、黑点缺陷。对于釉面砖，特别是熔块釉，由于釉的始熔点低，在釉始熔时还有大量气体（包括水蒸气）逸出，很容易产生针孔缺陷甚至釉面盐霜。

② 烧成带呈微正压，以阻止继续排气而产生针孔缺陷，有利于烧成的稳定和控制。

烧成带若呈负压，窑内容易从窑边（多孔砖处、烧嘴观火孔处等）吸入冷风从而降低窑边的温度，使得靠窑边的砖尺码大，甚至同一件砖，特别是大规格砖表现出“大小头”等。不仅如此，对于对气氛要求严格的坯或釉来说，会出现水平色差。烧成区（包括高火保温区）吸入冷风，特别是急冷带的冷风，会改变温度制度，也会改变气氛制度，因为空气中含有21%的 O_2。

对于烧成带，只检测辊上的压力而不检测辊下的压力是不够的，因为辊棒上下的压力都对温差、气氛有影响。在实际生产中，大部分窑炉都是辊棒下部的负压段比辊棒上部的长。但要注意辊棒上下的压差不能过大，否则会造成辊棒上部温度升不起来，制品容易出现上翘变形。

影响烧成带压力制度的主要因素如下：a. 窑头排烟风机抽力的大小；b. 窑尾抽热风机抽力的大小；c. 助燃风机风压大小；d. 急冷风机的风压大小；e. 各带挡火墙（板）的位置。

③ 急冷带呈正压，缓冷带呈微正压。急冷带由于大量冷风进入，形成正压。但急冷带的正压不能过大，否则会影响产品的冷却质量，很可能会产生风裂，即急冷裂，同时会影响烧成带的温度。

如果急冷带出现负压，则反映出抽热或抽烟过大，或者二者都过大。这在生产中是非常危险的，可能会导致砖坯冷却过慢，产生缓冷裂。

如果急冷带的压力小于烧成带的压力，则会出现烟气倒流，使产品在冷却过程中产生烟熏。

让少量的急冷热风进入烧成带，既可用热风作二次空气以保证燃料完全燃烧与窑内充分的氧化气氛，又可提高热利用率，还可杜绝烟气倒流污染制品，特别是对于有釉产品。当然其前提是必须保证不降低烧成带高温区的温度。

冷却带压力的影响因素如下：a. 冷却风压的大小；b. 抽热斗的抽力分布和挡火板的调试；c. 窑尾抽热风机风力的大小；d. 排烟风机抽力的大小；e. 助燃风、雾化风的调试。

④ 应避免大正压和全窑负压状态。

⑤ 气流流速较快，坯体表面受负压影响较大；气流流速较慢，坯体表面受正压影响较大。

3）辊道窑窑压稳定性控制

① 窑压不稳定的后果。辊道窑窑压不稳定会产生一系列的问题，具体如下：a. 造成温度不稳定。因为窑压不稳定，温控部分会随着压力的变化频繁调整，致使温度产生波动。b. 造成产品的色差和尺寸偏差。辊道窑的高温区需微正压运行。如果烧成区压力因某些原因突然变小，会使断面温差变大，其后果就是使产品出现色差和尺寸偏差。c. 造成产品质量不稳定。如果上午、下午或晚上因气候原因造成窑压波动而又没有相应的稳定手段，就会造成出砖颜色不一致；如果因生产的不连续操作，砖坯不能连续进窑，出现断档现象时，会造成窑炉内压力忽高忽低，同样会使产品出现色差和尺寸偏差。d. 窑压太高时，外溢的烟气会很快熏黑窑炉外侧板，严重时还会烧坏钢架。e. 窑压太低时，会吸进冷风，加大窑炉断面温差。f. 窑内零压点不能固定在一个点位上，经常漂移，因此会造成急冷风进入烧成区或者烟气流入冷却区。

② 窑压变化的原因。窑压的变化主要由下列原因引起：a. 生产不连续。因为压机或釉线的故障，若窑前没设置储坯器，就会造成窑内砖坯不连续，有时缺几排或更多，打破了原来的供排平衡，从而使窑压产生了变化。b. 气候原因。晴天和阴天、白天和晚上、季节不同、空气干湿度不同，均会造成窑压的波动，并且波动很大。c. 缓冷风的调整。有的窑炉缓冷风机（或热交换机）与抽热风机没分开，调整时会相互影响。d. 尾冷风的调整。有的窑炉尾冷区和缓冷区两套系统没分开，调整时会相互影响。e. 助燃风和急冷风的调整。助燃风和急冷风加大时窑压往正的方向变大。

③ 解决窑压波动的方法。由生产不连续引起的窑压波动，最好的解决方法就是在窑头加储坯器。但如果产品是渗花砖，因为在储坯车上的这部分坯体渗花时间较长，烧出的产品可能与其它的砖颜色不一致。此时应采取相应措施在所补的坯体上做上记号，以便出窑时捡出。也有陶瓷厂因为窑头没设储坯器，当缺坯时就用人工摆放一些旧砖或耐火板来解决生产不连续的问题。这种方法虽然能缓解因生产不连续产生的窑压波动，但是上述引起窑压变化的原因的 b、c、d、e 项产生的窑压波动并不能解决。

为了解决上述问题，可以在排烟风机和抽热风机上各加一套压力自控系统，这个系统与温度自控系统相仿，需要一块压力自控仪表，另在风机入口加一个电动调节阀（最好使用变频器），在窑上适当位置装一套压力反馈装置，这样就组成了一个闭环系统。压力自控仪表就会根据设定值和压力反馈的数据，自动调节风机的开度，从而使窑压稳定在所设定的数值上。增加这套系统其实增加的成本并不多，但对陶瓷企业效益的提高作用明显。

在生产线的设计规划上，一定要考虑以下几个方面，才能保证更好的窑压稳定效果。a. 尽量在进窑前加储坯器。b. 缓冷风机（热交换风机）和抽热风机要各自独立，以免调节缓冷时影响窑压。c. 缓冷区和尾冷区的窑箱断开半箱各自独立，这样无论如何调节尾冷都不影响窑压。d. 抽热风机和尾冷抽热风机各自独立，以免调节尾冷时影响窑压。

（2）温度测控

1）温度的监测

辊道窑温度由装在窑顶或窑侧的热电偶显示。由于传热的影响，热电偶测得的温度既不是制品的温度，也不是窑内气体的温度。在预热带，热电偶测得的温度小于烟气温度而大于制品温度，且温度越低差别越大；在烧成带，与预热带类似，但三者温度差别比较小，且热电偶测得的温度较接近制品温度；在冷却带则相反，热电偶测得的温度大于气体温度而小于制品温度。

① 预热带温度的监测。预热带有3个关键温度点，即窑头温度点、预热带中部温度点（600℃处）及预热带末端温度点（约950℃处）。

中部温度点是预热带温度点中的关键点。若太靠前，说明窑头升温过急，易在坯体水分蒸发期造成开裂缺陷；若太靠后，说明窑头温度偏低，使得预热带后段不得不快速升温，一方面可能在晶型转化处产生坯体炸裂，另一方面使氧化阶段时间减少，容易产生气泡、针孔等氧化不足的缺陷。

② 烧成带温度的监测。烧成带温度的监测主要用来确定烧成带的最高温度和高温区间长度，即制品在高温下停留的时间（高火保温时间）。烧成带的最高温度是成瓷的最高温度点，它影响产品的生烧和过烧；高温区间长度影响保温时间的长短，从而也影响产品质量。

③ 冷却带温度的监测。冷却带应监测急冷后的温度（约800℃处）、冷却带中部温度（约500℃处）及出窑前温度。

急冷后的温度是判断急冷好坏的依据；冷却带中部温度点附近制品发生石英晶型转换（注意：此处热电偶测得的温度比制品温度低），此段是制品产生风裂的危险区，其前后温度变化应平缓。

2）温度的调控

① 预热带温度的调控。预热带温度制度一般可通过调节排烟总闸、排烟支闸的开度和安装在预热带的烧嘴等来调整。调节排烟总闸对窑内压力制度影响较大，只有当整个预热带的温度偏低或偏高时才适当将排烟总闸开度开大或关小。调节排烟支闸主要是调整各段烟气流量的分配，使之满足各点的温度要求。例如，当窑头温度过高时，可将窑头前端排烟支闸关小些，而将末端排烟支闸开大些。辊道窑排烟系统一般属于集中排烟，调节排烟支闸只能对调整预热带前后段温度起作用。

② 烧成带温度的调控。烧成带温度制度主要是控制燃料、助燃空气的供应量及燃料与空气的混合程度。对烧气或烧油的辊道窑，还要控制燃料供应总管的压力、雾化风的压力、助燃风压力以及各烧嘴的阀门开度。此外，要控制两侧烧嘴喷出的火焰长度一致，且恰好在窑的中央部位交接，以避免产生水平温差。

③ 冷却带温度的调控。冷却带温度制度主要是控制急冷风、窑尾风的风压与进风量以及抽热风量。急冷区要注意后段急冷风管的阀门开度比前段略小，以避免产品发生风裂。

（3）气氛测控

辊道窑控制的几大要素中，气氛控制是最容易被忽略的。墙地砖生产中的一系列产品缺陷都是与气氛波动相关的，如黑心、黑点、气泡、针孔等。气氛与缺陷的关系，详见瓷质砖缺陷的相关章节。

1）窑炉气氛性质

燃料燃烧时，需要供给一定量的空气，使燃料中的可燃成分与空气中的 O_2 反应生成 CO、H_2O、SO_2 等。根据燃料燃烧化学反应方程式计算出来的单位燃料完全燃烧时所需要的空气量叫理论空气量。在实际燃烧过程中，为保证燃料的完全燃烧，实际供给的空气量往往要大于理论空气量，称为实际空气量。实际空气量与理论空气量的比值称为空气过剩系数。现在陶瓷窑炉基本上是采用油（柴油、重油等）和气（水煤气、城市煤气、天然气、石油液化气等）作为燃料。通常气体燃料燃烧时的空气过剩系数 α 为 1.05～1.15，而液体燃料燃烧时的空气过剩系数为 1.15～1.25。

实际生产中，不管是何种燃料，燃烧时根据操作控制 α 的大小不同，反映出火焰的气氛不同，也就有氧化焰、还原焰和中性焰之分。

① 氧化焰。空气过剩系数 $\alpha>1$，燃烧产物中有过剩的 O_2 而不含可燃成分（如 CO 等）。当燃烧产物中游离 O_2 含量占 4%～5%时，称为普通氧化焰；当 O_2 含量占 8%～10%时，称为强氧化焰。

② 还原焰。空气过剩系数 $\alpha<1$，燃烧产物中含有可燃成分（如 CO 等）未燃完。当 CO 含量小于 2%时称为弱还原焰，而 CO 含量在 3%～5%时称为强还原焰。

③ 中性焰。空气过剩系数 $\alpha=1$，燃烧产物中没有过剩的 O_2，也没有过剩的可燃性成分。因为燃烧时过剩的 O_2 靠燃烧的一次风、二次风引入，此风即为外界空气，所以有降低烧嘴温度的作用；而存在 CO 等未燃尽，故热值未达到最高。理论上中性焰的温度最高，但难以控制。燃料在烧嘴处燃烧产生烟气，对烧嘴而言，气氛可用氧化焰、还原焰或中性焰这 3 种火焰状况来表达；而实际窑炉炉膛内，尤其是辊道窑、隧道窑等连续性窑炉炉膛内，不仅存在燃烧产物，还存在外界空气的侵入和保持压力制度而打入的各种气幕空气量，所以，炉膛内烟气的气氛是指炉膛内有多少 CO、O_2 等。窑炉不同区域所侵入的空气量不同（尤其在密封性能不好时，即辊棒与孔砖之间、窑顶马弗板处纤维棉未塞好时），气氛也就不同。陶瓷制品不是靠哪一个烧嘴烧成的，所以考察炉膛内气氛是根本，而烧嘴气氛又影响到炉膛气氛。

空气的过剩系数直接影响窑炉的能耗。若空气不足，燃料中的可燃成分不能完全燃烧，随烟气排出，造成不完全燃烧，并污染大气；相反，若供应的空气量超过了最佳值，会降低燃烧产物的温度，降低向被加热物体的传热，增加排烟的热损失。窑炉温度越高，排烟温度越高，过剩空气的量对燃料消耗的影响就越大，具体关系如图 7-22 所示。由图 7-22 可见，排烟温度为 1300℃时，空气过剩 40%的燃料消耗量是空气过剩 5%的 1.67 倍。

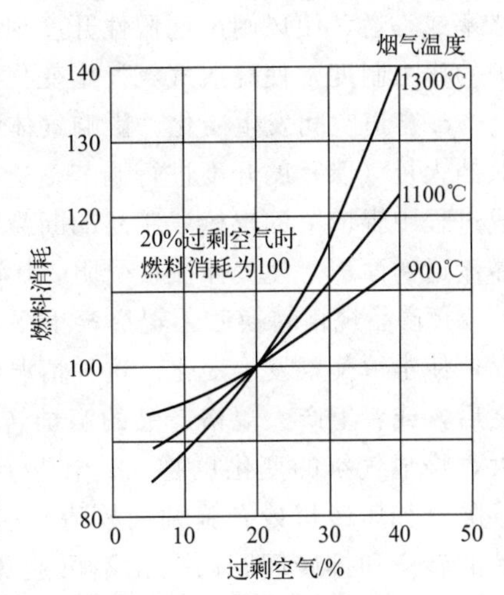

图 7-22　在不同烟气温度下燃料消耗与过剩空气的关系

2）窑炉气氛控制要点

窑炉气氛的控制受到窑炉结构和设备配置的限制，如风机风量的大小，风管直径的大小，排烟口、抽热口、抽湿口位置的设置等，都会影响到窑炉气氛的控制。如果窑炉的结构及设备配置合理，控制窑炉气氛的关键就在于两方面的内容：一是稳定压力制度，二是合理操作燃烧器。

① 稳定压力制度。压力变化将会影响到气体的流动状态，因此，窑内压力制度的波动会引起气氛的波动，要控制好气氛，就必须稳定好压力制度，而稳定压力制度的关键在于控制好零压位。

这里要注意，稳定零压位还要控制窑炉两侧零压位的同步，否则会出现窑炉两侧出窑产品色号不同。

② 合理操作燃烧器。烧成时燃料是否完全燃烧将会影响到窑炉气氛，特别是烧成带的气氛。因此，合理地操作燃烧器，控制好燃料的燃烧程度，是控制窑内气氛的重要手段。

对于稳定窑炉气氛的理论要点，许多人都比较清楚，但在实际的操作中会因为要解决某种烧成问题而不自觉地改变窑炉的气氛，这种变化往往容易被操作工所忽视。以下是几个最容易出现的问题。

a. 为了提高烧成温度而改变空气过剩系数。许多企业为了追求单窑产量的最大化，要求操作工不断地加快烧成速度，缩短烧成周期。操作工为达到此目的势必要提高烧成温度，其最常用的手段就是加大燃料供应量，如加大供油、供气的压力，燃料供应量增加后，往往没有及时调节助燃空气的供应量，造成烧成气氛由氧化气氛变为还原气氛。此时虽然也意识到要增加喷枪的助燃风风压，但却忽视了助燃风机总闸的调节，总的助燃空气量不变，就很难保证烧成气氛的稳定。

b. 为了解决预热带出现的缺陷而改变预热带的气氛。有些操作工为了降低预热带后段的温度而减小排烟闸的开度，影响了窑炉的压力平衡和气体流速，使预热带的氧化气氛减弱；有的操作工为了提高预热带后段的温度，提高排烟总闸的抽力，如控制不好容易造成前炉燃烧状态不良，使气氛出现波动。

c. 为了解决冷却带出现的缺陷而加大或减小冷风量。这一操作会影响到全窑压力制度的变化，使气氛发生波动。比如加大冷风，零压位容易向预热带方向移动，反之零压位又会向冷却带方向移动，这些都会使气氛发生改变。为了稳定压力，必须相应调节抽热风闸的开度，以平衡全窑的气体进出量，稳定零压位。

d. 风闸、风管的堵塞或损坏造成风闸的假性开度和风管的漏风现象。一些企业的窑炉管理者为了保持窑炉压力的稳定，通常将某些关键部位的闸板固定不动，时间长了容易发生堵塞或霉烂，使风闸出现假性开度现象。如果操作工疏于检查，没能及时发现，就会影响窑炉的压力制度，使烧成气氛发生变化。

e. 窑道空间发生变化，影响气体流动，波及窑炉气氛。一种情况是为了调节温度，需要对挡火板（墙）的开度进行调节，这种调节往往会使烧成气氛发生波动；另一种情况是在烧成过程中辊道窑的辊棒或制品的断裂使制品跌落在窑道中，没有及时清理，减小了窑道内气体流通的面积，使气体流动受阻，影响烧成气氛。

f. 产品规格转换后，辊道窑上下通道之间的流通面积发生变化，改变了气体的流通状况，使窑炉气氛发生变化。这种情况经常发生在生产小规格产品的窑炉转为生产大规格产品之后，或者生产大规格产品的窑炉转为生产小规格产品之后，转换前后产品的规格相差越大，烧成气氛的变化也越大。在生产同一种规格产品的过程中，当窑炉前的生产线出现故障（如压砖机或者施釉线故障）引起排砖间距变化时，也会出现同样的情况。如果产品的转产和排砖间距的变化不可避免，为了稳定烧成气氛就要对各有关的闸板作相应的调整。

7.6.2.6 辊道窑内传热

传热的基本方式有 3 种：传导、对流和辐射。辊道窑内的传热是一个复杂的过程，两物体间的传热往往是 2 种甚至 3 种传热形式同时发生。

辊道窑内制品一般采用裸烧，并且双面被加热，加上辊道窑为中空窑，气体辐射层厚度大，有利于加强烟气对制品的辐射传热。因此，辊道窑内传热条件好、传热速率高，这也是辊道窑能成为快烧陶瓷窑炉的原因。

正由于辊道窑内传热速率高，加上窑体采用了高级轻质耐火材料，保温条件好，气体传给窑体内壁的热量多，而窑体外壁向外散失的热量少，窑体内表面温度必然高于制品温度，所以窑体内壁会对制品进行二次辐射，这也是目前隔焰辊道窑不设置窑顶火道的原因。

辊道窑内 3 种传热方式均存在，但在不同带，主要的传热方式有所不同。预热带以对流传热为主，约占总传热量的 53%；烧成带以辐射传热为主，约占总传热量的 97%；而冷却带制品向气体对流传热约占 54%，向窑壁辐射传热约占 46%。

7.6.2.7 辊道窑常用参数

建筑陶瓷墙地砖生产中一些辊道窑常用的参数计算公式如式(7-14)～式(7-18)。

（1）走砖速度

$$走砖速度=\frac{压机走砖边长}{窑炉走砖边长}\times\frac{每次冲压件数}{窑炉每排件数}\times每分钟冲压件数\times压机专砖边长 \quad (7\text{-}14)$$

（2）高温保温区数量

$$高温保温区数量=\frac{窑炉的走砖速度\times配方要求高温保温的时间}{每组控制单元的长度} \quad (7\text{-}15)$$

（3）烧成周期

$$烧成周期=\frac{已知产量\times已知时间}{要求的产量} \quad (7\text{-}16)$$

举例：已知某窑炉长度为 170m，生产 800mm×800mm 规格的砖，日均产量为 $6400m^2$，烧成周期为 54min，现要求日产量达到 $6800m^2$，那么它的烧成周期是多少？

$$新烧成周期=\frac{6400\times54}{6800}=51(\text{min}) \quad (7\text{-}17)$$

（4）单窑产量

窑炉的产量一般情况下取决于压机的冲压能力。一般压机的有效工作时间按 23 h 计算，有的按 22 h 计算。

单窑产量=压机每分钟冲压次数×模框数×压机数量×每件砖平方数×23×60

如果按窑炉尺寸计算，公式为：

$$单窑产量=(窑长\times窑宽\times窑炉利用系数\times24\times60)/烧成周期 \quad (7\text{-}18)$$

式中，窑宽指的是进砖宽度，如进两片 800mm×800mm 的成品砖，其生坯烧前尺寸约为 900mm×900mm，则窑宽为 1.8m。同理，如果进 3 片 600mm×600mm 的成品砖，则窑宽为 1.8m。窑炉利用系数一般为 0.8～0.9，常取 0.85，因为在长度方向，每排砖之间都有间隔。

7.7 烧成缺陷分析

烧成制度调试得是否合理，最终还要由烧出的产品质量来判定。产品质量的优劣，决定了产品在市场上的竞争力，因而克服产品缺陷、提高产品质量对企业来说是至关重要的。陶瓷产品的缺陷一般都要经过烧成后才能发现，而且烧成后缺陷一旦产生就无法挽回，故俗话说陶瓷是“生在原料、死在烧成”。因此，热工窑炉的技术人员、操作人员应对各种缺陷有一定的认识，这样才能对所出现的缺陷进行分析后对症下药，消除或减少缺陷，提高产品质量与档次。然而，造成缺陷的原因往往是错综复杂的，即使是同一缺陷也不一定能找到一个固定的解决模式，而要根据窑炉结构特点、产品种类、燃料种类，甚至季节特点等具体情况加以分析。产品缺陷除了烧成工序产生的外，大多往往是前段工序造成的隐患，经过烧成工序反映出来的，而且许多缺陷并不是单一原因造成的。故本节虽重点分析烧成缺陷，但在此也不刻意区别缺陷来自烧成工序或前道工序。

7.7.1 开裂

开裂是辊道窑快烧建筑陶瓷砖等产品时较常出现的一种缺陷，可分为升温阶段开裂与降温阶段开裂。升温阶段由于制品尚未瓷化仍呈颗粒状，故此时开裂出窑后特征为断面粗糙、裂口呈锯齿形；又因开裂后还经高温煅烧，故裂口边缘圆滑，裂缝中可能有流釉。降温阶段因制品经过了烧成带高温瓷化，开裂后必然呈现断面光滑、裂口锋利的特征。

(1) 升温阶段开裂

升温阶段开裂多发生在砖坯边缘部（见图 7-23），最常发生在预热带前段，即蒸发阶段。主要原因是坯体入窑水分较高而窑头升温又过急，传热速率大于水分向外蒸发的传质速率，坯体表面硬化使内部水汽不易排出而造成开裂，故此种开裂一般裂口较大，又称大裂口。解决办法是严格控制坯体入窑水分，在窑炉操作上通过调整排烟支闸等来降低窑头温度，对明焰辊道窑还可调小或关闭预热带辊下第一二对烧嘴，以避免预热带开始时温度升得太快。在预热带中后段如升温过急，由于晶型转化等也可能发生开裂，此时开裂的裂口一般很小，锯齿也细小。辊道窑烧成时，这种缺陷不多见，有也多出现在外侧等温度条件不良处。

升温阶段开裂除烧成因素产生的大裂口外，还有两种较常见，即硬裂与层裂。硬裂的特征是形如鸡爪或蚯蚓蠕动似小裂纹（见图 7-24）。产生这一缺陷主要是粉料水分不均匀或填料、加压操作不当，使砖坯密度不一致，待到入窑升温时收缩也就不一致，因而造成开裂。解决这一缺陷主要从改进前道工序着手，如增加粉料存放时间、改进填料与压砖的操作。层裂是与砖面平行的开裂，在墙地砖生产中常有出现，但问题不是出在烧成工序，原因主要是成型时粉料内空气排出不足而封闭在坯体内，烧成时排出不顺畅造成膨胀（产生夹层）或裂开（产生层裂）。解决这一缺陷要从配方开始入手，减少片状结构的原料（如滑石、方解石等），改进造粒方法，正确掌握压砖操作等。

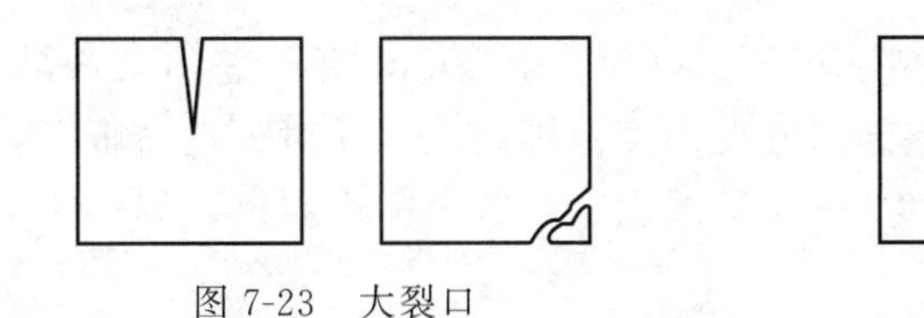

图 7-23　大裂口　　　　图 7-24　硬裂

（2）降温阶段开裂

降温阶段开裂又称风裂或冷裂，在快速烧成的辊道窑中较易发生，但也容易在烧成过程中依靠经验采取正确的窑炉操作调试而加以克服。该缺陷在石英晶型转化区最易出现，应调节好冷却带鼓入冷风与抽出热风的各闸板，使 600～500℃温度范围内降温缓慢，有时出窑产品靠窑墙边部开裂较多，这很可能是辊子与孔砖间密封不严，而缓冷段窑内呈负压，吸入冷风从而引起风裂。应经常检查辊孔密封情况，并及时用陶瓷棉补充以堵塞漏风处。

产品冷却时易引起开裂的另一区段为急冷后段。辊道窑急冷段多用辊道上下并列排布的急冷风管，应合理调节各风管支闸开度大小，使后段降温较慢些。例如某厂辊道窑焙烧彩釉砖，急冷段排列的 12 对急冷风管全部开启，发现出窑产品表面有肉眼难以观察的细丝裂纹，对急冷进风调整，大开前 3 对，其余基本关闭，该缺陷即可消除。

另外，当快冷段冷却速率达不到要求时，也可能因产品出窑温度太高而造成产品出窑后惊裂，这时应增加快冷段的鼓风量。有时还会因进窑作业不平稳，造成窑内制品不连续而存在大段空缺，引发窑内温度及气流变化，也可能产生开裂缺陷。

7.7.2　变形

烧成不当造成的变形缺陷大多都是由于窑内温度场不均匀，制品暴露在较高温度的部分有较大的收缩或软化较强，因而产生变形。当然，还有其它很多因素可造成变形缺陷，如辊子不平整、传动不平稳等机械效应导致的变形；配方不当、砖压成型时密度不均等前道工序都有可能留下产生变形的隐患。这里仅讨论窑炉操作上的原因。

（1）平整度缺陷

当窑内辊上下存在较大温差时，温度较高的一面——例如砖坯顶面，就会有较大的收缩而发生下凹变形；反之，在辊上温度较低时，则会发生上凸变形。总之，窑内因上下温差产生变形，砖坯总是凸向低温面。

① 翘角。坯体的四角都上翘约 30mm，其它部分平整或只有少许下凹，如图 7-25 所示。缺陷发生频率几乎固定而且全窑一致，但位于侧边的坯体较不严重。如果辊上下温差未予适当控制，缺陷多发生在烧成的最后 2～5mm。以中等尺寸的坯体为基准，克服的办法是：若出窑产品尺寸正确，降低辊上方温度 5～10℃，并对等提高辊下方温度；若出窑产品尺寸偏大，则升高辊下方温度 5～10℃或以上；若出窑产品尺寸偏小，则降低辊下方温度 5～10℃。

② 角下弯。如图 7-26 所示，这一缺陷与翘角完全类同，只是辊上下温差相反。产生翘角是由于烧成后段辊上温度高于辊下温度，而产生角下弯则是由于烧成后段辊下温度高于辊上温度。故解决办法与上述对应。

③ 弯曲

坯体边缘平稳地逐渐下凹，如图 7-27 所示。若为长方形坯体，长边比短边显著。缺陷发生频率几乎固定而且全窑一致，但位于侧边的坯体较不严重。缺陷可发生在烧成全过程，尤其在升温中期和后期存在辊下温度高于辊上温度时。克服办法是：若出窑产品尺寸正确，降低辊上方温度5～10℃，或依照调整结果在此温度范围以上，并对等提高辊下方温度；若出窑产品尺寸偏大，则升高辊下方温度5～10℃或以上；若出窑产品尺寸偏小，则降低辊下方温度5～10℃或以下。

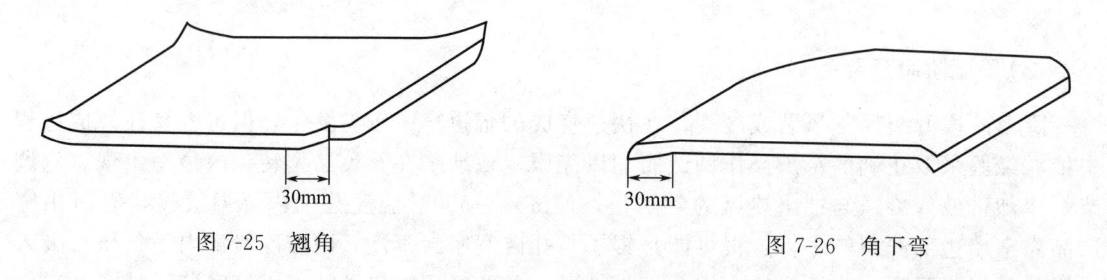

图7-25　翘角　　　　图7-26　角下弯

④ 平行上弯。坯体前端及后端两边，距边缘约80mm处上弯，如图7-28所示。缺陷发生的频率几乎固定而且全窑一致，但位于窑侧的制品较不严重。该缺陷较可能发生在烧成带前段，即850～900℃和低于最高温度50～100℃之间的位置。其矫正方法是：在该段提高辊上温度和降低辊下温度，使其略呈下凹，但绝不能上凸。这样，坯体在辊道上继续前进时，在凸出点维持平衡，利用高温软化现象，坯体可因机械应力作用而恢复平坦。

⑤ 扭曲。在坯体前后端，距边缘70～80mm处上弯，随后离边30mm下弯，如图7-29所示。缺陷发生的频率几乎固定而且全窑一致，但位于窑炉侧边的坯体较不严重。发生的原因众多，具体如下所述。

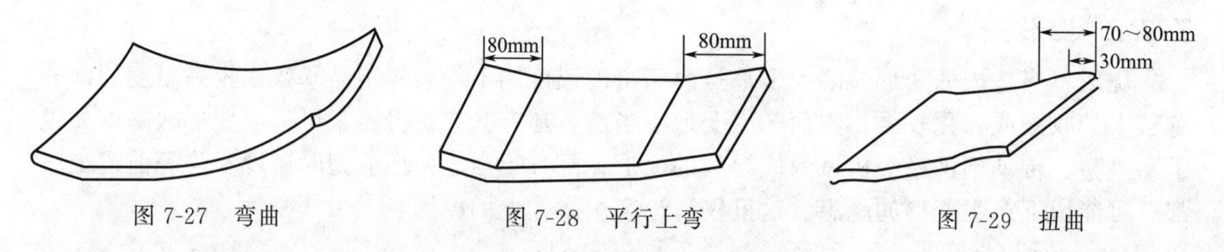

图7-27　弯曲　　　　图7-28　平行上弯　　　　图7-29　扭曲

a. 可能是在急冷区或急冷刚开始时，坯体在前进中自我挤压。若为此原因，应调节分段传动的速度，使制品间的空隙稍微加大。

b. 可能是前述角下弯缺陷的扩大，常在烧成带最后5～10min发生。在此必须注意的是本现象并非仅靠测量窑温就可证实，尤其是长期停窑后再开时更是如此。如果温度是自动控制，则每一组烧嘴的气压必须予以校验，并酌情提高最后一对辊下烧嘴所用的气压。

c. 可能是前述角下弯与平行上弯两缺陷的综合。可先按第②项的方法改进，直到缺陷转为平行上弯的形式时，再以第④项中建议的方式进行修正。

⑥ 不规则扭曲。如图7-30所示，是无法分类的不规则变形，全窑发生处不同，也不一致。虽然时常发现在特定位置，并为同一缺陷形式，但长时间观察仍是不连续现象。

这种变形大致与坯体在窑内的运送方式有关，时常可见外缘坯体略快中央落后至于呈弧形前进。原因是辊表面有污染物黏积，或是坯体的厚度及间隙产生变化。有时变形可能源于坯体成型时所产生的下凹或上凸，这种情况则必须在前道工序先行矫正。坯体形态正确矫正和保持辊表面的平整，可消除本项缺陷。此类缺陷可能发生在烧成末期和急冷段之间。

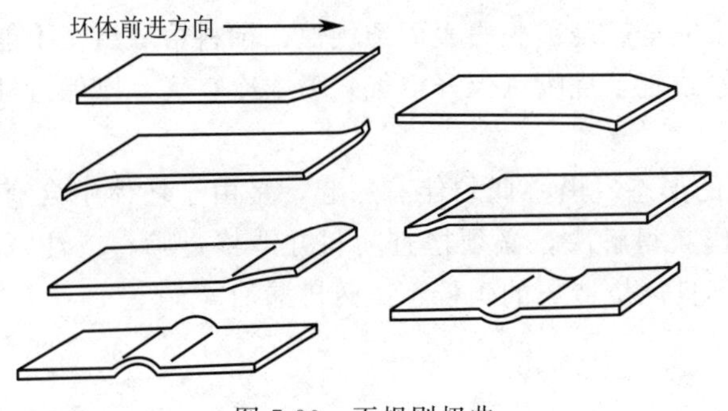

图 7-30　不规则扭曲

(2) 两边尺寸不一

俗称大小头，如图 7-31 所示。显然，该缺陷是因窑内水平温差较大造成的，可能是两侧烧嘴的燃料或空气量不均所致；或窑顶的隔板高度不一，引起两侧的气流流动不均所致；或窑底的一侧有堆坯现象，而引发两侧的蓄热不均所致。

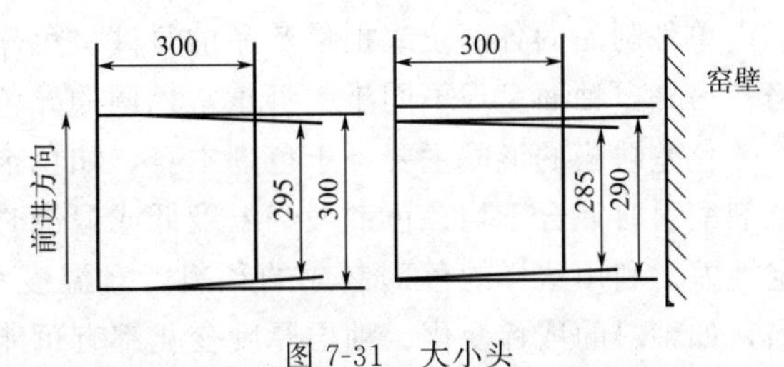

图 7-31　大小头

7.7.3 黑心

若在烧成过程中有机物未完全烧去，在坯体内会出现黑心，白坯会呈黄-绿-灰阴影，而红坯则呈黄灰黑色。颜色是由有机物和碳化物因氧不足而生成的碳粒和铁质的还原现象所形成的，也可能因气体肿胀而在瓷砖内形成双凸状穴洞。所有降低釉面透气性的因素，例如坯体过高的水分及过细的粒度、过高的成型压力、厚度过大及釉料熔点低等皆可诱发此类缺陷。

对窑炉操作而言，要消除这些缺陷须采取措施以保证在 600～650℃使有机物完全燃烧；在 800～850℃时（特别是红坯），应使气体在釉料未充分熔融及部分坯体已玻化之前顺利排出。在预热带全程以负压操作，以利于反应气体的排出；为留出更多的时间进行氧化反应，在保证不致引起预热开裂缺陷的前提下，可加快预热带前段升温速度；充分供应空气以保证氧化环境，尤其是预热带后段，空气可直接在烧成区之前喷入窑内，以冷却来自该区的热气，使 800～850℃左右升温平缓，并使环境呈充分氧化气氛，可有效地消除此类缺陷。

常观察到的黑心缺陷有下列 3 种典型形态。

① 如图 7-32(a) 的形态。若缺陷仅在坯的一边，一般是模腔装料不均而产生的缺陷。若缺陷在坯的四周，则是压砖操作引起的问题，可能是上模下降太快，导致模腔边缘积集微细粉末；也可能模具下降太大，空气因此未顺利排出，而导致模腔内某些区域积集微细粉末。

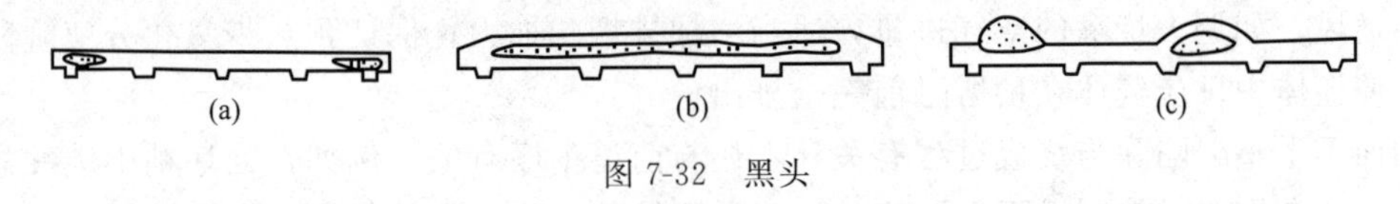

图 7-32　黑头

② 如图 7-32(b) 的形态。产生缺陷的原因是坯料研磨过度，或成型压力过高，或釉料

熔融温度过低，在碳素完全燃烧前失去表面透气性。釉料熔融温度不能提高时，可在烧成带前段辊上利用冷风喷管或辊上烧嘴（仅开空气）喷入冷空气，以保持釉面低温，在适当的烧成时间内避免其熔融。

③ 如图 7-32(c) 的形态。黑心偶尔伴有胀起，是由于坯体中含有高水分的粉块。此缺陷不能凭调整窑炉操作获得解决，必须检查粉料并严格过筛；或注意来自设备的偶发污染物，例如喷雾干燥时不良燃烧造成的碳粒、压砖机漏油等。

7.7.4 釉面缺陷

釉面缺陷的产生和存在严重地影响釉面制品的外观质量，影响装饰效果。以下对各种常见的釉面缺陷进行一些分析。

(1) 色差

单件制品的各部位或批量产品的每件呈色深浅不一、色调浓淡不均匀的现象即为色差缺陷。另外，釉面呈现不同于本身正常色调的异色，也视为色差缺陷。

色差缺陷的形成主要源于色剂本身，如色剂原料性质的波动、色剂原料粉碎细度不同、色剂配料时混合不均、色剂煅烧温度低或煅烧时间短等，都会使色剂显色能力降低，显色稳定性差。利用这样的色剂制成的釉料，对温度和气氛的变化特别敏感。此外，施釉工艺不当，如釉料的浓稀变化、釉层厚度变化都有可能导致色差缺陷。

对烧成过程而言，主要由窑炉烧成温度的变化和差异而产生色差缺陷。例如，生产棕色釉面瓷砖时，以 Fe_2O_3 为合成着色剂的主要原料，当温度高于 1250℃时将发生如下化学反应：

$$2Fe_2O_3 = 4FeO + O_2\uparrow \quad (1250℃以上) \tag{7-19}$$

由于 FeO 的生成，釉面产生带有灰黑色调的不正常色调。用铬钛黄作着色剂制备的釉料在烧成温度变化时，釉面制品也会发生类似的色差缺陷。此外，在烧成过程中气氛的异常变化也可能导致产品产生色差缺陷。例如，以 Fe_2O_3 着色的棕色釉面，在还原气氛下将生成 FeO，从而导致釉面呈现灰黑色调。

因此，在烧成操作中要克服色差缺陷，主要是保持窑内温度和气氛的稳定，消除窑内温差。

(2) 釉面不平整

当氧化不足时易产生釉面呈“蛋壳”状、釉面出现气泡或针孔等釉面不平整缺陷。主要原因是过量空气供应不足，窑内通风又不良，使烧成区呈现较高的废气浓度，甚至由于燃烧不完全而产生的碳粒在釉面沉积。即使在隔焰辊道窑内，燃烧废气不与釉面直接接触，当窑内通风不良时仍有充满釉料蒸气的空气滞留在此区域，这种空气也可能造成釉面的不透明区域，有时伴随着针孔产生。针对这些原因，在窑炉操作上显然应增加空气量及紊流状态，加强窑内通风，如调大烧嘴的空气进量，适当增加排烟的抽力；保证预热带氧化分解阶段反应充分，使坯体中反应气体在釉熔融前完全排出。

釉面不平整缺陷除与烧成过程有关外，还与前道工序有关。例如，当坯釉中碳酸盐成分较多时，而在烧成时控制又不良，容易引起釉面针孔缺陷。当釉料中可熔性盐类较多时，这些盐类在干燥时随水分蒸发而向坯体边缘迁移并在那里积聚，从而降低了这部分釉的熔点，使其提前熔化而堵塞了挥发物的排出，会在制品边缘形成一串小釉泡（俗称水边泡）。

（3）釉面析晶

当急冷段降温速度不够快时，可能在釉玻璃相中产生二次析晶。当析晶严重时，制品釉面析晶呈圆圈痕迹的鳞状，略轻时则呈针状、鸡爪状或雪花状；当析晶较轻时，则出现霉腐状花膜析晶或蒙雾状析晶。产生析晶的原因除急冷操作不当外，当烧成带燃烧不完全时，产生的碳素在釉面沉积作为晶核，会促进釉面析晶，尤其当窑内存在烟气倒流时更甚。另外，当燃料中含硫量高时，含硫烟气易与釉熔体作用形成硫酸盐晶体，使釉面出现白斑或发蒙。窑上操作克服办法主要是增大第一二对急冷风量，以使制品高温时快速急冷，且能阻止烟气倒流。

（4）缩釉

一般说来缩釉缺陷的根源不在烧成工序而在前段工序。由于配方及施釉工艺，釉层对坯体的附着力差，从而在釉坯干燥或焙烧初期，釉层就出现裂纹甚至与坯体部分脱离，以致到釉熔融阶段在表面张力作用下产生缩釉，这对那些高温时对坯体浸润性差、表面张力大、黏度高的釉料更易发生。因此，克服该缺陷应从配方入手，适当调整配方或在釉料中添加少量可塑性原料，例如加入1%～2%的高塑性膨润土。另在施釉时要控制好釉浆密度与坯体温度，以增加釉层对坯的附着能力。从烧成角度考虑，减小预热带初始阶段升温速度，以免釉层产生裂缝；在烧成带延长高温保温时间，以克服釉料高温黏度大与流动性差之不足。

（5）其它釉面缺陷

在辊道窑烧成建筑陶瓷砖时，出窑制品还常会出现其它一些影响釉面外观质量的缺陷，如斑点、熔洞、棕眼等。显然，这些缺陷与窑炉操作无关，只有加强前道工序的管理才能克服。例如，加强原料的精选、精洗、除铁、除杂质，改善施釉工艺的管理与操作等。

第 8 章

建筑陶瓷的后期加工

本章导读

本章介绍了建筑陶瓷后加工的原理以及各种后加工技术方法及其特点，重点介绍了瓷质砖的磨削、抛光工艺以及水刀切割技术原理和方法，分析了影响因素。

学习目标

能够理解建筑陶瓷后加工的技术原理，具有正确分析和解决影响建筑陶瓷磨削、抛光以及水刀切割质量因素的能力。

陶瓷的后加工是将一定的能量供给陶瓷材料，使陶瓷材料的形状、尺寸、表面光泽度、物性等达到一定要求的过程。建筑陶瓷烧成之后，许多类型的产品需要进行后加工。如各类墙地砖、面砖，尤其是瓷质砖，在实际铺贴及使用过程中都要求产品具有较高的规整度。根据中华人民共和国国家标准《陶瓷砖》(GB/T 4100—2015)，不同品种的陶瓷砖在长度、宽度、厚度、边直度、直角度和表面平整度等方面均有具体的允许尺寸偏差要求。例如干压陶瓷砖（$E\leqslant0.5\%$ BⅠa 类）中的抛光砖，其长度、宽度最大允许偏差值不超过±1.0mm；厚度最大允许偏差值不超过±0.5mm；正面边值度（正面）允许偏差值±0.2%，最大≤1.5mm；直角度允许偏差值±0.2%，最大≤2.0mm；表面平整度允许偏差值±0.15%，最大≤2.0mm。而边长＞600mm 的砖，表面平整度用上凸和下凹表示，且最大偏差值≤2.0mm。基于消费者对产品要求越来越高，市场上流行无缝铺贴，有人认为抛光砖表面平整度中边弯曲度的绝对数值，凸不能超过 0.05mm，凹不能超过 0.30mm，因此需要更精确的平面磨削、磨边及抛光。同时为了实现拼花的需要，即将多种不同色彩或样式的砖拼成图案，如台面或其它装饰，这就需要对陶瓷砖进行切割等。总之，切割、磨削与抛光是现代建筑陶瓷生产的重要工艺环节。

8.1 建筑陶瓷的后加工机理

陶瓷属于多晶体材料，是由阳离子和阴离子以离子键或原子间以共价键结合而成的，硬度大、性脆、不变形，所以陶瓷被称为硬脆材料。硬度大是陶瓷材料的一个优点，然而又成为陶瓷材料加工的难题。

陶瓷的精加工是以加工点部位的材料微观变形或去除作用的积累方式进行的。随着加工量（加工屑的大小）与被加工材料的不均匀度（材料内部缺陷或加工时引起的缺陷）之间的关系不同，其加工原理也不同。图 8-1 为由加工量造成变形断裂的原因示意图。从图 8-1 可以看出，当一次加工量达到 0.001cm 时，陶瓷材料出现裂纹，这种裂纹现象被称为“脆性断裂”。脆性断裂对于加工是有益的，从这个方面讲，加工陶瓷材料所需要施加的断裂应力并不比加工金属材料时大，甚至更小。

陶瓷等硬质脆性材料的磨削机理与金属材料的磨削机理有很大差别，如图 8-2 所示。金属材料依靠磨粒切削刃引起的剪切作用生成带状或接近带状的切屑；反之，磨削陶瓷时，在磨粒切削刃撞击工件瞬间，材料内部就产生裂纹，这些裂纹连接在一起就形成切屑。对于生成带状切屑的金属材料，通常要求锐利的切削刃，即要求磨粒具有自锐作用，所以脆弱的磨粒更为适合。而对于陶瓷材料来讲，为使撞击过程中产生裂纹，必须采用强韧的磨粒。

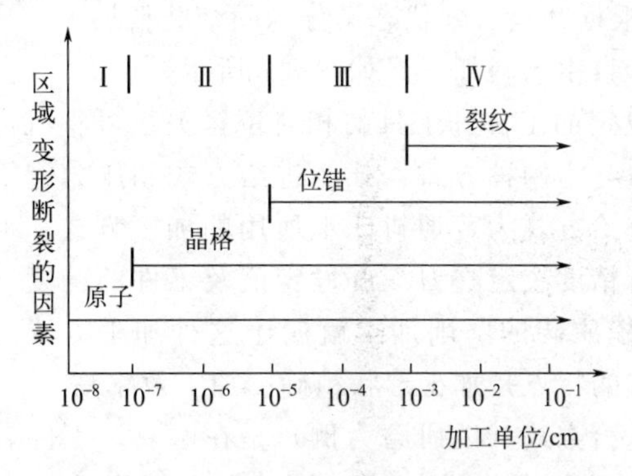

图 8-1　由加工量造成变形断裂的原因

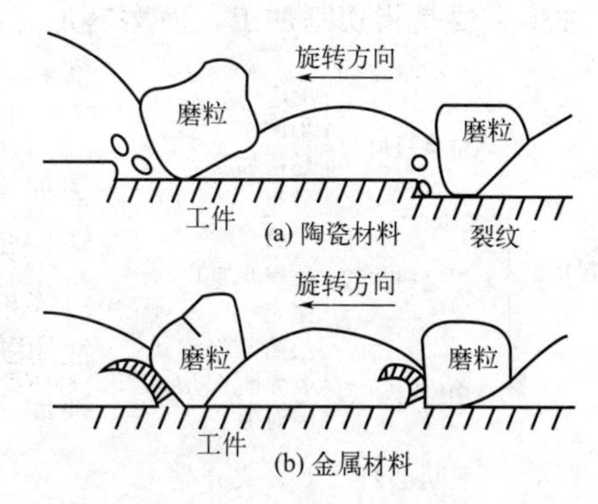

图 8-2　陶瓷材料和金属材料的磨削机理

针对单颗粒磨削玻化砖的研究发现，因为磨削深度小，加工塑性变形不明显，在一些沟槽底部偶尔可以观察到残余塑性形成带：磨削沟槽的深度和宽度随着磨削深度的增加而增大。砂轮磨削研究结果指出，磨削过程是许多小切深磨粒的切削过程，玻化砖磨削时的塑性变形比单颗粒磨削时产生的更多，这对于获得好的磨削质量很重要。抛光砖的磨削表面通过粗加工有效地去除表面缺陷，加工时裂纹有限的发展可以提高材料去除率，在粗加工过程中材料的碎裂既要能够刮平表面，又要只留下可以在后道工序中容易磨削掉的浅的凹槽和适当的残余裂纹。在精加工时表现为大量塑性沟槽和少量断裂凹坑，抛光后表现为平坦面和气孔。

对于加工过程中陶瓷砖的破裂现象，研究分析发现，烧结过程中的残余裂纹、粗加工过程中产生的断裂裂纹和瞬时磨削高温产生的石英相变裂纹是导致磨抛过程中抛光砖易破裂的重要原因。在玻化砖的烧结过程中，黏土类物质熔解于熔融长石中，生成尖晶石型新结构物、莫来石和石英的混合物。玻化砖在烧结过程的升温与冷却时，由于玻璃相与石英的热膨胀系数不同，因此在石英晶界产生裂纹；加工过程中，在砂轮与瓷砖的接触区域发生热应力集中，工件表面的石英再次产生相变，体积发生膨胀和收缩，产生新的裂纹，石英的局部断裂和脱落也会在加工表面产生裂纹。此外，玻化砖在磨具作用下的变形带会产生塑性变形，但同时在加载过程中也会引起纵向裂纹和侧向裂纹。纵向裂纹垂直于表面，在裂纹带以放射状裂纹或残余裂纹的形式存在形成损伤层；而侧向裂纹可能以弧状向表面扩展，导致砖的破裂。

通过偏光显微镜观察发现，已加工表面损伤层平均厚度为 60μm，由在加工中微观裂纹形成的破碎的微观矿物颗粒组成，但是半精磨和抛光工序的晶面光滑可以反光。X射线衍射法测得加工表面的石英晶粒颗粒平均尺寸为60nm；X射线光电子能谱（XPS）测量结果表明，机械磨削作用是引起表面能和表面电子结合能增加的主要原因，在表面层没有发生明显的化学反应。抛光砖的晶相组成和加工工艺决定了磨削过程的塑性变形和断裂变形及玻化砖最终可达到的抛光光泽度和最小粗糙度。

8.2 建筑陶瓷后加工方法与特点

建筑陶瓷的精加工方法以机械力学加工为主，主要包括两大类：磨料加工和刀具加工。刀具加工主要是指切割加工，而磨料加工技术根据磨料所处状态又分为固结磨料加工、悬浮磨料加工和自由磨料加工，如图8-3所示。

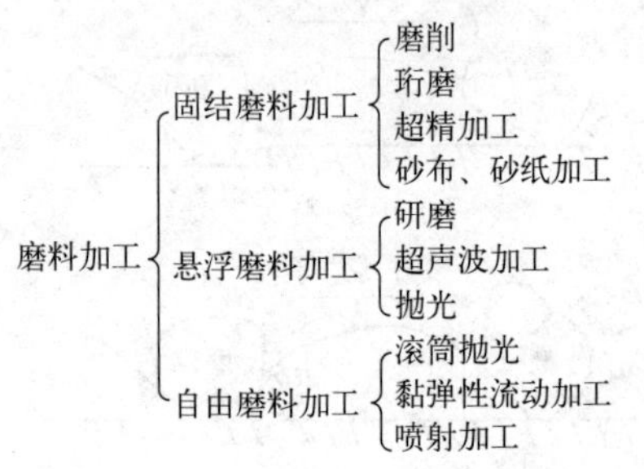

图8-3　不同磨料加工方式分类

根据设定的工件和工具的相对位置关系可将机械力学加工大致分为两种方式：强制进给方式和压力进给方式。强制进给方式为普通机床上所用的加工方式，根据机床的动态精度决定吃刀深度设定值及工件的精度（母性原则），瓷质砖的磨削加工就属于这种加工方式。这种加工方式的特点是加工形状精确、加工效率高。

压力进给方式（以研磨为例）是在磨具、工件表面的突起部分进行选择性加工，从而提高精度的加工方式。加工平面、球、圆筒等比较简单的形状时，如果注意磨具的形状精度，就能使加工精度优于机床精度，这是这种加工方式的特点。以往需进行精加工时，通常采用压力进给方式，但是必须指出的是这种加工方式缺乏形状赋予性。另外，还存在如下缺点：需要较长的加工时间，磨具通过一次的磨除量也很难确定。压力进给方式通常采用工件与磨具之间大的接触面积形式，因此适用于加工光泽度要求较低的面。

采用磨料加工时，磨料不同的支撑方式会使加工特性发生变化。具体讲，可以是磨削砂轮或涂附磨具（磨料黏附在布、纸上而形成的磨具，如砂布、砂纸等）那样固结的方式；也可将悬浮磨料分散在工具表面或使磨料以三维自由度运动（如研磨、滚筒抛光、黏弹性流动加工等）；或悬浮磨料在一个方向上高速运动冲击工件，形成切割或抛光效果（如喷射加工）。此外，磨料的支撑是刚性的、弹性的还是黏弹性的，也将影响磨料分担荷重和吃刀深度，使加工机理发生变化。

8.3 瓷质砖的磨削与抛光技术

瓷质砖的磨削与抛光是生产抛光砖的重要工艺环节。所谓抛光，就是利用抛光机械各种磨头的高速旋转，对瓷质砖、板表面进行磨抛、磨边、倒角，使其使用面平整、光亮如镜，因此抛光也称镜面加工。对于渗彩瓷质砖，经过抛光后，渗彩图案、纹样会更加清晰、鲜艳，获得镜面装饰效果。成型坯体经烧成后，表面光泽度是达不到抛光砖的应用要求的，经过烧成环节，边长超过600mm的大尺寸产品往往会产生翘曲、扭转、大小头等不同程度的变形，需要进行磨边、倒角、平面磨削和抛光。磨削实质上是对瓷质砖进行整平定厚的过程，以便于进行表面研磨与抛光。

瓷质砖磨削与抛光过程工作量大、设备昂贵，往往成为企业生产量的瓶颈，抛光砖生产企业一般都要配置抛光车间。瓷质砖抛光设备是随着建筑陶瓷发展而兴起的专业性极强的抛光机械，一条完整的瓷质砖抛光线包括刮平定厚、磨边倒角、研磨抛光等工艺环节。从加工角度看，抛光过程包括磨削和研磨抛光两种加工过程，涉及机械设备及磨抛工具等多方面的技术。

8.3.1 磨具及磨头主要技术参数

磨具是用于磨削、研磨和抛光的工具。大部分的磨具是用磨料加上结合剂制成的人造磨具，也有用天然矿岩直接加工成的天然磨具。磨具按其原料来区分，有天然磨具和人造磨具两类。机械工业中常用的天然磨具只有油石；人造磨具按基本形状和结构特征区分，有砂轮、磨头、油石、砂瓦和涂附磨具五类。此外，习惯上也把研磨剂列为磨具的一类。瓷质砖抛光用磨具称磨头，是瓷质砖抛光工艺中关键的用具，其主要技术参数有磨料、粒度、硬度、组织结构和结合剂五个因素。根据不同用途进行适当的选择可直接提高加工质量和生产效率。

8.3.1.1 磨料

磨头使用的磨料是抛光最为关键的材料，它直接与砖接触，其质量与工作状况直接影响瓷质砖的抛光效果。主要有金刚石、（白、棕）刚玉、（黑、绿）碳化硅等。金刚石硬度高，适合磨削超硬材料；棕刚玉韧性高，适宜磨削碳钢、合金钢、可锻铸铁、硬青铜等抗张强度高的材料；白刚玉相比棕刚玉有较高的硬度，切削性能较好，适于淬火钢、高碳钢、高速工具等材料的精磨；黑碳化硅硬度高、性脆而锋利，适于磨削、切割抗张强度低的材料，如铸铁、玻璃、陶瓷、石料、耐火物等；绿碳化硅较黑碳化硅纯度高，适于磨削硬质合金、光学玻璃、宝石、玛瑙等硬脆材料。瓷质砖硬度较大，莫氏硬度为7左右，多采用金刚石、碳化硅为磨头用磨料。前磨的磨具采用金刚石磨边轮，粗磨采用金刚石滚筒。抛光磨块的磨料主要有绿碳化硅、黑碳化硅、白刚玉、棕刚玉、黑刚玉等。大多数磨头主要是氧化镁结合碳化硅，生产厂家采用的工艺是卤水和镁砂反应结合磨料（一般是碳化硅细粉）。反应方程式为：

$$5MgO+MgCl_2+8H_2O \longrightarrow 5MgO \cdot MgCl_2 \cdot 8H_2O \tag{8-1}$$

或 $$3MgO+MgCl_2+8H_2O \longrightarrow 3MgO \cdot MgCl_2 \cdot 8H_2O \tag{8-2}$$

最后的产物是什么关键看配料的配比。该反应起胶合作用，对磨具质量有很大影响。提高磨头质量的方法有：

① $MgO-MgCl_2-H_2O$ 系统。虽然还有其它产物，但只有以上两种反应是较稳定的，所以 $MgO/MgCl_2=4\sim6$ 时，产物较稳定。如果大于或小于这个比例，随着硬化的进行，反应产物发生相变，导致磨头结构的局部损坏，磨头的强度降低。

② 选择合适的反应条件使反应进行完全。从 MgO 的活性着手，采用轻烧镁砂代替烧结镁砂。

③ 改善防水性。以上两产物的吸湿性大，易水解，加入 $MgSO_4$ 部分代替 $MgCl_2$ 可以提高防水性。

8.3.1.2 粒度

粒度的选择主要取决于对工件表面的加工精度和生产效率的要求。粗粒度及中等粒度的磨头适用于粗加工及半精加工，而细粒度磨头则应用于精加工及超精加工。被磨削物的物理机械性能也是决定粒度的因素，硬度低、延展性及韧性大的材料宜用粗粒度磨头加工，而硬度高、性脆的材料宜用细粒度的磨头加工。瓷质砖用磨头磨料的粒度主要有 24＃、36＃、46＃、60＃、80＃、100＃、120＃、150＃、180＃、240＃、280＃、320＃、400＃、600＃、800＃、1000＃、1200＃、1500＃、1800＃（目）。各工序磨料规格如表 8-1 所示。

表 8-1 各工序磨料规格

工序	磨料材质	磨料粒度/(mm，目)	磨头转速/(r/min)
刮平定厚	金刚石		2800
粗磨	碳化硅	0.280～0.063（60～240 目）	320～500
中磨	碳化硅	0.0480～0.015（320～800 目）	320～500
细磨	碳化硅	1000～1200 目	3200
抛光	碳化硅	1500～1800 目	3200
磨边	碳化硅		2800
倒角	碳化硅	0.125～0.088（120～180 目）	2800

8.3.1.3 组织结构

磨头的组织结构是指组成磨头的磨料、结合剂和气孔三者的体积比例关系。磨料少、气孔率大称为松组织，反之称为紧密组织。紧密组织的磨头宜用于精磨、成型磨及加工留量小而表面光泽度要求高的工件；中等组织的磨头广泛用于一般留量工件的磨削加工；松组织的磨头适用于平面、内圆等接触面积大的磨削加工，以及磨削膨胀敏感的工件及软质材料工件的加工。28 磨头抛光机磨头组合如表 8-2 所示。

表 8-2 28 磨头抛光机磨头组合

工序	磨头/组	磨料材质	磨料粒度/(mm，目)
刮平定厚	6	金刚石	—
粗磨	2	碳化硅	0.280（60 目）
	2	碳化硅	0.154（100 目）
	2	碳化硅	0.100（150 目）
	2	碳化硅	0.088（180 目）
	2	碳化硅	0.063（240 目）
中磨	2	碳化硅	0.055（280 目）
	2	碳化硅	0.048（320 目）
	2	碳化硅	0.0385（400 目）
	2	碳化硅	0.025（600 目）

续表

工序	磨头/组	磨料材质	磨料粒度/(mm，目)
细磨	2	碳化硅	0.015（800目）
	2	碳化硅	1000目
	2	碳化硅	0.005（1200目）
抛光	2	碳化硅	1500目
	2	碳化硅	1800目
磨边	3	金刚石	—
倒角	2	碳化硅	0.125～0.088（120～180目）

8.3.1.4 硬度

磨头表面的磨料被结合剂固定在一起的强度，或在外力作用下脱落的难易程度，称为磨头的硬度。

8.3.2 磨削工艺与条件

(1) 磨削量

磨削量，也就是磨料吃刀深度。一般来说，粗磨比精磨的磨削量要大，但不能太大，如果太大则相应的磨具切入深度大，而磨具的转速必须减小，这样很可能造成加工物的破坏。精磨的磨削量每次应小于0.01mm；如果表面太粗糙，在粗磨时，单次磨削量可以掌握在0.05～0.1mm的范围内。瓷质砖的总磨削量为0.5～0.8mm，砖的传输速度为3.5～5m/min。

(2) 磨头转速

加工陶瓷材料比加工金属材料的磨头转速要适当低一些。如果采用冷却液，并使用树脂黏结剂的砂轮，转速范围为20～30m/s。对于无冷却液磨削的情况应该避免，但有特殊情况非采用不可时，这种情况下砂轮的转速要比有冷却液磨削的转速低很多。

(3) 冷却液的选择

在陶瓷磨削加工中，采用煤油冷却液较好，因为煤油不仅是良好的冷却液，而且具有防止设备生锈的特点。但煤油气味大、价格高，而且易起火不安全，所以一般采用水溶性冷却液进行冷却。常用冷却液有水、煤油和亚硝酸钠水溶液（俗称肥皂水）等，它们的主要差别在于对切割机金属部件的腐蚀程度不同。另外，水是最经济的选择。瓷质砖在整个磨削和抛光过程中备有足够的水量冲洗砖面，一方面是为了清除砖面的磨屑，另一方面是为了防止砖面过热而爆裂。水压保持在0.12MPa以上，用水量视抛光产量而定，一般每小时为50～60m^3。

(4) 机床刚性及磨削方式、方向

在进行磨削加工时，机床磨削盘的刚性或磨床的稳定程度对磨削效果有很大的影响，刚性好（特别是主轴刚性好）的磨削盘或稳定性好的磨床，不容易发生振动，对加工材料的表面粗糙度和精度是有好处的。刚性差（特别是主轴刚性差）的磨削盘或稳定性不好的磨床，在高速磨削中容易抖动，影响加工面精度。

磨削方式不同导致磨削特性不同，瓷质砖抛光加工属于平面磨，方块形磨头磨削面积大、磨削的表面粗糙度好、效率高，可以降低生产成本。当然，磨削时也会产生裂纹，对材料的强度也是有影响的，这种影响的程度与磨削的方向有关。磨削方向如果是顺材料所施加成型压力方向的运动，比逆材料施加成型压力方向的运动造成的断裂程度少得多。瓷质砖在平面磨削与抛光时，其磨削方向应与成型时所加压力方向相同。但在实际中，如果没有某种形状的结构上的标记，烧结后的陶瓷材料一般是很难判断其施加成型压力的方向的。不过应当尽可能地使磨削方向与成型压力方向一致，以便减少磨削时因方向选择错误而造成对工件的损坏。

8.3.3 抛光技术

8.3.3.1 抛光机理与过程

为了消除磨削过程中瓷质砖表面产生的微崩刃，提高表面的精度，满足铺贴要求，需要对其进行研磨、抛光。陶瓷材料研磨、抛光加工过程如图 8-4 所示。

从图 8-4 可看出，研磨、抛光是在加工面上产生的微小裂纹趋于长大，然后尖端脱离的过程。磨料粒度范围为 250～600 目，选用水作为冷却液。瓷质砖表面光泽度一般为 80°左右，加入高效抛光剂可以达到 90°，相当于镜面效果（12 级的镜面粗糙度，R_a 值为 0.05）。抛光机使用软质、富有弹性或黏弹性的材料和微粉磨料。抛光时在加工面上产生的凹凸或加工变质层极薄，所以其尺寸形状精度和表面粗糙度比研磨高。抛光的方法很多，与普通材料加工方法相同。

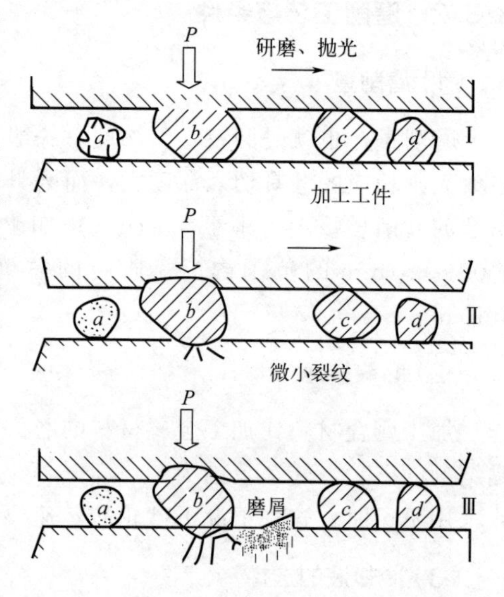

图 8-4 陶瓷材料研磨、抛光加工过程

8.3.3.2 瓷质砖磨削抛光工艺流程

瓷质砖镜面加工生产线由刮平定厚机（或粗磨机）、精磨抛光线、磨边倒角机、磨边倒角线和分片机，以及对中、烘干、转向机等辅助机械组成。随着抛光设备的发展，瓷质砖抛光工艺由原来的磨边、刮平、抛光三道工序发展为前磨、刮平、（粗磨）粗抛、精抛及后磨边五个工段。其典型工艺流程为：

烧成砖—分片输送—刮平磨削定厚—粗磨—细磨—抛光—磨边—倒边角—转向—调整磨边倒角—烘干擦拭—检验—装箱—入库。

整个过程由全自动抛光机完成，对于一些尺寸较大的砖，因变形较大，不利于进入自动抛光机，可先磨边后再磨平面。刮平定厚是为了提高抛光机的产量和质量，对砖进行表面铣削加工以获得平整的表面和均匀的厚度。为了使进入抛光机的瓷质砖不被压裂或磨得不完整，烧成后的瓷质砖应达到如下要求：

① 中心曲度不大于 0.2%；

② 一批砖边长尺寸偏差不大于 3mm；

③ 瓷质砖的抗弯强度大于 30MPa。

① 刮平　采用高速旋转的金刚石滚筒对瓷质砖表面进行铣刮加工，使瓷质砖得到一个平整的表面及相同的厚度，从而大大提高瓷砖的抛光产量和质量，降低抛光砖加工成本。

② 粗磨　将粗糙的表面和不规整的外形修正。

③ 精磨　经过粗磨后的表面尚有很深的磨痕，需要在精磨中消除，为抛光做准备。

④ 抛光　为了获得光亮似镜的表面，采用抛光轮来反复磨光陶瓷表面的极小的不平，消除磨光工序后还残留在表面上的细微磨痕。理想的抛光面是平整、光亮、无痕、无坑的。

⑤ 磨边、倒角　使产品尺寸规整。

8.3.3.3 瓷质砖磨削抛光综合技术

(1) 概述

为提高抛光效果，节约抛光成本，广东科达制造股份有限公司生产出了 PP800/2-I-3 抛光机及其系列产品，该产品能对各种规格的砖坯表面进行抛磨处理。其作用是：经微粉布料生产的砖坯在进窑炉烧结前，就将其表面 1mm 左右的覆盖层磨去，使需要的花纹和图案清晰地显露出来。

该设备具有以下特点：

① 破损率低。磨头由于采用了先进的主轴结构和合理的传动系统，有效地改善了系统刚性和传动平稳性，工作过程十分平稳，极大地减少了砖坯破损的可能。

② 完善的密封、除尘系统和科学的吸尘结构，使工作时产生的粉尘得到了有效的防护和治理，不仅保证了工作现场的清洁，而且避免了可能对大气造成的污染，符合国家的产业政策和环保要求。

③ 控制先进，操作方便。磨轮采用了两套升降系统：其中的气控升降用于更换磨轮和磨轮表面吹尘，使得磨轮表面的清扫及更换十分快捷，大大提高了生产效率；进给系统采用 PC 控制，磨轮磨损后，系统可按预设的参数进行自动补偿。

④ 适用性强。能对各种规格的砖坯表面进行抛磨处理，其中 PP800/2＋3 机型磨轮座法兰盘由于采用了花盘结构，可方便地实现 600 型、800 型砖坯的生产转换。

该设备用于墙地砖生产时具有如下优点：

① 经微粉布料生产的砖坯，不经工艺复杂的抛光线，也能得到各种丰富且清晰的花纹和图案。

② 采用本设备生产高档亚光砖，其独特的艺术效果是抛光砖不可替代和比拟的，它形成了与抛光砖不同艺术风格的产品系列，满足了不同装修场所的需要，以及不同消费者的审美需求。

③ 与工艺复杂的抛光线相比，不仅消耗的电能及噪声污染大大减少，且不需要水资源，设备所占长度也大大缩短。本设备一般装在釉线上使用，且位于压机后、窑炉前。

(2) “超洁亮”技术

1) “超洁亮”技术工作原理

“超洁亮”技术通过一种简单、经济的制膜工艺，在陶瓷抛光砖的表面形成一层不影响抛光砖表面花色的、透明且持久有效的亲水性纳米材料保护膜层。该纳米保护膜不仅能完全填塞修补砖面的气孔和微裂纹，使砖面具有极强的双疏防污功能，同时可防水性和油性物质污染，还可抗菌和防腐，达到自洁的效果。该保护膜层可以将陶瓷抛光砖表面的光泽度提高到 90°以上，且可以长期保持功能效果不变（见图 8-5）。

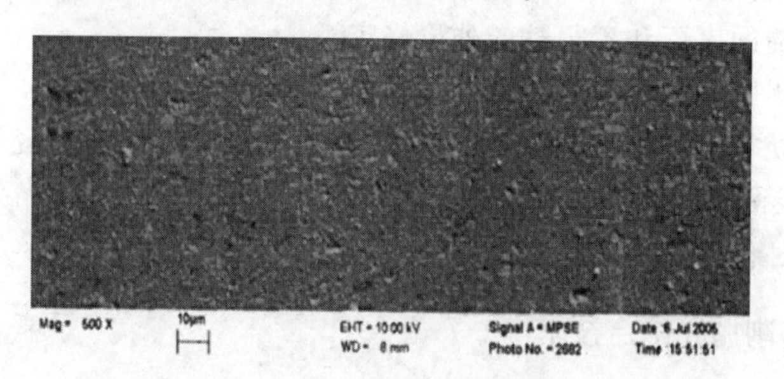

图 8-5　陶瓷抛光砖经超洁亮镀膜后的电子显微镜照片（500×）

保护膜层的材料是一种液体纳米功能性材料，材料的粒度在 5nm～1μm 之间。陶瓷抛光砖表面的毛细气孔和微裂纹一般在几微米到几十微米之间，保护膜材料的粒度达到纳米级。超洁亮生产线通过特殊的磨具，配以额定的磨具工作压力、工作转速和反应温度（由磨具摩擦热提供），用纳米材料对砖面进行恰到好处的挤压和抛刷。在此额定工作条件下，超细纳米材料水剂被强制快速均匀地渗透和挤压进抛光砖表面的微孔和凹坑中，使抛光砖表面的微孔和微裂纹迅速得到填充，多余的材料同时被磨具刷扫清除。

涂覆到瓷砖表面的防护材料通过材料的物理、化学作用，在一定的时间内，形成高分子聚合物。聚合过程中体积发生一定程度的膨胀，加上微孔和微裂纹的压迫作用，形成坚固的分子键，成为与抛光砖表面结成一体的、紧密的、高强度、高硬度的致密保护膜，阻止各种污物向瓷砖内渗透，达到保持砖面防污的效果和极强的抗磨性。

2）工艺步骤

“超洁亮”技术镀膜的工艺步骤为（见图 8-6）：a. 清洁砖面；b. 在砖表面均匀施加纳米 A 料；c. 用一种抛刷磨具对液体纳米功能材料进行抛光刷涂；d. 重复步骤 b、c 若干次；e. 用抛光磨具加水抛光，若不加水清扫，砖面会残留纳米材料粉尘；f. 在砖表面均匀施加纳米 B 料；g. 用一种抛刷磨具对液体纳米功能材料进行抛光刷涂；h. 重复步骤 f、g 若干次；i. 洗边、分选、打包入库。

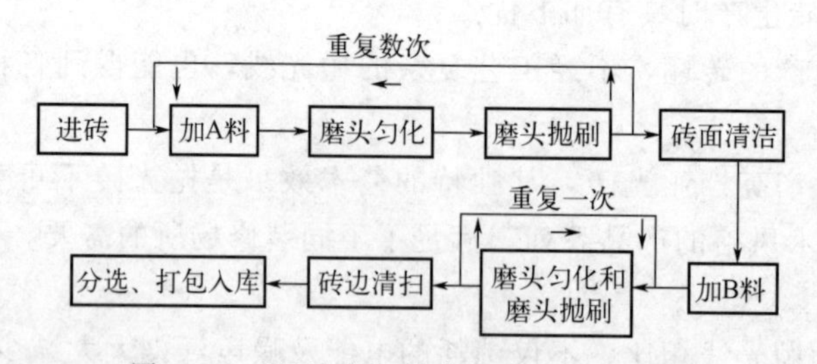

图 8-6　“超洁亮”技术镀膜的工艺步骤

3）“超洁亮”产品特点

经“超洁亮”生产线加工过的抛光砖，表面的综合防护性能得到极大程度的改善，具备以下特点。“超洁亮”生产工艺与其它防污剂涂刷工艺性能的对照见表 8-3。

表 8-3 “超洁亮”生产工艺与其它防污剂涂刷工艺性能的对照

性能	防污剂涂刷工艺	“超洁亮”生产工艺
光泽度	≤75°	≥90°
GB/T 3810.14—2016 防污效果	弱清洗剂可以清除（4 级）	流动的热水可以清除（5 级）
耐碱性	用洗衣粉清洗后防污能力下降	用洗衣粉反复擦洗无变化
耐磨性	不耐磨	耐磨，莫氏硬度达 4～6
耐久性	易发黄、发霉、变质	长期稳定有效
环保性	含有害的化工原料	无色、无臭、无毒
钟摆防滑性 BS 7976—2：2002	67.9～71.8	83.1～87.5
其它	砖坯易相互黏结	不黏结

① 防污自洁，防护持久。纳米保护膜由于材料粒度小至纳米级，很容易完全填塞、修补砖面的气孔和微裂纹，保证砖面具备极强的防污性；材料颗粒之间以及材料和砖坯之间紧密的分子键结构，保证了砖面具备极强的抗磨性；涂剂材料的低表面能，可以阻止尘埃、微生物、水性物、颗粒等的吸附，且在外力作用下易脱附，经过处理的抛光砖用来铺贴外墙时，砖面黏附的污染物一经雨水冲刷，就能自行清除，达到自洁之效果。

② 防腐杀菌，功能独特。可根据需要调整防护材料配方，使加工过的抛光砖表面具有其它特殊功能。如加入 TiO_2 纳米水剂可以使加工过的抛光砖表面具有光触媒的功能，在阳光照射下，就能使有机渍、硫化合物（SO_x）、氮化合物（NO_x）自然分解，起到抗菌和防腐的功能。通过材料配方的调整，还可以使加工过的抛光砖表面具有远红外线、负离子、荧光等功能。

③ 光亮如镜，透气防滑。一般的抛光砖表面光泽度在 70°左右，涂防污剂或打蜡后一般不会增亮，有时光泽度反而会降低。而经过超洁亮生产线上磨具的抛刷，保护膜表面的光泽度可达 90°以上，接近镜面效果。

保护膜材料的抗吸污是通过低表面能来实现的，材料结构具有正常的透气性，如此高光亮度的瓷砖保护膜表面，其防滑程度和未经覆膜的抛光砖接近。

④ 绿色环保。一般的防污剂都使用了对人体有害的化工原料（如甲苯、三氯甲烷等），它们有强烈的刺激性气味，会对操作工人的身体产生不利影响。超洁亮技术应用的是绿色有机原料，透明、无色、无臭、无毒，并不影响基材花色，通过功能物质的作用还可具有抗菌和防腐的功能。

8.3.3.4 影响瓷质砖抛光效果的因素

抛光工艺是瓷质砖的精细加工过程，有人称为表面增光技术。不同矿物组成的石材抛光工艺特性不同。如以蛇纹石为主要成分的大绿花石韧性较强，可琢磨，但不易抛光。大理石中含有一定量的土矿物，影响石材的光泽度，抛光后很难达到 85°以上的光泽度。疏松状的花岗石也难达到好的抛光效果。瓷质砖的抛光与石材相同，随着烧结程度的不同将获得不同的抛光效果。

理论上讲，不同组成的瓷质砖要采用不同的抛光用具和磨料，但事实上，目前各类瓷质砖组成差异不大，因而实际生产中所使用的抛光用具和磨料基本相同。抛光技术内容包括：抛光剂的类型、抛光磨具（盘）和抛光工艺参数。

(1) 抛光剂（磨料）的类型

抛光剂（磨料）是一种特殊的磨光材料，它与磨削材料的区别主要表现在加工机理上。

原则上说，有一些低硬度的微粉材料也可以作为抛光剂使用，但通常高硬度的材料比低硬度的材料要好，且适用范围广。金刚石粉对绝大多数材料的抛光都能获得满意的效果。

（2）抛光盘（具、磨块）

规格平整的瓷质砖多采用含有金属材料的硬盘作抛光盘。软盘抛光的抛光面，在石材受压时易屈服成凹面，适用于弧面抛光。中硬盘的耐磨性、吸附性较好，并具有一定的弹性，对瓷质砖的抛光效果也比较好。

（3）抛光工艺参数

抛光工艺参数有抛光剂磨头中磨料的浓度和粒度、抛光时的压力和线速度等。在小于某一浓度之前，抛光速度随抛光剂浓度增加而增大，浓度达最大值后继续增加，抛光速度变小。磨料的粒度过大，起到切削作用，瓷质砖表面出现划痕，难以获取高的光泽度；粒度过小，抛光效率低。因此，针对瓷质砖光泽度要求的不同，应合理选取磨料粒度。适当增大抛光时的压力，抛光速度会增大，但压力过大时，磨削作用增大，不利于光泽面的形成。

8.3.3.5 抛光过程中的缺陷

（1）崩边、崩角缺陷

产生原因：

① 在搬运、上砖、抛砖过程中大力碰撞造成。

② 在加工磨削、研磨工序运行过程中受到挤压、碰撞造成。

③ 变形砖受力不均匀，叠放后压崩造成。

④ 导轨、挡板不光滑，宽窄不合理，走向不整齐，拉崩、顶撞所造成。

解决办法：

① 发现各工序入口有崩边、崩角砖时，应立刻向上一工序的班长进行反映，查找原因，并及时处理。

② 入机前的崩角情况可分为 3 种：a. 烧成前成型、干燥、釉线碰崩，碰口粗糙不光滑；b. 叠放砖坯时变形压崩，出现此种情况时应及时通知半成品工序，减少每摞砖的叠放数量；c. 烧成后碰崩，或用砖叉叉砖的过程中大力所致，崩口新而光滑。

③ 由线架、导轨、挡板原因造成时，各工序应将地面清扫干净，如发现地上有砖角、砖渣时及时查找原因，协调线架与主机速度，将挡板、导轨调整适当，不应太大或太小。

④ 崩在刮平机两边时，应检查刮刀排列是否整齐，露出刀头沿边刮崩。

⑤ 抛光机崩角时应尽量让砖坯走整齐，并检查摆动幅度使磨脚不能超出 12cm；固定磨盘崩角时应查看磨盘水平与故障，如出现有规律性崩面时应查找是否有某件隔板掉落随摆动挂崩。

⑥ 返抛崩面、漏抛、光泽不均匀现象是由不同厚度的砖一起混抛，或返抛时砖的方向不一致所造成的。厚度不同的砖不能混抛，返抛时砖的方向要调整一致。

⑦ 磨边轮切削不均造成崩角、噪声、火花大时，调整磨边轮切削量，保证有足够的水冲到磨边轮与砖接触；总成振动产生崩角时，查看磨边轮螺丝是否松动或是否有断螺丝现象或总成松动拍坏。

⑧ 因磨边轮质量问题引起的崩角，主要表现为振动大偏心、齿距高低不平、磨削力差，应及时调整。

（2）大小头、对角线、漏磨边缺陷

产生原因：

① 磨边机在磨边时磨斜、偏边。

② 磨边压梁不紧砖，总成不能固定，磨边轮磨削不均匀、不锋利。

③ 传动系统不稳定、不同步。

④ 砖坯尺码过小、大小头、大小腰情况严重。

解决办法：

① 当磨出砖底面的压砖机格纹歪斜产生对角线、漏磨边、大小头时，应调整磨边机每单元的 4 个对中轮与同步带距离基本相同，使磨出的格纹四边基本相等。

② 出现有规律性对角线时，一单元调整对中轮，二单元调整推砖抓。

③ 出现间接性、有规律性对角线时，检查同步带是否不同步（同步带拉民或跳齿、不刮齿）、传动不稳定。

④ 出现无规律性对角线时，先调整磨边轮均匀磨削，再检查压梁压紧砖（压梁限位螺丝过高、含管、气缸漏气、活动肩先关住、弹力胶无弹性）。

8.4 建筑陶瓷的打蜡技术

陶瓷砖在烧制的过程中，其内部会形成很多封闭的气孔，而抛光后表面气孔会打开，从而使得陶瓷砖表面具有空隙，这些空隙使得陶瓷砖在运输和安装过程中容易被污染，陶瓷砖表面变得很脏，不美观；且陶瓷砖表面的空隙很容易积水，这就加快了陶瓷砖腐蚀的速度。因此陶瓷砖在售卖前需要进行打蜡，以保护陶瓷砖的洁净。

打蜡是使用打蜡机涂上防污蜡。防污蜡的主要成分包括聚乙烯、珠光粉、石蜡。用打蜡机在已经抛光的陶瓷砖表面上打蜡后，要再经过 100～200℃ 干燥，以便将防污蜡固化在陶瓷砖表面。通过涂覆防污蜡，可以对表面微孔进行覆盖，提高防污性能。

抛光砖打蜡与否取决于防污技术；至于釉面砖则完全没有打蜡的必要，因为釉面砖没有抛光，气孔就不会外露，也就不会渗入脏污，且仿古砖等釉面砖能够通过釉来隔绝污渍。仿古砖或釉面砖打蜡后，污渍能够借助蜡中的有机溶剂渗入瓷砖内部，形成难以清除的污垢；而且在给釉面砖打蜡之前会进行打磨，如果釉面砖使用时间较长釉面有磨损，或者釉面过薄的话，日常使用过程中，污渍就会渗进去，反而造成不好的效果。微晶石类的表面是玻璃的瓷砖产品不建议打蜡，因为打磨会损坏玻璃面，反而会渗污。

8.5 建筑陶瓷的切割技术

8.5.1 陶瓷材料的切割工艺

工业上，采用磨料的切割方法能得到精度相当高的切割面，其中大多采用金刚石砂轮进行切割。现在有十几微米厚的金刚石砂轮，在精密切割、切槽或锯切中发挥了很大的作用。如采用侧面有锥度的切割砂轮，就能避免侧面磨料变钝产生的不良影响。

此外，还可以利用激光方法进行切割，激光切割的特点是：切割宽度窄，可进行曲线切割，但是切割的厚度受到一定的限制，也就是说不能切太厚。

陶瓷材料的切割方法有很多种，综合归纳如图 8-7 所示。

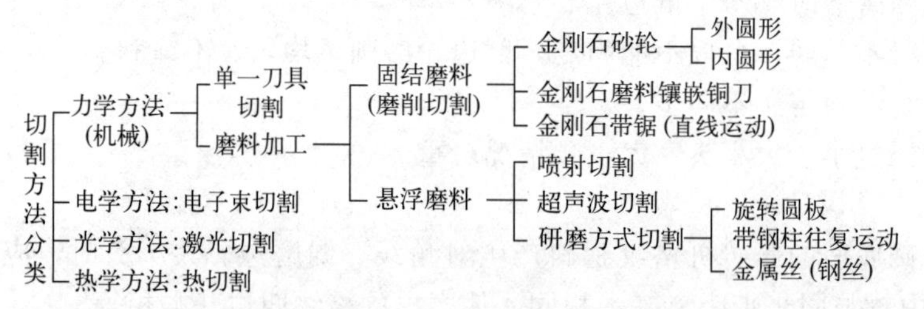

图 8-7　陶瓷材料切割加工方式方法

墙地砖的切割就是采用切割设备对成品砖进行分块处理，主要目的是为生产工艺服务或满足客户对异形砖及尺寸的要求，以及部分破损砖坯的再利用。

瓷质砖常采用刀具切割和水刀切割。刀具切割属于固结磨料切割方式，一般是采用各种类型的手动切割机、金刚石锯片。砖坯通过切割机工作平面上的导轨，人工推入金刚石锯片下方。这种切割工具与石材切割工具相同，还可以用碳化硅、刚玉等锯片来切割瓷质砖。切割过程中因摩擦而产生大量的热量，易造成切割片发热、变形，磨粒也会因黏结剂受热膨胀而松动等，加速切割片的损耗，影响切割精度，因此常采用水冷。几种常见切割机型号规格如表 8-4 所示。

表 8-4　常用的几种切割机型号规格

名称	切割刀片 φ/mm	刀片线速度 /(m/s)	工作台行程/mm		切割工件规格/mm		
			纵向	横向	最大	最小	最大圆柱体
Q-200 切割机	200	29	500	40	150×150×150	50×50×50	φ45×500
QJ-500 切割机	500	36					φ150×200
SXK25 型数控砂线切割机	切割线	无级调速 0～25	250×200		450×400		最大切割高度 120
SG-1 切割机	300	2860r/min					切割高度≤100
JGS-600(D)型陶瓷切割机	300		500	500			切割高度 0～120，精度 0～0.3

切片机是用于将陶瓷件切成各种薄片状的专用机械。常用的几种切片机的型号规格如表 8-5 所示。

表 8-5　常用的几种切片机型号规格

名称	金刚石刀片直径 φ/mm	刀片线速度 /(m/s)	切割行程 /mm	夹具横向进给行程/mm	夹具装夹尺寸范围/mm	切片厚度/mm	
						厚片	薄片
SPQJ-300 型切片机	300	高速 40 低速 20	180	50	最大 60×70 最小 12×12	0.75～3.6	0.3～0.75
XQP1-66A φ400 切片机	400	20					
J5060A 型内圆切片机		10～100			最大加工尺寸 φ60×75		

近年来，随着水刀切割技术的兴起，刀具切割方式在瓷质砖的切割中日益减少，水刀切割成为瓷质砖切割的主要方式。

8.5.2 水刀切割技术概述

水刀切割又称水刀（为 high-pressure water cutting），是将普通自来水加压至 300MPa 的工作压力，然后从直径 $\phi 0.1 \sim 0.35$mm 的红宝石喷嘴以超音速（约 1000m/s）将混有磨料的水以极细的水柱喷出，从而实现对被加工物料的切割。这种技术蓄势而发，无坚不摧，可切割各种陶瓷、玻璃、金属、石材及其它各种非金属材料和复合材料。这种切割方式属于悬浮磨料切割，亦称为超高压水切割，是激光切割方式最为理想的补充切割方法，可在电脑的控制下任意雕琢工件，而且受材料质地影响小。因为成本低、易操作、良品率又高，水刀切割正逐渐成为工业切割技术方面的主流切割方式。

水刀切割主要有以下几类。

① 以加砂情况来分：分为无砂切割和加砂切割两种方式。

② 以设备来分：分为大型水切割机、小型水切割机、三维水切割机、动态水切割机。

③ 以压力来分：分为高压型和低压型。一般以 100MPa 为界限，100MPa 以上为高压型，100MPa 以下为低压型，而 200MPa 以上为超高压型。

④ 以技术原理来分：分为前混式和后混式。

⑤ 以安全切割来分：分为安全切割类和非安全切割类，区别主要在水压上面，100MPa 以下低压型水刀切割可应用于特种行业，如危化、石油、煤矿、危险物处理等方面。

高压水切割的“发现”起源于苏格兰，经过 100 年的试验研究才出现了工业高压水切割系统。1936 年美国和前苏联的采矿工程师成功地利用高压水射流方式进行采煤和采矿；到 1956 年，前苏联利用 200MPa 压力的水切割岩石。1968 年美国哥伦比亚大学的教授在高压水中加入磨料，通过水的高压喷射和磨料的磨削作用，加速了切割过程的完成。目前，国际上像美国、德国、俄罗斯、意大利都攻破了超高压水切割技术，国际上有代表性的企业有福禄、英格索兰、百超，最高切割压力可达 550MPa，并广泛地应用于石材、金属、玻璃、陶瓷、水泥制品、纸类、食物、塑料、布料、聚氨酯、木材、皮革、橡胶、弹药等各种材料的切割。中国开展这项工作的研究有几十年的时间，20 世纪 90 年代末期，伴随着计算机技术的飞速发展，我国的超高压水切割技术也取得了长足的进展。目前，美国、德国、意大利等少数工业发达国家在该项技术领域中处于领先地位。水刀切割技术广泛适用于航天、船舶、汽车、电子、食品、服装及冶金、矿山等行业。

瓷质砖的切割实际运行压力只需达到 220MPa 左右，属中低压力。一般而言，压力愈高，切割的工艺性愈好，切割速度愈快。在厚板切割时，中低压（200MPa）水刀切割机不能保证被切割材料顶部和底部的切割曲线一致性，甚至切不透，切割速度很慢。超高压水刀切割机，最大的钢板切割厚度为 70mm，并且可以达到约 15mm/min 的切割速度；最大的石材切割厚度为 80mm，此时的切割速度为 20～50mm/min。切割的速度与切割厚度、被切割材料、粗糙度和磨料的选择有关，切割的粗糙度也与被切割材料、切割速度及磨料的选择有关。

从技术角度看，材料的耐磨性、超高压的密封性、超高压的安全性、超高压的可靠性等都是水刀切割技术的关键点。我国现已成功地解决了 380MPa 的超高压切割问题，目前正着力解决 600MPa 或更高压力的技术攻关，以推动超高压水切割技术的发展。

从水质上分，超高压水切割有两种形式：一是纯水切割，其割缝宽度为0.1～1.1mm；二是加磨料切割，其割缝宽度为0.8～1.8mm。从结构形式上分，可有多种形式，如2～3个数控轴的龙门式结构和悬臂式结构，这种结构多用于切割板材；5～6个数控轴的机器人结构，这种结构多用于切割汽车内饰和轿车的内衬等。水刀切割的切割精度为0.1～0.25mm，其切割精度取决于机器的精度、切割工件的尺寸范围及切割工件的厚度和材质，通常机器的系统定位精度为0.01～0.03mm。水刀切割所用的磨料为石英砂、石榴石（又称天然刚玉）。天然铁铝石榴石化学成分为 SiO_2 35%～45%、FeO 27%～30%、Al_2O_3 17%～28%，硬度为7.0～7.5，密度为3.95～4.2g/cm^3，粒度为W40、W28、W20、W14、W10、W7、W5等，产品型号为24#～32#、W40～W5、河砂、金刚砂等。磨料的粒度一般为40～70目，如60目石榴石，磨料的硬度越高、粒度越大，切割能力也越强。水射流的高压水流量约为3.8L/min。

8.5.3 水刀切割技术的特点与应用

水刀可以切割包括陶瓷、玻璃、不锈钢、钢材、铁合金、铝材在内的各种不同的金属或复合材料。水刀切割被称为万能的切割方式，有其它切割方法所不具备的优越性。水刀在以下方面优于激光：

① 水刀没有切割厚度的限制；

② 像黄铜、铝等反射性材质水刀亦可切割；

③ 水刀不产生热能，不会燃烧或产生热效应。

激光和等离子所能切割的厚度太薄，产生的毛刺太大，同时会产生大量的热量，形成热区，影响该区域的其它部件或被切割材料本身的性能；火焰切割的毛刺太大、粗糙度太差、热影响区太大；线切割十分精确但是切割速度非常慢，它需要导电块，而且会产生热效应，不能切割非导电材料；铣削的方法会产生许多废屑，造成了很大的浪费；圆锯和带锯切割太慢，且不能进行非直线切割。

这些缺点造成以上各类切割技术的局限性，导致材料后加工过程中的诸多困难。甚至在有些场合，以上切割方法都不能使用，如切割易燃易爆材料或在易燃易爆的环境下切割时；或者切割时不想产生毒副气体、不需二次加工，不想产生热效应、变形或微裂缝，又想产生良好的切边品质，并能同时切割细小的孔时，必须选用水刀切割技术。若是要切割工件的外围及打孔，与其用盲孔、钻孔及螺纹方式，还不如选择速度更快、更容易安排的水刀。其主要原因是水刀切割只需用一次加工即可完成工件的切割，而不必将所有的金属磨成碎片。当需要切割高精度的工件时，水刀是可用来生产接近成品的工具机，一次加工即可，且不会产生热效应。水刀切割没有厚度的限制，且切割图形的排版间距可缩小，节省材料成本。综上所述，水刀切割技术具有以下优点。

① 可用于各类非金属（石材、陶瓷、各种玻璃、复合板、尼龙板）、金属（不锈钢、钢材、铁合金、铝材）及各种特殊材料的异形平面切割和管材开孔、开槽、切割加工。

② 切割时无热效应。没有热加工变形，其表面通常会比较好，在工件的背面不会有浮渣，不需要或减少了二次加工，缩短了零件的加工周期和单个零件制造的材料损耗，降低产品的制造成本。

③ 保持材料的原有特性，对材料的分子结构及物理性能无影响。

④ 水刀切割速度较快。如切割厚度为80mm的最大石材，割速为20～50mm/min。

⑤ 水刀切割切缝小，切口平整光滑，精度较高，可用于非精密配合的机械零件的最终加工。

⑥ 水刀切缝很小，工件可紧密地编排或作同一直线编排切割，使得原料利用率达到最大。

⑦ 结合计算机，水刀的数控系统能够把用户在AutoCAD绘图软件上设计的图形与加工工艺参数相结合，自动生成数控加工程序，实现现场绘图输出。控制软件即时取图切割，可以完整无损地轻松完成任意复杂平面图形的切割加工。没有切割方向的限制，可以完成各种不同的切割形状。最简单的超高压水刀切割机具备两个数控轴，由CNC控制X-Y作数控移动，并能实现CAD/CAM直接转换，真正做到免键盘输入；无图加工，在CAD上画出的任意复杂曲线，都可以直接切割成型。

⑧ 利用水刀对机械配件进行加工，可以形成其它切割加工方式所达不到的加工能力。

⑨ 可配置双切割头增加生产效率。在实际操作中，可以很方便地在加砂水刀和纯水水刀之间自由切换。头发丝般细的纯水水刀可快速切割垫片、塑料及薄橡胶等材料，加砂水刀可大量或少量切割1～200mm厚的材料。面对大量生产、少量试产或原型部件生产，水刀成型切割系统是最具多样性的系统。

⑩ 用同一台设备，一次即可完成工件的切割加工（包括钻孔及外围切割）。

⑪ 切口细，毛边少，切割下的废弃材料通常都是整块的，通过集成的碎屑输送带，连续传输废磨料和切割余料，可回收利用。

⑫ 切割波动被水吸收，噪声很低。

⑬ 低温加工，无烟尘且不产生有害气体，有利于环境保护。

⑭ 加工过程清洁而且安全。

虽然说超高压水切割可以切割任何材料，但在应用上还是有所侧重的。一般情况下，利用激光、等离子、火焰、线切割、锯、铣削等加工方法基本能够满足加工工艺要求时，则不宜采用水刀切割加工，毕竟水刀切割的运行成本较高，喷嘴、导流套、高压密封件都是进口的耗材，价格较贵。

水刀切割虽是一种万能的切割方式，但某些场合下的使用并不是最佳的，所以选择时要做具体分析。

另外，被切割材料顶部和底部的切割曲线是不一致的，这种一致性的差异也称为水刀切割斜边，与切割速度有很大的关系。带有高能量的射流，切割做功后一定会产生能量的衰减，所以产生斜边是很正常的。一般情况下，单侧斜边控制以0.08～0.15mm为宜。

水刀切割在室内外装饰行业中得到广泛的应用，水刀切割陶瓷拼花宛如北方喜庆日子里所剪贴的窗花，给居室带来无穷的魅力。较早的陶瓷拼花受工具的局限只能直线切割，因而品种、构图均难以满足消费者的需求，同时应用的范围也大受局限。水刀和水切割的问世，使陶瓷拼花艺术得到飞速的发展。水刀不仅可以在平面范围内切割任何复杂或简单的几何图形，还可完全采用电脑自动控制，把电脑上所绘出的图形完整无损地切割出来。换句话说，就是只要能设计出来的图形，均可以通过水刀切割好，极为细微的细节也能表现出来。如利用水刀切割拼花，已经成功地切割、拼排出从细致的百鸟图到大型的广场几何图。水刀切割的线条流畅、花色牢固，同时水刀切割不会产生热效应和机械应力，可以保持瓷砖、石材或玻璃原有的外观和强度，满足拼花产品的使用强度要求。水刀切割如图8-8所示。

当今，玻璃在社会各界、各行各业中的使用越来越多，一方面促进了玻璃行业的发展，另一方面也对玻璃行业、玻璃制品提出更多样化的需求。水刀切割技术的出现为玻璃制品的多样性提供了一种快速方便的解决方案。对于平面的玻璃，水刀切割可以加工出想要的任何几何图形，无论是造型还是钻孔，水刀切割都能得心应手。水刀切割玻璃的特点是：多样、精确、美观，切口不碰瓷，切口处为磨砂状。

图 8-8　水刀切割

8.5.4　水刀切割系统及加工实例

一套完整的水刀切割系统应包含如下部件：超高压系统、水刀切割头装置、数控工作台、CNC 控制器及 CAD/CAM 切割软件包，如图 8-9 所示。

水刀切割加工实例如图 8-10、图 8-11 所示。

(a) 水刀切割超高压系统

(b) 水刀切割工作台

(c) CNC控制器

(d) CAD/CAM切割软件

图 8-9　水刀切割系统部件

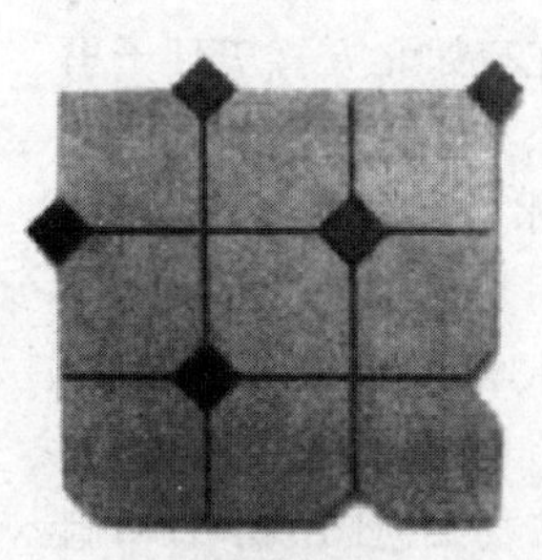

(a) 水刀切割抛光砖

(b) 水刀切割马赛克

图 8-10　水刀切割抛光砖和马赛克

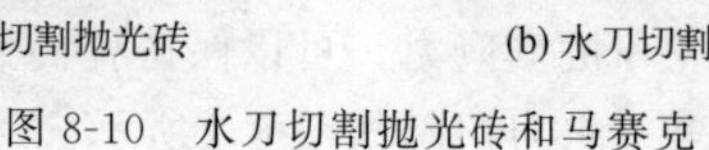

(a) 水刀切割玻璃

(b) 水刀切割石材

(c) 地砖水刀切割拼花

(d) 水刀切割拼花

图 8-11　水刀切割艺术

第9章

建筑陶瓷在装饰中的应用

本章导读

本章主要介绍了各种建筑装饰陶瓷产品的种类、特点、用途及其施工方法，详细介绍了近些年新发展的新型建筑装饰陶瓷的发展历史、特点及其施工方法，对薄法施工、干挂、干挂陶板以及岩板的施工方法做了系统介绍。

学习目标

了解各类建筑装饰陶瓷的特点及用途，掌握各类建筑陶瓷在装饰中的应用及施工技术。

9.1 常用装饰建筑陶瓷

装饰建筑陶瓷是用于建筑物墙面、地面及卫生设备的陶瓷材料。常用的装饰建筑陶瓷产品有：釉面砖、墙地砖、建筑琉璃制品、陶瓷锦砖、陶瓷壁画等。

9.1.1 釉面砖

釉面砖又称内墙面砖，是用于内墙装饰的薄片精陶建筑装饰材料。它不能用于室外，否则经日晒、雨淋、风吹、冰冻，将导致破裂损坏。釉面砖不仅品种多，而且有白色、彩色、图案、无光、石光等多种色彩，并可拼接成各种图案、字画，装饰性较强，多用于厨房、卫生间、浴室、内墙裙等处的装修及大型公共场所的墙面装饰。

将磨细的泥浆脱水干燥并进行半干法压型，素烧后施釉入窑釉烧成釉面砖，或生坯施釉一次烧成，也有采用注浆法成型的。其化学成分为：SiO_2 60%～70%、$A1_2O_3$ 15%～22%、CaO 1.0%～10%、MgO 1.0%～3.0%、R_2O<1.0%。按其组成划分有：石灰石质、长石质、滑石质、硅灰石质、叶蜡石质等。按形状可分为正方形、矩形、异形配件砖等。

(1) 釉面砖的特点

用釉面砖装饰内墙，可使装饰面具有卫生、易清洗和清新美观的效果。釉面砖主要物理性能为：吸水率在18%以下，拉折强度2～4MPa，热稳定性140℃反复三次不裂。

(2) 釉面砖的用途

釉面砖是多孔的釉陶坯体，在长期与空气的接触过程中，特别是在潮湿的环境中使用，会吸收大量的水分而产生吸湿膨胀的现象。而釉的吸湿膨胀非常小，当坯体膨胀的程度增长到使釉面处于张应力状态，且超过釉的抗张强度时，釉面发生开裂。如果用于室外，经长期冻融，更易出现剥落掉皮现象。所以釉面砖只能用于室内，而不应用于室外。

釉面砖多用于浴室、厨房和厕所的墙面、台面以及实验室桌面等处。

(3) 釉面砖的种类、特点

釉面砖的种类、特点如表 9-1 所示。

表 9-1　釉面砖的种类、特点

种类		特点	代号
白色釉面砖		色纯白，釉面光亮，镶于墙边，清洁大方	FJ
彩色釉面砖	有光彩色釉面砖	釉面光亮晶莹，色彩丰富雅致	YG
	无光彩色釉面砖	釉面半无光，不晃眼，色泽一致，色调柔和	SHG
装饰釉面砖	花釉砖	花纹千姿百态，有良好的装饰效果	HY
	结晶釉砖	晶华辉映，纹理多姿	JJ
	斑纹釉砖	具有天然大理石花纹，色彩丰富，美观大方	BW
	大理石釉砖	具有天然大理石花纹，颜色丰富，美观大方	LSH
图案砖	白色图案砖	纹理清晰，色彩明朗，清洁优美	BT
	色地图案砖	产生浮雕、缎光、绒毛、彩漆等效果	YGT D-YGT SHGT
瓷砖画及色釉陶瓷字	瓷砖画	用各种釉面砖拼成各种瓷砖画，或根据图画烧成釉面砖，清洁优美，永不褪色	—
	色釉陶瓷字	以各种色釉、瓷土烧制而成，色彩丰富，光亮美观，永不褪色	—

(4) 釉面砖的质量标准

1）品种、形状、规格尺寸

① 品种按釉面颜色分为单色（含白色）、花色和图案砖。

② 形状按釉面砖的正面形状分为正方形、长方形和异形配件砖；按釉面砖的侧面形状可分为小圆边、平边、大圆边、带凸缘边。

2）技术要求

① 尺寸允许偏差：釉面砖的尺寸允许偏差应符合国家标准规定。

② 外观质量：根据外观质量分为优等品、一级品、合格品三个等级；表面缺陷允许范围、色差、平整度、边直度和直角度、白度均应符合国家标准规定。

③ 物理性能：吸水率不大于 21%；耐急冷急热性试验，釉面无裂纹；弯曲强度平均值不小于 16MPa，当厚度大于或等于 7.5mm 时，弯曲强度平均值不小于 13MPa；抗龟裂性试验，釉面无裂纹。

④ 釉面抗化学腐蚀性：釉面抗化学腐蚀，需要时由供需双方商定级别。

9.1.2 墙地砖

墙地砖是用于建筑物外墙面和地面装饰的板状陶瓷建筑装饰材料，分为有釉、无釉两种，有方形、长方形、八角形等式样，砖面可制成单色或饰以彩色花纹图案。陶瓷原料经粉碎筛分后，进行半干法压型，入窑煅烧成无釉墙地砖。有釉制品可在干坯或素坯上施以釉料再经釉烧而成。坯料中常有含铁矿物可自然着色，也可加入金属氧化物进行人工着色。制品具有吸水率低（4%～10%）、耐磨性强（1.0～2.0g/cm^2）、耐酸度高（>98%）、耐碱度高（>85%）等特点。

墙地砖根据其物理性能、色彩、形状，可用于装饰餐厅、影剧院、候车候机厅、商业售货厅、实验室等外墙或地面。它具有保护建筑物和美化建筑物的双层功能。

（1）外墙贴面砖

外墙贴面砖是用作建筑物外墙装饰的板状陶瓷建筑装饰材料，一般属于陶质材料，也有一些属于炻质材料。坯料的颜色较多，如米黄色、紫红色、白色等。

① 外墙贴面砖的特点　外墙贴面砖饰面与其它材料饰面相比具有很多优点，如坚固耐用、色彩鲜艳、易清洗、防火、防水、耐磨、耐腐蚀和维修费用低等。由于具有这些优点，外墙贴面砖得到了广泛的应用。

② 外墙贴面砖的用途　外墙贴面砖是高档饰面材料，一般用于装饰等级要求较高的工程。它不仅可以防止建筑物表面被大气侵蚀，而且可使立面美观。不足之处是造价偏高、工效低、自重大。

（2）地砖及梯沿砖

地砖又称防潮砖或缸砖，不上釉，是用作铺筑地面的板状陶瓷建筑装饰材料，易于清洗和耐磨。地砖是用挤压法和干压法成型的。

① 地砖的特点　地砖和外墙贴面砖性能各不相同，地砖一般比外墙贴面砖厚，强度较高，耐磨性能好，吸水率较低。

② 地砖及梯沿砖的用途　地砖适用于交通频繁的地面、楼梯、室外地面，也可用于工作台面，不易被设备碰坏。梯沿砖主要用于楼梯、站台等处边缘。由于它坚固耐用，表面有凸起条纹，防滑性能好，所以也称为防滑条。

（3）彩色釉面陶瓷墙地砖标准

① 产品等级、规格尺寸　产品按表面质量和变形允许偏差分为优等品、一级品、合格品三级；规格应符合国家标准。

② 技术要求　尺寸允许偏差、变形、分层等应符合国家标准要求。

③ 理化性能　吸水率不大于10%；经三次急冷急热循环不出现炸裂或裂纹；抗冻性能经20次冻融循环不出现破裂、剥落或裂纹；弯曲强度平均值不小于24.5MPa；耐酸、耐碱性能各分为AA、A、B、C、D 5个等级。

（4）其他墙地砖

1）劈离砖

劈离砖是将一定配比的原料，经粉碎、炼泥、真空挤压成型、干燥、高温烧结而成。由于成型时为双砖背联坯体，烧成后再劈离成两块砖，故称劈离砖。

劈离砖坯体密实、强度高，其抗折强度不低于20MPa；吸水率小，低于6%，表面硬度大，耐磨、防滑，耐腐蚀、抗冻、耐急冷急热性能好，耐酸碱能力强。劈离砖的背面凹槽纹

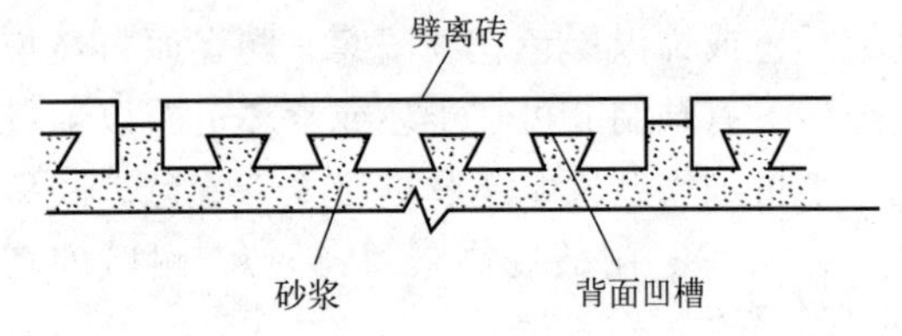

图 9-1　劈离砖与砂浆的楔形结合

与黏结砂浆形成楔形结合，可保证铺贴时黏结牢固，如图 9-1 所示。

劈离砖种类很多、色彩丰富、颜色自然柔和、表面质感变化多样，细质的清秀，粗质的浑厚；表面上釉的光泽晶莹、富丽堂皇；表面无釉的质朴、典雅大方，无反射强光。

劈离砖适用于各类建筑物的外墙装饰，也适合用作楼堂馆所、车站、候车室、餐厅等室内地面的铺设。厚砖适用于广场、公园、停车场走廊、人行道等露天地面铺设，也可用作游泳池、浴池池底和池岸的贴面材料。

2）彩胎砖

彩胎砖是一种本色无釉瓷质饰面砖，又称同质砖。彩胎砖采用彩色颗粒土原料混合配料，压制成多彩坯体后，经一次烧成即呈多彩细花纹的表面，具有天然花岗岩的纹理，颜色有红、绿、黄、蓝、灰、棕等多种基色，多为浅色调，纹理细腻，色调柔和，质朴高雅。

彩胎砖表面有平面和浮雕型两种，又有无光与磨光、抛光之分。其吸水率小于 1%，抗折强度大于 27MPa，表面硬度为 7～9（莫氏硬度），耐酸碱侵蚀，抗冻、耐磨性好，图案质感好。彩胎砖特别适合于铺设人流量大的商场、影剧院、宾馆等公共场所的地面，也可用于镶贴住宅厅堂的墙地面，既美观又耐用。

3）玻化砖

玻化砖是坯料在 1230℃以上的高温下，砖中的熔融成分呈玻璃态后制成的砖。该砖具有玻璃般的亮丽质感，是一种新型高级铺地砖，也有人称为瓷质玻化砖。根据欧洲 EN-176 的标准，其吸水率≤0.50%，抗折强度大于 27MPa，莫氏硬度大于 6，热膨胀系数小于 $9\times10^{-6}K^{-1}$，因此，具有低吸水率、高耐磨性、高强度、耐酸碱且尺寸准确、表面平整、色泽均匀等优点。

4）麻面砖

麻面砖是采用仿天然岩石色彩的配料，压制成表面凹凸不平的麻面坯体后，经一次烧成的炻质面砖。砖的表面酷似人工修凿过的天然岩石面，纹理自然，有白、黄、红、灰、黑等多种颜色。麻面砖吸水率小于 1%，抗折强度大于 20MPa，防滑耐磨。薄型砖适用于装饰建筑物外墙，厚型砖适用于铺设广场、停车场、码头、人行道等地面。

5）陶瓷艺术砖

陶瓷艺术砖的坯体采用优质黏土、石英、无机矿物等为原料，生产方法与普通瓷砖相似。所不同的是要进行图案的设计，最后按设计的图案要求压制成不同形状和尺寸的单块瓷砖。为取得立面凹凸变化及艺术造型，瓷砖的色彩及厚薄尺寸等都可能不同，一幅完整的立面图案一般由许多类型的单块瓷砖组成。所以陶瓷艺术砖的制作工艺较复杂，造价也较高。

陶瓷艺术砖主要用于建筑物内外墙面的装饰，具有夸张性，空间组合自由性大。它充分利用砖的高低、色彩、粗细及环境光线等因素组合成各种抽象的或具体的图案壁画，给人以强烈的艺术感受。

陶瓷艺术砖的吸水率小、强度高、抗风化、耐腐蚀、质感强，适用于宾馆、会议厅、艺术展览馆、酒楼、公园及公共场所的墙壁装饰。

6）金属光泽釉面砖

金属光泽釉面砖是采用钛的化合物，以真空离子溅射法将釉面砖表面处理成金黄、银白、蓝、黑等多种颜色，光泽灿烂辉煌，给人以坚固、豪华的感觉。金属光泽釉面砖抗风化、耐腐蚀、经久耐用，适用于商店柱面和门面的装饰。

9.1.3 建筑琉璃制品

建筑琉璃制品是一种低温彩釉建筑陶瓷制品，是以黏土为主要原料经原料处理加工、成型、干燥、素烧、施釉、釉烧等工序制成，在表面或使用面附着彩色铅釉的陶质建筑外装修材料。色釉颜色有黄、绿、蓝、白等色。建筑琉璃制品既可用于屋面、屋檐和墙面装饰，又可作为建筑构件使用，主要包括琉璃瓦（板瓦、筒瓦、沟头瓦等）、琉璃砖（用于照壁、牌楼、古塔等贴面装饰）、建筑琉璃构件等。它具有浓厚的民族艺术特色，融装饰与结构件于一体，集釉质美、釉色美和造型美于一身。

建筑琉璃制品具有中国民族风格与特色。传统规格形式的琉璃瓦及配套的兽、脊等构件，可用于中国古典建筑或具有中国古典建筑屋顶结构形式的现代建筑的屋面装修。根据设计意图与要求，加工成特定形状。经过各种艺术处理的琉璃制品，可用于建筑物的檐口、墙壁、柱头以及设计者欲美化的各个部位的外部装修。

建筑琉璃制品理化性能标准为：

① 光泽度：测平面处不低于 60°。

② 吸水率：吸水率为 8%～15%。

③ 抗折强度：抗折强度＞7.5MPa。

④ 热稳定性：热稳定性要求为（100～200)℃±1℃水冷循环 3 次坯体不炸裂，釉面无剥落。

⑤ 抗冻性能：抗冻性能要求为（－30～20)℃±1℃冻融循环 10 次，坯体无缺棱角、炸裂，釉面无剥落现象。

9.1.4 陶瓷锦砖

陶瓷锦砖旧称“马赛克”（mosaic），又称纸皮砖，是以优质瓷土为主要原料，按技术要求对瓷土颗粒进行配料，以半干法压制成型。为使制品着色，通常在泥料中引入着色剂，经1250℃高温烧制成产品。其边长小于 40mm，又因有多种颜色和多种形状的花色品种，故称锦砖。锦砖按一定图案反贴在牛皮纸上，以 0.092m^2 组成为一联，具有抗腐蚀、耐磨、耐火、吸水率小、抗压能力强、易清洗和永不褪色等特点。陶瓷锦砖可用于工业与民用建筑的清洁车间、厅门、走廊、卫生间、餐厅、厨房、浴室、化验室等内墙和地面的铺贴，并可用于装饰外墙面或横竖线条等处。施工时可以不同花纹和不同色彩排成多种美丽图案。

(1) 陶瓷锦砖的特点

陶瓷锦砖是以优质瓷土烧制而成的小块瓷砖，有施釉和不施釉两种。目前各地产品多是不挂釉的，具有美观、耐磨、不吸水、易清洗又不太滑等优点。

(2) 陶瓷锦砖的用途

陶瓷锦砖主要用于室内地面铺装。为使其不易踩碎，又不太厚，其规格均较小。常用的有 18.5mm×18.5mm、39mm×39mm、39mm×18.8mm、25mm 六角形等形状规格。其厚度一般为 5mm。由于可以做成各种颜色，而且色泽稳定、耐污染，所以大量用于外墙饰面，并取得了坚固耐用、装饰质量好的效果。与外墙贴面砖相比，有造价略低、面层薄、自重较轻的优点。目前，陶瓷锦砖更多地用于公共浴室、厕所地面铺装。

（3）陶瓷锦砖的性能和规格

陶瓷锦砖一般出厂前都已按各种图案粘贴在牛皮纸上，每张约 30cm×30cm，面积约为 $0.092m^2$，重量约为 0.65kg，每 40 张为一箱，每箱约为 $3.7m^2$。陶瓷锦砖的几种基本形状如图 9-2 所示。

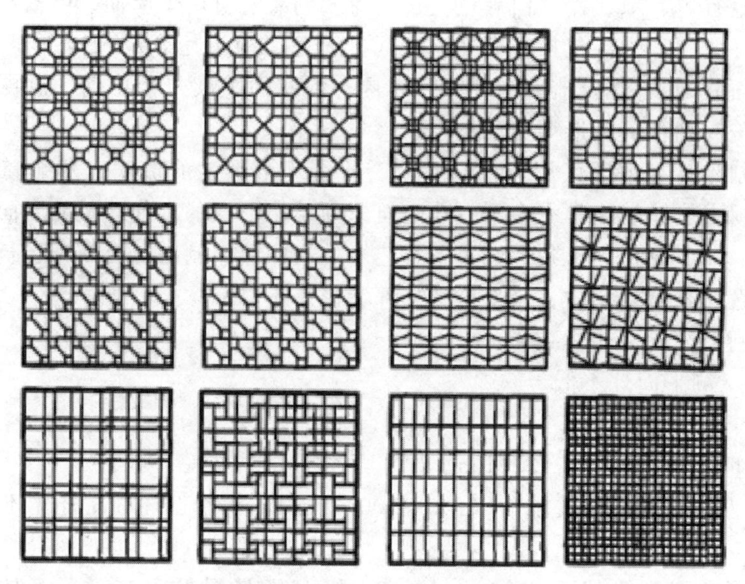

图 9-2　陶瓷锦砖的基本形状

（4）陶瓷锦砖的质量标准

陶瓷锦砖的吸水率不得大于 0.2%，铺贴后的四周边缘与锦砖贴纸四周边缘的距离不得小于 2mm，锦砖与铺贴纸结合牢固，不允许脱落，锦砖的脱纸时间不得大于 40min。

9.1.5　陶瓷壁画

陶瓷壁画是以陶瓷面砖、陶板、锦砖等为材料而制作的具有较高艺术价值的现代建筑装饰材料。它既可镶嵌在高层建筑上，也可陈设在公共活动场所，如候机室、候车室、大型会议室、会客室、园林旅游区等地，给人们以美的享受。

陶瓷壁画不是原画稿的简单复制，而是艺术的再创造。它巧妙地集绘画技法和陶瓷装饰艺术于一体，经过放样、制版、刻画、配釉、施釉、烧成等一系列工序，采用浸、点、涂、喷、填等多种施釉技法及丰富多彩的窑变技术而创造出神形兼备、巧夺天工的艺术效果。

9.2　新型装饰建筑陶瓷

随着建筑陶瓷技术的进步，各种新型的装饰建筑陶瓷不断涌现，近 10 年来，建筑陶瓷领域出现陶瓷薄板、陶瓷大板、陶瓷岩板、发泡陶瓷、干挂陶板、陶瓷透水砖等多种新型建筑陶瓷材料。其主要用途是作为内墙、外墙装饰，幕墙饰面以及城市道路、墙体保温，是目前能够与绿色建筑配套的绿色环保建筑材料。下面分别介绍这几类产品的发展现状、特点和用途。

9.2.1 陶瓷薄板

(1) 陶瓷薄板的发展历史

20 世纪 80 年代初，重视资源有效利用的日本最早提出陶瓷薄板概念。到 2002 年，意大利的 System 公司开发出干法陶瓷薄板制造技术，从而大大加快了陶瓷薄板的工业化生产进程。

21 世纪初，山东薄斯美公司、东龙（厦门）陶瓷有限公司通过塑性挤压成型生产出陶瓷薄板，拉开了中国生产陶瓷薄板产品的帷幕。随后，日本 TOTO 公司等数家公司新建陶瓷薄板生产线；2006 年，咸阳陶瓷研究设计院有限公司与陕西科技大学、广东蒙娜丽莎新型材料集团有限公司等共同承担国家“十一五”重大科技支撑项目陶瓷薄板产品及装备技术开发；2007 年中国第一条由广东科达机电股份有限公司提供全线全套装备，广东蒙娜丽莎新型材料集团有限公司投资并提供工艺技术与应用的生产线投产成功，随后又在数家工厂得到推广；2010 年由我国两家企业合作生产出来的瓷质陶瓷薄板产品被送到意大利博洛尼亚参加国际展，得到了国外同行的一致好评。2011 年世界瓷砖标准化委员会 ISO/TC 189 会议在墨西哥召开，会上我国全国建筑卫生陶瓷标准化技术委员会 SAC/TC 249 代表中国提出了陶瓷薄板标准议案，代表了在该领域中国在世界上已经有了重要的话语权。

在陶瓷薄板的生产技术中最关键的是成型技术，目前主要包括干法压制成型、湿法挤压成型。前一种方法使用的是含水率为 7%～8% 的陶瓷粉料；后一种使用的是塑性泥料，也有采用 SITI-B&T 集团独创的 Grestream 方案压制成型。通常生产企业在烧成过程中会采用二次烧成技术。陶瓷薄板的厚度控制在 2～4mm，尺寸最大可达 1400mm×2800mm，现在已经制造出规格为 1400mm×4700mm 的产品。随着科技的进步，将会生产出各种规格尺寸的陶瓷薄板产品。

陶瓷薄板的厚度只有普通砖的 1/3，可达到一定范围的强度要求，可节约原料 75%，降低能耗约 84%。它通过减少单位面积建筑陶瓷的原材料用量，节约了天然矿产资源，降低了生产能耗，同时在保持建筑陶瓷的功能特性的前提下，降低了建筑装饰的质量，是解决我国陶瓷砖生产高速发展带来的资源、能源紧张等问题的有效途径。陶瓷薄板在原料制备、成型技术、烧成工艺等方面均有所创新，具有较好的经济效益和社会效益。

(2) 陶瓷薄板的特点

① 陶瓷薄板具有薄、轻、大等特点，既有陶瓷材料的优势性能，又摒弃了石材、水泥制板、金属板等传统材料厚重高碳的弊端。

② 材料整体及其应用达到建筑陶瓷薄板系统 A1 级防火要求，完全满足日趋严格的设计、使用防火要求。

③ 化工色釉与天然矿物经 1200℃ 高温烧成，可实现天然石材等各种材料的 95% 仿真度，质感好、色泽丰富、不掉色、不变形。

④ 陶瓷薄板的断裂模数≥50MPa，破坏强度≥800N，吸水率≤0.5%，各项材料性能

远超传统陶瓷、石材、铝塑板等材料。

（3）陶瓷薄板的性能

① 耐腐蚀。耐化学品有机和无机溶剂、消毒剂、洗涤剂，容易清洗，不会影响表面和饰面。

② 表面卫生。不会把元素释放到溶液中，并且不会发霉或产生真菌和细菌。

③ 防火性能好。陶瓷薄板防火并且耐热，一旦发生火灾，也不会释放有毒物质。

④ 耐磨性好。特别的表面结构和耐久性使其能耐刮擦和深度耐磨，频繁使用和清洗后仍能保持优异的性能。

⑤ 颜色牢固。能抵抗太阳光中的各种辐射，甚至在极端的气候条件下，陶瓷薄板仍能展现出完美的颜色稳定性。

⑥ 防水防冻。建筑陶瓷薄板的吸水率接近于零，因此它防冻并且耐各种气候因素。

⑦ 环保可回收。陶瓷薄板是使用稳定的原料制造出的完全自然的产品，不会向环境释放任何有害物质，并且在生产过程中易被碾磨和循环回收。

⑧ 具有多功能性。建筑陶瓷薄板可与其它材料黏合，被精确地切割成各种尺寸，满足任何设计的需要。

（4）陶瓷薄板的应用领域

陶瓷薄板的应用领域主要有：作为环保、节能建筑的预处理铺贴材料或构件，作为现代建筑物内墙的铺贴装饰材料，作为现代建筑物内轻质薄型的间隔墙体材料，作为防潮防湿的装饰材料，部分替代木质三合板，作为防腐、防酸碱环境的装饰材料，与喷墨打印技术结合制作出陶瓷板画，作为文化艺术载体材料。机场、车站、地铁站、商场、商务办公大楼、宾馆、军用舰艇船只等大型公共建筑、高层建筑、节能建筑、家居建筑内墙装饰等更为适用。

9.2.2 陶瓷岩板

（1）陶瓷岩板的概念

陶瓷岩板，英文名称为 sintered stone，是由天然原料经过特殊工艺，借助万吨以上压机压制（超过 15000t），结合先进的生产技术，经过 1200℃以上高温烧制而成，能够经得起切割、钻孔、打磨等加工过程的超大规格新型瓷质材料。

陶瓷岩板主要用于家居、厨房板材领域。作为家居领域的新物种，陶瓷岩板家居产品相比其它家居产品，具有规格大、可塑造性强、花色多样、耐高温、耐磨刮、防渗透、耐酸碱、零甲醛、环保健康等特性。

陶瓷岩板有 1000mm×3000mm、1200mm×2700mm、900mm×1800mm、1200mm×2400mm、800mm×2600mm、900mm×2700mm、1200mm×2600mm、760mm×2550mm、1600mm×2700mm、1600mm×3200mm、1600mm×3600mm 等规格，厚度有 3mm、6mm、9mm、11mm、12mm、15mm、20mm。

（2）陶瓷岩板的性能特征

从产品规格尺寸来看，陶瓷岩板也是大规格的，但相比传统陶瓷大板产品，陶瓷岩板的生产要求更高。陶瓷大板≠陶瓷岩板，能够生产陶瓷大板的企业不一定能够生产出陶瓷岩板。相比陶瓷大板，陶瓷岩板可钻孔、可打磨、方便切割，适合做各种造型。陶瓷大板虽然形状跟陶瓷岩板类似，但是在材料特性和功能上存在一定差别。

作为一种新型材料，相比其它传统材料，陶瓷岩板有九大性能特点。

① 陶瓷岩板属于通体材料，材质上表里如一，具有更好的韧性。陶瓷岩板表面处理技术非常精细和复杂，陶瓷岩板的表面经过多重精细的高清喷墨处理，能够高度还原石材的通透感和表面纹理，并使纹理渐变且有层次。

② 安全卫生。能与食物直接接触，纯天然的选材，100%可回收，无毒害无辐射的同时，又全面考虑人类可持续发展的需求，健康环保。

③ 防火耐高温。直接接触高温物体不会变形，具有A1级防火性能，遇到2000℃的明火不产生任何物理变化（收缩、破裂、变色），也不会散发任何气体或气味。

④ 抗污渍。万分之一的渗水率是人造建材界的一个新指标，污渍无法渗透的同时也不给细菌滋生空间。

⑤ 耐刮磨。莫氏硬度超过6，能够抵御刮蹭和尝试刮擦。

⑥ 耐腐蚀。耐抗各种化学物质，包括溶液、消毒剂等。

⑦ 易清洁。只需要用湿毛巾擦拭即可清理干净，无特殊维护需求，清洁简单快速。

⑧ 全能应用。打破应用边界，由装饰材料向应用材料跨界进军，设计、加工和应用更加多元和广泛，满足高标准的应用需求。

⑨ 可灵活定制。陶瓷岩板的纹理丰富多样，可根据用户需要私人定制。

(3) 陶瓷岩板的加工与应用

相比传统装饰材料，陶瓷岩板规格更大，对切割和加工质量要求更高，要借助更专业的加工服务才能实现其加工和应用。同时考虑到陶瓷岩板要进入定制家居和家具领域，必须及时解决陶瓷岩板的加工和切割问题，否则就很难实现与消费者需求的无缝对接。

陶瓷岩板主要用于家居装修、厨房板材、家具制作领域，包括墙地面铺贴、厨房灶台面板、橱柜、洗手台、洗手盆、浴缸、餐桌、茶几、书桌、会议桌、电视柜台面等。

9.2.3 发泡陶瓷

(1) 发泡陶瓷的发展现状

发泡陶瓷是以煤矸石、粉煤灰、陶瓷抛光泥、赤泥、陶土尾矿、江河湖淤泥、页岩等各类工业固体废弃物为主要原料，采用先进的生产工艺和发泡技术经高温焙烧而成的高气孔率的闭孔陶瓷材料。其气孔率高达50%以上，因此，发泡陶瓷也被称为多孔陶瓷。发泡陶瓷具有轻质、保温、耐火、隔声的特点，不仅突破了铺地和铺墙的限制，还可以直接作为建筑耐高温的保温材料、建筑主体材料。在建筑装饰方面，它可以作为建筑保温瓦、雨水槽、护栏、柱体、天花板、各种雕刻装饰等，具有广泛的应用前景。

(2) 发泡陶瓷的烧成原理

发泡陶瓷是在其材料组分中引入适量高温发泡剂，并在材料的软化熔融温度范围内烧制而成。高温下材料基体与发泡剂相互共熔，发生化学反应，生成挥发性气体。通过控制烧成温度和时间，保证共熔化学反应生成的挥发性气体量在恒定范围内，共熔反应平缓进行。由于材料熔体的高黏度性质，气体的挥发易引起材料整体膨胀，随着烧成温度的降低，熔体中气体挥发后的“熔洞”保存下来，材料内部呈现密集的闭孔气孔，最终获得了多孔、轻质的材料结构。根据发泡陶瓷烧成的基本原理，要求材料有更宽的熔融温度范围，发泡陶瓷制品一般在1200℃左右的温度下烧成。烧成过程中，其坯体处于（始）熔融状态，因此要求发泡陶瓷坯料具有比普通陶瓷更低的始熔温度。其坯料以长石、瓷石类熔剂性原料为主，再引入适量玻璃粉等低熔点原料，可较大限度地降低材料的始熔温度。发泡陶瓷通常采用压制成型及粉料直接烧成，故对坯料的性能要求不高。组分中塑性原料用量一般控制在20%左右，另外引入少量滑石、萤石、白云石等助熔剂是调节材料熔体高温黏度的较好方法。

（3）发泡陶瓷的性能

① 热传导率低。导热系数为0.08～0.10W/(m·K)，与保温砂浆相当；隔热性能好，可充当外墙外保温系统的隔热保温材料。

② 不燃、防火。发泡陶瓷经1200℃以上的高温煅烧而成，燃烧性能为A1级，具有电厂耐火砖式的防火性能，是用于有防火要求的外保温系统及防火隔离带的理想建筑材料。

③ 耐老化。属于陶瓷类的无机保温材料，耐久性好，不老化，完全与建筑物同寿命，这是常规的有机保温材料无法比拟的。

④ 相容性好。与水泥砂浆、混凝土等相容性好，黏结可靠，膨胀系数相近；与高温烧制的传统陶瓷建材一样，热胀冷缩下不开裂、不变形、不收缩；双面粉刷无机界面剂后与水泥砂浆拉伸黏结强度可达到0.2MPa以上。

⑤ 吸水率低。吸水率极低，与水泥砂浆、饰面砖等能很好地黏结，作为外贴饰面砖安全可靠，不受建筑物高度等限制。

⑥ 耐候性能好。在阳光暴晒、冷热剧变、风雨交加等恶劣气候条件下性能稳定，不变形、不老化、不开裂。

⑦ 加工性能优良。发泡陶瓷可以加工成各种形状，适合于雕刻、凹凸、弧形等各种形状的要求。

（4）发泡陶瓷的应用

高温发泡陶瓷材料具有质轻、耐火、保温、隔声、防水、抗磁、机械强度高、抗腐蚀、耐老化等性能，具有广泛的用途。其颗粒状产品发泡陶粒最早作为轻质、不吸水材料用于建筑混凝土中，制作混凝土保温砂浆；现在主要用作绿色建筑外墙保温隔热材料，另外也可作为介质材料应用于多种行业的生产工艺中。经过表面处理的具有装饰效果的大发泡陶瓷产品作为装饰材料早已流行于欧美、日本的装潢业，尤其适用于室内文化艺术墙装饰。

将发泡陶瓷设计成外墙保温一体板系统，该一体板系统集众多新型墙体材料的优点于一身，可解决建筑外墙的抗震、抗风压、气密、水密、耐候、A级防火、保温、隔声等一系列问题，广泛运用于厂房、办公楼、住宅等建筑外墙，没有高度限制。相比于传统墙体材料而言，发泡陶瓷保温一体板单位面积墙体材料重量可降低1倍以上，节约60%以上的原料资源，降低综合能耗60%以上，不仅有极强的物理性能，经久耐用，还具备“大、薄、轻、强、新”的突出优点。发泡陶瓷保温一体板适应装配式建筑，一体化设计，一次成型，快捷施工，省时省力，减少了现场和灰、抹灰、砌墙等作业。将发泡陶瓷保温一体板运用于装配式建筑，可以大量减少建筑垃圾产生和废水排放，降低建筑噪声，减少现场施工人员。

将发泡陶瓷材料制成板块状制品，军事上可用作船舰上的防火、抗磁、防沉没材料；民用上可用作墙体保温、减重及地下、水下、其它特殊领域的工程材料。同时，高温发泡陶瓷系列材料经高温烧制而成，其生产过程中无中间污染物生成，不会对生态环境产生二次污染。

9.2.4 干挂陶板

干挂陶板是以天然陶土为主要原料，添加少量石英、浮石、长石及色料等其它成分，经过高压挤出成型、低温干燥及1200℃的高温烧制而成，如图9-3所示。作为建筑幕墙用材料，它具有绿色环保、无辐射、色泽古朴、无光污染等优点。

图9-3 干挂陶板

(1) 干挂陶板的发展历史

干挂陶板最初起源于德国，1980年Thomas Herzog设想将屋顶瓦应用到墙面，最终根据陶瓦的挂接方式，发明了用于外墙的干挂体系和幕墙干挂陶板，并由此成立了一个专门生产干挂陶板的工厂。1985年第一个干挂陶板项目在德国慕尼黑建成。在随后的几年中，干挂陶板逐渐完善挂接方式，由最初的木结构完善到现在的两大幕墙结构系统（有横龙骨系统和无横龙骨系统）。我国的干挂陶板市场供应有很长一段时间完全依赖于海外进口，由于运输成本高、供货周期长，且安装技术服务难以及时到位，制约了干挂陶板在我国的推广使用。2006年瑞高（浙江）建筑系统有限公司成为中国首家自主研发、生产干挂陶板的建材企业，从而实现了干挂陶板在我国市场上从无到有的历史转变。该公司经历了10多年的发展，紧跟国际建材发展的步伐，不断刷新着中国干挂陶板市场的历史记录，是首个向市场推出釉面干挂陶板系列产品的干挂陶板生产厂家，也是拥有最多样化的干挂陶板生产线的生产厂家。目前我国已成功地研制出陶板与其它材料结合的组装吊装式安装工艺，干挂陶板在我国逐渐成为节能建筑材料行业中具有代表性的新生幕墙材料行业，受到全国建筑陶瓷行业企业的竞相追捧。随后，咸阳陶瓷研究设计院有限公司与福建华泰集团股份有限公司共同承担并完成了国家重大科技支撑项目“环保型陶瓷保温砖”等，经过不断创新，不断向新的领域拓展，立项用太湖淤泥作为原料来制作陶板、劈开砖及发泡陶瓷，近期又研制出陶板与微晶玻璃的结合产品，进一步提高陶板的品质，拓展陶板在建筑中的应用范围。

(2) 干挂陶板的分类

按照结构，干挂陶板产品可分为单层干挂陶板、双层中空干挂陶板、陶土百叶、陶管、陶棍以及陶板配件；按照表面效果，分为自然面、喷砂面、凹槽面、印花面、波纹面及釉面。双层中空干挂陶板的中空设计不仅减轻了干挂陶板的自重，还提高了其透气、隔声和保温性能。

(3) 干挂陶板的规格

干挂陶板常规厚度为15～40mm不等，常规长度为300mm、600mm、900mm、1200mm、1500mm、1800mm，常规宽度为200mm、250mm、300mm、450mm、500mm、550mm、600mm。另外，干挂陶板可以根据不同的安装需要进行任意切割，满足不同建筑风格的需要。

(4) 干挂陶板的性能

干挂陶板的颜色是陶土经高温烧制后的天然颜色，通常有红色、黄色、灰色3个色系，色彩古朴自然，适用于需要体现文化品位与历史积淀的建筑；也可以在浅色陶土中加入高温色料调色，制成颜色丰富、色泽莹润温婉的产品。近年来，部分陶板生产厂家把陶瓷砖中的淋釉技术和喷墨打印技术应用于陶板，生产出更加绚丽多彩的陶板产品，能够满足建筑设计师和业主对建筑外墙颜色选择的各种要求。

(5) 干挂陶板的优点

① 材料环保。干挂陶板由天然陶土配石英砂经过挤压成型、高温煅烧而成，没有放射性，耐久性好；颜色历久弥新，主要为天然陶土本色，色泽自然、鲜亮、均匀，不褪色，经久耐用，赋予幕墙持久的生命力；空心结构，自重轻，同时增加热阻，具有保温作用。

② 颜色丰富。不上釉的外墙挂板拥有20多种颜色，有深红、铁锈红、天然红、粉红、橙红、浅褐、沙黄、蓝灰、珠光灰、铁灰、火山灰、瓦灰等颜色。这些都是陶土的天然本色(没有任何油漆和釉涂料)，因此可以随意地根据需要来切割而不影响外观效果。还有多种可选的表面形式：自然面的、施釉的、拉毛的、凹槽的、印花的、喷砂的、波纹的、渐变的等。

③ 易清洁。由于干挂陶板的物理化学性能的稳定性及其表面经过一些特殊处理，其产品具有耐酸碱、抗静电的作用，所以不会吸附灰尘；另外更具等压雨幕原理，没有分解掉的脏东西会随着雨水冲刷而清理干净，永保温润原始色泽。

④ 机械性能优异。干挂陶板技术性能稳定，抗冲击能力强，满足幕墙的风荷载设计要求；耐高温，抗霜冻能力强；阻燃性好，安全防火；绿色环保，是可循环再生的一种新型建筑材料。

⑤ 结构设计便于安装更换。干挂系统采用组合安装设计，在局部破损的情况下可更换单片干挂陶板，维护方便；干挂陶板的高强度能够满足不同尺寸的任意切割要求；干挂陶板幕墙设计结构合理、简洁，能最大限度地满足幕墙收边、收口的局部设计需要，安装简单方便，无论是平面、转角或其它部位，都能保持幕墙立面连贯、自然、美观。

⑥ 与建筑的兼容性好。干挂陶板具有温和的外观特质，容易与玻璃、金属搭配使用；可以减少光污染，增加墙面的抗震性；色泽温润柔和，可增加建筑本身的人文气息。

⑦ 配套成本低。由于干挂陶板质量轻，因此干挂陶板幕墙支撑结构要比石材幕墙更为简易、轻巧，节约幕墙配套成本。

9.2.5 陶瓷透水砖

陶瓷透水砖是采用自动化的成型工艺和先进的窑炉设备，选用矿渣废料、废弃陶瓷为原料，经两次成型，高温烧成，属于绿色环保产品。它被推荐为理想的路面铺设建筑材料，可广泛用于公园、广场、人行道、停车场、住宅区等，营造出格调高雅、绚丽多彩的城市景观，美化人们的生活环境。

(1) 陶瓷透水砖的发展历史

20世纪70年代日本INAX公司就研制出以废瓷砖、玻璃、纤维为原料，经压制成型、烧结而成的一种透水系数为1.0×10^{-2}cm/s的陶瓷透水砖，被广泛用于人行道、公园等地。德国、澳大利亚等国也相继大量使用陶瓷透水砖铺贴路面。

(2) 陶瓷透水砖的特点

① 能够大量吸收自然降水，迅速透过地表，适时补充地下水资源。

② 透气、透水性好，能够调节地表的温度和湿度，消除“热岛现象”，维护地表生态平衡。

③ 使雨天路面无积水，防止夜间反光，提高车辆行驶及行人的安全性与舒适性。

④ 可吸收车辆行驶产生的噪声，创造安静舒适的交通环境。

⑤ 经高温烧结而成，抗压、抗折强度均高于建材行业铺设材料标准。

⑥ 产品规格齐全、色彩繁多，可铺设出格调高雅的城市景观。

⑦ 在洪水泛滥地区，有抑制洪水的作用。

⑧ 不褪色、耐寒、耐风化，陶瓷透水砖具有耐时效性变化，不褪色，抗冻值可达-25℃，耐寒性极高，同时也具有抗风化能力，即便遇到强酸或强碱，品质也不会改变，非常适用于海湾码头。

9.3 装饰建筑陶瓷制品的施工方法

9.3.1 普通装饰建筑陶瓷铺贴的主要技术要求和方法

本节主要叙述釉面砖、外墙面砖和陶瓷锦砖铺贴的主要技术要求和方法。

9.3.1.1 铺贴准备工作

(1) 技术准备和作业条件

铺贴施工开始前，首先应搭好脚手架，清除作业面上的障碍物，准备好所用材料和机具，门窗框与墙体间的缝隙已处理完毕，同时堵好脚手架孔洞。对待铺贴的面砖应按厂牌型号、规格和颜色分类选配，对有歪斜、缺棱掉角等缺陷者应视程度剔除或用于不显眼的次要部位，少块的陶瓷锦砖应补贴完整。卫生间的卫生洁具应事先安装就位或预留位置（如手纸盒洞等）。

(2) 基层处理

陶瓷砖应铺贴于湿润、干净的基层上，灰尘、污垢等应清理干净。对于不同材料的基层，可按下述方法处理。

① 混凝土基层　混凝土基层常用的处理方法有以下3种。

a. 对大模板混凝土和预制墙板等较为光滑的基层，应进行凿毛处理。凿毛深度为0.5～

1.5cm，间距 3cm，毛面均布，用钢丝刷刷净后洒水润湿。然后刷一道聚合物水泥浆（水泥∶107 胶∶水＝1∶0.1～0.2∶4～6），再抹 1∶3 水泥砂浆打底。宜用铁抹子用力满刮、薄抹，不宜来回多次揉抹，并随墙抹成毛糙面，抹完 24h 后浇水养护。

b. 采用甩、弹、喷的方法将 1∶1 的水泥细砂浆（内掺 10％～20％ 107 胶）均匀地甩在基层上（甩浆厚度 0.5cm 左右），形成小拉毛状的毛面，待其凝固后用 1∶3 水泥砂浆打底，木抹子搓平，隔天浇水养护。

c. 用界面处理剂处理基层表面，待干燥后用 1∶3 水泥砂浆打底，木抹子搓平，隔天浇水养护。

② 砖墙基层　将基层用水湿透后，用 1∶3 水泥砂浆打底，木抹子搓平，浇水润湿。

③ 加气混凝土基层　加气混凝土基层的处理，常用以下两种方法。

a. 用水润湿加气混凝土表面，刷一道聚合物水泥浆（配比同前），修补缺棱掉角处，然后用 1∶3∶9（水泥∶石灰膏∶砂）混合砂浆分层补平，隔天再刷一道聚合物水泥浆，并抹 1∶1∶6 混合砂浆打底，木抹子搓平，隔天浇水养护。

b. 用水润湿加气混凝土表面，在缺棱掉角处刷一道聚合物水泥浆，用 1∶3∶9 混合砂浆分层补平，待干燥后，用杯扒钉满钉金属网一层并绷紧，金属网常用孔径 32mm×32mm、丝径 0.7mm 的镀锌机织铁丝网。在金属网上分层抹 1∶1∶6 混合砂浆打底，砂浆与金属网应结合牢固，最后用木抹子轻轻搓平，隔天浇水养护。

④ 纸面石膏板基层　将板缝用嵌缝腻子嵌填密实，在其上粘贴玻璃丝网格布（或穿孔纸带）使之形成整体。

（3）材料准备

① 陶瓷饰面砖　陶瓷饰面砖应根据设计要求的品种、规格、花色备料。运输、存放过程中必须装箱，不得散放或受潮。

② 水泥　水泥应用强度等级不低于 32.5 的普通硅酸盐水泥或白水泥，也可使用彩色水泥和白水泥掺用的颜料。

③ 107 胶　所用 107 胶（聚乙烯醇缩甲醛）的含固量 10％～12％，游离甲醛含量小于或等于 2.5％，缩甲醛含量 9％～11％，pH 值 7～8。107 胶应用塑料或陶瓷容器储运，受冻或变质的不得使用。

④ 石灰膏　石灰膏应用块状生石灰淋制，用孔径不大于 3mm×3mm 的筛过滤，常温下陈化 15d 才能使用。也允许使用细度通过 4900 孔筛网的磨细生石灰。

（4）测量放线、贴灰饼、做标筋

在处理好的基层上拉线、吊线锤，以确定找平层的抹灰厚度。然后按水平同距离 1.2～1.5m，由上而下贴灰饼，灰饼大小宜为 4cm 见方。灰饼应在上下连通后做成标筋，作为抹找平层砂浆垂直度和水平度的标准。大面积外墙铺贴，必要时还可使用经纬仪等测量仪器，严格控制垂直度等。

（5）抹找平层

① 抹灰技术要求　抹找平层可用水泥砂浆或混合砂浆（水泥∶石灰膏∶砂＝1∶0.1∶2.5）。抹灰前洒水润湿基层，抹灰时使用刮尺以标筋为准赶平。如局部厚度超过 15mm，可分层填抹找平，阴阳角处使用靠尺通直，然后用木抹子搓平表面，做到表面毛、墙面平、棱

角直。抹灰后应进行1～2d养护。

② 抹灰质量要求　当采用水泥砂浆或聚合物水泥浆铺贴釉面砖时，应分别按中级和高级抹灰标准检查验收墙面平整度、垂直度和角度方正。

（6）弹线分格、预排

在找平层上用粉线弹分格线。铺贴前要进行预排，其目的是保证拼缝均匀。在同一墙面上的横竖排列，不宜有一行以上的非整砖。

9.3.1.2　釉面砖的铺贴

釉面砖铺贴前应将砖的背面清理干净，浸水2h以上（冬季施工应在掺有2%盐的温水中浸泡2h），以保证铺贴后不至于因吸走灰浆中的水分而产生空鼓、脱落等现象。浸水后的釉面砖应晾干后铺贴。

铺贴釉面砖常采用1∶2水泥砂浆或掺入不大于水泥重量15%石灰膏的混合砂浆，石灰膏可以改善灰浆的和易性。灰浆厚度为6～10mm。这种方法的缺点是灰浆层厚且软，因釉面砖铺贴的平整度不易掌握，施工效率也低。

用掺107胶的水泥浆或水泥砂浆铺贴时，由于掺107胶后灰浆的和易性得到改善、保水性提高、凝结时间变慢，铺贴釉面砖时有充足的时间对釉面砖拨缝调整而不致引起脱壳现象，这不仅有利于提高装饰效果，也可以缩短工期。

釉面砖铺贴后，应及时将缝中多余灰浆清理干净，用湿布擦去面砖上的灰浆污迹，不可等灰浆干硬后再清洗，那样容易留下痕迹。

待粘贴灰浆凝固后，可用白水泥或色浆或石膏灰浆刷涂接缝，并用棉纱等将灰浆擦匀、填满。

最后视表面污染情况，用清水或掺入10%稀盐酸（或草酸）的清水，擦洗表面。如用掺盐酸（或草酸）的清水擦洗，最后还需用清水冲洗干净。

9.3.1.3　外墙面砖的铺贴

铺贴外墙面砖的主要工序（如浸水2h以上、贴灰饼、挂线等）和技术要求（如同一墙面不得有一行以上的非整砖，非整砖铺贴到次要位置等）与铺贴釉面砖相同，现仅不同之处加以简述。

外墙面砖多为尺寸不等的矩形块，有长边水平铺贴和长边垂直铺贴两种排列方式。

按接缝宽度可分为密缝排列（接缝宽度1～3mm）和离缝排列（接缝宽度4mm以上）。密缝排列和离缝排列可同时在同一墙面上使用，如横向离缝竖向密缝或竖向离缝横向密缝。

按接缝排列方式，密缝排列又有齐缝和错缝之分，离缝排列又有错缝和通缝之分。

外墙面砖的常见排列方式如图9-4～图9-6所示。

离缝铺贴与密缝铺贴相比，具有以下优点。

① 外墙面砖的外形尺寸常常存在偏差，欲使饰面层平整、线条横平竖立，采用离缝铺贴。因为离缝铺贴的伸缩余地大，容易实现以上要求。

② 外墙面砖常常存在不同程度的色差，采用离缝铺贴时，接缝较宽（可达8～12mm），使色差得到缓冲，任其深浅自然搭配，从而可以省去外墙面砖铺贴前的选配试排。

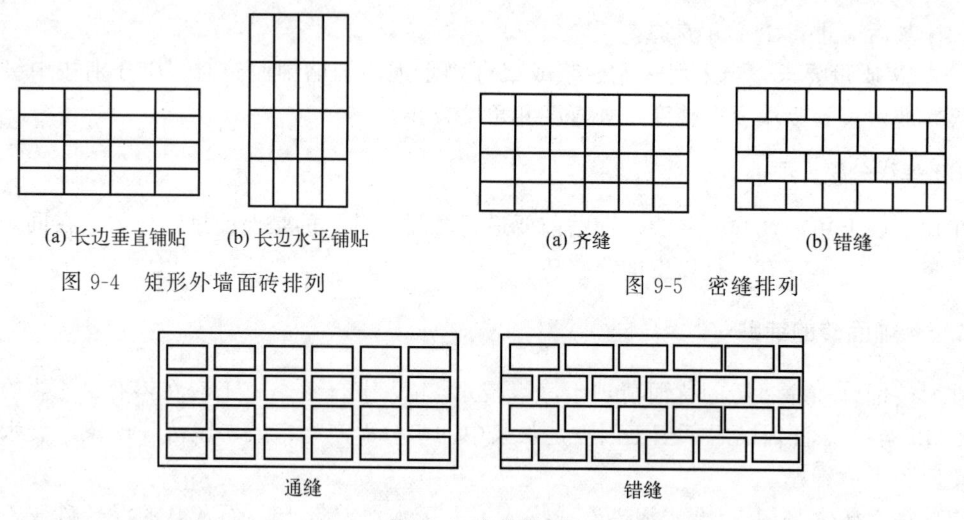

图 9-4 矩形外墙面砖排列

图 9-5 密缝排列

图 9-6 离缝排列

③ 对于面积较小的墙面，采用密缝铺贴时，边角处往往要用非整砖，增加了裁切工作量，既费时又费工；而采用离缝铺贴时，则易于调整间距，做到边角部位全铺贴整砖，既节省外墙面砖又省时省工。

④ 采用离缝铺贴，接缝宽度以 10mm 计，可节约 10%左右的外墙面砖。

⑤ 离缝铺贴的接缝为宽的凹缝，尚能产生阴影效果，增强立面的立体感。

⑥ 当使用过程中发生个别外墙面砖破裂或脱落时，采用离缝铺贴的易于修补而不至于影响周围外墙面砖的牢固程度。

9.3.1.4 陶瓷锦砖的铺贴

铺贴陶瓷锦砖的施工准备工作，如基层处理、找平层抹灰、弹线分格等与铺贴釉面砖、外墙面砖相同，但也有其特殊性，其施工工艺流程如下：

施工准备→清理刷洗基层→刮腻子粉→弹横向及竖向分格线缝→墙面湿水→抹结合层→二次弹线→马赛克刮浆→铺贴马赛克→拍板赶缝→闭缝刮浆→洒水湿纸→撕纸→再次闭缝刮浆→清洗。

铺贴施工要点如下。

① 基层处理：使用定型组合钢模板现浇的混凝土基层，表面光滑平整。基层上附着有脱模剂，易使铺贴发生空鼓脱落，可先用 10%的碱溶液刷洗，然后用 1∶1 水泥砂浆刮 2～3mm 厚腻子灰一遍。为增加黏结力，腻子灰中可掺水泥质量 3%～5%的乳液或适量 107 胶。

② 中层处理：中层抹灰必须具备一定强度，而不能用软底铺贴。因为马赛克要用拍板拍压赶缝，如果中层无强度，会造成表面不平整。

③ 拌和灰浆：结合层水泥浆水灰比以 0.32 为最佳。但施工时一般不采用集中调制，而是用人工在工作面手工拌和，其水灰比易控制。在拌和前除了交代理论水灰比和体积配合比外，更重要的还要强调“不稀稍稠”，并加强检查和指导。

④ 撕纸清洗：施工中的清洗是最重要的一道工序，因为马赛克粗糙多孔，而水泥浆又无孔不入，如果撕纸、清洗不及时、不干净，会使马赛克表面层非常脏。若待以后再来返

工，就几乎不可能擦拭干净，即使用钢丝刷也刷不净。

⑤ 滴水线粘贴：窗台板马赛克应低于窗框，并将马赛克塞进窗框一点，缝隙用水泥砂浆勾连，勾缝也不能超过窗框，以使雨水向外墙排泄。若锦砖高于窗框，缝隙即会渗水，并沿着内墙面流出。

9.3.2 新型装饰建筑陶瓷的施工方法

9.3.2.1 陶瓷薄板的施工方法

陶瓷薄板与陶瓷大板一样，有干挂与湿铺两种常见施工方法。但是因为陶瓷薄板具备“薄而节省空间”的优势，施工方法一般建议为湿铺，又称薄法施工。薄法施工的断面构造见图 9-7，薄法施工的三种阳角构造见图 9-8。

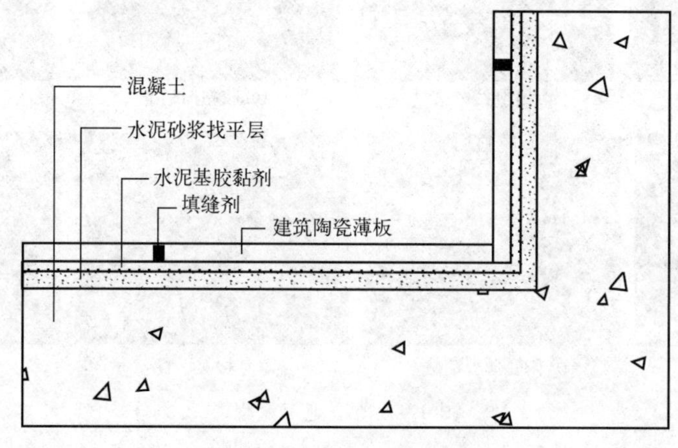

图 9-7　薄法施工的断面构造

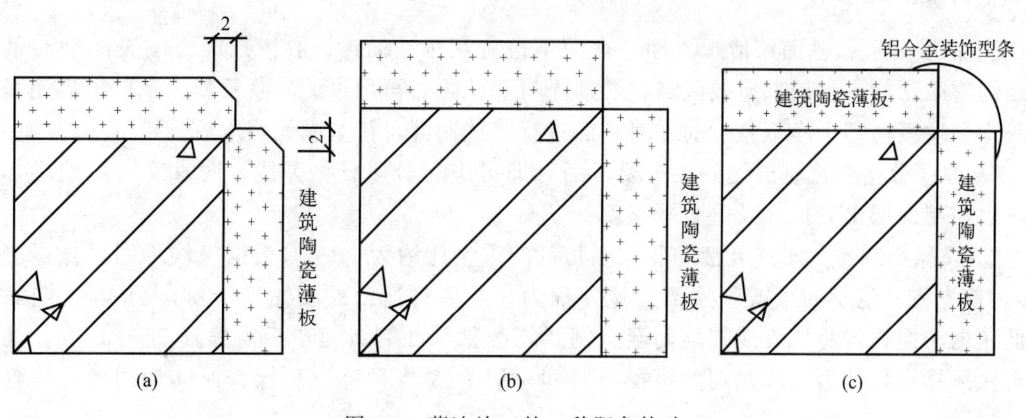

图 9-8　薄法施工的三种阳角构造

薄法施工也称镘刀法，是用锯齿镘刀将水泥基胶黏剂均匀刮抹在施工基层上，然后将建筑陶瓷薄板以揉压的方式压入胶黏剂中，形成厚度仅为 3～6mm 的强力黏结层的一种施工方法。薄法施工的优点：能减轻建筑物的自重，以达到节约建筑材料、打造环保节能建筑的目的，尤其对旧房改造的表现更为突出；具有 A1 级防火性能，有较强的耐久性、抗冲击、耐融冻等，而且具有抗泛碱和白桦的优势，使建筑物保持长久弥新；施工方法简便，后续维护费用较低，能降低施工综合造价，且施工过程中不产生污染，施工后不产生任何有害物质，是真正意义上的绿色环保施工。该方法适用于室内墙面、地面及抗震设防烈度不大于8度、粘贴高度不大于24m的室外墙面等饰面（超过24m的室外墙身可进行专项设计，经论证认可后可使用）。可广泛应用于各类公共建筑、居住建筑。

（1）薄法施工流程

如图9-9所示，薄法施工流程为：基层处理→弹线分格→胶黏剂制备→胶黏剂施工→陶瓷薄板背涂→陶瓷薄板铺贴→振实平整→清洁及保护。

(a) 基层处理　(b) 弹线分格　(c) 胶黏剂制备　(d) 胶黏剂施工

(e) 陶瓷薄板背涂　(f) 陶瓷薄板铺贴　(g) 振实平整　(h) 清洁及保护

图9-9　薄法施工流程

（2）施工详细操作

① 基层处理：基面需清理干净，表面不得有灰尘、油污、脱模剂等影响胶黏剂与基面黏结的物质。如出现局部空鼓区域，必须先将其铲除后再用水泥砂浆重新找平，最后用扫帚将灰尘和垃圾清理干净。施工前需对基面进行水洗润湿，待基面无明水后方可施工。

② 弹线分格：待基层达到施工要求后，即可进行分段分格弹线，同时确定贴面层标准点，以控制面层出墙尺寸及垂直平整度。

③ 胶黏剂制备：水或乳液与胶黏剂粉剂的重量比约为1∶4（根据气候不同可做适当调整），首先将一定量的水或乳液倒入搅拌桶内，然后将适量的胶黏剂干粉料倒入搅拌桶内，用低速电动搅拌器将二者搅拌均匀至稠糊状，胶黏剂在制备完毕后需静置5～10min，使用前再次搅拌均匀即可。胶黏剂的可操作时间一般为常温下2h（可操作时间指制备完毕到使用的时间）。

④ 胶黏剂施工：先用锯齿镘刀的直边将胶黏剂在基面上用力平整地涂抹一层，然后用锯齿镘刀的锯齿边以45°～60°夹角沿水平方向将胶黏剂梳理出饱满无间断的锯齿状条纹。

⑤ 陶瓷薄板背涂：陶瓷薄板铺贴前，也应在其粘贴面背涂一层胶黏剂。首先用锯齿镘刀的直边将胶黏剂在清洁的陶瓷薄板粘贴面用力压平涂抹一层；然后用镘刀锯齿边以45°～60°夹角梳理胶黏剂，陶瓷薄板粘贴面上梳理的胶黏剂条纹应与基面上胶黏剂条纹的方向平行；再用镘刀的直边将陶瓷薄板四边的胶黏剂作出倒角，以免在粘贴时挤出多余的胶黏剂而

污染陶瓷薄板表面，减少表面清理工作和以后的清缝工作量。

⑥ 陶瓷薄板铺贴：根据设计的要求，在陶瓷薄板粘贴时应使用适当规格的定位器，以保证留缝的尺寸满足设计要求，并保证留缝宽度一致。将背涂好的陶瓷薄板铺贴到已经梳理好胶黏剂的基面上。

⑦ 振实平整：陶瓷薄板铺贴到基面上后，用平板振动器在陶瓷薄板表面上适当来回振动，使陶瓷薄板与基面间的胶黏剂密实饱满，并及时调整陶瓷薄板平直度和平整度，以达到国家标准以上。

⑧ 清洁及保护：陶瓷薄板铺贴好后，及时将残留胶黏剂清理干净，并做好相关保护措施，以免陶瓷薄板再次污染或损坏。

（3）薄法施工填缝工艺

薄法施工填缝工艺流程如图 9-10 所示。

① 施工流程：缝隙处理→填缝剂制备→填缝剂施工→清洁及保护。

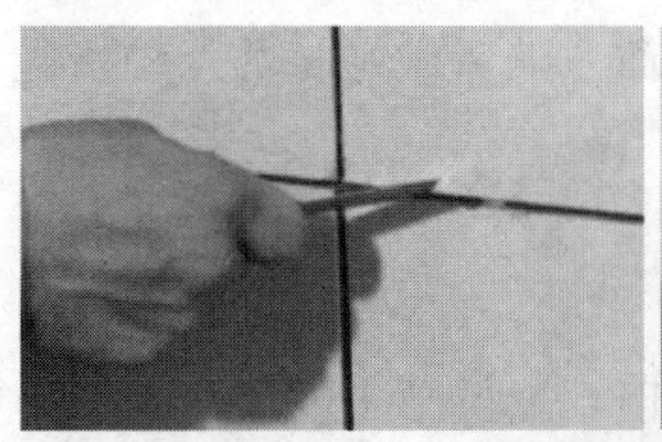
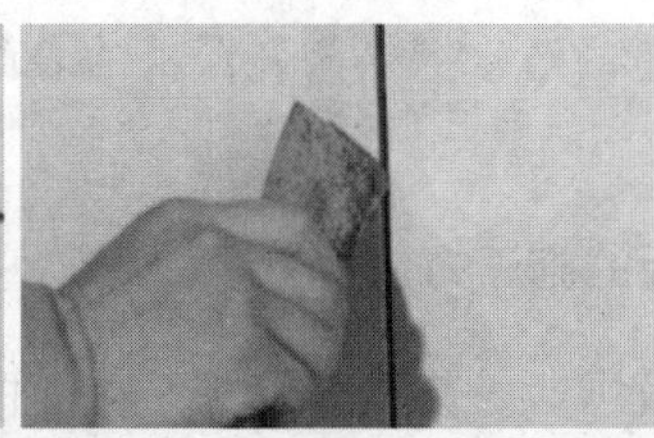

(a) 缝隙处理

(b) 填缝剂制备

(c) 填缝剂施工

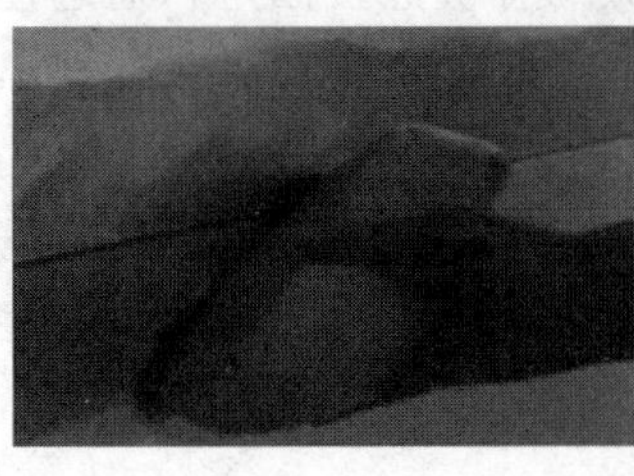

(d) 清洁及保护

图 9-10　薄法施工填缝工艺流程

② 填缝详细操作

a. 缝隙处理：填缝工序应至少在陶瓷薄板铺贴24h后进行。使用填缝剂前应先将陶瓷薄板缝隙清洁干净，去除所有灰尘、油渍及其它污染物，而且缝内不能有积水，同时要清除陶瓷薄板缝隙间松散的胶黏剂。填缝的适宜温度为5～32℃。

b. 填缝剂制备：制备时先将填缝剂粉料加入符合比例的水或乳液中，然后使用带合适搅拌叶的低速电钻进行机械搅拌，直至均匀没有块状为止。待拌和物静置5～10min，再略搅拌后即可使用。

c. 填缝剂施工：填缝前先润湿陶瓷薄板表面；然后用橡胶抹子沿填缝对角线方向将填缝剂逐步填压入缝，在缝隙的交叉处可用橡胶抹子反复挤压，以确保缝内都完全填满填缝剂；再用橡胶抹子刮净陶瓷薄板表面多余填缝剂，尽可能不在陶瓷薄板面上残留过多的填缝剂，及时清除发现的任何瑕疵，并尽早修补完好。

d. 清洁及保护：填缝后30～60min进行陶瓷薄板表面残留填缝剂的清理。使用蘸湿的海绵或抹布，沿陶瓷薄板对角线方向轻轻擦拭，把多余的填缝剂擦掉。等填缝剂稍干后，再用海绵或抹布及少量的清水擦亮陶瓷薄板的表面。随后做好相关保护措施，以免陶瓷薄板再次污染或损坏。

9.3.2.2 陶瓷大板的施工方法

陶瓷大板与陶瓷薄板一样，有干挂与湿铺两种常见施工方法。一般湿铺法主要用于室内墙面，干挂法多应用于外墙，本节主要介绍干挂法。

(1) 干挂法及其种类

干挂法是建筑外墙的一种施工工艺，该工艺是利用耐腐蚀的螺栓和耐腐蚀的柔性连接件，将陶瓷大板直接挂在建筑结构的外表面，板材与结构之间留出40～50mm的空腔。干挂法又名空挂法，是当代饰面饰材装修中一种新型的施工工艺。其原理是在主体结构上设主要受力点，通过金属挂件将板材固定在建筑物上，形成陶瓷板材装饰幕墙。

干挂法主要有：背栓式、背槽式和侧槽式三种。

① 背栓式：是指通过专业的钻孔设备，在瓷板的背面按设计尺寸加工出一个里大外小的锥形圆孔，把锚栓植入锥形孔中，拧入螺杆，使锚栓底部彻底扩张开，与锥形孔相吻合，形成一个无应力的凸型配合，然后通过止滑螺母将挂件固定在瓷板，再安装在基面上。这种施工方法是较为常用的，也是性价比比较高、技术比较先进的方法。

② 背槽式：是指通过专用的加工背槽设备，在瓷板的背面按设计尺寸加工出一个燕尾槽，然后将专用的锚固件采用机械和胶黏的方式与瓷板连接固定，通过挂件连接将瓷板安装在基面上。这种施工方法适用于超高层幕墙。

③ 侧槽式：在瓷板的上、下侧面加工出开槽，通过挂件安装在基面上。干挂瓷砖通过螺栓把角码固定在墙面上，接着用焊接的方法固定龙骨，再用螺栓把不锈钢挂件固定在横向龙骨上，最后在瓷板背面粘贴开槽的花岗石挂卯并固定好。这种施工方法适用于首层幕墙。

(2) 陶瓷大板幕墙干挂施工法

目前，很多的干挂系统并没有考虑到背栓受力的均匀性以及对整体受力的分摊问题，导致背栓拓孔位置一旦出现崩裂损坏，幕墙整体就会迅速地损坏。曾健等研发出一种新的建筑陶瓷大板干挂结构，结构变形系数小，经久耐用，具有良好的稳定性；陶瓷板材与主体结构之间为非刚性固定状态，具有良好的抗震性能；施工中不产生粉尘等现象，可减少建筑垃圾。

1）干挂结构

陶瓷大板幕墙干挂结构如图 9-11 所示，包括墙体、连接组件、龙骨、横梁、角码、挂件、加强型槽、玻璃纤维网、建筑陶瓷大板等部件。

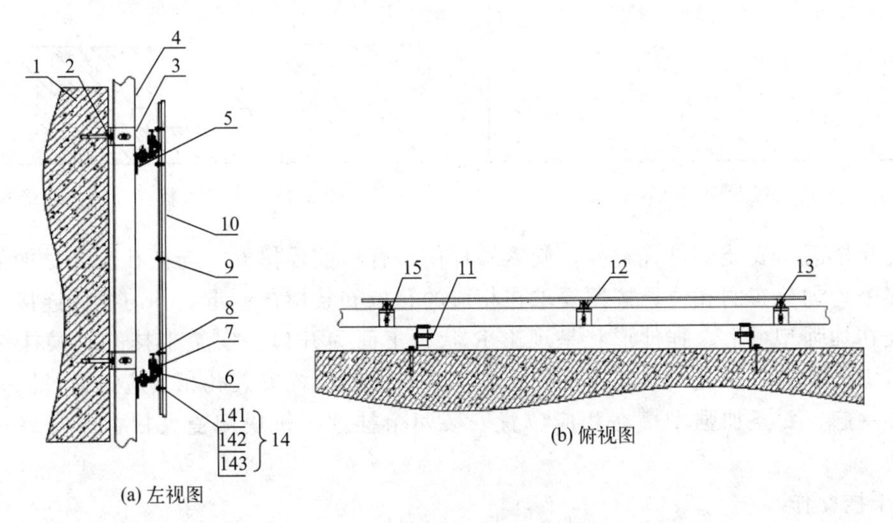

图 9-11　陶瓷大板幕墙干挂结构

1—墙体；2—膨胀螺栓；3—连接组件；4—龙骨；5—横梁；6—角码；7—挂件；8—加强型槽；9—玻璃纤维网；10—陶瓷大板；11—M8×55 螺栓；12—M6 不锈钢螺栓；13—M6 螺栓；14—旋进式背栓及 M6 螺杆螺母；15—M6×35 螺栓

2）干挂支架安装

首先将龙骨 4 呈纵向安装在墙体 1 上，龙骨 4 的连接组件 3 通过膨胀螺栓 2 以及配套螺母固定在墙体 1 上，其螺栓连接孔为长条形连接孔。在龙骨 4 与连接组件 3 安装到墙体上之后，使用红外水平仪在垂直方向确定一个适当的平面，将标准直尺竖直于龙骨 4 其中一条龙骨 A 某一位置，记录红外水平仪红外线所照射的距离数值；再将标准直尺移动到龙骨 A 的另一位置，对龙骨 A 进行微调，使得红外水平仪的红外线所在距离数值与之前一致；然后在龙骨 A 的多个位置分别测量、微调，使得龙骨在既定平面完全垂直，固定龙骨 A。

同理，对龙骨 B 进行同样的操作，并确保龙骨 B 所在平面与龙骨 A 一致。

龙骨 4 在相应位置做好标识，将横梁 5 对应标识位置焊接安装到龙骨上，确保龙骨与横梁相互垂直。通过计算，在横梁 5 相应位置钻孔，将角码 6 通过螺栓螺母固定在横梁 5 上。此时，再次使用红外水平仪，在垂直方向确定一个适当的平面，用标准直尺测量出其中一个角码 6 距离该平面的数值，以该数值作为标准，微调其余所有角码 6 的位置，微调完成后，将角码 6 与横梁 5 间的螺栓螺母拧紧。

3）陶瓷大板处理

陶瓷大板 10 背面朝上安置于操作台，将背胶均匀涂满陶瓷大板背面，铺贴玻璃纤维网 9，然后将玻璃纤维网裁剪到贴合的尺寸，放置晾干。待胶水晾干之后，将陶瓷大板背面朝上放置于操作台，通过计算确定拓孔位置，并在陶瓷大板背面标注出来，使用背栓打孔机打孔，保证精度符合要求。使用背栓打孔机的时候，要注意接好水管与气管，水管通水提供冷却，气管通气使背栓打孔机可以牢固贴在陶瓷大板背面，方便拓孔。由于陶瓷大板厚度为10mm，因此背栓打孔深度控制为7mm，背栓打孔机设计有可控性偏移把手。陶瓷大板背面拓孔位置及数量和拓孔形状如图9-12、图9-13所示。

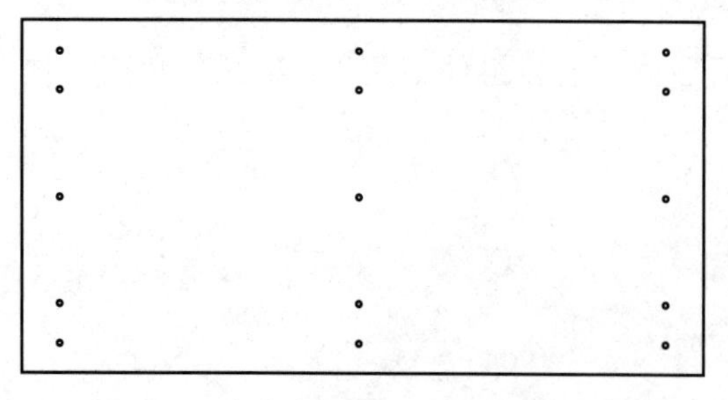

图9-12 陶瓷大板背面拓孔位置及数量

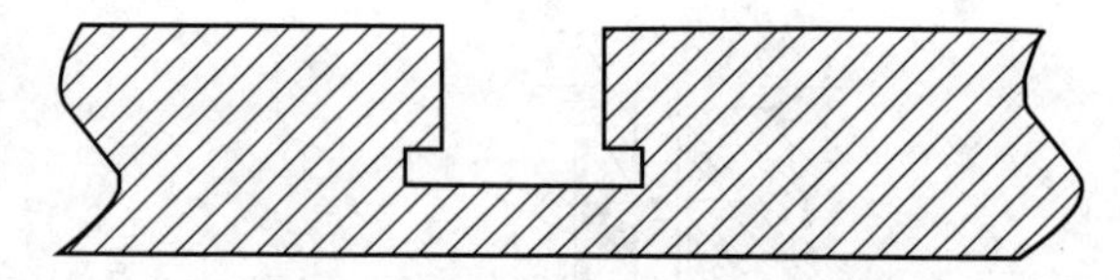

图9-13 陶瓷大板背面的拓孔形状

拓孔完毕后，安装旋进式背栓，旋紧螺杆使得背栓前段撑开，与拓孔咬合。加强型槽自身具有多个均匀分布的孔位，按照要求在相应的孔位安装螺栓螺母，并与挂件连接，将挂件正确安装在加强型槽上。挂件形状呈现出R状，正面为开口，实施干挂的时候挂件与角码连接；背面为螺栓安装孔，该螺栓安装孔与加强型槽的螺栓安装孔相对应，通过同一螺栓固定连接在一起。每条加强型槽在相应位置安装两个挂件，每块陶瓷大板背面安装三条加强型槽。

4）干挂操作

进行干挂的时候，因为加强型槽通过螺栓螺母与陶瓷大板牢固连接，因此可视作一体，即受力面增大，从旋进式背栓螺杆的单点受力变为加强型槽以及旋进式背栓整体受力，降低了旋进式背栓因受力过大而掉落的风险。每条加强型槽上面的挂件通过红外水平仪微调至同一水平面，通过标准直尺测量距离，微调至要求位置。将已经安装好挂件的陶瓷大板搬运至对应挂件与角码的位置，安装固定陶瓷大板于所属墙体上，完成干挂。

9.3.2.3 陶瓷岩板的施工方法

（1）陶瓷岩板铺贴前工具准备

陶瓷岩板是大规格的装饰材料，因此铺贴前需要准备好相应的工具，如瓷砖胶、三孔玻璃吸、瓷砖抹灰刀、灰匙、橡胶锤、水平尺、找平器套装、清洁抹布或清洁海绵等，如图9-14所示。

（2）陶瓷岩板铺贴流程

陶瓷岩板的铺贴流程如下：基面检查及处理→地面找平处理→陶瓷岩板铺贴准备→瓷砖胶制备→刮刀应用→胶黏剂施涂→地面铺贴施工→振动器及陶瓷岩板拍使用→陶瓷岩板表面清洁及美缝处理→成品保护。

1）基面检查及处理

陶瓷岩板和陶瓷大板都可铺贴于建筑行业常见的基面上，如混凝土基、水泥基和无水石膏抹灰面、由特殊黏结剂铺设而成的找平层、埋有加热设备的找平层、旧瓷砖地面、石材或金属面、水泥基或石膏墙体抹灰面、膨胀水泥砌块、加气混凝土砌块、石膏板及用水泥基防水产品或人造树脂防水产品作防水处理的基面。

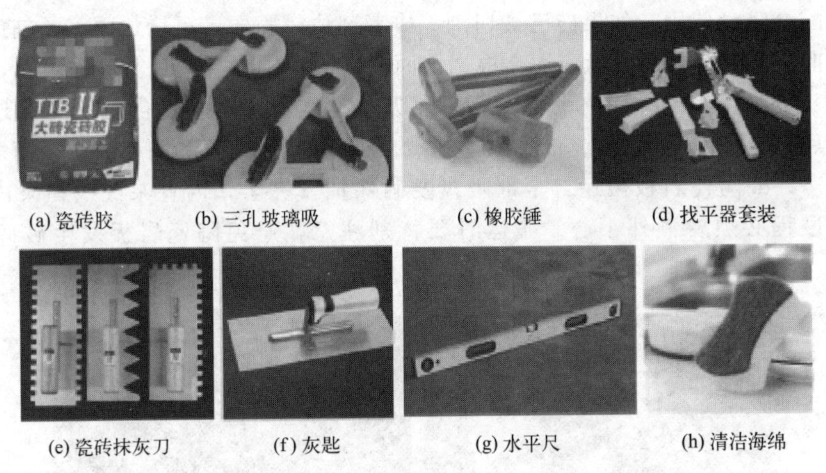

(a) 瓷砖胶　(b) 三孔玻璃吸　(c) 橡胶锤　(d) 找平器套装

(e) 瓷砖抹灰刀　(f) 灰匙　(g) 水平尺　(h) 清洁海绵

图 9-14　铺贴陶瓷岩板的工具

安装前必须要检测基面的状态，确保达到以下情况。

a. 基面必须要牢固且无裂缝，找平层的所有裂缝都必须使用环氧树脂产品密封。

b. 基面固化和尺寸稳定，为了减少安装次数，可以使用特殊黏合剂。

c. 基面坚固且有足够强大的承受可预见荷重能力和使用范围。

d. 基面干燥，基面干燥必须根据每种类型建立的方法进行测试。

e. 基面清洁和无其它松散物质、灰尘、油脂、油渍、蜡、涂料、脱模化合物以及其它不利于黏合的材料，如有油污需用 10％的火碱水溶液刷洗冲净。

f. 基面平坦（建议厚度偏差为±3mm），如果基面的平整度不在该偏差范围内，安装瓷砖前，基面必须使用合适的找平砂浆进行找平。

2）地面找平处理

如果地面平整度没有达到偏差±3mm，就需要进行重新找平，且找平层施工 12h 初步干固后要用清水润湿养护，养护时间不少于 7d。具体施工步骤如下所述。

a. 找平层砂浆采用 1∶4 比例混合干硬性水泥和粗砂（砂浆的干硬程度以手捏成团不松为宜，砂一定要用粗砂），或使用马贝自流平砂浆找平，平整度更高。

b. 用红外水平仪定位找平线，打灰饼作为找平点（一般找平层有 3～4 cm 厚）。

c. 用灰刀涂布水泥砂浆。

d. 用找平靠尺将水泥砂浆刮平到与灰饼高度一致，厚度偏差确保在±3mm 范围内。

3）陶瓷岩板铺贴准备

① 陶瓷岩板搬运处理　为了方便处理，可采用带有吸盘的框架进行搬运，以避免造成产品的扭曲和折断。a. 解封和清洁：将陶瓷岩板从包装中解封出来，在处理和移动之前，可使用湿润的海绵清洁陶瓷岩板的吸盘触面，以取得更好的吸力。b. 陶瓷岩板搬运抬杠应用：900mm×1800mm 以上规格应采用陶瓷岩板搬运抬杠（如图 9-15），搬运抬杠可根据陶瓷岩板的长度进行伸缩调

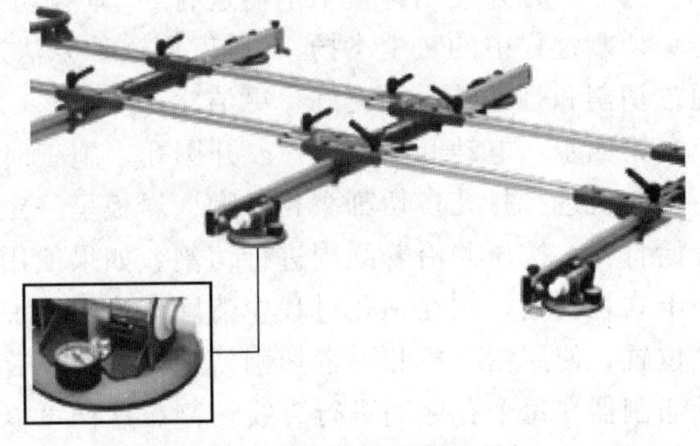

图 9-15　陶瓷岩板搬运抬杠

整，抬杠上配合吸盘使用。如果砖已被切割，或者部位较脆弱，可增加更多的辅助横梁以减少产品的弯曲或者扭曲。c. 吸盘应用：根据饰面材料的不同，有两种类型的吸盘，传统类型（搬运工具表）和内置泵（如图 9-16）。后一种吸盘类型更安全，提供更好的抓地力，即使在一段时间后，也可以使用泵重新保持真空。始终确保吸盘装置和陶瓷岩板表面之间产生良好的真空状态。d. 陶瓷岩板搬运：全部吸盘要确保抽气完全，内置泵红线在泵内，即可开始抬起，此过程必须要额外小心。搬运时要特别注意，避免陶瓷岩板发生破碎或者边角损坏。

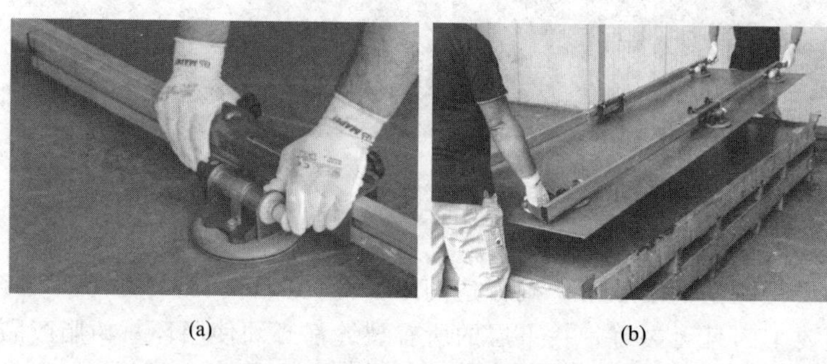

(a)　　(b)

图 9-16　抬杠内置泵（a）及陶瓷岩板搬运（b）

② 陶瓷岩板加工处理　针对陶瓷岩板切割、开孔等简易加工处理可以在施工现场进行，但是在加工处理前需要配备专业的施工操作平台及工具。

第一步：施工操作平台搭建。施工操作平台建议选择质量较好、强度较大的铝合金架子，另外可以根据不同产品规格适当对平台进行加长和加宽。

第二步：切割、开孔标注。把需要切割的陶瓷岩板摆放至施工操作平台上，再根据设计图纸的要求对陶瓷岩板进行标注。

第三步：对于薄板，a. 手动直线切割施工。将切割导轨沿着待切割的线放置在陶瓷岩板上，并用吸盘将其固定，在陶瓷岩板上从内至外做 1～2cm 长的小切口。然后从一端到另一端完成切割，确保在整个切割过程中对刀具施加相同的压力。使用瓷砖切割刀沿着切割线切割陶瓷岩板两端。b. 折断和打磨。沿着切割线把陶瓷岩板轻微折成两半，直到两片断开，一般由两个人进行这个操作，这样切割不易崩边、断裂跌落。切割后的边缘变得锋利或参差不齐，这时需要对边缘进行打磨，可用金刚石垫或研磨盘进行清理和打磨边缘。

对于厚板，电动直线切割施工。如果施工的陶瓷岩板属于厚板（10～15mm）产品或者是特殊位置切割（切割线图参考第二步），可使用电动切割器进行操作。施工时同样沿着切割线引导装置并使用圆盘切割器进行 90°垂直切割或 45°倒角切割（切割器建议配备吸尘器，避免切割过程中的灰尘飞扬），可以用这种方法进行贯穿切割或部分切割，切割后的边缘比通过切割和打磨的边缘更好、更洁净。

第四步：电动开孔施工。a. 开圆孔。施工时沿着标记的出孔位置，使用干式或湿式金刚石切割机进行打孔。切割头相对陶瓷岩板呈一定的角度开始打孔，以便更准确地切割。一旦开始打孔，按压并沿着圆周进行切割。如果使用湿式切割法，切割区域应保持湿润。如果使用干式切割法，则在钻孔过程中清除所有产生的灰尘。b. 开矩形孔。施工时沿着标记的出孔位置，使用钻孔机和圆盘切割器进行操作。首先在矩形的每个角上钻一个圆孔，然后用圆盘切割器在每个孔之间进行直线切割。这样可以防止矩形的边角产生过大的作用力，从而避免造成陶瓷岩板开裂。

开孔加工注意事项：a. 电动切割时保证充足冷却水，且冷却水需对准切割点，否则会导致切割片发热冒火花、金刚石磨片烧毁、产品侧面发黑，甚至会引发产品爆裂和加速锯片的损耗。b. 开圆孔（水龙头孔、电视机挂座孔等）时则需要用打孔定位器固定钻头，以防钻头走位而刮伤表面或产生破碎。c. 一般在铺贴前开孔，但当要在薄板靠边的位置开方孔时，为防止搬运时破裂，可以铺贴好后再开孔。d. 转角接缝需要背切45°倒角，实际切割角度要大于45°，且用台式设备先切割到离表面还有2～3mm，然后用手磨机磨到离表面1mm厚。需要磨边处理的台面转角要用石材胶（云石胶、固化剂等）黏结，拼接后要用G字夹夹紧，待黏结剂干后，在接缝处涂上石材胶，再用手磨机磨边。

4）陶瓷岩板湿贴铺贴

选择合适的胶黏剂能从根本上确保多年坚固耐用的粘贴，可根据基面的类型、瓷砖的大小规格和类型、使用区域和周围环境选择合适的胶黏剂。水泥基胶黏剂的性能指标应符合JC/T 547—2017中相关级别产品的要求，产品环保性要求按GB 18583—2008的规定进行。胶黏剂具体选型要求如表9-2所示。

表9-2 胶黏剂具体选型要求

陶瓷岩板尺寸/mm	使用区域	胶黏剂	高度
1800×900（厚度≥8mm）	室内墙地面	C2TE	粘贴高度在24m内
	室外墙地面	C2TES1	
1200×2400（厚度≤12mm）	室内墙地面	C2TES1	不限（一般不会高于15m）
	室外墙地面	C2TES1	粘贴高度在15m或以下
		C2TS2	粘贴高度在15～24m
3200×1600（厚度≤12mm）	室内墙地面	C2TES1	不限（一般不会高于15m）
	室外墙地面	C2TS2	粘贴高度在24m以内

注：1. 对于有背网的陶瓷岩板，宜用C2TS2组别的胶黏剂。
2. 对于厚板（厚度≥8mm）墙面铺贴宜采用背栓挂贴技术增加物理受力，从而保证墙面湿贴的安全性，每张陶瓷岩板挂贴背栓受力点设计宜在两个以上（打横贴或打竖贴）。

① 瓷砖胶制备　根据不同品牌瓷砖胶的使用要求不同，在制备时需看清袋子背后的使用说明，特别是水和灰的混合比例。混合后需使用电动搅拌器搅拌均匀，用灰刀取一部分，反过来后瓷砖胶不往下掉为混合完全，此时即可进行墙面和砖面涂刮。

② 刮刀应用　一方面，使用具有倾斜凹口（间距至少10mm）的刮刀将胶黏剂施涂在基面上，使胶黏剂均匀分布于基面；另一方面，使用齿口较小（方形齿口间隔3～4mm）的刮刀将胶黏剂施涂在陶瓷岩板背面，使得陶瓷岩板背面百分百满涂。

③ 胶黏剂施涂　应该以平行于瓷砖短边直线的方式施涂胶黏剂，不可以画圆的方式施涂，这样能减少粘贴时挤压产生的空气。必须以相同的方向施涂胶黏剂于陶瓷岩板背面和基面上（与陶瓷岩板短边直线平行）。

④ 地面铺贴施工　地面和陶瓷岩板背面涂刮完胶黏剂后，使用陶瓷岩板搬运抬杠把陶瓷岩板抬至铺贴区域，调整位置后慢慢与地面黏合，并在还没有完全吸附时，挪动调整好铺贴位置。整齐后，在陶瓷岩板边缘安装找平器。

⑤ 振动器及陶瓷岩板拍使用　为确保陶瓷岩板完全黏合于基面上，并且挤压出所有空气，需使用振动器或者防反弹的橡胶板抚平陶瓷岩板表面。应从陶瓷岩板的中间向四周按

压，按压方向与陶瓷岩板胶黏剂的刮痕相同，即平行于短边，以确保陶瓷岩板与基面之间的空气挤压出来。

⑥ 陶瓷岩板表面清洁和美缝处理　陶瓷岩板间的砖缝宽必须至少 2mm，并且必须根据陶瓷岩板的尺寸和类型、使用面积（墙地面、室内外的陶瓷岩板安装）以及使用时预期应力来增加砖缝的宽度。

a. 缝隙处理：填缝工序应至少在陶瓷岩板铺贴 24h 后进行。使用填缝剂前应先将陶瓷岩板缝隙清洁干净，去除所有灰尘、油渍及其它污染物，而且缝内不能有积水，同时要清除陶瓷岩板缝隙间松散的胶黏剂。填缝的适宜温度为 5～32℃。

b. 材料制备：制备时，先将填缝剂粉料加入符合比例的水或乳液中，然后使用带有搅拌叶的低速电钻进行机械搅拌，直至均匀没有块状为止。待拌和物静置 5～10min，再略搅拌后即可使用。

c. 填缝剂施工：填缝前先润湿陶瓷岩板表面，用橡胶抹子沿填缝对角线方向将填缝剂逐步填压入缝，在缝隙的交叉处可用橡胶抹子反复挤压，以确保缝内完全填满填缝剂。再用橡胶抹子刮净陶瓷岩板表面多余填缝剂，尽可能不在陶瓷岩板面上残留过多的填缝剂，及时清除发现的任何瑕疵，并尽早修补完好。

d. 清洗：填缝后 30～60min 进行陶瓷岩板表面残留填缝剂的清理。使用蘸湿的海绵或抹布，沿陶瓷岩板对角线方向轻轻擦拭，把多余的填缝剂擦掉，等填缝剂稍干后，再用海绵或抹布及少量的清水擦亮陶瓷岩板的表面。

⑦ 成品保护

a. 为避免后续施工刮伤陶瓷岩板，地面需用保护膜（简单点的可以用陶瓷岩板纸箱代替）、墙面转角处需要用保护套进行保护。施工完成 24h 内，禁止行走和冲洗。

b. 在铺贴陶瓷岩板的操作过程中，对已安装好的门框、管道等都要加以保护，如门框钉装保护铁皮、运灰车采用窄车等。

c. 不得在刚铺好或未做保护处理的陶瓷岩板上存放施工用品或进行切割、喷漆等操作。

9.3.2.4　干挂陶板的施工方法

（1）干挂陶板的施工特点

干挂陶板适用于高层建筑外墙陶瓷板幕墙，其施工特点：单层陶板系统，以开放式（拼接缝不采用密封胶密封）拼挂方式安装，具有通风、排湿、隔热等功能，固定系统创新，陶板背面 4 根加筋肋的设计，采用通槽铝合金挂钩直接固定（非保温幕墙）在实心砖、混凝土的结构墙面上，或者先固定在金属支撑框架（幕墙立柱）上，支撑框架再固定（保温幕墙）在结构墙体上，具有抗冻融性和抗冲击性。

（2）施工工艺

工艺流程：施工准备→测量放线→固定锚板→现场焊接支撑件（角码）→安装保温系统→安装竖向龙骨→安装横向龙骨→安装横向龙骨挂件和分缝件→安装导水板→安装干挂陶板→安装边角板→竣工清理。

操作要点如下所述。

① 施工测量放线　根据幕墙分格在所安装幕墙立柱的墙面上用激光或水平仪放出水平、

垂直基准线，按照锚板以及横、竖向龙骨走向定出基准线。同时在锚板安装位置划出垂直、水平控制线。

② 安装固定锚板　根据锚板安装位置的垂直、水平控制线将锚栓固定在主体结构上，通过锚栓拉拔试验来验证是否达到设计强度要求。

③ 安装竖向龙骨固定角码件　根据垂直控制线确定角码安装位置，然后将角码与预埋件焊接，最后检查调整安装竖向龙骨角码的垂直度。

④ 安装保温层　将保温层安装在清洁过的墙体上，保温层的安装要根据不同的工程及其要求具体而定，但必须符合《建筑节能工程施工质量验收标准》(GB 50411—2019）规定，保温材料的厚度必须能保证规定的隔热保温效果。

⑤ 安装竖向龙骨（见图 9-17）　用不锈钢螺栓将立柱固定在角码上，通过墙面端线确定立柱距墙面的距离，控制竖向龙骨和角码衔接固定点的位置，确保连接点处于最佳受力位置。同时调节中间位置立柱的垂直度。

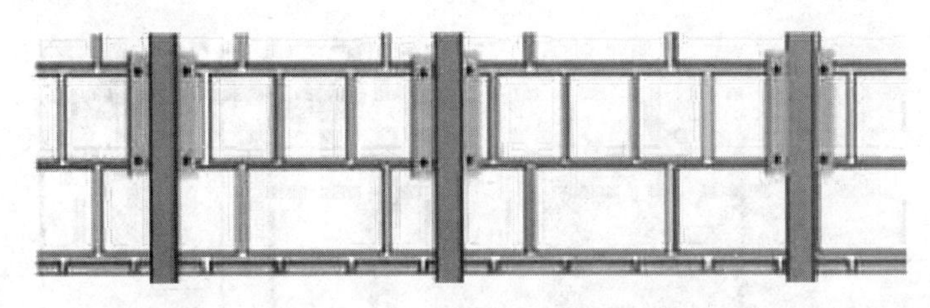

图 9-17　竖向龙骨

⑥ 安装横向龙骨　采用不锈钢螺栓或不锈钢螺钉将横向龙骨固定在竖向龙骨上，调节水平度和垂直度。通常采用尺模作为定位基准工具，保持尺寸精度，同时也能确保安装高效率、简单、易操作（见图 9-18）。

⑦ 安装干挂陶板　干挂陶板安装分为卡接（见图 9-19）和挂接（见图 9-20）两种连接方式，挂接方式又分为有横向龙骨挂接［图 9-20(a)］和无横向龙骨挂接［图 9-20(b)］两种。安装步骤：a. 安装干挂陶板不锈钢或镀锌固定件（卡件）和竖向胶条分缝件，安装导水板系统；b. 安装干挂陶板挂（卡）接件，并通过挂（卡）接件调整干挂陶板的安装水平度与垂直度，安装底部横梁的挂接件，然后将上层的干挂陶板插入下层的挂接件中；c. 干挂陶板自下而上逐层安装，导水板在板块安装时就位（见图 9-21），局部中间板块找补安装（图 9-22）。

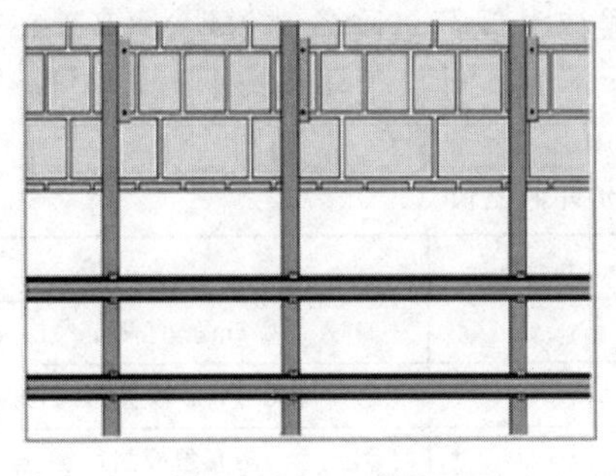

图 9-18　横向龙骨

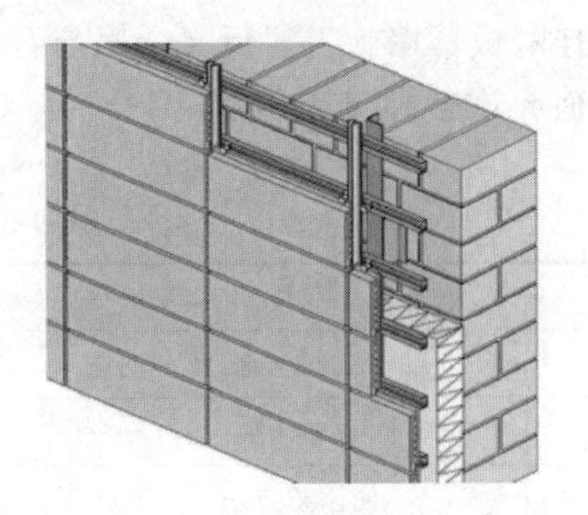

图 9-19　干挂陶板卡接安装方式

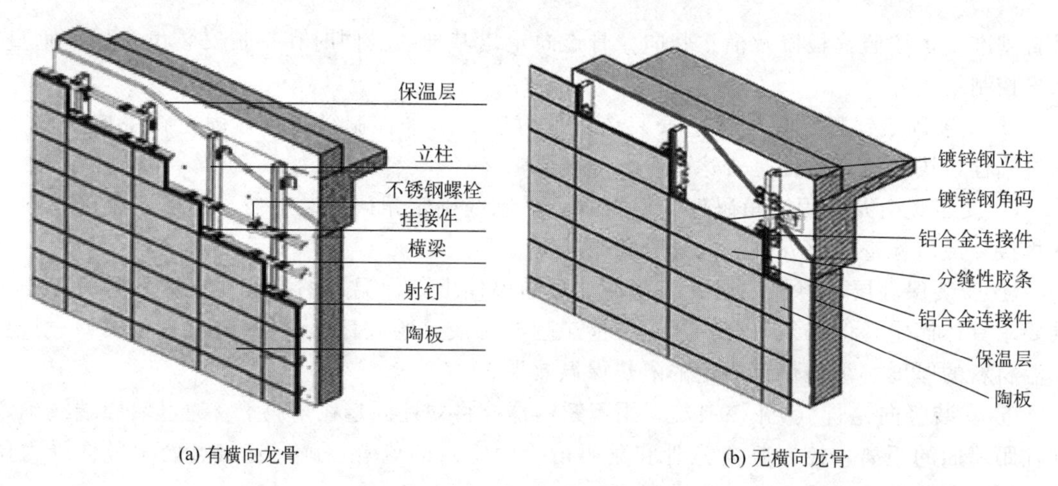

图 9-20 干挂陶板安装挂接方式

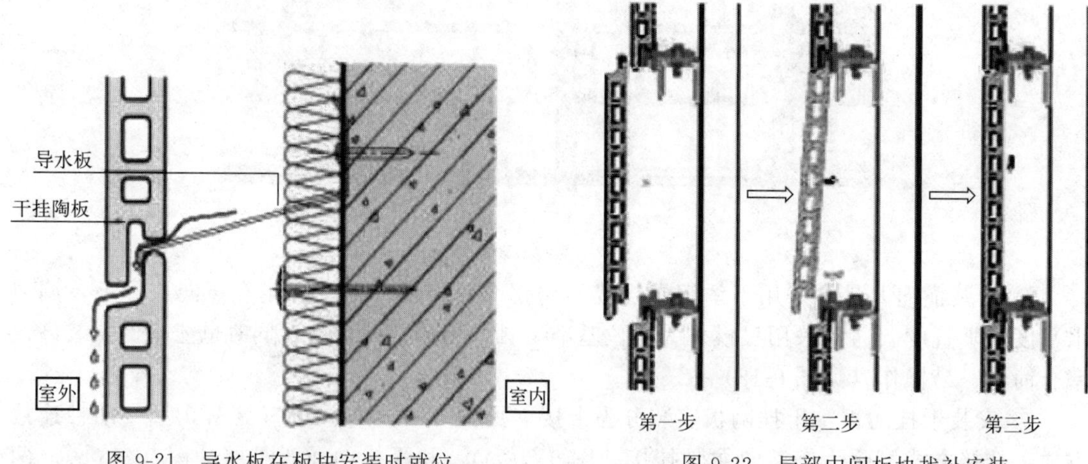

图 9-21 导水板在板块安装时就位

图 9-22 局部中间板块找补安装

⑧ 最后安装顶部的面板和边角异形板，完成整个幕墙的安装。

⑨ 面板嵌缝。

⑩ 竣工清理找补阶段，与其它外墙封边接点等部位注胶处理，达到防水防渗效果。

（3）质量控制

干挂陶板幕墙施工执行《金属与石材幕墙工程技术规范（附条文说明）》(JGJ 133—2001) 板块表面允许偏差见表 9-3。

表 9-3 板块表面允许偏差值

序号	项目	允许偏差/mm	检查方法
1	立面垂直	2	用 2m 垂直测量尺检查
2	表面平整	1.5	用 2m 靠尺和塞尺检查
3	阴阳角方正	2	用直角检测尺检查
4	搭接缝直线	2	拉通线钢尺测量
5	搭接缝高低	0.5	用钢直尺和塞尺测量

续表

序号	项目	允许偏差/mm	检查方法
6	接缝宽度	1	用钢直尺检查

（4）质量保证措施

① 后锚固螺栓应满足下列要求：a. 采用质量可靠的品牌，有检验证书、出厂合格证和质量保证书；b. 用于竖向龙骨与主体结构连接的后加螺栓，每处不少于 2 个，直径不小于 10mm，长度不小于 110mm，螺栓应采用不锈钢和热镀锌碳素钢；c. 必须进行拉拔试验，有试验合格报告书；d. 优先设计为螺栓受剪的节点形式。

② 严格水平挂件的安装固定，增设挂件和板块之间的柔性垫片，确保干挂陶板水平横缝的顺直和板块间的缓切力，满足美观和抗震、抗风的要求。

③ 使用竖向分缝件，采取干挂陶板板块侧向限位措施，防止在强震下干挂陶板平面内晃动滑移过大或脱落，增强耐雨水冲击、防止干挂陶板侧移和减震作用；分缝件会对干挂陶板产生柔和的推力，避免发出噪声。

④ 挂件挂接，通过专用挂件将干挂陶板固定在内部骨架结构上。

⑤ 设置导水板，防止幕墙内积水对骨架体系造成腐蚀。开缝式系统在每个窗口的上方和左右两侧均安装有导水板，大面积的干挂陶板幕墙每三个楼层设一层导水板，该导水板可将干挂陶板内部的冷凝水或安装缝中渗入的微量水导流到幕墙外侧。

第 10 章

建筑陶瓷性能要求

本章导读

本章主要介绍建筑陶瓷产品的实用性能、相关标准以及性能的检测方法，并对建筑陶瓷的常见缺陷及其产生的原因作了详细的分析。

学习目标

了解相关建筑陶瓷及其制品的国家标准、产品标准，掌握建筑陶瓷产品各类性质的检测方法，能够分析建筑陶瓷产品的各类缺陷及其产生的原因，为解决建筑陶瓷生产中出现的问题及产品缺陷提供思路和方法。

10.1 建筑陶瓷产品的实用性能与标准

国家质量监督检验检疫总局和国家标准化管理委员会于 2015 年 5 月 15 日批准发布了最新的《陶瓷砖》国家标准，自 2015 年 12 月 1 日起实施。《陶瓷砖》（GB/T 4100—2015）为产品标准。《陶瓷砖试验方法》（GB/T 3810.1～16—2016）系列标准为方法标准，是推荐性国家标准，共有 17 个，其明细如表 10-1 所示。

表 10-1　《陶瓷砖》（GB/T 4100—2015）产品标准和《陶瓷砖试验方法》（GB/T 3810.1～16—2016）系列方法标准

序号	国家标准编号	国家标准名称	代替标准号	发布日期	实施日期
1	GB/T 3810.1—2016	陶瓷砖试验方法　第 1 部分：抽样和接收条件	GB/T 3810.1—2006	2016-04-15	2017-03-01
2	GB/T 3810.2—2016	陶瓷砖试验方法　第 2 部分：尺寸和表面质量的检验	GB/T 3810.2—2006	2016-04-15	2017-03-01
3	GB/T 3810.3—2016	陶瓷砖试验方法　第 3 部分：吸水率、显气孔率、表观相对密度和容重的测定	GB/T 3810.3—2006	2016-04-15	2017-03-01
4	GB/T 3810.4—2016	陶瓷砖试验方法　第 4 部分：断裂模数和破坏强度的测定	GB/T 3810.4—2006	2016-04-15	2017-03-01
5	GB/T 3810.5—2016	陶瓷砖试验方法　第 5 部分：用恢复系数确定砖的抗冲击性	GB/T 3810.5—2006	2016-04-15	2017-03-01

续表

序号	国家标准编号	国家标准名称	代替标准号	发布日期	实施日期
6	GB/T 3810.6—2016	陶瓷砖试验方法　第6部分：无釉砖耐磨深度的测定	GB/T 3810.6—2006	2016-04-15	2017-03-01
7	GB/T 3810.7—2016	陶瓷砖试验方法　第7部分：有釉砖表面耐磨性的测定	GB/T 3810.7—2006	2016-04-15	2017-03-01
8	GB/T 3810.8—2016	陶瓷砖试验方法　第8部分：线性热膨胀的测定	GB/T 3810.8—2006	2016-04-15	2017-03-01
9	GB/T 3810.9—2016	陶瓷砖试验方法　第9部分：抗热震性的测定	GB/T 3810.9—2006	2016-04-15	2017-03-01
10	GB/T 3810.10—2016	陶瓷砖试验方法　第10部分：湿膨胀的测定	GB/T 3810.10—2006	2016-04-15	2017-03-01
11	GB/T 3810.11—2016	陶瓷砖试验方法　第11部分：有釉砖抗釉裂性的测定	GB/T 3810.11—2006	2016-04-15	2017-03-01
12	GB/T 3810.12—2016	陶瓷砖试验方法　第12部分：抗冻性的测定	GB/T 3810.12—2006	2016-04-15	2017-03-01
13	GB/T 3810.13—2016	陶瓷砖试验方法　第13部分：耐化学腐蚀性的测定	GB/T 3810.13—2006	2016-04-15	2017-03-01
14	GB/T 3810.14—2016	陶瓷砖试验方法　第14部分：耐污染性的测定	GB/T 3810.14—2006	2016-04-15	2017-03-01
15	GB/T 3810.15—2016	陶瓷砖试验方法　第15部分：有釉砖铅和镉溶出量的测定	GB/T 3810.15—2006	2016-04-15	2017-03-01
16	GB/T 3810.16—2016	陶瓷砖试验方法　第16部分：小色差的测定	GB/T 3810.16—2006	2016-04-15	2017-03-01
17	GB/T 4100—2015	陶瓷砖	GB/T 4100—2006	2015-05-15	2015-12-01

由表10-1可见：《陶瓷砖》(GB/T 4100—2015）和《陶瓷砖试验方法》(GB/T 3810.1～16—2016）系列标准与2006年颁布的标准基本相同。

广东陶瓷协会和中国建筑卫生陶瓷协会先后于2021年7月和10月发布了《陶瓷岩板》标准，对陶瓷岩板的要求、试验方法、检验规则、标志、包装、运输和贮存做了规定。本书选用广东陶瓷协会发布的《陶瓷岩板》（T/GDTC 002—2021）标准。

本章主要介绍陶瓷砖和陶瓷岩板等建筑陶瓷的实用性能及相关标准。

10.1.1 白度、光泽度、透光度、颜色、小色差

(1) 白度

可见光照在瓷片试样上，产生镜面反射与漫反射，漫反射决定了陶瓷表面的白度。白度是用白度仪在额定波长下（使用不同波长的滤波片）测得的与标准样品比较后所得的相对漫反射（散射）率。白度是建筑陶瓷制品的一个重要性能指标，许多建筑陶瓷制品都是白色的，如白色的釉面砖、白色的墙地砖。早期的釉面砖以白色料为主，纯白色的墙地砖（如雪花白，配上黑色，形成鲜明的对比色）以其独特的风格受到人们的喜爱。采用化妆土（化妆土的作用之一）就是为了覆盖坯体的本色，获得更高的白度。所以提高白度是建筑陶瓷的重要研究方向之一。

影响陶瓷制品白度的因素主要有原料中着色化合物的含量、烧成条件、制品的化学及矿物组成。铁、钛、锰、铬、钴、铜等离子是硅酸盐材料的典型着色离子，其存在的形式不同、含量不同时，陶瓷制品的白度也不同；镁及其化合物往往具有较高的白度；烧成条件不仅影响离子的价态，而且影响物质的结晶形态，从而进一步影响陶瓷制品的白度。

白度测定时，瓷片样品应平整无彩饰、无明显缺陷、表面施釉，样品不得小于20mm×20mm。标准白板以优级氧化镁粉压制而成，其光谱漫反射率以98%计。测试仪器为白度计(具有主波长420nm、520nm、620nm三块滤波片)。

(2) 光泽度

镜面反射决定了陶瓷表面的光泽度，光泽度是将折射率 $N_d=1.567$ 的黑色玻璃镜面反射极小的反光量作为100%（实际上黑色玻璃镜面反射的反光量小于1%），将被测瓷片的反光能力与此黑色玻璃的反光能力相比较所得到的。由于瓷釉的反光能力一般都比黑色玻璃强，故瓷釉表面的光泽度往往大于100。不同的釉面光泽度在建筑陶瓷制品上都得到了应用，高光泽度的墙砖在标志性建筑及光线暗淡的地方得到好的应用，而在光线过强的空间，人们希望砖面反射光线不要太强，亚光砖面光线柔和，深受欢迎。

调节釉面光泽度的方式主要有两种：一是调节釉料中各种不同折射率的氧化物的含量，高折射率氧化物含量多的釉面具有更高的光泽度；二是围绕釉面的平整度进行调节，高温黏度低的釉面容易铺平，镜面反射强，光泽度高。有微细晶体析出的釉面不利于镜面反射，光泽度低，许多亚光釉就是依据该原理而制备的。

光泽度测定时，底样表面应平滑、无彩饰及明显的凹凸不平，应有足够的平面范围以供测试。具体尺寸按仪器而定，厚度不小于3mm。测试仪器为电光泽度计。

(3) 透光度

镜面透射决定了陶瓷的透光度，透光度是用透过一定厚度瓷（釉）片的透射光强度与其入射光强度之比的相对百分率来表示的。建筑陶瓷以釉面透光度测定为主，目前少有透明坯体。釉层若为均一玻璃相，除了对光产生吸收以外，釉对入射光的散射极小。当釉层中含有异质相，如析晶、杂质、气相等，会使入射光产生散射，同时增加了光的自由程及釉层对光的吸收，透光度低。釉中玻璃相的异相尺寸与入射光波长越接近，散射就越大，透光度越低，釉逐渐失透成为乳浊釉。乳浊釉和透明釉都是建筑陶瓷常见釉种，因建筑陶瓷多采用次级原料成坯，同时有瓷、炻、陶质坯体之分，坯体往往呈色，所以更多采用乳浊釉。

透光度测定时，试样制成长方形（20mm×25mm）或圆形（直径20mm），厚度为2mm、1.5mm、1mm、0.5mm四种不同规格的薄片。制备时应从同一部位切取，要求平整、光洁，研磨后烘干，精确测定厚度。测量仪器为透光度仪。

(4) 颜色

作为装饰用材料，建筑陶瓷制品颜色丰富多彩，有色坯与色釉之分。获得色坯的途径有很多，如采用含着色离子的天然原料或者在坯料中加入颜料、色剂等都可以获得色坯。颜料、色剂与坯料均匀混合可以获得颜色均匀的色坯，以色料颗粒混入坯料中压制成型、烧成可得斑点装饰。色釉装饰在建筑陶瓷中也得到广泛应用，其制造方法与色坯基本相同。不同的是：一方面釉体在高温下熔融成液态可以流动，传质速度快，颜色更均匀；另一方面，若给予适当的保温时间，有些釉又有可能出现高温分相现象，导致颜色不均匀。

决定陶瓷制品最终呈色的因素有很多，如色料和色剂的组成与结构、坯料和基础釉料的组成与性质、坯釉料和色料高温行为关系、最高烧成温度、升（降）温制度、烧成气氛、压力制度等。因此，陶瓷制品的颜色是一个比较难以控制的指标。

建筑陶瓷的生产要求对颜色进行严格的控制，达到预计的色调、亮度与色度值，在生产实验中往往要设专职人员从事配色工作。所谓配色，就是根据样板的颜色调制出色调、亮度与色度相同或接近的产品，需要做大量的试验工作。除配色之外，批量产品颜色的均一性也需要控制，就是控制色差。建筑陶瓷常常是大批量、大面积同时使用，因此色差的控制十分必要。

人的视觉可辨别的颜色多达数百种，目前已知每种颜色在一定光源下都有其特有的光谱特性曲线，它可以定量地用两种方式表示。

① 芒塞尔色系（Munsell color system） 它是国际上通用的一种颜色表示方式，即用颜色的三个基本属性：色调 H（hue）、亮度 V（value，又称明度）、色度 C（colour，又称色饱和度或彩度）来表示颜色。具体方法是：将色调分为十类，即红（R）、橙（YR）、黄（Y）、草绿（GY）、绿（G）、青（BG）、蓝（B）、紫蓝（PB）、紫（P）、紫红（RP），每类又分为 2 个（4 个），共计 20（或 40）种色调，并分别在字母前标以 2.5、5.0、7.5、10 等四个数字以示区别。颜色对视觉刺激的强度称为亮度，用 V 表示。芒塞尔色系将亮度分成 11 级，对理想黑体 $V=0$，对理想白体 $V=10$，中间的则为 $V=1$、2、…，9。

所有的颜色可归为彩色与消色两大类。彩色是各种单色光与各种混色光所具有的颜色；消色包括白色、灰色与黑色，是由可见光中各种不同波长的单色光以等能量对人眼刺激相互抵消所引起的一种感觉。我们通常所看到的颜色是由彩色和消色合成的颜色。色度（又称纯度、色饱和度、彩度）是指彩色量占整个混合色的比例。

芒塞尔色系将色度分为 14 个等级，分别用 1，2，…，14 等数字表示。这样用 H、V、C 这一套数字就可以对每一种颜色作出科学的标注。基本标注法为 HV/C，如 5R6/8 表示一种红色，其色调为 5R，亮度为 6，色度为 8。当颜色为消色时，此时无色调，$C=0$ 称为无彩色。

② CIE 色系和 CIE 色图 国际照明委员会（CIE）制定了 CIE 色系，规定红（R）、绿（G）、蓝（B）为三原色，这三原色相应单色光的波长分别为 700nm、546nm 和 436nm。其余色均可由三原色合成。CIE 在三原色的基础上引出 X、Y、Z“三刺激值”的概念，以 X、Y、Z 三点为顶点的等边三角形刚好可以将所有颜色都包含进去，组成 CIE 色图，见图 10-1 和图 10-2。其中点代表单色光，由它们组成形似吊钟的轨迹，该曲线不封闭是由于它的两端代表两种不同的单色光。混合色均位于迹线内，而迹线又位于等边三角形 X、Y、Z 以内，故所有的单色和混色均可由 X、Y、Z 根据公式求得。

此轨迹又称为光谱色轨迹，代表 380～720nm 的连续光谱。由三刺激值 X、Y、Z 按式(10-1)～式(10-4) 计算出各种颜色的坐标位置。

$$x=\frac{X}{X+Y+Z} \tag{10-1}$$

$$y=\frac{Y}{X+Y+Z} \tag{10-2}$$

$$z=\frac{Z}{X+Y+Z} \tag{10-3}$$

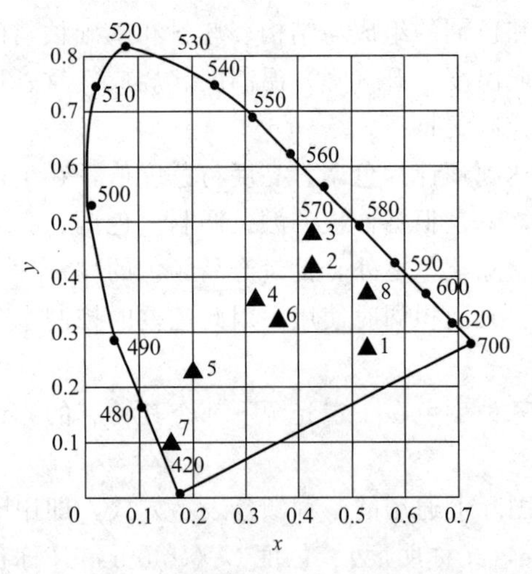

图 10-1　国际照明委员会（CIE）色图

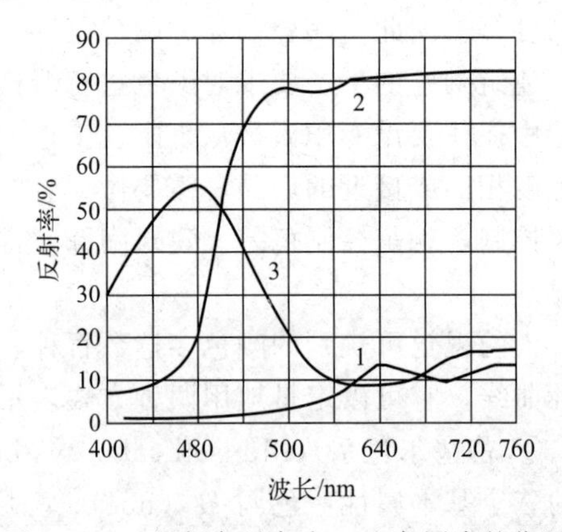

图 10-2　一些颜色呈色在 CIE 色图中的位置

1—铬锡红；2—铬钛黄；3—镨锆黄

$$x+y+z=1 \tag{10-4}$$

颜色通常取独立的三个参数 Y、x、y 来表示。其中 Y 为亮度；由 x、y 确定颜色在 CIE 色图中的位置，它的物理含义反映出颜色的色调和色度。

颜色的测定方法有视感法、照相法和仪器分析法三大类。视感法就是在日光或标准光源下，通过人的视觉与色谱对照后确定；照相法是在上述光源下，将试样拍成彩色照片，再与色谱对照后确定。以上两种方法受鉴别人的视觉、胶卷等多种因素的影响，结果有一定的偏差。

最准确、科学的方法是采用仪器分析，常用分光光度计，它有多种类别。目前国际上常用三刺激值直读式自动光谱色度仪进行颜色分析，配有计算机，利用专用的电子线路和微机处理。它在给出颜色分光反射率（透射率）的同时，还能给出 CIE 特征值 Y、x、y 及芒塞尔色系 H、V、C 值。其测定数据可靠，重复性好。仪器分析样品要求如下所述。

a. 粉末状样品经模压后应紧密并保持光滑。

b. 块状样品应烧成符合测试设备要求的片状，如 $\Phi 30\text{mm} \times 5\text{mm}$ 的圆片试样。

(5) 小色差的测定 (GB/T 3810.16—2016)

采用一个最大可接受值作为允许色差的宽容度，该值仅取决于颜色匹配的相近程度，而与所涉及的颜色及色差的本质无关。对参照标准试样及具有相同颜色的被测试样进行色度测量，并计算其色差。

将被测样品的颜色测量委员会（CMC）色差 ΔE_{CMC} 与某参考值比较，以确定颜色匹配的可接受性。该参考值可以是预先达成的贸易系数 cf 或是陶瓷工业通用的 cf 值。

1）彩度

彩度是某种颜色偏离与其具有相同明度的灰色的程度。某种颜色偏离灰色越多则彩度越高。

2）明度

明度是与颜色相对应的一个从白到灰的连续灰标尺。

注：色度学描述了颜色差异而非外貌差异的度量，只有在被测样品与参照标准试样间具

备必须的相同光泽和纹理时，计算才是有效的。

3）CIE 1976 $L^*a^*b^*$（CIE LAB）值

依据 CIE 015：2004 测得的三刺激值计算所得的 CIE 1976$L^*a^*b^*$（CIE LAB）色空间的色度坐标。

4）CMC 色差（ΔE_{CMC}）

一组色差方程，该方程利用被测样品与参照标准试样间计算的 CIE LAB（ΔL^*、ΔC^*_{ab}、ΔH^*_{ab}）值以确定包括所有与参照标准试样比较视觉上可接受的颜色的椭圆的边界。

5）贸易系数（cf）

为确定色差 ΔE_{CMC} 的可接受性，由有关各方达成的或陶瓷工业通用的宽容度。釉面陶瓷砖的贸易系数 cf 为 0.75。

6）试验装置

用于颜色测量的仪器应为反射光谱光度计或三刺激值式色度计。仪器的几何条件应与 CIE 规定的四种照明和观察条件中的一种一致。仪器的几何条件按惯例表示为照明条件/观察条件，四种允许的几何条件及它们的缩写为 45/垂直（45/0）、垂直/45（0/45）、漫射/垂直（d/0）和垂直/漫射（0/d）。如采用漫射几何条件的仪器（d/0 或 0/d），测量应包括镜面反射成分。0/d 条件下的样品法线与照明光束间的夹角，以及 d/0 条件下的样品法线与观察光束之间的夹角不应超过 10°。

7）试验步骤

取一块或多块包含相同颜料或颜料组合的陶瓷砖作为试验样品，以避免同色异谱的影响，一般至少应取五块有代表性的样品。如果砖的数量有限，应使用最具代表性的。用蘸有实验室级异丙醇的湿布清洁待测样品表面，再用不起毛的干布或不含荧光增白剂的纸巾将砖表面擦干。连续交替地快速测量参照标准试样及被测样品，每块砖测得三个读数，记录上述读数，并使用每块砖三次测量的平均值计算色差。

按 ISO 105-J03 给出的公式，通过 X、Y、Z 值计算每一试样的 CIE LAB 的 L^*、a^*、b^*、C^*_{ab} 及 H_{ab} 值。

按 ISO 105-J03 给出的公式计算 CIE LAB 色差 ΔL^*、Δa^*、Δb^*、ΔC^*_{ab} 及 ΔH^*_{ab}。

按 ISO 105-J03 中的步骤计算被测样品与参照标准试样间的分色差 ΔL_{CMC}、ΔC_{CMC} 和 ΔH_{CMC}。

按 ISO 105-J03：2009 中 3.3 给出的计算公式以 CMC(1∶c) 为单位的 CMC 色差 ΔE_{CMC} 值。使用 CMC 色差时，必须保证由 CMC 公式所决定的明度彩度比 [CMC(1∶c)] 是可接受的。CMC 允许使用者改变明度彩度比（1∶c），对高光泽光滑表面的釉面陶瓷砖常用的明度彩度比为 1.5∶1。

8）结果的判定

为判定可接受性，应选择有关各方面达成的“宽容度”（cf）。假如未事先达成某个宽容度，则应使用通用的工业宽容度，对釉面陶瓷砖来说为 0.75。当被测样与参照样之间计算的 ΔE_{CMC} 值与该宽容度相比时，即可确定被测样与参照标样之间是否是可接受的匹配。与参照样相比较，被测样包括两类：其 ΔE_{CMC} 值小于或等于达成的宽容度，则可接受（合格）；其 ΔE_{CMC} 值大于达成的宽容度，则不可接受（不合格）。

10.1.2 抗压强度、抗弯强度、冲击韧性、硬度

建筑陶瓷要求有一定的机械强度，部分建筑陶瓷材料要求有较高的机械强度，以满足受

力使用条件及加工要求。地砖就要求具有较高的机械强度，如抗压强度、抗弯强度等。地砖的机械强度主要决定于材料本身，同时与其加工过程相关。陶质材料机械强度较小，基本上不用来作地砖，地砖往往选用瓷质或炻质材料。相对于陶质材料，瓷质或炻质材料的机械强度一般较高。

建筑陶瓷生产工艺条件（如最高烧成温度、保温时间、欠烧或过烧等）的变动对地砖机械强度的影响十分明显，因此，机械强度也是检验现行工艺状况和制品均一性的重要指标。当然，在讨论陶瓷材料的机械强度时，往往要深入讨论材料分子的化学键，如共价键性或离子键性材料有更大的硬度与强度，而分子键性材料机械强度往往较小。国家标准 GB/T 4100—2015 以破坏强度（断裂模数）作为建筑陶瓷砖的机械强度检测指标，规定：

a. 瓷质砖断裂模数平均值不小于 35MPa，单个值不小于 32MPa；

b. 炻瓷质砖断裂模数平均值不小于 30MPa，单个值不小于 27MPa；

c. 细炻质砖断裂模数平均值不小于 22MPa，单个值不小于 20MPa；

d. 炻质砖断裂模数平均值不小于 18MPa，单个值不小于 16MPa；

e. 陶质砖断裂模数平均值不小于 15MPa，单个值不小于 12MPa。

建筑陶瓷的各种强度都有规定的测定方法，分述如下。

在《陶瓷岩板》（T/GDTC 002—2021）标准中，根据陶瓷岩板的厚度对断裂模数做了要求，规定：

a. 厚度＜6mm，断裂模数平均值大于等于 50MPa，单个值不小于 45MPa；

b. 6mm≤厚度≤10mm，断裂模数平均值大于等于 45MPa，单个值不小于 40MPa；

c. 厚度＞10mm，断裂模数平均值大于等于 40MPa，单个值不小于 35MPa。

（1）抗压强度

材料受到压缩（挤压）力作用而破损的最大应力称为抗压强度，用 MPa 或 $10^6 N/m^2$ 为单位表示。测定陶瓷材料抗压强度时，试样最好选用圆柱体，因为圆柱体内部应力较立方体均匀，而立方体试样不同方向抗压强度值是有差异的。试样规整程度（包括试样两受压面的平行度、侧面与受压面的垂直度）、试样表面微裂纹及其它缺陷等对抗压强度有明显影响。测试时，要求试样两平行受压面的不平行度小于 0.10mm/cm，不垂直度要小于 0.2mm/cm，表面不准有明显裂纹和其它缺陷，测试设备为万能材料试验机。抗压强度测定计算公式如式(10-5)：

$$\sigma_c = \frac{P}{A} \tag{10-5}$$

式中 σ_c——试样的抗压强度，MPa 或 $10^6 N/m^2$；

P——试样破损时的压力值，N；

A——试样受压面积，m^2。

试样尺寸精确到 0.010mm，载荷值按压力计精度读数。

（2）抗弯（抗折）强度

抗弯强度是试样受到弯曲作用力直到破损时的最大应力。建筑陶瓷在使用时，除受到压应力外，还受到弯曲应力作用。抗弯强度测定时，用试样受到破损时的最大弯曲力矩 M(N·m) 与被弯断处的断面 Z(m^2) 之比来表示。试样一般为长方形，宽厚比一般为 1∶1，如 10mm±1mm，试样长度视跨距而定，有 50mm 和 100mm 两种。测试仪器为万能材料试验机或各种专用抗弯试验机。抗弯强度测定计算公式如式(10-6)：

$$\sigma_{\mathrm{b}}=\frac{\frac{PL}{4}}{\frac{bh^2}{6}}=\frac{3PL}{2bh^2} \tag{10-6}$$

式中　σ_{b}——抗弯强度，MPa 或 $10^6\mathrm{N/m^2}$；

P——试样弯断时的负荷，N；

L——支撑刀口间的距离，mm；

b——试样断口处的宽度，mm；

h——试样断口处的厚度，mm。

当所有试样抗弯强度观测值的最大相对误差≤5%时（式 10-7），则以平均值作为测试结果；当最大相对误差>15%时，则舍去相对误差最大的观测值，然后将其余值控制到相对误差≤15%时再取平均值。

$$最大相对误差=\frac{|最大值(最小值)-平均值|}{平均值}\times 100\% \tag{10-7}$$

（3）冲击韧性

在使用过程中，建筑陶瓷受冲击力作用的情况很常见，目前，大多采用冲击韧性来衡量陶瓷材料能承受冲击力的大小。陶瓷材料的冲击韧性是指一定尺寸和形状的试样，在规定类型的试验机上受冲击负荷的作用，一次断裂时单位横截面上所吸收的平均冲击功。试验机通常采用增摆锤冲击机，用摆向锤的原始势能减去冲击断试样后的残余势能就等于试样断裂所吸收的冲击功。

试样尺寸采用厚度 4mm±0.2mm，宽度 4mm±0.2mm，长度≥50mm，或 4mm×6mm×50mm，在中央开 2mm 深的槽，使断口截面为 4mm×4mm 的正方形。

冲击韧性计算公式如式(10-8)：

$$\alpha_{\mathrm{R}}=\frac{W_{\mathrm{R}}}{F} \tag{10-8}$$

式中　α_{R}——冲击韧性，$\mathrm{N\cdot m/m^2}$；

W_{R}——试样所吸收的冲击功，$\mathrm{N\cdot m}$；

F——试样断裂处的横截面面积，$\mathrm{m^2}$。

（4）硬度

硬度代表材料抵抗硬的物体压陷表面的能力。陶瓷材料的硬度常用维氏硬度、莫氏硬度和显微硬度来评价。建筑陶瓷无釉砖和面釉都要求有一定的硬度，以满足受压或摩擦使用要求。

1）维氏硬度

维氏硬度试验的压头采用一个相对两面夹角为136°的金刚石正四棱锥压头。在一定负荷 P 的作用下压头压入试样表面，经规定的保荷时间后卸除负荷，在试样测试面上压出一个正方形的压痕，在读数显微镜下测量压痕两对角线 d_1 和 d_2 的长度，算出平均值 $\bar{d}=\frac{1}{2}(d_1+d_2)$，并算出压痕凹面的面积 F，以 P/F 的数值表示试件的维氏硬度值，单位为 MPa。维氏硬度的符号为 H_V，计算公式如式(10-9)：

$$H_V=\frac{P}{F}=1.8544\frac{P}{d^2} \tag{10-9}$$

式中 P——试样的负荷，N；

F——压痕凹面面积，mm^2；

d——压痕两对角线长度的平均值，mm。

在测试时，负荷 P 的大小可根据试样的大小、厚薄和其它条件的不同而定。陶瓷材料测试时，负荷 P 从 $9.807\times10^{-3}\sim294.21$N 范围中选择。

测试时，试样上下表面需平行，测试表面不得有油污或脏点，需抛光成镜面；试样的厚度至少大于压痕对角线的两倍；同一试样上至少测定不同位置的 5 个点的维氏硬度值，求出其平均值作为该试样的硬度；试验在常温下进行，负荷的保荷时间为 10～20s。

2）显微硬度

显微硬度的测定原理与维氏硬度的测试一样，只是负荷 $P<9.807$N，压痕以 μm 为单位。通过仪器中的光学放大系统用读数显微镜测出压痕的对角线长度 d，再按式(10-10) 计算出显微硬度（H_M）。

$$H_M=1.8544\frac{P}{d^2} \tag{10-10}$$

3）莫氏硬度

下述材料的莫氏硬度依次为：滑石 1、石膏 2、方解石 3、沸石 4、磷灰石 5、正长石 6、熔融石英 7、水晶 8、黄玉 9、石榴石 10、熔融锆石 11、氧化铝 12、碳化硅 13、氮化硼 14、金刚石 15。

建筑陶瓷用釉的烧成温度一般较低（1100～1200℃），釉中引入了较多的碱金属、碱土金属氧化物，并含有一定量的硼酸盐玻璃相，硬度往往较日用瓷釉要低一些。玻化砖是建筑陶瓷砖中机械强度较高的产品类型，其莫氏硬度为 7 左右。

10.1.3 热稳定性

热稳定性又称抗热震性、耐急冷急热性，指陶瓷材料抵抗温度急剧变化而不破坏的性能。急冷或急热会导致制品内部产生热应力，当热应力达到材料本身机械强度的极限时，材料就会被破坏。可见，陶瓷材料热稳定性与外界温度变化条件及材料本身性能相关。建筑陶瓷制品在使用中一般不会遇到急冷或急热的情况，但建筑陶瓷属快烧产品，应该有较好的热稳定性以满足快冷的要求。研究发现：建筑陶瓷制品的热稳定性在很大程度上取决于坯、釉的适应性，特别是二者热膨胀系数的适应性。热膨胀系数差较大时，容易导致产品后期龟裂。因此，建筑陶瓷制品热稳定性的好坏可用来判断其抗后期龟裂性的好坏，是一项重要指标。

根据 GB/T 3810.9—2016，陶瓷砖热稳定性的测定方法是：用整砖（因为热稳定性测定结果与样品尺寸相关）在 15℃和 145℃两种温度之间进行 10 次循环热稳定性试验。有浸没和非浸没两种测试方式。在规定光源下或采用染色液体观察有无裂纹，规定经 10 次热稳定性试验不出现炸裂或裂纹。

根据标准 T/GDTC 002—2021，陶瓷岩板热稳定性的测定方法是：用 600mm×600mm

试样在160℃和20℃之间进行3次温度急剧变化试验，观察试样是否出现裂纹或破损，判断其热稳定性。规定经3次热稳定性试验无裂纹或剥落。

10.1.4 热膨胀与湿膨胀

坯或釉合适的热膨胀系数是保证建筑陶瓷快速烧成的前提条件，是影响后期龟裂的重要因素。建筑陶瓷坯与釉不仅要有较小的热膨胀系数差，而且要求坯与釉的膨胀系数在整个烧成冷却过程中的一致性要好。

建筑陶瓷釉面砖多采用陶质或炻质坯，与受热膨胀相同，砖体在吸湿后也会发生膨胀，对应的膨胀率就是湿膨胀系数。正确铺贴时，大多数有釉砖和无釉砖不会因铺贴问题而引起自然吸湿膨胀。但是，在不满足铺贴要求和潮湿情况下使用陶瓷砖时，吸湿膨胀增强，特别是陶瓷砖直接铺贴在不合适的老化的混凝土底层上时，吸湿膨胀问题十分明显。因此，吸湿膨胀数值一般不能大于0.06%。

热膨胀系数测定方法的基本点是准确地测量出在一系列温度下待测试样的长度，然后通过相邻两温度下试样的长度差和温度差求出热膨胀系数。热膨胀系数是温度的函数，不同温度下的热膨胀系数不同。常用的是在一定温度范围内，如20～1000℃区间内温度改变1℃时陶瓷材料尺寸的平均相对增加值，而不是指某一温度下的绝对增加值。

测定热膨胀系数可采用各种类型的热膨胀仪，它们主要由两部分组成：即温度控制系统和位移测量系统。位移测定有多种方法，通常采用推杆膨胀仪法，它利用某种稳定材料制成杆（如石英玻璃棒）把试样的膨胀从加热区传递到伸长区。试样的膨胀量由式(10-11)计算：

$$\frac{\Delta L_a}{L_r}=C_0\frac{\Delta L_a}{L_r}+C_1 \qquad (10\text{-}11)$$

式中 ΔL_a——室温及高温下试样的长度变化，mm；

L_r——室温下试样的长度，mm；

C_0、C_1——测量系统的校正常数。

全自动膨胀仪附有信号放大系统和微机数据处理系统，可自动记录、自动显示，使用十分方便。被测试样取长方形棒或圆柱形棒状体，长度≥25mm，两端面应磨平，表面应平整无缺陷。从室温到100℃，经检验后报告陶瓷砖线性热膨胀系数。

陶瓷墙地砖湿膨胀的测定（GB/T 3810.10—2016）方法是：将焙烧试样在炉内冷却干燥，测量试样初始长度平均值L(mm)。然后再将试样浸入沸水中连续浸泡煮沸24h，测量试样长度平均值L_1(mm)。依式(10-12)、式(10-13)计算湿膨胀系数和湿膨胀率：

$$湿膨胀系数=(L_1-L)/(L\times1000) \qquad (10\text{-}12)$$

$$湿膨胀率=[(L_1-L)/L]\times100\% \qquad (10\text{-}13)$$

注：湿膨胀系数用mm/m表示，湿膨胀率用百分数表示，经试验后报告陶瓷砖的湿膨胀平均值。

10.1.5 化学稳定性与耐化学腐蚀性

建筑陶瓷材料的化学稳定性是指陶、炻、瓷或釉抵抗各种化学试剂侵蚀的能力。化学试剂统指酸、碱、盐及各种腐蚀性气体。建筑陶瓷制品有时要求在酸、碱、盐及各种腐蚀性气体环境中使用，化学物质会渗入制品内部，对陶瓷制品产生严重破坏，如耐酸砖、管等相关产品。建筑陶瓷材料的耐化学腐蚀性主要强调制品表面抗腐蚀的性能，如腐蚀后的变色、吸脏、失去光泽等。可见，耐化学腐蚀性的好坏主要影响建筑陶瓷制品外表美观程度。生活中我们常常见到：有些外墙砖装饰的大楼历经多年仍然保持崭新的外貌，而有些砖装饰的墙面已经陈旧得面目全非，需要更换。其中的关键问题就在于外墙砖的耐化学腐蚀性的优劣，空气中含有二氧化碳气体，雨雪中有酸、碱、盐等成分，都会对砖的表面及本体产生破坏作用。化学稳定性好的砖往往具有好的耐化学腐蚀性。

从本质上看，耐化学腐蚀性和化学稳定性都取决于坯和釉的化学组成、结构特征和密度。从釉的组成看，一般而言，硅酸盐玻璃比硼酸盐玻璃具有更好的耐化学腐蚀性；复杂的硅酸盐玻璃网络结构比简单的结构具有更好的耐化学腐蚀性；晶相比玻璃相耐化学腐蚀性优；致密的组织结构好，外界物质不易进入，具有更好的耐化学腐蚀性。

测定陶瓷材料化学稳定性主要是测定其耐酸率、耐碱率。方法是将一定量的陶瓷粉状试样放入定量的、所选定的酸液或碱液中，作用一定时间，根据处理前后试样的质量差来表征陶瓷材料的耐酸或耐碱性能。计算如式(10-14)：

$$相对损失质量=\frac{原始质量-处理后干质量}{原始质量}\times 100\% \qquad (10\text{-}14)$$

建筑陶瓷耐化学腐蚀性包括无釉砖和有釉砖两类，依据 GB/T 3810.13—2016 测定方法，取具有代表性的试样在三种溶液中处理。

① 家庭用化学药品，如 100g/L 的氯化铵溶液；或游泳池盐类，如 20mg/L 的次氯酸钠溶液。

② 低浓度溶液，如体积分数为 3%的盐酸溶液或 100g/L 的柠檬酸溶液或 30g/L 的氢氧化钾溶液。

③ 高浓度溶液，如体积分数为 18%的盐酸溶液或体积分数为 5%的乳酸溶液或者 100g/L 的氢氧化钾溶液。

经一定时间处理后观察陶瓷砖表面被腐蚀程度，以表 10-2 所示形式分级。建筑陶瓷制品耐化学腐蚀性判定有具体规定，如经耐家用化学药品和游泳池盐类试验：瓷质、炻瓷质、细炻质、炻质、陶质有釉砖不小于 GB 级，无釉砖不低于 UB 级。

表 10-2　无釉砖分级及有釉砖目测分级

腐蚀液	砖的类型	腐蚀面情况		
		无可见变化	有轻微变化	部分或全部有变化
家庭用化学药品或游泳池盐类	无釉砖	UA	UB	UC
	有釉砖	GA（V）	GB（V）	GC（V）
低浓度溶液	无釉砖	ULA	ULB	ULC
	有釉砖	GLA（V）	GLB（V）	GHC（V）
高浓度溶液	无釉砖	UHA	UHB	UHC
	有釉砖	GHA（V）	GHB（V）	GHC（V）

根据标准 T/GDTC 002—2021，陶瓷岩板按照不同的应用类型要求有所不同。用于陶瓷岩板耐化学腐蚀试验的试剂见表 10-3。不同应用类型陶瓷岩板使用不同的化学腐蚀试剂，其分类见表 10-4。

表 10-3 陶瓷岩板耐化学腐蚀试验用试剂

编号	试剂名称	编号	试剂名称
1#	氯化铵溶液，100g/L	7#	氢氧化钠溶液，30g/L
2#	次氯酸钠，20mg/L	8#	乙酸溶液，30g/L
3#	盐酸溶液，3%（体积分数）	9#	医用双氧水
4#	乳酸溶液，5%（体积分数）	10#	丙酮
5#	盐酸溶液，18%（体积分数）	11#	碳酸钠溶液，100g/L
6#	氢氧化钾溶液，100g/L	12#	醋酸异戊酯

表 10-4 不同应用类型陶瓷岩板化学腐蚀试剂分类

序号	产品类型	耐化学腐蚀试验用试剂编号
1	家具台面用	1#、2#、4#、5#、6#、7#、8#、9#、10#、11#、12#
2	家具饰面用	4#、8#、9#、10#、11#、12#
3	电器面板用	4#、8#、9#、10#、11#、12#
4	地面装饰用	1#、2#、4#、5#、6#
5	墙面装饰用	3#、7#

测试前用适当的溶剂（如乙醇）彻底清洗试样的表面，有表面缺陷的试样不能用于试验。测试时，在圆筒的边缘涂一层 3mm 厚的密封材料，然后放置在试样表面，并使周边密封。向圆筒中注入试液，液面高出试样表面 20mm±1mm。盖住圆筒上端，将试验装置于 20C±2℃的温度下放置 24h±1h，取下圆筒，将试样在清水下冲洗干净，观察表面损伤情况。试验结果可分为以下 4 种。

A 级：试样表面无可见变化；

B 级：试样表面色彩或光泽有轻微变化；

C 级：试样表面色彩或光泽有明显变化；

D 级：试样表面出现腐蚀或褪色，导致色彩或光泽出现明显的变化。

10.1.6 吸水率、显气孔率、体积密度

吸水率、显气孔率、体积密度是建筑陶瓷一组最基本的性能指标，其大小直观地表征了材料的烧结程度。一般而言，陶瓷材料烧结过程宏观上表现为体积的收缩，实质是气孔的排除、密度增大的过程。GB/T 4100—2015 规定：

a. 干压瓷质砖：吸水率平均值 $E \leqslant 0.5\%$，单个值 $\leqslant 0.6\%$；

b. 干压炻瓷质砖：吸水率 $0.5 < E \leqslant 3\%$，单个值 $\leqslant 3.3\%$；

c. 干压细炻质砖：吸水率平均值 $3\% < E \leqslant 6\%$，单个值 $\leqslant 6.5\%$；

d. 干压炻质砖：吸水率 $6\% < E \leqslant 10\%$，单个值 $\leqslant 11\%$；

e. 干压陶质砖：吸水率平均值 $E > 10\%$，单个值 $\geqslant 9\%$，当吸水率平均值 $E > 20\%$ 时，生产厂家应说明。

依据 GB/T 3810.3—2016，吸水率、显气孔率、体积密度测定时采用水饱和法（即煮沸法与真空法，有争议时，以真空法为准）和悬挂称量法。需要称出三四个质量，即干砖的质量 m_1，在沸水中饱和的砖的质量 $m_{2(b,v)}$，真空法吸水饱和的砖的质量 m_{2v}，真空法吸水饱

和后悬挂在水中的砖的质量 m_3。单位为 g，精确到 0.01g。计算式如式(10-15)～式(10-17)：

$$吸水率\ E_{2(b,v)}=[(m_{2(b,v)}-m_1)/m_1]\times100\% \tag{10-15}$$

$$显气孔率\ P=[(m_{2v}-m_1)/(m_{2v}-m_3)]\times100\% \tag{10-16}$$

$$体积密度\ B=m_1/V \tag{10-17}$$

吸水率按 GB/T 3810.3—2016 的规定检验。有争议时，以真空法为准。

依据标准 T/GDTC 002—2021，陶瓷岩板用于家具台面时吸水率平均值≤0.10%，单个值≤0.15%；其它用时吸水率平均值≤0.20%，单个值≤0.30%。

10.1.7 釉面抗龟裂性

陶瓷砖的釉面抗龟裂性按 GB/T 3810.11—2016 的规定检验。取 5 块整砖（若砖过大可以切割，但块要尽可能大），先用肉眼（平常戴眼镜的可戴上眼镜）在 300lx 的光照条件下距离 25～30cm 观察砖面的可见缺陷，所有试样在试验前都不应有釉裂。可用亚甲基蓝溶液作釉裂检验，确认无裂纹后，放入蒸压釜内（试样不能与水接触），约 1h 使蒸压釜内压力提高到 500kPa±20kPa，159℃±1℃，保持 1h。然后迅速降压，试样在釜内冷却 0.5h，取出冷却至常温，用含有少量润湿剂的 1%亚甲基蓝溶液或用红、黑墨水检查龟裂情况，1min 后用湿布擦去染色液。裂纹呈细发丝状，仅限于砖的釉面。

10.1.8 抗冻性

严寒地区使用的陶瓷砖，受冻融循环作用明显，是导致砖破坏的主要因素。水在结冰时，体积约增加 9%，因此，建筑陶瓷胎体气孔中的水结冰膨胀，对孔壁产生压应力，如果超过其抗张强度，就会引起微裂缝等不可逆的变化，从而在冰融化后不能完全复原，所产生的膨胀仍有部分残留。再次冻融时，原先形成的裂缝又由于结冰而扩大，如此经反复冻融循环，裂缝越来越大，导致更严重的破坏。

关于结冰时建筑陶瓷制品被破坏的原因，还可以用静水压理论解释。静水压理论认为：水变为冰产生的体积膨胀不会直接产生破坏作用，而是未被冻结的水被迫向外流动，从而产生危害性的静水压力。其大小取决于陶瓷体的渗透率、弹性特征、结冰速率及结冰点到“出口”的距离，即静水压力解除前未冻结水的最大流程。同时值得注意的是，随着气孔孔径的减小，其中所含有的水由于表面张力的增大，其结冰点越来越低。如 10nm 孔径中的水到 −5℃才结冰，而 3.5nm 孔径中的水要到 −20℃才结冰。所以，温度低到冰点以下时，首先是从表面到内部的自由水以及较粗的气孔中的水开始结冰，然后，随温度下降才是较细以及更细的气孔中的水结冰。

GB 11950—89、GB/T 13479—92 对有釉砖、无釉砖的抗冻性测定方法为：将水饱和后的整砖在 −15℃±2℃冷冻箱内保持 2h，取出试样后，放入不低于 10℃的清水中融化 2h，反复冻融 50 次，要求冻融后无裂纹。GB/T 3810.12—2016 修订为：陶瓷砖浸水饱和后，在 5℃和 −5℃之间冻融循环，所有砖的表面须经受至少 100 次冻融循环。

表征陶瓷砖的抗冻性方法有：测定陶瓷砖的初始吸水率 E_1 和最终吸水率 E_2，观察试验前的缺陷及经冻融试验后砖的釉面、正面和边缘的所有损坏情况，统计 100 次循环冻融试验后砖的损坏数量。

10.1.9 耐磨性

耐磨性测定分有釉砖和无釉砖两类，分别按国家标准 GB/T 3810.7—2016 和 GB/T

3810.6—2016 测定。

（1）有釉砖釉面耐磨性的测定

取尺寸大于100mm×100mm的试样16块，8块用于耐磨试验，8块作为对比样。将8块试样夹在试验机上，试验机夹具的加料口内加入研磨材料。耐磨试验用研磨材料如表10-5所示。

表10-5　耐磨试验用研磨材料

研磨材料	规格/mm	质量/g
钢球	$\phi5$ $\phi3$ $\phi2$ $\phi1$	70.00±0.50 52.50±5.0 43.75±1.0 0.75±0.10
白刚玉	80号	3.0
蒸馏水或去离子水	200mL	

在试验机转数分别为150r、300r、450r、600r、750r、900r、1200和1500r时各取下1块试样，取下的试样用10%的HCl溶液擦洗表面，后用清水冲洗干净放烘箱内烘干。然后，放入观察箱内观察磨后与未磨釉面的差别，以确定其耐磨等级。釉面耐磨等级见表10-6。

表10-6　釉面耐磨等级

可见磨损下的转数/r	分类
150	Ⅰ
300，450，600	Ⅱ
750，900，1200，1500	Ⅲ
>1500	Ⅳ

（2）无釉砖耐磨性的测定

无釉砖耐磨性以耐深度磨损体积标定。将干净、干燥的试样固定在试样夹具上，使其垂直底座与试验机钢轮正切。钢轮以75r/min的速度转动，将80号白刚玉均匀加入，当钢轮到150r时加入磨料为150g，测量试样表面磨坑弦长，精确至0.5mm。磨损体积V根据弦长用式(10-18)计算：

$$V=\left(\frac{\pi\alpha}{180}-\sin\alpha\right)\frac{hd^2}{8} \tag{10-18}$$

其中：

$$\sin\frac{\alpha}{2}=\frac{L}{d} \tag{10-19}$$

式中　V——磨损体积，mm^3；

d——摩擦钢轮直径，mm；

h——摩擦钢轮厚度，mm；

α——磨坑长度的中心角，(°)；

L——磨坑弦长，mm。

摩擦钢轮尺寸一定时，可以根据弦长查表10-7得磨损体积。

表10-7 弦长与磨损体积对应关系

（摩擦钢轮直径为200mm± 0.1mm，边缘厚度为10mm±0.1mm）

L/mm	V/mm^3	L/mm	V/mm^3	L/mm	V/mm^3	L/mm	V/mm^3	L/mm	V/mm^3
20	67	30	227	40	540	50	1062	60	1851
20.5	72	30.5	238	40.5	561	50.5	1094	60.5	1899
21	77	31	250	41	582	51	1128	61	1947
21.5	83	31.5	262	41.5	603	51.5	1162	61.5	1996
22	89	32	275	42	626	52	1196	62	2046
22.5	95	32.5	288	42.5	649	52.5	1232	62.5	2097
23	102	33	302	43	672	53	1268	63	2149
23.5	109	33.5	316	43.5	696	53.5	1305	63.5	2202
24	116	34	330	44	720	54	1342	64	2256
24.5	123	34.5	345	44.5	746	54.5	1380	64.5	2310
25	131	35	361	45	771	55	1419	65	2365
25.5	139	35.5	376	45.5	798	55.5	1459	65.5	2422
26	147	36	393	46	824	56	1499	66	2479
26.5	156	36.5	409	46.5	852	56.5	1541	66.5	2537
27	165	37	427	47	880	57	1583	67	2596
27.5	174	37.5	444	47.5	909	57.5	1625	67.5	2656
28	184	38	462	48	938	58	1689	68	2717
28.5	194	38.5	481	48.5	968	58.5	1713	68.5	2779
29	205	39	500	49	999	59	1758	69	2842
29.5	215	39.5	520	49.5	1030	59.5	1804	69.5	2906

国家标准GB/T 3810.6—2016规定：

a. 瓷质无釉砖耐深度磨损体积≤175mm^3；

b. 炻瓷质无釉砖耐深度磨损体积≤175mm^3；

c. 细炻质无釉砖耐深度磨损体积≤345mm^3；

d. 炻质无釉砖耐深度磨损体积≤540mm^3；

e. 用于铺地的有釉陶质砖表面耐磨性，报告磨损等级和转数。

10.1.10 耐污染性

用试验溶液和试验材料与陶瓷砖正面接触在一定时间内反应，然后用清洗剂配以合适的溶剂，以规定的清洗方法清洗砖面，根据砖面的明显变化来确定砖的耐污染性。试验溶液和试验材料有：①易产生痕迹的污染物（膏状）；②留有化学氧化反应的污染物；③能生成薄膜的污染物。

清洗剂有：①热水，温度为55℃±5℃；②pH＝6.5～7.5的弱清洗剂、商业试剂，不含腐蚀成分；③pH＝9～10的强清洗剂、商业清洗剂，含腐蚀成分。

合适的溶剂为：①盐酸溶液3∶97（体积比）；②氢氧化钾溶液，200g/L；③丙酮。

陶瓷砖表面耐污染性共分为5级，第5级对应于最易将一定的污染物从砖面上清除；第1级对应于用任何一种试验步骤，在不破坏砖的情况下无法清除砖面上的污染物。

国家标准GB/T 4100—2015规定：

a. 瓷质或炻瓷质有釉砖经耐污染试验后不低于3级；

b. 瓷质无釉砖经耐污染试验后报告耐污染级别；

c. 细炻质无釉砖经耐污染试验后报告耐污染级别；

d. 炻质有釉砖经耐污染试验后不低于 3 级；

e. 无釉砖经耐污染试验后报告耐污染级别；

f. 陶质有釉砖经耐污染试验后不低于 3 级。

10.1.11 可机械加工性

建筑陶瓷在使用时有尺寸和表面精度的要求，但由于烧结试样收缩率大，无法保证烧结后瓷体尺寸的精确度，因此烧结后需要再加工，这就需要建筑陶瓷具有一定的可机械加工性。对于陶瓷岩板而言，可机械加工性是其重要的性能指标，与应用有直接的关系，因为陶瓷岩板应用须 100%进行机械（切割）等加工。2017～2020 年，我国许多陶瓷岩板企业的产品在机械加工时出现 20%～30%、30%～50%、50%以上切割开裂，严重影响产品使用性能，国外的产品在加工过程中也会出现“切割裂”。经过 2019～2020 年各企业在原料的配方以及窑炉结构与烧成制度的改进等方面的技术攻关，陶瓷岩板可机械加工性得到明显改善。

根据《陶瓷岩板》（T/GDTC 002—2021）标准，采用“锯齿形切割法”检验陶瓷岩板的可机械加工性，通过观察试样是否出现裂纹或破损来确定其可机械加工性优劣。检验时将整块试样平稳地放置在水刀机械加工设备的试验台上，按照表 10-8 设置好机械加工参数，按照图 10-3 的要求设置好加工图案参数，开启加工设备，水刀垂直于板面。加工结束后清洗试样表面，观察表面是否开裂，记录检验结果。标准规定：按照规定的图案进行机械加工，3 片试样均不开裂。

表 10-8 机械加工参数

序号	试样厚度/mm	水刀速度/(mm/min)	石榴石用量/(g/min)	水压力/MPa	备注
1	厚度≤6.0	1000.0	130.0	320	水压变化±3.0%
2	6.0<厚度≤12.0	800.0	160.0	320	水压变化±3.0%
3	厚度>12.0	600.0	190.0	320	水压变化±3.0%

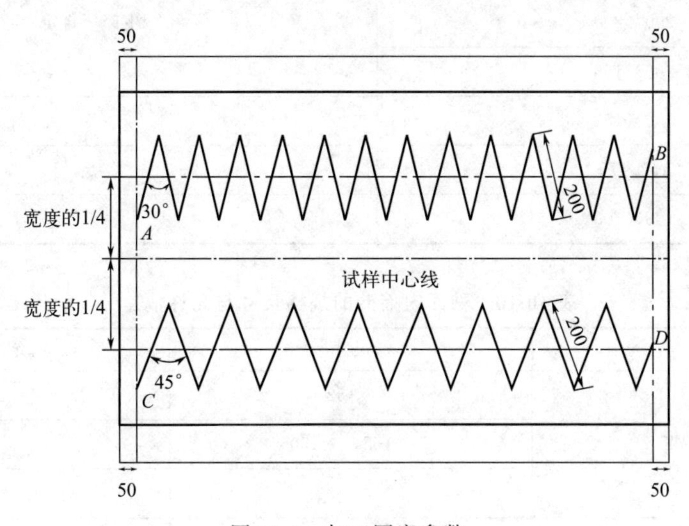

图 10-3 加工图案参数

A、C—切割的起点；B、D—切割的终点。图中单位为 mm。

10.2 建筑陶瓷尺寸和表面品质

建筑陶瓷的尺寸和表面品质是其重要的实用指标，如抛光砖的表面光泽度会影响砖面的美观及清洁的难易程度。国家标准 GB/T 4100—2015 规定：抛光砖的光泽度不小于 55°。同样，建筑陶瓷尺寸的精确与否对大面积铺贴后的整体效果有很大的影响，多块砖偏差的积累会导致铺贴后大尺寸的偏差，严重破坏装饰效果。为此，国家标准 GB/T 4100—2015 对各类砖都有不同的尺寸偏差要求及严格的测定方法规定，其中包括：长度、宽度和厚度允许偏差；模数砖名义尺寸连接宽度，非模数砖工作尺寸与名义尺寸之间的偏差；边直度、直角度和表面平整度允许偏差。根据使用情况，分别对陶质、炻质、瓷质砖有不同的要求。

10.2.1 陶瓷墙地砖的尺寸与要求

生产厂应选用以下工作尺寸。

① 模数砖：名义尺寸连接宽度允许在 3～11mm 之间。

② 非模数砖：工作尺寸与名义尺寸之间的偏差不大于±3mm。

10.2.2 釉面内墙砖的尺寸与要求

釉面内墙砖的尺寸和要求（GB/T 4100—2015）如表 10-9～表 10-12 所示。

表 10-9 釉面内墙砖的规格尺寸 单位：mm

产品尺寸($a \times b$)	厚度(d)
300×200	生产厂自定
200×200	
200×150	
152×152	5
152×75	5
108×108	5

表 10-10 釉面内墙砖的规格尺寸与允许偏差 单位：mm

参数	尺寸	允许偏差
长度或宽度	≤152	±0.5
	>152，≤250	±0.8
	>250	+1.0
厚度	≤5	+0.4，−0.3
	>5	厚度的+8%

表 10-11　不同等级釉面内墙砖的规格尺寸、平整度要求和允许偏差　　单位：mm

尺寸	平整度	允许偏差		
		优等品	一级品	合格品
≤152	中心弯曲度	+1.4，−0.5	+1.8，−0.8	+2.0，−1.2
	翘曲度	0.8	1.3	1.5
>152	中心弯曲度	+0.5，−0.4	+0.7，−0.6	+1.0，−0.8
	翘曲度	0.6	0.7	1.0

表 10-12　不同等级釉面内墙砖的边直度与角直度允许偏差

参数	允许偏差		
	优等品	一级品	合格品
边直度/mm	+0.8，−0.3	+1.0，−0.5	+1.2，−0.7
角直度/%	±0.5	±0.7	±0.9

10.2.3 彩色釉面陶瓷墙地砖的尺寸与要求

彩色釉面陶瓷墙地砖的尺寸与要求（GB/T 4100—2015）如表 10-13 和表 10-14 所示。

表 10-13　彩色釉面陶瓷墙地砖的主要规格尺寸与允许偏差　　单位：mm

规格尺寸		基本尺寸范围	允许偏差
100×100 115×60	250×150 250×250	边长<150	±1.5
130×65 150×75	260×65 300×150	边长 150～250	±2.0
150×150 200×50	300×200 320×300	边长>250	±2.5
200×100 200×150	400×400 450×450	厚度<12	±1.0
200×200 240×60	500×500 600×400		
凹背纹深度、凸背纹高度均≥0.5mm			

表 10-14　不同等级彩色釉面陶瓷墙地砖的变形允许偏差　　单位：mm

变形种类	变形允许偏差		
	优等品	一级品	合格品
中心弯曲度	±0.50	±0.60	+0.80，−0.60
翘曲度	±0.50	±0.60	±0.70
边直度	±0.50	±0.60	±0.70
角直度	±0.60	±0.70	±0.80

10.2.4 陶瓷锦砖的尺寸与要求

陶瓷锦砖单块砖边长不大于50mm，砖联分正方形、长方形，特殊要求可由供需双方商定。陶瓷锦砖的尺寸与要求（JC/T 456—2015）如表10-15和表10-16所示。

表10-15 陶瓷锦砖尺寸和允许偏差 单位：mm

参数	尺寸	允许偏差	
		优等品	合格品
长度	＞25.0，≤25.0	±0.5	±1.0
厚度	＞4.0	±0.2	±0.4

表10-16 每联锦砖的线路、联长尺寸及允许偏差 单位：mm

参数	尺寸	允许偏差	
		优等品	合格品
线路	2.0～5.0	±0.6	±1.0
联长	284.0，295.0，305.0，325.0	+2.5，−0.5	+3.5，−1.0

10.2.5 无釉陶瓷地砖的尺寸与要求

无釉陶瓷地砖的尺寸与要求（GB/T 4100—2015）如表10-17和表10-18所示。

表10-17 无釉陶瓷地砖的尺寸和允许偏差 单位：mm

规格尺寸	基本尺寸范围		允许偏差
50×50，100×50	边长（l）	$L<100$	±1.5
100×100，108×108		$100\leqslant L<200$	±2.0
150×150，150×75		$200\leqslant L\leqslant 300$	±2.5
152×152，200×100		$L>300$	±3.0
200×50，200×200	厚度（h）	$H\leqslant 10$	±1.0
300×200，300×300		$H>10$	±1.5
凹背纹深度、凸背纹高度均≥0.5mm			

表10-18 不同等级无釉陶瓷地砖变形允许偏差 单位：mm

变形种类		允许偏差		
		优等品	一等品	合格品
边直度		±0.5	±0.6	±0.7
角直度		±0.6	±0.7	±0.8
平整度	弯曲度	±0.5	±0.6	±0.7
	翘曲度	±0.5	±0.6	±0.7

10.2.6 瓷质砖的尺寸与要求

瓷质砖的尺寸与要求（GB/T 4100—2015）如表 10-19～表 10-21 所示。

表 10-19 瓷质砖主要规格尺寸 单位：mm

45×195（有釉）	152×76	300×200	650×650
45×225（有釉）	200×75	300×300	600×900
100×100	200×100	400×400	800×800
150×150	200×200	500×500	800×1200
152×64	250×200	600×600	1000×1000

表 10-20 瓷质砖尺寸允许偏差

产品表面积(s) /cm^2		尺寸允许偏差/%（凹背纹深度、凸背纹高度≥0.5mm）			
		$s \leqslant 90$	$90 < s \leqslant 190$	$190 < s \leqslant 410$	$s > 410$
长度宽度	每块砖（2条或4条棱）的平均尺寸相对于工作尺寸的允许偏差	±1.2	±1.0	±0.75	±0.6
	每块砖（2条或4条棱）的平均尺寸相对10块样品砖（20条或40条棱）平均尺寸的允许偏差	±0.75	±0.5	±0.5	±0.5
厚度	每块砖厚度的平均值相对工作厚度的允许偏差	±10	±10	±5	±5

表 10-21 不同等级瓷质砖变形允许偏差 单位：mm

变形种类		允许偏差		
		优等品	一等品	合格品
边直度		±0.5	±0.6	±0.7
角直度		±0.6	±0.7	±0.8
平整度	弯曲度	±0.5	±0.6	±0.7
	翘曲度	±0.5	±0.6	±0.7

10.2.7 陶瓷岩板的尺寸与要求

陶瓷岩板的尺寸与要求（T/GDTC 002—2021）见表 10-22 和表 10-23。

表 10-22 陶瓷岩板的尺寸允许偏差 单位：mm

参数		允许偏差
长度和宽度		±2.0
厚度	厚度≤6	±0.3
	厚度>6	±0.5
对边长度差		≤2.0

续表

参数	允许偏差
对角线长度差	≤2.0

注：有特殊需求时，尺寸允许偏差也可由供需双方商定。

表 10-23　表面平整度允许偏差　　单位：mm

参数		允许偏差
中心弯曲度	厚度（工作尺寸）≥10	≤0.2%，最大<2
	厚度（工作尺寸）<10	不要求
边弯曲度	厚度（工作尺寸）≥10	≤0.2%，最大<2
	厚度（工作尺寸）<10	不要求

注：有特殊需求时，表面平整度允许偏差也可由供需双方商定。

10.2.8　建筑陶瓷表面品质

建筑陶瓷的表面品质主要是确认表面缺陷的多少，缺陷包括以下内容。

① 裂纹：在砖的表面、背面或两面有可见的裂缝；

② 釉裂：釉面上有不规则如头发丝的微细裂纹；

③ 缺釉：施釉砖釉面局部无釉；

④ 不平整：在砖或施釉砖的表面有非人为的凹陷；

⑤ 针孔：施釉砖表面的针状小孔；

⑥ 橘釉：釉面有明显可见的非人为结晶，光泽较差；

⑦ 斑点：砖的表面有明显可见的非人为的异色点；

⑧ 釉下缺陷：被釉覆盖的明显缺点；

⑨ 装饰缺陷：在装饰方面的明显缺点；

⑩ 磕碰：砖的边、角或表面崩裂掉细小的碎屑；

⑪ 釉泡：表面的小气泡或烧结时释放气体后的破口泡；

⑫ 毛边：砖的边缘有非人为的不平整；

⑬ 釉缕：沿砖边有较明显的釉堆集成的隆起。

根据在一定的距离下观察的砖面缺陷情况，将砖分为优等品和合格品，如：至少有95%的砖距0.8m远处垂直观察表面无缺陷定为优等品；至少有95%的砖距1m远处垂直观察表面无缺陷定为合格品。

从目前情况看，消费者对建筑陶瓷砖提出越来越高的要求，一些相关行业标准也高于建筑陶瓷目前的国家标准，如江苏省地方标准《住宅装饰质量标准》(DB 32/381—2000)，对于地砖接缝高低差要求≤0.5mm。如果根据这一标准要求，满足目前国家标准的抛光地砖产品铺贴效果很难达到验收要求，即使是执行某些企业±0.1%的内控标准也存在一定困难。从目前瓷质抛光砖的质量纠纷看，排在前三位的分别是表面平整度、色差、吸污，其中表面平整度比例近50%，远远超过其它缺陷。由于陶瓷生产工艺的特殊性，变形是绝对的，不变形是相对的，同时，在实际施工过程中铺贴方法不当等原因都会造成装饰效果不好。

10.3 建筑陶瓷放射性物质标准

标准《建筑材料放射性核素限量》（GB 6566—2010）规定了建筑材料放射性核素限量和天然放射性核素镭-226、钍-232、钾-40放射性比活度的试验方法。

10.3.1 内照射指数

标准中内照射指数是指建筑材料中天然放射性核素镭-226的放射性比活度，除以GB 6566—2010规定的放射性比活度限量而得的商，见式(10-20)。

$$I_{Ra}=C_{Ra}/200 \tag{10-20}$$

式中 I_{Ra}——内照射指数；

C_{Ra}——建筑材料中天然放射性核素镭-226的放射性比活度，贝克每千克（Bq/kg）；

200——仅考虑内照射情况下，GB 6566—2010规定的建筑材料中放射性核素镭-226的放射性比活度限量，贝克每千克（Bq/kg）。

规定陶瓷砖的内照射指数≤0.9。陶瓷岩板按应用类别要求有所不同，其中家居台面和家具饰面用≤0.8；其它用小于0.9。

10.3.2 外照射指数

外照射指数是指建筑材料中天然放射性核素镭-226、钍-232和钾-40的放射性比活度分别除以其各自单独存在时GB 6566—2010规定放射性比活度限量而得的商之和，如式(10-21)。

$$I_{r}=C_{Ra}/370+C_{Th}/260+C_{K}/4200 \tag{10-21}$$

式中 I_{r}——外照射指数；

C_{Ra}，C_{Th}，C_{K}——分别为建筑材料中天然放射性核素镭-226、钍-232和钾-40的放射性比活度，贝克每千克（Bq/kg）；

370，260，4200——分别为仅考虑外照射情况下，GB 6566—2010规定的建筑材料中天然放射性核素镭-226、钍-232和钾-40在其各自单独存在时GB 6566—2010规定的放射性比活度限量，贝克每千克（Bq/kg）。

规定陶瓷砖的内照射指数≤1.2。陶瓷岩板按应用类别要求有所不同，其中家居台面和家具饰面用≤1.0；其它用<1.2。

10.3.3 放射性比活度

某种核素的放射性比活度是指物质中的某种核放射性活度除以该物质的质量而得的商。

$$C=A/m \tag{10-22}$$

式中：C——放射性比活度，贝克每千克（Bq/kg）；

A——核素放射性活度，贝克（Bq）；

m——物质的质量，千克（kg）。

测量时，随机抽取样品两份，每份不少于2kg，一份密封保存，另一份作为检验样品。将检验样品破碎，磨细至粒度不大于0.16mm，将其放入与标准品几何形态一致的样品盒中，称量（精确至0.1g），密封，等待测量。当检验样品中天然放射性衰变链基本达到平衡后，在与标准样品测量条件相同情况下，采用低本底多道 γ 能谱仪对其进行镭-226、钍-232和钾-40 放射性比活度测量。

10.4 建筑陶瓷制品缺陷及其分析

在墙地砖产品外观品质检查的有关国家标准中只提到变形及 13 项缺陷，而在实际生产中常见的缺陷有几十种，因此必须先将形形色色的产品品质缺陷加以综合、分类，然后再进行分析。

10.4.1 变形

墙地砖变形包括制品上凸、下凹及整体扭斜。上凸是指砖的中心部位高出砖平面。下凹是指砖的中心部位凹于砖平面。扭斜是指砖侧面的变形，即砖任何一个角到其余三个角所组成平面的垂直距离有偏差。

(1) 釉面砖素坯变形

釉面砖的砖坯越薄、收缩越大、素烧时码放越高，其素坯变形就越严重。

釉面砖素坯发生变形的原因分析如下。

① 坯料配方不当，高可塑性黏土用量过多，硬质黏土用量少，烧失量大；Al_2O_3 含量低，熔剂量过多，高温液相量过多，液相高温黏度过低，坯体在干燥与烧成时产生过大的、不均匀的收缩。

② 粉料制备不良，含水率过高、过低、不均匀；颗粒级配不当或颗粒定向排列。

③ 成型时，填料与加压不均匀，同一块砖不同部位的厚薄不一致。

④ 模具变形，结构不合理，脱模时阻力大；模具安装不符合要求；模具电加热温度不当。

⑤ 坯体干燥速度不当，干燥温度过高或过低，干燥不均匀，干燥所用的垫板不平等。

⑥ 素烧时装坯用的匣钵、棚板、垫板等窑具变形；高温荷重软化温度低；装钵、装车不符合要求，码放不整齐，坯垛高低不一，中间部位密两边松，上部密下部松，导致窑内温差大。

⑦ 坯体入窑水分高；烧成时预热阶段升温过急，烧成温度过高。

(2) 炻质釉面外墙砖与地砖变形

1) 凹凸变形

其产生原因如下所述。

a. 坯料与釉料的热膨胀系数不相适应，在坯及釉中引起较大应力。如果制品产生下凹变形并且有釉面龟裂现象，说明釉的热膨胀系数过大；如果制品产生上凸变形并有釉层剥脱出现，则说明坯的热膨胀系数过大。

b. 砖的背纹设计不合理。

c. 同一块砖四周与中间部位的填料不均匀，或砖坯过薄抵抗变形能力差。

d. 烧成时，烧成温度不当，冷却不合理；辊棒上部与下部温度差达不到要求。一般而言，因辊棒上部与下部温度差不当产生的变形，砖坯总是凸向低温面。

2）整体扭斜

其产生原因如下所述。

a. 压机的布料系统有故障，布料装置的刮板有破损，刮料不平，或布料装置离压机中框太近，且粉料流动性不好，使个别模腔填料不满。砖的两侧填料不均匀，填料多的一侧强度高，收缩小；填料少的一侧强度低，收缩大，烧后成扇形砖。

b. 辊道窑横向温差过大。

c. 烧成时，助燃风压过小，烧嘴喷出火焰过长，窑体两侧喷入的火焰在窑的中央部位交织，使中央部位的温度高于两侧的温度，导致制品变形。

d. 砖坯运行故障。如果坯体入辊道窑排列过稀，会降低产量，发生过烧；而排列过密，则制品互相碰撞、起堆，会引起变形。

e. 辊棒粘渣及涂覆铝粉浆过多或不均匀，使辊棒尺寸及表面形状发生变化，传动不平稳，导致制品变形。

（3）瓷质砖变形

瓷质砖由于其本身瓷化程度高，玻璃相含量多，快速烧成时比精陶质砖、炻质砖更易发生变形。

瓷质砖发生变形的原因分析如下。

① 坯料配方不当，坯料的灼减量大，熔剂含量多，且坯料过细，烧成收缩大。

② 坯釉适应性不好，包括坯、釉的热膨胀系数不相适应，坯的烧成温度与釉的熔融温度不相适应等。

③ 粉料颗粒度与颗粒级配不合理，水分分布不均匀，流动性不好。

④ 压机布料装置运行速度不合理，填料不均匀。

⑤ 压机压力不均匀或脱模后坯体垫板不平整。

⑥ 坯体干燥不合理，坯体内、外或上、下表面的收缩不一致。

⑦ 坯体背面涂覆铝粉浆过厚或不均匀，铝粉浆与坯体的热膨胀系数差别大。

⑧ 入窑时坯体已经变形。

⑨ 烧成制度不合理，烧成时，辊棒上、下温度差调节不符合要求，使坯体上、下表面收缩与膨胀不一致，引起制品上凸、下凹，严重时呈波浪形变形。烧成时，低温阶段升温过急或同一块制品上承受的温差过大；较长时间停窑后再烧窑，各组烧嘴的煤气压力发生变化；烧成温度过高等。

⑩ 辊道窑的辊棒弯曲，不在同一水平面上；辊棒粘渣导致传动不平稳；烧成带相邻辊棒之间的间距过大，使砖弯曲加大；砖坯入窑排列间隔过小，辊棒传动速率过快，使各排砖坯相互挤压，造成变形。

（4）瓷质仿古砖变形

1）烧成变形（测砖的四边和中心平直度）

产生原因为：a. 坯釉不匹配产生的上翘，龟背变形；b. 生产工艺控制不当，主要是烧成工艺不当引起的变形，如烧成曲线不合理，烧成温度给坯釉热膨胀系数带来变化，从而影响砖的平直度。

2）放后变形

入库后的产品，放一段时间后平直度变化，超出分级标准的变形。影响放后变形的因素：a. 与坯釉热膨胀系数的差异有关，差异越大，放后变形可能性与变形幅度越大；b. 与烧成过程中辊子上下温差的大小、冷却快慢有关，温差越大，冷却越快，放后变形越大。

10. 4. 2 裂纹

裂纹是墙地砖生产中频繁出现的、最主要的缺陷之一，且所占的比例较大，其产生原因可从以下几方面进行分析。

（1）坯料方面

①坯料配方不当。坯料中 SiO_2 含量高，烧失量大，易造成裂纹瘠性原料与可塑性原料比例不当，可塑性原料用量过多，坯体疏水性差且收缩大；而可塑性原料用量过少，则坯料可塑性差，生坯强度低，两者均易造成裂纹。②坯料颗粒过粗或过细。③粉料颗粒度与颗粒级配不合理，粉料流动性差，粉料陈腐时间短，水分不均匀，有过干、过湿现象或水分波动过大。④生产仿花岗岩瓷质砖时，其基料与色料配比不合理，混合不好。⑤粉料中有泥粒子、干硬块、湿块或过于致密的料块。

（2）成型与施釉方面

①成型时填料不饱满、不平整、不均匀，使砖坯某处密度较低，各部位密度不一致，则在其薄弱的部位易于开裂。②模具精度与表面粗糙度不符合要求，模具装配不当、位置不正或松紧不一，使压制时压力不均匀，砖坯厚薄偏差过大，压制膨胀率过高，砖坯推出模时受阻等。③模具使用周期过长，边角处间隙过大，角部压不实，整体压力不稳；模具加热温度过低；擦模次数少。④成型时压机动作不正常、压力过低，第一次冲压的压力过大，砖坯脱模过快。⑤釉浆含水率过高、密度小。⑥釉的热膨胀系数大于坯的热膨胀系数，釉的弹性差，坯釉中间层不良，釉层过厚，易产生釉裂。

（3）干燥方面

①坯体干燥时，干燥制度不合理，干燥温度过高，干燥速度过快，干燥不均匀。②立式干燥器循环风机的风压不够。③坯体出干燥器时温度过高或过低。④砖的背纹设计不合理，背纹未敞开，干燥时不利于砖垛顺利排气。

（4）机械设备方面

①施釉线受力不均匀，皮带不水平，施釉时坯体振动；集砖器集砖不合理，左右皮带速度不一致，导致坯体碰撞。②补偿器使用不合理，人工补偿时动作过猛，易使坯体受到外力作用。③立式干燥器内吊篮的托根弯曲或圆整度不符合要求。④储坯车的托辊变形，储坯系统装载机出现运动故障。⑤装、卸坯车操作不当，光电管设置不合理。⑥车间湿度过大，翻坯器碰撞较多。⑦坯体自动输送系统颠簸、振动。

（5）烧成方面

①有变形、裂纹的坯体因漏检而入窑烧成；素坯在运输过程中码放得过高，受重压。②坯体干燥不充分，入窑水分高，或坯体不进行干燥直接入窑烧成。③窑炉结构不合理；窑

内温差大，窑温波动；抽湿风机风压不稳定，排湿不够。④烧成制度不合理，烧成周期过短。⑤烧成时，预热阶段（水分蒸发期）温度过高，升温过快，受热不均匀。所产生裂纹的特征是：裂口边缘圆滑，裂缝中可能有流釉。⑥烧成时，冷却阶段的冷却速度不当，中温（700～500℃）冷却过快，冷却不均匀，制品出窑温度过高。所产生裂纹的特征是：裂口锋利，断面光滑。⑦内墙面砖的素烧温度偏低，素坯吸水率高，坯体残余石英多。

10.4.3 夹层

夹层是指坯体中间分层，又称为分层、层裂。主要是由于压制成型时坯体中残存有空气，卸压后被压缩的残余气体膨胀。其产生原因可以从以下几方面进行分析。

（1）原料组成方面

坯料中劣质黏土用量过多；具有滑腻、片状结构的矿物原料（生滑石、叶蜡石等）用量过多。

（2）粉料性能方面

①粉料含水率不合理，水分不均匀。粉料含水率过低，运输过程中颗粒易被破坏变成细粉，降低其堆积密度；含水率过高，颗粒易变形黏结，堵塞排气孔隙且易粘模。②粉料颗粒形状、粒度及颗粒级配不合理，影响成型时的排气性能。③粉料结块。结块后使水分不均匀，影响粉料流动性，且结块处致密度较高，不易排气。④粉料输送过程不畅，受到挤、压、摩擦等外力作用，产生大量细粉，颗粒表面发毛、粗糙，流动性较低，排气性差。⑤粉料陈腐时间短。

（3）压制成型方面

①填料时，布料装置前进与后退速度不合理；各模腔粉料装填量不均匀。②成型操作不得法，第一次加压过快，压力过大，气体无法排出；上冲头提升不到位或提升太快，两次冲压之间的间隔时间过短，气体未完全逸出。

（4）模具方面

①模具构造不合理，模芯与模腔的间隙过小，模腔斜度不合适。②模具安装不符合要求，有松动或不吻合；上冲头高度不够，不在同一水平面上，使加压不均匀。③模具磨损，使用时模具的加热温度过高，材料膨胀使间隙偏小。

10.4.4 尺寸偏差

制品的尺寸超过规定尺寸范围称为尺寸偏差。主要因坯体收缩率的改变而产生。

造成尺寸偏差的原因如下所述。

①坯料配方改变或原料化学组成发生变化。②球磨参数不一样，坯料过粗或过细，粉料不稳定，其水分、颗粒粒度、颗粒级配发生变化。③成型压力波动，坯体致密程度不一样。④模具尺寸不准确或磨损过大，安装不良。⑤烧成制度不稳定，烧成温度不一致。⑥色料的品种与加入量不同，引起坯体烧成温度升高或降低。

10.4.5 大小边

大小边俗称大小头，是指制品的形状不方不正，近似梯形，相对的两条边其边长尺寸大小不一。大小边的出现往往伴随着边不直（凸边或凹边）的产生。其产生的根本原因是砖坯各部位的致密度不同，烧成时收缩不一致。

产生大小边的原因如下所述。

①粉料颗粒粒度与颗粒级配不合理，流动性差，水分不均匀。②模具钢材品质不好，热处理时间不够；模具安装平整度差，例如，插模的模芯高低不平，模具装配间隙不合适，偏差较大等。③填料不均匀。原因有：a. 压砖机主体倾斜或上冲梁与下工作台两工作面不水平，模芯下降填料倾斜；b. 布料格栅太软或间隙被破坏；c. 落料斗设计不合理，不能将粉料均匀撒开；d. 布料装置运动时与模框面不平行，使模腔部分区域填料过多；e. 布料装置行程不合理，运动的速度和角度参数设计不合理，使模腔前缘填料量偏多或偏少；f. 下模芯或磁吸座变形，模腔填料深度波动，填料量不一致。④模腔中粉料在压制过程中受力不均匀。原因有：a. 上模芯或上模部分变形；b. 压机油缸活动横梁或底座不平行，有倾斜。⑤成型时，单位面积的压力不够，受压时间太短，使砖坯致密度未达到要求。⑥辊道窑左右两侧的温差过大，在烧成过程中使砖坯受热不均匀。主要原因有：a. 窑两侧烧嘴的燃料或空气量供给不均匀；b. 窑顶的隔板高度不一，引起窑内两侧的气流流动不均匀；c. 窑烧成带和预热带两侧转辗的密封不好，有冷风进入窑内；d. 窑底的一侧有堆砖现象，从而引发窑两侧的蓄热不均匀。

10.4.6 黑心

黑心是指制品内部出现黄色、灰色以至黑色，严重时还会引起制品表面隆起鼓泡或内部形成洞穴。常出现于用劣质原料制作的坯体，在快速烧成时更容易出现。

出现黑心的原因如下所述。

① 坯料配方中高可塑性黏土或劣质黏土用量过多，瘠性料偏少，使坯料中铁、钛化合物与有机物含量高，烧失量大；坯料中混有富集铁、碳杂质或高湿结块物；加入过多的有机添加剂；坯料中熔剂含量高，坯体出现液相过早，烧成温度范围狭窄；坯料过细；釉料始熔温度过低。②砖坯太厚；成型压力过高，冲压太猛，使坯体过于致密，透气性差，坯内有机物及碳素难以氧化分解完全。③砖坯背纹的深度与形式不利于排气。④坯体入窑水分过高；窑内温差大，通风不足，氧化气氛不强，氧化时间不够，氧化不充分。⑤烧成温度过低，烧成周期过短，烧成制度不合理。⑥燃料品质差，发热量低，烧成操作困难，易堵塞烧嘴和灭火，破坏了烧成温度制度。

10.4.7 色差

色差是指批量与批量之间、同一批量不同产品之间、同一块砖表面不同部位的颜色不均匀、深浅不一的现象。如果制品呈现不同于本身正常色调的异色，也视为色差。色差缺陷会影响墙地砖的整体装饰效果。

（1）有釉制品（色釉内墙面砖、彩釉砖、瓷质外墙砖、釉面锦砖等）色差

有釉制品产生色差的原因可以从色剂品质和生产工艺两方面进行分析。

1）色剂品质

色剂的种类、性质、细度、制备色剂所用的原料及工艺因素均会影响色剂的品质，最终导致施釉后的制品釉面产生色差缺陷。

2）生产工艺

a. 坯料、基础釉的配料不准确，化学组成、性能等发生了变化；生坯吸釉性能变化引起釉层厚度比较明显的变化。b. 色剂加入量不准确，使色剂与基础釉的比例发生变化。c. 施釉工艺参数发生变化，例如，釉浆密度、喷釉时压缩空气的压力、甩釉机的转速、浇釉机的流量等发生变化，均会使施釉量发生变化，而色釉层厚度不同则发色不同。d. 烧成制度不稳定，窑内的温度、压力波动，烧成气氛发生变化，均会破坏色剂自身的稳定性而导致釉面色差。e. 燃料含水分与硫化物多。f. 安排生产不合理，同一色调或相近色调的品种没有做到集中时间生产，因频繁调换品种，设备冲洗不干净产生色差。

（2）不抛光及抛光仿花岗岩瓷质砖色差

不抛光及抛光仿花岗岩瓷质砖产生色差的原因如下所述。

① 陶瓷色剂品质波动。有些色剂本身在基料（白料）中的稳定性与重复性差；生产同一颜色的砖所用的色剂来自不同的生产厂家；色剂制造厂家受生产技术水平等限制，制出的色剂稳定性差。

② 进厂原料品质波动。基料（白料）采用的天然矿物原料的化学成分尤其是铁、钛及烧失量变化大，使基料的白度发生变化；色料所用的原料性能波动，同样也会影响色剂的发色效果。

③ 制备色料的泥浆性能不稳定。泥浆性能包括细度、密度、流动性、悬浮性、保水性等。如果泥浆过粗，悬浮性差，各种原料与色剂未充分混合，使泥浆均一性受到破坏；制粉前搅拌不均匀，均会使色料的发色效果不一致。

④ 喷雾干燥造粒的粉料，其颗粒粒度与颗粒级配发生变化。如果色料与基料其粉料的颗粒级配差别大，流动性不同，易使砖中心部位与四周出现色差。如果色料颗粒级配不合理，大颗粒多，则色点大而稀，呈色浅；如果小颗粒多，则色点小而密，呈色深。如果粉料水分不均匀，粉料流动性就会不同，最终呈色就不一致。

⑤ 基料与色料配比波动或混料不均匀。诸如：配料系统精度不高，电子秤计量器不准确，使配料不准；料仓出料口堵料；双轴式混料机混合效果不佳等。

⑥ 压制成型时，填料不均匀。喷粉压力、压机压力尤其是最大压力变化，使砖坯致密度和厚度发生变化，导致呈色不均匀。

⑦ 基料与色料性能差异过大，粉料流动性不好，布料装置工作不连续等。在取料、布料过程中，基料颗粒与色料颗粒在布料格栅里流动速度不同，引起基料与色料颗粒分离，尤其是在粉料中小颗粒较多时，砖面更容易出现一行一行深浅不一的色带（色痕）色差。

⑧ 布料装置变形或安装不当，使其与平台配合不良；布料装置位置不对，布料时将平台上的粉料研细推入模腔边缘，细粉显色比其它粒度的粉料深，从而使砖坯边缘部位产生深色条带色差。

⑨ 每块砖坯所施透明釉的质量不同，或透明釉性能不同，影响呈色。

⑩ 烧成制度不稳定，温度、压力、气氛波动；窑内温差大；烧成温度与烧成周期不同；烧嘴开度大小、辊子转速、窑的抽力、进砖疏密发生变化，以及频繁地空窑均是造成色差的工艺因素。窑内压力发生变化会改变原来设置的烧成制度；助燃空气送风量及窑炉风机抽风量发生变化会使烧成气氛产生变化。

⑪ 由抛光工序所产生的色差，如抛光机的进砖速度、磨头转速与压力不稳定，会使抛

光砖的表面粗糙度与表面色泽不同而导致色差。

(3) 抛光渗花瓷质砖色差

抛光渗花瓷质砖产生色差的原因分析如下。

① 原材料的化学组成波动；泥浆细度发生变化。

② 渗彩釉的渗透性有差别，渗透深度不一致，抛光后部分图像消失。

③ 渗彩釉的黏度发生变化。因为砖坯是热的，经反复印刷渗彩釉料的黏度增大，从而粘在丝网上，阻塞网孔。

④ 印花机的操作不妥。砖坯和网版距离、刮刀角度与压力不均匀，网版有缺陷等，导致印在砖坯上的渗彩釉数量发生变化或图案残缺。

⑤ 印花机操作工技术水平低，熟练程度差，责任心不强，擦网次数少。

⑥ 喷助渗剂的数量波动，使渗彩釉的渗透深度不一。

⑦ 印花后至入窑之前的储坯时间过长或过短，影响渗透深度的一致性。

⑧ 受季节变化的影响。春、夏季雨水多，空气潮湿，使渗彩釉的渗透深度增加，抛光后制品显色变浅。

⑨ 烧成时，烧成周期、温度、压力、气氛发生变化。

⑩ 由抛光工序产生的色差，如抛光机磨削量发生变化，制品表面粗糙度与光泽度不同而产生色差。

(4) 仿古砖色差

仿古砖产生色差的原因可以从以下几方面进行分析。

1) 坯体颜色的变化

a. 泥浆池中加入色料后没有及时加入一定的三聚磷酸钠等，色料搅拌不均匀引起渐变性色差；泥浆性能不佳，如有假溶或沉淀也会引起渐变性色差。b. 拌点产品有时因色点与白料颗粒级配差别大，拌料产生无规律色差；粉料落在压砖机料斗内形成圆锥形堆积，中间细粉多，两边粗颗粒多，呈不均匀分布，产生不均匀色差。c. 拌点产品，色点与白料在混料称量时比例发生偏差，产生严重色差；两者混合不均匀或不良喂料时，将平台上的粉料来回搓细后推入模腔中造成像西瓜纹的色条纹。d. 数量大的订单，坯料用 2～3 个调色浆池调色时，不做好浆池对冲，则不同浆池喷出的粉料也有不同程度的色差。e. 烧成参数变化引起坯体色差（如空窑、调整烧成温度和周期、温差、煤气压力变化、助燃风量变化、风机抽风量变化、喷枪火焰情况变化或不良等）。f. 压砖机压力尤其是高压不稳定时，引起坯体致密度不一致，烧成后颜色不一致。

2) 底釉颜色的变化

a. 底釉如分次球磨，分搅拌桶存釉，换搅拌桶用釉时易引起色差。b. 施釉量变化。c. 用水刀喷釉，有时堵枪。d. 烧成参数变化引起底釉颜色变化甚至单片明显色差。

3) 印花釉、网版、印花机引起的颜色变化

印花釉引起颜色变化的原因如下：a. 印花釉细度不够，引起网版堵塞，颜色逐渐变浅；b. 砖坯过热，网版上印花釉逐渐干掉，黏度增大引起透过量减少，颜色变化；c. 印花釉黏度不够，易引起阴阳色及印花的边缘模糊；d. 印花釉没有搅拌，有的品种因黏度较低，产生分层，引起渐变性色差。

网版引起颜色变化的原因如下：a. 网版制作中曝光度不够，使用中透釉量逐渐增大，引起严重渐变性色差；b. 网版制作中稳定性较差；c. 网版绷得过紧，引起印花图案边缘模糊；d. 因网版制作技术问题，有时同一批次或不同批次订购的网版透墨量或印花疏密程度差别大。

印花机调制（如换网版、调制花刮压力掌握不够精确）也会引起颜色变化。印花操作中引起色差的原因如下：a. 印花釉釉料或沉积物堵塞网版，通常是因为印花釉配方不当或砖坯太干、太湿；b. 图案不居中，通常是因网版制作错误、网版张力不够、花刮压力过大；c. 印出图案缺花，通常因印花釉太稠而印花速度又偏快，网版目数太大即网目太细，网版堵塞，花刮压力不够，印花釉施量不足，印花釉分布不好，花刮与网版排列不正确，砖坯变形过大等；d. 印花图案边缘模糊，可能原因是花刮压力不够，网版张力过大即绷得过紧，网版质量差，弹性不够，离开砖坯太慢，印花釉黏度不够，网版目数小等；e. 网版使用过程中易脱胶引起印花缺陷，可能原因是网版制作使用的胶质量不好或老化，花刮对网版的压力过大，印花釉与网版不相容，印花釉磨蚀力过大等。

（5）一次烧成胶辊印花釉面砖色差

一次烧成胶辊印花釉面砖产生色差，甚至花色模糊，有失真现象的原因如下所述。

①印油不合适，如干得太慢、黏性太大、表面应力太大。②釉层湿度太大，使印花釉干得太慢。③胶辗太低，造成后一版把前一版的印花色点移位或抹散。④各版未对正。⑤深色砖色料的加入量比例较大。⑥刮刀压力变化不均匀，刮刀压力大时颜色较深，小时较浅，还会引起胶辊面刮不干净。⑦刮刀安装位置不正。⑧刮刀太钝。⑨胶辊磨损严重。⑩色料呈色不稳定，化妆土白度不一。

10.4.8 釉面缺陷

（1）釉面波纹

釉面波纹产生原因如下所述。

①釉浆密度太大，施釉后釉层不均匀，呈波浪状。②待施釉的坯体表面过热。③甩釉时，甩釉盘转速过低；喷釉时，雾化压力低，使釉雾点粗，导致釉层表面高低不平。④釉高温黏度大，润湿性与流动性差，釉不易展平。⑤窑内温差大，釉料熔融温度范围窄，烧成时欠火或过火。欠火时会产生大块鳞片状波纹，釉面光泽不良。过火时会产生细小鳞片状波纹，伴有大量小针孔，但釉面光泽较好。⑥适用氧化气氛烧成的釉料（如铅釉），若在釉烧中出现较强的还原气氛，如 CO 潜入釉层，会影响釉面的平整度。

（2）釉面无光

出现釉面无光的原因如下所述。

①釉料配方不当。诸如：熔剂原料用量少，黏土原料引入量过多，釉的熔融温度过高；难熔物质较多或某些氧化物过多而在釉中析出细小晶体；釉用原料带入过多杂质等。②熔块配方发生变化；熔块熔制温度过低，夹有生料；熔块熔制温度过高，某些物质挥发过多。③球磨时，研磨体有过多的磨损物混入釉浆，使釉料配方发生变化；釉料细度不够；釉浆搅拌不充分；釉层过薄。④素烧温度过低，且素坯施釉量过少，釉层过薄，釉被素坯吸收，使坯体的粗粒外露。⑤釉烧温度过低，因生烧而釉面无光；釉高温黏度低，且釉烧温度过高，

因过烧而釉面产生无光并伴有橘釉缺陷。⑥当燃料中含硫量过高时，含硫烟气与釉熔体作用形成硫酸盐晶体，使釉面出现白斑或发朦；窑炉长期停用未经烘窑直接使用，或高火炉烧湿煤，制品易产生星斑。⑦以氧化气氛烧成时，燃料不完全燃烧，冷却时烟气倒流，烟气会附着在将要凝固的釉层表面上，产生薄膜状无光。⑧烧成时，高温急冷阶段降温速度不够快，在釉中产生析晶，出现朦釉现象。

（3）缩釉

缩釉产生的原因如下所述。

①釉对坯的润湿性差、高温黏度大、表面张力大。例如：ZnO、Al_2O_3 含量多的釉及锆乳浊釉容易缩釉。②釉层干燥收缩大。例如：釉料中生黏土用量多，ZnO 用量多且未经预烧，釉料过细，釉浆密度过小等，使釉层干燥收缩大。③釉层对坯体的附着力差；坯体粘粉、积尘、有油污；素坯吸水率低，釉层过厚，施釉后釉层表面水分未全部被素坯吸收，就将砖坯叠放起来，釉层受压与坯体结合不良，烧成后易缩釉。④釉坯储存时间过长，可溶性盐类物质聚集到砖边或砖角部位形成硬壳，烧成后出现缩釉。⑤釉烧时，预热初始阶段升温过快，釉层产生裂纹，甚至与坯体部分脱离，在烧成的高温阶段产生缩釉。

（4）釉泡与针孔

釉泡包括突出釉面的开口气泡与闭口气泡。造成釉泡与针孔缺陷的主要根源均是来自釉层中的气泡。具体原因分析如下。

①釉料中高温分解物（碳酸盐、硫酸盐）含量高；釉料始熔温度低，玻化过早；釉高温黏度大，气体排出困难。②坯体中有机物分解或坯釉之间反应生成的气体，在釉熔融过程中排出。③熔块熔融时化学分解不完全，釉烧时再分解；熔块熔制时吸烟；熔块釉 pH 值太高。④釉浆密度过大，釉浆中含有空气泡，施釉时捕集在釉层中的气体在釉始熔温度以前未完全排出；施釉时坯体过热；两次施釉之间的间隔时间过长。⑤釉浆陈腐时间过长，储存在温度较高的地方，碱类物质继续溶解改变釉的成分，有机物发酵产生气泡。⑥坯体入窑水分偏高；窑炉的抽力不够。⑦采用氧化焰釉烧时，燃料燃烧不完全；出现还原气氛造成碳素沉积。⑧釉烧时过烧，导致釉面“沸腾”起泡。

10.4.9 大规格抛光砖缺陷

大规格抛光砖可能产生的缺陷有：变形、返抛多、对角线误差大、抗污性能差、抛后变形、脆性大。各缺陷产生原因分析如下。

（1）抛光砖变形（翘角，凹、凸心，凹、凸边）

①窑后入抛前产品变形较大，通过刮平以及抛光很难修正过来。②抛光机长期运转，运输皮带支撑底板摩擦过量而变形，引起产品在抛光时变形。③磨头压力太大，造成砖两边位和中间位磨削程度不同而使产品发生变形。

（2）抛光砖返抛较多（抛后光泽度不够或砖面有刮痕存在）

①入抛之前，4 个边未进行粗界边，因砖尺码变化，如凹腰、凸腰引起在抛光运行中砖与砖空隙较大而产品返抛增加。②刮平机粗刮平、中细刮平同细刮平调节不当，造成刮痕太深，抛光时刮痕很难抛平。③磨头排布不当或挡板调节不当而造成砖光泽度不好。④抛光机

部分磨盘摆动不平衡或磨头夹块无摆动，造成抛光过程中砖面刮花。⑤抛光速度太快，产品未抛好就已经出机。

（3）抛光砖对角线误差大（抛后砖界边后砖对角线误差超标）

①抛前未粗界边，仅靠抛后两台粗界边机界边，界边时砖的吃刀量很难调节好。②界边时，两边压砖轮压力调节不当，造成界边时一边砖行进快一边行进慢。③界边运送皮带高低调节不当，或推砖机调节不当而造成砖对角线误差。

（4）抛光砖抗污性能差

①抛光砖气相存在是不可避免的，气相是以气孔形式存在的，气孔又分开口和闭口气孔。部分闭口气孔在抛光过程中变为开口气孔，使开口气孔比未抛光前增多，加重了吸污性。②在加工过程中，由于残留石英和玻璃相热膨胀系数相差很大，在冷却时受张应力影响产生微裂纹，这些微裂纹在抛光中受到磨头强大的外力，裂纹扩展，变多变长，布满砖面，一部分污染物渗入裂纹中。

（5）抛光砖抛后变形

① 坯料配方不合理，钾长石含量低，钠长石含量偏高。②坯料配方中 SiO_2 含量偏高，Al_2O_3 含量偏低。③产品烧成周期太短或窑炉的烧成带缩短。④烧成温度偏低，烧成范围窄；烧成制度不合理，片面追求低温快烧，反应不完全不均一。⑤产品吸水率偏高。⑥在配方和烧成制度不变的情况下，在线抛光容易产生抛后变形，而离线抛光（烧成后放一段时间再抛光）则不容易产生变形。⑦抛光机设置不合理，如不对称抛光、抛光硬件状况波动、抛后速度不稳定、抛光时切削量差异及工人技术和素质也是造成抛光砖抛后变形的重要原因。

（6）抛光砖脆性大

抛光砖中玻璃相的组成和均匀性是影响抛光砖脆性的重要因素；抛光砖内部应力和微裂纹的存在是影响脆性的另一因素。

10.4.10 吸湿膨胀

吸湿膨胀性是指多孔性陶瓷制品暴露在潮湿空气、水中或吸收可溶性盐类，干燥之后引起胎体不可逆膨胀，膨胀过大还会使制品釉面出现裂纹（称为后期龟裂）。吸湿膨胀是多孔性（未玻化或玻化程度差，结构不致密）陶瓷制品的共性。

陶瓷墙地砖的吸湿膨胀是一个重要的品质指标。如吸湿膨胀过大，制品在铺贴一定时间后，会产生拱起、剥离、釉面龟裂等现象。产生吸湿膨胀的原因分析如下。

①胎体材质欠佳，非晶相（含玻璃相）的吸湿膨胀大；坯料配方、化学组成不合理。②生产工艺控制不佳，烧成温度过低，制品吸水率过大，使吸湿膨胀过大。③砖的使用环境恶劣，例如用在浴池等处。④砖铺贴后水泥砂浆凝结时发生收缩，砖吸水后产生膨胀。

参考文献

［1］ 石棋，李月明．建筑陶瓷工艺学［M］．武汉：武汉理工大学出版社，2007．

［2］ 石棋，李月明．建筑陶瓷生产技术［M］．南昌：江西高校出版社，2010．

［3］ 马铁成．陶瓷工艺学［M］．北京：中国轻工业出版社，2011．

［4］ 蔡飞虎，马国娟．陶瓷墙地砖生产技术［M］．武汉：武汉理工大学出版社，2011．

［5］ 董伟霞，包启富，顾幸勇．陶瓷工艺基础［M］．南京：江苏凤凰美术出版社，2017．

［6］ 董伟霞，包启富，沈慧娟，等．建筑陶瓷厚抛釉的制备［J］．中国陶瓷，2016，52(4)：64-68．

［7］ Dong Weixia，Bao Qifu，Zhou Jianer，et al. Preparation of porcelain building tiles using "K_2O-Na_2O" feldspar flux as a modifier agent of low-temperature firing[J]. Journal of the Ceramic Society of Japan，2017，125(9)：690-694．

［8］ Dong Weixia，Bao Qifu，Zhao Tiangui，et al. Comparison and low-temperature sintering mechanism of "K_2O-Na_2O" and "Li_2O-K_2O-Na_2O" fluxes on the porcelain building tiles [J]. Journal of the Ceramic Society of Japan，2020，128(10)：821-831．

［9］ 包启富，董伟霞，周健儿，等．"K_2O-Na_2O-CaO-MgO-B_2O_3"复合熔剂熔融特性及在建筑陶瓷中的性能影响［J］．中国陶瓷，2020，56 (10)：50-54，62．

［10］ 包启富，董伟霞，周健儿．不同组元复合熔剂的熔融特性及其对瓷质玻化砖性能的影响［J］．中国陶瓷，2020，56(07)：53-58．

［11］ 谈翔，李月明，包亦望，等．钙长石涂层预应力增强建陶瓷砖［J］．硅酸盐学报，2020，48(09)：1360-1366．

［12］ Tan Xiang，Li Yueming，Sun Yi，et al. Strengthening of building ceramic tiles through ion-exchange [J]. Journal of Ceramics，2020，41(03)：343-349．

［13］ Xu Wei，Li Kai，Li Yueming，et al. Surface strengthening of building tiles by ion exchange with adding molten salt of KOH[J]. International Journal of Applied Ceramic Technology，2022，19：1490-1497．

［14］ 吴天野，李月明，孙熠，等．钙铝硅涂层增强建筑陶瓷的制备及性能研究［J］．中国陶瓷，2022，58(11)：55-62．

［15］ 许维，李月明，李恺，等．离子交换增强陶瓷岩板的研究［J］．中国陶瓷，2023，59(4)：41-46．

［16］ 董伟霞，包启富，顾幸勇，等．建筑墙地砖干坯的制备及性能研究［J］．中国陶瓷，2017，53(02)：63-66．

［17］ 李绍勇，曹飞，梁飞峰，Extenller1600大板辊压成型系统的结构和工作原理［J］．佛山陶瓷，2019，5：23-27．

［18］ 赖文琦，陈伟胤，古战文，等．墙地砖坯体通体布料技术的研究发展［J］．佛山陶瓷，2020，11：7-10．

［19］ 陈迪晴．胶辊印花工艺及其控制［J］．佛山陶瓷，2005，15(11)：14-16．

［20］ 陈文，肖惠银．陶瓷砖胶辊印花与影响印刷质量因素的探讨［J］．广东建材，2011，27(08)：124-126．

［21］ 谢振武，黄宏开．建筑陶瓷装饰技术的现状及发展趋势［J］．建材与装饰，2019(21)：62-63．

［22］ 孙智，余勇．简述釉面砖的胶辊印花工艺［J］．江苏陶瓷，2012，45(04)：15-17．

［23］ 梁家瑜．喷墨打印用蓝色色料的合成研究［D］．广州：华南理工大学，2012．

［24］ 杨建．黄色陶瓷墨水的制备［D］．广州：华南理工大学，2012．

［25］ 朱海翔．陶瓷喷墨打印用蓝色颜料的合成与油墨的制备［D］．景德镇：景德镇陶瓷学院，2014．

［26］ 黄惠宁，柯善军，钟礼丰，等．喷墨印刷技术在我国陶瓷领域中的应用现状［J］．佛山陶瓷，2012，

22(06)：1-10，21.

［27］ 王少华．制备工艺对釉中 $ZrSiO_4$ 晶粒的形成及釉面性能的影响［D］．广州：华南理工大学，2014.

［28］ Wang Shaohua，Li Xiaonv，Wang Chao，et al. Anorthite-based transparent glass-ceramic glaze for ceramic tiles：Preparation and crystallization mechanism［J］. Journal of the European Ceramic Society，2022，42(3)：1132-1140.

［29］ Wang Shaohua，Peng Cheng，Lü Ming，et al. Effect of ZnO on crystallization of zircon from zirconium-based glaze［J］. Journal of the American Ceramic Society，2013，96(7)：2054-2057.

［30］ Wang Shaohua，Peng Cheng，Huang Zhilong，et al. Clustering of zircon in raw glaze and its influence on optical properties of opaque glaze［J］. Journal of the European Ceramic Society，2014，34(2)：541-547.

［31］ Wang Shaohua，Peng Cheng，Xiao Huiyin，et al. Microstructural evolution and crystallization mechanism of zircon from frit glaze［J］. Journal of the European Ceramic Society，2015，35(9)：2671-2678.

［32］ Zhou Jun，Guo Dazhi，Zhang Yi，et al. Combustion synthesis of $ZnFe_{2-x}Cr_xO_4$ nanocrystallites for ceramic digital decoration［J］. Material Chemistry Physics，2020，244：122695.

［33］ Zhou Wenwu，Chen Long，Zhuo Sheng，et al. Rapid solution combustion synthesis of novel superfine $CaLaAl_{1-x}Cr_xO_4$ red ceramic pigments［J］. Ceramics International，2022，48(2)：2075-2081.

［34］ Chen Chenlu，Han Aijun，Ye Mingquan，et al. Near-infrared solar reflectance and chromaticity properties of novel green ceramic pigment Cr-doped $Y_3Al_5O_{12}$［J］. Journal of Solid State Chemistry，2022，307：122873.

［35］ Huong Dinh Quy，Duong Tran，My Linh Nguyen Le. Rosin used as a potential organic precursor in synthesis of blue pigment for ceramic［J］. Materials Chemistry and Physics，2022，280：125840.

［36］ Jabbar Youssef El，Lakhlifi Hind，Ouatib Rachida El，et al. Preparation and characterization of green nano-sized ceramic pigments with the spinel structure AB_2O_4（A＝Co，Ni and B＝Cr，Al)［J］. Solid State Communications，2021，334-335：114394.

［37］ Cheng Qiuyu，Chen Xin，Jiang Peng，et al，Synthesis and properties of blue zirconia ceramic based on Ni/Co doped $Ba_{0.956}Mg_{0.912}Al_{10.088}O_{17}$ blue pigments［J］. Journal of the European Ceramic Society，2022，42(10)：4311-4319.

［38］ 康永．陶瓷墨水稳定性及其发展趋势［J］．陶瓷，2016(4)：9-15.

［39］ 龙海仁，李锋，程碧峰，等．色釉料混合型陶瓷喷墨墨水的制备及探讨［J］．佛山陶瓷，2021，31(3)：21-23.

［40］ 孟庆娟，张国涛．浅谈陶瓷砖喷墨墨水发展及墨水发色的影响因素［J］．山东陶瓷，2017，40(6)：10-14.

［41］ 罗凤钻，范新晖，廖花妹，等．建筑陶瓷数字喷墨打印技术关键材料——陶瓷墨水的研制［J］．陶瓷，2016(09)：18-21.

［42］ 郑树龙，张缇，林海浪．陶瓷墨水的技术创新及功能化发展［J］．佛山陶瓷，2015，25(10)：1-4，18.

［43］ 贺帆．钴蓝颜料的合成、表面改性以及蓝色陶瓷墨水的初步配置［D］．广州：华南理工大学，2014.

［44］ 董伟霞，包启富，顾幸勇，等．pH 值对 Pr-$ZrSiO_4$ 黄陶瓷颜料呈色的影响［J］．陶瓷学报，2018，39(1)：29-32.

［45］ 董伟霞，包启富，顾幸勇，等．Fe-Cr-Zn-Al 系尖晶石棕色料的制备［J］．中国陶瓷，2015，51(08)：58-61.

［46］ 江红涛，魏小芳．钴蓝色陶瓷釉料墨水制备及其性能［J］．陶瓷，2016(10)：37-40.

［47］ 韦智豪．陶瓷干燥窑棒钉产生原因及消除途径［J］．中国建材科技，2019，8：73-74.

[48] 管火金．五层干燥器在抛光砖生产中的应用 [J]．陶瓷，2009，8：16-19.

[49] Wang C Y，Kang T C，Qin Z，et al. How abrasive machining affect surface characteristics of vitreous ceramic tile[J]. American Ceramic Society Bulletin，2003，10：9201-9208.

[50] 袁慧，王成勇，魏听．瓷质玻化砖磨削机理研究 [J]．中国机械工程，1998，8：9-11.

[51] 周鹏，何高，袁金波，等．瓷质抛光砖“超洁亮”技术 [J]．佛山陶瓷，2007，17(5)：16-19.

[52] 李月明，况学成，马光华，等．大规格抛光砖抛后变形问题的初步探讨 [J]．中国陶瓷工业，2000，7(1)：18-20.

[53] 张粉芹，赵志曼，建筑装饰材料 [M]．重庆：重庆大学出版社，2007.

[54] 王少华，李小女，汪超，等．抛光废料在瓷质砖坯体中的应用研究 [J]．中国陶瓷，2022，58(1)：49-56.

[55] 王少华，汪超，汪永清，等．陶瓷废料的产生和资源化利用现状 [J]．陶瓷学报，2019，40(6)：710-717.

[56] 江彬轩，李月明，王竹梅，等．利用黄金尾矿废渣制备多孔墙体建材的研究 [J]．中国陶瓷，2021，57(12)：65-71.

[57] Wang Chao，Wang Shaohua，Li Xiaonv，et al. Phase composition，microstructure，and properties of ceramic tile prepared using ceramic polishing waste as raw material[J]. International Journal of Applied Ceramic Technology，2021，18(3)：1052-1062.

[58] 曾健，陈永锋，冼定邦，等．建筑陶瓷大板幕墙干挂技术 [J]．佛山陶瓷，2020，30(01)：42-44.

[59] 徐波，刘继武，刘小云，等．浅谈新型建筑陶瓷装饰材料 [J]．陶瓷，2014，11：12-17.